Diller/Fürst/Ivens

Grundprinzipien des Marketing

GRUNDPRINZIPIEN DES MARKETING

3., überarbeitete und erweiterte Auflage

Hermann Diller
Andreas Fürst
Björn Ivens

WiGIM Wissenschaftliche Gesellschaft für Innovatives Marketing e.V.
Nürnberg

Bibliographische Information Der Deutschen Nationalbibliothek

Die Deutsche Nationalbibliothek verzeichnet diese Publikation in der Deutschen Nationalbibliographie; detaillierte bibliographische Daten sind im Internet über http://dnb.d-nb.de abrufbar.

Diller, Hermann
Grundprinzipien des Marketing / Hermann Diller. – Nürnberg:
GIM-Verl., 2002

ISBN: 978-3-933286-99-4

Diller, Hermann
Grundprinzipien des Marketing / Hermann Diller. – 2., überarbeitete und erweiterte Auflage.
– Nürnberg:
GIM-Verl., 2007

ISBN: 978-3-933286-98-7

Diller, Hermann; Fürst, Andreas; Ivens, Björn
Grundprinzipien des Marketing / Hermann Diller, Andreas Fürst, Björn Ivens. – 3., überarbeitete und erweiterte Auflage. – Nürnberg:
GIM-Verl., 2011

ISBN: 978-3-933286-97-0

Diller, Hermann; Fürst, Andreas; Ivens, Björn
Grundprinzipien des Marketing / Hermann Diller, Andreas Fürst, Björn Ivens. – unveränderter Nachdruck der 3. Auflage. – Nürnberg:
GIM-Verl., 2014

ISBN: 978-3-933286-97-0

ISBN: 978-3-93286-97-0

Vorwort zur 3. Auflage

Wenige Disziplinen der Betriebswirtschaftslehre unterliegen einem so raschen Wandel wie das Marketing. Es erwies sich deshalb schon drei Jahre nach Erscheinen der zweiten Auflage dieses Werkes als unabdingbar, die anstehende Neuauflage gründlich zu überarbeiten. Der durch Emeritierung des Erstautors bedingte Wechsel in der Lehrstuhlleitung bot zusätzlich die Chance, das Autorenteam zu erweitern und die umfangreichen Aufgaben der Neubearbeitung auf mehrere Schultern zu verteilen. Zusätzlich ins Autorenteam rückten Prof. Dr. Andreas Fürst, Nachfolger von Prof. Diller am Lehrstuhl für Marketing der Universität Erlangen-Nürnberg, sowie Prof. Dr. Björn Ivens, früherer Lehrstuhl-Mitarbeiter von Prof. Diller und jetziger Inhaber des Lehrstuhls für Marketing an der Universität Bamberg.

Das Grundmuster des Buches wurde in der Überarbeitung beibehalten. Der immer umfangreichere Stoff wird durch eine Gliederung nach vier grundlegenden Prinzipien des Marketing-Managements aufbereitet und so überschaubar gehalten. Handlungsprinzipien vor jedem Abschnitt sollen die Praxisorientierung des Werkes unterstreichen und bei der Strukturierung des Lernstoffes helfen.

Inhaltlich wurden alle Passagen der zweiten Auflage an den neuesten Wissensstand der Marketing-Wissenschaft angepasst und durch wichtige Neuentwicklungen ergänzt. Etwa 60% des vorliegenden Textes wurden neu formuliert. Im Besonderen gilt dies für folgende Themenkreise:

> ➢ **Kapitel 1** bietet nach dem schon bisher bewährten Einstieg in das Marketingdenken einen umfangreichen neuen Abschnitt zu den wichtigsten **Theorieansätzen** im Marketing.
> ➢ **Kapitel 2** systematisiert die zahlreichen Facetten moderner **Markt- und Kundenorientierung** von Unternehmen und bezieht dabei auch Themen des Kundenmanagements mit ein.
> ➢ **Kapitel 3** fasst unter dem Titel „**Marketing Intelligence**" die Aufgaben und Methoden der **Marktforschung** und der **Marketingplanung** zusammen. Neu eingearbeitet wurden hier Anwendungen der Marktforschung in verschiedenen Marketing-Mix-Bereichen.
> ➢ **Kapitel 4** gibt einen Überblick über das **strategische und operative Marketing** aus instrumenteller Sicht. Das strategische Marketing im Sinne ganzheitlicher Vorgehensweisen am Markt wird vorab behandelt, bevor daran anschließend die Submix-Bereiche des Marketinginstrumentariums sowie das Kundenbeziehungsmanagement vorgestellt werden.
> ➢ **Kapitel 5** fasst alle Aufgaben des **Prozessmanagements** im Marketing zusammen. Die derzeit besonders aktuellen Fragen der optimalen Marketingorganisation, des Marketing-Controlling, der IT-Unterstützung (z.B. mittels CRM-Systemen) und der Personalführung wurden an den aktuellen Wissenstand angepasst.

Diese Stoffaufbereitung zielt auch auf die Bedürfnisse neuer Marketingkurse in **Bachelor-Studiengängen,** in denen Studierende nicht nur einen einführenden Stoffüberblick erhalten, sondern zu einer gewissen Berufsfähigkeit gebracht werden sollten. Das Verständnis der Grundprinzipien des Marketing erscheint dafür unabdingbar, auch wenn die Menge des Stoffes damit nicht unbeträchtlich ist. Wir hoffen, durch die zahlreichen didaktischen Hilfen, wie Abbildungen, Nebentexte aus dem Vahlens Großen Marketinglexikon, umfangreiche Kontrollfragen, Anwendungsbeispiele, hervorgehobene Definitionen oder das umfangreiche Stichwortverzeichnis, dem Leser zu helfen, diese Stofffülle zu bewältigen. Verständnis erscheint uns dabei wichtiger als angelerntes, aber „unverdautes" Wissen. Deshalb fordern die Kontrollfrage häufig zu Bezügen in selbst zu wählenden Branchen der Wirtschaftspraxis auf, ein Lernmittel, das sich sehr gut auch für studentische Gruppenarbeit mit oder ohne Dozentenbegleitung eignet.

Zahlreiche Verbesserungen im Detail fundieren auf Anregungen und kritischen Hinweisen von Lesern der ersten Auflagen, denen wir dafür herzlich danken. Darüber hinaus haben uns Mitarbeiter an den Lehrstühlen in Nürnberg und Bamberg bei der Neubearbeitung tatkräftig unterstützt. Besonders hervorheben möchten wir hier Herrn Dipl.-Kfm. (Int.) Thomas Helten, Frau Dipl.-Kffr. Stefanie Scholz sowie Frau Isabelle Breiter, die uns bei der Überarbeitung und Neufassung verschiedener Kapitel begleiteten. Die besonders aufwändige Arbeit der Abschlussredaktion übernahmen Laura Fleischmann und Doris Häusner zusammen mit zahlreichen studentischen Helfern. Ihnen allen gilt unser verbindlichster Dank für den aufopfernden Arbeitseinsatz. Es ist unser aller Wunsch, dass diese Arbeit zu hohem Lesernutzen führt, wie es die Marketingtheorie fordert. Da im menschlichen Schaffen aber nichts perfekt sein kann, bitten wir die Leser schon jetzt um Verbesserungsvorschläge an: Diller@wiso.uni-erlangen.de, Andreas.Fuerst@wiso.uni-erlangen.de oder Bjoern.Ivens@uni-bamberg.de, falls dafür Anlass besteht.

Nürnberg, im März 2011

Prof. Dr. Hermann Diller   Prof. Dr. Andreas Fürst   Prof. Dr. Björn Ivens

Vorwort zur 2. Auflage

Wenige Disziplinen der Betriebswirtschaftslehre unterliegen einem so raschen Wandel wie das Marketing. Es erwies sich deshalb schon vier Jahre nach Erscheinen der ersten Auflage dieses Werkes als unabdingbar, die anstehende Neuauflage neu zu gestalten. Wir versuchten dabei, das Grundmuster des Buches beizubehalten und den immer umfangreicheren Stoff durch eine Gliederung nach den grundlegenden Prinzipien des Marketing-Managements aufzubereiten und überschaubar zu halten. Die Formulierung der Prinzipien erfolgt nunmehr jeweils vor statt nach deren Erläuterung und in enger Anlehnung an die Gliederungssystematik. Wir erhoffen uns dadurch vor allem eine bessere Übersichtlichkeit.

Die Strukturierung des Stoffes erfolgt nun nach **vier „Basisprinzipien"** des Marketing, denen je ein Hauptkapitel gewidmet ist. Vorweg geben wir im Kapitel 1 einen Überblick und formulieren die grundlegenden Probleme und Ziele des Marketing.

Inhaltlich wurden viele Passagen der ersten Auflage an den neuesten Wissensstand der Marketing-Wissenschaft angepasst und durch wichtige Neuentwicklungen ergänzt. Etwa 40% des vorliegenden Textes wurden neu formuliert. Im Besonderen gilt dies für folgende Themenkreise:

- **Kapitel 2** systematisiert die zahlreichen Facetten moderner **Markt- und Kundenorientierung** von Unternehmen und bezieht dabei auch Themen des Kundenmanagements mit ein.

- **Kapitel 3** gibt einen Überblick über das **strategische und operative Marketing** aus instrumenteller Sicht. Neu ist hier die gesonderte Erörterung des **Innovationsproblems** im Marketing (Kapitel 3.3) und der **Träger** von Marketingfunktionen (Kapitel 3.4), was wegen der zunehmenden Bedeutung von Outsourcing und Kooperationen angebracht erschien.

- **Kapitel 4** fasst unter dem Titel „**Marketing Intelligence**" die Aufgaben und Methoden der **Marktforschung** und der **Marketingplanung** zusammen. Neu eingearbeitet wurde hier eine Erörterung des Kerns von Marketing Intelligence und strategischer Planung.

- **Kapitel 5** fasst alle Aufgaben des **Prozessmanagements** im Marketing zusammen. Die meisten Ausführungen zur Marketingorganisation, zum Marketing-Controlling, zur IT-Unterstützung (z.B. mittels CRM-Systemen) und zur Personalführung im Marketing sind neu verfasst.

Diese Stoffaufbereitung zielt auch auf die Bedürfnisse neuer Marketingkurse in **Bachelor-Studiengängen,** in denen Studierende nicht nur einen einführenden Stoffüberblick erhalten, sondern zu einer gewissen Berufsfähigkeit gebracht werden sollten. Das Verständnis der Grundprinzipien des Marketing erscheint dafür unabdingbar, auch wenn die Menge des Stoffes damit nicht unbeträchtlich ist. Wir hoffen, durch die zahlreichen didaktischen Hilfen, wie Abbildungen, Nebentexte aus Vahlens Großem Marketinglexikon, umfangreiche Kontrollfragen, Anwendungsbeispiele, hervorgehobene Definitionen oder das umfangreiche Stichwortverzeichnis, dem Leser zu helfen, diese Stofffülle zu bewältigen. Verständnis erscheint uns dabei wichtiger als angelerntes, aber „unverdautes" Wissen. Deshalb fordern die Kontrollfragen häufig zu Bezügen auf selbst zu wählende Branchen der Wirtschaftspraxis auf, ein Lernmittel, das sich sehr gut auch für studentische Gruppenarbeit mit oder ohne Dozentenbegleitung eignet.

Zahlreiche Verbesserungen im Detail basieren auf Anregungen und kritischen Hinweisen von Lesern der ersten Auflage, denen ich dafür herzlich danke. Darüber hinaus haben mich meine Mitarbeiter am Lehrstuhl bei der Neubearbeitung tatkräftig unterstützt. Besonders hervorheben möchte ich hier Thomas Bauer, Markus Beinert, Verena Lütke und Hanno Deyle, die mich bei der Neufassung verschiedener Kapitel begleiteten. Die besonders aufwändige Arbeit der Abschlussredaktion übernahmen Jana Dennhardt, Doris Häusner, Monika Uhlandahl und Robert Metz zusammen mit zahlreichen studentischen Helfern, wobei Thomas Helten besonders zu erwähnen ist. Ihnen allen gilt mein verbindlichster Dank für den aufopfernden Arbeitseinsatz. Es ist unser aller Wunsch, dass diese Arbeit zu hohem Lesernutzen führt, wie es die Marketingtheorie fordert. Da im menschlichen Schaffen aber nichts perfekt sein kann, bitten wir die Leser schon jetzt um Verbesserungsvorschläge an: Diller@wiso.uni-erlangen.de, falls dafür Anlass besteht.

Nürnberg, im November 2006   Prof. Dr. Hermann Diller

Vorwort zur 1. Auflage

Noch ein Marketing-Lehrbuch? Dies mag mancher Interessent fragen, wenn er dieses Werk zum ersten Mal zu Gesicht bekommt. Denn an einführenden Lehrbüchern zum Themengebiet Absatzpolitik/Marketing mangelt es in Deutschland wahrlich nicht. Trotzdem habe ich einen neuen Versuch gewagt, weil gerade das moderne Marketing zahlreiche und nachhaltige neuere Entwicklungen prägen, die bisher noch unzureichend in die Standardlehrbücher eingegangen sind, z.B.

- eine zunehmende **Prozessorientierung**, welche die traditionelle, stark instrumentelle Perspektive ergänzt bzw. teilweise sogar ersetzt;

- das Themenfeld des **Qualitätsmanagements**, das z.T. in anderen (technischen) Disziplinen bearbeitet wird, obwohl es zentraler Gegenstand des Marketing sein sollte;

- **E-Commerce und Internet-Marketing** als neue Chancen- und Problemfelder des Marketing;

- **Kundennutzen** als durchgängiger und konsequent umzusetzender Orientierungspunkt des Marketing, z.B. auch in der Distributions-, Service- und Preispolitik.

Die **Stoffauswahl und -aufbereitung** für das vorliegende Buch orientieren sich an einem durchaus anspruchsvollen, der Universitätsausbildung angemessenen Niveau, wobei ich dem Verständnis Vorrang vor der Vermittlung vollständigen Fakten- oder Methodenwissens einräumte. Es werden zwar viele Fallbeispiele verwendet, aber keine Patentrezepte zur erfolgreichen Marktbearbeitung angeboten. Der Studierende, für den das Buch in erster Linie verfasst ist, soll berufsfähig und nicht berufsfertig für Managementaufgaben im Marketing gemacht werden. Dazu dienen

- eine auf **Wirkungsprozesse und -effekte** im Marketing zugeschnittene Stoffdarbietung,

- eine Einbettung der Marketingpraktiken in **strategische Überlegungen** der marktorientierten Unternehmensführung,

- eine **fortlaufend mitgeführte Fallstudie**, an Hand derer die jeweiligen Aspekte der einzelnen Kapitel beispielhaft verdeutlicht werden,

- die Zuspitzung des behandelten Stoffes in insgesamt **213 Marketingprinzipien**,

- und – last but not least – oft stark **verständnisorientierte Kontrollfragen** zu jedem Hauptabschnitt, wie man sie auch in entsprechenden akademischen Übungsveranstaltungen zur Stoffvermittlung und -durchdringung einsetzen kann.

Das Werk erwächst aus einer über 25-jährigen Lehrerfahrung im Grund- und Hauptstudium der Betriebswirtschaftslehre und des Marketing. Es soll einen gut strukturierten und verständlichen Überblick über das moderne Marketing bieten und vor allem zum Denken und Diskutieren anregen. Die ersten drei Kapitel sind stark managementorientiert konzipiert. Sie beschreiben die grundlegenden Marketingprobleme und deren Lösungsansätze auf strategischer und operativer Ebene. Das Kapitel 4 widmet sich den Methoden des Marketing. Im Kapitel 5 wird schließlich die Marketingtheorie exemplarisch aufgearbeitet und die Fähigkeit des Lesers zum kritischen Umgang mit Modellen geschärft. Lernen lernen erscheint mir gerade in diesem Punkt wichtiger als Faktenwissen.

Die **Zielgruppen** des vorliegenden Werkes sind in erster Linie Studierende der BWL im Grund- und Hauptstudium, aber auch fachfremde Studierende und Praktiker (z.B. aus technischen, juristischen oder medizinischen Bereichen), die sich in kompakter Weise mit den Grundprinzipien und -regeln des Marketing vertraut machen wollen. Umfassende Grundlagenkenntnisse der BWL sind zum Verständnis des Werkes nicht erforderlich. Das Buch eignet sich auch hervorragend für entsprechende Weiterbildungskurse in der Praxis sowie für das Selbststudium.

Ohne zahlreiche Helfer kann ein Werk solchen Zuschnitts nicht mehr zustande kommen. Ganz besonders trifft dies bei diesem Buch auf die integrierte Fallstudie zu, für die Herr Dipl.-Kfm. Hans Stamer die Textentwürfe lieferte. Herr Stamer war bis Ende 2001 als Produktgruppen-Manager selbst verantwortlich für die marktorientierte Führung der Waschmittelmarken der Deutschen Unilever und somit für diese Aufgabe hoch kompetent. Mein ganz besonderer Dank gilt ferner Frau Doris Häusner, der die umfangreiche redaktionelle Betreuung und die Bildbearbeitung oblagen. Frau Dipl.-Kffr. Gabriele Brambach und Herr cand.rer.oec. Marco Schüssler kümmerten sich mit großer Professionalität um die Einbandgestaltung und Drucklegung. Viele Studierende und Mitarbeiter an meiner Heimatfakultät in Nürnberg haben schließlich durch ihre Korrekturanmerkungen zu einem Vorabdruck vom Herbst 2001 zur Qualität des Buches entscheidend beigetragen. Die Letztverantwortung bleibt ungeachtet dessen freilich bei mir. Ich bitte die Leser um intensives Feedback, von dem zukünftige Auflagen nur profitieren können. Am einfachsten geschieht dies per E-Mail unter der Adresse Diller@wiso.uni-erlangen.de.

Nürnberg, im Juni 2002   Prof. Dr. Hermann Diller

Inhaltsübersicht

Kapitel 1

Konzeptionelle und theoretische Grundlagen des Marketing

Inhaltsverzeichnis

Kapitel 1: Konzeptionelle und theoretische Grundlagen des Marketing

Kapitel 1

Absatz, Marketing und Marktstrukturen

Lernziele:

In diesem Kapitel wird erläutert,

- warum Absatzpolitik überhaupt notwendig ist und welche verschiedenen Ursachen dafür verantwortlich sind,
- welche Funktionen Märkte in diesem Zusammenhang übernehmen,
- warum Marketing ein für heutige Märkte unverzichtbares Managementkonzept darstellt,
- was Marketing im Einzelnen bedeutet,
- welche Institutionen an der Lösung der Vermarktungsprobleme mitwirken,
- welche Aufgabenkomplexe Absatzmanager zu erfüllen haben,
- welche Prozesse im Absatzbereich eines Unternehmens ablaufen,
- welche Entwicklungsstufen das Marketing durchlaufen hat,
- welche Kritik am Marketing geübt wird,
- welche Ziele die Marketingtheorie verfolgt und in welche Teilbereiche sie sich auffächert und
- wie das Marketing durch bestimmte theoretische Konstrukte unterstützt werden kann.

Nach Durcharbeitung dieses Kapitels sollten Sie in der Lage sein, jemandem zu erklären, warum Marketing und Marketingwissenschaft notwendig sind und was sie beinhalten. Außerdem sollten Sie die Funktion von Märkten für die Absatzpolitik von Unternehmen verstehen und in der Lage sein, die wichtigsten Absatzprobleme in bestimmten Märkten zu erläutern. Darüber hinaus sollten Sie die einschlägigen Fachbegriffe beherrschen und einen Überblick über die Kategorien der Marketingtheorie besitzen.

1.   Die Entstehung des Absatzproblems

1.1   Die Entkopplung von Produktion und Konsum als Ursprung des Absatzproblems

Unsere Volkswirtschaft hat sich im Laufe von Jahrtausenden entwickelt. Schon lange vor Christi Geburt gab es internationale Handelsbeziehungen, mit denen Güter zwischen verschiedenen Wirtschaftsräumen ausgetauscht wurden. Dies bedeutet, dass Unternehmer Produkte vermarkteten, die sie nicht selbst bzw. nicht für ihren eigenen Bedarf produziert hatten. Genau darin liegt der Kern der Absatzfunktion in Unternehmen: Die hergestellten Güter müssen an Kunden verkauft werden.
Die Urzelle des Wirtschaftens war die Familie bzw. eine Familiensippe, in der jeder das produzierte, was die Gemeinschaft auch konsumierte. In einer solchen „**Eigenbedarfswirtschaft**" entsteht kein Absatzproblem, da Produktion und Konsum unmittelbar miteinander verkoppelt sind. Die Produzenten sind gleichermaßen Konsumenten ihrer eigenen Produkte und wissen deshalb genau, welcher Bedarf besteht und welche Produkte mit welcher Priorität zu erzeugen bzw. zu beschaffen sind.

Schon sehr bald entwickelte sich freilich in der Wirtschaftsgeschichte eine **Arbeitsteilung,** zunächst innerhalb der Familie (z.B. Beschaffung von Fleisch im Wege der Jagd durch die Männer, Zubereitung des Essens durch die Frauen etc.), später durch Spezialisierung und Handel mit anderen Familien bzw. Stämmen. Mit der Überschreitung des Wirtschaftsgeschehens über die eigene Sippe hinaus erfuhr Wirtschaften einen entscheidenden Wandel: Nunmehr war es möglich, Produkte für den **Fremdbedarf** zu produzieren und gegen andere Produkte einzutauschen, die man nicht selber herstellte. Dies war der Ursprung der **Fremdbedarfswirtschaft**, mit welcher die Absatzprobleme begannen. Nunmehr nämlich wusste der Produzent nicht mehr genau, welche Produkte von dem zum Zeitpunkt der Produktion möglicherweise noch unbekannten Abnehmer wirklich gewünscht waren und welchen Gegenwert sie zu erbringen vermochten. Derartige Fragen wurden im Wege des **Handels** im ursprünglichsten Sinne beantwortet. Durch Austausch von Waren erhielten diese einen bestimmten Gegenwert und förderten (bei hohem Wert) bzw. minderten (bei niedrigem Wert) die weitere Produktion bestimmter Güter.

Weil sich in einer solchen Fremdbedarfswirtschaft einzelne Wirtschaftseinheiten auf die Produktion und den Vertrieb bestimmter Waren **spezialisieren** konnten, lernten sie die Fertigstellung zu verbessern und zu perfektionieren, nutzten ihre speziellen Ressourcen und Fähigkeiten und setzten entsprechende Geräte dafür ein. Dadurch entstanden **Spezialisierungsvorteile** im Vergleich zur Eigenbedarfswirtschaft, welche erhebliche Effizienzgewinne mit sich brachte: Der Nutzen der Produkte für den Nutzer blieb gleich, die Kosten für die Produktion sanken, d.h. die Waren konnten gewinnträchtiger und/oder billiger verkauft werden . Andererseits galt es gleichzeitig entsprechende **Absatzkanäle** zur Vermarktung dieser Waren zu entwickeln und zu nutzen. Hierfür boten sich sehr rasch gerade darauf spezialisierte **Händler** als Dienstleister an, welche die Kundenbeziehungen vermittelten. Bereits damit war der unmittelbare Kontakt zwischen dem Produzenten und dem Konsumenten einer Ware **entkoppelt**. Diese Entkoppelung stellt die erste und wichtigste Ursache für die Absatzprobleme von Unternehmen dar.

Dieser Prozess hat sich im Laufe der Wirtschaftsgeschichte unablässig fortgesetzt, verfeinert und schließlich zu einer hochgradig komplexen, arbeitsteiligen und vielstufigen Produktions- und Absatzstruktur geführt, die man als **Wertschöpfungskette** kennzeichnen kann.

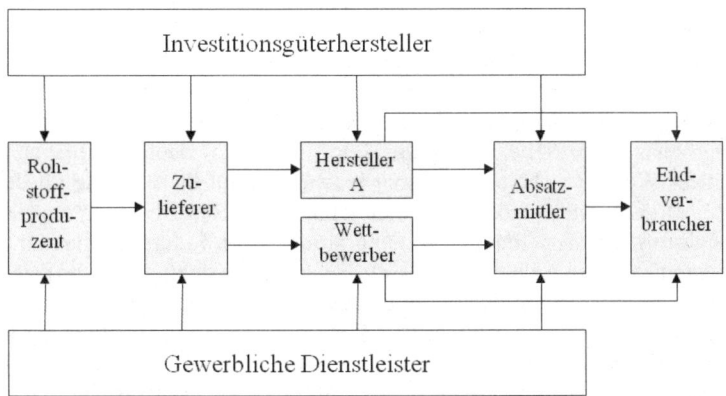

Abb. 1-1: Struktur einer Wertschöpfungskette

Eine **Wertschöpfungskette** (synonym: **Absatzkette**) enthält alle sukzessiv in den Wirtschaftsprozess eingeschalteten Betriebe, die dazu beitragen, dass ein bestimmter Bedarf beim Endverbraucher durch entsprechende Güter oder Dienste gedeckt wird. Ganz allgemein kann man dabei die vier in Abbildung 1-1 dargestellten Branchenstufen unterscheiden, nämlich

- **Rohstoffproduzenten**, welche die für bestimmte Sachgüter erforderlichen Rohmaterialien erzeugen,

- **Zulieferunternehmen**, welche Teile des Produktes fertigen, die als solche alleine noch nicht in der Lage sind, den jeweiligen Bedarf zu decken,

- „**Hersteller**" (**Güterproduzenten**), die gleiche oder ähnliche Güter für die Deckung des Bedarfs beim Endverbraucher produzieren, und schließlich

- **Absatzmittler**, d.h. zwischen Güterproduzenten und Endverbraucher eingeschaltete Unternehmen, die – ohne dass sie selbst die Güter (wesentlich) verändern – dafür sorgen, dass die Güter an den Endverbraucher herangeführt werden. Auch zwischen verschiedenen Vorstufen der Güterherstellung können Absatzmittler – als sog. **Produktionsverbindungshandel** – eingeschaltet sein (z.B. Stahlhandel).

Darüber hinaus existieren weitere Unternehmen, die notwendige **Anlagegüter** (z.B. Werkzeugmaschinen, Gebäude etc.) in die Wertschöpfungskette einbringen (**Investitionsgüterhersteller**) bzw. durch **gewerbliche Dienstleistungen** (z.B. EDV-Software, Finanzierung des Kapitalbedarfs, Marktforschung etc.) dazu beitragen, dass die in der

Wertschöpfungskette ablaufenden Produktions- und Vermarktungsprozesse (besser) funktionieren.

Fallbeispiel: Bleistiftmarkt

Bei einem scheinbar so banalen Produkt wie einem Bleistift sind einerseits Unternehmen der Holzwirtschaft und andererseits der Graphitgewinnung als Rohstofflieferanten aktiv. Die Holzwirtschaft selbst lässt sich dabei wiederum aufgliedern in Samenzuchtbetriebe für schnell wachsende Hölzer, Forstbetriebe zur Aufforstung der Bäume, Transportbetriebe zum Fällen und Abtransport der Bäume, Sägewerke zur Entrindung, Zerkleinerung, Lagerung und Trocknung der Hölzer sowie spezielle Holzgroßhandelsbetriebe, welche die Hölzer in verschiedener Qualität an bestimmten Orten für Weiterverarbeiter verfügbar halten. Die auf diese Weise für die Verarbeitung „reif gemachten" Hölzer wandern dann in die Bleistiftfabrik, wo sie mit den in der Rohstoffkette der Graphiterzeugung produzierten Rohmaterialien zu einem Bleistift vereint werden („Güterhersteller"). Nicht ungewöhnlich ist, dass sich Güterhersteller Teile dieser Vorstufen-Kette im Wege der vertikalen (Rückwärts-) Integration selbst eingliedern, insb. um von den Vorlieferanten weniger abhängig zu sein und größeren Einfluss auf sie nehmen zu können. Umgekehrt übernehmen gelegentlich aber auch Hersteller der Zulieferstufen im Wege der Vorwärtsintegration Betriebe nachgelagerter Stufen.

In der Rohstoffkette der Graphiterzeugung befinden sich u.a. Graphitminen, die den nötigen Rohstoff abbauen, sowie Aufbereitungsbetriebe, in denen das Graphit gereinigt, gegebenenfalls chemisch und physikalisch bearbeitet und für die weitere Verwendung vorbereitet wird. Bleistifte werden dann von den Blei-stiftherstellern entweder direkt (z.B. über Internet oder Kataloge) oder indirekt über Groß- und Einzelhandelsbetriebe an die privaten oder gewerblichen Verbraucher vertrieben.

Neben den bisher betrachteten Betrieben der Absatzkette gibt es im Bleistiftmarkt Ausstatter- und Dienstleistungsbetriebe, die keine unmittelbaren Bestandteile des Produktes der Wertkette fertigen, sondern Güter oder Dienste für den Herstellungs- und Vertriebsprozess solcher Güter beisteuern. Sie wirken also nur indirekt an der Wertschöpfung mit. Beispielsweise benötigen die Bergbau- ebenso wie die Forstbetriebe entsprechende Geräte (Bagger, Sägen, Förderbänder etc.), die Sägewerke Sägeanlagen und Transporteinrichtungen und der Handel Räume und Regale zur Lagerung der Waren. In der Bleistiftfabrik selbst sind ebenfalls Räumlichkeiten und Maschinen bereitzustellen, um die Produktion vorzunehmen, Prospekte zu gestalten und zu drucken etc. Der Groß- und Einzelhandel wiederum benötigt z.B. neben Räumen und Regalen bzw. Verkaufsgeräten (wie alle anderen Unternehmen der Absatzkette) Computer und Software zur Steuerung dieser Prozesse sowie einschlägige gewerbliche Dienstleistungen (Reinigung, Geldtransport, Werbung etc.).

Unser Beispiel macht deutlich, dass selbst bei einem so simplen Produkt wie einem Bleistift eine Fülle von Unternehmen zusammen wirken muss, um dieses Produkt zu erstellen und an den Endabnehmer heranzubringen. Produktion und Konsum sind im Gegensatz zur Eigenbedarfswirtschaft also weitestgehend **entkoppelt**. Der Forstbetrieb weiß meist ebenso wenig wie der Graphithersteller, wer letztendlich die Nutzer der von ihnen erzeugten Güter sind. Selbst auf seiner eigenen Absatzstufe produziert er oft für einen **anonymen Markt**, wo unbekannt ist, welche Käufer letztendlich die Ware abnehmen.

Produktion und Konsum sind so in mehrfacher Weise entkoppelt.

- Sie erfolgen durch unterschiedliche Personen bzw. Institutionen (**personelle Entkoppelung**).
- Dadurch entstehen Informationsdefizite, insb. hinsichtlich der vom Kunden erwünschten Qualitätsmerkmale (**qualitative Entkopplung**).
- Sie erfolgen an verschiedenen Orten (**räumliche Entkoppelung**). Damit werden Transporte (mit entsprechenden Transportkosten) erforderlich.
- Sie erfolgen in anderen Mengen (**mengenmäßige Entkopplung**), weil die Produktion zur Kostenminimierung möglichst kontinuierlich und in großen Produktionslosen organisiert wird.
- Sie erfolgen in einem anderen Rhythmus (**zeitliche Entkoppelung**), weil der Konsum zeitliche Schwankungen aufweist (z.B. jahreszeit- oder festtagsbedingte **Saisons**) bzw. die Produktion nach Naturgegebenheiten erfolgt (z.B. begrenzte Erntezeiten). Damit entsteht die Notwendigkeit zu Zwischenlagern.

In dieser fünffachen Entkopplung von Produktion und Konsum liegt der eigentliche Ursprung des Absatzproblems. Nunmehr ist dem Produzenten nicht mehr unmittelbar bekannt, welche Güter der Endabnehmer wirklich wünscht, ob und von wem neue Güter akzeptiert werden, wie der Kunde am besten über die Angebote informiert werden kann, welche Preise er für bestimmte Güter wirklich zu zahlen bereit ist und an welchen Orten er die Ware am liebsten kaufen will.

Die Entkoppelung von Produktion und Konsum verursacht also

- **Informations- und Kommunikationsprobleme**, insb. mangelnde oder unzureichende Kenntnis der Kunden und deren Bedarfe sowie auf der Verbraucherseite unzureichende oder mangelnde Kenntnis der Anbieter und deren Leistungen. Deshalb müssen **Informationsströme** in Gang gesetzt und optimiert werden, die dieses Defizit wieder vermindern.
- Zweitens ergeben sich **logistische Probleme der Quantitäts-, Raum- und Zeitüberbrückung**, die durch entsprechende Transport- und Lagervorgänge gelöst werden müssen (**Güterstrom**).
- Neben dem Informations- und dem Güterstrom gilt es schließlich in der Absatzkette auch noch einen **Geldstrom** zu organisieren, da der Kauf der Waren – abgesehen von so genannten **Bartergeschäften** (Waren als Entgelt) – heute nicht mehr durch Warentausch, sondern durch Hingabe von Geld geschieht. Dieser Geldfluss muss in Gang gesetzt, überwacht und physisch vollzogen werden. Darüber hinaus entsteht durch die zeitliche Entkoppelung ein **Kapitalbedarf**, den das Unternehmen aus eigenen oder fremden Mitteln, u.U. auch solchen von Lieferanten oder Kunden, zu decken hat.

Die in Abbildung 1-1 dargestellte Wertschöpfungskette wird demnach durch die Differenziertheit der eingeschalteten Betriebe und die Art und Intensität der zwischen den Betrieben ablaufenden Güter-, Informations- und Zahlungstransaktionen charakterisiert. Alle Transaktionen verursachen dabei mehr oder minder hohe **Vertriebs- oder Absatzkosten**, d.h. bewerteten Güterverzehr für die Erbringung der entsprechenden Leistungen. Andererseits entstehen mit jeder Transaktion auch bestimmte Nutzenkomponenten (z.B. Zahlungssicherheit, Markttransparenz, jederzeitige Güterverfügbarkeit etc.), für die der jeweilige Abnehmer in der Absatzkette entsprechende Preise zu zahlen bereit ist. In der Eigenbedarfswirtschaft sind derartige Leistungen überflüssig, die Wertschöpfung besteht allein aus der Produktion des jeweiligen Gutes. In arbeitsteiligen Wertschöpfungsketten erstreckt sich die Wertschöpfung dagegen nicht nur auf das zu produzierende Gut selbst, sondern auch auf die begleitenden Güter und Dienstleistungen. Volkswirtschaftlich betrachtet müssen die Kostenersparnisse durch die Arbeitsteilung in einer solchen Fremdbedarfswirtschaft höher sein als die Kosten für die Bereitstellung dieser begleitenden Güter und Dienste. Nur dann entsteht in der Wertschöpfungskette ein über den Wert des Gutes hinausgehender „added value“, d.h. zusätzlicher Nutzen für eine oder mehrere der in die Produktionskette eingeschalteten Institutionen.

Jede **Transaktion**, d.h. jeder Geschäftsvorfall in der Wertkette, hat zumindest zwei Partner, nämlich einen Verkäufer und einen Einkäufer. Absatz und Beschaffung sind insofern nur die Kehrseite ein und desselben Prozesses. Dabei lassen sich bestimmte Transaktionsaufgaben vom produzierenden (verkaufenden) zum abnehmenden (einkaufenden) Partner verschieben und umgekehrt. Beispielsweise wird der Endkunde u.U. die Lagerung der Ware bis zum Konsum übernehmen, wenn sich das für ihn aufgrund günstigerer Einkaufspreise lohnt (z.B. bei Heizöl, Kartoffeln, Sonderangeboten etc.). Jedem Glied der Produktions- und Absatzkette steht es frei, bestimmte Funktionen, die vorher vor- oder nachgelagerte Unternehmen übernommen haben, nunmehr selbst zu erfüllen („**Insourcing**“) oder umgekehrt bisher wahrgenommene Funktionen auf Zulieferer oder Abnehmer gegen Entgelt bzw. entsprechende Preisnachlässe zu übertragen („**Outsourcing**“). Online-Banken haben z.B. die intensive persönliche Beratung von Bankkunden aus ihrem Leistungsspektrum ausgeschlossen und konzentrieren sich lediglich auf die Abwicklung von Wertpapiertransaktionen. Der Kunde muss diese Funktion dann entweder selbst übernehmen oder sich der (meist entgeltlichen) Hilfe eines Beraters bedienen. Die in der Wertschöpfungskette ablaufenden Aktivitäten sind also keineswegs für bestimmte Unternehmen und Wirtschaftsstufen festgeschrieben, sondern unterliegen einem **Wertschöpfungswettbewerb**, in dem jeweils der eine bestimmte Leistung bestimmter Qualität am kostengünstigsten produzierende Anbieter zum Zuge kommen soll. **Geschäftsmodelle** sind spezifische Ausformungen und Kombinationen von Wertschöpfungsaktivitäten, mit denen ein Unternehmen ihren Erfolg sucht. Sie zielen auf Wertschöpfung (Erlöse minus Kosten der fremd bezogenen Vorleistungen) für die im Unternehmen agierenden Stakeholder (Kapitaleigner, Mitarbeiter, Staat). Beispielsweise haben viele Automobilfirmen nur noch eine Wertschöpfungstiefe von unter 20% und konzentrieren sich ganz auf Entwicklung und Design der Modelle, auf die Montage und auf die Vermarktung ihrer Fahrzeuge inkl. der dazugehörigen Markenpolitik. Damit verdienen sie das Geld für die Bezahlung der Mitarbeiter, die Verzinsung des Fremdkapitals und die Dividenden für die Aktionäre sowie die Unternehmenssteuern. Der Rest der Erlöse eines Autos fließt an die Vorlieferanten und von dort wiederum an deren Vorlieferanten usw.

1.2 Märkte und Wettbewerb als Koordinationsmechanismen entkoppelter Wirtschaftseinheiten

1.2.1 Marktmerkmale und -formen

In Volkswirtschaften, die nach dem marktwirtschaftlichen Prinzip organisiert sind, wird das Transaktionsgeschehen durch die ordnende Kraft von **Märkten** reguliert, die dem Prinzip des **Wettbewerbs** unterworfen sind („invisible hand", *Adam Smith*).

> Auf **Märkten** treffen Angebot und Nachfrage aufeinander. Anbieter und Nachfrager tauschen – eingebettet in einen Wettbewerbsprozess – in eigener Souveränität Leistungen und Gegenleistungen aus. Im Gegensatz zur Planwirtschaft entscheiden keine übergeordnete Behörden, sondern Anbieter und Nachfrager über Art und Menge der ge- bzw. verkauften Güter. Die Art des Zusammentreffens erfolgt durch verschiedene Vermarktungsmedien (individuelles Gespräch, Telefon, Internet, Katalog etc.) und spezielle Marktveranstaltungen (Messen, Jahrmärkte, Börsen, organisierte (Internet-)Marktplätze etc.) im Rahmen eines stattlich geregelten Marktrechts.

In früheren Zeiten war dieses Marktgeschehen an örtliche Gegebenheiten, etwa Marktplätze oder Kreuzungspunkte überregionaler Transportwege, gebunden (**historischer Marktbegriff**). Heute kommt es definitorisch weder auf den Ort noch das Medium an, über das die Transaktion abgewickelt wird. Entscheidend ist nur das Zusammentreffen von Anbietern und Nachfragern für bestimmte Wirtschaftsgüter. Die **Charakterisierung eines Marktes** kann dabei nach unterschiedlichen Merkmalen erfolgen:

(1) Nach der **Art der Akteure**, die auf dem Markt zusammentreffen, wobei zunächst grob zwischen Märkten mit ausschließlich gewerblichen Teilnehmern (**Business-to-Business-** oder **BtB-Märkten**) und Märkten mit privaten Abnehmern (**Business-to-Consumer-** oder **BtC-Märkten**) unterschieden werden kann. In einer weiteren Untergliederung kann dann auf Teilgruppen von Anbietern oder Nachfragern abgestellt werden, etwa beim „Seniorenmarkt" auf die Gruppe der älteren Konsumenten, oder beim „Luftfahrtmarkt", wo verschiedene Luftverkehrsgesellschaften als Anbieter miteinander konkurrieren.

(2) Nach der **Anzahl der Marktteilnehmer.** Hier unterscheidet man Monopole bzw. Oligopole bzw. Polypole, wenn nur ein bzw. einige wenige bzw. viele anbieteraktiv sind. Diese Einteilung ist wichtig für die **Marktmacht** der Marktakteure.

(3) Nach der **Art der ausgetauschten Güter** (Wirtschaftsobjekte), wobei die Abgrenzung der **Güterkategorien** nach Maßgabe sehr unterschiedlicher, meist technischer, organisatorischer oder nutzenbezogener Kriterien erfolgen kann. Z.B. unterscheidet man im „Telekommunikationsmarkt" (übergeordneter Markt) den Markt für Festnetz- und für Mobilkommunikation (technische Abgrenzung). Die Bekleidungsanbieter, welche

im Wege des Katalogverkaufs an die Kunden herantreten, bilden den „Versandhandelsmarkt für Bekleidung". Hier wird die Abgrenzung also nach organisatorischen Merkmalen getroffen. Der „Unterhaltungsmarkt" wird durch den Unterhaltungswert der gehandelten Güter und Dienste abgegrenzt. Hier stehen also Nutzenmerkmale im Vordergrund. Entsprechend vage wird die Eingrenzung der relevanten Güter (z.B.: Ist Mobilfunk ein Unterhaltungsmedium?). Die „richtige" Marktabgrenzung ist oft außerordentlich schwierig und grundsätzlich nur nach Zweckmäßigkeitsgesichtspunkten entscheidbar. Im Hinblick auf den Wettbewerb kommt es letztlich auf den Grad der Substituierbarkeit bestimmter Güter bzw. Anbieter durch andere Güter bzw. Wettbewerber an. In juristischen Wettbewerbsprozessen wird diesbezüglich vom **„relevanten Markt"** gesprochen. Die Festlegung des relevanten Marktes ist dabei v.a. hinsichtlich des Marktanteils (und damit einer möglichen Marktbeherrschung) einer Firma wichtig, da bei gegebenem Umsatz der Marktanteil mit der Enge der Marktabgrenzung steigt.

(4) Nach der **Wirtschaftsstufe in der vertikalen Wertschöpfungskette** unterscheidet man **Absatz-** und **Beschaffungsmärkte** und gliedert diese entsprechend der jeweiligen Einordnung in die Absatzkette auf. So existieren **Zuliefermärkte** für Teile, die von Konsumgüterproduzenten beschafft, zu Endprodukten montiert und auf **Fertigwarenmärkten** an Händler weiterverkauft werden, die dann ihrerseits auf den sog. **Weiterverkäufermärkten** diese Produkte an die Endabnehmer heranführen. Ein fertiges Konsumgut wird also typischerweise zunächst auf BtB-Märkten (Hersteller – Handel) und anschließend auf BtC-Märkten (Händler – Konsument) vermarktet. Naturgemäß bestehen zwischen diesen vertikalen Marktkettenstufen mehr oder minder starke Interdependenzen. So wird letztlich ein Zulieferer von Bleistiftholz langfristig nur dann erfolgreich agieren können, wenn die Bleistiftnutzer mit der Qualität dieses Holzes zufrieden sind, auch wenn er mit diesen selbst nicht mehr unmittelbar in Kontakt tritt.

(5) Nach dem **Vollkommenheitsgrad** der Märkte, einem theoretisch wichtigen Merkmal, lassen sich **vollkommene** und **unvollkommene** Märkte unterscheiden. Erstere haben lediglich idealtypischen (hypothetischen) Charakter und stellen eine gedankliche Konstruktion dar, bei der das Marktgeschehen völlig reibungslos und effizient abläuft.

> Ein **vollkommener Markt** ist völlig homogen, reagiert unendlich schnell, weist keine Präferenzen bei den Anbietern und Nachfragern sowie vollkommene Markttransparenz auf, wobei sich Anbieter und Nachfrager nutzenmaximierend verhalten. Reale Märkte sind immer unvollkommen, was die Aktionsspielräume der Akteure erhöht. In vielen Fällen ist es nachgerade das Ziel des absatzpolitischen Bemühens der Anbieter, sich – z.B. durch einzigartige Produkte – der Homogenität und Transparenz zu entziehen, um im Wettbewerb unvergleichbar zu werden.

(6) Nach der Machtstellung von Anbietern bzw. Nachfragern unterscheidet man Verkäufer- und Käufermärkte. Auf **Verkäufermärkten** sind die Verkäufer in der vergleichsweise besseren Machtposition. Dies kann etwa durch einen Nachfrageüberhang (z.B. bei Erdöl), durch Intransparenz der angebotenen Leistungen (z.B. bei Beratungsleistungen), durch unterschiedliche Professionalität der Ver- bzw. Einkaufsprozesse (etwa durch Einsatz professioneller Verkäufer) oder durch die Größe der Anbieter bedingt sein, die zu Abhängigkeiten der Nachfrager führt. Die meisten Gütermärkte sind heute aber **Käufermärkte**, bei denen die Käufer in einer besseren Marktsituation ste-

hen, weil sie beliebig zwischen mehreren Anbietern auswählen können und wenig Initiative ergreifen müssen, um neue oder andere Problemlösungen für ihre Konsumprobleme zu finden. Dafür sorgen die Anbieter, die im Wettbewerb um die Gunst der Kunden stehen. Sie müssen sich dazu selbst durch Marktforschung über ihre möglichen Kunden informieren. Die Information der Kunden über die Produkte und Dienste sowie der Vertrieb sind dagegen eine „Bringschuld" der Anbieter und keine „Holschuld" der Nachfrager. In Käufermärkten müssen Unternehmen also selbst aktiv werden, um ihre Leistungen vermarkten zu können. Der auf fast allen Gütermärkten zu beobachtende Wandel von Verkäufer- und Käufermärkten nach dem 2. Weltkrieg war ein wesentlicher Auslöser für das Marketing als einer absatzpolitischen Konzeption, bei welcher die Anbieter von sich aus auf die Nachfrager zukommen und Güter und Dienste auf deren Bedürfnisse hin abstimmen müssen (s.u.).

(7) Auf Grund des zunehmenden Geschäftsvolumens im Internet ist die Unterscheidung zwischen elektronischen und stationären Märkten wichtig (Marktmedium). Auf **stationären Märkten** erfolgt der Güter-, Geld- und Informationsaustausch durch direkten Verkäufer – Käuferkontakt beim Anbieter (z.B. Geschäft), beim Kunden (z.B. Vertreterbesuch) oder an vereinbarten Treffpunkten (z.B. Messen). **Elektronische Märkte** nutzen elektronische Kommunikations- und Informationsmedien, wodurch neben den physischen Gütermärkten virtuelle **Informationsmärkte** mit sog. **Intermediären** entstehen, auf denen sich die Marktakteure informieren und miteinander in Kontakt treten können (z.B. Suchmaschinen wie immobilienscout24.de). Der Kontaktanlass auf elektronischen Märkten kann dabei von der Information (z.B. via Homepage, Email oder SMS) über Preisverhandlungen und Kaufabschluss (**E-Commerce i.e.S.**), bei virtuellen Gütern (z.B. Bücher, Software, Tickets etc.) sogar bis hin zur Lieferung in Form eines Downloads reichen. Charakteristisch für elektronische Märkte ist auch die multilaterale Vernetzung der Marktteilnehmer, etwa in Kundenforen und -clubs oder in Social Media-Gemeinschaften wie facebook, wodurch sehr effektiv Kauferfahrungen ausgetauscht und Meinungsführerprozesse angestoßen werden können. Elektronische Märkte bieten dadurch insgesamt einen spezifischen Kundennutzen, insb. zeitliche und örtliche Unabhängigkeit der Transaktionsprozesse, größere Autonomie der Kunden, Hypermedialität der (digitalen) Informationen, insb. im Vergleich zu Printmedien wie Katalogen (z.B. eine virtuelle Probefahrt), und Individualität sowie Interaktivität, d.h. individuelle und zeitnahe Kontakt- und Reaktionsmöglichkeiten.
Elektronische und stationäre Märkte und die umgebenden Informationsmärkte sind eng ineinander verwoben, oft nutzen die Marktakteure die jeweiligen Medien nämlich jeweils nur für Teile des Kaufprozesses (z.B. Internet nur zur Information, Kauf im Geschäft: „**Click and Brick**"). Ein ganz wesentliches Merkmal elektronischer Märkte liegt darin, dass dort wegen der Globalität, der Virtualität und der Effizienz dieser Märkte nicht nur die gängigen, sondern auch selten nachgefragte Produktvarianten gehandelt werden können. Dadurch erweitert sich das Marktspektrum um das üblicherweise nicht bediente „lange Ende" (**long tail**) eines Marktes und bietet dort neue Chancen der Wertschöpfung (*Anderson* 2007).

(8) Nach der **Zutrittmöglichkeit** werden idealtypisch geschlossene, beschränkte und offene Märkte unterschieden. **Geschlossen** ist ein Markt dann, wenn der Zutritt auf der Angebots- oder Nachfrageseite einem bestimmten Kreis von Marktteilnehmern vorbe-

halten ist, etwa beim überregionalen Brieftransport der Deutschen Post AG oder bei Intranets innerhalb kooperierender Verbundunternehmen. Auf **beschränkten** Märkten ist die Marktteilnahme nur nach Erfüllung bestimmter Voraussetzungen möglich, etwa Befähigungsnachweisen für Handwerksbetriebe, Geschäftsführung durch den Inhaber bei Apotheken, Zulassungen durch das Bundesaufsichtsamt für das Kreditwesen o.ä. Bei **offenen** Märkten steht der Marktzutritt dagegen jedermann und jederzeit frei. Zwischen der Offenheit und der Wettbewerbsintensität von Märkten besteht ein positiver Zusammenhang.

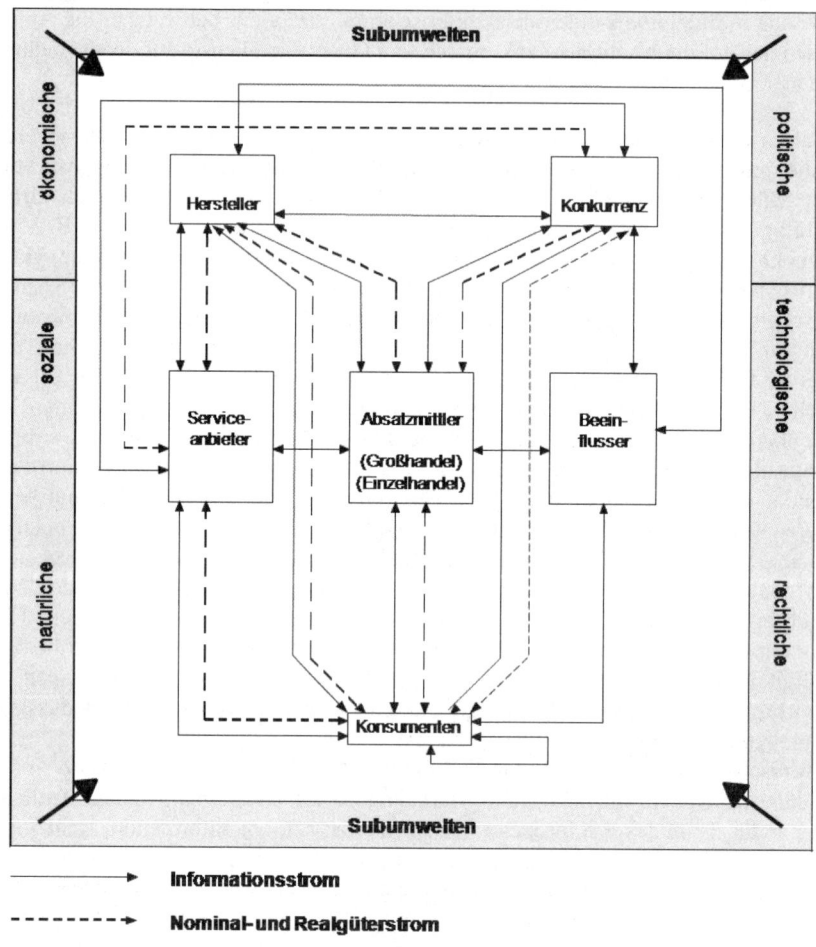

Abb. 1-2: Systemmodell des Marktes

(9) Nach der **Legalität** von Märkten werden **schwarze, graue und legale Märkte** unterschieden. Schwarzmärkte sind Märkte für verbotene Güter (z.B. Rauschgift) oder illegale Marktteilnehmer (z.B. Mafia). Graue Märkte entstehen, wenn bestimmte gesetz-

liche (z.B. die Besteuerung von Zigaretten) oder betriebliche Teilregelungen (z.B. ein vom Anbieter geschaffenes Vertriebssystem, z.B. durch Reimporte) unterlaufen werden.

(10) Nach der **Regionalität** spricht man von **Binnenmärkten** dann, wenn sich der Güteraustausch innerhalb nationaler Grenzen vollzieht. **Exportmärkte** sind dagegen Austauschbeziehungen inländischer Anbieter zu ausländischen Abnehmern. Vom **Weltmarkt** bzw. globalen Märkten wird gesprochen, wenn die Austauschprozesse global agierender Anbieter und Nachfrager gemeint sind.

Aus der **Perspektive der Absatzpolitik** eines Unternehmens ist mit dem „**Absatzmarkt**" in der Regel die Summe der tatsächlichen oder potenziellen Nachfrager nach den entsprechenden Gütern gemeint. In einer weiten, systemtheoretischen Betrachtung zählen zum Absatzmarkt aber nicht nur die Nachfrager, sondern auch die jeweiligen Wettbewerber sowie die in den Absatz eingeschalteten Absatzmittler. Systemtheoretisch stellt ein Markt eine Menge an Marktteilnehmern dar, zwischen denen Güter-, Informations- und/oder Geldbeziehungen bestehen. Auf der Stufe der Konsumgüterhersteller ergibt sich dabei das in Abbildung 1-2 dargestellte Bild, wonach ein bestimmter Hersteller mit bestimmten Wettbewerbern konkurriert. Dazu ist es erforderlich, Informationen über die Konkurrenz einzuholen (s.u.). Durch **Kooperationen** kommt es zu weiteren Transaktionen zwischen den Anbietern. Zunehmend lösen sich dadurch auf vielen Märkten Anbieterunternehmen in **Anbieternetzwerke** auf, zu denen eine Vielzahl von – u.U. hierarchisch gestaffelten – Unternehmen zählt. Beispielsweise agieren auf der Zulieferstufe der Automobilindustrie sog. **Systemlieferanten** als Produzenten von komplexen Produktmodulen (z.B. ganzen Armaturenbrettern), deren Komponenten von mehreren Sublieferanten stammen.

Auf dem Weg zum Konsumenten werden nach der systemtheoretischen Konzeption (Abb. 1-2) ferner **Absatzmittler** sowie **Serviceanbieter** (Absatzhelfer) und **Beeinflusser** (z.B. Ärzte, Architekten etc.) aktiv.

Absatzmittler sind Handelsunternehmen, die Eigentum an der Ware erwerben und damit auch das Risiko für den Absatz übernehmen. Von **Großhandel** ist dabei dann zu sprechen, wenn dieser Betrieb nicht an Endverbraucher, sondern nur an Weiterverkäufer, nämlich den Einzelhandel, oder an gewerbliche Abnehmer vertreibt. **Einzelhandel** ist dagegen der Absatz an Endverbraucher, wobei kleine und große Einzelhandlungen ganz verschiedener Betriebsformen (Bürofachgeschäfte, Zeitschriftenhandel, Supermarkt, Kiosk, Warenhaus etc.) vorkommen. Der Begriff Groß- bzw. Einzelhandel nimmt also nicht auf die Größe der Betriebe Bezug. **Absatzhelfer** (Marketing-Dienstleister) können z.B. Marktforschungs- oder Werbeagenturen sein, die Herstellern und/oder Händlern entsprechende Dienstleistungen gegen Entgelt zur Verfügung stellen. In diese Kategorie fallen aber auch verkäuferisch tätige Absatzhelfer, die selbst kein Eigentum an der Ware und damit Absatzrisiken übernehmen. Beispiele hierfür sind **Internetplattformen** (z.B. ebay), **Kommissionäre** oder **Makler**, die sich gegen Entgelt um die Zusammenführung von Anbietern und Nachfragern bemühen. Interessanterweise bilden sich mit dem Internet zunehmend Beschaffungshelfer, z.B. **Preisagenturen**, die **für die Kunden** aktiv sind, z.B. die besten am Markt auffindbaren Preise ermitteln. Auch sie zählen zum Marktsystem und gehören dort zur Kategorie der Serviceanbieter.

Da sich Kunden nicht selten bei der Beschaffung von Gütern von privaten oder professionellen Experten beraten lassen, spielen die **Beeinflusser** auf manchen Märkten eine wesentliche Rolle für den Absatzerfolg. Beispielsweise hängt der Verkauf von verschreibungspflichtigen Pharmazeutika nahezu vollständig von der Verordnung des Arztes ab. Andere Beispiele betreffen Lehrbücher in Schulen oder Universitäten (Schulbehörde/Professoren) oder Baumaterialien für Neubauten (Architekten).

Das Marktsystem ist schließlich in eine bestimmte (Entscheidungs-) **Umwelt** eingebettet, die sich systemtheoretisch (analytisch) in verschiedene **Subumwelten** aufgliedern lässt (vgl. Abb. 1-2). Zu den relevanten Umweltfaktoren zählen alle Größen, die das Zustandekommen von Markttransaktionen beeinflussen, ohne selbst von den Marktakteuren (wesentlich) beeinflusst werden zu können, also z.B. die Konjunktur, die technische Entwicklung, gesellschaftliche Prozesse oder rechtliche Bestimmungen. Die Technik ist dann bspw. wiederum ein Subsystem, das – wie alle anderen Subsysteme – von vielen spezifischen Akteuren und Prozessen geprägt wird.

1.2.2   Austauschprozesse auf Märkten

Entscheidend für das Verständnis von Märkten ist es, zu erkennen, dass dort **Austauschvorgänge (Transaktionen)** stattfinden, bei denen beide Seiten etwas in der Erwartung anbieten, dafür eine Gegenleistung zu erhalten. Die Leistungen des Anbieters bestehen dabei oft nicht nur aus den Sachgütern, sondern aus einem **Leistungsbündel** aus Sachgut, Dienstleistungen, Informationen und Rechten (*Steffenhagen* 2004, S. 23 ff.). Beispielsweise offerieren Hersteller von Ladenmöbeln ihren Kunden aus dem Handel nicht nur die entsprechenden Möbelstücke, sondern darüber hinaus einen Planungs- und Aufstellservice, Beratung, d.h. Informationen über die optimale Ladengestaltung, sowie gegebenenfalls auch das Recht zur Nutzung eines als Gebrauchsmuster geschützten Displaysystems. Dieses Leistungsbündel lässt mehr oder minder großen Spielraum für eine individuelle Anpassung an die Bedürfnisse des Kunden. Dieser bringt seinerseits als Austauschwert oft nicht nur den entsprechenden Kaufpreis ein, sondern gegebenenfalls auch Informationen für den Verkäufer (z.B. über das Funktionieren bestimmter Güter), Ressourcen zur Erbringung bestimmter Beschaffungsleistungen (z.B. Abholung und Selbstmontage bei Möbeln) oder Rechte, z.B. die Verpflichtung, eine Ware nicht oder nur an bestimmte Abnehmer weiter zu veräußern (**„Vertriebsbindung"**). Aber auch das Sachgut selbst besteht seinerseits aus einem Bündel von Merkmalen, d.h. **Teilqualitäten,** welche jede für sich und in ihrer speziellen Bündelung Nutzen stiften (s. Kap. 2/ 2.).

Beide Seiten, Anbieter wie Nachfrager, benötigen für den Austausch also gewisse Fähigkeiten oder Ressourcen, über die sie sich gegenseitig informieren. Ob es dann zum Verkauf bzw. Kauf kommt, hängt einerseits von der Nutzenstiftung ab, welche das Angebotsbündel auf der Nachfragerseite erzeugt, und andererseits vom Nutzen der Transaktion für den Verkäufer (vgl. Abb. 1-3).

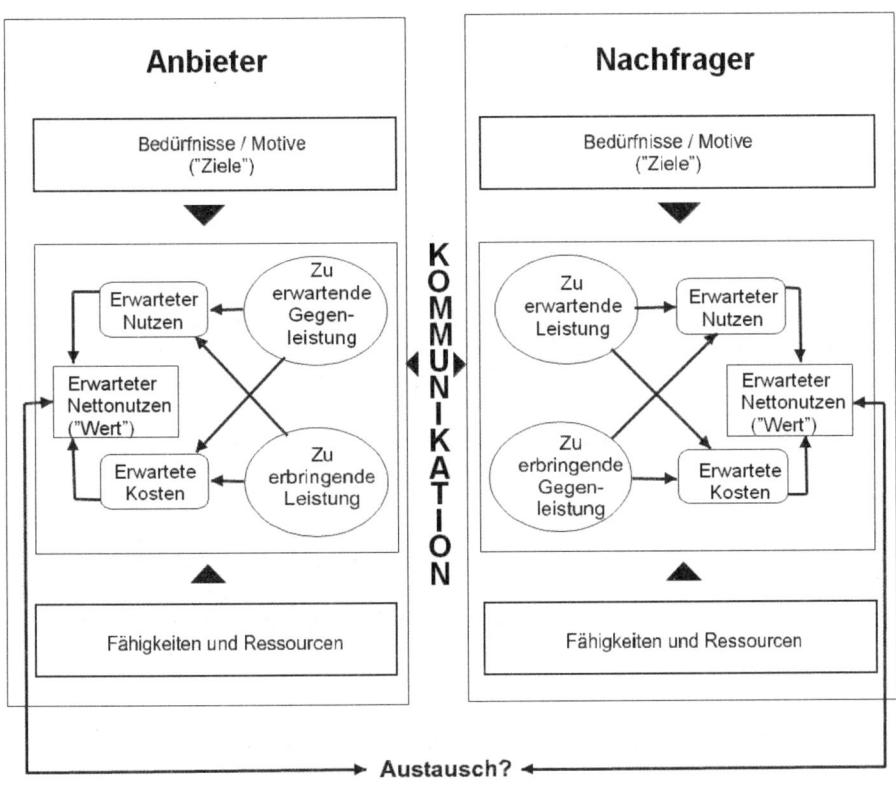

Abb. 1-3: Grundmodell des Austauschs im Markt
(Quelle: Steffenhagen 2004, S. 25)

Ein **Produkt** oder **Wirtschaftsgut** (WG) kann demnach als ein **Bündel von i Teilquali-täten** mit bestimmten Ausprägungen definiert werden, welche beim Kunden j jeweils einen bestimmten Teilnutzen erzeugen, der individuell unterschiedlich gewichtig ist (w_j). Gemessen werden können solche Teilnutzen per Befragung, z.B. durch entspre-chende Zufriedenheitsskalen. Formal gilt demnach für den Gesamtnutzen des Gutes:

(1) $WG_j = \sum TQ_{ij} \cdot w_i$ $(\sum w_i = 1)$

Man erkennt, wie nach dieser subjektiven, nutzenorientierten Interpretation Wirt-schaftsgüter je nach subjektiven Qualitätspräferenzen der Kunden unterschiedlich spezi-fiziert sind. Unter **Nutzen** ist dabei der Grad der Befriedigung bestimmter **Bedürfnisse** zu verstehen, den das Leistungsbündel des Anbieters beim Nachfrager bzw. die Gegen-leistung des Nachfragers beim Anbieter erbringt.

Bedürfnisse sind offene oder latente (d.h. noch unbewusste) Mangelempfindungen des Menschen, die im Kontext entsprechender Situationen Handlungen auslösen. Sie kön-nen unterschiedlich generell formuliert und entsprechend fein untergliedert werden. Die für den Konsum relevanten Bedürfnisse heißen auch **Konsum-** oder **Kaufmotive**.

Im Gegensatz zu Bedürfnissen sind **Bedarfe** bereits an bestimmten Gütern spezifiziert. Das Bedürfnis nach Unterhaltung kann sich z.B. im Bedarf an Kinoplätzen, Gastwirtschaften oder TV-Shows niederschlagen. Für bestimmte Güter, die bisher nicht am Markt angeboten werden, kann **latenter Bedarf** bestehen. Dagegen zeigt sich in der tatsächlichen Nachfrage **offener Bedarf** für bestimmte Güter. **Nachfrage** ist schließlich der mit Kaufkraft ausgestattete Bedarf, der bei den Anbietern (z.B. an der Kinokasse) sichtbar wird. Ob er tatsächlich gedeckt wird, hängt dann von der Angebotskapazität und den (ggf. auch aushandelbaren) Verkaufsbedingungen (Preise, Verkaufsort etc.) ab.

Ob es zum Austauschakt kommt, ist also von den spezifischen Bedürfnissen der Marktbeteiligten abhängig. Beispielsweise kann der Nutzen eines Automobils sehr stark vom Prestigewert der Marke, aber auch von der Wirtschaftlichkeit des Motors geprägt sein, je nachdem, wie wichtig diese Aspekte für den Kunden sind. Umgekehrt können z.B. die Informationen des Kunden über die Funktionstüchtigkeit eines Produktes z.B. für einen Hersteller von Flugzeugen in der Frühphase der Modellerprobung wichtiger sein als das Entgelt, auf das deshalb u.U. zumindest teilweise verzichtet wird („**Lead User-Konzept**").

Kompliziert wird das Marktgeschehen durch den Umstand, dass beide Seiten nicht sicher sein können, ob und inwieweit bestimmte Leistungen der Gegenseite tatsächlich erbracht werden. Dies hängt mit der **Intangibilität** (nicht unmittelbare Einsichtigkeit) bestimmter Leistungsmerkmale zusammen (s.u.). Insofern bestimmt letztlich stets der Saldo aus **erwartetem** Nutzen und **erwarteten** Kosten für jeden Beteiligten („Nettonutzen" oder „Nettowert", engl. **Value**) der Transaktion deren Zustandekommen. Besonders gravierend ist das Problem der Erwartungsbildung bei neuen Produkten, wo die Käufer noch keine Erfahrungen mit den Wirkungen der jeweiligen Leistungen besitzen. Umgekehrt ist es für Anbieter besonders schwer, sich realistische Vorstellungen über Kunden zu machen, wenn diese, wie etwa beim Export in neu zu erschließende Länder, neu gewonnen werden müssen. In aller Regel zielt man dabei nicht nur auf einzelne Transaktionen, sondern auf langfristige **Geschäftsbeziehungen** ab. Geschäftsbeziehungen sind transaktionsübergreifende Verbindungen zwischen Anbietern und Nachfragern (vgl. Kasten), die beiden Seiten spezifische Nutzeffekte erbringen können („**Beziehungsnutzen**"). Beispielsweise erspart sich ein Kunde im Falle des Wiederkaufs bei einem ihm bereits bekannten Anbieter u.U. erhebliche Suchkosten bzw. -risiken.

Damit wird auch deutlich, dass neben dem **Produktnutzen** (Nutzen des Transaktionsobjektes) auch ein **Transaktionsnutzen** existiert, der durch die Art und Weise der Transaktionsprozesse (Fairness, Transparenz, Bequemlichkeit, Schnelligkeit von Kaufprozessen etc.) geprägt wird (vgl. Kap. 2/ 2.).

Geschäftsbeziehung

ist jede aus ökonomischen Motiven heraus aufrecht erhaltene Folge von Interaktionen zwischen zwei wirtschaftlich tätigen Organisationen oder Personen und Gegenstand des Beziehungsmarketing. Geschäftsbeziehungen (GB) unterscheiden sich von Einzeltransaktionen durch folgende Merkmale:
- *mehrmalige, nicht zufällige Interaktion* (Informationskontakt, Kaufprozess, Kaufabschluss, Zahlungsverkehr etc.) zwischen einem Anbieter und einem Nachfrager, wobei

gilt: je intensiver die Interaktion, desto intensiver die GB. Der anonyme Wiederkauf einer Zigarettenmarke führt zwar z.B. zur wiederholten Interaktion, aber wegen der geringen Intensität nur zu schwachen GB. Häufig werden solcher Art Wiederkäufe („Produkttreue") deshalb aus der Definition von GB ebenso ausgeschlossen wie rein private Beziehungen zwischen zwei Personen, auch wenn diese Rollenträger in Unternehmen sind („Personentreue").

- *zeitliche Struktur*: GB entwickeln sich im Zeitablauf, was z.B. im Modell des Kundenlebenszyklus abgebildet wird. Sie entstehen z.T. strategisch geplant, z.T. schleichend durch wiederholte Einzelentscheidung für einen Anbieter, bauen dann auf den Erfahrungen vergangener Interaktionen auf und schaffen für beide Seiten ein mehr oder minder hohes Commitment, zu der Beziehung zu stehen und nicht zu anderen Anbietern bzw. Kunden zu wechseln. Dieses Commitment erzeugt kundenseitig Kundenbindung. Je höher die Kundenbindung ausfällt, desto intensiver sind die GB und der Beziehungserfolg des Anbieters.

- *freie formale Struktur*: GB sind nicht zwingend an bestimmte formale Kontaktstrukturen, wie z.B. Verträge oder Kommunikationsnetze, gebunden, können aber durch solche Strukturen stark gefördert und abgesichert werden. Je stärker die Integration der Geschäftspartner durch vertragsrechtliche oder technisch-organisatorische Verbindungen der Geschäftspartner vorangetrieben wird, desto enger wird die Beziehung (Kundenintegration). GB können im Übrigen sowohl zwischen Personen (in ihrer Rolle als Geschäftsleute) und/oder zwischen Organisationen bestehen und mehrere Personen mit einschließen. Dies erschwert dann allerdings die eindeutige Messung der Beziehungsqualität.

- *Mehrschichtigkeit*: Durch die Mehrmaligkeit der Interaktion, die damit i.d.R. verknüpften persönlichen Kontakte und die Erfahrungen hinsichtlich Zuverlässigkeit und Abhängigkeiten entstehen unterschiedliche, analytisch trennbare Beziehungsebenen, die Ansatzpunkte für das Beziehungsmarketing liefern. Im beziehungssoziologisch orientierten Beziehungsebenenmodell von *Diller* werden z.B. eine Sach-, Emotions-, Organisations- und Machtebene unterschieden.

- *Vertrauen*: GB lassen im Laufe der Zeit die Erfahrungen im Umgang mit dem Geschäftspartner wachsen und senken damit das Kaufrisiko des Käufers, aber auch das Verkaufsrisiko des Anbieters. Daraus erwachsen ökonomisch relevante Vorteile hinsichtlich der Informationskosten und entsprechende Wechselbarrieren.

- *Bindung*: Durch spezifische Investitionen in die GB, z.B. individuelle Beratungsleistungen, kommunikative Vernetzung oder gemeinsame Produktentwicklung, entsteht in GB mehr oder minder starke ein- oder gegenseitige Bindung (lock-in-Effekt), ebenso durch die mit der Zeit steigenden Opportunitätskosten eines Partnerwechsels (Such-, Informations- und Kontrollkosten etc.). Diese kann sich auch als Zwang herausstellen, wenn neue, attraktivere Partner zur Verfügung stehen, aber die Wechselkosten einen Wechsel unattraktiv oder sogar (z.B. bei Verträgen) unmöglich machen (Beziehungsrisiko).

Die *Intensität und Qualität einer GB* kann von gegenseitiger Kenntnis, über gegenseitige Anerkennung, „normalen" Geschäftsverkehr, starke Präferenz des Geschäftspartners („Geschäftsfreundschaft"), gegenseitige Unterstützungsbereitschaft („Geschäftspartnerschaft") oder sogar Identifikation („Fan-Kunde", Strategische Allianz) bis (im Ausnahmefall) hin zur Aufopferungsbereitschaft für den Geschäftspartner („Clan") reichen. Mit zunehmender Intensität der GB kommen dabei immer mehr Beziehungsebenen ins Spiel. Die Beziehungskomplexität steigt, und die GB nimmt immer mehr Merkmale der Kooperation an.

(Textauszug aus Diller, H. (2001): Geschäftsbeziehungen, in: Diller. H. (Hrsg.):Vahlens Großes Marketinglexikon, 2. Aufl., München.)

1.2.3   Marktprobleme und -risiken

Die Organisation des Absatz- und Beschaffungsgeschehens auf Märkten nach dem Wettbewerbsprinzip erbringt für die beteiligten Unternehmen **weitere gravierende Absatzprobleme**:

(1) **Wettbewerbsrisiko:** Der Wettbewerb mit Konkurrenten, die gleiche oder ähnliche Leistungen erstellen (**„horizontaler Wettbewerb"**), hat zur Folge, dass die eigenen Angebote einem horizontalen Wettbewerbsrisiko ausgesetzt sind. Dies bedeutet, dass der Absatz des Unternehmens nicht gesichert ist, weil stets die Gefahr besteht, dass Wettbewerber für den Kunden attraktivere Angebote offerieren. Der vom eigenen Unternehmen angebotene Kundennutzen ist deshalb stets an jenem der verschiedenen Wettbewerber zu **relativieren**. Letztlich entscheidet die Leistungsdifferenz zum Wettbewerb über Erfolg und Misserfolg auf dem Markt.

Dies bedeutet auch, dass ein Anbieter stets zwei Marktparteien gleichermaßen im Fokus behalten muss: Einerseits die Nachfrager und deren Nutzenerwartungen und andererseits die Wettbewerber und deren Nutzenangebote. Dieser Zusammenhang wird im sog. **„Strategischen Dreieck"** abgebildet (vgl. Abb. 1-4).

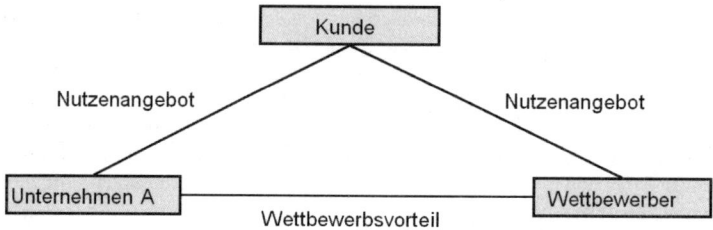

Abb. 1-4: Das Strategische Dreieck

An der Spitze dieses Dreiecks steht der Kunde, der zwischen den Nutzenangeboten verschiedener Anbieter (untere Eckpunkte des Dreiecks) auswählen kann. Das betrachtete Unternehmen A (linker unterer Eckpunkt) ist auf Dauer nur dann wettbewerbsfähig, wenn es gegenüber seinen Konkurrenten zumindest einen **Wettbewerbsvorteil** besitzt. Als Wettbewerbsvorteil ist dabei jedwede Fähigkeit oder Ressource zu verstehen, den Kundennutzen effektiver oder effizienter als der Wettbewerb zu erbringen. Dazu muss der Wettbewerbsvorteil für den Kunden wichtig, langfristig verteidigungsfähig und bedeutsam sein. Beispiele sind Kostenvorteile durch billigere Arbeitskräfte oder Rohmaterialien, besondere Kreativität bei der Ausgestaltung und Vermarktung von Produkten oder bevorzugter Zugang zu bestimmten Kundenkreisen, z.B. durch langjährige Geschäftsbeziehungen und entsprechende Loyalität der Abnehmer. In jedem Falle wird das Unternehmen durch den Wettbewerb einem **Wirtschaftlichkeitsdruck** unterworfen, um mit den Wettbewerbern Schritt halten zu können. Dies gilt für alle Absatzaktivitäten. Nicht wer den Kunden also am meisten bietet und möglichst viele Initiativen entfaltet, sondern wem dies am effizientesten gelingt, kann langfristig im Wettbewerb überleben. Insofern spielen die **Absatz- oder Vertriebskosten** für die Absatzpolitik stets eine zentrale Rolle. Jede Maßnahme ist auf das **Kostenrisiko** hin abzuwägen, d.h. es gilt zu prognostizieren, ob der durch die Maßnahme erzeugte Nutzen die zusätzlich entstehenden Kosten übersteigt.

(2) **Marktselektionsproblem**: Jedes Unternehmen steht es frei, sich auf den jeweils relevanten Absatzmärkten auf bestimmte **Zielgruppen** und **Marktsegmente** zu konzentrieren.

> **Zielgruppen** oder **Marktsegmente** sind Teilgesamtheiten der Abnehmer eines Marktes, die entweder a priori definiert sind (z.B. Altersklassen, Berufszweige, Branchen etc.) oder nach den Regeln der Marktsegmentierung (s. Kap. 2/ 2.) deduktiv abgeleitet werden. Ziel dieser Aufteilung ist es, Kunden so zu Gruppen zusammenzufassen, dass deren Bedürfnisse mit einem bestimmten Leistungsprogramm jeweils bestmöglich befriedigt werden können. Jede dieser Gruppen sollte also bezüglich der Erwartungen und Ansprüche an ein Produkt dieser Art, bezüglich der Einkaufgewohnheiten, des Medienverhaltens usw. möglichst homogen sein. Marktsegmente mit einer relativ geringen Kundenzahl und/oder geringer Wettbewerbsintensität werden **Marktnischen** genannt.

Das Unternehmen muss sich also für bestimmte **Kundenkreise** bzw. für den Gesamtmarkt entscheiden bzw. entsprechende Prioritäten setzen (**Marktselektionsproblem**). Porsche konzentrierte sich z.B. lange auf Interessenten teurer Sportwagen mit hohem Einkommen. Damit geht eine „Frontstellung" mit jeweils spezifischen Konkurrenten (Ferrari, Daimler, BMW etc.) einher. Eine solche Selektion ist gleichzeitig mit spezifischen **Absatzrisiken** verbunden, weil sich die anvisierten Kundenkreise und der Wettbewerb um diese Kunden als weniger vorteilhaft als angenommen herausstellen können. Umgekehrt kann u.U. bei der jeweiligen Zielgruppe durch das zugeschnittene Leistungsangebot eine hohe Kundenbindung mit entsprechenden Preisspielräumen und Vertriebskosteneinsparungen aufgebaut werden, welche ökonomische Vorteile erbringt.

(3) **Vertikales Wettbewerbsproblem:** Die Unternehmen auf den in den Absatzketten nacheinander geschalteten Wirtschaftsstufen, sind in ihrem Erfolg nicht nur vom eigenen Verhalten und dem ihrer horizontalen Konkurrenten, sondern auch von dem vor- und nachgeschalteter Unternehmen abhängig (**Mehrstufigkeit der Märkte**). Beispielsweise kann auch ein objektiv, der horizontalen Konkurrenz überlegenes neues Kosmetikprodukt dann scheitern, wenn es die in den Vertrieb eingeschalteten Absatzmittler nicht hinreichend bewerben oder dem Endkunden verfügbar machen. Ob dies geschieht, hängt nicht zuletzt davon ab, wie viel Gegenleistung der Kosmetikhersteller den Absatzmittlern für deren Leistungen bietet. Unterstützt er die Händler z.B. durch Prospekte, Verkaufspersonal oder Werbekostenzuschüsse, so wird der Verkauf dieser Produkte für den Händler attraktiver. Andererseits erhöhen sich aber auch die Kosten des Herstellers. Geht man von einem fixierten Endabnehmerpreis aus, der letztlich vom horizontalen Wettbewerb bestimmt wird, so vermindert sich dadurch also der Wertschöpfungsanteil, welcher dem Hersteller zufließt. Dasselbe geschieht auf der Zulieferstufe, wenn der Kosmetikhersteller seinen Rohstofflieferanten höhere Preise bezahlen muss. In der gesamten Wertschöpfungskette herrscht also ein **vertikaler Wettbewerb** um den jeweiligen Anteil an der vom Umsatzerlös bei den Endkunden festgelegten Wertschöpfung. Abbildung 1-5 macht diese beiden Formen des Wettbewerbs grafisch anschaulich.

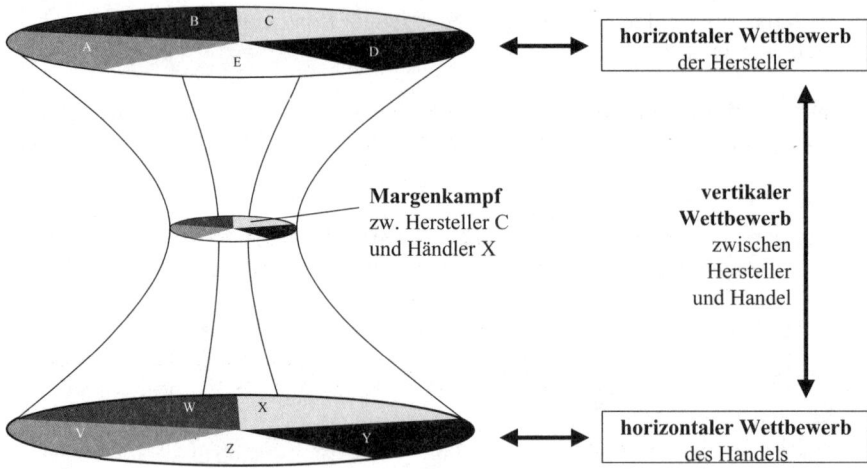

Abb. 1-5: Vertikaler und horizontaler Wettbewerb

Das Absatzproblem von Anbietern besteht also nicht nur darin, Kunden zu finden und mit den eigenen Leistungen zu befriedigen, sondern dies besser als Wettbewerber auf der gleichen Branchenstufe zu tun und gleichzeitig dafür zu sorgen, dass der eigene Wertschöpfungsanteil in der Absatzkette möglichst hoch wird. Dies geschieht wiederum dadurch, dass die eigenen Kosten niedrig gehalten und das Nutzenangebot sowohl für die eigenen unmittelbaren Abnehmer als auch für deren Kunden bis hin zum Endkunden möglichst attraktiv gestaltet werden. Aus volkswirtschaftlicher Sicht geht es darum, eine Aufteilung der vertikalen Wertschöpfungskette derart zu bewirken, dass ein bestimmtes Nutzenniveau mit möglichst niedrigen Kosten über die gesamte Wertkette hinweg erzeugt wird bzw. ein optimales Verhältnis aus Nutzen und Kosten zustande kommt. Absatzpolitik ist deshalb nicht nur auf Kunden und Wettbewerber, sondern auf die ganze Wertschöpfungskette auszurichten („**Wertschöpfungswettbewerb**"). Z.B. sichern sich deutsche Lebensmittelketten eine hochwertige Versorgung mit Südfrüchten durch eigene oder vertraglich gebundene Agrarbetriebe in Südamerika oder Asien.

Aus einzelwirtschaftlicher Sicht bedeutet **Wettbewerb** also marktbezogenes Verhalten, nämlich Bemühen um die Gunst der Kunden bzw. um alle knappen Ressourcen, durch welche die Gunst der Kunden besser gewonnen werden kann. Im volkswirtschaftlichen Sinne ist Wettbewerb ein **Marktmechanismus**, bei dem letztlich die Kaufakte darüber entscheiden, was, wie und für wen in einer Volkswirtschaft produziert werden soll. Der Staat sorgt dabei durch ordnungspolitische Rahmenbedingungen im **Wettbewerbsrecht** für faire Wettbewerbsbedingungen bzw. Vermeidung von Wettbewerbsbeschränkungen, etwa durch Kartelle. Teilweise wird der Wettbewerb bewusst geschürt (z.B. durch Verbot von Kartellen), teilweise aus übergeordneten oder langfristigen Erwägungen aber auch eingedämmt (z.B. durch Marken- oder Patentrechte). Entscheidend ist die langfristige **Funktionsfähigkeit der Märkte**, die nach herrschender Meinung nicht alleine an der Marktstruktur, sondern am Erreichen der Wettbewerbsziele (z.B. Versorgungsqualität, Markttransparenz oder Innovationshöhe) festgemacht wird. Dabei soll es sich stets um einen „**Leistungswettbewerb**" handeln, der im Gegensatz zum „**Nicht-**

Leistungswettbewerb", etwa in Form machtbedingter Verdrängung, steht. Die Wettbewerbsleistung kann allerdings letztlich nur subjektiv, nämlich über das Kaufverhalten der Abnehmer, festgemacht werden.

(4) **Dynamik und Komplexität von Märkten**: Wettbewerb erzeugt Unsicherheit und schafft damit ein Absatzproblem. „Aufgeladen" wird dieses Problem von der jeweils spezifischen **Dynamik** und der **Komplexität** der Märkte.

Marktdynamik entsteht, wenn sich die in Abbildung 1-2 dargestellten Marktbedingungen im Zeitablauf (rasch) verändern. In den vergangenen Jahren haben sich dabei auf vielen Märkten z.T. gravierende Änderungen ergeben, z.B.

- **Globalisierung** der Märkte mit Zulauf neuer Wettbewerber und Nachfrager.

- **Marktkonzentration** durch Fusionen und internes Wachstum und dadurch veränderte **Machtverhältnisse** in der Absatzkette. Beispielsweise vereinen die drei größten Unternehmen des deutschen Lebensmittelhandels (als Kunden der Lebensmittelindustrie) derzeit rund 80% des Absatzes auf sich und besitzen damit **Nachfragemacht**.

- **Deregulierung** früher regulierter Märkte (z.B. Energie, Telekommunikation, Transport, Versicherungen etc.).

- Steigende **Mobilität der Kunden** mit Folgen für die Marken- bzw. Ladentreue und die Bedeutung unterschiedlicher Absatzkanäle.

- **Gesellschaftlicher Wertewandel** mit veränderten sachlichen Präferenzen (z.B. Erlebnis- statt Erholungsreisen), zeitlichen Präferenzen (z.B. Verschiebung von Weihnachtseinkäufen auf die Zeit nach Weihnachten), örtlichen Präferenzen (z.B. verkehrsbedingte Umlenkung von Nachfrageströmen in verkehrsgünstig gelegene Einkaufszentren am Rande der Stadt) oder persönlichen Präferenzen (z.B. Anonymisierung des Einkaufs durch das Internet).

- **Internet und Mobilfunk** verändern das Kommunikationsverhalten und damit die Rahmenbedingungen für effektive Werbung. Printmedien finden weniger Akzeptanz, und in den USA überholte das Internet bereits das Fernsehen als Werbemedium.

- **Produkttechnische Fortschritte** und **Produktkonvergenzen** (Zusammenwachsen verschiedener Technologien, z.B. Computer und Handy) führen zu **verkürzten Lebenszyklen** und damit zu steigendem Innovationswettbewerb, aber auch -risiko.

- **Marktsättigung** auf vielen traditionellen Märkten, z.B. auf Grund hoher Haushaltspenetration (Kühlschränke, Urlaubsreisen etc.).

- **Demographische Entwicklung** mit sinkenden Kundenzahlen, insb. im Bereich der besonders konsumfreudigen jüngeren Verbraucherschichten. Andererseits sorgt der Trend zu sog. **Single-Haushalten** für eine Gegenentwicklung bei der Zahl der Haushalte.

Die Absatzproblematik dynamischer Märkte steigt umso mehr, je rascher und unerwarteter solche Veränderungen auf den Beschaffungs- und Absatzmärkten eines Unternehmens auftreten. Sie führen zu einer **sich selbst verstärkenden Dynamik**, weil die

Wettbewerber versuchen, diesen Veränderungen Rechnung zu tragen und damit erneut neue Bedingungen für die Transaktionen der anderen Unternehmen schaffen. So war das iPhone von Apple mit seiner bequemen Benutzerführung ein wichtiger Treiber des Mobile-Marketing, das wiederum andere Medien des E-Commerce verdrängt.

Ähnliche Absatzprobleme schafft die **Komplexität der Marktbedingungen**. Komplexität wird dabei insbesondere durch die Anzahl relevanter Einflussfaktoren und deren interdependente Wirkungszusammenhänge geschaffen. Auch hier haben sich in den letzten Jahren auf vielen Märkten drastische Veränderungen ergeben:

- Die **technische Komplexität** wuchs durch die notwendige Kombination verschiedener Technologien, die gleichermaßen zu beherrschen waren.

- Die zunehmende **Globalisierung** sorgt für eine erheblich größere Anzahl an Marktteilnehmern und Marktbeziehungen.

- Das **Marktverhalten der Abnehmer** ist – nicht zuletzt wegen immer höherer Anteile des frei verfügbaren und damit impulsiv verwendbaren Einkommens – zunehmend unberechenbarer geworden. Das Einkaufsverhalten wird von immer mehr Einflussfaktoren bestimmt.

- **Neue Vertriebskanäle**, wie das Internet oder Fabrikverkaufszentren, verbreitern den Warenfluss in der Absatzkette und machen ihn schwieriger zu überschauen und zu gestalten.

- Die **Emanzipation der Marktpartner**, sei es auf Handels- oder auf Endabnehmerstufe, sorgt für kompliziertere Machtverhältnisse mit zahlreichen Sach- und/oder Verteilungskonflikten. Beispielsweise sehen sich viele Hersteller von Konsumgütermarken zunehmenden Marktanteilen von **Handelsmarken** gegenüber, was einen zusätzlichen Wettbewerb zwischen Handels- und Herstellermarken entfacht.

Abb. 1-6: Entstehung und Folgen des Absatzproblems

Abbildung 1-6 fasst unsere bisherigen Überlegungen zusammen: Die **Absatzproblema-tik** entsteht durch die **Entkoppelung von Produktion und Konsum,** was wiederum durch die **Installation von Märkten** volkswirtschaftlich bewältigt wird. Aus einzel-wirtschaftlicher Sicht entstehen dadurch das Problem der **Kunden(gruppen)selektion** und **vertikaler und horizontaler Wettbewerb.** Dies erzeugt Unsicherheiten und drängt die Unternehmen dazu, ihre **Marktorientierung** zu verbessern. Marktorientierung be-steht dabei entsprechend dem strategischen Dreieck einerseits aus **Kundenorientie-rung,** d.h. Ausrichtung der Leistungsprogramme an den Nutzenerwartungen der (poten-ziellen) Kunden, und andererseits **Wettbewerbsorientierung** in Form des Strebens nach spezifischen Wettbewerbsvorteilen und der Relativierung des eigenen Leistungs-vermögens an jenem der Wettbewerber (Denken im strategischen Dreieck). **Marktdy-namik und Marktkomplexität** verstärken die Absatzproblematik in marktspezifischer Weise wie Multiplikatoren. Sie schaffen **Absatzrisiken.** Insgesamt ist zur Bewältigung dieser Probleme und Aufgaben eine **Wiederverkoppelung von Produktion und Kon-sum** erforderlich, die im Konzept des **Marketing** gedanklich vollzogen wird. Dieses stellen wir im nächsten Unterabschnitt ausführlich vor.

Kontrollfragen zu Abschnitt 1

1. Definieren Sie folgende Begriffe:

   - Markt
   - Relevanter Markt,
   - vollkommener Markt,
   - Verkäufer-, Käufermarkt,
   - Geschlossener, beschränkter, offener Markt,
   - schwarzer, grauer, legaler Markt,
   - Binnen-, Export-, Weltmarkt,
   - Absatzmarkt,
   - Systemlieferant,
   - Absatzhelfer, Absatzmittler,
   - Groß-, Einzelhandel,
   - Kommissionär,
   - Makler,
   - Vertriebsbindung,
   - Strategisches Dreieck,

   - Wirtschaftsgut,
   - Nutzen,
   - Bedürfnis,
   - Bedarf,
   - Nachfrage,
   - Lead User,
   - Intangibilität,
   - Geschäftsbeziehung,
   - Wettbewerbsrisiko,
   - Wettbewerbsvorteil,
   - Zielgruppe,
   - Marktnische,
   - Wertschöpfungswettbewerb,
   - Wettbewerb,
   - Marktdynamik,
   - Marktkomplexität.

2. Charakterisieren Sie Wesensmerkmale von Märkten!

3. Erläutern Sie, welche Art von Transaktionen zwischen den Marktparteien stattfinden! Diskutieren Sie am Beispiel des Verkaufs eines Mobilfunkvertrages die Austauschbedingungen und Hintergründe auf der Anbieter- und Nachfragerseite! Welche spezifischen Ressourcen oder Fähigkeiten werden auf beiden Seiten eingebracht? Welche Bedürfnisse existieren auf beiden Seiten und wie unterscheiden sie sich zwischen den Anbietern bzw. Nachfragern? Welcher Art sind die Nutzenerwartungen und wie sicher kann man sich auf der Anbieterseite darüber sein? Welche Unsicherheiten existieren auf der Nachfragerseite?

4. Erläutern Sie am Beispiel von Automobilen den horizontalen und vertikalen Wettbewerb! Diskutieren Sie dabei auch, welche Leistungen Endkunden neben dem Kaufpreis einbringen können, um die Transaktionsbedingungen zu verändern!

5. Erläutern Sie das Konzept des strategischen Dreiecks am Beispiel eines Restaurants!

6. Diskutieren Sie, wovon es abhängt, ob und wie rasch ein Hersteller von Sportartikeln seine Absatzpolitik im Zeitablauf verändern muss! Welche spezifischen Probleme und Risiken entstehen daraus?

2. Die Absatzpolitik als Lösungsansatz des Absatzproblems

Wie im vorangegangenen Abschnitt dargelegt, erfordert der im Laufe der Wirtschaftsgeschichte entstandene Trend der Entkoppelung der Produktions- und Konsumprozesse in arbeitsteiligen Volkswirtschaften Ersatzmechanismen, welche die Wiederverkoppelung in möglichst effizienter Weise bewerkstelligen. Volkswirtschaftlich gelingt dies über den bereits beschriebenen Marktmechanismus unter Wettbewerbsbedingungen. Einzelwirtschaftlich, d.h. aus der Perspektive von Unternehmen, erfordern die entstandenen Absatzprobleme spezifische Aktivitäten zur Verkoppelung des Unternehmens mit ihren Kunden, die in ihrer Gesamtheit die Absatzpolitik bzw. den Absatzbereich des Unternehmens konstituieren.

Absatz ist sie Summe der Aktivitäten zur „Vermarktung" von Leistungen eines Unternehmens am Absatzmarkt. Dabei werden die zu erstellenden oder zu kaufenden Wirtschaftsgüter absatzmarktbezogen konzipiert, gegen Entgelt angeboten, verkauft und ausgeliefert (funktionales Absatzverständnis). Im Sinne des Ergebnisses dieser Funktionen meint Absatz aber auch das mengenmäßige Verkaufsvolumen eines Unternehmens innerhalb einer Periode, das in Stück- oder Volumen- bzw. Gewichtseinheiten erfasst werden kann.

Zur näheren Charakterisierung des Absatzbereiches wurden in der Absatz- bzw. Marketingtheorie verschiedene **Konzepte** mit jeweils spezifischer Sichtweise entwickelt. Es handelt sich um das funktionale, das prozessuale, das institutionelle und das Marketing-Konzept. Sie werden in den nachfolgenden Unterabschnitten näher behandelt.

2.1 Funktionale Betrachtung der Absatzpolitik

Beim funktionalen Konzept wird versucht, die im Absatzbereich zur Wiederverkoppelung von Kunden und Anbietern erforderlichen Aktivitäten in allgemein anwendbaren **Funktionskatalogen** zu erfassen. Einschlägige Arbeiten stammten bereits aus dem frühen 20. Jahrhundert und bezogen sich überwiegend auf Handelsbetriebe, deren Leistung im Gegensatz zur Produktion von Sachgütern nicht sofort einsichtig und deshalb gelegentlich umstritten war (Vorwurf des Schmarotzertums). Abbildung 1-7 zeigt ein einschlägiges Beispiel für eine derartige Funktionssystematik. Dabei werden verschiedene Verkoppelungsdimensionen unterschieden, die sich jeweils auf den zwischen Anbietern und Nachfragern zu implementierenden Güter-, Informations- und Zahlungsstrom beziehen können. In der von *Ahlert* (1996) vorgeschlagenen Fassung werden Raum-, Zeit-, Quantitäts- und Qualitätsüberbrückung unterschieden. Abbildung 1-7 zeigt, welche Aufgaben sich daraus für die Absatzpolitik ergeben. Derartige Funktionskataloge gewinnen im Zeichen des elektronischen Handels (E-Commerce) neue Aktualität, weil sich viele Geschäftsmodelle im Internet lediglich auf die Informationsfunktionen konzentrieren, so dass andere Unternehmen für die güter- bzw. zahlungsbezogenen Funktionen neu eingebunden werden müssen.

Für die betriebliche Absatzpolitik sind diese abstrakten Funktionen in konkrete Aktivitäten weiter herunterzubrechen. In industriellen Unternehmen geht es ganz konkret zum Beispiel darum,

Prozess-beziehungen	Dimensionen			
	Raum	Zeit	Quantität	Qualität
Realgüterstrom	Transposition und Transformation der Handelsgüter vom Hersteller zum Verbraucher			
	Bewegen von Ort zu Ort durch den Raum	Vorratshalten durch die Zeit	Sammeln, Auf-teilen, Umpacken, Kommissionieren	Aussortieren, Manipulieren, Markieren, Sortimentieren, Ergänzen durch Zusatzleistungen
Nominalgüter-strom	Transposition und Transformation der Zahlungsmittel vom Verbraucher zum Hersteller			
	Übermitteln der Zahlungsmittel von Ort zu Ort	Vorfinanzieren des Herstellers, Kreditieren des Verbrauchers	Sammeln, Aufteilen der Zahlungsbeträge	Umwandeln der Zahlungsmittel und der Sicher-ungsformen
Informations-strom	Transposition und Transformation von Informationen vom Hersteller zum Verbraucher sowie vom Verbraucher zum Hersteller			
	Übermitteln von Informationen von Ort zu Ort	Speichern, Vordisponieren	Sammeln von Informationen, Aufteilen von Kommunikations-mitteln	Verdichten, Kommentieren, Interpretieren, Ergänzen, Prognostizieren

Abb. 1-7: System der Handelsfunktionen
(Quelle: Ahlert 1996, S. 12)

- Strukturen und Abläufe auf den Absatzmärkten des Unternehmens zu erforschen,
- geeignete Produktkonzepte zu entwickeln und zu testen,
- Kundengruppen auszuwählen und Marktzugänge zu diesen Kundengruppen zu finden,
- das Unternehmen und deren Produkte bei den Zielgruppen bekannt zu machen,
- Kaufverhandlungen mit den Kunden zu führen und Kaufverträge abzuschließen,
- die Kaufaufträge abzuwickeln, d.h. den Bestell- und Auslieferungsprozess zu verwalten, die Waren abzurufen, zu kommissionieren, auszuliefern und ggf. zu retournieren sowie
- die Kunden laufend zu betreuen, insbesondere bei Reklamations- und Reparaturfällen.

Eine abschließende Auflistung auf dieser konkreten Beschreibungsebene ist auf Grund der Vielfalt absatzpolitischer Aufgaben allerdings kaum möglich. Deutlich wird freilich schon jetzt der funktionale Begriff der Absatzpolitik:

Als **Absatzpolitik** (im funktionalen Sinne) wird die Summe aller im Bereich der Wiederverkoppelung von Anbietern und Nachfragern anfallenden Aufgaben und Entscheidungen eines Unternehmens definiert. In früheren Zeiten entsprach dies auch dem Begriff des Marketing, wie er in den USA entwickelt worden ist.

2.2 Prozessuale Betrachtung der Absatzpolitik

Eine andere Sichtweise auf die Aufgaben der Absatzpolitik erhält man durch eine Analyse der im Absatzbereich ablaufenden betrieblichen **Geschäftsprozesse** (vgl. auch Kap. 5/ 1.). Diese Sichtweise ist insb. in den 1990er Jahren im Rahmen der **Theorie der Prozessorganisation** und der Bemühungen um eine kundenorientierte Absatzorganisation im Wege des **Reengineering** aufgekommen (vgl. *Gaitanides et al.* 1994).

> **Absatzprozesse** sind im Absatzbereich angesiedelte Vorgänge mit messbarem In- und Output, die ihrerseits aus Teilprozessen und letztlich Arbeitsschritten bestehen, welche in einem sach- und zeitlogischen inneren Zusammenhang stehen. Sie werden repetitiv und zielorientiert durchgeführt und charakterisieren die absatzbezogenen Teile der Wertschöpfung in einem Unternehmen.

Es können **Kernprozesse** mit unmittelbarem Anteil an der Wertschöpfung und **Unterstützungsprozesse** mit nur mittelbaren Einfluss (primäre vs. sekundäre Aktivitäten i.S. *Porters*) unterschieden werden. Die inhaltliche Unterteilung der Geschäftsprozesse erfolgt in der Literatur unterschiedlich, demzufolge differieren auch die Gliederungen der Absatz- oder (synonym) Marketingprozesse. Die Abbildung 1-8 zeigt eine von *Saatkamp* (2002) vorgeschlagene und auf einem Modell von *Gaitanides et al.* (1994) aufbauende mögliche Aufgliederung, bei der auf der obersten Ebene zwei Absatz-Hauptprozesse, nämlich „**Leistung entwickeln**" und „**Leistung vertreiben**", unterschieden werden. Dazwischen liegt der nicht zum Absatzbereich zählende Hauptprozess „Leistung herstellen". Vor allem in Dienstleistungsunternehmen, wo die Leistungserstellung unmittelbar beim Kunden erfolgt, kann aber auch diese als Marketingprozess interpretiert werden.

„**Leistung entwickeln**" wird in zwei Unterprozesse, nämlich „**Leistung definieren**" und „**Leistung realisieren**", unterteilt. Darunter fallen dann wiederum vielerlei Arbeitsschritte, die auch noch erheblich feiner als in Abbildung 1-8 definiert werden können. Insgesamt geht es um eine Festlegung Erfolg versprechender, d.h. ebenso marktgerechter wie die eigenen Kernkompetenzen und Wettbewerbsvorteile nutzender Leistungsbündel. Diese sollen es ermöglichen, den Kunden ein einzigartiges Verkaufsversprechen (**„USP" = Unique Selling Proposition**) zu bieten. Aber es geht nicht nur um Planungs-, sondern auch um Realisationsprozesse, also konkrete Schritte zur Umsetzung dieser Leistungskonzepte, etwa Produkttests oder Kundenbefragungen zur Erstellung entsprechender Anforderungskataloge aus Kundensicht.

Nach Produktion der Güter beginnt der zweite Absatz-Hauptprozess „**Leistung vertreiben**", der in die vier Unterprozesse „**Leistung kommunizieren**", „**Leistung anbieten**", „**Leistung liefern/abwickeln**" und „**Kunden betreuen**" untergliedert wird.

Einzelheiten dieser Prozesse sind aus Abbildung 1-8 ersichtlich. Insgesamt geht es – ähnlich wie bei den Katalogen des Funktionsansatzes – um Aktivitäten zur direkten Verkoppelung des Unternehmens mit Kunden. Die Kommunikation der Unternehmensleistungen umfasst den Einsatz der klassischen Werbung, aber auch der Prospektgestaltung, des Internetauftritts etc. „**Leistung anbieten**" beinhaltet typische Verkaufsfunktionen, „**Leistung liefern bzw. abwickeln**" den administrativen bzw. warenlogistischen

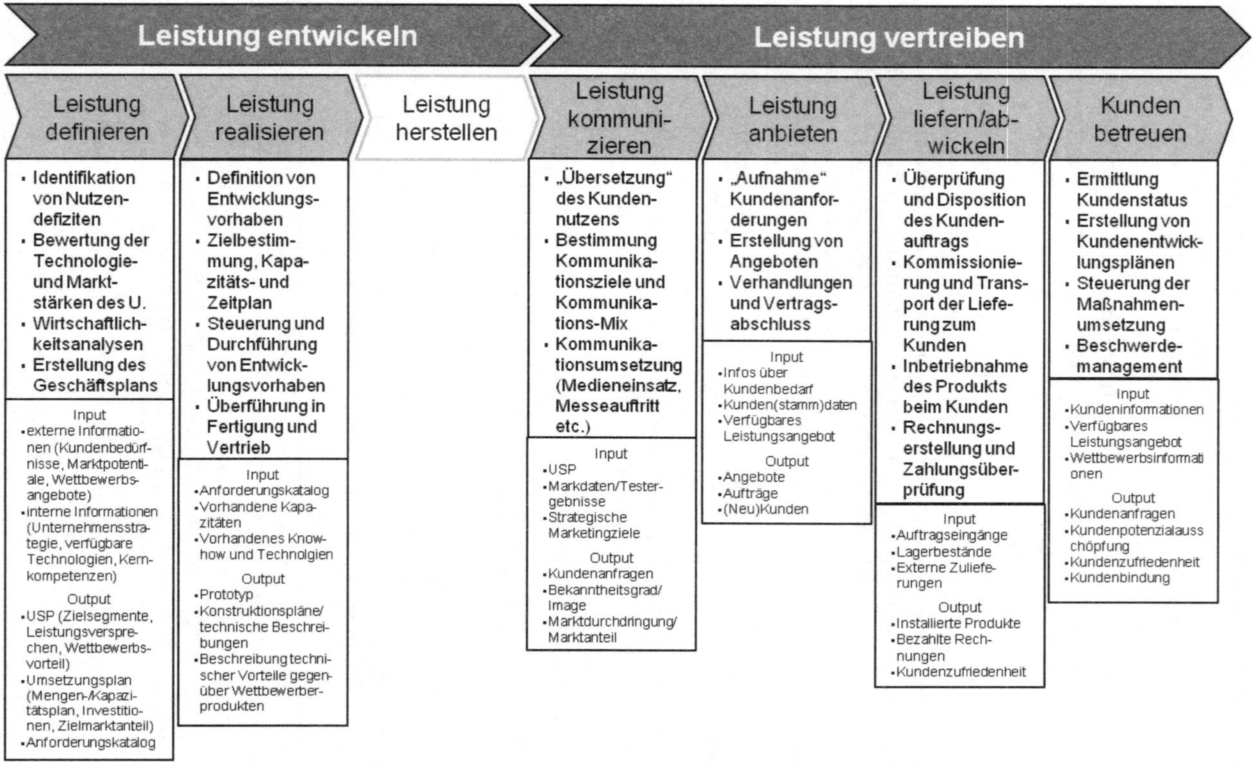

Leistung entwickeln

Leistung vertreiben

Leistung definieren
- Identifikation von Nutzen-defiziten
- Bewertung der Technologie- und Markt-stärken des U.
- Wirtschaftlichkeitsanalysen
- Erstellung des Geschäftsplans

Input
- externe Informationen (Kundenbedürfnisse, Marktpotenziale, Wettbewerbsangebote)
- interne Informationen (Unternehmensstrategie, verfügbare Technologien, Kernkompetenzen)

Output
- USP (Zielsegmente, Leistungsversprechen, Wettbewerbsvorteil)
- Umsetzungsplan (Mengen-Kapazitätsplan, Investitionen, Zielmarktanteil)
- Anforderungskatalog

Leistung realisieren
- Definition von Entwicklungsvorhaben
- Zielbestimmung, Kapazitäts- und Zeitplan
- Steuerung und Durchführung von Entwicklungsvorhaben
- Überführung in Fertigung und Vertrieb

Input
- Anforderungskatalog
- Vorhandene Kapazitäten
- Vorhandenes Know-how und Technologien

Output
- Prototyp
- Konstruktionspläne/technische Beschreibungen
- Beschreibung technischer Vorteile gegenüber Wettbewerber-produkten

Leistung herstellen

Leistung kommunizieren
- „Übersetzung" des Kundennutzens
- Bestimmung Kommunikationsziele und Kommunikations-Mix
- Kommunikationsumsetzung (Medieneinsatz, Messeauftritt etc.)

Input
- USP
- Marktdaten/Testergebnisse
- Strategische Marketingziele

Output
- Kundenanfragen
- Bekanntheitsgrad/Image
- Marktdurchdringung/Marktanteil

Leistung anbieten
- „Aufnahme" Kundenanforderungen
- Erstellung von Angeboten
- Verhandlungen und Vertragsabschluss

Input
- Infos über Kundenbedarf
- Kunden(stamm)daten
- Verfügbares Leistungsangebot

Output
- Angebote
- Aufträge
- (Neu)Kunden

Leistung liefern/abwickeln
- Überprüfung und Disposition des Kundenauftrags
- Kommissionierung und Transport der Lieferung zum Kunden
- Inbetriebnahme des Produkts beim Kunden
- Rechnungserstellung und Zahlungsüberprüfung

Input
- Auftragseingänge
- Lagerbestände
- Externe Zulieferungen

Output
- installierte Produkte
- Bezahlte Rechnungen
- Kundenzufriedenheit

Kunden betreuen
- Ermittlung Kundenstatus
- Erstellung von Kundenentwicklungsplänen
- Steuerung der Maßnahmenumsetzung
- Beschwerdemanagement

Input
- Kundeninformationen
- Verfügbares Leistungsangebot
- Wettbewerbsinformationen

Output
- Kundenanfragen
- Kundenpotenzialausschöpfung
- Kundenzufriedenheit
- Kundenbindung

Abb. 1-8: Prozessgliederung des Absatzbereichs
(Quelle: Saatkamp 2002)

Teil der Vertriebsfunktion. Bei der „**Kundenbetreuung**" geht es um das sog. **Nach-kauf-Marketing** (Beschwerdemanagement, Kundenpflege, Kundendienst etc.). Betrachtet man die In- und Outputs dieser Teilprozesse, wird deutlich, wie der Absatzerfolg auf den Ergebnissen dieser Teilprozesse stufenweise aufbaut:

- Ohne marktorientiertes Produktkonzept kann die Entwicklungsabteilung kein Erfolg versprechendes Produkt erarbeiten.

- Ohne ansprechende Angebotsleistung kann man nichts Erfolg Versprechendes kommunizieren.

- Ohne Kommunikation gewinnt man keine Kaufinteressenten.

- Ohne Interessenten können keine Verkäufe getätigt und damit Kunden gewonnen werden.

- Ohne Verkäufe kann der Verkaufsabwicklungsprozess nicht in Gang kommen.

- Ohne abgewickelte Transaktionen entsteht keine langfristige Geschäftsbeziehung.

Dieser **stufenweise Aufbau des Absatzerfolges** ist insb. für Existenzgründer zeitraubend und bindet immer Kapital, weil die Kosten der Prozesse früher entstehen als die Erlöse. Nicht selten liegt hier die Ursache für das Scheitern neuer Marktteilnehmer. Dies gilt insb. für solche Anbieter, die sich auf die technische Leistungsfähigkeit ihrer Produkte verlassen, ohne deren subjektive Relevanz für die Kunden, die Kommunizierbarkeit der Leistung und den Verkauf an den Kunden hinreichend zu bedenken.

Charakteristisch für die Prozessbetrachtung ist, dass sie nicht an den meist funktionalen Aufgabenabgrenzungen von Absatzabteilungen, sondern an für den Erfolg bei den Kunden relevanten Vorgängen ansetzt. Damit wird die oft irreführende Interpretation von Absatz bzw. Marketing als Summe der von Marketingabteilungen bzw. Marketing-Dienstleistern ausgeführten Funktionen überwunden. In Wirklichkeit wirken nämlich auch viele andere Abteilungen an einer erfolgreichen Absatzpolitik mit. Abbildung 1-8 macht deutlich, dass dies nicht erst nach Erstellung der Güter, sondern bereits vorher beginnt, wenn das Unternehmen seine Angebotsleistungen festlegt und nach den Vorstellungen der Zielgruppe entwickelt. Hierbei spielen naturgemäß die Forschungs- und Entwicklungsabteilungen ebenso eine wichtige Rolle wie die Marktforschung, der Vertrieb mit seinen Kundenkenntnissen oder der Versand, dessen Anforderungen an eine schnelle und effiziente Logistik ebenfalls in diese Prozesse einfließen (müssen).

2.3 Institutionelle Betrachtung der Absatzpolitik

Ein dritter Ansatz zur Lösung der Absatzprobleme fokussiert die **Institutionen**, die mit der Wiederverkoppelung von Produzenten und Konsumenten betraut bzw. dafür erforderlich sind. Einen groben Überblick gibt Abb. 1-9.

Im institutionellen Ansatz interessiert man sich für die Eigenheiten der jeweiligen Institutionen, zu denen naturgemäß auch deren zentrale Funktionen zählen. Insofern überschneidet sich der Ansatz mit dem funktionalen. Es interessiert aber auch, wie diese Funktionen erbracht und im Wertschöpfungswettbewerb am Markt behauptet werden, wo es immer wieder zu Funktionsverlagerungen kommt. Beispielsweise hat der C&C-

Handel die Transportfunktion auf die Kundenseite (Einzelhandel, Kleingewerbe) verlagert und der Versandeinzelhandel die Großhandelsstufe ganz eliminiert, da er dessen Funktionen selbst übernimmt. Hersteller mit Internetvertrieb müssen alle oder Teile der Groß- und Einzelhandelsfunktionen (z.B. Lagerhaltung, Werbung, Kundenberatung, Absatzfinanzierung, Kommissionierung, Transport usw.) selbst übernehmen oder sich dafür gegen entsprechendes Entgelt spezialisierter Dienstleister bedienen. Umfang und Art der Funktionsein- bzw. -ausgliederung charakterisieren das jeweilige **Geschäftsmodell** des Unternehmens.

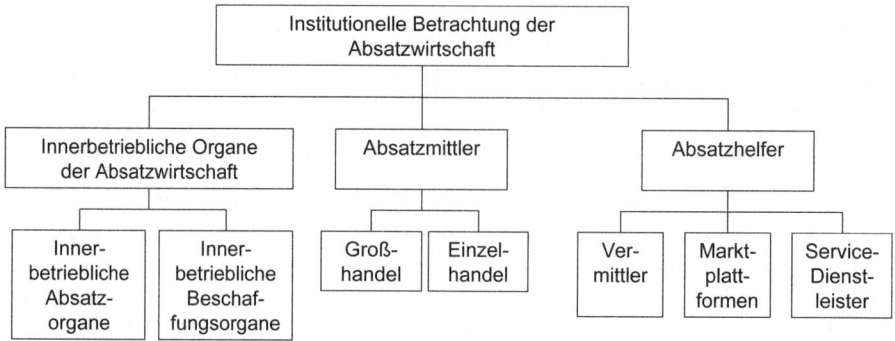

Abb. 1-9: Grobe Aufgliederung der Institutionen der Absatzwirtschaft

Bei den Institutionen der Absatzwirtschaft handelt es sich um

−   verschiedene Stelleninhaber innerhalb der verkaufenden bzw. beschaffenden Unternehmen, d.h. **Funktionsträger** der Absatz- bzw. Beschaffungspolitikpolitik,

−   **Absatzmittler**, die mit Eigentumsübernahme das Absatzrisiko übernehmen (s.o.). Für sie existieren spezielle Marketingtheorien, welche die spezifischen Ziele, Instrumente und Randbedingungen des Handels berücksichtigen (vgl. z.B. *Zentes* 2006)

−   **Absatzhelfer**, die in großer Vielfalt Dienstleistungen übernehmen, ohne direkt in die Absatzkette eingeschaltet zu sein. Zu ihnen zählen Vermittler des Warengeschäfts, z.B. Vertreter oder Kommissionäre, Marktplattform-Betreiber, z.B. Internet-Plattformen oder Messeveranstalter, sowie eine Vielzahl auf bestimmte Funktionen spezialisierte **Marketing-Dienstleister**, die sich für ein Outsourcing bestimmter Absatzfunktionen anbieten, z.B. Werbe- und Marktforschungsagenturen, Spediteure oder Marketingberater.

Durch Spezialisierung und Outsourcing vieler Marketingfunktionen auf Spezialunternehmen entstand in entwickelten Volkswirtschaften ein hoch differenzierter und umsatzträchtiger Markt für **Marketingdienstleistungen**, der in Tab 1-1 mit einigen statistischen Kennzahlen beleuchtet wird. Man erkennt dort, welche Aufwendungen für die Wiederverkoppelung von Produktion und Konsum anfallen und wie gravierend damit die Spezialisierungsvorteile sein müssen, deren Einsparungseffekte diese Kosten einschließlich der Gewinne der entsprechenden Dienstleistungsunternehmen überkompensieren müssen.

Institution	Anzahl der Unternehmen	Umsatz (in Mrd. €)	Beschäftigte
Absatzhelfer			
- Handelsvermittler	60.000[a]	175[a] (verm. Waren)	204.000[a]
(-vertreter, -makler)		5[a] (Eigenumsatz)	
- Hilfsdienste			
- Marktforschungsunternehmen	151[b]	2,08[b]	15.929[b]
- Werbeagenturen	3.000[c]	18,7[d]	20.000[c]
- Logistikdienstleister	60.000[e]	200[e]	2.640.000[e]
Institutionalisierte Marktveranstaltungen			
- Messe- und Ausstellungsveranstaltungen	291[f]	2,80[f]	8.250[f] (Messeveranst.) 135.300[f] (ausstell. U.)
Absatzmittler			
- Großhandel	187.000[g]	798[g]	1.110.000[g]
- Einzelhandel	400.000[h]	401[h]	2.910.000[h]
Summe	**710.442**	**1.603**	**7.043.479**
[a] CDH 2010, [b] ADM 2009, [c] GWA 2009, [d] ZAW 2009, [e] Fraunhofer SCS 2009, [f] AUMA 2010, [g] BGA 2010, [h] HDE 2009			

Abb. 1-10: Volkswirtschaftliche Bedeutung ausgewählter Institutionen und Dienstleister der Absatzwirtschaft
(Quellen: Diverse Statistiken von Stat. Ämtern, Verbänden und Forschungsstellen)

Eine **Klassifizierung der Marketing-Dienstleistungen** kann an den Aktionsbereichen des Marketing ansetzen (s. Kap. 4).

- Im Bereich **Produkt-Mix** arbeiten z.B. Designagenturen, Entwicklungs- und Warentestbüros, Verpackungs- und Namensagenturen sowie zahlreiche Dienstleister für verschiedene Kundendienstleistungen.

- Im **Preis-Mix** bieten v.a. Internet-gestützte Preissuchmaschinen, Inkassodienste, Leasinggesellschaften und andere Finanzierungsinstitute ihre Dienste an.

- Die **Distribution** können eine breite Palette von Logistik-Dienstleistern, Lagerhausunternehmen, Broker sowie in den Vertrieb einschaltbare Absatzhelfer, externe Call Center sowie Sammelbesteller unterstützen.

- Im **Kommunikationsbereich** steht eine große Vielfalt an Agenturen und Plattformen bereit, u.a. Suchmaschinen, Werbe-, Media-, Direktmarketing-, PR-, Verkaufsförderungs-, Telefonmarketing- und Werbeagenturen sowie die gesamte Messewirtschaft.

- Darüber hinaus gibt es **umfassendere Dienstleistungen**, etwa durch Marktforschungsinstitute, Marketingberater, Verkaufstrainer und Weiterbildungsstellen sowie marktbezogene Datenbankanbieter sowie Anbieter komplementärer Leistungen, welche den Marketingsektor nur indirekt unterstützen (Druckereien, Speditionen etc.). Viele Marketingdienstleistungen werden auch von Vorlieferanten angeboten, die auf diese Weise ihre Kunden stärker an sich binden wollen. Zunehmend kommt es auch zu **Netzwerken** komplementärer Dienstleister. Beispielsweise arbeiten Marketingberater z.T. mit Softwarehäusern, Apotheken, Kassenherstellern, Marktforschungsgesellschaften und Anbietern von Datenverschlüsselungsmethoden zusammen, um Abverkaufsdaten für Pharmaprodukte aus den Apotheken möglichst zeitnah zu den Pharmaherstellern zu bringen.

– Von besonderer Bedeutung sind schließlich die Betriebe des **Groß- und Einzel-handels**, also Absatzmittler (s.o.), welche insbesondere in Konsumgütermärkten die Vertriebs- und Verkaufsfunktion für die Produkte übernehmen. Mit über vier Millionen Beschäftigten stellen sie einen der größten Wirtschaftssektoren der deutschen Volkswirtschaft dar.

2.4   Das Marketing als Lösungsansatz

2.4.1   Basisprinzipien des Marketing

Wenngleich dem Marketing im Laufe der Geschichte unterschiedliche Begriffsinhalte zugewiesen wurden und es in Deutschland anfangs lediglich mit einer besonders aktiv betriebenen Absatzpolitik gleichgesetzt wurde, herrscht heute Übereinstimmung darüber, dass das entscheidende Merkmal dieses absatzpolitischen Ansatzes darin liegt, dass *alle* Unternehmensaktivitäten letztlich von dem Bemühen geleitet werden (sollen), die Kunden eines Unternehmens besser zufrieden zu stellen, als dies den Wettbewerbern gelingt. Marketing entpuppt sich insofern als ein unternehmenspolitisches, normatives Konzept, bei dem die Orientierung am strategischen Dreieck (s.o.) als zentraler Erfolgsfaktor für die Unternehmenspolitik postuliert wird. Marketing ist also nicht gleichbedeutend mit dem, was in den Marketingabteilungen von Unternehmen geschieht, sondern umfasst darüber hinaus auch andere Abteilungen bis hin zur Unternehmensleitung, die sich nach dem ersten von **vier Basisprinzipien des Marketing,** der Marktorientierung, auszurichten haben (vgl. Abb.1-11).

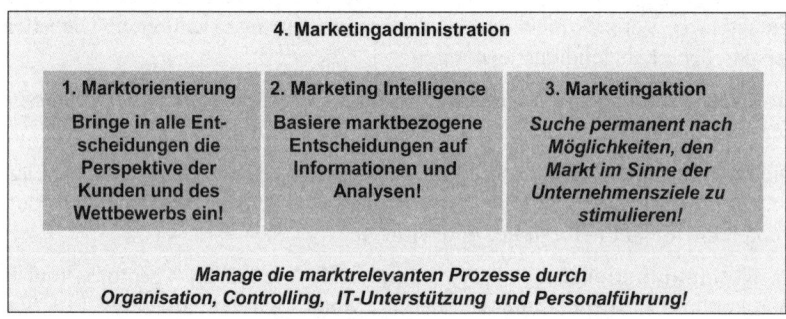

Abb. 1-11: Basisprinzipien des Marketing

2.4.1.1   Marktorientierung

Das Marketing vertritt die Philosophie der **Marktorientierung**, d.h. der Ausrichtung aller Entscheidung an den Erfordernissen des Marktes. Zahlreiche empirische Studien haben mittlerweile (in unterschiedlichen Ländern und Branchen) die Hypothese untersucht, dass eine Marktorientierung den Unternehmenserfolg positiv beeinflusst, und die meisten Ergebnisse stützen diese Annahme (*Grether* 2003, S. 11).

Marktorientierung wird als „organisationsweite Generierung von Marktwissen über gegenwärtige und künftige Kundenbedürfnisse, die abteilungsübergreifende Verbreitung dieses Wissens sowie die organisationsweite Fähigkeit, hierauf zu reagieren", definiert

(*Kohli/Jaworski* 1990, S. 6). Sie umfasst drei wesentliche Komponenten (vgl. *Narver/Slater* 1990, S. 21f.), die im weiteren Verlauf des Buches ausführlich erörtert werden:

- **Die Kundenorientierung** als wichtigste Komponente erfordert eine bewusste Fokussierung der vom Unternehmen anzusprechenden Kundenkreise, ein profundes Verständnis der Zielkunden und ein systematisches Kundenmanagement entlang der Lebenszyklen bestimmter Kunden bzw. Kundengruppen (vgl. Kap. 2).

- **Wettbewerbsorientierung** beinhaltet die Relativierung der eigenen Leistung an jener der (besten) Wettbewerber und die Suche nach entsprechenden Wettbewerbsvorteilen. Grundlage hierfür schafft eine systematische **Wettbewerbsanalyse**, die wegen der Wettbewerbsdynamik permanent abläuft und zu spezifischen **Wettbewerbsstrategien** führt (vgl. Kap. 4/ 1.).

- **Abteilungsübergreifende Koordination** betrifft die abgestimmte Nutzung der Ressourcen einer Firma zur Erstellung überlegener Wertschöpfungsleistungen für Kunden und betrifft damit vor allem die Marketingadministration, die wir im Kapitel 5 behandeln.

Die Ausrichtung der Unternehmensaktivitäten an Kundenbedürfnissen und am Wettbewerb stellt ein zentrales Merkmal des Marketingkonzeptes dar. Er wird gelegentlich als **Maxime** des Marketing bezeichnet (*Nieschlag/Dichtl/Hörschgen* 1997). Damit konkurriert dieses Konzept freilich mit anderen normativen Konzepten der Unternehmenspolitik, etwa der vorrangigen Orientierung an technischen Innovationen (**Innovationsorientierung**) oder an besonders motivierten Unternehmensmitarbeitern (**Personalorientierung**). Begründet wird dies mit dem Hinweis auf die Verhältnisse auf Käufermärkten (s.o.), wo nicht die objektiven Umstände, also etwa die technische Leistungsfähigkeit der Produkte, sondern die vom Kunden wahrgenommene (subjektive) Vorteilhaftigkeit eines Leistungsbündels im Vergleich zu entsprechenden Konkurrenzangeboten für den Erfolg ausschlaggebend ist. Technische Merkmale können, müssen aber dafür keinen ausschlaggebenden Einfluss besitzen. Auch emotionale Aspekte, etwa die Sportlichkeit (BMW), die Sympathie (Hamburg Mannheimer) oder die Liebenswürdigkeit des Markenauftritts (Mon Chéri), die Identifikationspotenziale einer Marke (Adidas) oder die Beratungskompetenz eines Verkäufers (Vorwerk) spielen eine mehr oder minder große Rolle und werden deshalb im Marketing bewusst beeinflusst („**Imagepolitik**"). Richtig ist allerdings bei Gegenüberstellung der verschiedenen unternehmenspolitischen Basiskonzepte, dass auch das Marketing nicht ohne einen realistischen Blick auf die eigenen technischen und menschlichen Ressourcen auskommt. Insofern sind Kunden-, Technik- und Mitarbeiterorientierung eher komplementäre als konkurrierende Ansätze.

2.4.1.2   Marketing Intelligence

Ein zweites Basisprinzip des Marketing fordert ein analytisches, statt (einseitig) intuitives Entscheidungsverhalten im Marketing-Management. Strategien und operative Aktivitäten müssen intelligent, d.h. unter Einsatz von Marketingwissen und spezifischer Marketing-Methoden, entwickelt, evaluiert, ausgewählt sowie in ihrer Wirkung kontrolliert werden. Dabei helfen zahlreiche Methoden der **Marketingforschung**, bei der es nicht nur um die quantitative und qualitative Charakterisierung bestimmter Märkte, sondern z.B. auch um die Prognose der Wirksamkeit absatzpolitischer Maßnahmen (Preissenkungen, Verpackungsänderungen, Werbeanzeigen, etc.) im Wege statistischer Analysen, Tests oder Befragungen geht. Wir werden diesen Themenkreis im Kap. 3 behandeln.

2.4.1.3   Marketingaktion

Neben der Marktorientierung und dem Marketing Intelligence beinhaltet das Marketingkonzept als drittes Basisprinzip den aktiven, strategisch fundierten und innovativen Einsatz des **absatzpolitischen Instrumentariums**, das in Kap. 4 ausführlich besprochen werden wird. Das Unternehmen soll damit versuchen, nicht Getriebener, sondern selbst Treiber des Marktgeschehens zu sein, soweit dies die Marktstellung zulässt. Dazu ist das gesamte Instrumentarium an Einflussinstrumenten auf das Marktgeschehen auszuschöpfen und in geschickter Weise aufeinander abzustimmen (**Marketing-Mix**). Insbesondere gilt es, sich nicht nur auf die Attraktivität des Produktangebotes zu verlassen, sondern dieses auch geschickt zu kommunizieren, zu distribuieren und preislich marktgerecht auszugestalten.

2.4.1.4   Marketingadministration

Die vielfältigen strategischen und operativen Marketingaktivitäten werden mit zunehmender Unternehmensgröße arbeitsteilig erbracht und füllen das Prozessgeschehen im Marketing inhaltlich aus (vgl. nachfolgenden Abschnitt). Die betriebswirtschaftliche Etablierung und Optimierung dieser Prozesse stellt eine Metaebene des Marketing-Managements dar. Sie folgt den Grundprinzipien des Prozessmanagements. Im vierten Basisprinzip des Marketing wird deshalb gefordert, alle marktrelevanten Prozesse durch eine effektive und effiziente **Organisation** zu bewältigen, ein umfassendes **Controlling** zur permanenten Verbesserung zu betreiben, alle wirtschaftlichen Möglichkeiten der **IT-Unterstützung** zu nutzen und die Mitarbeiter durch eine entsprechende **Personalführung** zur optimalen Leistungsentwicklung und -entfaltung zu bringen. Wir werden diese Aufgaben in Kap. 5 ausführlich behandeln.

Zusammenfassend kann Marketing damit wie folgt **definiert** werden:

Marketing beinhaltet die aktive, innovative und systematische Planung, Koordination und Kontrolle aller auf die aktuellen und potenziellen Märkte ausgerichteten Unternehmensprozesse mit dem Ziel der besseren Verwirklichung der Unternehmensziele durch eine im Vergleich zum Wettbewerb dauerhaft bessere Befriedigung der Kundenbedürfnisse.

Es postuliert **vier Basisprinzipien**:

(1) Marktorientierung: Bringe in alle Entscheidungen die Perspektive der Kunden und des Wettbewerbs mit ein!

(2) Marketing Intelligence: Basiere marktbezogene Entscheidungen auf Informationen und Analysen!

(3) Marketingaktion: Suche permanent nach Möglichkeiten, den Markt im Sinne der Unternehmensziele zu stimulieren!

(4) Marketingadministration: Manage die marktrelevanten Prozesse systematisch durch Organisation, Controlling, IT-Unterstützung und Personalführung!

Es handelt sich hierbei erkennbar um ein normatives Konzept der Unternehmensführung, von dem das tatsächliche Verhalten in den Unternehmen mehr oder minder abweichen kann. Allerdings bekennen sich die meisten Unternehmen heute zu diesem Konzept und versuchen es im kreativen Wettbewerb mit den Konkurrenten auszuformen und immer wieder an veränderte Marktsituationen anzupassen. Gleichwohl entsprechen auch viele „Marketing"-Aktivitäten in praxi nicht den hier definierten Grundsätzen. Man sollte also nicht vom Ist des praktizierten Marketing auf den Charakter (Soll) zurück schließen!

2.4.2   Prozesscharakteristika des Marketing

Aus prozessualer Sicht ist für das Marketing folgender Gedanken- bzw. Planungsablauf typisch:

(1) Beschreibung der jeweils einschlägigen **Merkmale der Zielgruppe**, auf welche die Absatzaktivitäten gerichtet sind. Fehlen dazu wichtige Informationen, so sind diese zunächst im Wege der **Marktforschung** zusammenzutragen

(2) Analyse der jeweiligen **Umfeld- und Wettbewerbssituation**, d.h. spezifischer Wettbewerbsstärken und -schwächen sowie aktueller umfeldspezifischer Herausforderungen und Chancen für die Absatzpolitik

(3) Entwicklung eines **strategischen Konzepts** für den Einsatz der absatzpolitischen Instrumente, welches die „Logik" dieses Vorgehens begründet und als Koordinationsleitlinie und langfristige Zielvorstellung fungiert

(4) Generierung, Auswahl und optimale Abstimmung entsprechender **absatzpolitischer Instrumente** aus allen Bereichen des Marketing-Mix

(5) **Implementation**, d.h. Umsetzung der Aktivitäten durch organisatorische Maßnahmen (Aufgabenverteilung und -terminierung)

(6) **Kontrolle** im Sinne einer Ergebnisanalyse und eines kontinuierlichen Lernprozesses

Dieses am generellen Planungsprozess und den Prinzipien der Marktorientierung ausgerichtete Vorgehen kann in vielerlei Entscheidungssituationen nachvollzogen werden (vgl. Kasten):

Marketingablauf - Beispiel 1: Produktverbesserung

Produktverbesserungen erfordern zunächst eine Analyse der gegenwärtigen Produktzufriedenheit bei den Kunden und Absatzmittlern, was zugleich stets auch eine Relativierung der eigenen Produktleistungen mit jenen der Wettbewerber beinhaltet. Dabei sind der neueste technische Standard und andere Trends zu berücksichtigen. Möglicherweise zeichnen sich Unterschiede zwischen verschiedenen Kunden- bzw. Absatzmittlergruppen ab, so dass entsprechend differenzierte Qualitätsveränderungen bedacht werden müssen. Vollzogen werden Qualitätsverbesserungen dann z.B. durch Änderungen von Material, Funktionalität, Design oder Verpackung der Produkte, aber auch durch zusätzliche Dienstleistungen oder werbliche Maßnahmen zur Verbesserung des Produktimages. Die Prognose der Wirksamkeit solcher Maßnahmen kann durch Marktforschung, z.B. Produkt- oder Werbetests, gestützt werden. Die Umsetzung erfolgt je nach Aktivität durch die technische Abteilung, die Werbeabteilung, den Vertrieb etc. Während und nach der Umsetzung wird systematisch beobachtet, welche Wirkungen die Maßnahme entfaltet und ob die Annahmen vor Ergreifung der Maßnahme richtig waren, um entsprechende Lernfortschritte für die Zukunft zu erzielen.

Marketingablauf - Beispiel 2: Durchführung einer Werbekampagne
Vor der Durchführung einer Werbekampagne muss bedacht werden, welche Kundenkreise damit angesprochen werden sollen. Ist die Zielgruppe ausgewählt, verfügt man aus deren Verhalten (z.B. Lifestyle-Präferenzen) über Anhaltspunkte für die inhaltliche und mediale Ausgestaltung der Werbebotschaft. Gleichzeitig kann geprüft werden, welche Art der Werbung die Konkurrenten betreiben und welcher Werbedruck durch sie erzeugt wird, um durch ggf. sich abhebende oder auch durch imitierende Aktivitäten entsprechende Werbeerfolge zu erzielen. Umgesetzt wird die Kampagne durch Gestaltung und Produktion bestimmter Werbemittel (Anzeigen, TV- oder Radiospots etc.) und die Verbreitung („Schaltung") dieser Werbemittel in bestimmten Werbemedien (Zeitungen, Zeitschriften, Prospekte, TV/Radiosender etc.). Auch hier muss anschließend kontrolliert werden, bei wem die Werbemittel welche Resonanz erzeugt haben, was meist nur im Wege entsprechender Befragungen möglich ist. Darüber hinaus liefern die Unternehmen der Medienwirtschaft entsprechende Daten zur zielgruppenspezifischen Reichweite ihrer Medien.

2.4.3   Marketingziele

Die Basisprinzipien des „Marketing Intelligence" und der „Marketingadministration" implizieren ebenso wie die betriebswirtschaftliche Verankerung des Marketing eine Ausrichtung auf bestimmte Ziele. Erst wenn darüber entschieden ist, was im Marketing erreicht werden soll, können Entscheidungsalternativen gegeneinander abgewogen, Entscheidungen koordiniert und das Prozessgeschehen sinnvoll gesteuert werden. Marketingziele nehmen also wichtige Funktionen im betrieblichen Absatzgeschehen ein und sind selbst Gegenstand eines umsichtigen Planungsprozesses (vgl. Kap. 3/ 3.). Dabei muss über Zielinhalte, Zielausmaße sowie den zeitlichen und sachlichen Bezug der Ziele entschieden werden. Grundsätzlich lassen sich Effektivitäts- und Effizienzziele unterscheiden. Ferner sind ethische und soziale Nebenbedingungen zu beachten.

2.4.3.1   Effizienzziele

Marketingaktivitäten laufen als Marketingprozesse ab (s.o.). Sie können je nach Regulierung dieser Prozesse im Prozessmanagement unterschiedlich effizient sein („Machen wir eine bestimmte Aktivität richtig?"), wobei sich drei Unteraspekte unterscheiden lassen:

−   Die **Kostenwirtschaftlichkeit** (Kosten pro Prozessdurchlauf) zeigt das Verhältnis von Prozessoutput zu Prozessinput, gemessen in mengenmäßigen („Produktivität") oder monetären Größen („Wirtschaftlichkeit"). Beispielsweise sagt der Quotient aus

Werbeausgaben für eine Mailingaktion und Anzahl an damit erzielten Interessenten-
anfragen („costs per lead") etwas über die Wirtschaftlichkeit dieser Aktion aus.

- Die **Qualität** der Marketingprozesse kann an der **Fehlerrate** der Prozesse (z.B. Anzahl Kundenbeschwerden oder -rückfragen) bzw. der **Kundenzufriedenheit** mit bestimmten Aspekten des Marketing (Sortiment, Information, Beratung Belieferung
  etc.) festgemacht werden.

- Die **Geschwindigkeit** der Marketingprozesse kann entscheidend für den Markterfolg sein und durch spezifische Maßnahmen des Prozessmanagements, z.B. elektronische Kommunikationssysteme oder überlappende Arbeitsabläufe, gezielt gesteigert werden (vgl. Kap. 5).

2.4.3.2   Effektivitätsziele

Alle Marketingaktivitäten sollen letztlich dazu beitragen, dass die formalen Oberziele
eines Unternehmens, also Gewinn, Sicherheit und Wachstum, erfüllt werden. Insofern
stellen Marketingziele Zwischenziele der betrieblichen Zielhierarchie dar (vgl. Kap. 4/
1.). Marketing ist umso effektiver, je besser es gelingt, diese Oberziele zu erreichen.
Marketingeffektivität betrifft damit die Stoßrichtung der Marketingaktivitäten („das
Richtige tun"). Sie kann durch Ziel-Mittel-Ketten („Zielpyramiden") abgebildet werden,
aus denen hervorgeht, wodurch die Oberziele erreicht werden sollen. Jedes Unternehmen sucht nach spezifischen Ziel-Mittel-Ketten und definiert damit gleichzeitig seine
eigenen Strategien i.S. strategischer Stoßrichtungen. Abb. 1-12 zeigt ein eher generisches Beispiel. Die dort unterschiedenen Zielebenen stehen von unten nach oben in einem Mittel-Zweck-Verhältnis. Gelingt es dem Unternehmen z.B., die innerbetrieblichen
Leistungsziele des Marketing, also z.B. ein fundiertes Marktverständnis, eine fehlerar-
me Bestellabwicklung oder eine hohe Flexibilität der Kundenbearbeitung, zu erreichen,
verbessert sie ihre Chancen zur Steigerung der Kundenziele, z.B. der Kundenbindung,
aber auch zur Kostensenkung und damit zur Gewinnsteigerung. Kundenbindung steht
wiederum im Dienste aggregierter Marktziele wie Umsatz oder Marktanteil, die dann
wiederum den Gewinn und/oder das Unternehmenswachstum befördern.

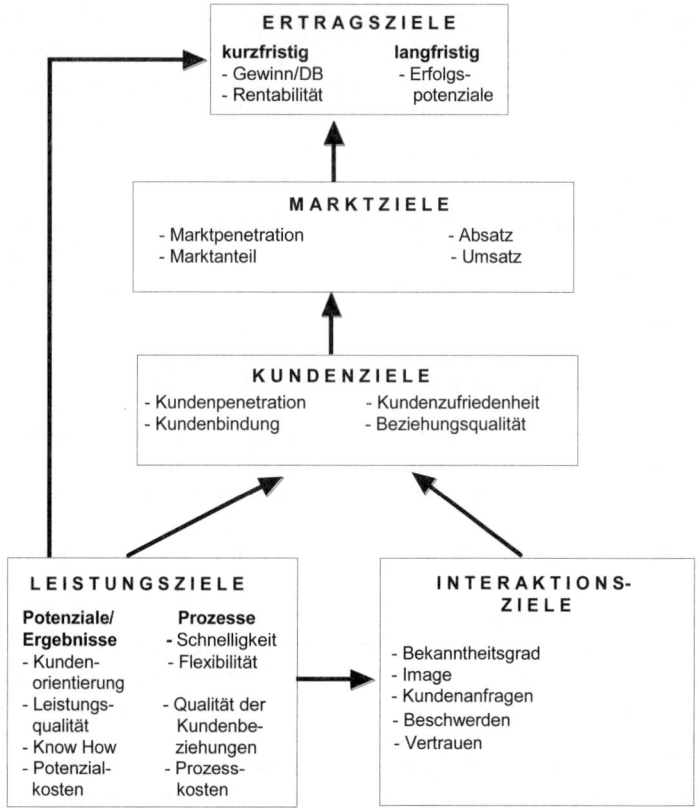

Abb. 1-12: Systematik der Marketingziele

Welchen Ziel-Mittel-Pfad ein Unternehmen wählt, ist abhängig von den subjektiven Zielpräferenzen des Managements und den jeweiligen Umständen des Entscheidungsrahmens (z.B. Marktwachstum, Wettbewerberverhalten, staatliche Regulierungen etc.). Einen Neueinsteiger im Markt ist steigende Bekanntheit und Distribution besonders wichtig, während etablierte Anbieter vielleicht vor allem ihr Image pflegen und höhere Preise durchsetzen wollen. Grundsätzlich spielen freilich die in Abb. 1-12 dargestellten Ziele eine zentrale Rolle.

Die operativen Aktivitäten im Marketing-Mix zielen meist zunächst auf psychische Effekte bei den potentiellen oder bereits vorhandenen Kunden (**„außerökonomische Ziele"**). Zu ihnen zählen insbesondere folgende Zielgrößen:

-   Der **Bekanntheitsgrad** misst im Wege von Befragungen ungestützt („recall") oder gestützt durch die Vorlage einer Liste von Marken oder Anbietern („recognition"), wie viele Zielpersonen die Marke oder Firma kennen.

-   Das **Image** erfasst ebenfalls durch Befragung, mit welchen Assoziationen, Emotionen, Kognitionen und Absichten sich das Bild einer Marke oder Firma verbindet.

- Die **Kundenbindung** misst ex post, wie treu ein Kunde einem Anbieter war und wie stark er seine Einkäufe auf ihn konzentrierte („Kundenpenetration"), oder zukunftsbezogen, welche Besuchs-, Kauf- und/oder Weiterempfehlungsabsichten ein Kunde bezüglich eines bestimmten Anbieters aufweist. Darauf bauen dann auch zeitraumübergreifende Kennzahlen für den **Kundenwert** auf (vgl. Kap. 2/ 2.).

Typische **ökonomische Ziele** des operativen Marketing sind vor allem folgende Größen:

- Die **Distributionsquote** bezieht sich auf den Erfolg bei den Absatzmittlern und misst den Anteil der Outlets (Verkaufsstellen im Handel), in denen das eigene Produkt vertreten ist in Relation zu allen dafür in Frage kommenden Outlets, wobei der Umsatzanteil des jeweiligen Outlets am Gesamtumsatz im Markt als Gewichtungsfaktor verwendet werden kann („gewichtete Distributionsquote").

- Der **relative Preis** (eigener Preis im Verhältnis zum Durchschnittspreis am Markt für die Produktgattung) charakterisiert beispielhaft spezifische Erfolge im Vergleich zum Wettbewerb, wie sie auch in anderer Hinsicht formuliert werden können (z.B. Marktpräferenz, Beziehungsqualität etc.).

- Genereller kann der Wettbewerbserfolg mit Hilfe des **Marktanteils** erfasst werden. Seine Entwicklung im Zeitablauf relativiert Absatz- bzw. Umsatzerfolge am Marktwachstum und zeigt, ob das Unternehmen erfolgreicher als der Wettbewerb agiert. Definierbar ist der Marktanteil
  - **mengenmäßig** als Verhältnis des eigenen Absatzes zum Gesamtabsatz am Markt:
  $$MA^M = X_i / MV^M$$

  - **wertmäßig** als Verhältnis des eigenen Umsatzes zum Gesamtumsatz am Markt:
  $$MA^W = X_i * P_i / MV^W$$

  - **kundenspezifisch** als Anteil des wertmäßigen Beschaffungsvolumens eines Kunden j beim jeweiligen Lieferanten i in Relation zum gesamten Beschaffungsvolumen („**Kundenpenetration**"):
  $$MA_{ij}^W = X_{ij} * P_{ij} / MV_i^W$$

  - **relativ** zum Wettbewerb durch Bezugnahme auf den Marktanteil des oder der wichtigsten Konkurrenten k:
  $$MA^r = MA_{ij} / MA_{kj}$$

- Basis für die Erzielung von Marktanteilen sind **Aufträge**, d.h. abgeschlossene Kaufverträge mit Kunden. Sie führen insb. im Industriegütergeschäft oft erst nach längeren Zeiträumen der Geschäftsvorbereitung und -durchführung zum **Absatz** (x = abgesetztes Volumen) bzw. **Umsatz** (U = x × p, d.h. Volumen mal Preis pro Volumeneinheit).

- Der **Preis** kann dabei von Kunde zu Kunde schwanken und deshalb als eigenständige Zielvariable gelten.

- Der kundenspezifische Umsatz ergibt sich aus den Erlösen aller vom Kunden gekauften Produkte („Produkt-Mix des Kunden") und kann z.B. durch **Cross Selling** (Verkauf mehrerer Produktkategorien) oder **Up-Selling** (Verkauf höherwertiger Produktvarianten) gesteigert werden.

- Den Umsatzerlösen stehen **Marketingkosten** gegenüber, die als der mit bestimmten Kostenwerten (Beschaffungs- oder Verrechnungspreise) bewertete Verbrauch an Potentialfaktoren (Personal, Material, Hilfsstoffe etc.) in Marketingprozessen definiert sind.

2.4.3.3   Ethische und soziale Nebenbedingungen

Unternehmen agieren in gesellschaftlichen Umfeldern und müssen damit nicht nur auf ihre Kunden und Kapitalgeber, sondern auch auf andere Stakeholder wie die Mitarbeiter, die Lieferanten oder die Politik Rücksicht nehmen, wenn sie langfristig erfolgreich agieren wollen. Die **Marketingethik** setzt Verhaltensnormen, die den Handlungsrahmen ggf. weit enger stecken als das Marktrecht, bzw. die Verantwortung weiter definieren, als es das rein ökonomische Kalkül erfordert (vgl. *Hansen* 2001). Sie sind Bestandteil der allgemeinen Prinzipien der „**Corporate Social Responsibility (CSR)**". Hierbei geht es z.B.

- um **ökologische Ziele** wie den sparsamen Ressourceneinsatz bei Produktgestaltung und Verpackung, um niedrige Verbrauchswerte eines Gebrauchsgutes sowie generell um ein ökologisch nachhaltiges Verhalten in allen Unternehmensbereichen,

- um **soziale Ziele**, wie die ethisch angemessene Behandlung von Marketingmitarbeitern, z.B. von Kassenpersonal im Handel, oder um die Vermeidung von Ausbeutung oder Kinderarbeit bei der Herstellung der eigenen Produkte in Entwicklungsländern,

- um **marktethische Ziele** wie die Berücksichtung von Prinzipien des **Verbraucherschutzes**, auch wenn diese nicht gesetzlich geregelt sind und schon insofern fixe Randbedingungen für Marketingentscheidungen darstellen (z.B. transparente Preissysteme, vertrauliche Behandlung von Kundendaten etc.),

- um die wohltätige Unterstützung sozialer Prozesse und Institutionen (z.B. durch „**cause related marketing**", d.h. mit sozialen Anliegen gekoppelten Marketingaktionen wie der „Regenwaldkampagne" von Krombacher).

Darüber hinaus folgen Unternehmer und Manager mit ihrem Handeln auch **autonomen ethischen Prinzipien**, die auf die Marketingziele „durchschlagen", auch wenn sie nicht unmittelbar oder mittelbar zu ökonomischen Marktvorteilen beitragen. Ein bekanntes Beispiel ist das anthroposophisch motivierte Führungskonzept der Drogeriemarktkette dm unter der (ehemaligen) Leitung von *Götz Werner*, das bewusst auf die Eigenverantwortung der Mitarbeiter setzt, was naturgemäß die Mitarbeiterführung der Filialmitarbeiter stark beeinflusst. Nicht selten manifestieren sich solche Ziele in **Unternehmens-** oder **Verbandscodices**, etwa bzgl. des Umgangs mit Kundendaten seitens der erhebenden Marktforschungsgesellschaften.

2.4.3.4   Zeitstruktur der Marketingziele

Marketingziele besitzen nicht nur eine durch ihre Einordnung in die Zielpyramide sichtbar werdende **Sachstruktur**, sondern auch eine durch logische zeitliche Abfolgen vorgegebene **Zeitstruktur**. Beispielsweise lassen sich nicht alle werbepolitische Erfolge „auf einen Schlag", sondern üblicherweise nur sequentiell erreichen, wofür die sog. **AIDA-Formel** steht (vgl. Kap. 4/ 5.) Danach muss zunächst die Aufmerksamkeit des Umworbenen gewonnen werden (**A**ttention), danach kann man versuchen, sein **I**nteresse (**I**nterest) für das eigene Angebot zu wecken, dieses so attraktiv darzustellen, dass ein Kaufwunsch geweckt wird (**D**esire), der schließlich vom Verkäufer in einen Kauf (**A**ction) überführt werden kann.

Ein anderes Beispiel für sequentielle Zielstrukturen ist der sog. **Loyalitätstrichter** im Kundenmanagement: Erst nach der **Kenntnis** (awareness) des Anbieters kann der Kunde den Anbieter oder die Marke in sein Anbieter- bzw. **Markenbewusstsein** („consideration set") einfügen, d.h. bei künftigen Kaufentscheidungen präsent haben, dann eine **Präferenz** („relevant set") entwickeln und im Verlauf des Kaufentscheidungsprozesses einen **Kontakt** zum Anbieter herstellen. Dieser führt dann u.U. zum **Kauf,** was im Falle der **Zufriedenheit** zum **Wiederkauf** und schließlich zum **Stammkundenstatus** und zur tiefen **Kundenpenetration** führen kann.

Bis die Endstufe solcher Wirkungsketten erreicht wird, können Jahre vergehen. Deshalb nehmen die **Übergangsraten** („**conversion rates**") zwischen den Wirkungsklassen (z.B. wie viel Prozent der Kunden, die zum ersten Mal Marke X gekauft haben, kaufen in der nächsten Periode erneut?) im Marketing-Controlling eine immer wichtigere Rolle ein. Sie lassen frühzeitig erkennen, auf welcher Wirkungsstufe Wettbewerbsschwächen auftreten und ob die Marketingbudgets wirklich effizient eingesetzt werden.

2.4.4   Historie des Marketingkonzepts

Wie bereits erwähnt, hat die inhaltliche Charakterisierung des Marketing im Laufe der Geschichte gewisse Änderungen erfahren. Zunächst wurde Marketing lediglich als **Synonym für Absatzpolitik** im funktionellen Sinne gesehen. Mit zunehmender Verbreitung von Käufermärkten traten immer häufiger der aggressive Wettbewerbsstil und die Ausschöpfung aller Möglichkeiten der Einflussnahme auf Absatzmärkte hinzu. Schließlich wurde (auch) die Übernahme der Maxime der **Marktorientierung** durch andere Abteilungen außerhalb des Absatz und insb. die Unternehmensleitung als Definitionsbestandteil des Marketing angesehen. Insofern spricht *Meffert* vom **dualen Konzept** des Marketing, das einerseits als strategisches Leitkonzept des Managements, andererseits als absatzbezogener Funktionsbereich angesehen wird, das es im Rahmen des Marketing-Management-Prozesses umzusetzen gilt.

Von **generischem Marketing** wird gesprochen, wenn darunter jeglicher, unter geregelten Bedingungen ablaufender **Austausch von Werten** verstanden wird. Austausch ist dabei ein Prozess, in dem jemand ein gewünschtes Produkt oder eine Leistung erhält, in dem er einem anderen dafür eine Gegenleistung anbietet. Dazu

- muss es mindestens **zwei Parteien** geben,

- muss jede Partei etwas besitzen, was für die andere Partei **wertvoll** sein könnte,

- muss jede Partei mit der anderen **kommunizieren** und das Tauschobjekt **übergeben** können,

- muss es jeder Partei **frei stehen**, das Angebot anzunehmen oder abzulehnen (Marktbedingung), und

- muss jede Partei den **Willen** und die **Kraft** aufbringen, mit der anderen Partei in Kontakt zu treten (vgl. *Kotler/Bliemel* 2001, S. 16).

In diesem generischen Sinne ist auch die Einwerbung und Hingabe von Spenden für gemeinnützige Zwecke („**Spenden-Marketing**"), die Forschung und Lehre an Universitäten („**Hochschul-Marketing**") oder die Arbeit einer Kirchengemeinde („**Kirchen-Marketing**") ein (potenzieller) Marketingprozess. In allen diesen Fällen werden nämlich Werte angeboten und führen dann zum Tauschakt, wenn dafür adäquate Gegenwerte zur Verfügung stehen. Selbst familieninterne Austauschprozesse sowie Aktivitäten des „**Eigen-Marketing**" (z.B. am Arbeitsmarkt) können dann, wenn sie unter geregelten und reflektierten Bedingungen stattfinden, dem Marketingbegriff subsumiert werden. Schließlich bedient sich sogar das sog. **Demarketing** der Sozialtechnologie des Marketing und verdient insofern seinen Namen, obwohl es das ursprünglich Output steigernde Prinzip des Marketing umkehrt, z.B. bei der Propagierung verminderten Wasser- oder Energieverbrauchs durch Stadtwerke oder bei der Substitution von als schädlich erkannten Stoffen (z.B. Asbest) durch neue Substanzen. Der generische Marketingbegriff hat sich allerdings in der Umgangssprache und auch in der Wissenschaft nicht vollständig durchgesetzt. Üblich ist heute nach wie vor eine managementorientierte Interpretation, wie sie auch im dualen Marketingverständnis zum Ausdruck kommt.

Allerdings hat sich der Charakter des Marketing in den letzten beiden Jahrzehnten erneut entscheidend gewandelt. Hinzugetreten ist zunächst im sog. **Beziehungsmarketing** eine starke Ausrichtung der Marketingaktivitäten auf langfristige Geschäftsbeziehungen an Stelle kurzfristigen Umsatz- und Wachstumsdenkens (vgl. Abschnitt 3.2.2.3). Marketing wurde dadurch weniger aktionistisch, sondern evolutiv, und insbesondere weniger aktionistisch, sondern interaktiv verstanden (*Diller/Kusterer* 1988). Diese schon Ende der 1980er Jahre eingeleitete Entwicklung führt derzeit in Verbindung mit dem rasanten Wachstum der sog. Social Media zu einer neuen Marketing-Entwicklungsstufe, die als „**partizipatives Marketing**" bezeichnet werden kann. Die Kunden – auch Letztverbraucher genannt – werden dabei in vielfältiger Weise in die Marketingprozesse eingebunden und erhalten (und nutzen) damit die Möglichkeit, Marketing selbst mit zu bestimmen (vgl. Kap. 2/ 2.). Sie arbeiten auf Internet-basierten Innovationsplattformen an der Produktentwicklung oder dem Produktdesign mit, bestimmen selbst, welche Informations- und Interaktionsmedien sie zu welchem Zeitpunkt und an welchem Ort benutzen wollen, bekommen z.T. sogar selbst die Preishoheit, etwa bei sog. Pay-what-you-want-Systemen (vgl. Kap. 4/ 3.) und bewirken durch z.T. massive Meinungskampagnen im Internet ein kundengerechtes Verhalten der Anbieter. Die Anbieter verfolgen im Wege von Kundenkarten-Systemen das tatsächliche Kaufverhalten und erhalten damit umfassende Möglichkeiten, selbst sehr individuellen Verhaltensweisen der Konsumenten zu entsprechen, indem sie ein maßgeschneidertes („customized") Marketing betreiben (vgl. Kap. 2/ 2.). Partizipatives Marketing führt damit zu einer **Verschiebung der Aktionszentren** in Richtung Kunden. Entscheidenden Anteil an diesem „Power Shift" besitzen Kundendatenbanken sowie internetgestützte soziale Netzwerke wie facebook, twitter oder studivz, die es den Menschen erlauben, sich als Meinungs- und Aktionsgruppen zusammen zu tun, um damit größere Einflusskräfte zu entwickeln. Fortschrittliche Anbieter unterstützen solche Entwicklungen im Online-Marketing (s.u.) durch entsprechende Tools, etwa Produktkonfiguratoren, Meinungs-Bloggs, interaktiveren Sevices, die z.B. via Handy auf den momentanen Standort eines Kunden abgestimmt werden („location based services", z.B. Hinweis auf nächstgelegene Tankstelle oder Verkaufsfiliale). Voraussetzung dafür ist die **Erlaubnis** des Kunden für solche Services (**„Permission Marketing"**), was die Machtverschiebung unterstreicht. Marketing erfolgt mit und nicht gegen die Kunden.

Abbildung 1-13 gibt einen zusammenfassenden Überblick über diesen historischen Bedeutungswandel des Marketingbegriffs bzw. -verständnisses.

2.4.5 Die zunehmende Verbreitung des Marketing

Neben dem Wandel des inhaltlichen Verständnisses von Marketing (Tiefe) hat das Konzept im Laufe seiner Entwicklung aber auch erheblich an **Breite** gewonnen. Fünf im Weiteren näher skizzierte Erweiterungsbereiche können unterschieden werden:

- die Ausweitung auf zusätzliche Wirtschaftssektoren (**sektorales Marketing**),
- die Ausweitung auf gemeinwirtschaftliche Organisationen (**Non-Profit-Marketing**),
- die regionale Ausweitung im Rahmen eines **Internationalen Marketing**,
- die Ausweitung auf andere innerbetriebliche Funktionsbereiche,
- die Anwendung auf elektronischen Märkten im **Online-Marketing**.

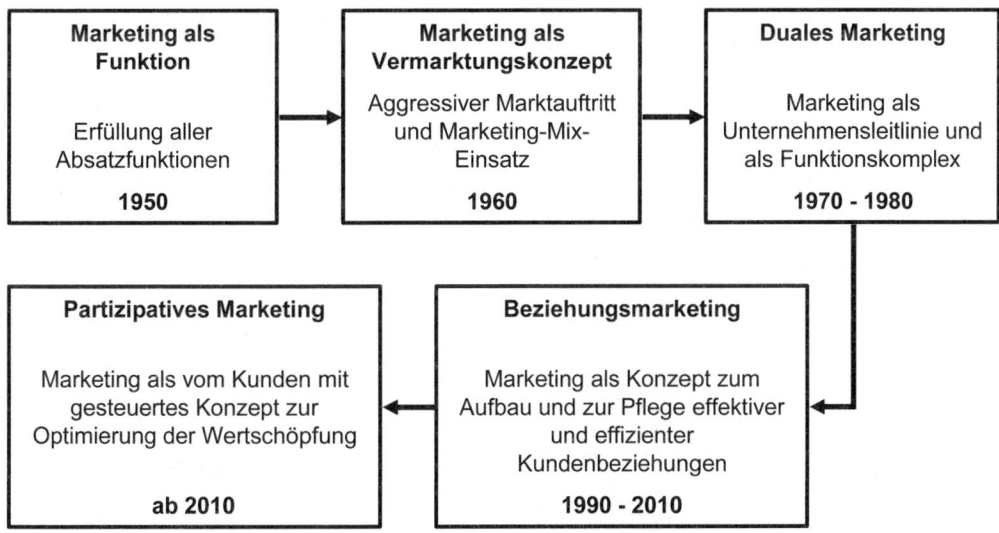

Abb. 1-13: Historische Entwicklung des Marketingverständnisses

2.4.5.1   Sektorales Marketing

Insgesamt hat das Marketing in der Wirtschaft inzwischen breite Anwendung gefunden. Es gibt nahezu keine Branche mehr, die auf dieses Unternehmenskonzept auf Dauer verzichten könnte. Dabei treten naturgemäß **branchenspezifische Besonderheiten** auf, die am Beispiel der drei Wirtschaftsbereiche Konsumgüter, Investitionsgüter und Dienstleistungen deutlich gemacht werden können („**sektorales Marketing**"; vgl. *Meffert* 2001).

Das **Konsumgütermarketing** richtet sich an Endverbraucher und erfolgt meist in mehrstufigen und indirekten Vertriebssystemen. Die Produzenten versuchen, sich selbst beim Endverbraucher bekannt zu machen und zu profilieren, indem sie dort Werbung betreiben, Marken kreieren und pflegen und zunehmend auch direkte (Internet-)Kontakte zu den Endverbrauchern aufbauen. Dadurch soll ein Nachfragesog (**Pull-Effekt**) beim Handel erzeugt werden, über den die physische Warendistribution erfolgen muss, weil dies so erheblich kostengünstiger geschieht als bei Direktbelieferung. Der Kunde legt dann nämlich die „letzte Meile" (zum Geschäft) selbst zurück, so dass die Transporte der Güter zu den „Outlets" (Abverkaufstellen der Händler) gebündelt werden können. Gleichzeitig versuchen die Hersteller im Rahmen des sog. **vertikalen Marketing** Einfluss auf die nachgelagerten Absatzmittler zu nehmen, damit diese die jeweiligen Herstellermarken besonders intensiv bewerben und an den Kunden heranbringen. Dies geschieht z.B. durch Werbekostenzuschüsse, gemeinsame Verkaufsförderungsaktionen oder Schulungen des Verkaufspersonals durch die Hersteller etc. Dadurch soll ein „**Push-Effekt**" i.S. eines stärkeren „Hineinverkaufs" in den Handel erzeugt werden. Dieser Hineinverkauf nimmt nicht den direkten Weg zu den **Outlets**, sondern ist über spezielle „**Inlets**" (Einlassstore) organisiert, etwa zentrale Einkaufsabteilungen in den Konzernverwaltungen oder den regionalen Großhandlungen überregionaler Handelskonzerne wie Edeka, Rewe oder Metro. Konsumgütermarketing ist in hohem Maße vom Bemühen um Differenzierung der Leistungen und der Images der Produkte geprägt. Dabei spielen emotionale Leistungsaspekte (empfundene Natürlichkeit, Prestigewert, Liebenswürdigkeit etc.) oft eine wichtigere Rolle als der Grundnutzen der Produkte.

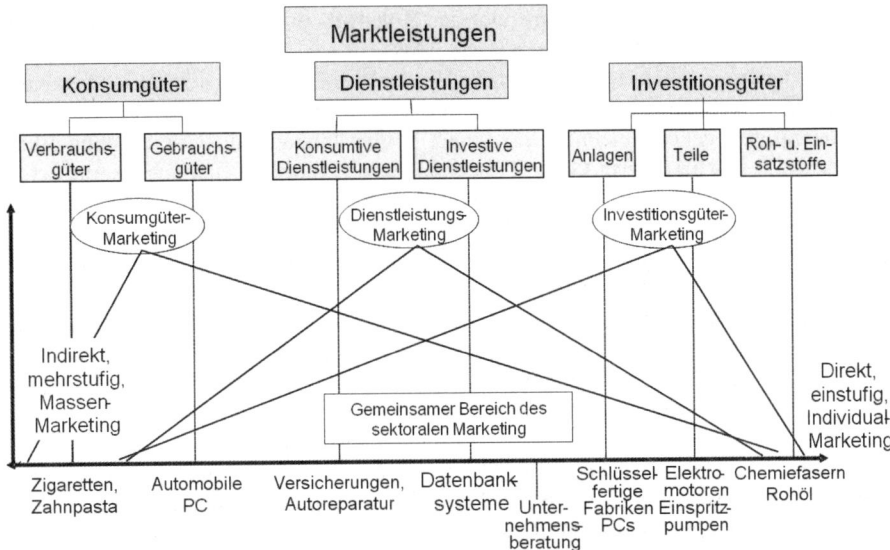

Abb. 1-14: Sektoren der Marketing-Anwendung
(Quelle: Meffert 2001, S. 962)

Beim **Investitionsgütermarketing** geht es um die Vermarktung von Produktionsfakto-ren (Investitionsgüter), die in gewerblichen Betrieben und Organisationen eingesetzt werden. Hier herrschen oft rationalere Kaufentscheidungsprozesse als bei privaten Käu-fern vor. Darüber hinaus gibt es oft nicht nur einen, sondern mehrere Kaufentscheider, die als sog. „**Buying Center**" umgekehrt auch einem „**Selling Center**" von Spezialisten aus Technik, Vertrieb, Logistik etc. mit jeweils spezifischen Rollen gegenüberstehen. Investitionsgütermarketing ist ferner stark mit dem **Technologie-Management** verkop-pelt, durch welches die Leistungsfähigkeit eines Investitionsgüter-Unternehmens oft maßgeblich bestimmt wird. Sehr viel häufiger als bei Konsumgütern kommt es hierbei auch zum sog. „**Technology-Push-Marketing**", bei dem eine technische Innovation „**vermarktet**" wird, d.h. Kunden für diese Innovation gewonnen und überzeugt werden müssen, während beim „**Technology-Pull-Marketing**" umgekehrt zunächst nach Kun-den und relevanten Bedürfnissen gesucht wird, um anschließend entsprechende Produk-te und Technologien dafür zu entwickeln. Insofern ist im Investitionsgütermarketing die Orientierung an den Kundenbedürfnissen oft sehr viel schwerer. Wegen der meist nur geringen Zahl an Kunden kommt es dort ferner schon immer zu intensiveren und inter-aktiveren **Kundenkontakten**. Deshalb ist das heute auch im Konsumgüter- und Dienst-leistungsbereich populäre **Kundenmanagement** dort schon lange Usus (vgl. Kap. 2/ 2.). Die Produktleistungen werden individuell an die Bedürfnisse einzelner Kunden an-gepasst, diese arbeiten z.T. aktiv an der Erstellung der Pläne und an der Produktion der Güter mit, das (technische) Nachkaufmarketing spielt eine wichtige Rolle für die Kun-denzufriedenheit. Allerdings muss man hierbei verschiedene Gebiete des Investitionsgü-termarketing mit ganz unterschiedlichen **„Geschäftstypen"** unterscheiden: So ähnelt das **Zuliefermarketing** bzw. das **Teilegeschäft** oft mehr dem Konsumgütermarketing, während das **Anlagen-**, das **System-** oder das **Rohstoff-** und **Energiegeschäft** speziellen Regeln unterliegen (vgl. *Backhaus/Voeth* 2007).

Das **Dienstleistungsmarketing**, dem in der Wissenschaft in den letzten Jahren besondere Aufmerksamkeit gewidmet wurde, ist durch die spezifischen Besonderheiten von **Dienstleistungen** gekennzeichnet. Sie liegen in der Immaterialität und Intangibilität sowie der Individualität dieser Güter, bei deren Vermarktung stets der ansonsten „externe Faktor" Kunde mehr oder minder stark in den Produktionsprozess einbezogen werden muss (*Meffert/Bruhn* 2009). Die Qualität von Dienstleistungen ist deshalb – wenn überhaupt – erst im Nachhinein genauer zu beurteilen. Die für den Auftritt des mit dem Kunden in Kontakt tretenden Mitarbeiters steuernde Personalpolitik besitzt großen Einfluss auf den Geschäftserfolg, ebenso die zeitliche Öffnungszeiten und Leistungskapazitäten. Beide Marketinginstrumente erzeugen andererseits hohe Kosten der Leistungsbereitschaft. Die Auslastung wird damit zu einem wichtigen Marketingziel, das z.B. durch zeitliche Preisdifferenzierungen verfolgt wird (vgl. Kap. 4/ 3.).

Abbildung 1-14 zeigt in Anlehnung an *Meffert* (2001) die erwähnten Bereiche des sektoralen Marketing, wobei die horizontale Achse die Tendenzen in Richtung direkter bzw. indirekter, einstufiger bzw. mehrstufiger sowie individueller bzw. massenhafter Marktbearbeitung deutlich machen soll.

2.4.5.2   Non-Profit-Marketing

Schon im generischen Konzept des Marketing wurde deutlich, dass dessen Grundprinzipien so allgemeiner Natur sind, dass sie nicht nur auf (kommerzielle) Absatzprobleme angewendet werden können. Zunächst bieten sich auch nicht-kommerzielle Unternehmen dafür an, etwa Kulturbetriebe oder Parteien, denen es darauf ankommt, bei bestimmten Zielgruppen Interessenten zu gewinnen und ggf. auch Umsätze zu tätigen, die dabei aber **keine Gewinnabsichten** verfolgen (vgl. *Bruhn* 2005). Dieses sog. **Non-Profit-Marketing** (**nicht-kommerzielles Marketing**) ist noch immer marktgerichtet. Es geht darum, Kunden für bestimmte Leistungen zu gewinnen und dafür das Instrumentarium des Marketing einzusetzen. Marktforschung, Leistungsgestaltung, Kommunikations- und Distributionspolitik sind deshalb z.B. auch für Theaterbetriebe oder Universitäten unverzichtbar. Gleichwohl sollte nicht verkannt werden, dass derartige Institutionen unter anderen Rahmenbedingungen agieren und z.T. auch andere Zielsetzungen als Wirtschaftsunternehmen verfolgen. So dient ein städtisches Theater auch der kulturellen Bildung bzw. als kulturelles Forum, dessen Erfolg nicht nur am Zuschauerzuspruch festgemacht werden kann. Auch Universitäten müssen zwar ihre Forschungs- und Lehrleistungen vermarkten, sind freilich prinzipiell zweckfreie Stätten der Forschung und Lehre, die ganz bewusst frei von Drittinteressen organisiert wurden (Freiheit von Forschung und Lehre). Dies fördert die kritische Funktion der Wissenschaft in der Gesellschaft und verhindert eine allzu kurzfristige bzw. einseitige Orientierung an tagesaktuellen Fragen bzw. an den Problemen einflussreicher Interessengruppen. Schließlich wird beim Universitäts- wie auch beim Kirchen-Marketing das Kernprodukt, nämlich die wissenschaftliche Erkenntnis bzw. die Glaubensbotschaft, nicht abhängig vom Kundengeschmack gestaltbar sein, wenngleich sie sehr wohl im Hinblick auf die unterschiedlichen Kommunikationsfähigkeiten vermittelt werden kann.

Die **moralische Anrüchigkeit**, welche dem Marketing durch einzelne „schwarze Scha-
fe" z.T. auch heute noch anhängt, die mit übertrieben aggressiven und z.T. rechtswidri-
gen Methoden ihren Markterfolg suchen, ist also Folge eines faktischen Fehlverhaltens
in der Anwendung und nicht eines zwangsläufigen Charakters des Marketing. Marketing ist vielmehr eine zunächst wertfreie **(Sozial-)Technologie**, durch die Ziele beliebi-
ger Unternehmen und Institutionen effektiv verfolgt werden können.

Es verwundert deshalb nicht, dass als weiterer Anwendungsbereich des Marketing die
Verbreitung und Förderung von sozialen Ideen (z.B. saubere Umwelt, Toleranz gegenüber Ausländern, rücksichtsvolles Verkehrsverhalten etc.) und/oder die Beeinflussung entsprechender Verhaltensweisen (z.B. Anti-Aids-Verhalten, Blutspenden etc.) in
Frage kommen. Bei diesem, auch für viele Non-Governmental Organizations (NGOs)
einschlägigen „**Sozio-Marketing**" stehen werbliche Maßnahmen sowie das Anknüpfen
an durch Marktforschung ermittelte Verhaltensmuster der Zielgruppen im Mittelpunkt.

2.4.5.3   Internationales Marketing

Im Gleichschritt mit der Sättigung vieler Inlandsmärkte und der Globalisierung der
Wirtschaft entwickelte sich das **Internationale Marketing**. Es hebt sich durch drei eher
graduelle Besonderheiten vom nationalen Marketing ab (vgl. *Büschken* 2001):

- Die Heterogenität der bearbeiteten Märkte erfordert Entscheidungen bzgl. der **Standardisierung bzw. Differenzierung des Marketing** in verschiedenen Ländern bzw.
  Regionen. Beispielsweise muss abgewogen werden, ob und inwieweit die Produktqualität, die Marke oder die Werbung an spezifische Länderbedingungen angepasst
  werden sollen.

- Zwischen den verschiedenen internationalen Absatzmärkten können starke **Rück-
  kopplungen**, z.B. Reimporte auf Grund eines Preisgefälles, auftreten, die vorab erkannt und entsprechend ausgesteuert werden müssen.

- Die internationalen und nationalen Marketingprozesse müssen durch entsprechende
  Planung, Organisation, Controlling, IT-Unterstützung und Personalführung auch **unternehmensintern koordiniert** werden, um einerseits das lokale Wissen einspeisen,
  aber andererseits auch eine konsistente internationale Strategie realisieren zu können.

2.4.5.4   Ausweitung auf andere innerbetriebliche Funktionsberei-
che

Marketingprinzipien wurden im Laufe der Zeit auch auf andere Funktionalbereiche innerhalb des Unternehmens übertragen: So spricht man vom **Personalmarketing**, wenn
sich Unternehmen oder andere Institutionen durch Orientierung an den Bedürfnissen der
Mitarbeiter, durch entsprechende Personalforschung und durch Einsatz personalpolitischer Instrumente (Entlohnungssysteme, Weiterbildungskonzepte, Unternehmenskultur
etc.) bei diesen Zielgruppen besonders attraktiv machen möchten.
Ähnliches gilt für das **Beschaffungsmarketing**, wo es um die Gewinnung der jeweils
optimalen Lieferanten geht, indem systematisch nach diesen gesucht wird (Beschaf-
fungsmarktforschung) und entsprechende Lieferantenpflege stattfindet, um zu guten

Lieferantenbeziehungen zu gelangen (gemeinsame Seminare, Messeauftritte, Werbeaktivitäten etc.). Gleichzeitig stellen sich hier auch viele strategische Fragen, z.B. der Selektion von Lieferanten und des In- bzw. Outsourcing einzelner Aktivitäten in der Wertschöpfungskette.

Wegen der zunehmenden Finanzierung über Aktienmärkte gewinnt das Marketing schließlich auch für die Kapitalbeschaffung eine immer größere Bedeutung (**Kapitalmarkt-Marketing**). Hier geht es um die Aufnahme und Pflege von Beziehungen zu Investoren und die Befriedigung der Informationsbedürfnisse dieser Zielgruppe. Dabei spielen vor allem Instrumente der **Public Relations** (hier: „**Investor Relations**") eine Rolle.

Insgesamt ist der Transfer des Marketing-Konzeptes auf diese anderen Funktionsbereiche des Unternehmens freilich stets nur unvollständig, weil das zentrale Element – die Orientierung des **gesamten** Unternehmensgeschehens am **Absatzmarkt** – dort gerade nicht Anliegen sein kann. Trotzdem erweist sich eine Übertragung der **Techniken** des Marketing auf diese Bereiche in vielen Fällen als sinnvoll.

Neben diesem konzeptionellen Transfer des Marketing entwickelte sich aber auch ein „**Internes Marketing**", das auf alle Mitarbeiter zielt, die an der Zufriedenstellung des Kunden direkt oder indirekt mitwirken (vgl. Kap. 5/ 5.). Mit den typischen Vorgehensweisen (z.B. „Marktforschung" bei Mitarbeitern, Entwicklung strategischer Konzepte, z.B. Job Rotation) und Instrumenten (z.B. Incentives, Firmenzeitschrift etc.) des Marketing wird dabei versucht, alle Mitarbeiter zu einem kundenorientierten Verhalten zu bewegen. Im **kundenorientierten Prozessmanagement** werden, ausgehend von den Kundenanforderungen an das Leistungsergebnis, abteilungsübergreifend innerbetriebliche Leistungsprozesse konzipiert und somit Ketten **innerbetrieblicher Kunden-Lieferanten-Beziehungen** geschaffen. Wesentliche Ziele sind hier der Abbau von Schnittstellenkonflikten, die rationelle und schnellstmögliche Abwicklung von Leistungsprozessen, z.B. bei der Produktentwicklung, der Messevorbereitung oder eines Marketing-Events.

2.4.5.5   Online-Marketing

Marketing wurde schon immer unter Einsatz verschiedener Medien zur Interaktion mit den Kunden betrieben. Von einer spezifischen Ausweitung des Marketing durch Einsatz des Internets zum **Online-Marketing** kann trotzdem gesprochen werden, weil damit nicht nur Anpassungen des traditionellen Marketinginstrumentariums notwendig werden, sondern auch neue Formen der Geschäftsverkehrs mit neuen Marketingregeln entstehen. Entscheidend sind vier Eigenheiten (vgl. *Kollmann* 2007, S. 14ff):

(1) Die **technische Infrastruktur** des Internets mit immer leistungsfähigeren, z.T. mobilen Rechnern, die sich zu globalen Informations- und Kommunikations-Netzwerken verbinden, schafft die Grundlage für eine schnelle, nahezu ubiquitär verfügbare und interaktive Echtzeit-Kommunikation zwischen allen (!) Marktteilnehmern zu minimalen Kosten. Voraussetzung dafür war wiederum die **Digitalisierung der Informationen**, auf die sich auch das Marketing, z.B. mit entsprechenden Content-Management-Systemen und Kundendatenbanken, einstellen muss. Teilweise führt das zu einer **Automatisierung des Marketing**, z.B. mit Hilfe von CRM-Systemen (vgl. Kap. 5/ 4.). In jedem Fall muss der Erfassung, Speicherung und

Auswertung von Kunden- und Transaktionsdaten sehr viel höhere Bedeutung als im herkömmlichen Marketing zugewiesen werden.

(2) Online-Marketing nutzt mit dem Internet, dem Mobilfunknetz (Handy) und in Zukunft auch dem Interaktiven Fernsehen (ITV) **neue Medien**, die spezifische und für das Marketing höchst relevante Nutzeffekte beim Kunden generieren können: Sie sind universell und jederzeit verfügbar, dank einheitlicher Standards leicht zu steuern (Browser-Technik), ermöglichen multimediale Informationsaufbereitung in Text, Bild und Ton und schaffen via local based services u.U. **situativen Nutzen**, etwa wenn ein Reisender ein Hotel in der Nähe sucht. Die Medien ermöglichen auch **virtuelle Kundengemeinschaften**, durch die z.B. **Weiterempfehlungen** enorme Marketingbedeutung erlangen, und die von den Anbietern (z.B. Hotelvermittlern wie hotel.de) in ihre Kommunikationskonzepte zu integrieren sind.

(3) Die **Virtualität, Multimedialität, Interaktivität und Individualität der Kommunikation** im Internet schafft eine dramatisch veränderte Ausgangssituation für das Marketing. Es entstehen virtuelle Märkte (z.B. eine Internet-Plattform wie ebay) mit völlig neuen virtuellen Serviceleistungen (z.B. elektronischen „Wunschzetteln" bei amazon), neuen Absatz- und im Wege des Downloads auch Distributionswegen sowie neuen Zahlungssystemen (z.B. paypal). Gleichzeitig ist ein auf einzelne Kunden zugeschnittenes, d.h. individualisiertes und zugleich interaktives „1:1-Marketing" möglich, das zunehmend das frühere Massenmarketing verdrängt.

(4) Die neuen Medien ermöglichen **neue Wettbewerbsformen und Geschäftsmodelle**, die als „Net Economy" oder „E-Business" bezeichnet werden. Gemeint ist die Nutzung der neuen Medien zur Vorbereitung, Verhandlung und Durchführung von Geschäftsprozessen zwischen Transaktionspartnern. Damit entstehen neue Marketing-Plattformen, deren Akzeptanz wiederum selbst Marketinganstrengungen erfordert. Wer z.B. einen E-Shop einrichtet, muss – etwa via Bannerwerbung, Suchwort-Marketing oder Verlinkung der Website („**Affiliate Marketing**") – dafür sorgen, dass Kundenverkehr generiert wird – ähnlich wie bei stationären Läden, aber mit gänzlich neuen Marketinginstrumenten. Darüber hinaus erfordert das Internet u.U. neue Geschäfts- oder Erlösmodelle, weil Kunden für Informationen und andere elektronische Serviceleistungen wenig oder keine Zahlungsbereitschaft aufbringen.

Online-Marketing

Online-Marketing ist die absatzpolitische Verwendung elektronisch vernetzter Informationstechnologien (Internet, Mobilfunk, ITV) zur Erschließung der innovativen Möglichkeiten der Online-Kommunikation (Virtualität, Multimedialität, Interaktivität, Individualität) beim Einsatz der Marketinginstrumente unter Berücksichtigung der Technischen Rahmenbedingungen (Rechnerleistung, Vernetzung, Digitalisierung, Datentransfer), ggf. unter Anwendung neuer Wettbewerbsformen und Geschäftsmodelle (vgl. *Kollmann* 2007, S. 57).

2.4.6   Kritik am Marketing

Zur wissenschaftlichen Auseinandersetzung mit dem Marketing als Problemlösungskonzept im Absatzbereich gehört auch die kritische Betrachtung dieses Ansatzes. Dies gilt umso mehr, als das Marketing immer wieder in das **Kreuzfeuer der Gesellschafts-kritik** gerät. Deutlich wird das z.B. in spektakulären Fällen, wie den diversen Lebensmittelskandalen der vergangenen Jahre (Wein, Fleisch, Nudeln, Fisch, Olivenöl usw.), aber auch in ständigen kleineren Diskussionen um bestimmte Marketingpraktiken, etwa unerbetene Telefonkontakte, ungenügende Produktsicherheit (Pharmazeutika, Spielzeug, Autoreifen usw.), Mogelpackungen oder ethisch bedenkliche Werbekampagnen.

Diese Kritik lässt sich grob in vier Richtungen untergliedern:

(1) **Gesellschaftskritiker** (*Galbraith, Fromm, Habermas* u.a.) sehen im Marketing eine Technologie und ein Machtinstrument der Unternehmen, welches die Verbraucher zu überhöhtem Konsum, zu Außen- statt Innenorientierung und zu letztlich geringerer, da fehl gelenkter Wohlfahrt einer Volkswirtschaft (ver)führe. Die Werbung schaffe falsche Leitbilder, missbrauche menschliche Instinkte (z.B. Sexwerbung), perpetuiere tradierte Rollenbilder (Frau als Dummchen) und mache Menschen letztlich zu unkritischen „Konsumidioten".
Diese Kritik ist bewusst normativ und ideologisch und kann keine Legitimation für die vermeintlich „richtigen" Bedürfnisse der Konsumenten liefern. Konsumfreiheit und Souveränität des Konsumenten können aber als Leitbilder unserer marktwirtschaftlichen Ordnung nicht ersetzt werden – auch wenn die Fähigkeit und der Wille hierzu begrenzt sein mögen. Die Alternative wäre eine von allen Seiten unerwünschte und mit der sozialistischen Staatswirtschaft auch untergegangene Fremdsteuerung des Bürgers durch den Staat. Im Zeichen des sogar grundgesetzlich geschützten Rechts auf (eigene!) Selbstverwirklichung hat hier deshalb letztlich nur der Verweis auf die Notwendigkeit einer gesellschaftskritischen Wertediskussion Bestand.

(2) **Systemkritiker** zweifeln an der für das Funktionieren des Markt- und Marketingsystems notwendigen Macht der Konsumenten und deren Souveränität. Diese sei angesichts der Proliferation des Produkt- und Informationsangebotes schlicht überfordert und versage grundsätzlich bei Vertrauensgütern.
Diese Kritik ist ernst zu nehmen, weil in der Tat das Idealbild der Konsumentensouveränität vom de facto-Zustand begrenzter Fähigkeit zu rationalen Kaufentscheidungen zu unterscheiden ist. Die Marketing-Maxime garantiert insofern keineswegs bereits bestmögliche Konsumentenversorgung (dies wäre ein naturalistischer Fehlschluss vom Soll auf das Ist), was ja auch in zahlreichen Skandalen (z.B. verdorbenes „Gammelfleisch", Glykolwein, Dioxin-verseuchte Eier etc.) und vielen Wettbewerbsprozessen (Vitaminkartell, Alleinstellungswerbung etc.) zum Ausdruck kommt. Allerdings kann man diesbezüglich auch das Kind nicht mit dem Bade ausschütten. Vereinzelte, ja selbst verbreitete Missstände können nicht dazu herhalten, das Gesamtsystem zu verurteilen, wenn man kein Besseres an seine Stelle setzen kann. Auch Autos werden nicht verboten, obwohl Tausende von Verkehrstoten pro Jahr zu beklagen sind. Die realistische Alternative zu den Systemschwächen der Marktwirtschaft sind deshalb **staatliche Regulierungen** in Form von Wettbewerbsgesetzen und -verordnungen sowie eine **Verbraucherpolitik**, welche die **Verbraucherrechte** stärkt und Gegenmacht zu den Anbietern (etwa in Form der Stiftung Warentest, der Verbraucherorganisationen oder Selbsthilfegruppen) fördert.

Plakativ wurden vier zentrale **Verbraucherrechte** schon 1962 vom US-Präsidenten *Robert Kennedy* proklamiert (wenngleich eine wissenschaftliche Herleitung kaum gelingt): Verbraucher könnten sichere Produkte, wahre und klare Informationen, eine hinreichende Auswahl an Konsumalternativen und schließlich Anhörung durch die Anbieter beanspruchen. Andere Ansprüche ergeben sich aus den Grund- bzw. Menschenrechten (Schutz der Menschenwürde, der Religion, der Persönlichkeit, der Familie etc.) sowie den Gesetzen und richterlichen Auslegungen des Wettbewerbsrechts (z.B. bzgl. Irreführung, Machtmissbrauch oder Wettbewerbsbehinderung). Derartige Regulierungen werden angesichts des individualistischen Prinzips der freien Marktwirtschaft, nach der sich das Wohlfahrtsoptimum durch Ausnutzung des individuellen Vorteilsstrebens ergibt, und angesichts der moralischen Unvollkommenheit der Menschen – seien es Unternehmer oder Konsumenten – unverzichtbar bleiben. Ein extremer Liberalismus lässt insofern keine Patentlösungen erwarten. Marketing ist auch keine Heilslehre, sondern ein Konzept der Gewinnmaximierung unter der marktwirtschaftlichen „Nebenbedingung" der Zufriedenstellung der Kundenbedürfnisse.

(3) Der **Manipulationsvorwurf** beinhaltet die These, dass Marketingtechniken (insb. Werbung) von den Verbrauchern nicht durchschaut würden, aber deren Verhalten bis hin zur Suggestion beeinflussten. Dieser besonders populäre Vorwurf ist stark zu relativieren. Von der angeblichen Suggestivkraft der Werbung, die den Menschen zum Kauf zwingen könne, ohne dass er sich dagegen wehren kann, ist nach strenger und wiederholter wissenschaftlicher Überprüfung nichts übrig geblieben. Zwanghafter Konsum ist nur im Suchtfalle denkbar, was allerdings von Marketingpraktiken gefördert werden kann. Unbemerkte Beeinflussung der Käufer, z.B. durch eine euphemistische Werbesprache, Preisoptik oder Verkäufercharme, ist aber überall an der Tagesordnung. Auch **emotionale Konditionierungen**, d.h. Erzeugung automatischer, nicht mehr vermeidbarer menschlicher Reaktionen auf bestimmte Marketingreize (z.B. Markennamen oder Produktfarben) sind mit bestimmten Kommunikationstechniken relativ leicht zu erzielen. Dieses gilt allerdings nicht nur für das Marketing, sondern für beinahe alle gesellschaftlichen Lebensbereiche, vom Elternhaus bis zur Freundesclique, vom Schulbuch bis zum TV-Betrieb, von der staatlichen „Informationspolitik" bis zur Sonntagspredigt. Alles gesellschaftliche Leben ist untrennbar mit mehr oder minder durchschaubaren bzw. offenen Einflussversuchen verknüpft. Die Devise kann deshalb nicht ein Verbot derartiger Aktivitäten heißen, sondern Aufklärung über einschlägige Kommunikationstechniken (ggf. auch Warnung und Beschränkung) und Ergänzung der Marktkräfte durch marktkritische Institutionen (inkl. der Marketingwissenschaft!).

(4) **Ökologen** erheben schließlich oft einen **Verschwendungsvorwurf** an das Marketing, weil es durch aufwendige Verpackungen, künstliche (z.B. modische oder technische) Veralterung der Produkte („geplante Obsoleszenz"), überflüssige Produktbestandteile und andere Anreize zum (unnötigen) Ressourcen verbrauchenden Konsum die Nachhaltigkeit einer ökologischen Wirtschaft behindere. Diese Kritik trifft freilich die Marktwirtschaft als Ganzes, die negative externe Effekte der Wirtschaft ohne staatliche Eingriffe (z.B. Öko-Steuern) nicht zu verhindern mag, ohne die Steuerung durch Kaufentscheide aufzugeben. Andererseits kann Marketing hier mit seinen Sozialtechniken aber auch helfen, Umweltbewusstsein und nachhaltige Wirtschaftsformen zu fördern. Im **„ökologischen Marketing"** wird dies sogar zur strategischen Devise erklärt. Die

Ausgangsbedingungen für ein solches Konzept sind freilich umso schlechter, je weniger unmittelbaren Nutzen der einzelne Kunde davon hat und/oder je höher der dafür zu zahlende Mehrpreis ausfällt.

Man erkennt, wie der Marketing-Manager mit solchen Fragen und Vorwürfen rasch in ein Spannungsfeld der **Marketingethik** gerät (vgl. Abschnitt 2.4.3.2). Bezeichnend ist, dass immer mehr Unternehmen Verantwortungsbewusstsein für die Belange der Wirtschaft und Gesellschaft entwickeln, selbst wenn sie damit in Konflikt mit den Ansprüchen der Shareholder-Value-Maximierung geraten:

- Sie unterwerfen sich bestimmten unternehmensinternen oder branchenweiten **Verhaltenskodizes** z.B. für sichere Produkttechnik, verantwortungsvolle Marktforschung oder faires Preisgebaren;

- Sie suchen die geregelte **Diskussion mit der Öffentlichkeit** zur verständnisvollen Bewältigung von Zielkonflikten;

- Sie unterziehen sich **Unternehmenstests** zur Öko- oder Gesellschaftsakzeptanz und erstellen entsprechende Rechenschaftsberichte;

- Sie öffnen sich mit einem z.T. sehr umfassenden **Beschwerdemanagement** und **Garantiezusagen** stärker den Belangen der Kunden.

Schließlich ist jeder Bürger und Konsument selbst aufgerufen, sich in der kritischen Diskussion um besseres Marketing zu beteiligen. Die sog. **Meinungsportale** (z.B. dooyoo.de, ciao.de) und andere Internetplattformen könnten dafür einen entscheidenden Beitrag leisten, weil dadurch die Hörbarkeit jeder einzelnen Konsumentenstimme ähnlich laut wird wie jene der Anbieterwerbung. Das Internet fördert darüber hinaus auch die Gegenmacht der Konsumenten durch die Nutzung intelligenter Agenten (z.B. Preisagenturen wie kelkoo.de oder guenstiger.de), welche die Markttransparenz erheblich zu steigern vermögen.

Kontrollfragen zu Abschnitt 2

1. Definieren Sie folgende Begriffe:

   - Absatz
   - Absatzpolitik
   - Absatzprozesse
   - Kernprozesse
   - USP
   - Markt
   - Marktorientierung
   - Kundenorientierung
   - Marktanteil
   - Distributionsquote
   - Relativer Preis
   - Kundenbindung
   - Zielpyramide
   - Loyalitätstrichter
   - Kostenrisiko
   - Conversion-rate
   - Marketing
   - Marketingprozess
   - Wertschöpfungswettbewerb
   - Partizipatives Marketing

   - Permission Marketing
   - Generisches Marketing
   - Demarketing
   - Non-Profit-Marketing
   - Cause-related-Marketing
   - Corporate Social Responsibility
   - Beschaffungsmarketing
   - Kapitalmarketing
   - Internes Marketing
   - Push-, Pull-Effekt
   - Outlets, Inlets
   - vertikales Marketing
   - Investitionsgüter
   - Online-Marketing
   - E-Commerce
   - Technology-Push-, Technology-Pull-Marketing
   - Konsumentensouveränität
   - Marketingethik

2. Inwiefern stellt „Absatz" einen Ansatz zur Wiederverkoppelung von Produktion und Konsum dar?

3. Welche Prozesse dienen dabei welcher Art der Verkopplung und welche Überbrückungsdimensionen kann man hierbei grundsätzlich unterscheiden? Erläutern Sie dies am Beispiel des Kaufs bzw. Verkaufs von Wein und hierbei wiederum anhand zweier Geschäftsmodelle!

4. Charakterisieren Sie die allgemeinen und die spezifischen Merkmale von Absatzprozessen!

5. Erläutern Sie eine einschlägige Prozesseinteilung des Absatzbereichs! Zeigen Sie an einem Beispiel die hierarchische Struktur solcher Prozessgliederungen und den konkreten Input und Output eines Prozesses auf!

6. Welches sind die Kriterien für betriebswirtschaftlich erfolgreiche Marketingprozesse?

7. Wodurch unterscheidet sich die Prozessbetrachtung von der Funktions- bzw. der Institutionenbetrachtung des Absatzbereichs?

8. In welcher Hinsicht können Nicht-Absatz-Abteilungen zur Steigerung der Kundenzufriedenheit beitragen? Geben Sie Beispiele für die Beschaffungs-, FuE-, Produktions-, Personal- und Finanzierungsabteilung eines Haushaltsgeräteherstellers!

9. Charakterisieren Sie den institutionellen Ansatz der Absatztheorie! Inwiefern ist dieser Ansatz mit jenem des Wertschöpfungswettbewerbs verknüpft?

10. Skizzieren Sie Umfang und Größenordnung der Absatzwirtschaft im institutionellen Sinne!

11. Welche Aufgaben werden beim Discounthandel (z.B. Schlecker) im Gegensatz zum Fachhandel (z.B. Douglas) auf den Kunden verlagert?

12. Nennen Sie 10 verschiedene Branchen für Marketing-Dienstleistungen und versuchen Sie diese systematisch zu unterteilen! Welche Dienstleister sind für einen Online-Händler wie amazon besonders wichtig? Welche zentralen Marketing-Leistungen erbringt amazon selbst?

13. Wo liegt der Unterschied zwischen Groß- und Einzelhandel?

14. Welche Basisprinzipien kennzeichnen das Marketing?

15. Worin liegt der Unterschied zwischen Marketingeffizienz und -effektivität?

16. Entwickeln Sie ein Zielsystem für einen Gemüsehändler und erläutern Sie daran unterschiedliche Formen der Marketingeffektivität!

17. Welche Rolle spielen die Marketingkosten im Wettbewerb?

18. Warum spielt die Absatzschnelligkeit im modernen Marketing eine so wichtige Rolle?

19. In welcher Weise werden gesellschaftliche und ethische Ziele für das Marketing relevant?

20. Warum erfordert Marketing stets einen Marktselektionsentscheid?

21. Schildern Sie den typischen sequentiellen Ablauf des Marketing am Beispiel der Veranstaltung eines Kunden-Events!

22. Welche Phasen lassen sich in der historischen Entwicklung des Marketing unterscheiden?

23. Erläutern Sie das „partizipative Marketing" am Beispiel einer Brache Ihrer Wahl!

24. Welche Besonderheiten prägen das Online-Marketing?

25. Wozu und womit betreibt man ein Internes Marketing?

26. Diskutieren Sie die zentralen Vorwürfe an das Marketing und die Rolle der Konsumentensouveränität in diesem Zusammenhang!

27. Was beinhaltet die Diskussion um die Marketingethik und wie schlägt sie sich in der Marketingpraxis nieder?

3. Marketingwissenschaft und Marketingtheorie

3.1 Aufgaben der Marketingwissenschaft

Die Marketingwissenschaft hat das Ziel, auf wissenschaftlichem Wege neue Erkenntnisse über das Marketing zu gewinnen. Wissenschaftliches Vorgehen erfordert dabei im Marketing ganz besonders (*Raffeé* 1974)

(1) **objektives**, d.h. von Dritten nachprüfbares Erforschen,

(2) **kritisches**, d.h. auch gängige Denkschablonen und ideologische Positionen hinterfragendes Vorgehen,

(3) **universalistische** statt nach einengenden Erkenntnisprinzipien (z.B. „Wirtschaftlichkeit") fragmentierte Zugänge zum Objektbereich,

(4) **pluralistische** (für alle Interessenten offene) und nicht partikularistische, d.h. einseitig an einzelnen Interessengruppen orientierte Forschung und

(5) **interdisziplinäre**, d.h. die verschiedenen Sichtweisen, Erkenntnisse und Theorien unterschiedlicher Wissenschaften nutzende Vorgehensweisen.

Ergebnisse der Marketingwissenschaft sind **Marketingtheorien**, d.h. wissenschaftlich fundierte Aussagen über Verhältnisse und Zusammenhänge im Marketing. Man kann dabei grob sechs Klassen von Aussagen unterscheiden:

(1) **Definitorische** und **explikative** Aussagen präzisieren die ansonsten oft zweideutige Sprache und legen den Bedeutungshintergrund der Begriffe offen. Bspw. wird der oben erläuterte Marktbegriff in den Kontext der Austauschtheorie gestellt und dann als abstrakter Ort des Zusammentreffens von Angebot und Nachfrage zum Zwecke des Güteraustausches definiert. Theorien benutzen insofern schon bei der Begriffsbildung bestimmte Bezugstheorien, die als sog. „**Bezugsrahmen**" der Betrachtungen dienen und die Einordnung der Aussagen in die Theorieentwicklung erleichtern. Zu den explizierenden Aussagen gehören auch **Klassifikationen** (z.B. Käuferklassen oder Güterarten) und andere ordnende Systematiken im Objektbereich der Wissenschaft. Wegen der außerordentlichen Vielfalt im Objektbereich des Marketing spielen explikative Konzepte hier eine wichtige Rolle, auch wenn dadurch noch kein neues Wissen erzeugt wird.

(2) **Deskriptive** Aussagen der Marketingwissenschaft **beschreiben** Marketingphänomene, wobei von unwesentlichen Aspekten abstrahiert und das Wesentliche modellhaft herausgearbeitet wird. Durch Anwendung der Sprache der Mathematik glückt dabei in manchen Fällen eine besonders präzise Deskription, z.B. wenn die Wirkung einer Preisreduktion in Form einer Preis-Absatzfunktion beschrieben wird. Viele Marketingphänomene sind freilich stark qualitativer Natur und deshalb quantitativen Modellierungen nur begrenzt zugänglich. Typische Deskriptionen der Marketingwissenschaft sind z.B. Typologien von Kommunikationsinstrumenten (z.B. Elektronische vs. Print-Medien), bei denen relevante Merkmale zur Charakterisierung der entscheidenden Unterschiede verwendet werden, oder Prozessmodelle des Marketing, wie das in Abbildung 1-8 dargestellte Modell, bei denen man über bestimmte In- und Outputs Prozessstufen ab-

grenzt. Da die Marketingrealität häufig vieldimensional ausfällt, benutzt man zur Deskription oft **multivariate statistische Methoden** (z.B. Cluster- oder Faktorenanalysen), die in der Lage sind, mehrere Variablen gleichzeitig zu erfassen und ggf. verdichtet widerzuspiegeln (vgl. Kap. 3/ 2.).

Deskriptive Aussagen können **theoretischer**, d.h. hypothetischer, oder **empirischer** Natur, d.h. durch Messung in der Realität, entstanden sein. Im letzten Fall müssen die theoretischen Begriffe zunächst **operationalisiert**, d.h. durch bestimmte Indikatoren messbar gemacht werden. Z.B. kann das Preisbewusstsein von Konsumenten nicht unmittelbar beobachtet werden, sondern bedarf zunächst einer theoretischen Explikation (z.B. als „Preisinteresse", d.h. als Stärke des Motivs, nach Preisinformationen zu suchen und diese bei den Einkäufen zu berücksichtigen) und anschließender Operationalisierung, etwa durch eine direkte Frage an Probanden, inwieweit sie Preise beim Einkauf berücksichtigen, durch Beobachtung des Kaufverhaltens am Regal (Vorhandensein und Dauer von Preis-Checks) oder durch Analyse von Abverkaufsdaten nach Preisänderungen. Deskriptionen können also auf unterschiedlichem **Aggregationsniveau** (z.B. Individuum, Kundensegment, Teilmarkt, Gesamtmarkt) erfolgen.

(3) **Explanatorische** Aussagen **erklären** die Zusammenhänge zwischen verschiedenen Marketinggrößen. Sie postulieren als Theorie entsprechende Hypothesen, z.B. in je-desto-Form (z.B. je größer die Werbeanzeige, desto größer die Anzahl der Anzeigenleser) oder in Form von mathematischen Wirkungsfunktionen (z.B. degressiver Verlauf der Wirkung der Anzeigengröße auf die Werberesonanz). Bei **Deduktion** erfolgt die Herleitung der Hypothese aus allgemeinen Theorien, bei **Induktion** durch Aufgreifen und Generalisierung von Fallbeispielen. Durch empirische Studien, insbes. Tests unter kontrollierten Bedingungen, aber auch Quer- und Längsschnittanalysen relevanter Zeitreihen, können solche Abhängigkeiten auch an der Realität überprüft und simuliert werden. Induktive Hypothesen (wie sie z.B. Berater auf Grund ihrer Erfahrungen häufig formulieren) erweisen sich oft als trügerisch, da nicht systematisch überprüft wird, ob *alle* einschlägigen Einflussfaktoren berücksichtigt sind und der postulierte Effekt möglicherweise gerade durch solche Größen verursacht wird. Auch die Repräsentativität der Fallbeispiele ist i.d.R. fragwürdig.

Zu den explanatorischen Theorien im Marketing gehören auch **Prognosemodelle** für Zeitreihen, welche die Entwicklung einer Variablen, z.B. die Verbreitung des Internets, aus der Zeitreihe selbst heraus erklären, weil diese einer bestimmten Gesetzmäßigkeit (z.B. einem Imitationsverhalten am Markt) unterworfen ist. Eine andere Form der Prognose stellen **Response-Funktionen** dar, bei denen die Wirkung bestimmter Marketingmaßnahmen auf Basis von Wirkungsfunktionen (z.B. Preis-Absatzfunktionen für die Wirkung von Preisänderungen) vorhergesagt wird. Solche Prognosen setzen entsprechende theoretische Erklärungsmodelle voraus.

(4) **Explorative** Analysen untersuchen **mögliche** Zusammenhänge zwischen verschiedenen Größen und finden deshalb soz. im Vorfeld der explanatorischen Theoriebildung statt. Man inspiziert dazu auf empirischen Wege die Korrelationen und Kontingenzen zwischen zwei und mehr interessierenden Variablen, etwa zwischen dem Preisinteresse und dem Alter, weil man entsprechende Abhängigkeiten vermutet, aber noch nicht gefunden und theoretisch geklärt hat. Explorative Wissenschaft ist also insb. für **neue** Marketingphänomene, etwa Zusammenhänge beim Internet-Einkauf, angebracht.

(5) **Normative** Marketingwissenschaft macht schließlich konkrete **Empfehlungen** oder **Vorgaben** für die Praxis, etwa über die optimale Preisstellung von Anbietern oder die effektivste Preisaufklärung durch Verbraucherorganisationen. Dabei unterstellt sie entweder bestimmte Optimierungskriterien, anbieterseitig meist Gewinn oder Umsatz (**„praktisch normativer Ansatz"**), oder sie legt von sich aus den Adressaten bestimmte Verhaltensweisen nahe, etwa wenn ökologiegerechtes Marketingverhalten nicht nur im Interesse des langfristigen Gewinns, sondern als moralischer Appell gefordert wird (**wertnormativer Ansatz**). Wegen der logischen Unbegründbarkeit solcher wertnormativer Aussagen ist diese Art der Wissenschaft aber umstritten. Meist beschränkt sich die Marketingwissenschaft (wie die BWL insgesamt) auf praktisch-normative Aussagen.

(6) **Methodenentwicklung** findet in der Marketingwissenschaft in besonderem Maße hinsichtlich des Einsatzes der Marktforschung und des Marketing-Accounting statt. Man entwickelt z.B. neue **Datenerhebungs-** (z.B. Online-Befragungen) und **-auswertungsmethoden** (z.B. Data-Mining in großen Datenbanken mittels neuronaler Netze) oder **Bewertungsverfahren** für den Marken- oder den Kundenwert einer Firma. Da speziell über das Marktgeschehen sehr viele Daten vorliegen (z.B. aus den Kassensystemen des Handels oder den Protokollen von Internetbesuchen), besitzen raffinierte Datenanalyseverfahren im Marketing ganz besondere Bedeutung (vgl. Kap. 3).

Marketingtheorien sind in bestimmte **Marketing-Paradigmen** eingebettet, d.h. sie folgen gewissen, von den Forschern langfristig akzeptierten Leitideen und Problemlösungsmustern einer Wissenschaft. Im nachfolgenden Abschnitt werden einige ausgewählte, wichtige paradigmatische Theorieansätze skizziert.

Marketingwissenschaft ist in Deutschland überwiegend an Universitäten bzw. neutralen Forschungsinstituten institutionalisiert. Die Privatisierung und Verschulung dieser Hochschulen bedroht deren Unparteilichkeit, Unabhängigkeit und Objektivität in der Forschung. Wer eine kritische, methodisch hinreichend fundierte und an langfristigen Erkenntniszugewinnen ausgerichtet Marketinglehre nicht verlieren will, sollte deshalb ein Verfechter der Freiheit und Einheit von Forschung und Lehre sein!

3.2 Ausgewählte Basistheorien des Marketing

Weil es sich beim Marketing um eine noch relativ junge Wissenschaft handelt, existiert bisher noch keine in sich geschlossene Marketingtheorie, sondern eine Fülle sehr verschiedenartiger, teils konkurrierender, teils komplementärer theoretischer Ansätze. Ohne auf Details eingehen zu können, wird nachfolgend darüber ein sehr knapper Überblick geboten, der auch wichtige Grundbegriffe des theoretischen Marketingdenkens verständlicher machen soll. Wir unterscheiden dabei grob zwischen marktwissenschaftlichen, managementorientierten und verhaltenswissenschaftlichen Ansätzen.

3.2.1 Marktwissenschaftliche Ansätze der Marketingtheorie

Die marktwissenschaftlichen Theorieansätze verfolgen auf abstraktem Niveau eine allgemeine Erklärung der Geschehnisse auf Märkten. Sie sollen also nicht unmittelbar der

Verbesserung von Marketingentscheidungen dienen, sondern das Verständnis von Märkten als Austauschsysteme vertiefen. Charakteristisch für diese Ansätze ist die Vogelperspektive, aus der das Marktgeschehen und das Verhalten der Marktakteure beschrieben und erklärt werden sollen. Auf Grund ihrer Allgemeinheit haben diese Ansätze eine große Reichweite, lassen sich also für vielerlei Fragestellungen einsetzen, aber auch ein hohes Integrationspotential für andere Theorien. Ihre Entstehung verdanken diese Theorien oftmals auch anderen Wissenschaftsdisziplinen, z.B. der Industrieökonomik, der Organisationswissenschaft oder der mathematischen Spieltheorie, von wo aus sie Eingang in die Marketingtheorie fanden und dort weiterentwickelt wurden.

3.2.1.1   Institutionenökonomik

Die Institutionenökonomik befasst sich mit der Gestaltung von Austauschprozessen zwischen Anbietern und ihren Kunden. Dabei stehen Entstehung und Bedeutung von marktrelevanten Institutionen im Fokus. Darunter versteht man Einrichtungen, die zur Ordnung von Märkten dienen. Die Institutionenökonomik umfasst verschiedene theoretische Schulen, die unterschiedliche Problemstellungen analysieren. Für das Marketing sind fünf Denkschulen besonders relevant, die sich im Kern alle mit der Frage befassen, welche Regelungsmechanismen unter bestimmten Rahmenbedingungen zur Abwicklung von Austauschprozessen zum Einsatz kommen sollten: (1) die Property-Rights-Analyse, (2) der Transaktionskosten-Ansatz, (3) der Prinzipal-Agent-Ansatz, (4) die Relational-Contracting-Theory und (5) die Informationsökonomie.

3.2.1.1.1   Die Property-Rights-Theorie

Die **Property-Rights-Theorie** (PRT) geht von der Grundannahme aus, dass zahlreiche Ressourcen in einer Gesellschaft (z.B. bestehende Kundenkontakte, Fertigungs-Knowhow) knappe Güter darstellen. Um die Nutzung knapper Güter zu regeln, existieren **Verfügungsrechte**, die bestimmten Individuen oder Gruppen den Zugriff auf das betreffende Gut gewähren. Die Verteilung der Verfügungsrechte kann einerseits durch staatliche Organe, z.B. über das Markenrecht, oder durch privatrechtliche Übertragungen geregelt sein. Diese Übertragung kann einseitig oder zweiseitig, d.h. im Tausch, erfolgen. Im Marketing geht es dabei in der Regel um den Tausch von Verfügungsrechten, z.B. die Verfügungsrechte an Ware gegen die Verfügungsrechte an einer Gegenleistung (Geld, Ware, Dienstleistung oder einer Kombination dieser Elemente).

Die Herausbildung, Zuordnung, Übertragung und Durchsetzung stellen auf Verfügungsrechte gerichtete **Transaktionen** dar. Sie verursachen sowohl Anbietern als auch deren Kunden **Transaktionskosten**. Diese umfassen nicht nur die unmittelbaren monetären Beträge, sondern auch alle sonstigen spürbaren Nachteile mit ökonomischem Charakter, z.B. Zeitverluste, physische Anstrengungen oder psychischen Stress in Verbindung mit Tauschgeschäften. Dem gegenüber steht der durch Verfügungsrechte erzielbare und in Teilkomponenten aufgliederbare **Nutzen**. Auch der Nutzen bezieht sich also nicht alleine auf monetäre Vorteile, sondern kann auch andere Komponenten, etwa Prestige oder Macht, umfassen. In Abhängigkeit von den zu erwartenden Transaktionskosten und -nutzen suchen die am Tausch beteiligten Akteure unterschiedliche Institutionen zur Regelung der Transaktion.

Somit stellt sich ein Markt als dynamisches Netzwerk aus Verfügungsrechten zwischen Akteuren dar. Einzelne Akteure sind auf diesem Markt bemüht, ihren **Netto-Nutzen** (= Brutto-Nutzen - Transaktionskostenzu maximieren. Jedoch postuliert die PRT, dass sie dies unter Unsicherheit und mit eingeschränkter Rationalität tun, d.h. dass sie nicht *ex ante* genau wissen, dass das von ihnen intendierte Ergebnis auch eintreten wird und dass sie keine objektive Nutzenfunktion maximieren. Stattdessen maximieren sie den subjektiven Erwartungswert der Konsequenzen alternativer Handlungen. Hierzu multiplizieren sie den erwarteten Netto-Nutzen mit der von ihnen beurteilten Wahrscheinlichkeit, dass dieser Netto-Nutzen auch tatsächlich entstehen wird

Problematisch ist dieses individuelle Vorgehen, wenn der Akteur nur die ihn direkt betreffenden Nutzen und Kosten berücksichtigt, denn die Ausübung seiner Verfügungsrechte kann auch Dritte in der Nutzung ihrer Verfügungsrechte berühren. Solche Wirkungen werden als **externe Effekte** bezeichnet. Sie können z.B. auftreten, wenn im Rahmen eines Geschäftes mit einem Kunden die Verfügungsrechte eines zweiten Kunden beeinträchtigt werden. Dies könnte u.U. auftreten, wenn bei einem Lieferengpass ein Kunde A mit Ware beliefert wird, die ein Kunde B bereits bezahlt hatte und die daher ihm geliefert werden müsste. Externe Effekte können auch entstehen, wenn ein Vertriebsmitarbeiter die Reputation seines Arbeitgebers durch bestimmte Verhaltensweisen schädigt.

3.2.1.1.2   Der Transaktionskosten-Ansatz

Der auf *Coase* (1937) und *Williamson* (1984) zurückgehende Transaktionskosten-Ansatz (TKA) wurde vor dem Hintergrund der Frage entwickelt, unter welchen Bedingungen Akteure zur Abwicklung einer Transaktion eine bestimmte Regelungsstruktur wählen. Der TKA klassifiziert Regelungsstrukturen entlang eines Kontinuums mit den Extrempunkten „Markt" und „Hierarchie". Als Zwischenform dieser beiden Regelungsstrukturen identifiziert der TKA die sog. „Hybridform" (vgl. *Williamson* 1991).

Markt	Hybridform	Hierarchie
Regelung von Transaktionen durch Beschaffung des jeweils günstigsten Angebotes auf dem anonymen Markt	wiederholte Transaktionen zwischen identischen Anbieter und identischem Kunden	vertikale Integration von Anbietern bestimmter Leistungen in die eigene Organisation
z.B. Spot-Markt-Geschäfte, Ausschreibungsverfahren	z.B. langfristige Liefervereinbarung, Just-In-Time-Kooperation	z.B. Aufkauf eines Zulieferers (Insourcing)

Abb. 1-15: Die drei grundlegenden Regelungsstrukturen des Transaktionskosten-Ansatzes

Als zentrales Kriterium für die Wahl der effizientesten Regelungsstruktur werden die durch die Transaktion verursachten Kosten (**Transaktionskosten**) betrachtet. Es lassen sich unterschiedliche Transaktionskostenarten unterscheiden:

- Suchkosten (für die Suche nach geeigneten Anbietern oder Kunden)

- Anbahnungskosten (Kosten der Verhandlungsvorbereitung)

- Verhandlungskosten (z.B. nach Mannstunden, Reisekosten)

- Entscheidungskosten (z.B. für interne Koordination, Informationssysteme)

- Vereinbarungskosten (z.B. Vertragsformulierung, Notar)

- Kontrollkosten (z.B. Qualitätsprüfung, Zahlungseingang)

- Anpassungskosten (z.B. für Vertragsänderungen)

- Beendigungskosten (z.B. für Entlassungen, Entsorgung, Abfindungen)

Diese Kosten können sowohl direkt aus der Transaktion entstehen als auch in Form von Opportunitätskosten auftreten, wenn eine nicht-effiziente Regelungsstruktur gewählt wird. Der TKA diskutiert dieses Problem vor dem Hintergrund von zwei Grundannahmen bezüglich menschlichen Verhaltens (begrenzte Rationalität und Opportunismus) und zwei wesentlichen Dimensionen einer Transaktion (Unsicherheit und die Existenz spezifischer Investitionen).

Die Annahme der **begrenzten Rationalität** besagt, dass Individuen beim Treffen von Entscheidungen nur begrenzte kognitive Fähigkeiten haben, z.B. weil sie nicht in der Lage sind, große Informationsmengen rasch zu verarbeiten. Dies wird v.a. problematisch, wenn Unsicherheit bzgl. der Umweltentwicklung (**exogene Unsicherheit**) sowie hinsichtlich des Verhaltens anderer Akteure (**endogene Unsicherheit**) besteht. Ein Beispiel für exogene Unsicherheit wäre der Markteintritt eines neuen Konkurrenten, der es für einen Hersteller erforderlich macht, seine Produkte zu modifizieren. Hat dies Einfluss auf die Komponenten, die er bei seinem Zulieferer beschafft, kann es sein, dass dieser sich weigert, von einem langfristigen Lieferabkommen abzuweichen. Haben Hersteller und Zulieferer in ihrem ursprünglichen Abkommen nicht bereits eventuelle Anpassungen fixiert, können dem Hersteller hohe Transaktionskosten aus Neuverhandlungen mit dem Zulieferer oder alternativen Bezugsquellen entstehen. Endogene Unsicherheit führt im Gegensatz dazu zu einem Bewertungsproblem, ob vereinbarte Leistungen auch erbracht wurden: Ist es Aufgabe eines Großhändlers, beim Verkauf der Produkte eines Herstellers dem Kunden umfangreiche Serviceleistungen zu erbringen, würden dem Hersteller hohe Transaktionskosten entstehen, wenn er die Qualität dieser Serviceleistungen messen wollte.

Opportunismus begründet ein weiteres Problem, das im TKA Behandlung findet. Allgemein gehen alle ökonomischen Theorien davon aus, dass Individuen ihre eigenen Interessen verfolgen. Dieses Verhalten wird jedoch dann als opportunistisch bezeichnet, wenn es mit Arglist verfolgt wird und dabei die Schädigung eines anderen Akteurs bewusst in Kauf genommen wird. *Williamson* (1985, S. 47) nennt als Beispiele für Opportunismus u.a. „Lügen, Diebstahl, Betrug, beabsichtigte Täuschung, Verzerrung, Verschleierung, Verwirrung".

Der TKA berücksichtigt die Gefahr, dass Menschen opportunistisch handeln können und sieht dies immer dann als problematisch an, wenn ein Akteur **spezifische Investitionen** getätigt hat. Dies sind solche Investitionen, die erfolgen, um Potentiale, Prozesse oder Programme an die spezifischen Bedürfnisse oder Fähigkeiten eines Austauschpartners anzupassen. Es besteht die Gefahr, dass die vorgenommenen Anpassungen infolge ihrer spezifischen Ausrichtung auf die Bedürfnisse des Abnehmers hin „**versunkene Kosten**" (sunk costs) darstellen. In diesem Falle vermag der Anbieter nicht oder nur eingeschränkt, die betroffene(n) Ressource(n) in eine alternative Verwendung zu überführen. Je höher der Betrag der versunkenen Kosten, desto höher ist folglich die Bindungswirkung von Anpassungsmaßnahmen für den Akteur, der diese vorgenommen hat.

Die Grundgedanken des TKA sind für das Marketing in mehrerlei Hinsicht relevant:

–   Erstens verweisen sie auf die Möglichkeit, Kunden unter unterschiedlichen Regelungsstrukturen zu bedienen. Aus Anbietersicht beinhaltet dies die Aufgabe, für jeden Kunden zu entscheiden, ob eher das klassische Transaktionsmarketing (Markt) oder das Beziehungsmarketing (Hybridform) die adäquate strategische Option darstellt. Aus Kundensicht spiegelt sich hier die Frage nach Eigenfertigung (**Insourcing** in der Hierarchie) oder Fremdfertigung (**Outsourcing** im Markt) wider.

–   Zweitens beschreibt der TKA einschlägige Entscheidungskriterien von Kunden bei der Lieferantenwahl. Er legt es z.B. nahe, bei geringen Transaktionskosten den Markt zu wählen, bei hohen Transaktionskosten hingegen eine hierarchische oder hybride Lösung anzustreben. Als Gründe hierfür nennt der TKA, dass die Kosten der Vermarktung im Markt aufgrund von Spezialisierungs- und Skalenvorteilen i.d.R. geringer sind. Hingegen stellen Hierarchien (und in abgeschwächter Form Hybridlösungen) bessere Kontrollinstrumente gegenüber Opportunismus zur Verfügung.

–   Drittens können Anbieter auf Basis der im TKA formulierten Kostenarten zur Bewertung einzelner Kunden oder Kundensegmente heranziehen. Sie erlauben es, bei Gegenüberstellung mit Erlösdaten individuelle Kundenwerte zu berechnen und Kunden hinsichtlich ihrer Attraktivität in eine Rangfolge zu bringen, was immer dann von Interesse ist, wenn bestimmte Kunden priorisiert werden sollen (vgl. Kap. 2/ 2.).

3.2.1.1.3   *Der Prinzipal-Agent-Ansatz*

Der Prinzipal-Agent-Ansatz (PAA) analysiert die Gestaltung von Verträgen zwischen Auftraggebern (Prinzipalen) und Auftragnehmern (Agenten) (vgl. *Jensen/Meckling* 1976; *Bayon* 1997). Solche Verhältnisse ergeben sich im Marketing an zahlreichen Stellen:

–   Erstens sind **Mitarbeiter** eines Unternehmens mit Kundenkontakt, z.B. im Innenoder Außendienst, im Call Center oder im technischen Kundendienst, im Sinne des PKA Agenten des Unternehmens.

–   Zweitens nutzt das Marketing bestimmte **Absatzhelfer**, z.B. Marktforschungsinstitute oder Spediteure, die als Agenten fungieren.

- Drittens dienen **Absatzmittler**, z.B. Groß- oder Einzelhändler, dem Unternehmen als Agenten.

- Andererseits kann das **Anbieterunternehmen** selber in der Agentenrolle sein, wenn es dem Prinzipal Kunde Informationen über Produkteigenschaften oder Lieferbedingungen gibt (vgl. *Coughlan* 1988).

Das Anliegen des PAA ist es, dem Prinzipalen (dem Anbieter gegenüber seinen Mitarbeitern, Absatzhelfern und -mittlern oder dem Kunden gegenüber seinem Anbieter) Empfehlungen für eine optimale Vertragsgestaltung zu geben. Ein Vertrag wird als optimal angesehen, wenn er unter Berücksichtigung der Merkmale aller Akteure (Risikoneigung und Ziele) effizient ist. Dabei wird von zwei Grundannahmen ausgegangen:

- Das Ergebnis der Handlungen des Agenten hängt nicht alleine von seinem Arbeitseinsatz ab, sondern auch von Umweltentwicklungen, die nicht mit Sicherheit vorhergesagt werden können.

- Der Prinzipal kann die Handlungen des Agenten weder kostenlos noch vollständig beobachten. Es herrscht eine asymmetrische Informationsverteilung zugunsten des Agenten.

- Zudem werden verschiedene vor- und nachvertragliche Agentur-Probleme unterschieden:

- Gibt der Agent im Vorfeld des Vertragsabschlusses an, bestimmte Merkmale zu erfüllen (bspw. bestimmte Fähigkeiten und Kenntnisse zu besitzen) und stellt sich im Nachhinein heraus, dass er diese nicht erfüllt, so spricht man von „**hidden characteristics**". Dies wäre bspw. der Fall, wenn ein Agent (Lieferant) seinem Kunden (Automobilhersteller) zusagt, beheizbare Sitze für ihn zu konzipieren und zu fertigen, obwohl ihm bewusst ist, dass seinen Ingenieuren das erforderliche Konstruktions-Know-How fehlt, um die technischen Qualitätsnormen des Prinzipalen zu erfüllen.

- Gibt der Agent vor Vertragsschluss dem Prinzipalen gegenüber an, bestimmte Ziele zu verfolgen, stellt sich im Nachhinein aber heraus, dass seine wahren Ziele von den vorgetäuschten abweichen, spricht man von „**hidden intention**". Dies wäre bspw. der Fall, wenn ein Händler (Agent) einem Hersteller (Prinzipal) verspricht, dessen Produkte der Premium-Positionierung entsprechend nicht in Sonderpreisaktionen anzubieten, dies aber doch tut und somit die angestrebte Imagepositionierung des Anbieters gefährdet.

- Nachvertragliche Probleme beinhalten das Risiko, der Agent könne „**hidden actions**" vornehmen. Dabei handelt es sich um Verhaltensweisen oder Aktivitäten, die der Prinzipal nicht beobachten kann und die seinen Interessen zugegen laufen. Bspw. wäre dies der Fall, wenn eine Wachgesellschaft, die als Agent für einen Kunden (Prinzipal) dessen Geschäftsräume die gesamte Nacht über überwachen soll, ihre Mitarbeiter nur zu zwei Stichpunktkontrollen pro Nacht dorthin entsendet.

Um mit diesem Problem umzugehen, sind im PAA drei unterschiedliche Vorgehensweisen zur Risikoreduktion für den Prinzipal herausgearbeitet worden:

– **Reputation***:* Ein eventuelles Fehlverhalten des Agenten würde dadurch bestraft, dass der Prinzipal anderen aktuellen oder potentiellen Prinzipalen gegenüber das Fehlverhalten kommuniziert und damit die Reputation des Agenten mindert.

– **Garantie***:* Der Agent gibt er eine Verpflichtung zur Entschädigung des Prinzipals im Verlustfall ab, also im Falle einer Preisgarantie z.B. die Zusage, die Differenz des eigenen Preises zum Wettbewerbspreis an den Kunden zurück zu zahlen.

– **Information***:* Verfügt ein Agent über Leistungsmerkmale, die ihn von weniger qualifizierten Wettbewerbern abheben, so kann er sich hierüber profilieren, um das durch den Prinzipal wahrgenommene Risiko zu verringern. So signalisiert z.B. die **Zertifizierung** eines Anbieters (Agent) dem Kunden (Prinzipal), dass der Anbieter seine Prozesse so organisiert hat, dass er die Anforderungen des Kunden schnell, kompetent und flexibel erfüllen kann.

3.2.1.1.4 Die Relational-Contracting-Theory

Die Relational-Contracting-Theory (RCT) befasst sich mit der **Bedeutung von Verträgen** für die Gestaltung von Transaktionen. Sie wurde durch die Beobachtung ausgelöst, dass formelle, schriftliche Verträge in praxi zumeist lediglich Rahmentexte darstellen, welche die realen Arbeitsbeziehungen zwischen Akteuren nur selten exakt abbilden und auch de facto nur selten als Richtlinien angewendet werden, um Konflikte zu lösen. Sie sind aufgrund des erforderlichen Arbeitsaufwands oftmals weder vollständig, noch haben sie wirklich bindenden Charakter. *Macneil* (1974, 1978) postuliert, dass Verträge in Geschäftsbeziehungen bewusst unvollständig belassene Übereinkünfte darstellen, um den Akteuren Handlungsspielraum zu verschaffen. In solchen „**unvollständigen Verträgen**" werden lediglich Ziele formuliert. Diese Ziele der Geschäftsbeziehung sind dabei aufgrund möglicher Veränderungen relevanter Rahmenbedingungen eher offen und allgemein gehalten.

In der RCT schließt man daraus, dass je nach Art der Regelungsstruktur einer Transaktion unterschiedliche Vertragstypen geeignet sind. Es wird eine Trennung zwischen solchen Verträgen, welche zur Regelung diskreter Transaktionen („Markt" in der Sprache des TKA) herangezogen werden, und solchen, welche relationale Transaktionen („Hybridform" in der Sprache des TKA, also langfristige Geschäftsbeziehungen) regeln, getroffen. Die erste Kategorie umfasst den klassischen und den neo-klassischen Vertrag, die zweite beinhaltet relationale Verträge. Während die (neo)-klassische Schule davon ausgeht, dass alle heutigen und künftigen Tatbestände einer Transaktion durch die Formulierung vollständiger schriftlicher Verträge abgedeckt werden können, unterstreicht das relationale Vertragsrecht die Bedeutung des **Normenprinzips** (vgl. *Ivens/Blois* 2004). Dies besagt, dass Übereinkünfte zwischen zwei Marktparteien sowohl explizite als auch implizite Teile (Normen) umfassen, wodurch eine flexiblere Anpassung der Absprachen an sich wandelnde Umweltbedingungen ermöglicht wird.

3.2.1.1.5   Die Informationsökonomie

Sowohl bei der Gewinnung von Neukunden als auch bei der Pflege bestehender Kunden kommt der Interaktion mit Kunden hohe Bedeutung zu. Ein Grund hierfür ist, dass dem Kunden Informationen kommuniziert werden müssen, die es ihm erlauben, einen Anbieter und seine Leistungen im Verhältnis zum Wettbewerb zu bewerten. Als Ziel gilt dabei, den Kunden davon zu überzeugen, dass die Summe der Nutzen (Produktnutzen, Transaktionsnutzen, Beziehungsnutzen), die er aus der Beziehung mit dem eigenen Unternehmen zieht, jene möglicher Beziehungen mit Konkurrenten übersteigt. Die Informationsökonomie thematisiert, wie sich verschiedene Formen der **Unsicherheit** auf das Anbieter- und Abnehmerverhalten auswirken. Wie auch in der Transaktionskostenanalyse werden exogene und endogene Unsicherheit unterschieden. Dabei wird zudem die „**Informationsasymmetrie**" zwischen den Akteuren beachtet, bei der sich i.d.R. der Anbieter im Vorteil befindet.

Unsicherheit und unvollkommene Information ergeben sich aus der Dynamik, in der sich jeder Markt mehr oder minder stark befindet, und die durch ständige Veränderungen und Anpassungsprozesse bei allen Akteuren bedingt ist. Der Kunde reagiert auf sein Informationsdefizit mit dem Einholen von Informationen über die verfügbaren Anbieter und deren Leistungen. Die Informationsökonomie spricht hier vom „**Screening**". Sie zeigt dem Anbieter auf, dass er als Antwort auf das Screening im Rahmen des Marketing gezielt Informationen aussenden muss, die dazu geeignet sind, die Unsicherheit des Kunden bezüglich seines Leistungsangebotes zu reduzieren. Das Aussenden relevanter Informationen wird als „**Signaling**" bezeichnet.

Aus Nachfragersicht wird die Höhe der Unsicherheit durch die Eigenschaften der zu beziehenden Leistung bestimmt. Güter, Dienstleistungen und Leistungsangebote, die sich aus beiden Komponenten zusammensetzen, werden als Nutzenbündel betrachtet. Aus der Perspektive des Marketing ließe sich hierzu ergänzen, dass auch Eigenschaften des Anbieters (z.B. seine Zuverlässigkeit, seine Flexibilität oder seine Innovativität) relevante Eigenschaften bzw. Nutzenkomponenten darstellen, die einer bestimmten Unsicherheit unterliegen. Die Qualitäten der einzelnen Nutzenkomponenten sind dem Nachfrager vor (und teils auch nach) dem Kauf unterschiedlich transparent. Die Informationsökonomie unterscheidet auf dieser Überlegung aufbauend drei Arten von Eigenschaften eines Nutzenbündels (vgl. *Kaas* 1995, S. 28):

– **Sucheigenschaften** kann der Kunde noch vor Tätigung einer Transaktion beurteilen, bspw. die Farbe eines Produktes oder seine Abmessungen. Bezogen auf einen Anbieter gehören hierzu bspw. die Zahl seiner Kundenbetreuer, die Existenz eines Call Centers für das Beschwerdemanagement oder die Größe seines Fuhrparks als Indikator für seine Lieferfähigkeit.

– **Erfahrungseigenschaften** kann der Kunde erst nach Nutzung einer gekauften Leistung beurteilen, bspw. die Wirkung eines Pflanzenschutzmittels. Auf der Ebene des Transaktions- oder Beziehungsnutzens werden hier Aspekte relevant, wie etwa die tatsächliche Liefertreue des Anbieters, die Korrektheit seiner Fakturierung oder die Fähigkeit seiner Mitarbeiter, bspw. eine Maschine zu installieren.

– **Vertrauenseigenschaften** lassen sich auch nach der Nutzung einer Leistung nicht (oder nur unter Aufwendung unverhältnismäßig hoher Informationskosten) beurteilen, bspw. die Aufrechterhaltung der Kühlkette für Tiefkühlkost durch Hersteller und Absatzmittler bei der Auslieferung von Ware oder die schnellstmögliche Bearbeitung einer eingegangenen Kundenbeschwerde durch die Mitarbeiter.

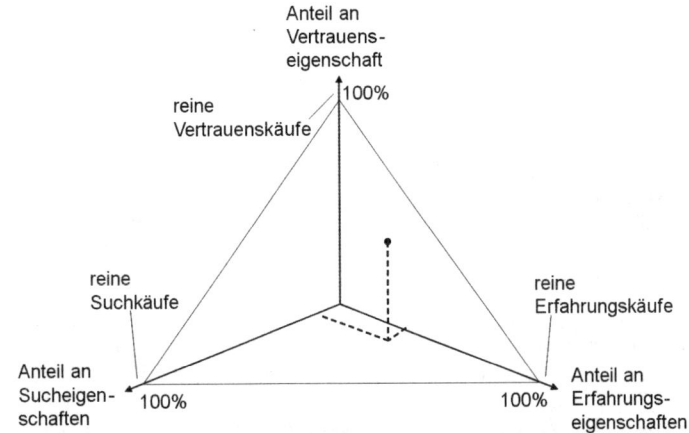

Abb. 1- 16: Typisierung von Gütern bzw. Kaufakten anhand von Informationseigenschaften bzw. -situationen (Quelle: Weiber/Adler 1995)

Jede Leistung und im weiteren Sinne jede Geschäftsbeziehung stellt eine Kombination dieser drei Eigenschaftsarten dar. Sie lässt sich im sog. **informationsökonomischen Dreieck** (vgl. Abb. 1-16) einordnen. Wenn eine der drei Eigenschaften dominiert, kann von einem Such-, Erfahrungs- oder Vertrauenskauf gesprochen werden. In Abhängigkeit von der Eigenschaftsart ergeben sich unterschiedlich hohe Kosten für den Nachfrager, falls er seine Unsicherheit durch Suche nach geeigneten Informationen reduzieren will.

Zur Reduktion der Unsicherheit werden in der Informationsökonomie zwei alternative Strategien diskutiert (vgl. Abb. 1-17). Bei der Unsicherheitsreduktion durch **direkte Informationssuche** entwickelt der Kunde selbst Aktivitäten, um möglichst zahlreiche Informationen über den Anbieter zu gewinnen. Dieser Ansatz ist jedoch lediglich bei Sucheigenschaften geeignet, die Unsicherheit zu reduzieren. Bei Erfahrungs- und Vertrauenseigenschaften versagt er. Aus der Perspektive des Marketing ist daher die zweite Alternative, die Unsicherheitsreduktion durch Heranziehen von **Informationssubstituten**, relevanter.

Unsicherheitsreduktion durch **direkte** Informationssuche	Unsicherheitsreduktion durch Heranziehen von **Informationssubstituten**	
Auf **konkrete Eigenschaften** des Austauschobjekts bezogen (leistungsbezogen)	Nicht auf konkrete Eigenschaften des Austauschobjekts bezogen **(leistungs- übergreifend)**	
⬇	⬇	⬇
Leistungsbezogene Informationssuche	**Leistungsbezogene Informationssubstitute**	**Leistungs- übergreifende Informations- substitute**
Unsicherheitsreduktions- strategien 1. Ordnung bei Dominanz von **Sucheigenschaften**	Unsicherheitsreduktions- strategien 2. Ordnung bei Dominanz von **Erfahrungseigenschaften**	Unsicherheitsreduktions- strategien 3. Ordnung bei Dominanz von **Vertrauenseigenschaften**

Abb. 1-17: Typisierung von Unsicherheitsreduktionsstrategien
(Quelle: Adler 1998, S. 343)

Hier zieht der Kunde seine Wahrnehmung des Anbieters und dessen marktgerichteter Aktivitäten zur Urteilsbildung heran. Dabei lassen sich zwei Formen der Information unterscheiden:

- **Leistungsbezogene Substitute** beziehen sich auf konkrete Eigenschaften des Leistungsangebotes, z.B. dessen Preis oder Garantieumfang.

- **Leistungsübergreifende Informationssubstitute** umfassen qualitative, nicht direkt beobachtbare Eigenschaften des Anbieters, wie sein Image und seine Reputation. Diese werden vom Kunden dann als Indikatoren verwendet, wenn Vertrauenseigenschaften dominieren. Anbieter mit sehr guter Reputation müssten einen großen Schaden fürchten, falls sich herausstellen würde, dass sie von ihnen zugesagte Vertrauenseigenschaften in Realität nicht erfüllen.

Die Informationsökonomie bietet mit ihrer Typologie der kundenseitigen Unsicherheitsreduktionsstrategien insbesondere Ansatzpunkte für die differenzierte Gestaltung von Kommunikationsmaßnahmen. Je nach Informationsproblem sind im Rahmen des Signaling unterschiedliche Informationen auszusenden, um den Kunden von der Vertrauenswürdigkeit des eigenen Unternehmens zu überzeugen.

3.2.1.2   Industrieökonomie und Wettbewerbstheorie

Im Mittelpunkt des Interesses der Industrieökonomie und der mit ihr eng verwandten Wettbewerbstheorie steht die Frage, welche Unternehmen bzw. Branchen im Wettbewerb Bestand haben und welche Wettbewerbsstrategien am Markt mit welchem Erfolg verfolgt werden. Die Perspektive bleibt überwiegend deskriptiv bzw. explikativ. Erst mit der Übertragung ins Marketing in Folge der Arbeiten von *Porter* (1999) kamen normative Elemente hinzu.

Grundlegend für die industrieökonomische Theorie ist die Hypothese, dass einerseits die **Wettbewerbsstrukturen** und andererseits das **Wettbewerbsverhalten** der Marktakteure den Unternehmenserfolg und mit ihm die Entwicklung einer Branche bestimmen. Entscheidende strukturelle Merkmale sind die Höhe der **Markteintrittsbarrieren**, die **Größenkonzentration** der Anbieter im Markt und der Grad der **Produktheterogenität** auf Grund von Produktdifferenzierungen (*Bain* 1968). Daraus entsteht eine spezifische Wettbewerbsintensität, die z.B. im bekannten **Fünf-Kräfte-Modell** von *Porter* (1999) durch fünf Einflussgrößen erklärt wird:

- die Rivalität zwischen den Anbietern,

- die Bedrohung durch neue Anbieter,

- die Bedrohung durch substitutive Technologien und Produkte,

- die Verhandlungsmacht der Kunden und

- die Verhandlungsmacht der Lieferanten.

Das sog. **Structure-Conduct-Performance-Paradigma** geht über die strukturelle Analyse hinaus und erfasst auch das **Wettbewerbsverhalten** (conduct) der Anbieter als Determinante des Unternehmenserfolges. *Porter* (2000) postuliert dabei zwei generische Strategietypen, nämlich entweder die **Kostenführerschaftsstrategie** oder die **Differenzierungsstrategie**. Die Differenzierungsstrategie kann wiederum entweder auf eine Marktnische (**Nischenstrategie**) oder auf einen breiten Markt fokussiert werden (vgl. Kap. 4/ 1.). Anbieter mit ähnlicher Wettbewerbsstrategie gehören zu einer sog. **Strategischen Gruppe,** innerhalb derer sich dann alle unmittelbar relevanten Wettbewerber finden. Beispielsweise finden sich im deutschen Markt der Lebensmittelhändler die Gruppen der Discounter (Aldi, Lidl, Norma, Penny, Netto etc.), die Gruppe der „Supermärkte" (REWE, Edeka etc.) und die Gruppe der SB-Warenhäuser (Real, Globus etc.), die jeweils untereinander, weniger gegeneinander, im direkten Wettbewerb stehen. Zwischen diesen Gruppen existieren **Mobilitätsbarrieren**, die sich nicht ohne weiteres überwinden lassen.

3.2.1.3   Spieltheorie

Mit anderen Methoden, aber ähnlichem Problemfokus wie die Wettbewerbstheorie nähert sich die **Spieltheorie** dem Marktgeschehen. Sie analysiert multipersonale, v.a. strategische Wettbewerbsentscheidungen unter Berücksichtigung der Reaktion aller beteiligten „Gegenspieler". Ein Einzelner kann hierbei seine Entscheidung nicht unabhängig von jener der Anderen bestimmen, denn die Entscheidungen sind interdependent. Der Vorteil der Spieltheorie gegenüber anderen Theorien liegt in der formalen Sprache, mit deren Hilfe sich solche Situationen analysieren lassen. Jedes Spiel stellt eine wohl definierte Situation dar und legt die Regeln fest. Grob lassen sich kooperative und nichtkooperative Spiele unterscheiden. Bei **kooperativen Spielen** können die Spieler verbindliche Abmachungen zur Zusammenarbeit treffen. So wird im Rahmen des Beziehungsmarketing versucht, über Kommunikation eine kooperative Lösung herbeizuführen, die für beide Seiten eine Verbesserung gegenüber einer nicht-kooperativen Lösung darstellt (vgl. Kap. 2/ 3.). Im Falle **nicht kooperativer Spiele** fehlen exogene Mechanismen, die die Einhaltung von Verträgen und Absprachen bindend durchsetzen können. Dies impliziert, dass die Lösung so gestaltet sein muss, dass es im Eigeninteresse aller Beteiligten liegt, sich daran zu halten. Treffen die Spieler nur einmalig aufeinander, so wählt jeder Spieler die für ihn individuell rationale Strategie. Diese Strategie muss aber nicht unbedingt die beste Lösung darstellen, wie das **Gefangenendilemma** zeigt (vgl. Kasten). Treten Spieler wiederholt in Aktion, sind mehrere Lösungen möglich. So können Spieler, auch wenn bindende Verpflichtungen fehlen, Abmachungen treffen, die dann bei Verlassen der Abmachung („**Kollusion**") zu einer Sanktion des Gegenspielers führen. Dieses Verhalten generiert Muster, die *Akerlof* in mehreren Experimenten aufgezeigt hat und die als **Tit-for-Tat-Strategien** ("Auge um Auge, Zahn um Zahn") bekannt wurden (vgl. *Axelrod* 1987). Das entscheidende Kalkül hierbei sind die abdiskontierten erwarteten Gewinne des „**Cheatings**" (der Beendigung der Kollusion), die den abdiskontierten Gewinnen der kollusiven Lösung plus den zu erwartenden Vergeltungskosten gegenübergestellt werden müssen. Man spielt zuerst die kooperative Strategie und hält sich an die Vereinbarung. Weicht ein Spieler ab, so wird er in der nächsten Periode mit nicht-kooperativem Verhalten bestraft. Lenkt der Konkurrent wieder ein, wird ihm "vergeben" und in der nächsten Periode wieder die kooperative Strategie gewählt.

Um Spielsituationen lösen zu können, bedient man sich bestimmter Lösungskonzepte, die wiederum von der gewählten Darstellungsform abhängig sind. Das einfachste Lösungskonzept in der strategischen Form liegt in der Wahl der **dominanten Strategie**. Ein Spieler kann seine optimale Strategie unabhängig davon bestimmen, was sein Mitspieler wählt. In diesem Fall ist die Entscheidung eines Spielers unabhängig von seinen Erwartungen über das Verhalten des Mitspielers. Solche "trivialen" Lösungen vernachlässigen allerdings gerade die typische strategische Interaktion der Spieler und finden eher in der Entscheidungstheorie Anwendung. Das bekannteste konsistente Lösungskonzept für nicht-kooperative Spiele in strategischer Form wurde von *John Nash* entwickelt ("**Nash-Gleichgewicht**"). Eine Strategiekombination ist dann ein Nash-Gleichgewicht, wenn die Gleichgewichtsstrategie jedes Spielers seinen (erwarteten) Nutzen maximiert, unter der Voraussetzung, dass alle anderen Spieler ihre Gleichgewichtsstrategie spielen. Die Spieler "spielen" dann immer wieder "beste Antwort" und kein Spieler hat einen Anreiz, von dieser Gleichgewichtsstrategie abzuweichen: Ein Markenartikler bietet z.B. immer eine gleich bleibend hohe Qualität an. Für den Konsumenten als Spieler lohnt es sich, dieses Produkt immer nachzufragen und der Anbieter weicht im Gegenzug nicht von seiner Strategie der hohen Qualität ab.

Im Bereich des Marketing sind **Signalspiele** sehr weit verbreitet (s.o.: Signaling). Hierbei handelt es sich, wie bei allen dynamischen Spielen, um Entscheidungssituationen, in denen die Spieler ihre Handlungen von Informationen abhängig machen können, die sie in der Vergangenheit erhalten haben. Dies gilt z.B. für Preiserhöhungsrunden in Oligopolen.

Die Spieltheorie stellt ein besonders gut geeignetes Konzept dar, um strategische Situationen zu modellieren. Ihre Bedeutung wurde 1994 durch die Vergabe des Nobelpreises gewürdigt: *John Nash* bekam den Nobelpreis für den Beweis des nach im genannten

"Nash-Gleichgewichtes", *Reinhard Selten* für die Entwicklung des teilspielperfekten Gleichgewichtes und *John C. Harsanyi* für den Kunstgriff, Spiele unvollständiger Information in Spiele unvollkommener Information zu überführen und sie so erst einer formalen Analyse zugänglich zu machen.

Gefangenendilemma (Prisoner´s dilemma)

Dieses Spiel dient als Grundlage zur Charakterisierung einer Vielzahl von Spielsituationen im Rahmen der Spieltheorie. Die "Cover-Story" wurde von *Luce* und *Raiffa* (1957) beschrieben: "Zwei Verdächtige werden in Einzelhaft genommen. Keinem kann eine Schuld direkt nachgewiesen werden. Vor dem Gerichtstermin werden die zwei Verdächtigen getrennt voneinander darauf hingewiesen, dass jeder zwei Möglichkeiten hat, und zwar das Verbrechen zu gestehen oder zu leugnen. Wenn beide Spieler leugnen, werde man sie wegen eines kleineren Deliktes (illegaler Waffenbesitz) anklagen. Gesteht einer von beiden, so tritt die Kronzeugenregelung in Kraft und der Geständige wird nach kurzer Zeit frei gelassen, gegen den anderen wird die Höchststrafe verhängt. Gestehen beide, so werden sie eine hohe Strafe erhalten, allerdings nicht die Höchststrafe".

Die Gefangenen wählen nun ihre Strategie gleichzeitig, ohne die Wahl des Mitspielers zu kennen. Eine Kommunikation zwischen beiden oder gar eine bindende Absprache ist nicht möglich. Offensichtlich ist, dass die Strategiekombination "Leugnen" für beide Gefangenen besser wäre als "Gestehen". Diese Wahl würde man als "kollektiv rational" bezeichnen. Allerdings wäre unter den beschriebenen Bedingungen "Leugnen" keine "individuell rationale" Strategie, da kein bindender Vertrag abgeschlossen werden kann, der zusichert, dass der Mitspieler ebenfalls leugnet. Die Lösung muss derart gestaltet sein, dass sie sich von selbst durchsetzt, so dass kein Spieler ein Eigeninteresse daran hat, von dieser einmal gewählten Lösung abzuweichen. Offensichtlich ist es individuell rational zu gestehen. Gestehen ist also eine Strategie, die für beide Spieler dominant ist, unabhängig davon, was der andere Spieler wählt. Das Gefangenendilemma beschreibt folglich Situationen, in denen die kollektive Rationalität, also eine Maximierung beider Interessen gemeinsam, durch die individuelle Rationalität verdrängt wird, wenn keine bindenden Absprachen getroffen werden können. Dies ist der Fall, wenn sich zwei Firmen, wie Coca Cola und Pepsi Cola im Werbewettbewerb befinden, sich aber beide Firmen besser stellen würden, wenn sie die Werbeinvestitionen gemeinsam absprechen und reduzieren würden. Die beiden Firmen befinden sich dann in einer Art "Gefangenendilemma".

(Quellen: *Holler, M. J.; Illing G. (1996): Einführung in die Spieltheorie, Heidelberg. Luce, R.D.; Raiffa, H. (1957): Games and Decision, New York.*
Lehmann, E. (2001): Gefangenendilemma (Prisoner´s dilemma), in: Diller, H. (Hrsg.): Vahlens Großes Marketinglexikon, 2. Aufl., München, S. 522.)

3.2.1.4 Resource based view

Im maßgeblich von *Barney* (1991) entwickelten Ressourcenansatz („resource based view") werden die Wettbewerbsvorteile der Anbieter nicht durch Marktpositionen oder Wettbewerbsverhalten, sondern durch den Besitz spezifischer Ressourcen und Fähigkeiten erklärt, die entsprechende Wettbewerbsvorteile und damit Markterfolge bewirken

(**„Inside-out-Perspektive"**). Als Ressourcen gelten dabei nicht nur Potentiale des Unternehmens, wie spezielle Produktionsmittel, Patente, Vertriebswege oder Marken, sondern auch Prozesse und im Unternehmen vorhandenes Know-how in Frage. Identifizieren lassen diese sich z.B. mit einer strategisch angelegten Stärken-Schwächen-Analyse oder einem Technologie-Portfolio.

Innerhalb der Marketingwissenschaft wurde der resource based view zum Konzept der **Kernkomptenzen** weiterentwickelt. Unter Kernkompetenzen versteht man dabei ein komplexes Bündel unterschiedlicher, strategisch relevanter Unternehmensfähigkeiten und -technologien, das einen besonderen Kundennutzen generiert und den Zugang zu einem breiten Spektrum an Märkten ermöglicht. Mit dem Konzept der Kernkompetenzen erfolgt also ein Brückenschlag vom Ressourcenbereich zum Markt- und Wettbewerbsumfeld des Unternehmens (**„Outside-in-Perspektive"**).

Damit unternehmensspezifische Ressourcen tatsächlich einen strategischen Wettbewerbsvorteil begründen können, müssen sie

– nicht bzw. nur schwer imitierbar oder substituierbar sein und müssen

– einen hohen Grad an organisationaler Spezifität aufweisen, d.h. sie besitzen eine gewisse Exklusivität vor der Konkurrenz , sowie

– „wertvoll" sein, indem sie Kundennutzen stiften und dem Unternehmen damit Wertschöpfung ermöglichen.

Nur wenn ein Unternehmen Kernkompetenzen für bestimmte Produktfelder besitzt, kann es überdurchschnittliche Marktanteile erarbeiten und dadurch einen positiven Selbstverstärkungsprozess der Marktführerschaft einleiten. Die großzahligen Analysen der **PIMS-Studie** („Profit Impact of Marketing Strategies") hatte in den 1980er Jahren gezeigt, dass ein hoher Marktanteil selbst die wichtigste Erfolgsquelle von Unternehmen darstellt (*Buzzell/Gale* 1989).

Da das Entstehen und Nutzen von Kernkompetenzen aber keinem Automatismus folgt, bedarf es eines entsprechend ausgestalteten **Kompetenz-Managements**. Dessen Aufgabe besteht darin, vor dem Hintergrund der unternehmensspezifischen Stärken und Schwächen, insbesondere des unternehmenseigenen Wissens (**Wissensmanagement**), (potentielle) Kernkompetenzen zu identifizieren und mittels adäquater Kompetenzstrategien auf- und auszubauen, um die sich dadurch ergebenden Potentiale durch geeignete Marketingstrategien zu erschließen (vgl. Kap. 5/ 2.). Dabei gilt es für die Unternehmen ihre Kräfte auf aussichtsreiche Kompetenzfelder zu konzentrieren, was in praxi zu vielen Bereinigungen von Produktportfolios beitrug. Die Entwicklung von Kernkompetenzen beinhaltet neben den Chancen auch nicht zu unterschätzende Risiken (z.B. Kompetenzlücken, -erosion, -veralterung), die durch die langfristigen Festlegungen, den in der Regel hohen Kapitaleinsatz sowie die möglichen Lock-in-Effekte noch verstärkt werden. Die Unternehmen befinden sich auf jeweils spezifischen strategischen Entwicklungspfaden, die einerseits einen gewissen Vorsprung vor anderen Unternehmen verleihen, andererseits aber auch einen gravierenden Wechsel der Strategie erschweren (**„Kompetenzfalle"**). Deshalb kommt der Dynamisierung des Kompetenzansatzes zum Konzept der **„dynamic capabilities"** eine große Bedeutung zu. Dort wird betont, dass es angesichts dynamischer Umfelder Metakompetenzen zur „Fortschreibung" von

Kernkompetenzen geben muss. *Beinert* (2008) hat dieses Konzept zu einer Theorie der **Marketinginnovativität** ausgeweitet und empirisch erfolgreich überprüft. Korrespondierend zur Betrachtungsweise des Ressourcenansatzes ist jene der Ressourcenabhängigkeit im Sinne der **resource-dependence-Theorie** (*Pfeffer/Salancik* 1978), die z.B. auch auf Kundenbeziehungen übertragbar ist (vgl. *Freiling* 2001b). Die Ressourcenbeiträge eines Kunden können mehr oder minder bedeutsam für das Überleben eines Anbieters sein. Im Extremfall stellen sie die Existenzgrundlage dar, wie das für nicht wenige mittelständige Zulieferer von nachfragemächtigen OEM's (z.B. EDV-, Bahn-, Auto-, oder Flugzeugindustrie) der Fall ist. Das Marketing muss in solchen Fällen danach trachten, die Abhängigkeitsverhältnisse auszutarieren, indem Gegenmacht-Positionen, etwa durch besondere Kompetenzen oder Innovationen, entwickelt, durch Integration in die Prozesse des Kunden Wechselbarrieren für diesen aufgebaut werden oder langfristige vertragliche Abmachungen zur Absicherung des Lieferanten getroffen werden.

3.2.2 Managementorientierte Marketingtheorien

Managementorientierte Ansätze der Marketingtheorie zielen auf eine unmittelbare Unterstützung der Entscheidungsfindung im Marketing. Sie sind z.T. auf geeignete **Entscheidungsmethoden**, z.T. aber auch auf **strategische Ansätze** zur Erzielung von Markterfolgen fokussiert. Eher beispielhaft skizzieren wir nachfolgend einige wichtige Ansätze, weitere werden im Verlauf des Buches an geeigneter Stelle erörtert.

3.2.2.1 Entscheidungstheorie

In den Nachkriegsjahren dominierte im Marketing der **entscheidungsorientierte (Management-)Ansatz** (z.B. *Nieschlag/Dichtl/Hörschgen* 1997). Er strukturiert die Entscheidungsprobleme und -prozesse im Absatz durch Analyse und Ordnung der relevanten **Aktionsalternativen** (z.B. Theorie der Marketinginstrumente) und der bei deren Einsatz zu berücksichtigenden **Ziele** und **Effekte**. Hierfür waren auch die jeweils relevanten **Umfeldbedingungen** zu definieren und zu modellieren, die auf die Wirkung Einfluss nehmen, ohne selbst vom Unternehmen maßgeblich gesteuert werden zu können. Dabei spielt die für Marketingentscheidungen typische Unsicherheit über das Eintreten verschiedener Umweltkonstellationen eine besondere Rolle. Ihr wird durch Wahrscheinlichkeitskalküle und risikoorientierte Entscheidungsregeln Rechnung getragen. Für jede Alternative wird danach einen statistischer Erwartungswert berechnet, der als Entscheidungsgröße herangezogen wird (vgl. Kap. 3/ 3.).

Weiterhin entwickelte die Entscheidungstheorie empfehlenswerte **Arbeitsschritte** beim Durchlaufen der Marketingentscheidungsprozesse. Seit den 80er-Jahren konzentrierte sich das entscheidungsorientierte Marketing auch sehr stark auf die neu entdeckten Probleme und Methoden des **strategischen Marketing** (vgl. Kap. 4/ 1.). Dies führte die Marketingtheorie z.T. wieder stärker an die generellen Theorien der Unternehmen, etwa den Ressourcenansatz oder die Institutionentheorie, heran.

Eine spezielle Ausformung des Entscheidungsansatzes stellen **marginalanalytische Optimierungsmodelle** dar. Sie basieren auf **Marktreaktionsfunktionen**, welche die empirisch festgestellte oder unterstellte Wirkung eines unterschiedlich intensiven Einsatzes verschiedener Marketinginstrumente mathematisch abbilden. Auf dieser Basis erfolgt nach dem Marginalprinzip eine Optimierung der Zielfunktion. Sie ist erreicht, wenn eine Intensivierung des Einsatzes eines Instrumentes weniger Mehrertrag erbringt als Mehrkosten anfallen. Abb. 1-18 zeigt ein Beispiel zur Optimierung der Außendienstgröße, der hier (wegen zunehmender Marktpenetration) eine degressiv steigende Wirkung auf den Umsatz unterstellt wird, was konstant sinkende Grenzumsätze (U') bedeutet. Bei bekannten (Grenz-)Kosten (U') pro Außendienst-Mitarbeiter (ADM) ist so eine marginalanalytische Optimierung des ADM-Einsatzes nach der Bedingung $U' = K'$ (Marginalprinzip) möglich.

Die wichtigsten Probleme eines solchen Ansatzes liegen

- in der validen **Ermittlung der Reaktionsfunktionen**, die Quer- oder Längsschnittsdaten mit entsprechender Varianz voraussetzt und nicht reduktionistisch angelegt sein darf, indem weitere Einflussfaktoren einfach ausgeblendet werden („ceteris-paribus-Bedingung"),

- in zahlreichen **qualitativen Wirkungseffekten** der Verkaufsarbeit (z.B. bzgl. Unternehmensimage), die in solchen Modellen kaum eingefangen werden können,

- in oft massiven Wirkungsverzögerungen (**Carryover-Effekten**), wenn sich die Verkaufseffekte ähnlich wie in der Werbung erst langfristig nach gewissen Wirkungsstufen entwickeln. Andererseits wirken bestimmte Phänomene (z.B. Preisabstände) weiter, auch wenn sie gar nicht mehr existieren („**Hysterese-Effekt**").

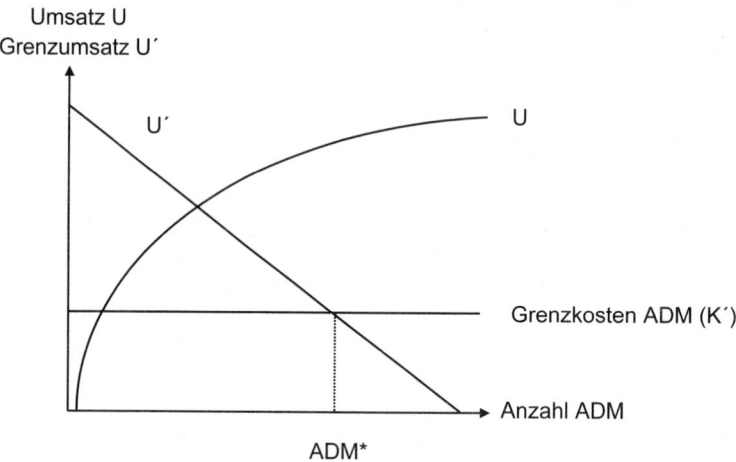

Abb. 1-18: Marktreaktionsfunktion zur Optimierung des ADM-Einsatzes

Trotzdem lassen sich marginalanalytische Kalküle zumindest als Partialmodelle für eine Vielzahl von Fragestellungen und insbesondere zur Optimierung der Budgetallokation gut einsetzen.

Erweiterungen dieser Modelle benutzen Verfahren des **Operations Research**, z.B. die **lineare Programmierung**, bei welcher die Zielfunktion durch Nebenbedingungen bezüglich anderer Ziele, z.B. Kapazitätsrestriktionen, ergänzt werden kann. Außerdem können multiple Zielsysteme durch **Vektoroptimierungskalküle** formalisiert werden.

Im **situativen Ansatz** wurde das entscheidungsorientierte Konzept verfeinert, indem die Wirkungsaussagen an bestimmte Umfeldsituationen, insb. an die jeweilige Komplexität und Dynamik der Absatzmärkte, geknüpft wurden. Damit entstanden sog. **Theorien mittlerer Reichweite**, deren Gültigkeit an die gesetzten situativen Ausgangsbedingungen beschränkt war. Dies gilt auch für die sektoralen Marketingtheorien für BtB- bzw. BtC-Märkte, sowie für das Dienstleistungsmarketing.

3.2.2.2   Organisationswissenschaftliche Modelle

Das Marketing hat auch zahlreiche Entwicklungen der Organisationstheorie aufgegriffen und weiterentwickelt. Am Anfang stand die aus den Hawthorne-Experimenten belegte Einsicht, dass Unternehmen keine bürokratischen Maschinen, sondern lebende Organismen darstellen, in denen Menschen und informale Gruppen mit eigenen Interessen und Verhaltensweisen zur Zielerreichung motiviert und organisiert werden müssen (**Human-Relations-Ansatz**). Beispielsweise wurde in den 1990er Jahren erkannt, dass es neben eines marktgerichteten auch eines innengerichteten „**internen Marketing**" bedarf , um die Mitarbeiter zu einem marktorientierten Verhalten zu bewegen (s.o.).
Der technokratische Versuch, im Rahmen einer „**Erfolgsfaktorenforschung**" generell gültige Regeln zur überdurchschnittlichen Zielerreichung rein empirisch zu ermitteln, scheiterte allerdings letztlich auch daran, dass jedes Unternehmen eigene interne situative Rahmenbedingungen und Entwicklungspfade aufweist, auf welche auch die Marketingpolitik auszurichten ist.
Die moderne Marketingforschung modelliert deshalb zwischen den Aktionsparametern und den Erfolgsvariablen zwischengeschaltete (mediierende) Variablen ein, die oft auf interne Umstände des Entscheidungsumfeldes, etwa die Mitarbeitermotivation oder die Unternehmenskultur, Bezug nehmen. Zunehmend wurde betont, dass der Marketingerfolg auch einer spezifischen **Unternehmenskultur** und eines spezifischen **Führungsstils** bedarf bzw. das Marketinghandeln daraufhin abgestimmt werden muss (vgl. Kap. 5/ 5.). Neuerdings wird diese Erkenntnis auch auf die Theorie der Markenführung übertragen, wo man dem Markenbewusstsein der Mitarbeiter eine entscheidende Rolle für den Markenerfolg zumisst („**Corporate Branding**"). Nur wenn die Mitarbeiter die mit der Marke verbundenen Werte auch selbst mit- und vorleben, kann ein profiliertes und authentisches Markeimage entstehen.

Eingebunden sind solche Theorien in die grundsätzlichen **Theorien der Marktorientierung**. Marktorientierung wird als „organisationsweite Generierung von Marktwissen über gegenwärtige und künftige Kundenbedürfnisse, die abteilungsübergreifende Verbreitung dieses Wissens sowie die organisationsweite Fähigkeit, hierauf zu reagieren" definiert (*Kohli/Jaworski* 1990). Sie umfasst drei wesentliche Komponenten (vgl. *Narver/Slater* 1990):

(1) **Kundenorientierung** beinhaltet das Verständnis der Bedürfnisse des Zielkunden sowie dessen Kunden, um in der Lage zu sein, ihm überlegene Wertschöpfungsleistun-

gen anzubieten. Wertschöpfung erfolgt entweder durch Erhöhung des Nutzens des eigenen Leistungsangebotes bei konstanten Kosten oder durch Reduzierung der Kosten bei konstantem Nutzen (vgl. Kap. 2).

(2) **Wettbewerbsorientierung** bedeutet, dass ein Anbieter die kurzfristigen Stärken und Schwächen sowie die langfristigen Fähigkeiten und Strategien seiner derzeitigen und wesentlichen potentiellen Konkurrenten versteht.

(3) **Abteilungsübergreifende Koordination** betrifft die abgestimmte Nutzung der Ressourcen einer Firma zur Erstellung überlegener Wertschöpfungsleistungen für Kunden. Dies umfasst die Ausrichtung aller materiellen und immateriellen Ressourcen auf den Endkunden.

Zur **Umsetzung** einer marktorientierten Strategie benötigen Unternehmen bestimmte Fähigkeiten, wie sie im Ressourcenansatz beschrieben werden (s.o.). Sie zeigen sich in typischen **Prozessen**, wie der raschen Auslieferung oder der individuellen Anpassung von Produkten an Kundenbedürfnisse. Ohne die notwendigen Fähigkeiten lassen sich kritische Prozesse nicht oder nur ungenügend gut ausführen. Fähigkeiten und die zugehörigen Prozesse überspannen i.d.R. mehrere Funktionalbereiche und mehrere Hierarchieebenen. Sie erfordern umfassende Kommunikation zwischen den Akteuren. Es lassen sich **drei wesentliche Gruppen** von Fähigkeiten unterscheiden, die drei unterschiedliche Prozesse unterstützen, und deren Zusammenspiel in Abb. 1-19 dargestellt ist:

Inside-Out-Fähigkeiten: Sie werden von innen nach außen eingesetzt und durch Markterfordernisse oder Wettbewerbsaktivitäten aktiviert und umfassen bspw. Kostencontrolling, Produktions- und Logistikprozesse oder Personalmanagement.

Outside-In-Fähigkeiten: Sie werden von außen nach innen eingesetzt und dienen dazu, interne Prozesse mit der Umwelt zu verbinden. Sie erhöhen die Wettbewerbsfähigkeit, indem sie künftige Markterfordernisse früher als der Wettbewerb identifizieren und den Aufbau langfristiger Beziehungen zu Endkunden und Absatzmittlern unterstützen.

„Spanning"-Fähigkeiten: Sie stellen das Verbindungsglied zwischen Inside-Out- und Outside-In-Fähigkeiten dar und benötigen von beiden Seiten Input. Beispiele hierfür wären die Neuproduktentwicklung, der Kundenservice oder auch Preisentscheidungen (vgl. *Day* 1994).

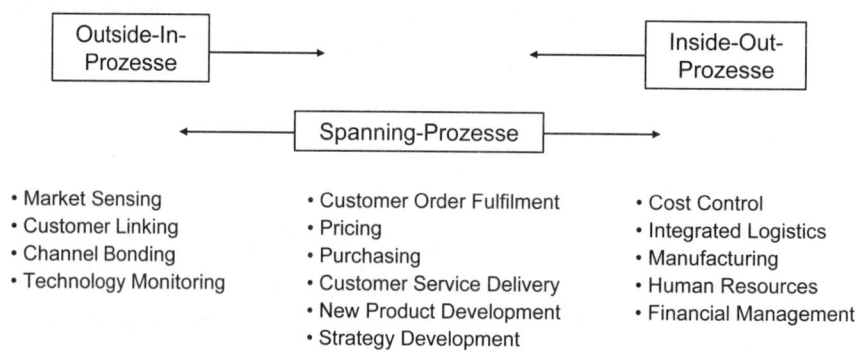

Abb. 1-19: Fähigkeiten und Prozesse (vgl. Day 1994)

3.2.2.3   Theorien des Beziehungsmarketing

Von den vielfältigen Theorien, die innerhalb des Marketing entwickelt wurden, sollen nachfolgend lediglich die Grundprinzipien des Beziehungsmarketing herausgegriffen werden, weil sie übergreifenden Bedeutung erlangt haben. Auf andere einschlägige Theorien, wie die der Markenführung oder der Kundenkommunikation, wird im weiteren Verlauf des Buches an geeigneter Stelle eingegangen.

Die **Prinzipien des Beziehungsmarketing** lassen sich nach *Diller* (1995) in folgenden sechs Forderungen an das Marketing (6 I's) festmachen, die man auch als gedankliche Abfolge eines Managementprozesses interpretieren kann (vgl. Abb. 1-20):

(1) **Information**: Zunächst gilt es im Beziehungsmarketing, möglichst große Transparenz über die jeweiligen Kunden und deren Geschäftsbeziehungen zum eigenen Unternehmen zu erlangen. Nur die Kenntnis individueller Umstände erbringt Ansatzpunkte für eine kundenindividuelle Ansprache, wie sie das Beziehungsmarketing fordert. In modernen CRM-Systemen fließt dieses Wissen in entsprechende Kundendatenbanken ein und generiert dort u.U. automatisch kundenindividuelle Marketingaktivitäten. Darauf wird im Kap. 2/ 2. und Kap. 5/ 4. ausführlich eingegangen.

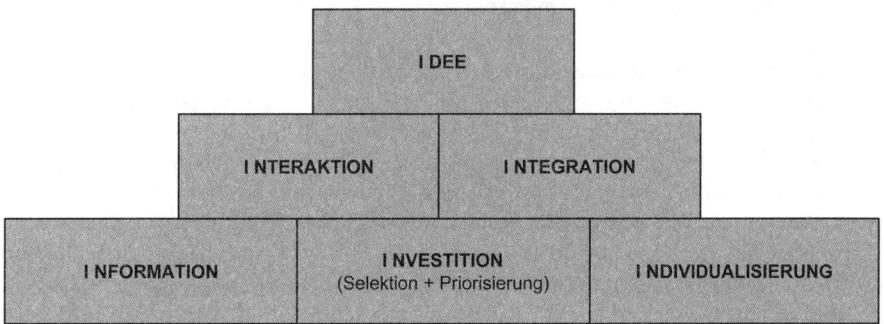

Abb. 1-20: Die strategischen Prinzipien des Beziehungsmarketing nach Diller (1995)

(2) **Investition (Selektion und Priorisierung von Kunden)**: Weil sich Geschäftsbeziehungen per definitionem nicht in einmaligen Transaktionen erschöpfen, sondern auf lange Sicht angelegt sind, wird ein kurzfristiges Kosten-Nutzen-Kalkül obsolet. Stattdessen ist eine sich über den gesamten **Kundenlebenszyklus** (vgl. dazu Kap. 2/ 1.) erstreckende Betrachtung aller Ein- und Auszahlungsströme angemessen (vgl. *Plinke* 1989; *Cornelsen* 2000). Auf dem Spiel stehen dabei zahlreiche Ressourcen in Form einmaliger und laufender Geldausgaben (z.B. EDV-Systeme, Logistik-Systeme, Spezialmaschinen, Kontaktkosten, Preisnachlässe, Geschenke usw.), aber auch die mit dem Beziehungsmanagement verbundene Arbeitszeit und nicht zuletzt auch psychische Energie, z.B. in Form von Empathie, Commitment, Vertrauen und Kreativität. Ressourcenknappheit zwingt dabei zur **Selektion** und **Priorisierung** von Beziehungspartnern im Sinne eines investitionspolitischen Kalküls. Als analytische Hilfsmittel hierfür bieten sich z.B. A-B-C- bzw. Kundenportfolio-Analysen oder andere Formen von **Kundenbewertungssystemen** an, mit deren Hilfe der Ressourceneinsatz auf wirklich aus-

sichtsreiche Geschäftsbeziehungen im Sinne von Geschäftsfeldern ausgerichtet werden kann. Hier liegt der Ansatzpunkt für die Modelle des **Kundenwerts** (vgl. Kap. 2/ 1.). Priorisierung zieht andererseits wegen des Unabhängigkeitsstrebens aber auch die Notwendigkeit der Ausbalancierung der **Abhängigkeit** von bestimmten Beziehungspartnern nach sich. Je enger die Bindungen zwischen zwei Geschäftspartnern werden, umso höher werden die **spezifischen Investitionen** in Geschäftsbeziehungen und damit die Wechselkosten für die Geschäftspartner. Umgekehrt verleiht das Bewusstsein von gegenseitigen spezifischen Investitionen in die jeweilige Geschäftsbeziehung aber auch Sicherheit und Stabilität.

(3) **Individualisierung**: Eines der wichtigsten Prinzipien des Beziehungsmarketing liegt in der konsequenten Individualisierung aller Marketingbemühungen im Hinblick auf spezifische Bedürfnisse einzelner Kunden (*"Customizing"*). Dies betrifft sowohl die Informations- als auch die Aktionsseite des Marketing und bei letzterer alle Submix-Bereiche und keineswegs nur die Produktpolitik. Ein großer Spielraum eröffnet sich z.B. bei Vor- und Nachkauf-Dienstleistungen, persönlicher Betreuung der Kunden und dessen kontinuierlicher Information nach Maßgabe der individuellen Interessen und Präferenzen (vgl. Kap. 2/ 2.). Das Marketing endet insofern auch bei langfristigen Kaufzyklen (z.B. bei Automobilen) nicht mit dem Verkaufsabschluss, sondern wird kontinuierlich fortgesetzt ("**Nachkauf-Marketing**").

(4) **Interaktion**: Das Marketing war lange Zeit von einem aktionistischen Denken mit dem Ziel der Beeinflussung von Kunden gekennzeichnet. Die Charakteristika des Marketing wurden folgerichtig in dessen Instrumenten gesehen, mit denen der Kunde zu „bearbeiten" war. Im Beziehungsmarketing wird dieses "Beeinflussungsmanagement" (*Diller/Kusterer* 1988) von einer sehr viel stärker interaktionsbezogenen und prozessual orientierten Grundhaltung abgelöst. Zu den vordringlichen Sachzielen des Beziehungsmarketing gehört es, möglichst **direkte** und **intensive Kontakte** zum Beziehungspartner herzustellen und diesen zu veranlassen, in einen **Dialog** zu treten, welcher die Geschäftsbeziehungen im Verlauf des Kundenlebenszyklus vertieft und festigt (vgl. Kap. 2/ 2.). Dies geschieht u.a. mit Hilfe eines **Beschwerdemanagements**, bei dem der Kunde geradezu aufgefordert wird, Unzufriedenheit zu äußern (vgl. *Stauss/Seidel* 2007), und mit gezielt geplanten **Kontaktketten**, deren Glieder nach dem typischen Muster des **Database-Marketing** jeweils auf die individuellen Reaktionen des Kunden auf vorherige Kontaktversuche bzw. Interaktionen abgestimmt werden (vgl. Kap. 5/ 1.).

(5) **Integration**: Mit der Einbringung des Kunden in Leistungsprozesse des Anbieters („**Customer Integration**") vollzieht sich der Übergang von der Interaktion zur Integration. In gewissem Umfang erfordert jede Gütertransaktion eine solche Integration, muss der Kunde doch zumindest sein Einverständnis mit der Transaktion bekunden (Bestellung) und die Ware in Empfang nehmen. Grundprinzip des Beziehungsmarketing ist es jedoch, die Integration sehr viel weiter zu treiben und den Nachfrager in mehrfacher Hinsicht und an vielerlei Stellen an der Leistungserbringung mitwirken zu lassen (Rückwärtsintegration des Kunden) bzw. selbst in Prozesse des Kunden einzugreifen (Vorwärtsintegration des Lieferanten). *Kleinaltenkamp* (1996) sieht darin geradezu ein Synonym für das Beziehungsmarketing speziell im BtB-Geschäft, weil die Integration von Kunden auf sorgfältiger Kundenanalyse, Prozessevidenz und Individualisierung der

Leistungsprogramme fundiert und zu einer gewissen Verschmelzung von Anbieter- und Abnehmerorganisation beiträgt (vgl. Kap. 2/ 2.)

(6) Idee (Markierung): Ein sechstes Grundprinzip des Beziehungsmarketing ist schließlich das Bemühen um eine ganzheitliche Markierung aller diesbezüglichen Aktivitäten mit einer profilierenden Idee. Damit soll ein im Wettbewerb möglichst spezifischer Anspruch an den Auftritt beim Kunden und den dort geschaffenen Kundennutzen signalisiert und somit dem **Beziehungswettbewerb** mit anderen Firmen um die gleichen Kunden Rechnung getragen werden. Dem Verkäufer als „Galionsfigur" kommt hier mit seinem verbalen und non-verbalen persönlichen Auftritt beim Kunden eine herausragende Rolle zu.

Unter dem Blickwinkel der theoretischen Fundierung des Marketingschälen sich vor dem Hintergrund dieser sechs Leitlinien des Beziehungsmarketing folgende Gruppen von **Partialmodellen des Beziehungsgeschehens** als besonders relevant heraus:

- Modelle der Geschäftsbeziehung und der Beziehungsqualität (inkl. Kundenlebenszyklus)

- Modelle der Kundenbindung

- Modelle des Kundenwerts

- Modelle der Kundeninteraktion und –integration

Sie werden im Kapitel 2 dieses Buches ausführlich vorgestellt.

3.2.3 Verhaltenswissenschaftliche Marketingtheorien

Theorien über das Käuferverhalten stellen heute wichtige Kernstücke der Marketingtheorie und -forschung dar. Wer Menschen bei Kaufentscheidungen beeinflussen will, muss wissen, wie und warum Käufer in bestimmter Weise entscheiden und handeln. Die einschlägigen Forschungsarbeiten haben inzwischen ein kaum mehr überschaubares Gestrüpp an Sichtweisen, Konstrukten und Hypothesen erzeugt, das nachfolgend zumindest grob sortiert und charakterisiert werden soll. Einen ausführlichen Überblick bieten u.a. *Kroeber-Riel/Weinberg/Gröppel-Klein* (2009) oder *Trommsdorff* (2010).

Grundsätzlich geht in der Käuferverhaltenstheorie um die Beschreibung bzw. Erklärung der beobachtbaren (z.B. Medienkonsum) wie der nicht beobachtbaren (z.B. Kaufmotivation) Zustände und Vorgänge vor, während und nach Kaufentscheidungen. Bei einfachen, sog. **S-R-Modellen** verknüpft man eine Stimulusvariable (z.B. die Werbeintensität) direkt mit einer beobachtbaren Reaktionsgröße des Verhaltens (z.B. Kaufhäufigkeit), kann damit aber meist keine tieferen Einsichten in die Gründe dieses Zusammenhangs gewinnen. Deshalb weitet man S-R-Modelle oft zu **S-O-R-Modellen** aus und unterstellt dabei das Wirksamwerden nicht beobachtbarer, interner Kräfte im Organismus des Käufers, z.B. Motive, arbeitet also mit „**hypothetischen Konstrukten**". Weiter unten geben wir einen Überblick über wichtige Konstruktgruppen. Konstrukte müssen in der Theorie mit entsprechenden Messanweisungen (**Operationalisierungen**) versehen und empirisch im Wege der Befragung oder mittels apparativer Messverfahren (z.B. Hautwiderstands- oder Gehirnstrommessungen) erfasst werden. In jüngster Zeit haben

dabei die Bild gebenden Verfahren der **„Neuro-Wissenschaft"** besondere Aufmerksamkeit gefunden, bei denen sich durch Magnetresonanzmessungen (MRT) oder ähnliche Techniken Gehirnaktivitäten in bestimmten Zonen des Gehirns feststellen lassen,
deren grundlegende Funktion (z.B. Aktivierung) aus medizinischen Studien der Gehirn-
forschung bekannt sind. Durch experimentelle Studien gelingt es so immer mehr, „Gedanken zu lesen" und kognitive sowie emotionale Zusammenhänge im Käuferverhalten
neurologisch zu erklären (vgl. *Bagozzi* 2010; *Kenning/Plassmann/Ahlert* 2007). Von
einem „Neuro-Marketing i.S. einer direkten Gehirnsteuerung sind wir freilich wohl
noch lange sehr weit entfernt.

Bei der inhaltlichen Charakterisierung der unterschiedlichen Theorien des Käuferverhaltens lassen sich zunächst Modelle zum privaten **Konsumentenverhalten** (KV) bzw.
zum **organisationalen Beschaffungsverhalten** (OBV) unterscheiden (vgl. Abb. 1-21).

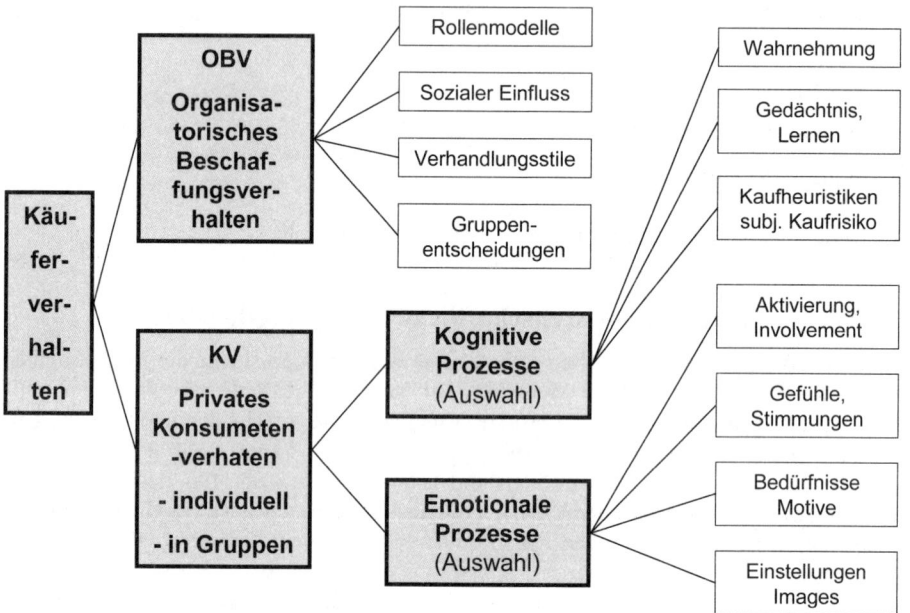

*Abb. 1-21: Untergliederung der Theorien und ausgewählte Konstrukte des Käuferver-
haltens*

3.2.3.1   Organisationales Beschaffungsverhalten

Das **OBV** unterscheidet sich vom privaten KV durch folgende Spezifika:

−   An der Entscheidung sind häufig **mehrere Personen** beteiligt („**Buying Center**").

−   Das Informationsverhalten ist systematischer, der Kaufentscheidungsprozess stärker
    von **rationalen Abwägungen** geprägt, freilich keineswegs emotionslos.

−   Während der Kaufprozesse kommt es z.T. zu **intensiven Interaktionen** mit den

Anbietern, weil die Leistungen an die spezifischen Umstände beim Kunden anzupassen sind.

Je nach **Kauftyp** (z.B. Erst- bzw. Wiederkauf) unterscheiden sich die Beschaffungsprozesse allerdings erheblich. Daneben beeinflussen Umfang und Struktur des Buying Center den Beschaffungsprozess. Gleiches gilt für das „**Selling Center**" auf der Seite des Verkäufers. Auf beiden Marktseiten entwickeln sich in jüngster Zeit zunehmend **Netzwerke** aus Spezialisten.

Ein einschlägiges Konstrukt in der Theorie des OBV sind die „**Rollen**" der Mitglieder im Buying Center (*Webster/Wind* 1972; *Backhaus/Voeth* 2007, S. 46). Sie sollen die spezifische Aufgaben und Anliegen der Beteiligten am Entscheidungsprozess, z.B. technische oder kaufmännische Aufgaben, deutlich machen und damit auf die richtigen Ansprechpartner für bestimmte Belange hinweisen (vgl. Kap. 2/ 2.).

Eine Abwandlung des Modells von *Webster/Wind* ist das **Promotorenmodell** von *Witte* (1973). Er entwickelte auf Basis empirischer Analysen bei der EDV-Beschaffung eine zweidimensionale Rollenaufgliederung in **Fach-** und **Machtpromotoren**, die sich noch durch den für die administrativen Abläufe zuständigen **Prozesspromotor** ergänzen lassen. Ihnen stehen entsprechende **Fach-** und **Machtopponenten** gegenüber, die den Beschaffungsprozess zu verhindern oder verlangsamen versuchen. Damit wird die in der älteren US-Literatur vertretene Vorstellung eines alleinigen „Champion" im Entscheidungsprozess modifiziert. Fachpromotoren treiben den Entscheidungsprozess durch ihre hierarchieunabhängige Fachautorität, Machtpromotoren durch ihre Entscheidungsgewalt an. Beide Rollen sind für einen erfolgreichen Kaufprozess und die Überwindung von Kaufwiderständen seitens der Opponenten wichtig. Letztere sind vom Lieferanten oft nur schwer auszumachen und deshalb besonders kritisch.

Ein weiteres Beispiel für hypothetische Konstrukte im OBV sind bestimmte **Kompetenzen** der Marketingmitarbeiter, die nachweislich großen Einfluss auf den Markterfolg nehmen (*Lütke* 2010) Diesbezügliche Klassifikationen und Messverfahren sind für die Führung und Personalentwicklung im Marketing von großer Bedeutung (vgl. Kap. 5/ 5.) Weitere einschlägige Konstrukte sind der **Verhandlungsstil** (vgl. *Voeth/Herbst* 2009) oder das **Risikoverhalten** gewerblicher Entscheider. Einen ausführlichen Überblick über die Theorien des OBV findet man bei *Backhaus/Voeth* (2007).

3.2.3.2 Konsumentenverhalten

Weitaus umfassender als das OBV ist das KV theoretisch und empirisch durchdrungen, sei es als Individual- oder als soziales Gruppenverhalten (*Kroeber-Riel/ Weinberg/Gröppel-Klein* 2009). Wir greifen lediglich exemplarisch einige wichtige Gebiete und Konstrukte heraus.

3.2.3.2.1 Gruppenverhalten

Gruppenverhalten gewinnt durch Online-Communities, etwa Fangemeinden bestimmter Marken, aktuelle Bedeutung (*Balasubramanian/Mahajan* 2001; *Algesheimer et al.* 2005). Auch dort spielen **soziale Rollen** zur Erklärung eine wichtige Rolle. Beispielsweise werden in der **Diffusionstheorie** zur Erklärung der Verbreitung von Innovationen im Zeitablauf Innovatoren- bzw. Imitatoren-Rollen unterschieden. Viele Käufer orientieren sich danach bei der Adoption neuer Produkte, wie eines I-Pads, an sog. **Meinungsführern** und an frühen Adoptoren (**„Innovatoren"**), weil sie dadurch ihr Kaufrisiko senken und ihren Sozialstatus halten wollen. **Sozialprestige** zählt in manchen Märkten (z.B. Handy, Jeans) zu den stärksten Motivatoren des (Nicht-)Kaufs. Aufschlussreich sind auch die Modelle **kollektiver Entscheidungsfindung** in Gruppen, etwa in Familien beim Kauf von Möbeln oder Süßwaren. Auch hier gibt es spezifische Rollen der Beteiligten, die in der Werbung genutzt werden können.

3.2.3.2.2   Kognitive Prozesse

Individualverhalten kann grundsätzlich kognitive oder emotionale Prozesse bzw. Konstrukte betreffen (vgl. Abb. 1-21). **Kognitive Prozesse** sind gedankliche Vorgänge der Informationsaufnahme-, -verarbeitung, -speicherung und -verwendung für Konsumentscheidungen.

In der **Wahrnehmungstheorie** des KV geht es vor allem um die Frage, welche kaufrelevanten Informationen in welcher Form (interne Codierung z.B. eines gebrochenen Preises), mit welcher Priorität (z.B. Bild vor Text) wie intensiv vom Konsumenten aufgenommen und weiterverarbeitet werden. Dies kann am Beispiel der Preiswahrnehmung veranschaulicht werden (vgl. *Diller* 2008, S.120ff.). Preise unterliegen oft einer **selektiven Wahrnehmung**. Man nimmt z.B. am Regal eines Supermarktes oft nur hervorgehobene Preise wahr. Hintergrund ist die Motivation, Preisgelegenheiten zu nutzen (was zeigt, dass auch Kognitionen emotionale Komponenten besitzen), von denen man weiß, dass sie von den Anbietern durch entsprechende **Preisoptik** (zu Recht oder Unrecht) signalisiert werden (Signaling). Das Gehirn vergleicht also die eingehenden Informationen mit vorhandenen **Mustern**, die sich subjektiv als wichtig herausgestellt haben (z.B. „große Preisschilder bedeuten günstige Preise", „Supermärkte sind teurer als Discountgeschäfte"). Bestimmte Reize führen sogar zu automatischen „**Orientierungsreflexen**", erzwingen also eine Hinwendung der Aufmerksamkeit, was in der Werbung oft genutzt wird (z.B. sexuelle Bildmotive). Vermeintlich irrelevante Informationen werden oft von vorneherein ausgeblendet. Z.B. studieren viele Konsumenten nur die Preisanzeigen jener Geschäfte, die sie sowieso regelmäßig aufsuchen. Insgesamt ergibt sich aus solchen psychischen Prozessen eine z.T. gravierend selektive und subjektiv verzerrte Wahrnehmung der objektiven Welt.

Die **Gedächtnistheorien** sind für das Verständnis des KV von grundlegender Bedeutung. Hier geht es darum, wie Informationen abgespeichert, zu Wissen verdichtet und wieder abgerufen werden. Darin eingeschlossen sind **Lerntheorien** und physiologische Modelle des Gehirns, etwa das bekannte **Hemisphärenmodell** für kognitive (linke Gehirnhälfte) bzw. emotionale Prozesse (rechte Gehirnhälfte), oder komplexere kognitive oder semantische **Netzwerkmodelle** von subjektiv verwandten Begriffen und Konzepten. Grundlegend, wenngleich umstritten, ist die **Mehr-Speicher-Theorie**. Danach fließen die Informationen zunächst in das sensorische **Kurzzeitgedächtnis** („Arbeitsspeicher"). Dort werden sie codiert und priorisiert, ggf. ausgeblendet oder mit sofortigen Reaktionen verknüpft (z.B. **Impulskauf**). Die Codierung von Preisinformationen kann z.B. an Preisschwellen festmachen, deren Unter- bzw. Überschreitung (0,99€ statt 1€) „günstige" bzw. „teure" Preise signalisieren. Die Skalierung der Preise wird dadurch gröber, aber auch weniger anstrengend und damit schneller.

Das Kurzzeitgedächtnis hat eine eng begrenzte Kapazität. Die Informationen werden hier nur einige Sekunden gespeichert. Allerdings kann die Speicherzeit durch Memorieren (inneres Wiederholen) verlängert werden. Das Ausmaß des Memorierens bestimmt die Menge an Informationen, die in das **Langzeitgedächtnis** überführt werden. Hier werden Informationen so gespeichert, dass sie langfristig reproduzierbar bleiben, freilich dort auch Vergessensprozessen unterliegen. Konsumenten besitzen z.B. ein bestimmtes Preiswissen, das aber weniger aus zuletzt bezahlten (exakten) Preisen besteht, sondern genereller nutzbare, verdichtete Informationen, z.B. über relevante Preisschwellen, günstige Geschäfts- oder Angebotsformen oder Folgekosten des Kaufs, beinhaltet. Die im Langzeitgedächtnis gespeicherten Informationen werden dort netzwerkartig zu einschlägigen Gruppen verknüpft. So kennt der Konsument z.B. „vernünftige" Preisrelationen zwischen verschiedenen Warengattungen und kann darauf aufbauend – fernab einer optimalen Allokation, aber durchaus effizient – eine Aufteilung des Haushaltsbudgets vornehmen.

Eine weitere Kategorie kognitiver Modelle des KV befasst sich mit der „kognitiven Algebra" von **Kaufentscheiden**. Behandelt wird die Frage, nach welcher **Kaufheuristik** (Entscheidungsregel) unterschiedliche Informationsmodule zu einer letztendlichen ja/nein-Entscheidung oder **Präferenz** für bestimmte Alternativen zusammengefügt werden. Modelliert wird z.B. die Zuweisung bestimmter Marken zu einer Menge letztlich relevanter bzw. näher in Betracht gezogener Alternativen („**relevant set**" bzw. „**consideration set**"), also die (oft stufenweise) Einengung des Alternativenfeldes. Weiterhin wird modelliert, nach welchen Regeln die optimale Alternative gefunden wird. Verwendet der Konsument z.B. merkmalsspezifische „Schranken" zum Ausschluss von Alternativen (**konjunkte Kaufheuristik**), misst er sie an Idealvorstellungen (**Idealpunktmodelle**) und lässt er Kompensationen schlechterer Werte bei einem Merkmal (z.B. Preis) mit besseren Werten bei anderen Merkmalen (z.B. Langlebigkeit) zu („kompensatorische Heuristik")? Wie kommt der Käufer zu Qualitätsurteilen? Nicht selten benutzt er den **Preis als Qualitätsindikator**, wenn keine anderen Informationen vorliegen. Solche Modelle spielen auch für die Marktforschung eine wichtige Rolle, weil danach die entsprechenden Messverfahren für Kaufwahrscheinlichkeiten oder Präferenzwerte anzulegen sind. So unterstellt das Conjoint Measurement meist additivkompensatorische Kaufmodelle, z.T. mit disjunkten Schranken („limit card") oder vorweggenommenen Einschränkungen des Alternativen-Sets (vgl. Kap. 3/ 2.).

Erkennbar geht es bei den Kaufheuristiken also um **Bewertungsvorgänge** für Alternativen bzw. einzelne Merkmalsausprägungen, etwa ob 19.990€ für ein Automodell „angemessen" sind. Sie sind von vielen Subjektivismen durchzogen, was vor allem in der **Prospect-Theorie** behandelt wird (*Kahnemann/Tversky* 1979; *Thaler* 1980, 1985). Danach durchlaufen Entscheider zwei Phasen. In der framing- oder editing-Phase werden die Entscheidungsprobleme subjektiv formuliert („gerahmt", z.B. „beim Benzinkauf kommt es mir allein auf den günstigsten Preis an"). Dadurch erfolgt meist eine mehr oder minder starke Vereinfachung des Entscheidungsproblems und die Festlegung eines Referenzpunktes (z.B. „beim letzten Kauf habe ich 1,50€/l gezahlt). In der zweiten Phase, der Bewertungsphase, gehen die relevanten Zahlungen in eine Wertfunktion ein (Ergebniswahrnehmung, z.B. „hier kosten der Liter mit 1,55€ 5ct mehr als zuletzt, das ist ziemlich viel"). Nach der Prospect-Theorie sind die Bewertungen also nicht objektivrational, sondern von den subjektiven Erwartungen (prospects) geprägt. So verankern Konsumenten ihre Preisurteile an Referenzpreisen, z.B. ihren subjektiv gespeicherten

Preisschwellen. Die Nutzenfunktionen verlaufen gekrümmt, d.h. ein Abweichen vom Referenzpreis wird abnehmend schwerwiegend gesehen, und schlechtere Werte als der Referenzwert schlagen stärker zu Buche als bessere („**Verlustaversion**").

Aus einem anderen Blickwinkel, aber mit gleichem Interesse geht die Theorie des **subjektiv empfundenen Kaufrisikos** an Kaufentscheidungen heran. Einerseits geht es dabei um die Ungewissheit hinsichtlich des Eintretens bestimmter negativer Konsequenzen einer Entscheidung (Risikoinhalt), andererseits darum, wie gravierend diese Konsequenzen sein können (Risikomaß). Das wahrgenommene Kaufrisiko wird als Funktion dieser beiden Komponenten angesehen und deshalb meist dadurch operationalisiert, dass beide separat gemessen und dann multiplikativ verknüpft und aufaddiert werden. Oftmals werden bestimmte **Typen von Kaufrisiken** unterschieden, deren Abgrenzung zwar nicht immer ganz eindeutig ist, die aber Aufschluss über Einflussfaktoren des insgesamt wahrgenommenen Risikos geben können:

– **funktionelles Risiko** (Funktionsfähigkeit des zu kaufenden Produkts)

– **finanzielles Risiko** (Angemessenheit des Preises und Tragbarkeit der finanziellen Belastungen)

– **physisches Risiko** (mögliche Gesundheitsgefährdungen durch das Produkt)

– **psychologisches Risiko** (persönliche Identifizierung mit dem Produkt oder der Marke)

– **soziales Risiko** (soziale Akzeptanz des Produkts).

Sofern das Kaufrisiko ein tolerierbares Ausmaß übersteigt, versuchen die Konsumenten das Risiko zu reduzieren. Dafür bestehen u.a. folgende Möglichkeiten:

– Beschaffung von zusätzlichen Informationen über das Produkt (Reduktion der Ungewissheit) bzw. Rückgriff auf sicherheitsrelevante Schlüsselinformationen wie die Marke, den Hersteller bzw. Händler, die Art des Marktauftritts etc.

– Kauf zunächst geringer Mengen

– wiederholter Kauf bewährter Marken (Markentreue)

– Beachtung von Kaufrücktrittsmöglichkeiten und Garantieleistungen

– preisorientierte Qualitätsbeurteilung

– Hinausschiebung oder Verzicht auf den Kauf.

Daraus ergeben sich zahlreiche Anknüpfungspunkte für das Marketing.

3.2.3.2.3   *Emotionale Prozesse*

Kognitive Konzepte des KV haben trotz der modellierten Einschränkungen immer einen rationalen Anstrich, weil es dabei um die Informationsverarbeitung geht. Schon die Theorie der Bildverarbeitung zeigt freilich, dass hierbei auch emotionale Prozesse ablaufen. Bilder können starke Emotionen auslösen und gleichzeitig sehr viele Informationen transportieren, ohne dass wir uns dessen freilich bewusst werden. Bei den emotionalen Prozessen und Konstrukten geht es um solche nicht rational gesteuerte innere Vorgänge, etwa um **Gefühle, Stimmungen** oder **Motive** (vgl. Abb. 1-20). Die Konsumentenverhaltensforschung hat sich in den letzten Jahren verstärkt damit beschäftigt und dabei auch erkannt, dass kognitive und emotionale Prozesse realiter oft eng miteinander verknüpft sind. So kann der Preisärger (= Preisemotion) über ein nicht vorhandenes Sonderangebot zum Ausschluss des Geschäftes aus dem evoked set (= kognitives Programm) des Käufers führen. Manche der nachfolgend behandelten Konstrukte besitzen deshalb einen kognitiv-emotional gemischten Charakter.

Aktivierung und Involvement
Marketingimpulse können nur dann wirken, wenn sie auf einen aufmerksamen Konsumenten treffen, der aktiviert ist, sich mit diesen Impulsen bewusst oder unbewusst auseinanderzusetzen. **Aktivierung** ist ein Erregungsvorgang bzw. -zustand, durch den der menschliche Organismus in einen Zustand der Leistungsfähigkeit und Leistungsbereitschaft versetzt wird. Er kann endogen bestimmt (z.B. Müdigkeit) oder exogen erzeugt sein (Werbeimpuls). Er ist kognitiv nicht kontrolliert und biologisch schon in niedrigen Lebewesen überlebenswichtig, insofern ein voll emotionales Konstrukt. Die Aktivierung kann von einem Minimum (Koma) über moderate Stufen bis hin zur Panik variieren. Die Leistungsfähigkeit der Informationsverarbeitung wächst dabei nicht linear, sondern umgekehrt U-förmig. So ist man in Prüfungssituationen oft überaktiviert, d.h., die Leistungsfähigkeit ist suboptimal. Ähnlich wirkt übertriebene **Angstwerbung**, weshalb sie selten eingesetzt wird. Aktivierung ist physiologisch (Gehirnströme, Hautwiderstand) messbar. Ersatzweise kann man Probanden auch danach befragen. Deshalb kann man experimentell z.B. untersuchen, welche Werbemotive die optimale Aktivierung auslösen oder welche Markenbilder Probanden am stärksten stimulieren. Aktivierung steuert die (selektiv auf aktivierende Impulse gerichtete) Wahrnehmung und ist Grundvoraussetzung dafür, dass Werbewirkung überhaupt auftreten kann.

Geht es speziell um die Auseinandersetzung mit kaufrelevanten Informationen, spricht man auch vom **Involvement** und meint damit das Ausmaß der Bereitschaft, sich mit solchen Informationen auseinanderzusetzen (vgl. *Trommsdorff* 2009, S. 54ff). Involvement wird von Persönlichkeitsmerkmalen, aber auch von spezifischen Interessen und Vorlieben der Konsumenten, z.B. für Autos, Mode oder Society, geprägt. Produkte, mit denen sich viele Konsumenten gerne (z.B. wegen emotionalen Produkterlebnissen) bzw. zumindest intensiv (z.B. wegen des Produktrisikos) auseinandersetzen, gelten als „**high-involvement-Produkte**". Im Gegensatz dazu langweilen „**low-involvement-Produkte**" wie Benzin, Autoreifen oder Reißnägel und führen zu vereinfachten Kaufentscheidungen. Auch bestimmten Medien wird oft ein unterschiedliches „**Medieninvolvement**" entgegengebracht, d.h. die dort entwickelte Tiefe der Informationsverarbeitung ist unterschiedlich.

Gefühle und Stimmungen
Gefühle (Emotionen) sind Zustände positiver oder negativer innerer Erregung (Aktiviertheit), welche das Kaufverhalten stark zu beeinflussen vermögen, ohne dass sie vom Konsumenten voll kontrollierbar sind. Z.B. kann die Offerte eines besonders günstigen Preises „Preisfreude" auslösen, dabei aber den Blick von anderen, vielleicht negativen Umständen des Kaufs, ablenken. Marketing zielt z.T. direkt auf die Auslösung von Emotionen, um z.B. Aufmerksamkeit oder Kaufbereitschaft zu erzeugen. Emotionen

lassen sich inhaltlich klassifizieren, Als Fundamentalemotionen gelten (vgl. *Trommsdorff* 2009, S. 62)

(1)　　Interesse, Erregung
(2)　　Freude, Vergnügen
(3)　　Überraschung, Schreck
(4)　　Kummer, Schmerz
(5)　　Zorn, Wut
(6)　　Ekel, Abscheu
(7)　　Geringschätzung, Verachtung
(8)　　Furcht, Entsetzen
(9)　　Scham, Schüchternheit, Erniedrigung
(10)　　Schuldgefühl, Reue

Gefühle sind schwer zu messen, da sie eben nicht (voll) kognitiv kontrolliert werden und deshalb nicht valide abfragbar sind. Man benutzt daher in der Forschung lieber physiologische und neurologische Messverfahren, weil bekannt ist, in welchen Gehirnregionen welche Gefühlsarten lokalisiert sind. Eine andere Möglichkeit bieten Analysen der **Gesichtsmimik**.

Stimmungen sind momentane und ungerichtete, also nicht auf bestimmte Handlungen bezogene, subjektiv erfahrene Befindlichkeiten einer Person. Sie beeinflussen die Informationsverarbeitung und bilden auch den Nährboden für bestimmte Emotionen. Im „**Erlebnismarketing**" wird versucht, die Konsumenten durch eine entsprechende Umfeldgestaltung in positive Stimmungen zu versetzen, welche die Kauffreude stärken. Man zielt auf sinnliche Konsumerlebnisse, die in der Gefühls- und Erfahrungswelt der Konsumenten verankert sind und dem Bedürfnis der Konsumenten nach emotionaler Anregung entgegenkommen. Als Gestaltungsmittel dafür dienen insb. das Produktdesign, emotional angereicherte Markenimages, emotionale und bildbetonte Werbung und Warenpräsentation („Visual Merchandising"), Einkaufsstätten mit angenehmer Einkaufsatmosphäre sowie erlebnisreiche Events. Typische **Erlebniswerte** im Erlebnismarketing sind Gesundheit, Genuss, Aktives Leben, Luxus, Natürlichkeit, Sportlichkeit, Professionalität, Nostalgie, Ästhetik und alle anderen vordringlich emotional besetzten Konsumwelten und Lifestyles, die bei der jeweiligen Zielgruppe eine gefühlsmäßige Faszination auslösen können.

Motive und Bedürfnisse
Motive sollen die inneren Antriebe, also die Ursachen des zwischen Konsumenten sehr unterschiedlichen Kaufverhaltens inhaltlich erklären. **Bedürfnisse** sind emotionale Auslöser solcher Motive und beschreiben innere Mangelgefühle, die man abstellen will. Wem langweilig ist, entwickelt das Bedürfnis nach Abwechslung oder Unterhaltung, was wiederum z.B. zum Fernsehkonsum motiviert. Auf der Basis unterschiedlicher Konsummotive lassen sich **Konsumententypologien** bilden (z.B. „smart shopper", „variety seeker"), für die gezielt Marketingmaßnahmen abgeleitet werden können (vgl. Kap. 2/ 2.). Motive werden allerdings nicht nur autonom entwickelt, sondern sind stark situativ bedingt (z.B. entwickelt man beim Anblick eines duftenden Kuchens Appetit). Dies behindert eine saubere Klassifikation von Kaufmotiven.

Grundlegend unterscheidet man **primäre** und **sekundäre** Motive. Erstere sind angeborene Bedürfnisse, wie z.B. Hunger oder Durst, die jedes Individuum stillen muss, um existieren zu können. Sekundäre Motive erwirbt man dagegen im Laufe des Sozialisierungsprozesses (z.B. Gelderwerb als sekundäres Motiv, um Hunger als primäres Motiv zu befriedigen).

Die **Maslow´sche Bedürfnispyramide** gilt als eine der bekanntesten, aber auch umstrittensten Versuche, Motive zu klassifizieren. *Maslow* (1954) unterscheidet fünf hierarchisch geordnete Motivklassen. Wenn Bedürfnisse einer niedrigeren Ebene hinreichend befriedigt sind, wird die nächst höhere Stufe aktiviert. Auf der untersten Ebene stehen physiologische Bedürfnisse wie Hunger und Durst. Dann folgen die Bedürfnisse nach Sicherheit und dann nach Zuneigung und Liebe. Auf der vierten Ebene werden Motive wie Selbstachtung und Geltungsstreben relevant. Auf der obersten Stufe steht schließlich der Wunsch nach Selbstverwirklichung.

Von *Trommsdorff* (2009, S. 114ff.) stammt eine Klassifikation von „**Konsummotiven mittlerer Reichweite**", die bei unterschiedlichen Produkten und Zielgruppen anwendbar sind. Danach können folgende Motive beim Kauf von Produkten bzw. Marken unterschieden werden:

(1) Ökonomik, Sparsamkeit, Rationalität
(2) Prestige, Status, soziale Anerkennung
(3) Soziale Wünschbarkeit, Normenunterwerfung
(4) Lust, Erregung, Neugier
(5) Sex, Erotik
(6) Angst, Furcht, Risikoneigung
(7) Konsistenz, Dissonanz, Konflikt.

Kognitive Dissonanz ist dabei ein spezifisches Konstrukt aus der Einstellungstheorie, das die Wahrnehmung widersprüchlicher Eindrücke und Überzeugungen betrifft und entsprechende Maßnahmen zur Auflösung solcher Dissonanzen, etwa mittels selektiver Wahrnehmung oder Umgewichtung von Prioritäten, auslöst (*Festinger* 1957). Z.B. suchen Konsumenten nach einem Kauf nach (höheren) Preisen des Produktes in anderen Geschäften, um ihre Ladenwahl zu bestätigen. Begegnen sie niedrigeren Preisen, schieben sie das evtl. auf ein geringeres Serviceniveau des Geschäftes oder stufen den Preisunterschied als unwesentlich ein.

Die Befriedigung von Bedürfnissen stiftet dem Konsumenten **Nutzen**. Insofern sind Motiv- und Nutzenforschung eng miteinander verknüpft, auch wenn heute Nutzen überwiegend als kognitives Konstrukt, nämlich als Differenz aus individuellen Erwartungen und tatsächlichen Erfahrungen bzgl. verschiedener, relevanter Leistungsmerkmale definiert wird („**Confirmation-Disconfirmation-Paradigma**", vgl. Kap. 2/ 2.). Eine schon relativ alte, aber begrifflich z.T. nach wie vor verwendete Unterscheidung zwischen Grund- und Zusatznutzen stammt von Vershofen, der die sog. **Nürnberger Nutzenleiter** entwickelte, die auf verschiedene Konsumbedürfnisse Bezug nimmt (vgl. Kasten).

Übertragen auf das Preisverhalten können Motive und Bedürfnisse erklären, warum Konsumenten preisbewusst handeln. Ihr „**Preisinteresse**" ist das individuell und situativ bestimmte Bedürfnis, auf Preise beim Einkauf zu achten und entsprechende Preisinformationen einzuholen (*Diller* 1982). Sie tun das aus unterschiedlichen Motiven, etwa um ihre Güterversorgung bei knappem Budget zu optimieren, aus Sparsamkeit (Vorsorge), aus sozialen Motiven (mit „Preis-Schnäppchen" kann man angeben) oder aus Leistungsmotivation (Schnäppchenjagen als „Leistungssport"). Entsprechende Erfolge erzeugen Preisnutzen und Preiszufriedenheit und verstärken das entsprechende Verhalten.

Nürnberger Nutzenleiter

Die von Vershofen entwickelte Nutzenleiter nimmt ihren Ausgangspunkt in der Unterscheidung zwischen **Grund- und Zusatznutzen**. Für den Zusatznutzen existiert eine tief gestaffelte Hierarchie (vgl. Abb.). Gemäß diesem Schema lässt sich der geistig-seelische Nutzen auf der obersten Sprosse der Leiter in den **Geltungsnutzen** (Nutzen aus der sozialen Sphäre) und **Erbauungsnutzen** (Nutzen aus der persönlichen Sphäre) zerlegen, wobei die zuletzt genannte Nutzenart in die Komponenten **Schaffensfreude** (Nutzen aus Leistung) und Zuversicht (Nutzen aus Wertung) zerfällt. Die Zuversicht besteht ihrerseits aus den beiden Nutzenarten **Ästhetik** (Harmonie) und **Transzendenz** (Zurechtfindung), wohingegen die unterste Sprosse der Leiter den Nutzen der transzendenten Art in die Elemente Ethik (Ordnung) und Phantasie (Magie) unterteilt.

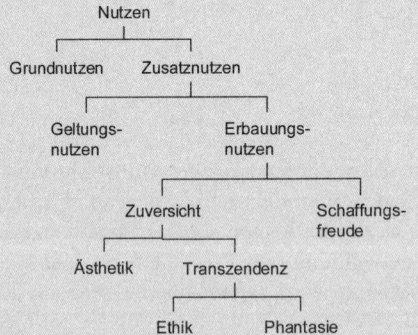

Aus der Nutzenleiter leitet Vershofen eine Heuristik zur Beschreibung des Verhaltens der Nachfrager ab. Je spezieller eine Nutzenart im Sinne des Schemas der Leiter ist, desto stärker beeinflusst sie die Entscheidung. Weil sie die Entscheidung erbringt, ist sie als der ausschlaggebende **Hauptnutzen** zu bezeichnen, während andere Aspekte den **Nebennutzen** bilden. Außerdem wählt der Nachfrager ein mehrere Nutzenarten (z.B. Magie, Zurechtfindung, Zuversicht) stiftendes Gut immer auf Grund der in der Leiter am tiefsten angesiedelten Nutzenkomponente (hier: Magie). So besitzt zum Beispiel eine Kaffeetasse für ein Individuum weniger aufgrund ihrer physikalisch-chemisch-technischen Beschaffenheit einen sehr hohen Wert. Vielmehr ist es die Überzeugung, mit dieser Tasse lässt sich jede schriftliche Prüfung bestehen, die ihr diesen großen Nutzen verleiht.

(Auszug aus: Herrmann, A. (2001): Nutzen, in: Diller, H. (Hrsg.): Vahlens Großes Marketinglexikon, 2. Aufl., München, S.1201-1203.)

Einstellungen und Images

Einstellungen werden als zentrale Einflussgrößen des Käuferverhaltens eingestuft; es wird von der **E-V-Hypothese** gesprochen, womit auf die Bedeutung der Einstellung für das Käuferverhalten abgestellt wird (E = Einstellung, V = Verhalten). Da der Begriff Image oft mit dem Begriff Einstellung gleichgesetzt wird, liefert die Einstellungstheorie das theoretische Fundament für Images. In der praktischen Marktforschung nehmen Studien zum **Image** von Produkten oder Unternehmen einen breiten Raum ein. Einstellungen sind allgemein definiert als organisierte und erlernte Bereitschaften relativ dauerhafter Natur, in einer spezifischen Weise auf ein Einstellungsobjekt zu reagieren und damit das Verhalten zu steuern. Auf die Merkmale dieser Definition wird im Kap. 2/ 2. näher eingegangen.

Insgesamt bieten die hier nur umrissartig und exemplarisch dargestellten verhaltenswissenschaftlichen Theorien zahlreiche Hilfestellungen für ein besseres Verständnis von Kunden und für entsprechende Ansatzpunkte der Markt- und Kundenbearbeitung. „Imagepolitik" ist z.B. ein zentraler Aufgabenbereich des Marketing, der dafür Sorge tragen muss, dass ein Unternehmen und/oder seine Marken und Produkte so wahrgenommen werden, wie das im Interesse des Anbieters liegt. Im weiteren Verlauf des Buches werden wir deshalb auf die verschiedenen Konstrukte immer wieder zurückgreifen.

Kontrollfragen zu Abschnitt 3

1. Definieren Sie folgende Begriffe:

   - Marketingwissenschaft   - Kompetenz-Management
   - Marketingtheorie   - Carry-over-Effekt
   - Operationalisierung   - Marktorientierung
   - Prognosemodelle   - Beziehungsmarketing
   - Property Rights   - Customizing
   - Transaktionskosten   - Kundenintegration
   - Opportunismus   - Buying Center
   - Unvollständige Verträge   - Orientierungsreflex
   - Informationsökonomie   - Mehr-Speicher-Modell
   - Informationsassymetrie   - Relevant set
   - Signaling   - Prospect-Theorie
   - Screening   - Kaufrisiko
   - Such-, Erfahrungs- und Vertrau- - Aktivierung
     enseigenschaften   - Involvement
   - Kooperative Spiele   - Motive
   - Nash-Gleichgewicht   - Nutzen
   - Gefangenendilemma   - Image

2. Welche Eigenschaften zeichnen eine (gute) Marketingwissenschaft aus?

3. Inwiefern kann die Marketingwissenschaft den Gesetzgeber beraten?

4. Welche Typen von Aussagen liegen bei folgenden Sätzen vor:

   a. Der Preis eines Gutes ist vor dem Hintergrund eines kundenorientierten Marketing nicht nur das zu bezahlende Entgelt für ein Gut, sondern die Summe aller mit dem Einkauf und dem Ver- bzw. Gebrauch verbundenen Kosten."

   b. „Es gibt vier Formen der Preisbildung: Aushandeln, Er- bzw. Versteigern, Preissetzung durch den Anbieter und Ausschreibung."

   c. „Wenn eine Preisschwelle überschritten wird, sinkt der Absatz sprunghaft."

   d. „Zur Ermittlung einer Preis-Absatzfunktion benutze man bei Vorliegen entsprechender Datenreihen eine Regressionsanalyse mit dem relativen Preis als unabhängiger und dem Marktanteil als abhängiger Variable."

   e. „Der Markterfolg einer Firma sollte durch höhere Preiszufriedenheit der Kunden gefördert werden."

   f. „Der gewinnmaximale Preis ergibt sich im Monopol und bei linearer Preis-Absatzfunktion im Schnittpunkt der Grenzkosten- und Grenzerlösfunktion."

   g. „Zwischen der Besuchshäufigkeit von Discountgeschäften und dem Einkommen besteht kein Zusammenhang."

   h. „Der Marktanteil der Firma X wird bei Erhöhung des Werbedrucks um 30% um 10% wachsen."

      i. „Die Werbewirkung kann über die Anzahl der erzielten Werbekontakte operationalisiert werden."

5. Erläutern Sie die Wesensmerkmale folgender Ansätze der Marketingtheorie:
   (a) Entscheidungsorientierter Ansatz
   (b) Situativer Ansatz
   (c) Verhaltenswissenschaftlicher Ansatz
   (d) Prozessorientierter Ansatz
   (e) Institutionenökonomischer Ansatz
   (f) Ansatz des Beziehungsmarketing

6. Diskutieren Sie die Vor- und Nachteile einer universitär organisierten Marketingwissenschaft!

7. Erläutern Sie am Beispiel des Preisverhaltens von Konsumenten Unterschiede und Eigenschaften von S-R- bzw. S-O-R-Modellen!

8. Diskutieren Sie die Interpretation von Imagewerbung durch die Informationsökonomie!

9. Charakterisieren Sie die Merkmale des Beziehungsmarketing am Beispiel eines Automobilzulieferers und eines Einzelhändlers!

10. Wägen Sie das In- bzw. Outsourcing von Aktivitäten in der Automobilindustrie mit Hilfe der Transaktionskostentheorie ab! Woran liegt es, dass die Wertschöpfungstiefe dort weniger als 20% beträgt?

Kapitel 2

Marktorientierung

Inhaltsverzeichnis

Kapitel 2: Marktorientierung

Kapitel 2

Marktorientierung

BASISPRINZIP: Marktorientierung

Bringe in alle Entscheidungen die Perspektive der Kunden und des Wettbewerbs mit ein und sorge dafür, dass alle Abteilungen des Unternehmens die Belange des Marktes im Auge behalten!

Lernziele:

In diesem Kapitel wird erläutert,

- was Marktorientierung bedeutet und in welche Komponenten sie sich aufgliedern lässt,
- wie man Kundenorientierung in operative Prinzipien herunter brechen kann,
- warum es für ein Unternehmen bedeutend ist, relevante Kunden zu fokussieren, um diese gezielt bearbeiten zu können,
- welches Wissen bezüglich seiner Kunden ein Unternehmen erlangen sollte, um diese zu verstehen und aufbauend auf diesem Verständnis bessere Lösungen für die Marktbearbeitung zu erreichen,
- was es bedeutet, Kunden systematisch zu managen, und welche Aufgabenfelder mit welchen Zielen das Kundenmanagement umfasst,
- welche Möglichkeiten und Probleme bestehen, den Kundenwert zu bestimmen,
- worauf man bei der Kundenplanung achten sollte.

Nach Durcharbeitung dieser Lerneinheit sollten Sie in der Lage sein zu erläutern, wie Kundenorientierung in einem Unternehmen ausgestaltet werden kann und worauf hierbei zu achten ist.

1.   Das System der Marktorientierung

Wie im Kapitel 1/ 2. bereits ausgeführt wurde, kann das Basisprinzip der Marktorientierung
in die drei Unterprinzipien „Kundenorientierung", „Wettbewerbsorientierung" und „Marktorientierte Koordination nach innen" aufgegliedert werden (vgl. Abb. 2-1).

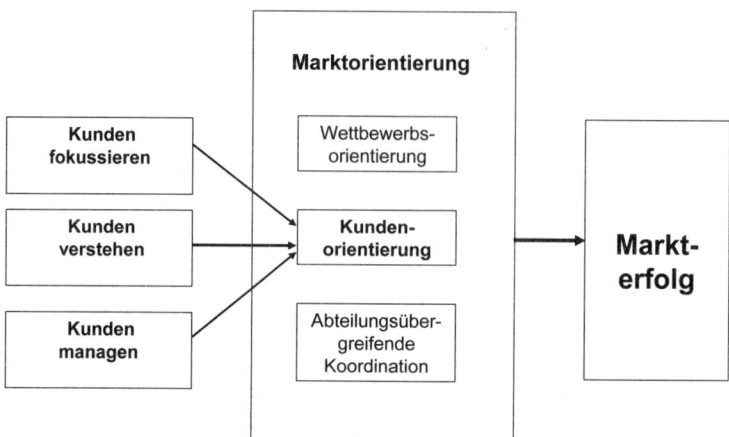

Abb. 2-1: Der Zusammenhang zwischen Marktorientierung und Markterfolg

Jedem dieser Unterprinzipien muss gleichermaßen Aufmerksamkeit geschenkt werden.
Allerdings resultieren daraus Handlungsprinzipien für ganz unterschiedliche Aufgabenbereiche des Marketing. Die **Wettbewerbsorientierung** schlägt sich insb. in spezifischen
Wettbewerbsstrategien wider, so dass wir sie aus systematischen Gründen in Kap. 4/ 1.
behandeln. Die **abteilungsübergreifende Koordination** zielt auf die Umsetzung marktorientierten Denkens in *allen*, nicht nur den marktnahen Abteilungen eines Unternehmens und
stellt eine vorwiegend aufbau- und ablauforganisatorische Herausforderung dar (vgl. Abschnitt 2.3.7). Deshalb behandeln wir sie ausführlicher im Kap. 5 zusammen mit anderen
Fragen der Marketingadministration. In diesem Kapitel geht es somit nachfolgend nur noch
um die **Kundenorientierung**, die wir in ihre relevanten Unterprinzipien herunter brechen
und erläutern. Damit soll deutlich werden, wie sich Kundenorientierung in konkrete Marketingpolitik überführen lässt.
Das Gesamtsystem der Marktorientierung ist in Abb. 2-1 schematisch dargestellt. Es geht in
dieser Form auf Arbeiten von *Narver/Slater* (1990) zurück, welche die Wirkungskette auch
empirisch belegen konnten. Stärkere Marktorientierung führt also tatsächlich zu größeren
Markterfolgen, wie das auch in der Marketingtheorie postuliert wird (vgl. Kap. 1/ 2.). Die
Untergliederung der **Kundenorientierung** in die drei Unterprinzipien „Kunden fokussieren", „Kunden verstehen" und „Kunden managen" haben wir dieser Systematik hinzugefügt.

2. Kundenorientierung

Unternehmen erstellen Leistungen und entwickeln dafür spezifische Fähigkeiten und Systeme. Nicht selten verlieren sie dabei die tatsächlichen Bedürfnisse und Verhaltensweisen potentieller Kunden aus dem Auge und konzentrieren sich zu sehr auf die technische Optimierung der Produktsysteme statt auf den Kundennutzen. Für den Markterfolg unabdingbar ist es deshalb, eine einseitige Produktorientierung im Marketingverständnis zu vermeiden und eine kundenorientierte Sichtweise zu pflegen, bei der ein umfassendes Verständnis der potentiellen Kunden angestrebt und darauf aufbauend das Leistungsangebot kundengerecht ausgestaltet wird. Erst durch eine solche **Kundennähe** erlangt das Unternehmen die nötige Reagibilität und Flexibilität bei der Marktbearbeitung und passt ihre Leistungsangebote an differenzierte Kundengruppen an (*Homburg* 2000). Hinzu kommt der Versuch, die Kundenbeziehung aktiv zu gestalten, d.h. Kunden oder zumindest Kundengruppen gezielt zu managen.

Aus einer prozessorientierten Perspektive heraus lässt sich Kundenorientierung damit in drei Unteraufgaben aufgliedern:

(1) Zunächst sind die **Zielkunden** des Unternehmens zu **fokussieren**, weil für das aktive Management der Kundenbeziehung nicht alle Nachfrager gleichermaßen in Frage kommen, wenn sich die Bedürfnisse der Kunden unterscheiden und der Wettbewerb differenzierte Leistungsangebote erzwingt (vgl. Abschnitt 2.1).

(2) Sind die Zielkunden eingegrenzt, muss man zweitens versuchen, sie möglichst intensiv zu **verstehen**, d.h. zu ergründen, wie sich die Käufer beim Einkauf verhalten und welche Angebote ihre Zufriedenheit am besten zu steigern vermögen (vgl. Abschnitt 2.2).

(3) Schließlich gilt es den Versuch zu unternehmen, einzelne Kunden oder zumindest Kundengruppen durch ein systematisches **Kundenmanagement** an das Unternehmen zu **binden**, wenn ihr Kundenwert dies angebracht erscheinen lässt. Dazu gilt es die Kunden entlang ihres Kundenlebenszyklus systematisch zu verfolgen und adäquat anzusprechen (vgl. Abschnitt 2.3).

2.1 Kunden fokussieren

PRINZIP: Kundenfokussierung
Die vom Unternehmen anzusprechenden Kunden sind sorgfältig zu definieren und zu gruppieren, um eine zielgruppengerechte Ansprache sicherzustellen.

2.1.1   Kundendefinition und Kundenstatus

> **PRINZIP: Kundendefinition**
> Eine Kundendefinition erfordert die Spezifikation, Auswahl und Qualifizierung der
> für das Unternehmen relevanten Bedarfsträger und deren Gruppierung zu homogenen
> Kundengruppen.

Kunde im Sinne der Marketingtheorie ist jede tatsächliche, i.w.S. aber auch potentielle
Marktpartei auf der Nachfrageseite eines Marktes. Sie kann aus Einzelpersonen, Institutionen oder Organisationen mit mehreren Entscheidungsträgern („**buying center**") bestehen.
Tatsächliche Kunden haben beim jeweiligen Anbieter zumindest einmal gekauft. Potentielle Kunden zeichnen sich durch Merkmale aus, welche auf einen Bedarf für das Leistungsangebot des Unternehmens schließen lassen. Bezüglich der zeitlichen Entwicklung des
Kundenstatus lassen sich dementsprechend unterscheiden:

(1) **Prospects**, d.h. aussichtsreiche Bedarfsträger ohne bisherige Beziehung zum Anbieter,

(2) **Leads**, d.h. bereits identifizierte Interessenten an den Leistungen des Anbieters, die
     aber noch nicht beim ihm gekauft haben,

(3) **Erstkunden** des Anbieters,

(4) **gelegentliche Kunden** (im Handel: **Laufkunden**), ohne Bindung an den jeweiligen
     Anbieter,

(5) **Stammkunden**, d.h. regelmäßig beim Anbieter kaufende Kunden,

(6) **Schlüsselkunden** (Key Accounts), d.h. für den Unternehmenserfolg besonders wichti-
     ge und wertvolle Kunden,

(7) **verlorene**, d.h. seit längerer Zeit nicht mehr beim Anbieter kaufende Kunden, und

(8) **wieder gewonnene Kunden**, die nach einer erkennbaren Abwanderung (Lieferanten-
     wechsel, Vertragskündigung) zum jeweiligen Anbieter zurückkehren.

Es entspricht dem ökonomischen Prinzip, vor allem solche Kunden zu fokussieren, die für
den Anbieter einen hohen **Kundenwert** aufweisen (vgl. Abschnitt 2.3.2).

Kundenfokussierung bedeutet also, zunächst die relevanten Bedarfsträger zu definieren und
zu gruppieren, um auf diese Weise die Basis für eine Priorisierung bestimmter Zielgruppen
des Unternehmens zu ermöglichen. Der Anbieter wartet nicht darauf, welche Kunden sich
für seine Leistungsangebote interessieren, sondern geht aktiv auf aussichtsreiche Kundenkreise am Markt zu. Dabei muss immer auch auf mögliche oder tatsächliche Beziehungen
der Kunden zu Wettbewerbern Rücksicht genommen werden. Nur wenn hinreichend Chancen dafür bestehen, einen potentiellen Kunden auch tatsächlich für das Unternehmen zu
gewinnen, lohnt sich die Investition in entsprechende Kundengewinnungs- oder -pflege-
maßnahmen.

Vor allem im Industriegüter-Marketing reicht die Kundenfokussierung über die erste Marktstufe hinaus und erfasst auch wichtige **Kunden der Kunden**, um den eigenen Kunden frühzeitig und ggf. sogar proaktiv Problemlösungen anbieten zu können. Man spricht hier vom **mehrstufigen Marketing**. Beispielsweise müssen Chemikalienhersteller auch die spezifischen Kosmetikbedürfnisse alternder Konsumenten verstehen, wenn sie ihren unmittelbaren Kunden in der Kosmetikindustrie innovative und attraktive Problemlösungen anbieten wollen.

Die Kundenfokussierung stellt nicht nur eine kurzfristig-operative Aufgabe dar, sondern impliziert wegen der Dynamik des Marktgeschehens auch eine langfristig-strategische Perspektive: Das Unternehmen muss sich bewusst machen, dass Kunden kommen und gehen, also einen Kundenlebenszyklus aufweisen, so dass ständig für Kundennachschub und eine ausgewogene Mischung aus neuen, zukunftsträchtigen und vorhandenen, ertragsstarken Kunden gesorgt werden muss (vgl. Kap. 4/ 1.).

Der **Kundenlebenszyklus** ist ein am Produktlebenszyklus angelehntes idealtypisches Beschreibungsmodell der Dynamik einer Geschäftsbeziehung über die Zeit (*Dwyer/Schurr/Oh* 1987; *Stauss* 2004). Die Beziehungsdynamik kann an verschiedenen Beziehungsmerkmalen gemessen werden, wobei sich Umsatz und Absatz wegen deren Beeinflussung auch durch beziehungsexogene Faktoren (Konjunktur, Produkttechnik etc.) genau genommen weniger eignen als Maßstäbe der Beziehungsqualität und der Kundenbindung, z.B. die erfragte Beziehungszufriedenheit, die Kundendurchdringungsrate („**share of customer**") oder die Wiederkaufabsicht. Freilich liegen darüber in praxi häufig keine hinreichenden Zeitreihendaten vor.

Der dem Produktlebenszyklus angelehnte Verlauf des share of customer (vgl. Abb. 2-2) lässt sich aus der Theorie der Geschäftsbeziehungen heraus begründen (vgl. Kap. 1/ 3.): Die anfängliche Unkenntnis des Anbieters seitens des Kunden lässt je nach Kaufrisiko zunächst eine mehr oder minder lange **Vor-Beziehungsphase** (ohne Geschäftsabschlüsse) und ein vorsichtiges Kaufverhalten in der darauf folgenden **Startphase** angebracht erscheinen. Letztere beginnt mit dem ersten Kauf beim jeweiligen Anbieter. Bewährt sich dieser und entsteht Kundenzufriedenheit, kann die Geschäftsbeziehung intensiviert werden. Dabei kommt es im Laufe der Zeit zu sog. **Lock-in-Effekten**, weil der Kunde keine Erfahrungen mit anderen Lieferanten mehr macht und im Falle des Anbieterwechsels immer höhere wahrgenommene Wechselkosten für entsprechende Recherchen in Kauf nehmen müsste. Dies fördert die stetige Aufwärtsentwicklung der Geschäftsbeziehung bis in die **Penetrationsphase**. Diese beginnt formal mit dem Rückgang der Zuwachsraten beim Umsatz. Dort werden erste Sättigungseffekte wirksam, die sich aus dem beschränkten Bedarf des Kunden und dessen Neigung, sich nicht gänzlich von einem einzigen Anbieter abhängig zu machen, ergeben. In der **Reifephase** sind die Wachstumspotentiale ausgeschöpft, das Geschäft bewegt sich mehr oder minder lang auf einem bestimmten Niveau. Eine Erosion der Beziehung und damit die **Krisenphase** des Kundenlebenszyklus können schließlich z.B. durch das Aufkommen von Substitutionsanbietern mit überlegener Technik oder anderen Wettbewerbsvorteilen, durch Erschöpfung bestimmter kreativer Potentiale des Anbieters (z.B. in

Beratungsmärkten) oder durch zunehmende Suche des Kunden nach Abwechslung
(**„variety seeking"**) bedingt sein. Gelingt keine Revitalisierung der Beziehung, etwa durch
neue personelle Zuständigkeiten oder Geschäftskonzepte, kommt es zur **Trennungsphase**
und zum Ende der Geschäftsbeziehung.

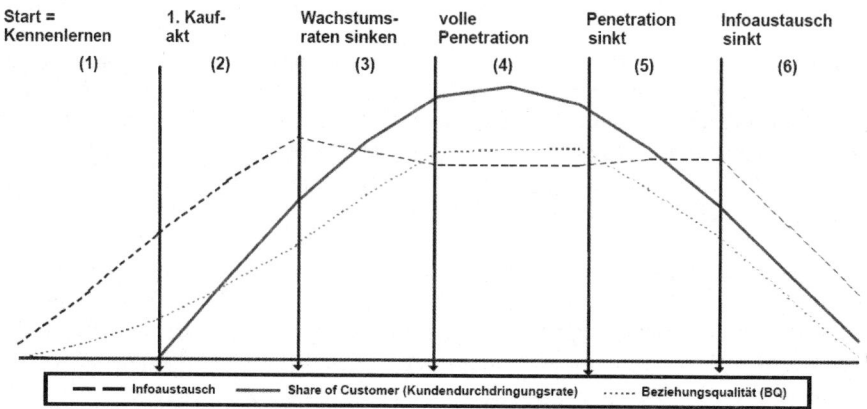

(1) Vor-Beziehungsphase (keine Geschäfte, nur Info-Austausch)   (4) Reifephase
(2) Startphase   (5) Krisenphase
(3) Penetrationsphase   (6) Trennungs-/Revitalisierungsphase

Abb. 2-1: Idealtypischer Verlauf des Kundenlebenszyklus

Das Vorliegen von Kundenlebenszyklen hat zur Folge, dass ein Anbieter im Zeitablauf
immer wieder dafür sorgen muss, dass sein Kundenportfolio wirklich die attraktivsten
Kunden beinhaltet und sein Kundenstamm im Zeitablauf erhalten bleibt bzw. noch ausgebaut wird.

2.1.2   Marktsegmentierung

> **PRINZIP: Marktsegmentierung**
> Bei einem heterogenen Kundenstamm empfiehlt sich eine Segmentierung der Kun-
> den nach geeigneten Kriterien, um eine effektivere und effizientere Kundenanspra-
> che zu ermöglichen.

Eine weitere strategische Komponente der Kundenfokussierung stellt die Entscheidung
darüber dar, welche und wie viele, nach bestimmten Kundenmerkmalen definierten, Marktsegmente vom Anbieter bearbeitet werden sollen. **Marktsegmente** stellen Teilausschnitte
des Gesamtmarktes dar, die in sich homogener sind als der Gesamtmarkt, so dass man sie

gezielter ansprechen kann. Beispielsweise lassen sich beim Absatz von PCs Studierende an Hochschulen inhaltlich, medial und örtlich viel zielgenauer bearbeiten als ein durchschnittlicher Prospect.

Marktsegmentierung verlangt demnach **informationsseitig**, den Gesamtmarkt in mehrere Teilmärkte aufzusplitten, die in sich homogener als der Gesamtmarkt sind und sich untereinander deutlich voneinander unterscheiden lassen. Durch eine Vielzahl möglicher Segmentierungsmerkmale gelingt dies zwar nicht zwingend, aber meistens doch mehr oder minder gut.

Aktionsseitig erfordert Marktsegmentierung dann die Auswahl der zu bearbeitenden Segmente und die Entwicklung dafür geeigneter, differenzierter Marketingkonzepte. Ein Anbieter kann dabei nach möglichst umfassender Marktabdeckung streben, was viele verschiedene Segmentkonzepte erfordert (**differenziertes Marketing**, z.B. bei VW), oder sich selektiv einzelnen Segmenten zuwenden und diese besonders intensiv auszuschöpfen versuchen (**konzentriertes Marketing**, wie z.B. bei Porsche). All dies hat nicht nur sortiments-, sondern naturgemäß auch kundenpolitische Auswirkungen (vgl. Kap. 4/ 1.).

Zielsetzungen einer Marktsegmentierung sind

(1) den Einsatz der Marketing-Instrumente **produktiver** zu gestalten, indem Streuverluste (Ansprache nicht interessierter Kunden) vermieden und die **Wirkungen** der eingesetzten Marketinginstrumente durch gezielte Ausrichtung an den Bedürfnissen der jeweiligen Abnehmer **gesteigert** werden,

(2) eine stärkere **Abnehmerbindung** durch individuellere Marketing-Mix-Konzepte zu erzielen,

(3) bisher nicht versorgte **Marktnischen** durch spezielle Problemlösungen zu erschließen und

(4) **Umsatzsteigerungen** mit bereits vorhandenen Kunden durch Motivation zu Mehrverbrauch aufgrund besonders zielgruppengerechter Produktkonzepte zu erreichen.

Je feiner der Markt unterteilt wird, desto besser kann diesen Anliegen entsprochen werden. Andererseits steigt mit zunehmendem Segmentierungsgrad und entsprechend differenzierter Marktbearbeitung die Komplexität des Geschäfts. Außerdem gehen u.U. rasch Größenvorteile verloren. Insofern ist eine **Kosten-Nutzen-Optimierung** der Marktsegmentierung erforderlich. In praxi führt dies zu sehr unterschiedlich fragmentierten Märkten mit einer Tendenz zu geringerer Segmentierung im Industriegüterbereich und stärkerer Untergliederung im Konsumgüter- und Dienstleistungsbereich. Mittelständische Unternehmen präferieren oft eine Konzentration auf **Marktnischen** (vgl. dazu Kap. 4/ 1.).

Als **Kriterien** der Marktsegmentierung kommt eine Vielzahl von Merkmalen in Frage. Ideal wäre es, wenn bekannt wäre, wie die Kunden auf bestimmte Marketingaktivitäten reagieren. In diesem Falle könnten die Reaktionselastizitäten zur Segmentierung herangezogen und die Marketingbudgets genau so verteilt werden, dass sie in jedem Segment die jeweils höchste Wirkung entfalten. Üblicherweise fehlt es aber an derartigen Informationen. Deshalb greift man zu Ersatzkriterien, mit deren Hilfe versucht wird, möglichst homogene **Zielgruppen** zu definieren. Abbildung 2-3 gibt einen entsprechenden Überblick über die drei diesbezüglichen Kriterienklassen, deren ausführliche Diskussion hier angesichts der Vielfalt relevanter Aspekte nicht möglich ist (vgl. *Freter* 1983).

Die zunehmende Verfügbarkeit individueller Kundendaten, etwa durch Internet-Kontakte oder Kundenkartensysteme, erlaubt heute zunehmend Rückriff auf unmittelbare Daten des Kaufverhaltens, in denen sich auch die Reaktion der Kunden auf bestimmte Marketingaktivitäten widerspiegeln (Kauf/Nicht-Kauf, Kaufmenge, Preislage, gekaufte Sortimentsgruppe, Kaufzeitpunkt, Aktionskauf, Reaktion auf Mailing etc.). Damit vermindert sich das Problem der Wiederauffindbarkeit bestimmter Marktsegmente und einer zielgruppengerechten Ansprache erheblich. Es ist deshalb kein Wunder, dass im Direktmarketing ein Arbeiten mit entsprechenden **Kundenprofilen** weit verbreitet ist (vgl. Kap. 3/ 2.).

Abb. 2-3: Überblick über Kriterien der Marktsegmentierung (Quelle: Freter 1983, S. 46)

Generell erfolgt die Auswahl der Kriterien im Hinblick auf sechs **Anforderungen an die Marktsegmentierung:**

(1) **Kaufverhaltensrelevanz:** Es sollten sich Segmente ergeben, die sich im Kaufverhalten tatsächlich unterscheiden (z.B. Extensiv- vs. Intensiv-Verwender).

(2) **Bezug zum Marketinginstrumentarium:** Die Kriterien sollten Ansatzpunkte für einen segmentspezifischen Einsatz der Marketinginstrumente aufzeigen. Geografische Kriterien erfüllen diesen Anspruch z.B. hinsichtlich der Distributions-, nicht aber hinsichtlich der Kommunikations- oder Preispolitik. Demografische Merkmale wie das Alter oder das Einkommen sagen wenig über die für die Produktpolitik entscheidenden

Käuferpräferenzen aus. Diesbezüglich wären möglichst verhaltensnahe Merkmale geeignet.

(3) **Operationalität**: Die Merkmale sind unterschiedlich leicht messbar und verursachen deshalb im Falle einer Primärerhebung unterschiedlich hohe Kosten. Beispielsweise weiß man aus Kundendatenbanken über die regionale Verteilung der Kunden meist bereits Bescheid, während Einstellungen zu Produktkategorien aufwendig zu erfragen sind.

(4) **Zugänglichkeit**: Die aus der Segmentierung hervorgehenden Marktsegmente sollten tatsächlich im Markt wieder auffindbar, also zugänglich sein. Mit psychografischen Merkmalen wie Interessen oder Einstellungen abgegrenzte Segmente sind dies i.d.R. nicht, so dass man hier zusätzlich soziodemografische Merkmale einsetzen muss, um die Einkaufs- und Kommunikationsgewohnheiten zu erfassen. Für Letztere existieren nämlich entsprechende Erhebungen, meist aus Mediaanalysen, die überprüfen, welche Kundentypen welche Kommunikationsmedien wie intensiv nutzen.

(5) **Zeitliche Stabilität**: Da Segmentierungsstudien sehr aufwendig sind, sollten die aus ihnen resultierenden Marktsegmente über einen längeren Zeitraum hinweg Gültigkeit besitzen. Für Kaufverhaltensmerkmale ist dies z.B. weniger der Fall als für generelle Einstellungen.

(6) **Wirtschaftlichkeit**: Dieses Kriterium ist eng verbunden mit der Operationalität der Kriterien (s.o.). Je schwieriger es wird, die entsprechenden Merkmale bei Kunden zu erfassen, umso aufwendiger erweist sich der Analyseprozess.

Angesichts der Vielfalt möglicher Einteilungen stellen Definition und Auswahl der Zielgruppen zwei ebenso grundlegende wie schwierige Entscheidungen dar, für die zahlreiche Spielräume existieren. Insofern kann Marktsegmentierung auch als **kreativer Prozess** interpretiert werden, bei dem Unternehmen danach trachten, innovative oder originelle Unterteilungen des Marktes vorzunehmen, um auf diese Weise ihren Markterfolg zu finden.

Allerdings steht zur Beschreibung der Verhaltensweisen von Verbrauchern auch eine Vielzahl „vorgefertigter" **Verbrauchertypologien** zur Verfügung. Oft werden sie von Medienanbietern als kostenfreie Serviceleistung offeriert. Besonders aufschlussreich sind dabei produktspezifische **Einstellungen** und **Präferenzen**. Sie werden durch Einstellungsskalen erhoben, in denen die Befragten ihre Zustimmung bzw. Ablehnung zu bestimmten Statements (z.B. „Ich bevorzuge eher eine zeitlose statt eine auffällige Bekleidung") in abgestufter Form äußern können. Dabei wird i.d.R. eine ganze Batterie einschlägiger Verhaltensaspekte abgefragt und anschließend im Wege der **Clusteranalyse** (vgl. Kap. 3/ 2.) zur Typologisierung der Verbraucher verwendet.

Abbildung 2-4 zeigt das Ergebnis einer entsprechenden Typologie, die vom *Spiegel-Verlag* für dessen Anzeigenkunden durchgeführt wurde. Auf breiter empirischer Basis (n > 10.000) wurden Frauen (14-64 Jahre) nach ihren Einstellungen zur Oberbekleidung befragt und entsprechend typologisiert. Neben den sog. aktiven Clustervariablen, die zur Bestimmung der Ähnlichkeit herangezogen werden (hier insb. Einstellungen zum Bekleidungskauf und zum eigenen Bekleidungsstil), erhob man auch soziodemographische Variablen (Alter, Bildung, Einkommen) und benutzte diese als „passive" Beschreibungsmerkmale, die im Nachhinein dazu verwendet werden, die gefundenen Typen auch im Markt wieder auffindbar zu machen. Im vorliegenden Fall ergaben sich sieben Typen von Verbraucherinnen.

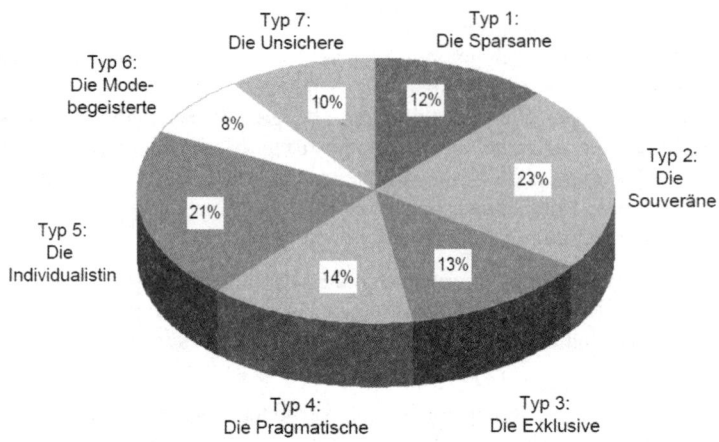

Abb. 2-4: „Outfit"-Typologie von Bekleidungskäuferinnen
(Quelle: Spiegel-Verlag 2006, S. 3)

Jeder Typ besitzt ein spezifisches Einstellungsprofil, das sich aus den Clustermittelwerten der entsprechenden Einstellungsfragen ergibt. Typ 5 („Individualistin") wird z.B. speziell bzgl. des Bekleidungsstils, wie in Abb. 2-5 dargestellt, charakterisiert. Die Balken charakterisieren dabei Abweichungen von der Durchschnittskäuferin bzgl. des jeweiligen Merkmals.

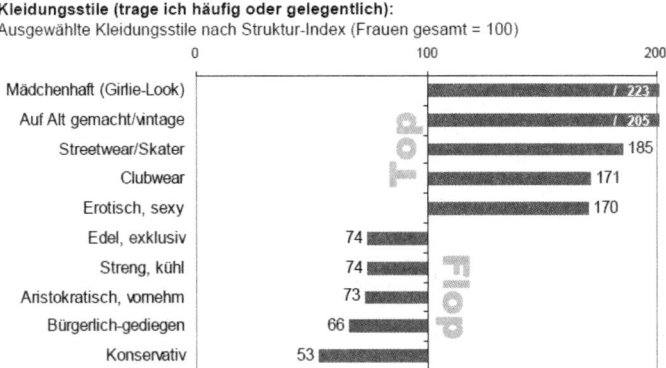

Abb. 2-5: Charakterisierung des Bekleidungsstils der „Individualistin" lt. „Outfit-Typologie"(Quelle: Spiegel-Verlag 2006, S. 13)

Wie vielfältig die für die Typologisierung herangezogenen Einstellungsskalen ausgestaltet sind, zeigt die diesbezügliche Charakterisierung der „Individualistin" (Kasten):

„Die Individualistin" (21% = 5,15 Mio. Frauen)

Die „Individualistin" hat den Anspruch, dass ihre Kleidung einen ganz persönlichen, unverwechselbaren Charakter hat. Sie experimentiert gern mit unterschiedlichen Stilen und mischt dabei bewusst männliche und weibliche Elemente. Mode von jungen, noch unbekannten Designern findet sie spannend. Beim Kleidungskauf ist sie immer auf der Suche nach unkonventioneller, origineller Kleidung und stöbert gern auch mal in Secondhand-Läden oder auf Flohmärkten.

Einstellung zu Kleidung:
• Den eigenen Stil hat sie noch nicht gefunden, ist oft sogar unsicher, was sie anziehen soll.
• Experimente mit unterschiedlicher Kleidung sind auch Zeichen für die Suche nach dem persönlichen Stil.
• Die „richtige" Kleidung trägt zur Selbstsicherheit bei.
• Sie nutzt Kleidung und Accessoires gern als Mittel um sich abzuheben, aufzufallen, sogar zu schockieren.
„Es macht mir Spaß, mit ganz unterschiedlichen Kleidungsstilen zu experimentieren."

Einstellung zur Mode:
• Kreativität und Originalität sind ihr besonders wichtig.
• Das Thema Mode nimmt einen breiten Raum ein, sie steht bezüglich der eigenen Darstellung unter regelrechtem Zugzwang.
„Bezüglich meiner Kleidung bin ich immer auf der Suche nach neuen Ideen."

Einstellung zum Kleidungskauf:
• Sie nutzt alle Wege, um an vielfältige und vielseitige Kleidungsstücke zu gelangen – Neukauf, Secondhand, Tausch, Ersteigerung.
• Kleidungskauf ist für sie ein Erlebnis.
• Kleider kauft sie spontan auch zur eigenen Belohnung, um sich etwas Gutes zu tun – daher kommt es durchaus vor, dass manche Teile nur ein- oder zweimal getragen werden.
„Beim Kleiderkauf möchte ich immer wieder überrascht werden und Neues entdecken."

Markenorientierung:
• Der aktuelle Trend sowie der Einfluss des Freundeskreises sind bei der Markenwahl wichtig.
• Bekannte Marken stehen für sie nicht automatisch für bessere Qualität.
• Ist ihr eine Marke sympathisch, kauft sie auch gern verschiedene Produkte dieser Marke.
„Bei Kleidung probiere ich gern neue Marken aus."

Konsumorientierung:
• Sie ist extrem konsumfreudig, gerät manchmal in einen richtigen Kaufrausch.
• Ist unzufrieden mit der eigenen finanziellen Situation und gibt oft mehr Geld aus, als sie sich
vorgenommen hat, leiht sich sogar Geld für den Konsum.
• Schnäppchenkauf und Preisverhandlungen machen ihr Spaß.
„Ein Einkaufsbummel gehört zu meinen Lieblingsbeschäftigungen."

Einstellung zu Wellness:
• Aussehen und Styling sind von großer Bedeutung.
• Erotische Ausstrahlung, z.B. auch durch Piercings, findet sie schön.
• Körperpflege und Fitness gehören zum Schönheitsprogramm, Gesundheit und Anti-Aging spielen dagegen (noch) keine Rolle.
„Vor dem Ausgehen liebe ich es, mich zu stylen".

Die **soziodemographischen** Schwerpunkte der „Individualistin" lauten:

–   Junge Altersgruppen: 61% in der Altersgruppe 14 bis 29 Jahre

- Überproportionale Anteile bei Schülern und Abiturienten
- (Noch) nicht berufstätig
- Ohne eigenes Einkommen (oder nur geringe eigene Einkommen)

Offenkundig können derartige psychographische Beschreibungsmodelle wertvolle Dienste dafür leisten, einen Markt komprimierter zu erfassen und Ansatzpunkte für das Marketing zu finden. So könnte ein Unternehmen seine Aktivitäten auf eine oder mehrere der gefundenen Typen fokussieren und aus den spezifischen Merkmalen des Kleidungsstils dieser Typen Anhaltspunkte für die Produktgestaltung und die Kommunikation finden. Im vorliegenden Fall lässt sich z.B. auszählen, wie viele Kontakte man bei den „Individualistinnen" erzielt, wenn man eine bestimmte Mediabelegung wählt.

Auch wenn die Marktsegmentierung ein strategisch langfristiges Anliegen ist, erfordert die Marktdynamik im Übrigen doch eine ständige **Infragestellung** und ggf. auch **Anpassung** der fokussierten Kundengruppen. Insofern handelt es sich bei der Marktsegmentierung stets auch um einen **adaptiven Prozess**, der zudem einer ständigen Abstimmung mit dem weiterentwickelten Leistungsangebot bedarf. Es bestehen also enge Bezüge zwischen dem Marktsegmentierungs- und dem im Kapitel 4 behandelten Marketing-Mix-Konzept.

Marktsegmentierung ist keineswegs auf Konsumgüter- und Dienstleistungsmärkte beschränkt. Auch in Investitionsgütermärkten können Kunden in homogenere Untergruppen eingeteilt werden, wobei branchen-, größen- und personenspezifische Kriterien die größte praktische Bedeutung besitzen. Darüber hinaus gibt es auch bei Investitionsgütern unterschiedliche Qualitäts- und Servicepräferenzen der Kunden, die zur Segmentierung herangezogen werden können.

2.1.3 Fokussierung von Rollenträgern im Buying Center

> **PRINZIP: Rollenfokussierung**
> Wirken mehrere Personen an Einkaufsentscheidungen mit, sind deren Rollen zu erkunden, um die Kundenansprache entsprechend inhaltlich, medial und zeitlich zu differenzieren.

Ein letzter Schritt der Kundenfokussierung muss bei solchen Abnehmern getätigt werden, bei denen mehrere Personen an der Kaufentscheidung teilhaben. Solche **multipersonalen Entscheidungen** treten auch in Privathaushalten auf, etwa wenn Kinder Einfluss auf die Markenwahl oder Ehepartner auf die Art des PKW nehmen (vgl. *Büschken* 1994), was bei der werblichen Ansprache berücksichtig werden kann. Besonders wichtig ist die Fokussierung verschiedener Rollen beim Einkauf aber bei gewerblichen Kunden, insb. bei solchen in Großorganisationen mit hoher Aufgabenspezialisierung. Hier stehen die Anbieter einem sog. **Buying Center** mit unterschiedlichen Rollenträgern gegenüber. Manchmal bildet sich ein Buying Center nur temporär („Investitionsausschuss"), oft ist es permanent installiert und in das Beschaffungsmarketing des Kunden integriert.

Zum **Buying Center** zählen alle Organisationsmitglieder beim Kunden, die hinsichtlich der Beschaffungsentscheidung (wirksam) untereinander in Kommunikation treten. Nach einer *Spiegel*-Untersuchung von 1982 sind es im Durchschnitt vier Personen, die über alle Stadien des Kaufprozesses hinweg an der Kaufentscheidung immer oder zu bestimmten Zeitpunkten mitwirken. Bei Großprojekten können aber ein Dutzend Mitarbeiter und mehr in den Einkaufsprozess involviert sein. Daraus ergeben sich typische sachliche und zeitliche Einflussmuster, die auf Lieferantenseite zu berücksichtigen sind. Die Identifikation der Buying Center-Mitglieder erfolgt direkt durch Suche nach einflussreichen Personen und/oder durch Analyse bestimmter Rollen (Verhaltenserwartungen) bzw. Funktionen (organisatorisch zugewiesene Aufgabenbereiche) im Buying Center.

Das theoretisch maßgebliche Rollenkonzept von *Webster/Wind* (1972) unterscheidet fünf Rollen:

(1) **Einkäufer** (Administratoren) wählen auf Grund ihrer formalen Autorität Lieferanten aus, verwalten und überwachen den Beschaffungsprozess (**Einkaufsabteilung**).

(2) **Benutzer** sind Personen, welche später das Produkt nutzen und somit intrinsisch motiviert sind, das am besten geeignete Produkt zu beschaffen, unabhängig davon, was es kostet. Sie besitzen oft den stärksten Einfluss auf den Kaufprozess.

(3) **Beeinflusser** nehmen formal nicht am Kaufprozess teil, beeinflussen ihn aber durch Beratung oder Meinungsabgabe. Hierzu zählen z.B. Berater, User Groups oder Fachkollegen aus anderen Firmen.

(4) **Informationsselektierer** („Gatekeeper") steuern den Informationsfluss und üben dadurch indirekt Einfluss auf die Entscheidung aus (z.B. Assistenten, Sekretärinnen).

(5) **Entscheider** besitzen die formale Macht der Auftragsvergabe. Sie agieren meist in höheren Managementebenen und sind häufig von wirtschaftlichen Motiven geprägt, aber auch von den Nutzern und Beschaffern mehr oder minder beeinflussbar.

Innerhalb des Buying Centers können bestimmte Personen problembezogene formelle oder informelle **Gruppen** bilden, welche den Kaufprozess vorantreiben bzw. gelegentlich auch bremsen. Die einzelnen Mitglieder übernehmen also spezifische Rollen und Funktionen, deren Kenntnis für die zielgerechte Ansprache und Information seitens des Lieferanten besonders wichtig ist. Nicht selten gibt es innerhalb des Buying Center auch Präferenzunterschiede und Konflikte, die vom Selling Center ausgenutzt werden können, indem man z.B. der einen Gruppe hilft, sich im Entscheidungsprozess durchzusetzen. Für einen Lieferanten gilt es deshalb sorgfältig zu analysieren,

(1) **wer** zum Buying Center eines potentiellen Kunden gehört,

(2) welche **Rollen** er dort übernimmt und welchen **Entscheidungseinfluss** er besitzt, und

(3) welches **Informations- und Entscheidungsverhalten** er dort aufweist.

Daraus ergeben sich wertvolle Anhaltspunkte für Zeitpunkt, Adressat und Art der Kundenansprache. Beispielsweise kann man sich u.U. Präferenzunterschiede bei einzelnen Mitgliedern des Buying Center zu Nutze machen und z.B. den Weg zum Einkauf nicht direkt, sondern über die Entwicklungs- oder die Qualitätssicherungsabteilung suchen, wenn dort das Qualitätsinteresse größer als das Preisinteresse ausfällt, während beim Einkauf der Preiswiderstand oft am größten ist. Man macht diese Abteilungen damit soz. zum Meinungsführer in eigener Sache.

2.2   Kunden verstehen

> **PRINZIP: Kundenverständnis**
>
> Zur erfolgreichen Kundenbearbeitung ist ein umfassendes und tiefes Kundenverständnis zu entwickeln. Dazu dient ein systematisches Customer-Insight-Management.

Eine kundenorientierte Vorgehensweise im Marketing kann nicht dabei stehen bleiben, die zu bearbeitenden Kunden lediglich zu benennen. Vielmehr gilt es darüber hinaus, die für den Absatzerfolg wesentlichen Merkmale und Verhaltensweisen der Kunden zu kennen und zu verstehen, damit wirkliche Problemlösungen für den Kunden kreiert und kundengerecht vermarktet werden können. *Mitchell/Bauer/Hausruckinger* (2003, S. 46 ff.) sprechen hier von einer „personenzentrierten Perspektive", welche den Kunden nicht nur in Hinblick auf gewünschte Produktmerkmale (Qualität, Preis, Image etc.) analysiert („produktorientierte Perspektive"), sondern viel ganzheitlicher vorgeht und den gesamten Lebens- bzw. Arbeitskontext zu begreifen versucht. So wichtig z.B. eine quantitative Charakterisierung des Marktes auch sein mag, viel wichtiger ist es, die Triebfedern und Zusammenhänge des Kaufverhaltens zu verstehen, also zu wissen, „wie Kunden ticken". In bewusster Kontrastierung zu den „oberflächlichen" Merkmalen wie Alter, Schulbildung, Wohnsitz etc. bieten solche „**Customer Insights**" möglichst pointierte und unmittelbar aufschlussreiche Hinweise auf ein kundenzentriertes Vorgehen im Markt. Gelegentlich werden Customer- und **Shopper-Insights** unterschieden, wobei letztere spezielle Einsichten zum **Einkaufsverhalten** von Konsumenten (Häufigkeit, Ort, Regalkontakte etc.) betreffen.

> **Beispiel für Customer Insights**
>
> In einigen Industrien ist es üblich, die bestehenden Basisprodukte mit einer Vielzahl von Zusatzfunktionen auszustatten (z.B. Mobiltelefone sind gleichzeitig Kameras, dienen als MP3 Player oder ermöglichen einen direkten Internetzugang). Konsumenten sind mit einer immer größeren Vielzahl an Funktionen konfrontiert. Inwieweit bzw. welche Anwendungsmöglichkeiten den Konsumenten aber tatsächlich einen Mehrwert liefern, ist häufig nicht bekannt. Zu viele Funktionen können sogar kontraproduktiv sein, weil sie den Konsumenten überfordern. Aus einer wissenschaftlichen Studie (*Gill* 2010) wurde die Erkenntnis gewonnen, dass Erweiterungen, die primär dem Vergnügen dienen, also „hedonische Funktionen" besitzen, besser zu herkömmlich funktionalen Produkten passen als umgekehrt. Z.B. wird ein Videoplayer als gute

Ergänzung eines MP3-Players wahrgenommen und ein Internetzugang als gutes Komplement zum Organizer. Weniger passend sind insb. Spaß-Funktionen (z.B. Radio) für „rationale" Produkte wie einen Organizer. Folglich gilt es in der Produktentwicklung zwischen hedonischen und nicht-hedonischen Funktionen zu unterscheiden und die Kompatibilität jeweils genau zu prüfen.
(Quelle: Gill, T. (2010): Call, Mail, Shoot, Liston, Play. But what functionalities add real value in convergent products, in: GfK-Marketing Intelligence-Review, Vol. 2, No. 2, S. 17-25.)

In einer sich permanent beschleunigenden Marktumgebung überlassen es fortschrittliche Unternehmen nicht mehr dem Zufall, ob Customer Insights gewonnen und genutzt werden. Vielmehr installieren sie einen wohl definierten und auf Effektivität und Effizienz hin kontrollierten „**Customer-Insight-Management-Prozess**" (CIM), der regelmäßig zu durchlaufen ist. Dabei wird zunächst angestrebt, in jeder Periode und für alle global relevanten Märkte eine gewisse Anzahl an Insights zu generieren. Anschließend gilt es, diese Insights intern zu diskutieren und zu evaluieren, bevor dann passende Maßnahmen kreiert, bewertet, entschieden und schließlich umgesetzt werden. Für jede dieser Teilaufgaben gibt es Prozessverantwortliche sowie Ziel- und Zeitvorgaben. Auf diese Weise soll sichergestellt werden, dass sich das Unternehmen tatsächlich ständig an das sich wandelnde Kundenverhalten anpasst.

Die verhaltenswissenschaftliche Marketingtheorie bietet eine Fülle von Modellkategorien an, mit denen Customer Insights gewonnen werden können (vgl. Kap. 1/ 3.). Einige besonders grundlegende Konstrukte für die Kundenorientierung werden nachfolgend näher besprochen. Darüber hinaus stellen wir ausgewählte Prozessmodelle des Kundenverhaltens vor, die sich zum besseren Verständnis des Kundenverhaltens besonders anbieten.

2.2.1   Kundennutzen

Eines der für Customer Insights wichtigsten Konstrukte ist der **Kundennutzen (Customer Value)**. Er stellt das Ausmaß der Befriedigung bestimmter **Bedürfnisse** der Kunden dar. Insofern erfordert Kundenverständnis eine profunde Kenntnis der Bedürfnisse bzw. Nutzenerwartungen der Kunden. Einschlägige Klassifikationen hierfür werden in der Marketingtheorie seit langem entwickelt (vgl. auch Kap. 1/ 3.):

(1) In der mikroökonomischen Theorie sind für den Nutzen zum einen die subjektive Bedürfnislage (**Nützlichkeit**) und zum anderen die Knappheit eines Gutes (**Seltenheit**) maßgeblich. Die in der Mikroökonomie entwickelte und in den **Gossenschen Gesetzen** verankerte **Grenznutzentheorie** postuliert, dass der Grenznutzen, d.h. der Nutzenzuwachs beim Erhalt einer weiteren Einheit eines Gutes, sinkt. Z.B. bereitet ein zweites TV-Gerät im Haushalt i.d.R. deutlich geringeren Nutzen als das Erste. Ein Drittes wird möglicherweise schon als völlig überflüssig, d.h. wertlos, empfunden. Im Vergleich zum Nutzen anderer Güter, die man dafür kaufen könnte, wäre der dafür ausgegebene Preis zu hoch. Dieser „**Grenznutzen des Geldes**" wird an der bestmöglichen alternativen Verwendungsweise einer Geldeinheit festgemacht. Rein theoretisch ergibt sich damit ein subjektives Versor-

gungsoptimum für den Verbraucher dort, wo die Grenznutzen der jeweils letzten gekauften Gütereinheit für alle Güterarten gleich sind. Wäre ein Grenznutzen höher, wären die Kaufmengen noch nicht optimal, man müsste von dieser Gutart deshalb noch mehr beschaffen, von anderen entsprechend weniger.

(2) Die in der so genannten **Nürnberger Schule** von *Vershofen* entwickelte Nutzenlehre unterscheidet grundsätzlich zwischen zwei Nutzenarten: Jedes Gut stiftet danach zunächst einen **Grundnutzen**, der aus den physikalisch-chemisch-technischen Eigenschaften resultiert und die funktionale Qualität verkörpert. Davon lässt sich der **Zusatznutzen** unterscheiden, der durch Befriedigung seelisch-geistiger Bedürfnisse entsteht. Es handelt sich also nicht um zusätzliche, sondern u.U. (z.B. beim Abendkleid) sogar hauptsächliche Bedürfnisse. Die für die Funktionsfähigkeit des Produkts nicht zwingend erforderlichen Extras und begleitenden Dienstleistungen nennt Vershofen **Nebennutzen**.

(3) Das Wertangebot eines Anbieters besteht keineswegs nur aus dem Produkt- bzw. Dienstleistungsnutzen des jeweiligen Angebots. Vielmehr muss sich das Produkt in seinem gesamten Ge- bzw. Verbrauchszyklus bewähren, so dass z.B. auch die **Betriebskosten** eines Automobils oder die Stromkosten einer Waschmaschine zu den einschlägigen Nutzenkomponenten zählen, wenn es um den Kauf solcher langlebiger Güter geht. Alle im Verlauf des Gebrauchszyklus eines Produktes entstehenden Aufwendungen ergeben die „**total costs of ownership**", die sich zwischen konkurrierenden Produkten deutlich unterscheiden können (Beispiel: Tintenstrahldrucker). Ferner mag auch die Übersichtlichkeit der Informationen über das Produkt, die emotionale Ausstrahlung der Produktwerbung oder eines Verkäufers, die zweckmäßige Verpackung, die Sicherheit einer Qualitätsgarantie, der Gelegenheitscharakter eines Sonderangebots, das subjektive Gefühl, besonders fair bedient zu werden, die sofortige Verfügbarkeit einer Ware oder ein langes Zahlungsziel bei jedem Käufer individuelle, mehr oder minder hohe Nutzenbeiträge stiften. Wie Abbildung 2-6 auch grafisch darstellt, besteht das Marketinginstrumentarium aus Sicht des Kunden demnach aus einer Vielzahl von Nutzenkomponenten, die von jedem Kunden in ihrer Bedeutung mehr oder minder hoch geschätzt und gedanklich zu einem Gesamtnutzenpaket zusammengefügt werden. Positive Nutzenmodule werden dabei gedanklich mit negativen Modulen, wie dem Preis, der Lieferzeit, der größeren Unsicherheit hinsichtlich Qualität und Lieferservice etc., verrechnet, so dass letztlich ein **Nettonutzen** entsteht, der mit jenem anderer Anbieter verglichen wird.

(4) Allgemein kann man die Nutzenkomponenten ferner nach der **Nutzenquelle** drei Gruppen zuordnen:

- **Produktnutzenmerkmale**; sie sind unmittelbar mit den angebotenen Gütern oder Diensten verknüpft.

- **Transaktionsnutzenmerkmale**; sie verbinden sich mit den spezifischen Modalitäten des Einkaufs (Transparenz, Bequemlichkeit etc.).

- **Beziehungsnutzenmerkmale**; sie entstehen dann, wenn zwischen Anbietern und Nachfragern Geschäftsbeziehungen entstehen, welche spezifische Transaktionsvorteile generieren, z.B. vorgefertigte Bestellmasken (Zeitvorteil), Zahlung über Bankeinzug (Sicherheits- und Kostenvorteil) oder gezielte Beratung auf Grund guter Kundenkenntnis (Zeit- und Sicherheitsvorteil).

(5) Der Nutzen wird demnach durch alle **Instrumente des Marketing-Mix** tangiert, wobei positive (z.B. Produktqualität, Leistungstransparenz etc.) und negative Nutzenkomponenten (z.B. Preis, Lieferfristen) gegeneinander individuell aufgewogen werden müssen. Das entsprechende, in Abbildung 2-6 dargestellte Bild ist allerdings nur ein gedankliches Modell. Es unterstellt als Kaufheuristik eine multiattributive, d.h. mehrere Eigenschaften eines Angebots berücksichtigende, linear-additive, d.h. kompensatorische, und subjektiv gewichtete Zusammensetzung des Gesamtnutzens. Hierbei spiegelt der (für die multiplikative Verknüpfung der Teilnutzen erforderliche) metrische Maßstab ein rein subjektives (dimensionsloses) Empfinden wider, das man durch entsprechende Befragungen erheben kann (vgl. Kap. 3/ 2.). Eine andere Modellvorstellung könnte z.B. darin liegen, dass der Kunde für jedes Nutzenmerkmal Mindestansprüche formuliert, deren Erreichung für die Zufriedenheit ausreicht („satisfizierendes Verhalten").

(6) Ein in der Wertetheorie verankerter, modernerer Ansatz der Nutzenlehre findet sich in der **Means-End-Theorie**, in der technisch-physikalische Produktmerkmale über Zweck-Mittel-Ketten mit entsprechenden Nutzenkomponenten und schließlich grundlegenden Werthaltungen verknüpft werden. Man hinterfragt dabei (in der Regel im Wege spezieller Befragungstechniken) sukzessiv immer tiefer und allgemeiner, warum Kunden bestimmte Ziele verfolgen. Dahinter steht die Idee, dass ein Individuum eine Vorstellung über die Tauglichkeit des betrachteten Guts (Mittel, engl. mean) zur Erfüllung eines bestimmten Wunsches (Ziel, engl. end) entwickelt. Die Grundstruktur der Means-End-Theorie besteht aus den drei Elementen Eigenschaften, Nutzenkomponenten und Werthaltungen. Abbildung 2-7 verdeutlicht dies am Beispiel des Kaufs eines Sportschuhs.

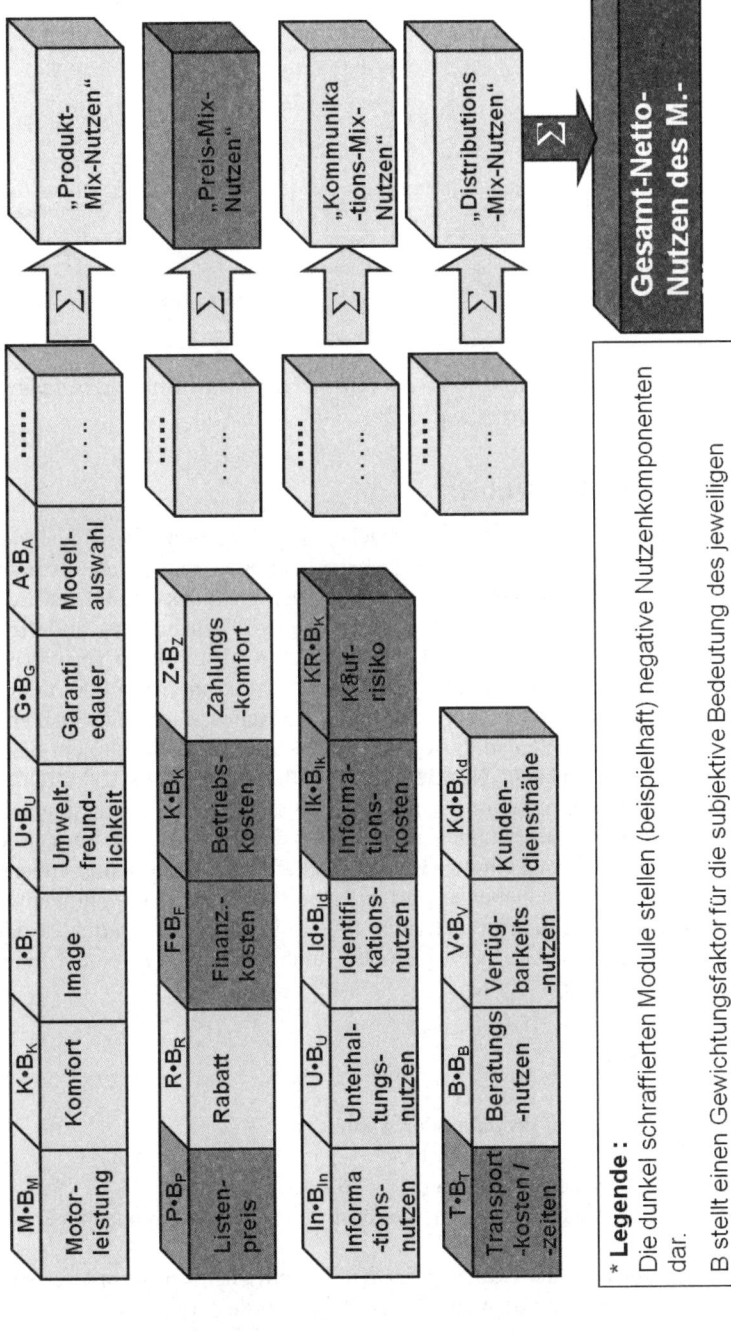

Abb. 2-6: Marketinginstrumente als Nutzenmodule am Beispiel des Automobilkaufs*

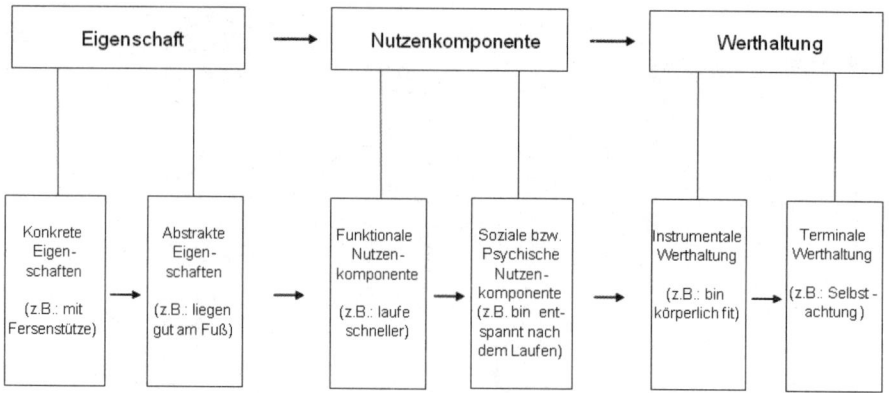

Abb. 2-7: Beispiel einer Means-End-Kette am Beispiel des Kaufs von Sportschuhen (Quelle: Herrmann/ Huber 2001, S. 1090)

2.2.2   Kundenzufriedenheit

Wichtig für das Kundenverständnis ist die Tatsache, dass Kunden in aller Regel viele Nutzenkomponenten vor dem Kauf nicht hinreichend beurteilen können, also **Nutzen-unsicherheit** besteht. Dies gilt sowohl hinsichtlich der Qualitäts- und Dienstleistungsmerkmale, als auch hinsichtlich der Kommunikations-, Distributions- und Preismerkmale eines Angebots. Kunden können sich hier aufgrund der ihnen verfügbaren Informationen sowie eigener und fremder Erfahrungen stets nur ein mehr oder minder unvollständiges, subjektives Bild (Image) vom Anbieter machen, das in entsprechende Nutzenerwartungen einfließt. Werden diese Nutzenerwartungen im Nachhinein bestätigt oder sogar übertroffen, entsteht **Kundenzufriedenheit**, andernfalls Unzufriedenheit. Kundenzufriedenheit – ein wie in Kapitel 1 dargestellt zentrales Marketingziel – kann demnach als Differenz der Kundenerwartungen einerseits und der tatsächlich wahrgenommenen bzw. erlebten Teilnutzen einer geschäftlichen Transaktion andererseits interpretiert werden. Zufriedenheitserwartungen und Zufriedenheitswahrnehmungen müssen multiattributiv, d.h. über mehrerer Eigenschaften eines Produktes oder Anbieters hinweg, im Wege der Befragung erhoben und rechnerisch zu einem Index, z.B. der folgenden Art verknüpft werden:

$$KZ_i = \sum_{j=1}^{J} (E_j - W_i) \cdot g_j$$

mit:

KZ_i =   Kundenzufriedenheit mit Produkt oder Anbieter i,
E_j =   Erwartung bezüglich der Eigenschaft j,
W_j =   Wahrnehmung der Eigenschaft j und
g_j =   erfragte subjektive Bedeutungsgewichte für die einzelnen Komponenten j..

In praxi begnügt man sich bei der Messung der Kundenzufriedenheit oft mit der einer direkten Abfrage der (Teil-)Zufriedenheiten, überlässt also dem Befragten die Differenzenbildung aus Erwartung und Wahrnehmung, was freilich schnell zu Interpretationsproblemen führen kann (vgl. Kap. 3/ 2. sowie *Stauss* 1999). Eine andere Variante fokussiert nur die Wahrnehmungskomponente und nimmt auch keinen Bezug zu einzelnen Einkaufsakten. In solchen Fällen handelt es sich um eine Imageanalyse.

2.2.3   Image

Um zu einem umfassenden Verständnis der Wahrnehmung einer Organisation aus Kundenperspektive zu gelangen, wird das Image als mehrdimensionales Einstellungskonstrukt gemessen. Wörtlich bedeutet Image soviel wie das Bild, das sich jemand von einem Meinungsgegenstand macht. Es umfasst die subjektiven Ansichten und Vorstellungen über das Bewertungsobjekt. Zu den subjektiven Ansichten gehören sowohl das subjektive Wissen über den Gegenstand als auch (gefühlsmäßige) Wertungen (vgl. *Kroeber-Riel/Weinberg/Gröppel-Klein* 2009, S. 210). Es entwickelt und verfestigt sich im Zeitablauf durch persönliche Erfahrungen oder durch Kommunikation teils bewusst, teils unbewusst und steuert dann selbst die Wahrnehmung und Interpretation der Umwelt („Orientierungsfunktion"). Wegen der Subjektivität der menschlichen Wahrnehmung weicht dieses Bild z.T. erheblich von der objektiven Realität ab, bestimmt aber das Denken und Handeln der Marktteilnehmer („Steuerungsfunktion"). Daraus ergibt sich die zentrale Bedeutung des Images für das Marketing und die Konsumentenforschung). Als **Gegenstand** von Images kommt alles das in Betracht, über das der Mensch Gefühle, Meinungen und Werturteile äußern kann. Aus der Sicht des Marketing kann sich das Image sowohl auf Produkte und Dienstleistungen (Generic oder Product Image; z.B. Image von Pflanzenschutzmitteln) als auch auf Unternehmen (Firmenimage, Geschäftsimage) oder Marken (Markenimage), aber auch Teilbereiche des Marketing-Mix (z.B. Preisimage) beziehen (vgl. *Knoblich/Esch* 2001, S. 627). Der Imagebegriff wird heute häufig synonym mit dem der Einstellung betrachtet (vgl. *Steffenhagen* 2004, S. 82). Die Einstellungstheorie (vgl. unten) liefert somit auch das theoretische Fundament für Imageanalysen (vgl. *Müller-Hagedorn* 2001, S. 382).

Die bedeutendste Methode zur Messung des mehrdimensionalen Imagekonstrukts ist das **semantische Differential**, auch Polaritätenprofil genannt. Ein Bewertungsobjekt wird dabei anhand einer gewissen Anzahl gegensätzlicher (bipolarer) Eigenschaftspaare mittels Ratingskalen beurteilt. Die Auskunftsperson entscheidet dabei pro Eigenschaft inwieweit diese auf das Objekt zutrifft. Zur Imagemessung werden in der Regel Konnotationen verwendet, d.h. Items, die keine tatsächlichen Eigenschaften des Objekts darstellen, sondern eher im übertragenen Sinn gelten, um dadurch auch wissensunabhängig bewertet werden könne. Durch Verdichtung der Eigenschaftsbewertungen, z.B. durch Faktorenanalyse, lassen sich Imagedimensionen identifizieren. In der Regel werden die Ergebnisse einer Imageanalye aber in einem Image- oder Polaritätenprofil dargestellt (vgl. Abb. 2-8).

Images gründen den **Goodwill** eines Produktes oder Unternehmens und bilden die Basis für die nachfolgend behandelten Einstellungen. Unternehmen investieren deshalb hohe Beträge in die Verbesserung des Images durch entsprechende Kommunikation des angestrebten Soll-Image, das vom Ist-Image mehr oder minder stark abweichen kann. Z.B. präsentiert sich die Deutsche Bahn in der Werbung gerne als „entspannendes" Verkehrsmittel, trifft damit das auf einzelnen Negativerlebnissen basierende Ist-Image der Kunden sicher nicht voll, vermag aber dieses vermutlich doch positiv zu verändern.

Ein hervorragendes Markenimage ist deshalb oft das Resultat langjähriger Investitionen in entsprechende Marketingaktivitäten, insb. Werbung. Deshalb verwundert es nicht, dass Unternehmen mit angesehenen Marken oft versuchen, dieses Image auf neue Produkte in anderen Produktbereichen zu übertragen, statt neue Marken aufzubauen. Musterbeispiel für einen solchen **Imagetransfers** ist die die Marke Nivea, die seit den 70er Jahren sukzessiv für immer mehr Produkte im Produktprogramm von Beiersdorf verwendet wurde. Das ursprüngliche Bild einer qualitativ hochwertigen, vertrauenswürdigen und preiswerten Hautcreme-Marke konnte dabei auf vielerlei andere Körperpflege- und Kosmetikprodukte transferiert und damit Nivea zur **Dachmarke** ausgebaut werden (vgl. Kap. 4/ 2.).

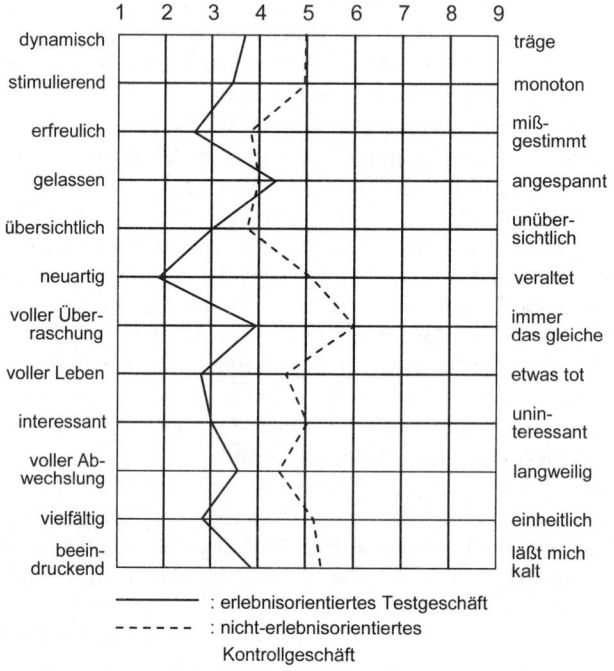

Abb. 2-8: Polaritätenprofile der Einkaufsatmosphäre in zwei Geschäften
(Quelle: Diller/Kusterer 1986)

2.2.4   Einstellungen

Einstellungen sind das vielleicht bedeutsamste Konstrukt zur Erklärung des Käuferverhaltens und werden als zentrale Einflussgrößen des Käuferverhaltens eingestuft, man spricht diesbezüglich von der „**E-V-Hypothese**", womit auf den Einfluss der Einstellung (E) auf das Käuferverhalten (V) abgestellt wird. Definiert werden Einstellungen als „organisierte und erlernte Bereitschaften relativ dauerhafter Natur, in einer spezifischen Weise auf ein Einstellungsobjekt zu reagieren und damit das Verhalten zu steuern" (*Müller-Hagedorn* 2001, S. 379). Das Konstrukt postuliert also, dass es im psychischen System des Menschen **Prädispositionen** gibt, die im Laufe des Lebens erlernt und zu einem in sich konsistenten System zusammengefügt wurden. Damit erspart sich der Mensch eine ständige Neuformierung seiner Eindrücke von der Welt. Diese werden stattdessen in ein vorhandenes Wahrnehmungsraster eingefügt und interpretiert. Damit werden Einstellungen zum zentralen Angriffspunkt für die Marktkommunikation, die zunächst die Eindrücke von dem Einstellungsobjekt (Images) prägen und dann die Einstellungen der Zielgruppe positiv beeinflussen soll. *Trommsdorff* (2009, S. 146 ff.) ordnet Einstellungen dem entsprechend als Folgewirkungen objektspezifischer Emotionen und Kenntnisse (z.B. „Nivea tut meiner Haut gut, mag ich, ist preiswert, verwendet gute Substanzen, ist nicht prestigeträchtig") ein (vgl. Abb. 2-9). Als Ergebnis ergibt sich dann eine entsprechende Verhaltensintention (z.B. „Nivea kaufe ich gerne"). Die Einstellungsmessung kann demnach an drei Komponenten ansetzen: den aktivierenden Emotionen, dem Wissen und/oder den sich daraus ergebenden Intentionen. Allerdings können antizipierte soziale (z.B. Einkauf mit Freundin im Fachgeschäft) und nicht antizipierte situative Faktoren (z.B. heißes Wetter) die Verhaltensabsichten verdrängen, so dass das tatsächliche Kaufverhalten nicht im Verhältnis 1:1 zu den gemessenen Einstelllungen steht.

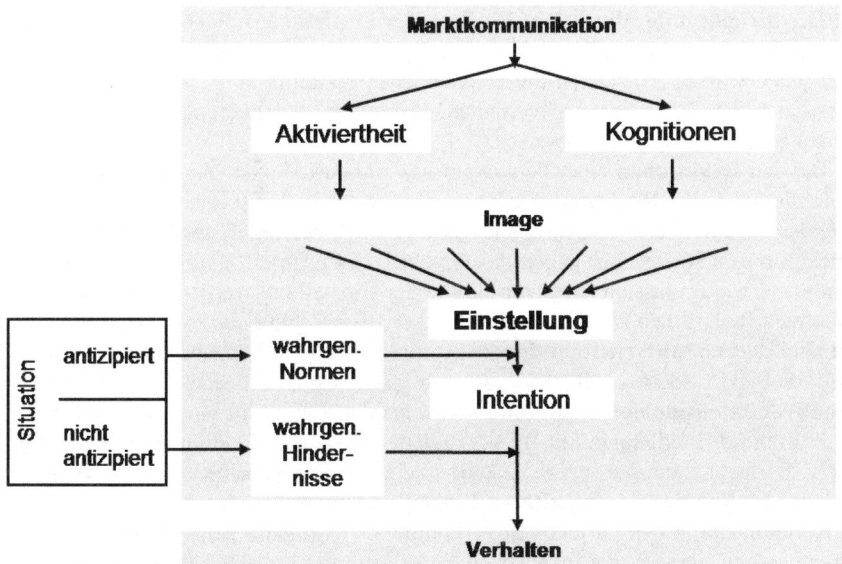

Abb. 2-9: Einordnung der Einstellung in das Käuferverhalten
(Quelle: Trommsdorff 2009, S. 147)

Die wesentlichen Erkenntnisse der Einstellungsforschung werden von *Müller-Hagedorn* (2001) wie folgt zusammengefasst:

„(1) Einstellungen können sich auf verschiedene **Objekte** beziehen. Im Marketing sind das häufig einzelne Marken oder einzelne Unternehmen, letztere entweder in ihrer Gesamtheit oder in einzelnen Teilen (z.B. Warengruppen). Bezugsobjekt einer Einstellung können aber auch Einstellungen gegenüber bestimmten Verhaltensweisen sein. Dies würde dann bspw. bedeuten, nicht die Einstellung gegenüber „Wein von der Mosel" zu ermitteln, sondern die Einstellung gegenüber der Verhaltensweise „Gästen Wein von der Mosel anzubieten". Die Bezugsobjekte einer Einstellungsmessung können also unterschiedlich spezifisch sein.

(2) Wenn die Einstellung als **Antwortbereitschaft** definiert wird, dann ist dies ein Hinweis darauf, dass Einstellungen nicht das beobachtbare Verhalten selbst erfassen, sondern dass hiermit ein hypothetisches (theoretisches) Konstrukt gemeint ist. Einstellung und Verhalten werden also als getrennte Größen gesehen, wobei jedoch nach der E-V-Hypothese die Kenntnis der Einstellung erlaubt, das Verhalten zu prognostizieren.

(3) Einstellungen sind **organisiert** und **durch Erfahrung erworben**. Die „Organisation" der Einstellungen äußert sich darin, dass Personen über eine Vielzahl von Einstellungen verfügen, die untereinander so verknüpft sein können, dass die Änderung einer Einstellung dazu führen kann, dass auch andere Einstellungen kovariieren. Diese Beziehungen sind Gegenstand von verschiedenen **Konsistenztheorien.**

(4) Der **dirigierende (direktive) Einfluss** der Einstellung richtet sich nicht nur auf das Wahlverhalten (entsprechend der E-V-Hypothese, also z.B. Kauf dieser oder jener Marke, Aufsuchen dieser oder jener Einkaufsstätte), sondern beeinflusst auch das Wahrnehmungsverhalten. Einstellungen lenken also das Verhalten auf bestimmte Verhaltensweisen.

(5) Bei den **Reaktionen** einer Person auf das zu beurteilende Objekt ist in erster Linie die **affektive Reaktion** zu nennen. Es handelt sich dabei um eine Bewertung des Objektes, in der das Subjekt seine Gefühle bezüglich des Objektes ausdrückt, ob es also für oder gegen das Objekt ist (Werturteil, gefühlsmäßige Reaktion). In weit gefassten Sichtweisen von der Einstellung werden neben diesen affektiven Reaktionen auch kognitive und konative Reaktionen mit eingeschlossen. Bei den **kognitiven Reaktionen** geht es um jene Wissensbestandteile, die ein Subjekt dem Objekt der Einstellung zuordnet; bei den **konativen/intentionalen Reaktionen** wird erfasst, inwieweit ein Subjekt bereit ist, bestimmte Handlungen mit Bezug zu dem Objekt der Handlung durchzuführen (z. B. eine bestimmte Marke zu kaufen, eine bestimmte Einkaufsstätte aufzusuchen). Im Rahmen der **kognitiven Einstellungsmodelle** wird v.a. die kognitive Komponente mit der affektiven verknüpft. Es sind zahlreiche Modellvarianten entwickelt worden, die inzwischen Eingang in die Lehrbücher gefunden haben, so insb. das Modell von *Rosenberg*, das Modell von *Fishbein*, das adequacy-importance-Modell, das adequacy-value-Modell sowie das Idealpunktmodell von *Trommsdorff* (vgl. Kap. 3/ 2.).

Das **Rosenberg-Modell** lässt sich formalisiert wie folgt darstellen:
$A_j = \sum V_{ij} \cdot I_i$

A_j = Einstellung von Person j zu einem Objekt (i. S. der affektiven Reaktion).

I_{ij} = die wahrgenommene Instrumentalität; sie soll wiedergeben, ob nach Ansicht der befragten Person das Objekt zu dem Ziel (Wert) i hinführt bzw. die Zielerreichung beeinträchtigt. Diese Größe wird als kognitive Komponente der Einstellung bezeichnet und verlangt eine Beurteilung der Objekte in Bezug auf ihren Zielerreichungsbeitrag.

V_{ij} = die Zielwichtigkeit (Wertwichtigkeit); sie lässt erkennen, welche Werte (Ziele) dem Subjekt j wichtig sind. Wichtig sind Ziele dann, wenn sie als Quelle der Befriedigung angesehen werden. Diese Größe wird auch als motivationale Komponente bezeichnet, weil sie das aus den Motiven abgeleitete, individuelle Zielsystem des Subjektes widerspiegelt.

Die Modelle bieten dem Marketingplaner den Vorteil, dass sie nicht nur summarisch Auskunft über die affektive Einstellung geben, sondern auch Hinweise auf die detaillierten Vorstellungen liefern, Erkenntnisse, die für die Produkt- und die Werbeplanung genutzt werden können.

Während zwischen der affektiven Einstellung gegenüber einem Objekt und den detaillierten Vorstellungen über das Objekt häufig enge Zusammenhänge beobachtet werden konnten, hat sich die E-V-Hypothese als zu starke Vereinfachung erwiesen. Antizipierte Bedingungen der Kaufsituation, soziale Einflüsse (z.B. soziale Zwänge) und weitere individuelle Einflüsse verbieten es, generell davon auszugehen, dass das Verhalten den Einstellungen folgt. In vielen Fällen konnte beobachtet werden, dass eine Person nicht so handelte, wie es ihren Einstellungen entsprach. In der Theorie hat das dazu geführt, die E-V-Beziehung anzureichern, indem u.a. die konative Komponente mit einbezogen wurde (so in dem sog. erweiterten **Fishbein-Modell** von *Fishbein* und *Ajzen*).

(6) Einstellungen sind relativ **stabil**; mit diesem Kennzeichen werden sie von kurzfristig schwankenden Stimmungen und von Emotionen abgegrenzt. Die Veränderung von Einstellungen ist Gegenstand der Theorien des Einstellungswandels" (*Müller-Hagedorn* 2001).

Die **Messung** der in Einstellungsmodellen enthaltenen Komponenten erfolgt meist über entsprechende Ratingskalen, bei denen der Befragte z.B. auf die subjektive Bedeutung einer Einstellungskomponente oder die wahrgenommene Instrumentalität Angaben machen kann (vgl. Kap. 3/ 2.). Oft wird in praxi allerdings nur die (relativ gut abfragbare) kognitive Komponente erfasst, was naturgemäß unbefriedigend bleibt. Auch die intentionale Komponente wird oft aus dem Einstellungsmodell entfernt, nimmt sie doch die Wirkungsebene der Einstellung sozusagen vorweg. Stattdessen wird das Verhalten als abhängige Variable der Einstellung gesondert gemessen, etwa in Form von Kaufhäufigkeiten oder Markentreueraten.

Einstellungen schlagen sich sowohl im Kauf- als auch im Informationsverhalten nieder. Zu erwarten ist, dass Produkte, gegenüber denen der Käufer positiver als gegenüber anderen Produkten eingestellt ist, stärker präferiert werden. Insofern kann man Einstellungsmodelle auch zur Messung von **Präferenzen** heranziehen. Insbesondere in Verbindung mit den Konsistenztheorien wird auch das Informationsverhalten besser erklärbar. So lenken Einstellungen die Aufmerksamkeit bevorzugt auf solche Informationen, die nicht im Widerspruch zu den vorhandenen Einstellungen stehen und verstärken damit wiederum die Einstellung selbst. Dahinter steht das in der **Konsistenztheorie** modellierte Bestreben des Menschen, seine Eindrücke von der Umwelt in ein in sich stimmiges und zu den vorhandenen Einstellungen konsistentes Gesamtbild zu bringen. Dazu müssen gelegentlich objektive Sachverhalte subjektiv „uminterpretiert" werden. Typisch ist das z.B. bei der positiven Färbung der Produkteigenschaften einer präferierten Marke oder dem „Schlechtreden" von Produkten, denen man negativ gegenüber steht. Ähnlich wie ein Fußball-Fan die Fouls der eigenen Mannschaft anders wahrnimmt als ein neutraler Beobachter, führen Einstellungen also zur subjektiven Färbung und Selektion von Informationen, was sie für die Marketingpolitik besonders bedeutsam macht. Gelingt es dort nämlich, die Einstellungen zu erfassen und gezielt zu beeinflussen, können diese Reaktionen entsprechend gesteuert werden.

2.2.5   Kundenbindung

Ganz im Sinne der in Abb. 2-9 dargestellten Wirkungskette stellt Kundenbindung ein unmittelbares „Anschlusskonstrukt" an die Einstellung dar und kann auch als eine spezifische, daraus resultierende Verhaltensabsicht interpretiert werden. Viele Unternehmen wählen die Kundenbindung sogar als Maßstab für die schwerer zu messende Kundenzufriedenheit, da sie als deren logisches Ergebnis erscheint. Für ein fundiertes Kundenverständnis ist allerdings eine tiefe Durchdringung der Eigenheiten und Hintergründe von Kundenbindung sehr wichtig, weil ansonsten leicht Missverständnisse und Fehleinschätzungen auftreten können. Beispielsweise interpretieren viele Unternehmen (leicht feststellbare) Wiederholungskäufe als Beleg für bestehende Kundenbindung, obwohl tatsächlich vielleicht (schwer messbar) viele Kunden zwar noch kaufen, aber unzufrieden und soz. „auf Absprung" sind.

Zu unterscheiden ist die Letztkauf-bezogene und die langfristig kumulierte Kundenzufriedenheit. Für die Kundenbindung ist letztere entscheidend. Einzelne (Un-)Zufriedenheitserlebnisse, ein gutes Anbieterimage und positive Einstellungen kumulieren sich im Laufe der Zeit, sorgen für ein immer stabileres Urteil über den Anbieter und verleiten zu entsprechender Treue oder Abneigung gegenüber diesem Anbieter bzw. seiner Marke. Inwieweit dies im Einzelfall eines Kunden oder für Kundengruppen zutrifft, wird mit den Maßstäben der **Kundenbindung** gemessen. Zur Verfügung stehen dafür entweder erfragte Verhaltensabsichten oder beobachtbare Daten über das tatsächliche individuelle Kaufverhalten.

Greift man auf **Verhaltensabsichten** zurück, operationalisiert man die Kundenbindung als **Bereitschaft von Kunden zu Folgekäufen** bei einem bestimmten Anbieter. Oft nimmt man zusätzlich auch auf die **Weiterempfehlungsabsicht** sowie die **Cross-Buying-Absicht**, d.h. die Bereitschaft, auch andere Produkte bei dem Anbieter zu kaufen, Bezug (vgl. *Homburg/Fassnacht* 1998). Allerdings sind diese Indikatoren eher willkürlich ausgewählt und deshalb im Einzelfall kritisch zu überprüfen. Beispielsweise kann es in engen Zulieferbeziehungen weniger um das Cross-Buying des Kunden als um seine **Kooperationsbereitschaft** oder seine **Toleranz** gegenüber gewissen Fehlleistungen des Zulieferers gehen.

Bei Bezugnahme auf den **Geschäftsverlauf** knüpft man die Kundenbindung am tatsächlichen (beobachtbaren) Kontakt- und Kaufverhalten der Kunden an, etwa an der Anzahl der **Kontakte**, der **Kaufhäufigkeit** oder der **Kundenpenetration („share in customer")**, d.h. jenem Anteil am Gesamtbedarf eines Kunden, den dieser beim jeweiligen Anbieter deckt. Bei einer solchen Begriffskonzeption fallen allerdings die emotionalen Aspekte der Kundenbindung unter den Tisch (s.u.). Deshalb fehlt es dieser Definition an Erklärungstiefe, andererseits handelt es sich um klare, quantitative Aspekte, die auch im Controlling des Kundenmanagements einfach einsetzbar sind. Insofern bietet sich folgende Definition der Kundenbindung an:

Kundenbindung
Kundenbindung liegt dann vor, wenn innerhalb eines zweckmäßig definierten Zeitraums wiederholte Informations-, Güter- oder Finanztransaktionen zwischen zwei Geschäftspartnern stattgefunden haben (ex post-Betrachtung) bzw. geplant sind (ex ante-Betrachtung).

Eine feinere Konzeptionalisierung der Kundenbindung ergibt sich dann, wenn man verschiedene **Bindungsobjekte** spezifiziert. *Plinke* (1989, S. 307ff.) unterscheidet diesbezüglich einen Sach-, Personen- und Unternehmensbezug. Kundenbindung kann sich demnach unter anderem auf die von einer Unternehmen angebotenen Technologien, auf deren Marken, Personal oder auf die Organisation als Institution erstrecken. Selbst die Markentreue wäre hier also eine Variante der Kundenbindung, was einer vertretbaren, aber sehr weiten Begriffsfassung von Geschäftsbeziehungen entspricht, der wir in diesem Buch nicht folgen. Wie oben dargelegt, geht es bei Geschäftsbeziehungen vielmehr um interaktive Beziehungen zu Personen oder Institutionen, nicht zu Sachen.

Entscheidender für das richtige Verständnis der Kundenbindung ist allerdings deren **qualitative Färbung**, die sich aus den Hintergründen und Motiven der Kundenbindung ableiten lässt. *Diller* (1996) wählt hierfür verschiedene Antezedenz-Variablen, die jeweils mit der Wiederkaufabsicht kombiniert werden, was zu bestimmten **Typen der Kundenbindung** führt:
Bei hohem **Involvement** (vgl. dazu Kap. 1/ 3.) handelt es sich um eine kognitiv und u.U. auch emotional intensive Hinwendung („heiße Kundenbindung", etwa bei Pkws), während Bindungen ohne Involvement u.U. nur zufällig und aus kurzfristigen Zweckmäßigkeitsüberlegungen heraus eingegangen werden („kalte Kundenbindung", etwa bei der Tankstellenwahl). **Commitment** als verhaltenswissenschaftliches Konstrukt kennzeichnet in unserem Zusammenhang eine innere Verpflichtung, dem Anbieter treu zu bleiben und „[…] stabile Geschäftsbeziehungen zu entwickeln, die Bereitschaft zu kurzfristigen Opfern zugunsten der langfristigen Aufrechterhaltung der Geschäftsbeziehungen und Vertrauen in die Stabilität der Beziehung" (*Anderson/Weitz* 1992, S. 19). Kundenbindung mit Commitment steht damit offenkundig im Gegensatz zu einer unfreiwilligen Kundenbindung, die man als „**Fesselung**" bezeichnen könnte. Eine solche Fesselung ist entweder situativ bedingt oder vom Anbieter initiiert bzw. auf Basis bestimmter Alleinstellungsmerkmale sogar erzwungen. Typische Beispiele sind Monopolsituationen oder langfristige Verträge, die sich aus Sicht der Kunden nicht bewährt haben. Eine **freiwillige Bindung** ist denkbar, wenn der damit verbunde-

ne Autonomieverlust beim Kunden als unerheblich empfunden wird. Hier spielen insbesondere die **Wechselkosten** eine wichtige Rolle. Loyalität im Sinne der
Commitment-Theorie dürfte damit allerdings nicht verbunden sein. Es handelt sich
vielmehr eher um eine **„Zweckbindung"**, weil der Kundenbindung ein bewusstes
Abwägen von Vor- und Nachteilen zugrunde liegt und Entscheidungsfreiheit besteht.

Commit-ment Kunden-bindung	niedrig	"erkauft"	hoch	Involvement Kundenbindung	niedrig	hoch
hoch	Unfrei-willige Kunden-bindung („Fesse-lung")	erkaufte Bindung („Zweck-bin-dung")	Frei-willige Kunden-bindung („Loyali-tät")	hoch	"kalte" Kunden-bindung (Gleich-gültig-keit)	"heiße" Kunden-bindung (Begeis-terung)
niedrig	keine Kunden-bindung	keine Kunden-bindung	geteilte Loyalität	niedrig	keine Kunden-bindung	keine Kunden-bindung

Abb. 2-10: Qualitative Färbungen der Kundenbindung (Quelle: Diller 1996c, S. 87-88)

Abbildung 2-10 macht die getroffenen Typologisierungen der Kundenbindungen
schematisch deutlich. Involvement und Commitment stellen dabei lediglich zwei von
vielen möglichen qualitativen Hintergrundfaktoren der Kundenbindung dar. Obwohl
das Denken in **Beziehungsqualitäten** für die tiefgründige Erfassung der Kundenbindung besonders wichtig ist, weil viele erwünschte Effekte der Kundenbindung nur
dann auftreten, wenn gewisse qualitative Färbungen vorliegen. Beispielsweise ist eine
Weiterempfehlung trotz Kundenbindung nicht zu erwarten, wenn sich ein Kunde „ge-
fesselt" sieht und nur deshalb dem jetzigen Anbieter treu bleibt. *Bliemel/Eggert* (1998)
haben dafür die Unterscheidung zwischen **Ge-** und **Verbundenheit** der Kunden eingeführt. *Eggert* (1999, S. 154) konnte zudem empirisch nachweisen, dass Verbundenheit
viel stärkere und Gebundenheit sogar negative Effekte auf Weiterempfehlung, Kaufin-
tensivierung, Altenativensuche bzw. Wechselabsichten erzeugt.

Zur Erklärung der **Intensität** der Kundenbindung kann neben den Wechselkosten und
positiven Einstellungen insbesondere auf die **Kundenzufriedenheit** zurückgegriffen
werden. Dies gilt insbesondere dann, wenn bei der Messung der Kundenzufriedenheit
auf die relative Leistung des jeweiligen Anbieters im Wettbewerb Bezug genommen
wird. Hohe Kundenzufriedenheit gibt keinen Anlass zum Wechsel des Anbieters.
Ganz besonders gilt dies bei Vorliegen von **„Kundenbegeisterung"** des Kunden im
Sinne der höchsten Zufriedenheitsstufe. Nicht immer sind also die Zusammenhänge
zwischen Kundenzufriedenheit und Kundenbindung linear, sondern können auch ex-
ponentielle oder s-förmige Verläufe aufweisen. Darüber hinaus wird der Einfluss der
Kundenzufriedenheit durch zahlreiche kunden-, anbieter- und wettbewerbsspezifische
Merkmale moderiert. So schwächt ihn hohes Preisinteresse des Kunden ab und fördern
ihn hohe Kaufunsicherheit bzw. hohe Wechselkosten.

Eine weitere Erklärung für die Intensität der Kundenbindung kann über die **Motivtheorie** (vgl. Kap 1/ 3.2.3.2.3) gesucht werden. *Diller* (2000a) unterscheidet z.B. drei Motivambivalenzen (vgl. Abb. 2-11), welche – je nach individueller Motivkonstellation – eher für oder gegen eine Kundenbindung sprechen. Im gewerblichen Bereich am bedeutsamsten ist dabei ohne Zweifel das Motiv des **Eigennutz**, das sich eng mit dem des preisgünstigen bzw. preiswürdigen Einkaufs verbindet und auch zu Opportunismus verleitet (vgl. Kap. 1/ 3.). Opportunismus dominiert meist das **Loyalitätsstreben**, das als konkurrierendes Motiv postuliert wird und z.B. bei freundschaftlichen persönlichen Beziehungen zu Händlern oder Einkaufsstätten relevant wird. Man verzichtet dann aus innerer Verbundenheit u.U. bewusst auf persönliche Vorteile.

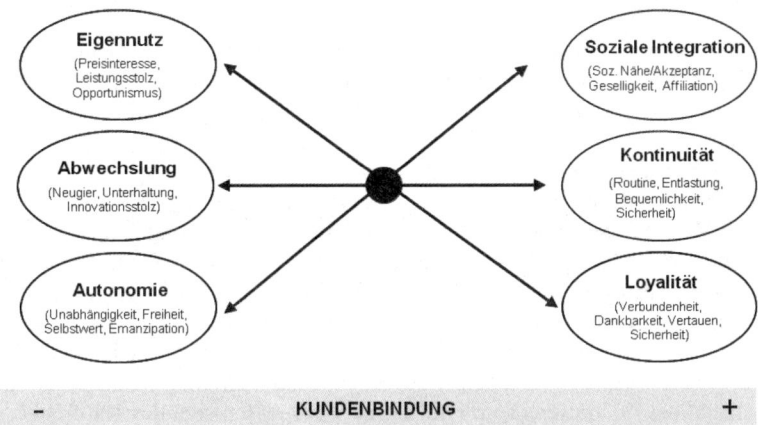

Abb. 2-11: Motivambivalenzen als Determinanten der Kundenbindung
(Quelle: Diller 2000)

Die zweite Motivambivalenz bei *Diller* besteht zwischen **Abwechslung** und **Kontinuität**, wobei im gewerblichen Bereich v.a. bei B- und C-Artikeln eher das Kontinuitätsstreben dominieren wird, weil Kontinuität **Routineentscheidungen** erlaubt, die schnell und arbeitssparend getroffen werden können. Im Privatbereich gewinnt dagegen in manchen Produktbereichen auch das **Variety Seeking**, also der Wunsch nach Abwechslung, die Oberhand.

Im dritten Spannungsfeld zwischen **Autonomie** und **sozialer Integration** wird in gewerblichen Geschäftsbeziehungen in aller Regel das Autonomiestreben die Oberhand behalten, weil Unabhängigkeit für viele Unternehmen zu den existentiellen Unternehmenszielen zählt. Andererseits existieren oft auch Synergiepotenziale, die nur durch enge Kooperation erschlossen werden können und als Kundenbindungstreiber fungieren können. Im Privatbereich wird dagegen viel stärker auf die soziale Akzeptanz von Konsummustern geachtet, insbesondere wenn es sich um Produkte handelt, deren Nutzung offen beobachtbar ist, z.B. bei Autos oder Kleidung.

2.2.6 Kaufprozesse

Zur profunden Kenntnis der Kunden zählt auch das Wissen darüber, *wie* diese ihre Kaufentscheidungen treffen. Wie lässt sich z.B. erklären, dass bestimmte Marken trotz hervorragender Leistungswerte gar nicht erst für einen Kauf in Betracht gezogen, also nicht in das sog. **consideration set** gelangen? Kann ein relativ hoher Preis durch bessere Qualitätsmerkmale kompensiert werden? Welche Informationen sucht ein Käufer vor (und nach) dem Kauf bestimmter Produkte? Solche Fragen stehen im Mittelpunkt der in der Marketingtheorie und forschung entwickelten **Kaufprozessmodelle** (vgl. hierzu auch Kap. 1/ 3.). Die Hypothese eines streng rationalen Entscheidungsverhaltens nach dem Muster der normativen Entscheidungstheorie (ausführliche Einholung und Beachtung aller Informationen für einen Nutzen maximierenden Kaufentscheid) wird dabei fallengelassen und durch differenzierte deskriptive Modelle des tatsächlichen Verhaltens in bestimmten Situationen ersetzt. In diesen Modellen spielen dann auch emotionale oder impulsiv-reaktive Verhaltenselemente eine Rolle.

Grundlegend wurde hier die Unterscheidung verschiedener **Kaufentscheidungstypen**, die sich danach ausrichtet, ob bzw. wie stark der Kaufprozess kognitiv bzw. emotional gesteuert ist bzw. gänzlich reaktiv, d.h. ohne kognitive und/oder emotionale Beteiligung abläuft.

Daraus ergeben sich vier relevante Typen (vgl. Abb. 2-12):

(1) Beim **Extensivkauf** wird die Kaufentscheidung gründlich, d.h. unter Einholung relativ vieler (aber keineswegs zwingend aller) Informationen, und systematisch, d.h. unter Abwägung der subjektiv relevanten (also auch nicht zwingend aller) Entscheidungskriterien gefällt. Der Kaufprozess wird also kognitiv stark kontrolliert und dauert entsprechend lang. Es kommt zu einer ausführlichen (aber keineswegs vollkommenen) Alternativensuche und -bewertung, was wiederum die Etablierung eines Satzes relevanter Kaufentscheidungskriterien voraussetzt, d.h. der Käufer bildet Zielpräferenzen. Auf dieser Basis lassen sich das Kaufrisiko senken und ein befriedigendes Kaufergebnis erwarten. Nach dem Kauf kontrolliert der Käufer, ob seine Kaufentscheidung richtig war. Die Motivation für derart aufwändige Prozesse, d.h. die emotionale Komponente, stammt von einem hohen Involvement, das produktspezifisch, personenspezifisch oder situationsspezifisch aktiviert sein mag (z.B. Autokauf). Oft erwartet der Käufer das Überschreiten subjektiver Anspruchsniveaus bei allen, seiner Meinung nach relevanten, Kaufkriterien („satisfizierendes Verhalten"). Die einschlägigen Kaufheuristiken wurden im Kap. 1/ 3. bereits erläutert.

Dominante Prozesse / Art der Kaufentscheidung	emotional	kognitiv	reaktiv
extensiv	X	X	
limitiert		X	
habitualisiert			X
impulsiv	X		X

Abb. 2-12: Kaufentscheidungstypen
(Quelle: in Anl. an Kroeber-Riel/Weinberg/Gröppel-Klein 2009, S. 411)

(2) Beim **limitierten Kaufentscheid** erfolgt ebenfalls eine kognitive Steuerung, aber keine besondere emotionale Aktivierung. Typisch ist das für **Wiederkäufe**, bei denen bereits klar ist, worauf es ankommt, oder bei Käufen mit geringem Kaufrisiko, wo der kognitive Aufwand nicht lohnt. Typisch wäre dies z.B. für den Wiederkauf von Obst. Die Suche nach Kaufalternativen ist eingeschränkt, das Kaufinvolvement eher gering.

(3) **Habitualisierte Kaufentscheide** fallen rein gewohnheitsmäßig. Der Käufer programmiert seine Kaufentscheidung bzgl. Alternativen und Kaufkriterien nicht neu, sondern greift auf gelernte Muster zurück, ohne groß nachzudenken, wie es z.B. für den Waschmittelkauf typisch ist. Emotionale Aspekte spielen kaum eine Rolle. Das Handeln ist **reaktiv** geprägt, es reagiert auf Eintritt eines grundsätzlich bekannten Bedarfs.

(4) Beim **Impulskauf** dominiert der reaktive Effekt gänzlich, es wird also auch kein kognitives „Standardprogramm" aktiviert, vielmehr erfolgt der Kauf dominant wegen einer situativen **emotionalen Aktivierung**, z.B. durch Preisgelegenheiten oder ansprechender Präsentation der Produkte. Typisch ist das für den spontanen Kauf eines neuen Parfums beim Einkaufsbummel oder den spontanen Kauf einer Tafelschokolade zum Sonderpreis.

Die Kenntnis der Kaufprozesstypen und deren hier nicht im Detail erörterten Varianten (vgl. dazu *Kroeber-Riel/Weinberg/Gröppel-Klein* 2009, S. 410ff.) bietet dem Marketing vielfältige Ansatzpunkte. Z.B. ist eine informative Produktwerbung nur für extensive Kaufentscheide sinnvoll, sind versteckte Preisänderungen via Packmengenminderung bei limitierten oder habitualisierten Entscheiden leichter durchsetzbar, und können Impulsumsätze durch starke emotionale Anreize am POS gesteigert werden. Wir werden darauf an vielen Stellen des Buches zurückkommen.

2.3 Kunden managen

> **PRINZIP: Kundenmanagement**
> Kundenbeziehungen sind einem systematischen Management, d.h. strategischer und operativer Analyse, Planung und Kontrolle, sowie einer zielorientierten Organisation und Führung zu unterwerfen.

Dem Leitbild einer aktiven Marktbearbeitung folgend, fordert das Prinzip der Kundenorientierung vom Marketing auch ein aktives Steuern zumindest der besonders wichtigen Geschäftsbeziehungen zu Kunden. Wir sprechen diesbezüglich vom **Kundenmanagement** (vgl. *Diller/Haas/Ivens* 2005, S. 22ff.). Die strategischen Aspekte des Kundenmanagements werden im Kapitel 4/ 1. behandelt. Nachfolgend beschränken wir uns auf eine Skizze der grundlegenden Prinzipien und Begriffe des operativen Kundenmanagements.

Kundenmanagement ergänzt das Produktmanagement und unterstützt die Abkehr vom produktorientierten hin zum kundenorientierten Denken. Es bezieht sich auf alle unmittelbar kundenbezogenen Prozesse in den je Kunde unterschiedlich ausgeprägten Phasen des oben bereits dargelegten Kundenlebenszyklus.

> **Kundenmanagement**
> Kundenmanagement beinhaltet das Management der Interaktionsprozesse eines Anbieters mit potentiellen oder vorhandenen Kunden(gruppen) zur Generierung und Pflege von Kundenbeziehungen über den gesamten Kundenlebenszyklus hinweg.

Kundenmanagement dient nach dieser Definition der Generierung und Pflege von **Kundenbeziehungen**. Solche Beziehungen konstituieren sich durch nicht zufällige, mehrmalige Interaktionen zwischen einem Anbieter und einem Nachfrager. Die Intensität und Qualität einer Kundenbeziehung kann von gegenseitiger Kenntnis über wechselseitige Akzeptanz, „normalen" Geschäftsverkehr, starke Präferenz des Geschäftspartners („Geschäftsfreundschaft"), gegenseitige Unterstützungsbereitschaft („Geschäftspartnerschaft") oder sogar Identifikation („Fan-Kunde", strategische Allianz) bis (im Ausnahmefall) hin zur Aufopferungsbereitschaft für den Kunden („Clan") reichen. Mit zunehmender Intensität der Kundenbeziehung kommen immer mehr **Beziehungsebenen** ins Spiel.

Diller/Kusterer (1988, S. 214) unterscheiden im Hinblick auf Geschäftsbeziehungen vier Beziehungsebenen:

(1) Auf der **sachlichen Beziehungsebene** geht es um den Austausch von Sach- und Nominalgütern, also um ein an die Bedürfnisse des Kunden möglichst angepasstes Preis-Leistungs-Verhältnis,

(2) auf der **Organisationsebene** um eine effiziente Abwicklung der Informations-, Güter- und Geldströme zwischen den Beziehungspartnern, womit den Um- und Durchsetzungsaspekten von geschäftlichen Transaktionen (Transparenz, Termintreue, Zuverlässigkeit etc.) Rechnung getragen wird,

(3) auf der **Machtebene** um eine Austarierung der wechselseitigen Abhängigkeit und

(4) auf der **emotionalen Ebene** um eine emotional ansprechende Geschäftsatmosphäre. Damit werden auch die persönlichen Beziehungen (Sympathie, Aufgeschlossenheit, Vertrauen etc.) in das Gestaltungsfeld des Beziehungsmarketing integriert.

Das Beziehungsebenenmodell liefert eine Strukturierungshilfe für die vielfältigen Aktivitäten eines Kundenmanagements, das den im Kap. 1/ 3. beschriebenen sechs I's des **Beziehungsmarketing** folgt.

2.3.1   Pflege des Kundenwissens

> **PRINZIP: Kundenwissen aufbauen**
> Kundenmanagement erfordert den systematischen Aufbau und die Pflege von Kundenwissen. Kundendaten müssen in Kundendatenbanken gesammelt, koordiniert systematisch ausgewertet und zur Kundensteuerung eingesetzt werden.

Für eine Ausrichtung aller Unternehmensaktivitäten an den Bedürfnissen und Verhaltensweisen der Kunden ist ein umfassendes **Kundenwissen** erforderlich. Wissen entsteht, wenn Informationen mit gespeicherten Erfahrungen verknüpft und damit im Kundenmanagement einsetzbar werden. Inhaltlich erstreckt sich Kundenwissen auf Wissen *über* den Kunden, das Wissen *des* Kunden in seiner Kundenrolle und um Wissen *für* den Kunden (*Stauss* 2002, S. 276). Abbildung 2-13 gibt einen Überblick über die wichtigsten quantitativen und qualitativen Wissensfelder.

Kundenwissen dieser Art ist häufig nicht *explizit* verfügbar, sondern bestenfalls aus den Erfahrungen des Vertriebs erschließbar. In vielen Konsumgüterfirmen liegt gar kein Wissen über individuelle Endkunden vor, sondern nur aggregiertes Wissen aus der Marktforschung. Es nimmt deshalb nicht Wunder, dass sehr viele Unternehmen versuchen, mehr individuelle Kundeninformationen zu generieren, systematisch zu sichern und auszuwerten. Wichtige Informationsquellen dafür sind:

− Standardisierte **Vertriebsberichte** des Außendienstes über ihre Kundenbesuche und die dabei gewonnenen Einsichten zur Kundenstruktur und zum Beziehungsstatus

− Automatische **Protokollierung aller Kundenkontakte** per Telefon oder Internet, auf Messen oder ähnlichen Events etc. in entsprechenden Kundendateien

− **Befragung von Kunden** nach einschlägigen Merkmalen des Kundenstatus

− Einsatz von **Kundenkarten** (mit oder ohne Bonusprogrammen) zur Registrierung aller Kontakte und Einkäufe beim jeweiligen Anbieter

− „**Hochrechnung**" von Kundeneigenschaften auf Basis der vorhandenen Kundenmerkmale und der Ausprägungen fehlender Merkmale bei diesbezüglich ähnlichen anderen Kunden („**Matching**")

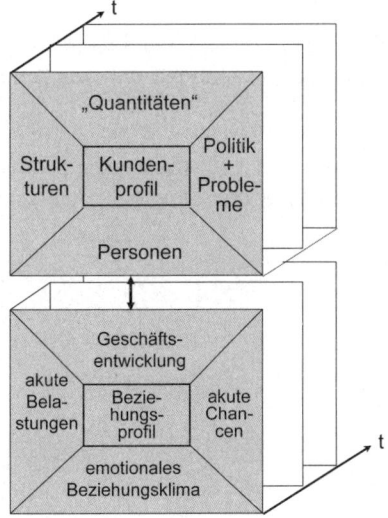

Abb. 2-13: Wissensfelder im Kundenmanagement

Am mächtigsten sind diesbezüglich **Kundenkartensysteme**. Sie protokollieren nicht nur die Einkäufe der Kunden, sondern verschaffen damit auch umfassende Transparenz über kundenspezifische Produkt- oder Preispräferenzen, Einkaufsrhythmen und -zeitpunkte, Verbundkäufe, Markentreue etc.. Für jeden Kunden können entsprechende **Kundenprofile** angelegt werden. Für die Kundenplanung und -ansprache ergeben sich daraus zahlreiche Ansatzpunkte (s.u.). So kann man Kunden mit ähnlichem Profil zusammenfassen und die Suche nach neuen Kunden mit entsprechendem Profil wie bei einer Rasterfahndung mit einem entsprechenden „Steckbrief" zielgerecht aufnehmen („**Profiling**").

Eine wesentliche Voraussetzung dafür ist die Zusammenführung aller kundenbezogenen Informationen und Teildateien in entsprechenden **Kundendatenbanken** (vgl. *Hippner/Wilde* 2004a). Sie bildet das Fundament des Kundenmanagements und erlaubt es, Kundenaktivitäten ganzheitlich abzubilden. Dadurch wiederum wird eine integrierte Bearbeitung individueller Kunden, etwa in verschiedenen Kontaktkanälen, wie Outlets, Call Center und Internet, möglich. Grundlage des Kundendatenbank-Managements ist die unternehmensinterne Verwaltung von Daten im sog. **Data Warehouse**, das wie ein Warenhaus verschiedene Dateiwelten in sich vereint (vgl. Abb. 2-14). Wesentliche Datenkategorien im Data Warehouse sind (vgl. *Hettich/Hippner/Wilde* 2001):

-   Grunddaten, z.B. Kontaktdaten, soziodemografische Daten etc.,
-   Potenzialdaten, z.B. Kaufmengen, -zeitpunkte und -kategorien des Kunden,
-   Aktionsdaten, z.B. Besuche beim oder Aussendungen an Kunden,
-   Reaktionsdaten, z.B. persönliche oder schriftliche Kontaktaufnahme (Anfragen, Beschwerden usw.) des Kunden, Bestellungen des Kunden etc.

Im Idealfall stehen allen Mitarbeitern mit direktem und indirektem Kundenkontakt die individuellen Kundendaten jeweils zeitpunktaktuell und zeitgleich an ihren Arbeitsplätzen, z.B. am Service Desk, im Call Center oder während des Kundenbesuchs auf dem Laptop, zur Verfügung. Kommt es zu einem Kundenkontakt, steht ihnen somit zum einen die komplette Kundenhistorie zur Verfügung, zum anderen können sie neue Informationen direkt in das System einpflegen.

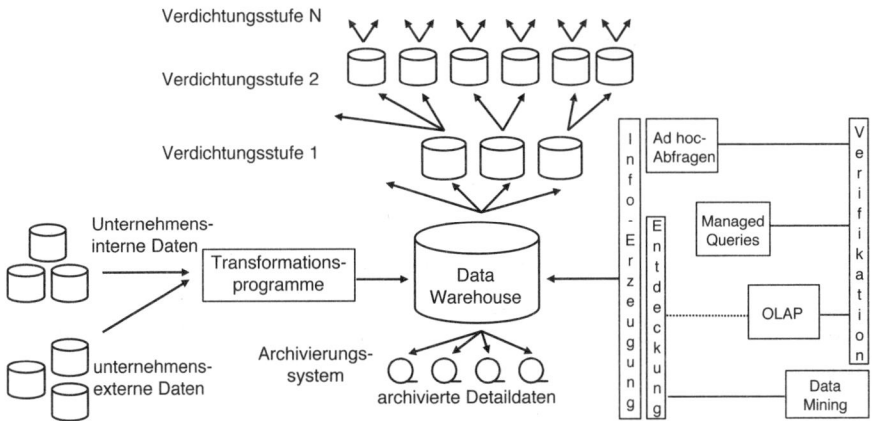

Abb. 2-14: Schematischer Aufbau eines Data Warehouse
(Quelle: in Anl. an Decker/Wagner 2001)

Das auf diese Weise aufwendig zugänglich gemachte Kundenwissen muss auch Anwendung finden, sollen sich entsprechende Investitionen lohnen. Dazu dienen sog. **CRM (Customer Relationship Management)-Systeme**, die im Kap. 5/ 4. ausführlich behandelt werden.

Unter einem CRM-System versteht man ein integriertes elektronisches Informations- und Entscheidungssystem, welches auf Basis einer einheitlichen Datenbasis kundenbezogene Prozesse in verschiedenen Kommunikationskanälen initiiert, unterstützt und kontrolliert. Es kann Kundenmanagement-Aktivitäten automatisieren, terminieren und überwachen und auf diesem Wege die Effizienz der Kundenbearbeitung erheblich steigern. Typische Anwendungen finden sich deshalb auch vor allem bei Massendienstleistern (Telekommunikation, Versicherungen, Banken etc.) und überall dort, wo viele individuelle Kundenbeziehungen zu überwachen und zu gestalten sind (vgl. *Hippner/Wilde* 2004c).

Der mit CRM-Systemen einhergehende Datenaufwand erscheint umso lohnender, je mehr Lernprozesse durch die rollierende Organisation im Sinne eines **Database-Management** möglich sind. Beispielsweise kann durch Auswertung der Responsefälle auf Aussendungen hin ermittelt werden, welche Kundenmerkmale die Kunden mit den höchsten Response-Wahrscheinlichkeiten beschreiben. In ähnlicher Weise macht eine Gegenüberstellung der Merkmale von Vertragskündigern und Nicht-Kündigern von z.B. Versicherungsverträgen die kritischen Kundenmerkmale transparent. Durch ständige Ergänzung des Kundenprofils mit den jeweils zuletzt getätigten Einkäufen (Produktvarianten, Kaufzeitpunkte, Bestellmodus etc.) entsteht zudem ein immer feineres Kundenprofil.

(Kunden-)Profiling in diesem Sinne ist eine für das CRM grundlegende Funktionalität. Sie ermöglicht die individuellere und damit mehr Erfolg versprechende Kundenansprache und macht Verknüpfungen mit Kunden ähnlichen Profils möglich, so dass Gruppierungen gebildet oder Ähnlichkeitsrückschlüsse (z.B. über ebenfalls präferierte

Produktarten) gezogen werden können. Sie macht gleichzeitig den zyklischen Charakter deutlich, der für das CRM-System als Ganzes, aber auch für viele Teilfunktionen typisch ist (vgl. unten Abb. 2-19). Kundenwissen schafft gleichzeitig auch die unabdingbaren Voraussetzungen für die Kundenbewertung und -priorisierung, die wir im nächsten Abschnitt behandeln.

2.3.2   Kundenpriorisierung

> **PRINZIP: Kundenpriorisierung**
> Kundenmanagement folgt der Logik des **Kundenwert**s („Kundenwirtschaft").
> Dieser ist maßgeblich für die Priorisierung von Kunden und für die Zuweisung
> von Ressourcen für kundenbezogene Aktivitäten.

Beziehungsmarketing fordert eine planvolle **Investition und Priorisierung** von Kundenbeziehungen (vgl. Kap. 1/ 3.). Ein wichtiges Aufgabenfeld des Kundenmanagements besteht deshalb darin, permanent zu überprüfen, ob und bei welchen Kunden(gruppen) Investitionen in die Kundenbeziehungen ökonomisch vertretbar sind. Kundenbeziehungen werden also als **Investitionsfelder** betrachtet. Dies entspricht zum einen der betriebswirtschaftlichen Management-Perspektive des Kundenmanagements, zum anderen aber auch der Langfristperspektive des Beziehungsmarketing. Aus strategischer Sicht stellen Kunden soz. Geschäftsfelder mit unterschiedlicher Attraktivität und spezifischen Chancen und Risiken für den Anbieter dar, die man in **Kundenportfolios** abbilden kann. In vielen Branchen mit direktem Kundenkontakt (z.B. Finanzdienstleister, Versandhandel, Autohersteller) kann das Kundenmanagement (meist automatisiert) tatsächlich kundenindividuell erfolgen („**1:1-Marketing**"), in anderen handelt es sich um ein **Kundengruppenmanagement** (z.B. Neukunden, Stammkunden, abwanderungsgefährdete Kunden etc. bzw. komplexer definierte Marktsegmente).

2.3.2.1   Konzipierung und Messung des Kundenwerts

Für die **Messung des Kundenwerts** gibt es konzeptionell und methodisch sehr unterschiedliche Ansätze (vgl. dazu *Krafft* 2002; *Günter/Helm* 2006). Abb. 2-15 bietet einen Überblick über die wichtigsten Ansätze. Grundlegend für das Verständnis ist, dass man mit dem Kundenwert ein spezifisches Maß für die **ökonomische** Bedeutung eines Kunden finden will (*Cornelsen* 2000). Es geht also um jegliche Einbußen, die ein Unternehmen bei Beendigung einer bestehenden Geschäftsbeziehung bzw. bei Nicht-Zustandekommen einer potenziellen Geschäftsbeziehung entstehen würden. In derartigen Fällen entstehen **Opportunitätsverluste**. In der Betriebswirtschaftslehre versteht man darunter Erfolge, die *nicht* eintreten, weil bestimmte Umstände bzw. Entscheidungen dies nicht zulassen.

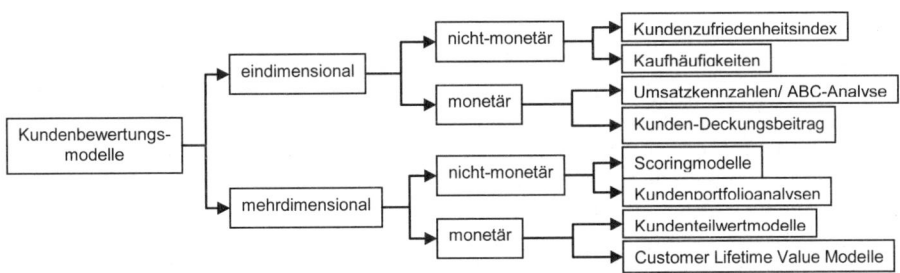

Abb. 2-15: Ausgewählte Arten von Kundenwertmodellen

Einfache **eindimensionale Modelle** nutzen nur eine Messgröße, z.B. wie in der ABC-Analyse den letzten Jahresumsatz oder Deckungsbeitrag, mehrdimensionale kombinieren mehrere Messgrößen, z.B. im Wege von Scoring- oder von Kundenteilwertmodellen. Bei **Scoringmodellen** bewertet man einzelne Wertaspekte durch (u.U. auch gewichtete) Punktwerte, die dann zu einem Gesamtpunktwert verrechnet werden. Ein typisches Beispiel stellt der im Versand- und Onlinehandel oft genutzte **RFMR-Wert** dar, bei dem Informationen über den Zeitpunkt des letzten Kaufs (**r**ecency), die Häufigkeit der Einkäufe in den letzten Planperioden (**f**requency) und das Umsatzniveau (**m**onetary **r**atio) entsprechend der dort jeweils gegebenen statistischen Verteilungen über alle Kunden hinweg bepunktet werden. Abb. 2-16 bietet ein einschlägiges Beispiel aus dem Versandhandel.

Startwert	25 Punkte					
Letztes Kaufdatum	Bis 6 Monate + 40 Punkte	Über 6 bis 9 Monate + 25 Punkte	Über 9 bis 12 Monate + 15 Punkte	Über 12 bis 18 Monate + 5 Punkte	Über 18 bis 24 Monate - 5 Punkte	Über 24 Monate - 15 Punkte
Häufigkeit des Einkaufs in 1,5 Jahren	Zahl der Aufträge multipliziert mit dem Faktor 6					
Ø Umsatz bei den letzten drei Einkäufen	Bis 50 € + 5 Punkte	50 bis 100 € + 15 Punkte	100 bis 200 € + 25 Punkte	200 bis 300 € + 35 Punkte	300 bis 400 € + 40 Punkte	Über 400 € + 45 Punkte
Anzahl Retouren (kumuliert)	0 – 1 0 Punkte	2 – 3 - 5 Punkte	4 – 6 - 10 Punkte	7 – 10 - 20 Punkte	11 – 15 - 30 Punkte	Über 15 - 40 Punkte
Zahl Anstöße seit letztem Einkauf	Je Hauptkatalog -12 Punkte		Je Sonderkatalog -6 Punkte		Je Mailing -2 Punkte	

Abb. 2-16: Beispiel zur RFMR-Methode (Quelle: Köhler 2003)

In Branchen mit unregelmäßigen Kaufrhythmen ist man stets unsicher darüber, ob das Ausbleiben eines Kunden nur auf fehlenden Bedarf oder auf den Kundenverlust zurückgeht. Hier berechnet man deshalb auf Basis der Regularitäten vergangener Kaufakte pro Kunde **Wahrscheinlichkeitswerte** für das Weiterbestehen der Geschäftsbeziehung („**P-Alive**"), die mit dem geschätzten Umsatz oder Deckungsbeiträgen pro Kunde verrechnet werden (vgl. *Gupta* et al. 2006; *Bauer* 2010). Der Opportunitätsgedanke tritt bei diesen Modellen zu Gunsten einer Wiederkaufprognose zurück. **Kundenteilwertmodelle** unterscheiden als mehrdimensionaler Ansatz mehrere Unterkomponenten des Kundenwerts und kombinieren zumindest die monetär quantifizierbaren zu einem Gesamtkundenwert. *Diller* unterscheidet z.B. die in Abb. 2-17 dargestellten sieben Komponenten und verrechnet die monetarisierbaren zu einem Gesamtkundenwert (Details bei *Diller* 2002). Zudem wird der ökonomische Wert jeder Teilkomponente durch eine Verknüpfung mit drei einschlägigen **Oberzielen** theoretisch fundiert.

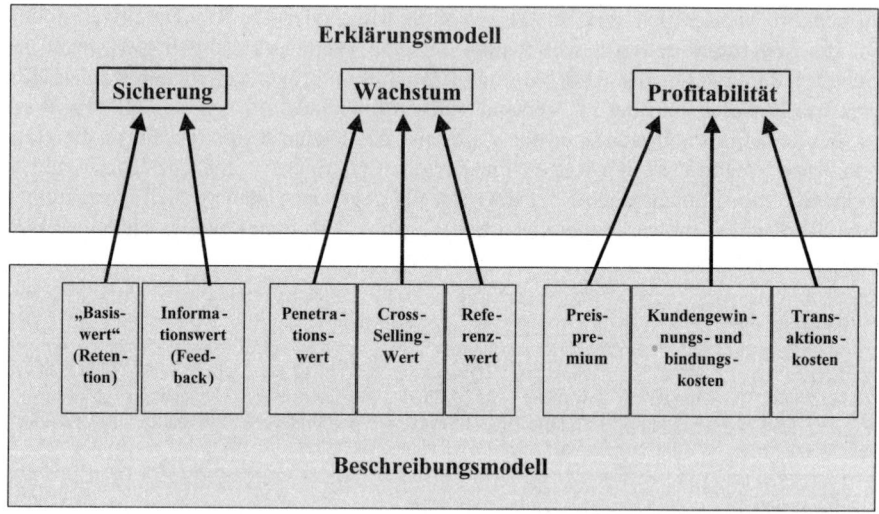

Abb. 2-17: Kundenwertmodell von Diller (2002, S. 301)

(1) Basiswert

Ginge der Kunde verloren, würde dessen Umsatz in der nächsten Periode wegfallen. Darin besteht der Basis- oder Retention-Wert. Es handelt sich um einen Opportunitätswert, dessen tatsächliche Realisierung der **Unternehmenssicherheit** dient, weil bei Erhalt des Kunden der Umsatz nicht entsprechend zurückgeht. Am deutlichsten wird dies bei vertraglich gebundenen Kunden, die keine Chance besitzen, andere Anbieter zu wählen (z.B. Mobilfunkvertrag für 24 Monate). In solchen Fällen ist ein „Basisumsatz" pro Periode gesichert. Grundsätzlich gilt das Gleiche aber auch für freiwillige Kundenbindung, z.B. aus Überzeugung oder Kundenzufriedenheit (vgl. oben Abschnitt 2.2.5).

(2) Informationswert

Kunden besitzen eine unterschiedlich große Auskunfts- und Beschwerdebereitschaft und tragen damit in unterschiedlicher Weise dazu bei, dass sich ein Unternehmen auf die Bedürfnisse ihrer Abnehmer einstellen kann. Auch hier entsteht ein Sicherheitseffekt der Kundenbindung, weil gebundene Kunden i.d.R. eine größere Auskunft- und Beschwerdebereitschaft zeigen, sind sie doch selbst wegen der Wechselkosten zu neuen Anbietern daran interessiert, dass sie „ihr" Lieferant gut bedient. Gelegentlich reicht dieser Informationswert von Kunden sogar bis zur Kooperationsbereitschaft im Rahmen von Kundenbeiräten, Qualitätszirkeln oder ähnlichen kundenorientierten Organisationsformen. Das Unternehmen erhält dadurch wertvolles Feedback, das sie anderweitig nur durch höhere Informationskosten ausgleichen könnte. Insofern böten sich als ein Ansatzpunkt zur Monetarisierung des Informationswertes die **Opportunitätskosten der Informationsbeschaffung** an, die freilich angesichts der Vielfalt möglicher Informationen und deren Umsetzung in konkrete Maßnahmen mit entsprechenden Folgewirkungen extrem schwer bezifferbar sind. Deshalb wird der Informationswert von Kunden in aller Regel eine nicht-monetäre Kundenwertkomponente bleiben, der nicht in ein gewinnorientiertes Gesamtkalkül integriert, sondern ggf. gesondert berücksichtigt wird.

(3) Penetrationswert

Drei weitere Kundenwertkomponenten beziehen sich auf zusätzliche Umsatzpotenziale über den Basiswert hinaus. Der **Penetrationswert** betrifft Fälle, in denen der Kunde für einen bestimmten Bedarf mehrere Lieferanten nutzt („always-a-share"). Je mehr er seine Bestellungen auf einen Anbieter konzentriert, umso stärker fällt aus dessen Sicht die Kundenpenetration, d.h. der kundenspezifische Marktanteil („**share in customer**") aus. Der Penetrationswert soll also jene Umsätze mit einem Kunden erfassen, die realistischer Weise von anderen Lieferanten abgezogen werden könnten. Ein Ansatzpunkt dafür wäre z.B. der höchste erreichte share of customer im gesamten Kundenstamm.

(4) Cross-Selling-Wert

Im Gegensatz zum Penetrationswert bezieht sich der **Cross-Selling-Wert** auf bisher vom jeweiligen Kunden nicht genutzte Produktbereiche. Haben Kunden ein gewisses Vertrauensverhältnis zu ihrem Anbieter entwickelt und dessen Kompetenz hinreichend kennen gelernt, steigt die Chance, dass sie bei diesem Anbieter auch andere Produkte oder Dienstleistungen als die bisher bezogenen kaufen. Auch sog. **Folgegeschäfte** (Umsätze mit Komplementärprodukten, etwa Rasierklingen zum Rasierapparat oder Druckerpatronen zum Drucker), lassen sich hier als Wertbestandteile subsumieren.

(5) Referenzwert

Eine weitere Kundenwertkomponente basiert auf **Empfehlungen** vorhandener Kunden an bisher nicht bediente, potenzielle Kunden. Zur Operationalisierung dieses sog. **Referenzwerts** müssen folgende Bewertungsschritte durchlaufen werden:

(a) Bestimmung des (bisher noch nicht ausgeschöpften) Referenzpotenzials jedes vorhandenen Kunden, das wiederum vom möglichen Referenzkreis (Netzwerk) und dem Grad der Meinungsführerschaft des Kunden abhängt.

(b) Bestimmung der relativen Referenzbedeutung für die Kaufentscheidung der potenziellen neuen Kunden verglichen mit anderen Kaufentscheidungsfaktoren.

(c) Schätzung und Prognose der Gewinne der auf diesem Wege neu zu gewinnenden Kunden.

Auf kundenindividueller Basis sind solche Bewertungen insb. angesichts der Unkenntnis der künftig geworbenen Kunden wohl in den seltensten Fällen möglich. Behelfsweise wird man sich deshalb mit Durchschnittswerten aus der Vergangenheit begnügen, was zwar unbefriedigend, aber angesichts der Prognoseproblematik insb. für große Kundenstämme unvermeidlich ist. In machen Märkten, etwa bei verschreibungspflichtigen Medikamenten, ist der Referenzwert allerdings die wichtigste Kundenwertkomponente. Pharmafirmen können darauf aufbauend z.B. ihre Ärztebetreuungsprogramme entsprechend abstufen (vgl. z.B. *Iyengar* et al. 2011).

Die drei zuletzt behandelten Kundenteilwerte dienen dem **Unternehmenswachstum** (Abb. 2-17). Anders verhält es sich bei den letzten drei Modulen des Kundenwertes, dem Preispremium und den kundenspezifischen Gewinnungs- und den Transaktionskosten. Sie wirken unmittelbar auf die **Profitabilität** der Kundenbeziehung ein.

(6) Preispremium
Auf Grund von Preisdifferenzierungen, insb. Mengenrabatten und individuell ausgehandelten Preisen, entsteht bei vielen Unternehmen eine z.T. erhebliche **Preispreizung** zwischen Kunden, die im sog. **Preispremium** abgebildet wird. Es kennzeichnet den (durchschnittlichen) Mehrpreis, den ein Kunde im Vergleich zum Durchschnittspreis über alle Kunden bezahlt. Da Kostenunterschiede getrennt berücksichtigt werden, führt das Preispremium mengengewichtet durch die Umsatzpotentiale (zu Standardpreisen) zu einer analogen Gewinnsteigerung. Die Ermittlung ist auf Basis der Fakturierungsbelege pro Kunde relativ einfach, wenn das Rechnungswesen entsprechend kundenindividuell ausgestaltet ist.

(7) Transaktionskostenwert
Beim Transaktionskostenwert handelt es sich um eine **negative Kundenwertkomponente**, die umso höher ausfällt, je mehr Transaktionskosten pro Periode oder Umsatzeinheit ein Kunde (bisher) verursacht. Zu den Transaktionskosten zählen wir der Vereinfachung halber auch die – prinzipiell auch getrennt davon verrechenbaren – variablen Herstellkosten der an den Kunden verkauften Produkte, deren Berücksichtigung die Gewinneffekte verschiedener **Sortimentsschwerpunkte der Kunden** deutlich macht (kundenspezifischer Produkt-Mix-Effekt). Kauft ein Kunde ertragsstarke Produkte ist er gewinnträchtiger als ein Kunde, der häufig nur knapp kalkulierte oder im Preis reduzierte Artikel kauft. Ferner gehören dazu auch alle direkt einzelnen Kunden zurechenbaren **Kosten der Auftragserlangung, -abwicklung und -verwaltung**. Formal betrachtet muss der Kunden-Basiswert um die entsprechenden kundenspezifischen Einzelkosten vermindert werden. Bezogen auf den bisherigen Umsatz mit dem Kunden ergibt sich dann ein kundenspezifischer Deckungsbeitrag.

(8) Kundengewinnungs- und -bindungskosten
Als letzte Kundenwertkomponente werden in der Kundenbindungsliteratur häufig wegfallende bzw. verminderte **Kundengewinnungskosten** aufgeführt (*Reichheld/Sasser* 1990). Hierbei handelt es sich erneut um **Opportunitätswerte**, deren Einbezug in ein Kundenwertkalkül vor allem vor dem Hintergrund einer optimalen Ressourcenallokation zwischen Kundenbindungs- und Kundengewinnungsaktivitäten grundsätzlich betriebswirtschaftlich sinnvoll ist. Stärker gebundene Kunden erfordern

geringere Werbe- oder Außendienstkosten als weniger gebundene Kunden. Der Kundenwert erhöht sich damit entsprechend um die kalkulierte Summe der eingesparten (durchschnittlichen) Kundengewinnungskosten. Allerdings gilt es dabei genau zu spezifizieren und zu unterscheiden, ob die entsprechenden Kostenkategorien überhaupt kundenspezifisch verteilt und damit verrechnet werden können (z.B. bei Besuchskosten des Außendienstes möglich, bei Imagewerbung nicht). Zu großen Teilen handelt es sich hier nämlich um Kundengemeinkosten, so dass ein Einsparungseffekt nur auf aggregierter, nicht aber auf kundenindividueller Ebene berechenbar ist. Es handelt sich dann um periodenspezifische Kundenwerteffekte. Darüber hinaus sind auch bei gebundenen Kunden – je nach Art der Kundenbindung – immer wieder Aufwendungen für die weitere Bindung erforderlich, etwa wenn es bei Vertragsverlängerung von Mobilfunktarifen üblich ist, erneute Subventionierungen (z.B. neues Handy) vorzunehmen oder andere Werbeaktivitäten durchzuführen. Kundengewinnungskosten sollten demnach mit den **Kundenbindungskosten** gegen gerechnet werden.

2.3.2.2 Dynamisierung des Kundenwertes

Wie die inhaltliche Betrachtung der Kundenwertkomponenten gezeigt hat, handelt es sich hierbei z.T. um Vergangenheitsgrößen, deren Wiedererlangung durch Kundenbindung erwartet wird, z.T. um reine Potenzialwerte, die bisher noch nicht erreicht wurden, aber erreicht werden könnten. Ein auf der Theorie der Kundenbindungseffekte aufgebautes Kundenwertmodell erzwingt geradezu eine solche Potenzialbetrachtung, weil in den Kundenwertkomponenten Wirkungen der Kundenbindung in der Zukunft abgebildet werden. Dies führt hin zu einer mehrperiodigen Betrachtung im Sinne der Investitionsrechnung und zur Konzeption eines „**Kundenlebenszykluswertes**" (**customer life time value - CLTV**), mit dem der Effekt der gegenwärtigen Kundenbindung auf zukünftige Erlösströme bis zum Ende der Kundenbeziehung bzw. eines realistischen Planungshorizontes eingefangen werden sollen (*Cornelsen* 2000, S. 132 ff.).

Rein formal ergibt sich der CLTV eines Kunden i durch entsprechende Abdiskontierung zukünftig anfallender Beträge und Aufsummierung der pro Jahr saldierten Erlöse und Kosten über die Zeit, wobei man mehr oder minder willkürlich einen bestimmten Lebenszykluszeitraum, etwa den durchschnittlichen aus der Vergangenheit, festlegen muss:

$$CLTV_i = \sum ((U_t - K_t) / (1+i)^t)$$

Der Wert einer Kundengruppe oder des gesamten Kundenstamms kann durch entsprechende Aggregation berechnet werden. Allerdings stellen sich der zuverlässigen Berechnung von dynamischen Kundenlebenszykluswerten einige gravierende Probleme entgegen, auf die hier nicht näher eingegangen werden kann (vgl. *Diller* 2002). Insbesondere ergeben sich Prognoseprobleme hinsichtlich der künftigen Kundenbindung, von der aber viele Kundenteilwerte abhängen. Üblicherweise gibt es eine Art **Loyalitätstreppe**, d.h. quantitativ und qualitativ wachsende Kundenbindung im Zeitablauf. Weiterempfehlungen werden dabei z.B. oft erst ab Erreichen einer bestimmten Treppenstufe geleistet, sodass der Referenzwert selbst zeit- und bindungsabhängig ist. Wegen solcher Prognoseprobleme begnügt man sich in praxi oft mit entsprechenden Durchschnittswerten aus der Vergangenheit.

2.3.3   Kundenplanung und -kontrolle

PRINZIP: Kundenplanung und -kontrolle
Kundenmanagement erfordert die Herleitung, Vorgabe und Kontrolle Kunden(gruppen)- spezifischer Ziele im Rahmen systematischer Planungs- und Kontrollprozesse.

Hat man die Kundenwerte für alle relevanten Kunden berechnet, werden sie in ein kontinuierliches **Kundenmanagement** eingespeist. Es besteht in einer strategischen und operativen Kunden(gruppen)planung und -kontrolle, wie wir sie im Kap. 4/ 1.) detaillierter behandeln werden. An dieser Stelle soll nur ein Überblick geboten werden.

Marketingplanung erfolgt traditionell im Hinblick auf Absatzerfolge und -maßnahmen für bestimmte **Produkte**, die zu Gesamtwerten für das Unternehmen oder den Geschäftsbereich aggregiert werden. Kundenorientierung lässt aber den Kunden in den Mittelpunkt des Marketinginteresses rücken. Daran muss sich auch die Planung anpassen. Gefordert sind zusätzlich zu den Absatzplänen **Kunden(gruppen)pläne**, d.h. die systematische Herleitung von kunden(gruppen)spezifischen Plangrößen für jede Planperiode bzw. für spezielle, kundenspezifische Kampagnen, etwa Mailingaktionen, Kundenevents oder Telefonaktionen.

Planungsobjekte hierfür sind generische Kundengruppen, wie die in Abbildung 2-19 dargestellten, oder Marktsegmente nach individuell auszuwählenden Segmentierungskriterien. Die wichtigsten Plangrößen sind **Kundenzahlen**, **Umwandlungsraten** zwischen verschiedenen Kundengruppen („**conversion rates**", z.B. zwischen Interessenten und Erstkunden), Absatzmengen, Umsätze, Kosten und Deckungsbeiträge. Die Herleitung dieser Plangrößen erfordert kundenspezifische Situationsanalysen, Kontrolle der Vorperiodenentwicklung und Entwicklung kundenspezifischer Marketingaktivitäten.

CRM-Systeme erlauben darüber hinaus die detaillierte Planung spezieller Kampagnen für beliebig definierbare Kundengruppen, etwa für potentielle Kunden neuer Produktmodelle, Kunden, deren Vertrag ausläuft, oder längere Zeit inaktive Kunden (vgl. unten).

Die Kundenplanung wird ergänzt durch eine **Kundenkontrolle**, bei welcher man die Zielerreichung überprüft und Abweichungen von den Planwerten analysiert und interpretiert. Auf diese Weise entsteht ein Kunden(gruppen)-spezifischer **Planungszyklus**, der die herkömmlichen Absatzplanungen ergänzt. Verantwortlich dafür ist üblicherweise der Vertrieb, da dieser auch den direkten Kontakt zu den Kunden steuert.

Ökonomisch fließt die Kundenplanung in entsprechende **Kunden(gruppen)budgets**. Die Kunden(gruppen) werden dazu zunächst entsprechend ihres Kundenwertes in eine

Rangliste gebracht und für bestimmte Aktivitäten selektiert. Z.B. erfolgen Mailingaussendungen oder Event-Einladungen nur ab einer gesetzten Kundenwertgrenze. Stehen die Kampagnenkosten pro Kunde fest, ergibt sie sich einfach durch Division des verfügbaren Gesamtbudgets durch diese „Stück"-Kosten, d.h. die maximale Zahl der finanzierbaren Kontakte. Komplizierter wird die Budgetverteilung, wenn unterschiedliche Kundensegmente auszuwählen sind. Hier müssen zunächst **strategische Entscheidungen** über die Mittelzuweisung getroffen werden, z.B. 70% für Kundenbindung und 30% für Neukundengewinnung (vgl. Kap. 4/ 1.). Aus der inhaltlich gewählten Kundenbearbeitungsstrategie ergeben sich dann entsprechende Kostensätze pro Kunde. Z.B. erfordert eine Messeeinladung wenige Ressourcen, während eine Einladung zu Kundenseminaren aufwändiger ist. Entsprechend des Kundenwertes können dann entweder nicht alle Mitglieder einer Kundengruppe und/oder nicht alle Kundensegmente gleichermaßen bedient werden. Die nötigen Allokationsentscheidungen eines gegebenen Gesamtbudgets können dann nur auf Basis von Einschätzung der Reaktionselastizitäten vorgenommen werden. Maßnahmen, welche den Kunden(gruppen)wert stärker erhöhen als andere, werden entsprechend priorisiert (vgl. *Kumar* et al. 2008). Betriebswirtschaftlich folgt die Zuweisung von Ressourcen (Arbeitszeit, Finanzmittel, Know-how etc.) für bestimmte Kunden also nach dem Grenznutzenprinzip. Priorisiert werden solche Verwendungen, in denen die Ressourcen ihre jeweils maximale Wirkung entfalten. Typischer Ausdruck eines so gesteuerten Kundenmanagements sind die besonders intensive, von speziellen Mitarbeitern oder Teams betriebene Betreuung besonders wertvoller Kunden, sog. Key Accounts, oder die „abgespeckte", u.U. sogar an externe Dienstleister ausgelagerte Betreuung von wenig rentablen Kleinkunden.

2.3.4   Individualisierung der Kundenbearbeitung

> **PRINZIP: Individualisierung des Marketing**
> Kundenmanagement erfordert die Individualisierung der kundenbezogenen Aktivitäten auf Basis des Kundenwissens und eines betriebswirtschaftlichen Mass-Customization-Konzeptes.

Wie schon die voran stehenden Prinzipien des Kundenmanagements deutlich machten, liegt dessen zentrales Anliegen darin, Kunden optimal zu bedienen. Dies bedingt eine Abkehr vom Massen-Marketing früherer Jahre und eine Hinwendung zur stärkeren Differenzierung, ja **Individualisierung** der Marketingbemühungen („**One-to-one-Marketing**"). Ansatzpunkte dafür gibt es bei entsprechendem Kundenwissen in allen Sektoren des Marketing Mix (vgl. Kapitel 4), z.B.:

– im **Produkt-Mix** durch Produkt-Baukastensysteme, individuell variierbare Produktmischungen, -features, -farben und -formen, individuell zugeschnittene Services, Garantien oder Spezial- bzw. Maßanfertigungen;

– im **Preis-Mix** durch Preisbaukästen (individuelle Preiskomponenten für verschiedene Teilleistungen), Bonusprogramme, Direkt-Coupons oder Auktionen mit Preisgeboten der Kunden;

– im **Distributions-Mix** durch Hauszustellung, persönliche Liefertermine, Key

Account Management oder just-in-time-Systeme;

–   im **Kommunikations-Mix** durch Direktmarketing, personalisierte Kundenanspra-
    che, Kundenevents, individualisierte Newsletter usw.

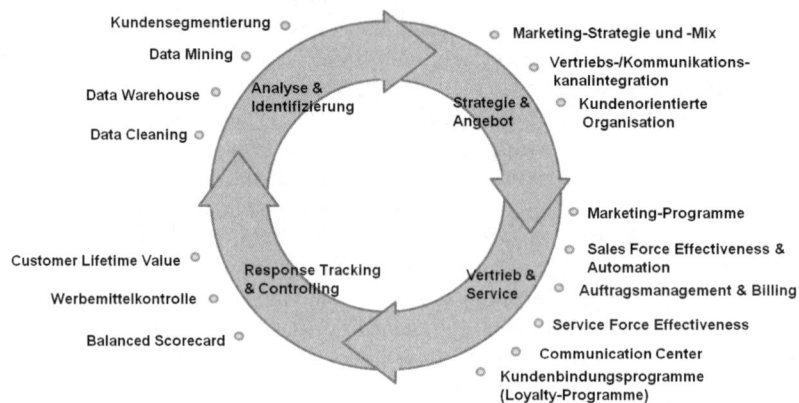

Abb. 2-18: CRM als Informationszyklus
(Quelle: Strauß 2001, S. 250)

Die Optimierungsaufgabe liegt darin, die durch solche Individualisierungen normalerweise auftretenden Kostensteigerungen im Wege eines sog. „**Mass Customization**"
(massenhafte Individualisierung) aufzufangen, um kosten- und preispolitisch wettbewerbsfähig zu bleiben. Einen wichtigen Beitrag zur Individualisierung können CRM-
Systeme leisten, weil sie die notwendigen individuellen Kundendaten bereitstellen und
einen kundenspezifischen Lernzyklus in Gang halten (vgl. Abb. 2-18), der mit der
Sammlung und Aufbereitung „alter" Kundendaten beginnt, sich mit der Auswertung
und Aufbereitung dieser Daten fortsetzt (z.B. Segmentierung), zu einem typischen
Kundenprofil der anzusprechenden Kunden führt, für die dann im nächsten Schritt
maßgeschneiderte Marketingprogramme kreiert und anschließend umgesetzt werden
können. Der (Non-)Response auf solche Maßnahmen wird kundenindividuell abgespeichert, sodass das Kundenwissen weiter zunimmt und ein aktueller Lernzyklus
durchlaufen ist.

2.3.5   Interaktion mit Kunden

PRINZIP: Interaktives Kundenmanagement
Kundenmanagement versteht sich als Treiber der Kundenbeziehungen im Ver-
laufe des Kundenlebenszyklus durch aktiv gesteuerte und systematische Interaktion.

Ausgestattet mit einem umfassenden Wissen über den Kundenstatus und Treiber von
der Kundenzufriedenheit und des Kaufverhalten bestimmter Interessenten bzw. Kunden wird es im Vergleich zu früher sehr viel leichter möglich, die Geschäftsbeziehun-

gen zu Kunden(gruppen) selbst voran zu treiben und für den Aufschwung bzw. die Stabilisierung des Kundenlebenszyklus zu sorgen. Dafür sorgen zahlreiche „**Touchpoints**" also Kundenkontaktstellen (Outlet, Regal, Website, Massenmedien, Call Center usw.) und spezielle, an den jeweiligen Status der Kunden angepasste Kampagnen, die auf vielfältigen Wegen, oft über ein **Direktmarketing** (vgl. Kasten) oder durch persönliche Kontakte des Außendienstes, organisiert werden. Diese Touchpoints und Kontaktmedien gilt es zu einem geschlossenen Kontaktprogramm für jede Kundengruppe auszubauen (vgl. z.B. *Belz* et al. 2008).

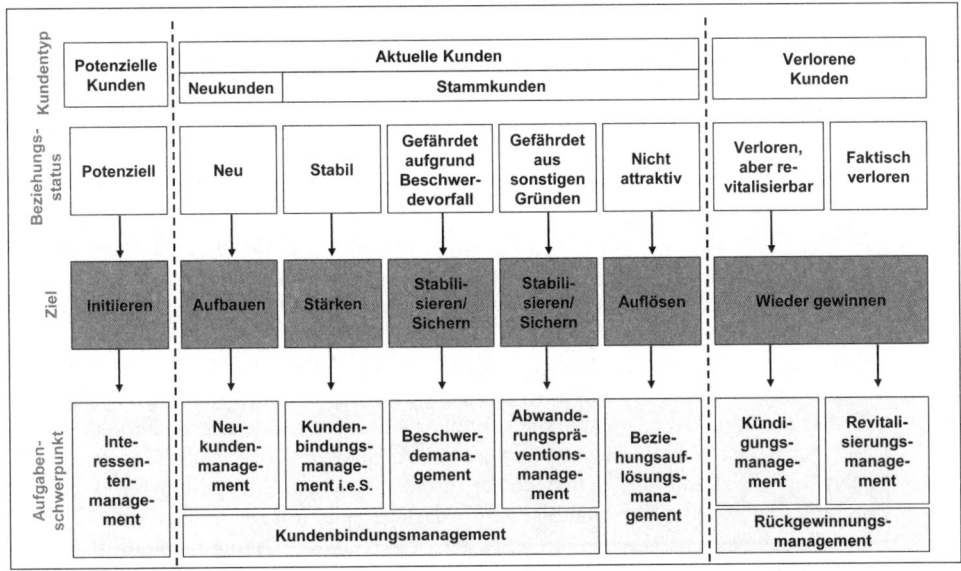

Abb. 2-19: Bereiche der Kundensteuerung im Kundenlebenszyklus
(Quelle: Stauss/Seidel 2002, S. 31)

Abb. 2-19 zeigt die verschiedenen Bereiche einer solchen Kundensteuerung samt zugehörigem Kundenstatus und prioritären Zielen im Überblick. Besonders intensiv gepflegte Bereiche sind

(1) das **Interessenten-** oder **Lead-Management**, bei dem durch entsprechende Workflow-Routinen sicher gestellt werden soll, dass einmal (z.B. auf Messen) identifizierte Interessenten auch tatsächlich bearbeitet und möglichst zum Kauf geführt werden;

(2) das **Neukundenmanagement**, bei dem neu gewonnene Kunden besonders intensiv kontaktiert und betreut werden, um das Interesse des Anbieters an einer guten Geschäftsbeziehung zu dokumentieren (Dankschreiben, Zufriedenheitsbefragungen etc.),

(3) das **Kundenbindungsmanagement**, bei dem versucht wird, die Kundenbindung im Sinne der oben vorgestellten Definition zu festigen, etwa durch Kunden-Newsletter, Bonusprogramme oder Kunden-Events,

(4) das **Beschwerdemanagement**, bei dem sicherzustellen ist, dass den Kunden hinreichend Beschwerdekanäle offen stehen und die eingehenden Beschwerden einfühlsam, fair und rasch bearbeitet werden, und

(5) das **Abwanderungspräventionsmanagement** („**churn prevention**"), das im Falle fixer Vertragslaufzeiten (z.B. Versicherungs-, Leasing- oder Mobilfunkverträge) oder bekannter Nutzungszyklen (z.B. LKW, Computer etc.) verhindern soll, dass (wertvolle) Kunden abwandern.

(6) Im **Revitalisierungsmanagement** versucht man, ehemalige Kunden auf Basis der vorhandenen Kundenkenntnisse erneut für sich zu gewinnen. Das kann aussichtsreicher sein als die Akquisition gänzlich neuer Kunden, insbesondere, wenn – wie z.B. im Mobilfunkmarkt – das Kundenreservoir bereits weitgehend ausgeschöpft ist.

Direktmarketing

Direktmarketing bezeichnet die Herstellung unmittelbarer kommunikativer (**Direktkommunikation**) und/oder logistischer (**Direktvertrieb**) Beziehungen zum Kunden. Im Gegensatz zum Massenmarketing wird beim Konzept des Direktmarketing der einzelne Kunde in den Mittelpunkt der Bemühungen gestellt (One-to-one-Marketing). Nutzen und Ziele des Direktmarketing für Unternehmen liegen in der verbesserten Möglichkeit des Aufbaus einer dauerhaften Kundenbeziehung (Beziehungsmarketing), einer gewinnorientierten Mittelallokation und geringerer Streuverluste durch genauere Selektion der Zielpersonen, der schnellen Reaktion auf Kundenbedürfnisse, -anfragen, -bestellungen und -reklamationen, eines persönlichen und bedarfsgerechten Informations- und Leistungsangebotes, des Dialogs mit den einzelnen Kunden (**Dialogmarketing**) und genauerer Erfolgskontrolle durch Response-Messung.

Die Instrumente des Direktmarketing lassen sich nach drei Kriterien untergliedern:

(1) Nach der **Art des Kundenkontaktes** wird unterschieden zwischen dem direkten persönlichen, dem direkten nicht persönlichen und dem medialen Kontakt. Instrumente des direkten persönlichen Kontakts sind vor allem das Verkaufsgespräch, Außendienstbesuche, Messegespräche, Informationsveranstaltungen, Events und das aktive und passive Telefonmarketing. Instrumente des direkten, nicht persönlichen Kontakts sind neben dem Werbebrief andere Werbedrucksachen wie Prospekt und Katalog. Der mediale Kontakt zeichnet sich durch den breit streuenden Charakter der Medien aus. Diese haben nur dann Direktmarketing-Charakter, wenn sie mittels eines **Response-Elements** (z.B. Angabe der Telefonnummer) auf die direkte Rückkopplung mit dem Einzelkunden abzielen. Solche Response-Elemente können in Zeitungen, Zeitschriften, Anzeigenblättern, Beilagen, Plakaten, Fernsehen und Radio zum Einsatz kommen. Auf allen drei vorgenannten Kontaktebenen können Individualität, Schnelligkeit und Kosten der in Richtung Einzelkunde ablaufenden Kommunikations- und Leistungsprozesse durch den Einsatz Kundenorientierter Informationssysteme verbessert werden (**Database-Marketing**). Auch der Einsatz des Internets im Rahmen des Online-Marketing stellt bei voller Ausschöpfung seines Potentials Di-

rektmarketing dar: Online Marketing ist von seinem Potential her auf Response und Interaktion angelegt; insofern kommt es bei richtiger Ausschöpfung dieses Potentials immer zu unmittelbaren Beziehungen zwischen Anbieter und Kunde.

(2) Nach dem **Grad der Kundenaktivierung** ergibt sich eine Einteilung in das passive, das reaktionsorientierte sowie das interaktionsorientierte Direktmarketing.

(3) Nach verschiedenen **Phasen des Interaktionsprozesses** (Vorkaufphase, Kaufphase, Nachkaufphase) lassen sich jeweils spezifische Instrumente des Direktmarketing als besonders effektiv qualifizieren. Somit kann jede Phase des Kaufprozesses branchenspezifisch auf ihr Individualisierungspotential untersucht und eine Planung entsprechender Direktmarketingmaßnahmen vorgenommen werden.

Das hohe **Individualisierungs- und Interaktionspotential** prägt das Direktmarketing über alle vier Sub-Mixe hinweg und unterscheidet es – zusammen mit anderen Merkmalen – signifikant vom Massenmarketing.

(Quelle: Link, J. (2001): Direktmarketing, in: Diller, H. (Hrsg.): Vahlens Großes Marketing, 2. Aufl., München, S. 308-310.)

Interaktives Kundenmanagement wird erst auf Basis des dokumentierten Kundenwissens und der am Kundenwert ausgerichteten Priorisierung von Kunden(gruppen) sowie einer daraufhin abgestimmten Individualisierung möglich und wirtschaftlich sinnvoll. Wer versucht, Kontaktprogramme ohne diese Basis umzusetzen, wird kaum erfolgreich sein. Die in den voran stehenden Abschnitten dargestellten Prinzipien des Kundenmanagements bauen also aufeinander auf und sind nicht substituierbar. Ganz besonders gilt das für das letzte Prinzip des Kundenmanagements, der Kundenintegration, das wir nachfolgend behandeln.

2.3.6   Integration von Kunden

Wenn man Kunden besonders eng an sich binden will, versucht man, sie in die eigenen Leistungsprozesse einzubinden (**Rückwärtsintegration** des Kunden) oder selbst Teile des Wertschöpfungsprozesses beim Kunden zu übernehmen (**Vorwärtsintegration** des Anbieters). Eine solche **Kundenintegration** lässt Anbieter und Nachfrager einander näher rücken und erzeugt Lock-in-Effekte, wenn dafür auch spezifische Investitionen erforderlich sind. Voraussetzung ist eine gewachsene Geschäftsbeziehung, in der das nötige **Vertrauen** für eine solche Kooperation entstanden ist. Vorstufe einer solchen Politik, die vor allem, aber keineswegs nur im BtB-Geschäft versucht wird, ist deshalb ein entsprechendes „**Vertrauensmarketing**" , das dem Kunden bei allen Kontakten das Wissen und Gefühl um die Integrität und echte Kooperationsbereitschaft des Anbieters vermittelt (vgl. *Bauer/Neumann/Schüle* 2006).

Ferner muss auch die Gelegenheit dazu bestehen oder geschaffen werden, dass der Kunde sich selbst als Person oder mit eigenen Ressourcen (Rechte, Informationen, Kapital, Vorleistungen etc.) in die Geschäftsprozesse so „einklinken" kann und dass dadurch insgesamt eine höhere Kundenzufriedenheit und/oder Wertschöpfung entsteht (vgl. *Kleinaltenkamp/Fließ/Jacob* 1996; *Büttgen* 2007).

Dass dafür viel mehr Möglichkeiten bestehen als man zunächst annimmt, zeigt folgende Liste an **Kunden-Rollen** und zugehörigen **Instrumenten**, die hierbei einsetzbar sind:

- Kunde als **Auskunftsgeber** über Produkt- oder Servicewünsche (Kundenbefragungen)
- Kunde als **Dialogpartner** und **Mit-Denker** in Kundenworkshops oder Qualitätszirkeln des Anbieters
- Kunde als **kritischer Begleiter** auf unternehmensnahen Bloggs oder in Kundenclubs
- Kunde als **Innovationspartner** (**Lead User**) bei der Entwicklung und probeweisen Umsetzung von Produkt- oder Serviceinnovationen (vgl. Kap. 4/ 2.)
- Kunde als „**Selbst-Berater**" bzgl. modular zusammengesetzter Produkte (z.B. Auto oder Computer) mit Hilfe entsprechender **Produktkonfiguratoren**
- Kunde als **Designmitgestalter** (z.B. T-Shirt-Motive, Sportschuh-Farben, Farben für dekorative Kosmetik etc.) mit Hilfe sog **Toolkits** im Internet
- Kunde als „Taktgeber" für eine just-in-time-Logistik oder ein ECR-System (**Efficient-Customer-Response**), wo die Bestellungen des Handels auf Basis aktueller Abverkaufsdaten der Scannerkassensysteme unmittelbar in entsprechende Bedarfsprognosen und Belieferungsroutinen des Lieferanten überführt werden
- Kunde als **Teammitarbeiter** in Gremien des Lieferanten (z.B. Qualitätskontrolle, Engineering)
- Lieferant als (automatisch) agierender **Informationsbegleiter** in **location based Services** beim Mobilfunk (z.B. Verkehrs- oder Gastronomie-Informationen oder Einkaufsgelegenheiten am momentanen Ort des Nutzers), Voraussetzung dafür ist die Erlaubnis zur Errichtung einer entsprechenden Servicesystems beim Kunden („**Permission Marketing**")
- Lieferant als **Teammitarbeiter** in Gremien des Kunden (z.B. Category Management eines Konsumgüterherstellers beim Handel, Marktforschung für den Kunden)
- Lieferant als **integrierter Ko-Produzent** im Fertigungsprozess des Kunden (z.B. in der Autoproduktion).

Die Liste lässt sich fast beliebig erweitern. Kundenintegration ist besonders intensiv im **Zuliefergeschäft** ausgeprägt, wo mächtige industrielle Nachfrager (Original Equipment Manufacturers-OEMs) immer häufiger selbst in die Planungs- und Gestaltungsprozesse der Vorlieferanten aktiv eingreifen, um die gewünschte Qualität der erzeugten Produkte und eine schnellere Produktbereitstellung zu sichern. Dadurch kommt es zu einer gewissen Rückwärtsintegration der Kunden, aber auch zur Vorwärtsintegration der Zulieferer, die nicht selten in den Fabrikationsanlagen ihrer Kunden an der Montage von vorgefertigten Systemen mitarbeiten.

2.3.7 Kundenorganisation

> **PRINZIP: Kundenorganisation**
> Kundenmanagement erfordert eine aufbau- und ablauforganisatorische Veranke-
> rung der verschiedenen Aufgaben unter Optimierung der Prozessabläufe hin-
> sichtlich Effektivität und Effizienz. Wichtige Kunden werden von speziellen
> Key Account Managern betreut.

Ein letzter Unteraspekt der aktiven Kundenführung ist die hinreichende Organisation des Kundenmanagements. Durch entsprechende Stellenbildung (Aufbauorganisation) und Arbeitsregelungen (Ablauforganisation) ist sicherzustellen, dass die beschriebenen Aufgaben der Kundensteuerung tatsächlich auch effektiv und effizient ausgeführt werden (vgl. dazu ausführlich auch Kapitel 5/ 2.).

Eine typische Erscheinungsform kundenorientierter Organisationsgestaltung stellt das **Key Account Management** dar (vgl. Kap. 5/ 4.). Hierbei wird das herkömmliche Prinzip der regionalen Gliederung der Verkaufsorganisation durchbrochen und von einer kundenorientierten Struktur abgelöst oder (häufiger) überlagert. Ein sog. Key Account-Manager ist dabei – ähnlich wie ein Produkt-Manager für sein Produkt – für einen oder wenige Key Accounts verantwortlich. Damit soll eine intensivere, der Marktstellung des Key Accounts entsprechende auf organisatorisch höherer (als regionaler) Ebene angesiedelte Bearbeitung des Kunden erreicht werden.

Kunden kommen aber nicht nur am Verkaufspunkt mit ihren Lieferanten in Kontakt. Vielmehr existieren in aller Regel vielfältige Touchpoints, an denen Informationen über Kunden anfallen und wo mit dem Kunden kommuniziert wird. Die Ablauforganisation des Kundenmanagements muss deshalb dafür sorgen, dass die Zusammenarbeit mit dem Kunden nicht in sich widersprüchlich ausfällt („**one face for the customer**"), aber auch im Unternehmen überall derselbe Informationsstand über den Kunden vorliegt („**one face of the customer**").

Der Erfolg des Kundenmanagements ist auch dann gefährdet, wenn zwar die unmittelbar mit Marketing und Vertrieb beschäftigten Mitarbeiter kunden- und wettbewerbsorientiert denken und handeln, nicht aber andere, nur mittelbar die Marktaktivitäten unterstützenden Stellen und Personen. Liefert z.B. die EDV-Abteilung keine gut geeigneten Datenbankmasken für die den Kunden betreuenden Mitarbeiter im Call-Center, kann dieser den Kunden nicht optimal bedienen. Folgt die Beschaffungsabteilung eher den traditionellen Prinzipien eines möglichst billigen oder störungsfreien Einkaufs, werden u.U. spezifische Kundenbedürfnisse bezüglich Materialien oder Ausstattungsdetails übersehen. Handelt die Produktionsleitung allein nach produktionswirtschaftlichen Prinzipien und damit mit langen Loswechseln, kann u.U. den Flexibilitätswünschen des Kunden nicht Rechnung getragen werden. Wenn Kundenorientierung also tatsächlich erreicht werden sollen, müssen folgende Prinzipien beherzigt werden:

(1) In kundenorientierten Unternehmen folgt nicht nur die Marketingabteilung i.e.S. dem Oberziel, Kunden und Wettbewerb zu verstehen. Marktorientierung manifestiert sich vielmehr in der **Ausrichtung aller Abteilungen am relativen (d.h. am**

Wettbewerb gemessenen) Kundennutzen, z.B. in der Neuproduktentwicklung, Produktion, im Einkauf oder im Rechnungswesen.

(2) Kundenorientierung bedarf der Unterstützung durch die geeignete Ausgestaltung bestimmter **Instrumente** oder **Systeme**, z.B. des Vergütungssystems für Vertriebsmitarbeiter oder der Einrichtung eines kundenorientierten Informationssystems, wie es etwa im CRM (Customer Relationship Management) zum Einsatz kommt.

(3) Kundenorientierung kann einerseits als **beobachtbares Verhalten**, aber auch als Phänomen der **Unternehmenskultur** betrachtet werden. Insofern betrifft sie auch die **Personalführung** im Marketing.

(4) Kundenorientierung erfordert effiziente, d.h. kostengünstige sowie möglichst fehlerfreie und schnelle **Prozesse**, die quer zu den herkömmlichen Funktionalabteilungen auf höchstmögliche Kundenzufriedenheit statt auf funktionale Optimierung ausgerichtet werden.

Wir werden sowohl auf die diesbezüglich verfügbaren aufbau- als auch die ablauforganisatorischen Optionen des Kundenmanagements im Kap. 5/ 2. weiter eingehen.

Kontrollfragen

1. Angenommen, Sie müssten das Ausmaß der Marktorientierung eines Restaurantbetreibers überprüfen: Welche Verhaltensweisen würden Sie dafür genauer unter die Lupe nehmen?

2. Was bedeutet Kundenorientierung konkret? Womit konkurriert sie in vielen Unternehmen?

3. Erläutern Sie am Beispiel einer Hotelkette, in welchen Stadien sich deren Kunden befinden können!

4. Inwiefern sollte z.B. ein Stahlerzeuger mehrstufiges Marketing betreiben?

5. Erläutern Sie am Beispiel eines Fitness-Studios die idealtypischen Phasen eines Kundenlebenszyklus und die Konsequenzen, die sich daraus für das Marketing ergeben!

6. Welche Zielsetzungen verfolgt ein Waschmittelhersteller mit der Marktsegmentierung? Welche Segmentierungskriterien sind dabei besonders relevant?

7. Welches sind die charakteristischen Merkmale von Verbrauchertypologien, wie sie z.B. Zeitschriftenverlage zur Verfügung stellen? Welchen Nutzen bieten Sie dem Marketing?

8. Erläutern Sie am Beispiel einer Universität und dem Einkauf von PCs für die universitären Einrichtungen das Buying-Center-Konzept und die Konsequenzen, die sich daraus für einen PC-Anbieter ergeben!

9. Was ist unter „Customer-Insight-Management" zu verstehen? Wie unterscheidet es sich von herkömmlicher Marktforschung?

10. Erläutern Sie am Beispiel eines Friseurbesuchs den Unterschied zwischen Produkt-,
    Transaktions- und Beziehungsnutzen!

11. Welche Teilnutzen können verschiedene Marketinginstrumente beim Einkauf eines TV-Gerätes erzeugen?

12. Erläutern Sie die Grundstruktur der Means-End-Theorie am Beispiel der Damenoberbekleidung!

13. Entwickeln Sie eine Formel zur Quantifizierung der Kundenzufriedenheit von Bankkunden und benennen Sie mindestens fünf dafür einschlägige Teilnutzen!

14. Die Firma Wrigley brachte vor einigen Jahren unter ihrem Firmennamen neben den traditionellen Kaugummis auch Bonbons auf den Markt. Um welche Imagestrategie handelt es sich hierbei und welcher Verhaltensmechanismus wird genutzt?

15. Erläutern Sie am Beispiel von Automarken, welche Einstellungskomponenten sich unterscheiden lassen!

16. Machen Sie fünf verschiedenartige Vorschläge zur Messung der Kundenbindung eines Kino-Centers! Welche qualitativen Färbungen ließen sich zusätzlich unterscheiden?

17. Welche Motive stärken bzw. hindern die Kundenbindung bei einem Motorradhersteller?

18. Welche Typen von Kaufentscheidungen lassen sich unterschieden? Schematisieren Sie die Unterscheidung!

19. Erläutern Sie am Beispiel eines Supermarktes die vier Beziehungsebenen im Modell von *Diller/Kusterer* und nennen Sie Beispiele für daraus resultierende Ansatzpunkte im Beziehungsmarketing!

20. Erläutern Sie mindestens fünf verschiedene Komponenten des Kundenwissens, die ein Bekleidungshändler wie Wöhrl oder Peek & Cloppenburg auf Basis von Kundenkartensystemen aufbauen kann!

21. Was unterscheidet eine herkömmliche Kundenkartei von einem Data-Warehouse?

22. Warum ist es für ein Reisebüro sinnvoll, Kunden zu priorisieren? Welche Gesichtspunkte sollten dabei eine Rolle spielen? Wie lässt sich die Priorisierung praktisch umsetzen?

23. Welche Kundenwertmodelle ließen sich hier einsetzen und welche Kundenwertkomponenten könnte man unterscheiden? Wie könnten Sie einen customer life time value berechnen (Formel!)?

24. Erläutern Sie am Beispiel eines Mobilfunkanbieters den Einsatz von conversion rates im Kundenmanagement! Definieren Sie beispielhaft eine Berechnungsformel!

25. Erläutern Sie am Beispiel einer Brauerei, welche Bereiche das Kundenmanagement umfasst! Denken Sie dabei an die ganze Absatzkette!

26. Wie könnte eine Brauerei ihr Marketing individualisieren? Welche „touchpoints" zum Endkunden stehen zur Verfügung? Wie könnte man Endkunden in das Marketing integrieren?

27. Erläutern Sie am Beispiel eines Druckmaschinenherstellers den Unterschied zwischen Produkt- und Problemlösungsgeschäft!

28. Was bedeuten die Forderungen nach „one face for the customer" bzw. „one face of the customer"?

Kapitel 3

Marketing-Intelligence

Inhaltsverzeichnis

Kapitel 3: Marketing-Intelligence

Kapitel 3

Marketing-Intelligence

BASISPRINZIP: Marketing-Intelligence
Plane marktbezogene Entscheidungen auf Basis einschlägiger Informationen und Analysen!

Lernziele:

In diesem Kapitel wird erläutert,

- wie der Anspruch des Marketingkonzeptes umgesetzt werden kann, Marketingentscheidungen systematisch und planvoll zu treffen,
- welche Rolle hierbei der Verfügbarkeit von Informationen zukommt und wovon die Qualität solcher Informationen abhängt,
- welche Methoden der Markforschung man zur Informationsgewinnung einsetzen kann,
- welche Arten von Informationen dabei erhoben werden können,
- welche Datenauswertungsverfahren dafür grundsätzlich zur Verfügung stehen,
- in welchen Anwendungsfelder die Methoden der Informationsgewinnung sowie die Auswertungsverfahren zum Einsatz kommen,
- wie im Rahmen der Marketingplanung die gewonnenen Informationen in Ziel- und Aktionsentscheidungen umgesetzt werden,
- welcher logische Planungsablauf hierbei einzuhalten ist,
- welche Planungsmethoden für die strategische und operative Marketingplanung zur Verfügung stehen und
- welche spezifischen Probleme die Marketingplanung kennzeichnen.

Nach Durcharbeitung dieser Lerneinheit sollten Sie deshalb in der Lage sein, am Beispiel einer Branche Ihrer Wahl zu erklären, welche Aufgaben Markforschung und Marketingplanung dort besitzen, welche Methoden einsetzbar sind und welche Probleme dabei auftreten.

1. Grundlagen

PRINZIP: Marketing-Intelligence

Marketing-Intelligence erfordert die Einrichtung eines Systems zur systematischen Sammlung und Aufbereitung relevanter Informationen für die Zwecke der Marketingplanung. Datenharmonisierung, -integration und -verteilung sollen den Entscheidern Marketing-Insights (Erkenntnisse) ermöglichen und das Marketingwissen des Unternehmens verbreitern und vertiefen. Dabei sind informationsökonomische Prinzipien einzuhalten.

Bei der Charakterisierung des Marketing im Kapitel 1/ 2. wurde bereits deutlich gemacht, dass neben der Orientierung am Markt und dem aktiven und innovativen Einsatz von Marketinginstrumenten auch die Entwicklung von „Marketing-Intelligence" zu den grundlegenden Forderungen dieses Konzeptes gehört. Alle marktbezogenen Aktivitäten sollten sorgfältig geplant, organisiert, implementiert und kontrolliert werden. Die Begründung für diese Forderung eines systematischen **Marketing-Managements** ergibt sich aus der besonderen **Komplexität** des marketingpolitischen Entscheidungsfeldes und den vielfältigen **Marketingrisiken**. Das Marketing trifft sich hier mit dem generellen Anspruch der Betriebswirtschaftslehre, die Unternehmensführung systematisch zu fundieren und dadurch rationale Entscheidungen zu ermöglichen.

Rationalität entsteht dann, wenn die Wirkungen bestimmter Entscheidungen im Vorhinein überdacht und abgewogen werden. Dabei findet sozusagen ein „Denkhandeln" statt, das man als **Planung** bezeichnet. Ergebnis dieser Abwägungen sind Sach- und Informationsentscheidungen. **Sachentscheidungen** im Marketing legen die absatzgerichteten Aktivitäten bzgl. Art, Aktivitätsniveau, Timing und Segmentbezug fest. Rational sind solche Entscheidungen nur zu treffen, wenn gleichzeitig über die **Ziele** entschieden wird, die dabei angestrebt werden. Daneben sind, wie im Kapitel 4 bei Behandlung der Marketinginstrumente erläutert wird, mit der Auswahl bestimmter Aktivitäten stets auch **Selektionsentscheidungen** hinsichtlich der anzusprechenden Zielgruppen, Markträume, der relevanten Wettbewerber etc. zu treffen. Solche Festlegungen erfordern **Informationen**. Informationen im betriebswirtschaftlichen Sinne sind „zweckorientiertes Wissen" (*Wittmann* 1959), d.h. Nachrichten, die man für die entsprechenden Entscheidungskalküle heranziehen kann. Entscheidungen sind insofern die Umsetzung von Informationen in Aktionen und damit soz. das „Lebenselixier" eines systematischen Marketing.

Das Spektrum notwendiger Informationen ist außerordentlich breit: Zunächst sind **Anregungsinformationen** erforderlich, um überhaupt zu erkennen, dass Entscheidungen zu treffen sind. Z.B. muss das Konkurrentenverhalten überwacht werden, um mögliche Reaktionen auf Aktionen der Wettbewerber einleiten zu können. Weiterhin benötigt man **Aktionsinformationen**, d.h. Angaben über mögliche Aktionsmöglichkeiten. Diese entspringen nicht nur der eigenen Kreativität des Planers, sondern auch systematischen Beobachtungen und Analysen des Marktgeschehens, z.B. dem Vorgehen von Firmen auf anderen Märkten oder neuen Möglichkeiten aus bestimmten Technologien, z.B. dem Internet. **Bewertungsinformationen** helfen dabei, einzelne Aktivitäten mit ihren Vor- und Nachteilen zu bewerten (Evaluation). Z.B. kann die Information über die Besucher-

frequenz bei bestimmten Kundenevents dazu beitragen, die Wirtschaftlichkeit einer solchen Maßnahme besser abzuschätzen. Schließlich werden **Kontrollinformationen** über
die Wirkungen eingesetzter Aktivitäten benötigt, um die Zweckmäßigkeit und ggf. Fortführung dieser Maßnahmen überprüfen zu können.

Aus der Summe der vorliegenden Informationen ein instruktives Bild der relevanten
Entscheidungssituation zu machen, ist das zentrale Anliegen der „**Marketing-
Intelligence**". Es handelt sich dabei um einen „… kontinuierlichen Prozess der Bildung
von Marketingwissen aus marketingrelevanten Daten bzw. Informationen sowie subjektiven Erfahrungen mit dem Ziel, Marketingentscheidungen zu verbessern und Marketingentscheider zu unterstützen" (*Wimmer/Goeb* 2005, S. 390). Mit Marketing-
Intelligence verbinden sich also verschiedene Ansprüche, die weit über die herkömmliche Funktion der Marktforschung, methodisch sauber erarbeitete Informationen bereitzustellen, hinausgehen, nämlich (vgl. *Diller* 1975; *Weick* 1995; *Wierenga/Bruggen*
2000; *Schroiff* 1999; *Wimmer/Goeb* 2005)

(1) die meist übergroße Zahl an Daten durch **Systematisierung**, **Komprimierung** und
     Visualisierung so aufzubereiten, dass keine Informationsarmut im Datenüberfluss
     entsteht, sondern praktische Hilfestellungen („sensemaking") für effektive Ent-
     scheidungen geleistet werden;
(2) die Datenbestände und Datenerhebungsverfahren sachlich, zeitlich und formal zu
     harmonisieren, um die Datenverknüpfbarkeit und damit die Aussagefähigkeit der
     Datenbestände zu fördern;
(3) die **Zugänglichkeit** zu relevanten Informationen und deren individuelle Aufberei-
     tung (OLAP = Online Analytical Processing) durch elektronische Datenbanken und
     Kommunikationsnetze zu erleichtern;
(4) „**Marketing-Insights**", d.h. profundes Verständnis marketingrelevanter Aspekte zu
     formulieren, was vor allem durch entsprechende **Kombination**, **Integration** und
     Interpretation von Informationen möglich ist, aber nicht selten auch eine stärker
     qualitative statt quantitative Marktforschung erfordert (eine entsprechende Auf-
     gliederung relevanter Themenfelder zeigt Abb. 3-1);
(5) das durch die Summe der Insights gewonnene, aber oft nur subjektiv verfügbare
     Marketingwissen im Unternehmen zu dokumentieren, an alle Entscheider zu ver-
     breiten und permanent zu verbessern (Wissensmanagement);
(6) bei der Informationsaufbereitung die unterschiedlichen **Informations-** und **Ent-
     scheidungsstile** der Entscheidungsträger zu berücksichtigen, um das objektive In-
     formationsangebot mit dem subjektiven Informationsbedarf der Entscheidungsträ-
     ger in Einklang zu bringen.

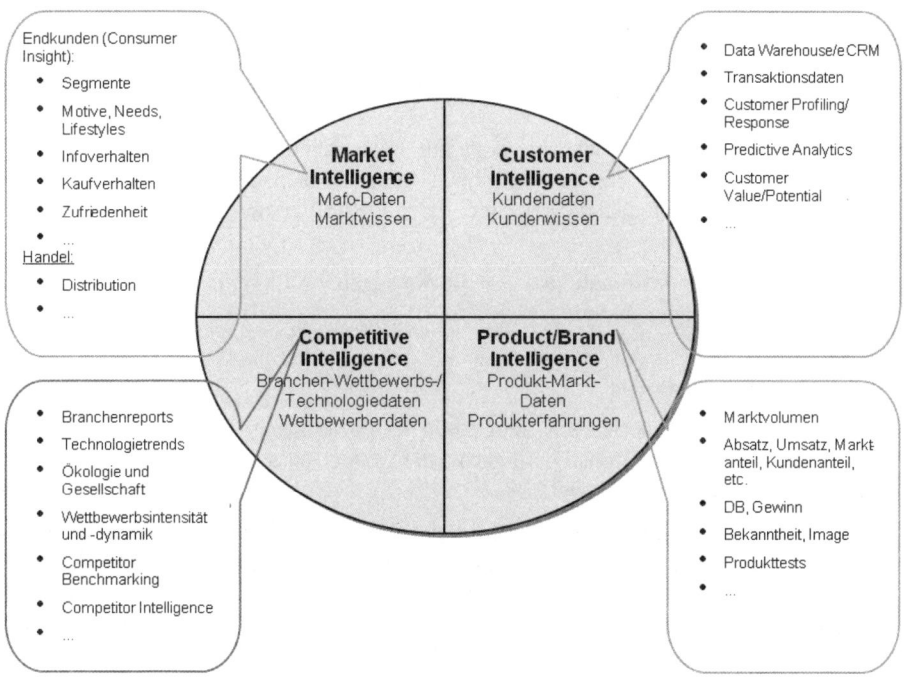

Abb. 3-1: Beispielhafte Aufgliederung der Marketing-Intelligence nach Themenbereichen (Quelle: Wimmer/Goeb 2005)

Die Vielfalt und Fülle brauchbarer Informationen und der Umstand, dass die Erhebung, Aufbereitung und Umsetzung solcher Informationen selbst Kosten verursacht, macht neben den Sachentscheidungen auch **Informationsentscheidungen** im Marketing erforderlich. Hierbei muss darüber befunden werden, welche Informationen mit welchem Aufwand aus welchen Datenquellen und in welcher Form erhoben und ausgewertet werden sollen. Vollständig rational ist dies nur dann möglich, wenn sich genau ermitteln lässt, welche Nutzwirkungen bestimmte Informationen für die jeweils zu treffenden Entscheidungen auslösen. Z.B. wäre der Werbetest einer Anzeige erst dann sinnvoll, wenn man im Vorhinein bestimmen könnte, ob die Kosten eines solchen Tests niedriger sind als die ökonomischen Nutzeffekte einer Anzeigenverbesserung. Da schon die Nutzeffekte der Anzeigenwerbung kaum quantifizierbar sind, sondern oft nur qualitativ beschrieben werden können (stärkere Aktivierung, besseres „Gefallen" etc.) und sie im Vorhinein zudem nur sehr schwer prognostizierbar sind, steht man bei Informationsentscheidungen vor einem **Dilemma**: Einerseits soll rational entschieden werden, welche Informationen zu beschaffen sind, andererseits ist der Wert solcher Informationen im Vorhinein kaum bestimmbar. In einer solchen Situation entscheidet das Risikobewusstsein der Entscheider darüber, wie viele und welche Informationen tatsächlich erhoben werden. Viele Entscheider verzichten auf eine Objektivierung ihrer intuitiven Vermutungen und vertrauen auf ihr „Marktgespür". Angesichts der oft sehr beträchtlichen unternehmerischen Risiken ist ein solches Vorgehen aber u.U. existenzgefährdend. Professionelles Marketing stützt deshalb Sachentscheidungen in vertretbarem Umfang auf systematisch eingeholte Informationen. Die hierfür einzusetzenden Mittel sind im Rahmen des Gesamt-Marketingbudgets abzuwägen. In praxi werden sie häufig durch Faustregeln (z.B. fixer Umsatzanteil für Marktforschung) bestimmt, die man in Sondersituationen ggf. abwandelt.

Informationsentscheidungen werden nicht nur hinsichtlich der Menge, sondern auch hinsichtlich der **Qualität** der zu erhebenden Informationen getroffen. Diese Qualität bemisst sich nach verschiedenen Kriterien, deren Quantifizierung freilich oft schwierig ist:

– Die **Relevanz** der Informationen betrifft die sachliche Eignung zur Lösung des jeweiligen Marketingproblems.

– Die **Vollständigkeit** betrifft die Abdeckung des Marketingproblems durch die gewonnenen Informationen.

– Die **Aktualität** ergibt sich aus dem Alter der gewonnenen Informationen. Je „frischer" die Information, umso geringer ist die Gefahr, dass sich die jeweilige Situation bereits wieder verändert hat.

– Die **Kosten** der Information entstehen bei der Erhebung der Daten, deren Aufbereitung und Auswertung. Viele Informationen sind nahezu kostenfrei erhältlich, erfordern freilich einen gewissen Zeitaufwand für die Aufbereitung von Seiten der zuständigen Marktforscher bzw. Entscheider. Insofern sind auch in der Markforschung Fixkostenbestandteile relevant.

– Die **Reliabilität** (**Zuverlässigkeit**) und die **Validität** (**Gültigkeit**) betreffen die Genauigkeit der gewonnenen Daten. Reliable Ergebnisse liegen dann vor, wenn eine wiederholte Erhebung gleiche oder zumindest ähnliche Ergebnisse erbringen würde. Es geht hier m.a.W. also um den Erhebungsfehler, z.B. durch die Wahl der jeweiligen Stichprobe oder durch wetterbedingte Einflüsse, etwa bei einem Markttest. Validitätsfehler treten auf, wenn der gewählte Indikator für einen Untersuchungsgegenstand das interessierende Phänomen nicht (gut) trifft. Will man z.B. das Preisinteresse von Konsumenten messen und wählt dafür das Ausmaß der Beachtung von Wurfzetteln mit Preisanzeigen als Maßstab, kann dies in die Irre führen, wenn Konsumenten ihr Preisinteresse (auch) auf anderem Wege, z.B. durch Preisvergleiche im Geschäft, befriedigen.

Die dargestellten Qualitätskriterien gelten grundsätzlich auch für die in den nachfolgenden beiden Hauptabschnitten behandelten **Methoden** des Marketing (vgl. Abb. 3-2). Zunächst wenden wir uns dabei der **Markforschung** zu. Im Abschnitt 3 behandeln wir dann den Einsatz dieser Informationen im Rahmen der **Marketingplanung**. In praxi vermischen sich beide Bereiche mehr oder minder stark, was aus Gründen der Prozessoptimierung und angesichts der Probleme der Informationsbewertung auch zweckmäßig ist. Je genauer die Vorstellungen über die erforderlichen Informationen für die Marketingplanung sind, umso besser kann sich die Markforschung darauf einstellen. Eine generelle Empfehlung, welche Informationen bzw. Methoden unbedingt einzusetzen sind, kann angesichts der beschriebenen Informationsbewertungsprobleme und der Abhängigkeit dieser Entscheidungen vom Risikobewusstsein des Entscheiders nicht abgegeben werden.

Abb. 3-2: Methodenbereiche des Marketing

Kontrollfragen zu Abschnitt 1

1. Welche Aufgabenstellungen umfasst die Etablierung eines Marketing-Intelligence-Systems?

2. Welche Informationsarten werden für Marketingentscheidungen benötigt?

3. Erläutern Sie den Unterschied zwischen Sach- und Informationsentscheidungen und die besondere Problematik von Informationsentscheidungen!

4. Erläutern Sie am Beispiel der vom Statistischen Bundesamt publizierten Preisindizes der Lebenshaltung die Qualitätsmerkmale von Informationen!

5. Was kennzeichnet die Reliabilität und die Validität einer Umsatzstatistik?

2.   Marktforschung

2.1   Charakteristika und Gegenstand der Marktforschung

> **PRINZIP: Marktforschung**
> Als Managementprozess sorgt Marktforschung für eine systematische Sammlung, Aufbereitung und Analyse von Daten für Marketingentscheidungen nach Maßgabe eines Untersuchungsdesigns, in dem Erhebungsgegenstand, -methoden und Art der Analyse beschrieben werden.

Marktforschung wird als systematischer Prozess der Sammlung, Aufbereitung und Analyse von Daten für Marketingentscheidungen angesehen. Die Betonung des systematischen Charakters grenzt Marktforschung von zufälligem Informationserhalt ab und verweist auf die Notwendigkeit zur Planung von Informationsentscheidungen. Abbildung 3-3 gibt einen Überblick über das idealtypische Ablaufschema eines Marktforschungsprozesses:

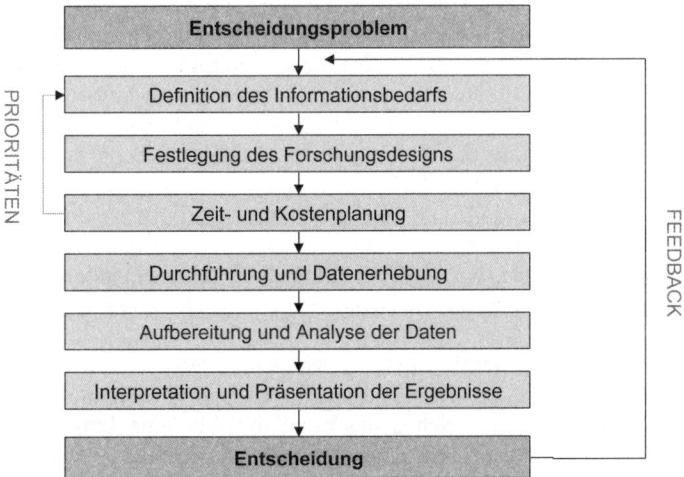

Abb. 3-3: Ablaufschema eines Marktforschungsprozesses

Am Anfang steht ein Entscheidungsproblem, das durch die Beschaffung entsprechender Informationen besser gelöst werden soll, z.B. die Frage nach Möglichkeiten der Umsatzausweitung (Bedarf an Anregungs- und Aktionsinformationen). Je spezifischer das Problem definiert ist, desto einfacher fällt die Definition des Informationsbedarfs. In unserem Falle muss der Marktforscher selbst nach Ansatzpunkten für die Umsatzausweitung suchen und entsprechende Erhebungen planen. Dies könnte z.B. die genauere Unterteilung des Marktes in verschiedene Marktsegmente sein, die dann die Möglichkeit für eine bessere Marktpenetrationsstrategie schaffen würde. Der Informationsbedarf bestünde dann in einer hinreichend differenzierten Segmentation des Marktes mit entsprechenden Umsatzpotenzialen. Dieser Informationsbedarf kann auf verschiedenen Wegen gedeckt werden. Der tatsächlich einzuschlagende Weg wird im sog. **Forschungsdesign** beschrieben. Es enthält Angaben über

- die **Art** und die **Grundgesamtheit der Datenerhebung** (z.B. „Befragung einer Stichprobe der Konsumenten eines Produktes"),

- den **Erhebungsgegenstand** bzw. die zu überprüfenden **Zusammenhänge** (z.B. die deskriptive Gegenüberstellung der Umsatzpotenziale in verschiedenen Käufersegmenten), ggf. die Formulierung bestimmter **Hypothesen**, die überprüft werden sollen (z.B. „Je älter die Konsumenten, desto größere Umsatzpotenziale besitzt das Produkt"), sowie

- die einzusetzenden **Erhebungsmethoden** (z.B. schriftliche vs. telefonische vs. Internet-gestützte Befragung).

Als nächste Phase des Marktforschungsprozesses ist eine Zwischenüberprüfung nötig, ob bei dem ausgewählten Forschungsdesign das Nutzen-Kostenverhältnis der Informationsbeschaffung angemessen ist. Insofern findet hier eine gewisse Prioritätenabschätzung für verschiedene Informationsvorhaben statt (**Zeit- und Kostenplanung**). Diejenigen Marktforschungsprojekte mit dem besten Nutzen-Kostenverhältnis werden weiter verfolgt. Dazu setzt man die im Forschungsdesign festgelegten Erhebungsinstrumente praktisch ein und sammelt auf diese Weise die gewünschten Daten (**Datenerhebung**). Diese Daten werden zur weiteren Auswertung datentechnisch aufbereitet, z.B. in entsprechende Softwarepakete eingegeben, standardisiert und/oder zu Mittelwerten verdichtet. Damit beginnt bereits die **Datenanalyse**, die komprimierte Informationen über die relevanten Sachverhalte und aufschlussreiche Zusammenhänge zwischen den erhobenen Variablen erbringen soll. Die bei Definition des Informationsbedarfs zugrunde gelegten Entscheidungsprobleme leiten diesen Prozess. In unserem Beispiel wäre also insbesondere zu analysieren, welche Teilmärkte die Marktsegmentierung erbringt, bei welchen Segmenten das Marktpotenzial noch nicht ausgeschöpft ist, welche Ansatzpunkte zur Erschließung dieser Marktsegmente vorliegen (z.B. Mediengewohnheiten, Einkaufsstättenpräferenzen der befragten Konsumenten etc.) und/oder welche Wettbewerbssituationen innerhalb der Segmente vorliegen (z.B. Marktanteile verschiedener Anbieter in den Segmenten). Reichen die Ergebnisse für eine Entscheidungsfindung aus, ist der Marktforschungsprozess abgeschlossen. Andernfalls beginnt er erneut mit einer u.U. modifizierten Definition des Informationsbedarfs bzw. Forschungsdesigns.

Da die Marktforschung Marketingentscheidungen unterstützen soll, richtet sie sich nicht nur auf den Absatzmarkt, sondern auch auf interne Umstände, die einen Beitrag zur Entscheidungsfindung leisten können. Insofern wäre es auch angebracht, von „**Marketingforschung**" zu sprechen, was in der Praxis allerdings unüblich ist. Marktforschung kann ferner nicht nur Absatz-, sondern auch Beschaffungs- und Personalmärkte betreffen und ist insofern begrifflich weiter gefasst als „Absatzforschung".

Die **Sachgebiete der Marktforschung** lassen sich vielfältig untergliedern:

- Nach der Art der zu unterstützenden Entscheidung lassen sich **strategische** und **operative** Marktforschung unterscheiden. Erstere soll die strategische Marketingplanung unterstützen und deshalb Informationen über grundlegende Markt- und Umfeldbedingungen bzw. -entwicklungen liefern, an denen sich die Marketingkonzepte zu orientieren haben. Typische Beispiele sind die weiter unten erläuterten SWOT-Analysen, Branchenstrukturanalysen, Positionierungsanalysen, Kundenzufriedenheitserhebungen oder Imageanalysen und Marktsegmentierungsstudien. Operative Marktforschung unterstützt dagegen den kurzfristigen Einsatz der Marketinginstrumente, etwa durch Vertriebskostenvergleiche, Sortimentsstrukturanalysen, Preisbereitschaftsstudien, Werbetests etc.

–   **Marktdeskription** vs. **Wirkungsprognose**: Descriptive Marktforschung erhebt allgemeine Daten über die Größe, Entwicklung und Struktur von Absatzmärkten und liefert damit insb. Anregungs- und Suchinformationen für Marktchancen und -probleme. Typisch dafür sind z.B. Längsschnitts- oder Querschnittsvergleiche bestimmter Größen, z.B. der Marktvolumina, der Anzahl der Intensivverwender oder das Ausmaß der Kundenbindung sowie die Aufgliederung von Gesamtmärkten in verschiedene Marktsektoren. Abbildung 3-4 zeigt ein dafür einschlägiges Beispiel. **Erklärende Marktforschung** soll dagegen ganz bestimmte Untersuchungshypothesen prüfen bzw. Wirkungszusammenhänge aufdecken, die der Prognose der Wirkungen bestimmter Marketingaktivitäten dienen. Beispielsweise kann ein Verpackungstest ermitteln, ob eine neu gestaltete Verpackung auffälliger wirkt als die alte. Preistests können prüfen, wie sich der Absatz entwickelt, wenn der Abgabepreis erhöht wird, und Werbetests, wie sich die Werbeerinnerung verändert, wenn unterschiedliche Anzeigenmotive gewählt werden. Man erkennt, dass eine solche erklärende Marktforschung häufig auf experimentelle Methoden zurückgreifen muss. Ein anderer Weg ist die Auswertung vergangener Ereignisse, die wie ein **Quasi-Experiment** interpretiert werden können. Beispielsweise kann man prüfen, ob Kunden, die in der Vergangenheit relativ häufig kontaktiert wurden, eine höhere Kundenbindung aufweisen, als solche, die selten kontaktiert wurden.

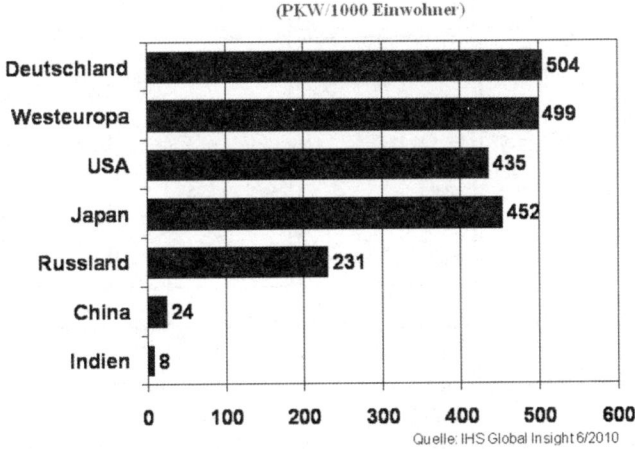

Abb. 3-4: Beispiele für deskriptive Marktforschung

– Von **quantitativer Marktforschung** wird dann gesprochen, wenn Märkte nach quantitativen Kriterien (Absatzmengen, Käuferzahlen etc.) erfasst und aufgegliedert werden. Demgegenüber behandelt **qualitative Marktforschung** die Hintergründe dieser Marktstrukturen, also z.B. Kaufmotive, Kaufprozesse oder Einflüsse gesellschaftlicher Veränderungen auf Märkte.

– Nach dem Sachgebiet lassen sich **umfeldbezogene, abnehmerbezogene** und **wettbewerbsbezogene Studien** unterscheiden. Erstere sollen ein allgemeines Bild über das Marktgeschehen auf bestimmten Märkten liefern. Sie dienen insbesondere der strategischen Marketingplanung. Abnehmerbezogene Studien beschreiben die Kunden(gruppen) und/oder deren Reaktion auf bestimmte absatzpolitische Maßnahmen. Wettbewerberbezogene Studien umfassen ein permanentes Monitoring des Verhaltens der Wettbewerber, z.B. in Form von Preisspiegeln (Übersicht über Angebotspreise aller Anbieter), oder problemspezifische Analysen des Konkurrenzverhaltens, etwa die Ermittlung von Kreuzpreiselastizitäten.

Abbildung 3-5 gibt einen Überblick über die verschiedenen Sachgebiete der Marktforschung, wobei sowohl das Objekt der Studien (Spalten) als auch deren Verwendungsbereiche (Zeilen) berücksichtigt sind. Die Zelleninhalte der daraus entstehenden Matrix sind nur beispielhaft zu verstehen. Z.T. werden sie bei der Behandlung der Marketingplanung noch detaillierter dargestellt.

Info-Gegenstand / Info-Verwendung	Interne Verhältnisse	Marktverhältnisse		
		Marktumfeld	Abnehmer	Wettbewerber
Strategische Entscheidungen	SWOT-Analyse	Branchenstruktur-/ Portfolioanalyse	Zufriedenheitsanal. Kundenportfolio	Positionierungs-modelle
Operative Entscheidungen Produkt-Mix	Vertriebs-erfolgs-analysen	Technologietrends	Produkttest	Vergleichende Wartentest
Preis-Mix		Preisklassen-analyse	Preisbesreitschafts-test	Kreuzpreiselasti-zität Reaktionselstizität
Distributions-Mix		Distributions-analyse	Einkaufsstätten-wahl-Motive	Absatzkanal-vergleich (Marktanteile)
Kommunikations-Mix		Werbemonitor	Mediaanalysen	Share of Voice

Abb. 3-5: Übersicht über die Sachgebiete der Marktforschung

Will man einen Markt umfassend analysieren, kann die **6 x W-Formel** angewandt werden. Sie beinhaltet sechs von einer Marktstudie zu beantwortende Fragen:

(1) **Wer** agiert auf dem Markt, d.h. welches sind die bereits aktiven Anbieter und Nachfrager? Hierbei erfolgt eine Quantifizierung und Schichtung des Marktfeldes,

z.B. in Form von Marktanteilsanalysen, Segmentationsstudien oder Positonierungs-modellen.

(2) **Was** bzw. **wie viel** wird gekauft? Hier geht es um die Untergliederung des Marktes in verschiedene, meist nach produkttechnischen Merkmalen untergliederte Teilmärkte und deren Volumina.

(3) **Wo** wird gekauft? Diesbezüglich nimmt man eine regionale Aufgliederung der Märkte sowie eine Unterteilung nach Distributionskanälen vor.

(4) **Wann** wird gekauft? Viele Märkte weisen Saisonalitäten und produktspezifische Trends auf, die in entsprechenden Zeitreihen einzufangen sind.

(5) **Wie** wird gekauft? Hierzu gilt es, die Kaufgewohnheiten der Kunden und die Abläufe der Kaufentscheidungsprozesse zu durchleuchten. Typische Studien hierfür sind Mediaanalysen zur Erhebung des Mediennutzungsverhaltens oder Preisanalysen zur Erklärung des Preiseinflusses auf das Kaufverhalten.

(6) **Warum** wird gekauft? Hierbei geht es um eine tiefergehende Erklärung des Nachfragerverhaltens, z.B. durch Einstellungsanalysen, Motivanalysen oder qualitative Werbewirkungsstudien.

Über solche unmittelbar marktbezogenen Erhebungen hinaus kann eine Marktstudie durch Analysen über den **Einfluss anderer Größen** auf das Marktgeschehen, z.B. die Konjunkturabhängigkeit oder die Relevanz der demographischen Strukturen, ergänzt werden.

2.2 Methoden der Marktforschung

Innerhalb der nachfolgend behandelten Methoden der Marktforschung sind grundsätzlich Erhebungs- und Auswertungsmethoden zu unterscheiden. Erstere betreffen die Art und Weise, wie die Informationen gewonnen werden, letztere deren Aufbereitung und statistische Auswertung.

2.2.1 Erhebungsmethoden

2.2.1.1 Primär- vs. Sekundärforschung

PRINZIP: Sekundärforschung vor Primärforschung

Aus Kostengründen sollten in der Marktforschung zunächst die umfangreichen Möglichkeiten der Sekundärforschung ausgeschöpft werden, bevor ggf. Primärforschung betrieben wird.

Die Unterscheidung zwischen Primär- und Sekundärforschung zielt darauf ab, ob man bestimmte Daten selbst zum ersten Mal erhebt (Primärforschung) oder aus vorhandenen Datenbeständen schöpft (Sekundärforschung). Da letzteres in aller Regel deutlich kostengünstiger ist, stellt die Sekundärforschung zunächst die Regel dar, zumal in einer informationsüberfluteten Welt nahezu jedes Thema mit Sekundärinformationen erschlossen werden kann. Da man dies sozusagen vom Schreibtisch aus tut, wird auch von

„**desk research**" gesprochen. Die wichtigste und ergiebigste Informationsquelle hierfür stellt heute das **Internet** dar, in dem sowohl auf den Websites bestimmter Anbieter, Verbände oder Institutionen als auch in den Datenbanken kommerzieller Informationsanbieter gut selektierbare und aktuelle Daten auffindbar sind. **Suchmaschinen** (z.B. Google.de) oder **Informationsportale** (z.B. comScore Media Metrix zur New Economy (www.comscore.com) oder „werben und verkaufen" (www.wuv.de) zu Werbethemen) können hierfür wertvolle Hilfestellungen leisten. Daneben stehen traditionelle Informationsquellen, wie statistische Ämter, Wirtschaftsverbände, wirtschaftswissenschaftliche Institute, Kreditinstitute, Fachverlage und Fachzeitschriften, Medienanbieter (mit z.T. sehr ausführlichen Mediaanalysen und Konsumententypologien) u.v.m. zur Verfügung.

Eine wichtige Datenquelle der Sekundärforschung stellt auch das **eigene Unternehmen** dar, wo in diversen Datenbeständen wichtige Informationen für Marketingentscheidungen „schlummern". Insb. kann man aus den Daten des Rechnungswesens und der Auftragsbearbeitung entsprechende Kunden-, Auftrags- und Umsatzstatistiken ableiten. Fast alle Unternehmen verfügen heute über entsprechende Berichtssysteme, mit denen entsprechende Tabellen und Grafiken automatisch oder fallweise abgerufen werden können. Hinzu kommen **Außendienstberichtssysteme** und andere interne Datenbestände z.B. aus früheren Marktforschungsstudien oder sonstigen Analysen.

Als betrieblicher Marktforscher muss man also insbes. die Datenrecherche beherrschen und die einschlägigen Informationsquellen auffinden und ausschöpfen. Abbildung 3-6 gibt einen schematischen Überblick über die wichtigsten einschlägigen Daten und Datenquellen.

Sekundärforschung: Daten und Datenquellen

Interne Daten	Externe Daten			
	Internet	**Amtliche Statistik**	**Halbamtliche Statistik**	**Sonst. Service-angebote**
- Umsatzstatistik	- Firmen-Sites	- Weltwirtschaft	- Ministerien	- Verlags-typologien
- Kostenstatistik	- Institute	- Volkswirtschaft	- Behörden	
- Auftragsstatistik	- Portale	- Regional-wirtschaft	- Verbände	- Lieferanten-informationen
- Kundenstatistik	- Serviceplätze	- Branchen	- Forschungs-institute	- Banken
- Archiv-Daten	- Datenbanken	- Bevölkerung	- Bundesämter	- Beraterstudien
- Außendienst-berichte	- usw.	- Einkommen	- usw.	- Datenbanken
- usw.		- usw.		- usw.

Abb. 3-6: Daten und Datenquellen der Sekundärforschung

Der Nachteil solcher Datenquellen liegt hauptsächlich darin, dass die jeweiligen Informationen oft nicht ganz genau den Informationsbedarf einer Entscheidungssituation treffen. Z.B. können die Märkte unterschiedlich abgegrenzt sein oder die Messgrößen nicht valide das abbilden, worüber man sich informieren will. Auch die Qualität der Daten ist häufig nicht genau einschätzbar. Ferner ist es meist nicht möglich, auf die Ori-

ginaldatenbestände zuzugreifen und damit selbst Auswertungen (Verdichtungen, Aufgliederungen, Dependenzanalysen etc.) vorzunehmen. Angesichts der geringen Kosten
der Sekundärinformationen werden diese Nachteile in der Praxis jedoch häufig in Kauf
genommen und die Informationssammlung auf Sekundärquellen beschränkt.

Zur **Primärforschung** geht man erst dann über, wenn das Informationsproblem so
grundlegend und drängend ist, dass die hierbei aufzuwendenden Kosten dies rechtfertigen. Primärforschung bedeutet die erstmalige Erhebung von Daten im Wege der Befragung oder Beobachtung. In beiden Fällen kann man gezielt auf jene Erhebungsgrößen
eingehen, die wirklich interessieren, und aktuelle, in der Qualität selbst zu steuernde
Informationen erheben. Typische Beispiele hierfür sind Image- und Kundenzufriedenheitsbefragungen, bei denen Kunden nach ihren subjektiven Eindrücken über eine Firma
bzw. ihren Kauferfahrungen befragt werden. Solche Studien kosten nicht selten 25.000
€ und mehr (bei persönlichen Befragungen im B2C-Bereich kalkuliert man als Faustre-
gel mit etwa 40 bis 50 € Gesamtkosten pro Befragten bei halbstündiger Befragung).
Primärforschung wird in vielen Fällen mangels einschlägiger Ressourcen und Kompetenzen an Marktforschungsinstitute ausgelagert.

2.2.1.2   Befragungen, Beobachtungen und Experimente

PRINZIP: Erhebungsmethoden
Je nach Fragestellung einer Marktforschungsstudie und den dabei verfolgten Prio-
ritäten bzgl. Informationsqualität können Befragungen, Beobachtungen und/oder
Experimente mit jeweils zahlreichen methodischen Varianten eingesetzt werden.

Im Rahmen der Primärforschung stehen verschiedene Datenerhebungsverfahren mit
spezifischen Vor- und Nachteilen zur Verfügung (vgl. Abb. 3-7).

ERHEBUNGSVERFAHREN DER PRIMÄRFORSCHUNG		
BEFRAGUNG	**BEOBACHTUNG**	**EXPERIMENT**
• Standardisiert/ unstandardisiert • Mündlich (face-to-face/ telefonisch)/schriftlich/ Internet • Ein- vs. Mehrthemen-befragung („Omnibus") • Einmalig („ad hoc")/ mehrmalig (Wellen-befragung/Panel) • Feld- vs. Labor-befragung	• Standardisiert/unstan-dardisiert • Persönlich/apparativ • Offen/(quasi-)biotisch • Teilnehmend/Nicht-teil-nehmend • Ein-/mehrmalig/Panel • Feld- vs. Laborbeobach-tung	• Befragung vs. Beobachtung • Zufalls- vs. Nicht-Zufallsexperiment • Feld- vs. Labor-experiment

Abb. 3-7: Varianten der Datenerhebung bei Primäranalysen

Bei **Befragungen** erhebt man Auskünfte bei Personen oder Institutionen im Wege
schriftlicher oder mündlicher Interviews. Die Auskunftspersonen können entweder

standardisierte Fragen, d.h. bei jeder befragten Person in gleicher Form gestellte Fragen, beantworten oder mehr oder minder frei (halbstrukturiert vs. unstrukturiert) mit einem Interviewer bestimmte Themen besprechen. Das Spektrum und die Einsatzmodalitäten von Befragungen sind außerordentlich breit. Entsprechend sorgfältig müssen die jeweiligen Festlegungen erfolgen, zumal hierdurch die Reliabilität und Validität der Befragungsergebnisse maßgeblich beeinflusst werden. Besondere Bedeutung kommt der Eliminierung des **Interviewereinflusses** zu, der auch ohne willentliches Zutun des Interviewers eintreten kann, weil allein die soziale Situation des Gesprächs eine Auskunftsperson zu falschen (z.B. prestigeträchtigen, abkürzenden oder verschleiernden) Aussagen führen kann. Darüber hinaus beeinflusst die Art der Frageformulierung Art und Inhalt der Antworten. Dies betrifft die Wortwahl, die unterschiedliche semantische Färbungen und damit Reaktionstendenzen hervorruft (z.B. „Reklame" vs. „Werbung"), die Art der bei Befragungen präsentierbaren Vorlagen (Bilder, Probestücke, Anzeigen etc.), die Anzahl und Differenziertheit der Fragen, welche die kognitiven Fähigkeiten des Befragten übersteigen kann, und reicht hin bis zur Produzierung sog. **Artefakte**, die dann entstehen, wenn man etwas in die Antworten hinein interpretiert, was in Wirklichkeit so nicht existiert. Solche **systematischen Fehler** sind angesichts der hohen Kosten von Befragungen möglichst zu vermeiden. Andererseits verteuert gerade dies Befragungen nicht selten erheblich, da entsprechende Sorgfalt und Kompetenz in die Vorbereitung von Befragungen gesteckt werden muss. Verzicht darauf führt zu dilettantischen Erhebungen, deren Wert äußerst zweifelhaft ist. Oft wird beispielsweise der Befragte einfach überfordert, wenn er z.B. Auskunft über Verbesserungsmöglichkeiten des Angebotsprogramms machen soll, wozu er in der Regel gar nicht in der Lage ist. Dies als Wunschlosigkeit der Kunden zu interpretieren, wäre fatal. Als **reaktives Messverfahren** muss bei Befragungen deshalb immer genau abgewogen werden, welche der nachfolgend kurz erläuterten Varianten gewählt werden sollen.

(1) Nach der **Art der Kommunikation** werden **mündliche** und **schriftliche** sowie **Internet-Befragungen** unterschieden. Mündliche Befragungen erzeugen im Vergleich zu schriftlichen höhere Antwortquoten und besitzen größere Flexibilität hinsichtlich der Themendurchdringung und Fragenfolge. Andererseits sind sie mit sehr viel Aufwand und den Gefahren des Interviewereinflusses verbunden. Die günstigere Variante der **telefonischen** Befragung leidet darunter, dass man hierbei keine Vorlagen verwenden kann und deshalb das Themen- und Methodenspektrum eingeschränkt wird. Andererseits lassen sich Telefonbefragungen sehr schnell und effizient durchführen, zumal hierfür spezifische Computerprogramme („CATI = Computer Assisted Telephone Interviewing") entwickelt wurden, bei denen automatisch repräsentative Stichproben aus allen einbezogenen Telefonanschlüssen gezogen werden. Problematisch ist allerdings die Auffindung der richtigen Personen am Telefonanschluss selbst. Schriftliche Befragungen leiden häufig unter einer sehr geringen Rücklaufquote (oft unter 30 oder sogar 20%), was die Repräsentativität stark einschränkt. Darüber hinaus können i.d.R. nur einfache und „unsensitive" Tatbestände erfragt werden. Das Verständnis, die Antwortvollständigkeit, die Einhaltung der Fragenreihenfolge, ja selbst die Korrektheit der Antwortperson können nicht kontrolliert werden. Über derartige Defizite wird in der Praxis oft allzu leichtfertig hinweggegangen, obwohl die dadurch erzeugten systematischen Fehler beträchtlich sein können.

(2) Nach dem **Standardisierungsgrad der Fragen** werden voll-, halb- und nicht-standardisierte Befragungen unterschieden. Im ersteren Falle ist die Frageformulierung für jede Auskunftsperson exakt gleich und durch entsprechend vorgegebene Fragetexte und -abläufe vereinheitlicht. Noch weitergehender ist die Standardisierung, wenn auch die Antwortmöglichkeiten für die Befragten bereits vorformuliert sind und nur noch angekreuzt werden müssen („**geschlossene Fragen**"). Dies vereinfacht zwar den Erhebungsvorgang, erzwingt aber auch bestimmte Antworttendenzen, so dass die Vorbereitung der Frage- und Antwortformulierungen zum kritischen Faktor wird. **Offene Fragen** lassen dem Befragten dagegen die Möglichkeit, seine Meinungen mit eigenen Worten zu beschreiben und dabei auch Hintergründe offen zu legen. Man spricht deshalb in solchen Fällen auch von **Tiefeninterviews**. Diese können erst im Nachhinein systematisch ausgewertet und statistisch aufbereitet werden, so dass der fehlerkritische Prozess in diese Phase verschoben wird. **Strukturierte Befragungen** weisen einen vorgegebenen Aufbau der Befragung auf, ohne dass die Frageformulierung im Einzelnen standardisiert sein muss. **Unstrukturierte Befragungen** verzichten auf einen solchen Leitfaden und lassen damit dem Gespräch sämtliche Freiheiten.

(3) Nach der Anzahl der gleichzeitig Befragten werden **Einzel- und Gruppeninterviews** unterschieden. Letzteres empfiehlt sich insb. dann, wenn die Auskunftspersonen durch Diskussionen in der Gruppe dazu gebracht werden können, eigene Motive oder andere Verhaltensweisen offen zu legen, die man in der direkten Befragung nicht preisgeben würde. Gruppeninterviews werden vor allem im Rahmen von Vorstudien eingesetzt, in denen z.B. die relevanten Dimensionen des Produktimages ermittelt werden sollen, die später dann in einem standardisierten Interview auf repräsentativer Basis erhoben werden.

(4) Nach der Anzahl der Befragungsthemen werden **Einthemen- und Mehrthemenbefragungen** („**Omnibusbefragungen**") unterschieden. Mehrthemenbefragungen sind Angebote von Marktforschungsgesellschaften, die in repräsentativen Stichproben einzelne Fragen verschiedener Unternehmen aufnehmen können. Es handelt sich damit um eine **Beteiligungsuntersuchung**, die erheblich kostengünstiger (ab ca. 1.000 € pro Frage aufwärts) durchgeführt werden kann.

(5) Nach dem **Ort der Befragung** werden Feld- und Studiobefragungen unterschieden. **Feldbefragungen** finden in den Haushalten oder auf der Straße und anderen Plätzen statt, wo man auf Auskunftspersonen trifft. Dabei können entsprechende Störeinflüsse vom Umfeld ausgehen, wenn z.B. der Befragte in Eile angetroffen wird oder durch die Befragungssituation nicht mit entsprechenden Vorlagen konfrontiert werden kann. Zunehmend geht man deshalb zu **Studiobefragungen** über, auch wenn Probanden auf der Straße „gebaggert" werden, d.h. willkürlich zum Interview gebeten werden, das in entsprechenden Befragungsräumen des Feldinstitutes durchgeführt wird.

(6) Nach der **Wiederholung der Befragung** werden einmalige (**Ad hoc-Befragungen**), Wellen- und Panelbefragungen unterschieden. **Wellenbefragungen** wählen jeweils neue Stichproben, verwenden aber gleiche Fragen, so dass Durchschnittsvergleiche zwischen verschiedenen Zeitpunkten vorgenommen werden können. **Panelbefragungen** beruhen demgegenüber auf Panels, d.h. feststehenden Stichproben von Untersuchungseinheiten (Haushalten, Privatpersonen, Funktionsträgern in Unternehmen etc.), die wiederholt zu gleich bleibenden Untersuchungsgegenständen befragt werden. Dadurch

werden Veränderungen des Verhaltens im Zeitablauf unmittelbar sichtbar und z.B. Käuferwanderungen nachvollziehbar. Derartige Untersuchungen sind vor allem im Konsumgütermarketing weit verbreitet, weil sie gleichzeitig bei entsprechender Repräsentanz der Stichproben Aufschluss über die Einkaufsstätten bestimmter Kundengruppen, deren Preisbereitschaft, Produktpräferenzen etc. liefern und die entsprechenden Entwicklungstrends deutlich machen, an die sich das Marketing ständig anzupassen hat. Werden gleiche Stichproben für unterschiedliche Befragungsthemen verwendet, spricht man von **Single-Source-Studien**. Beispielsweise wurden früher das Mediaverhalten der Verbraucher und deren Einkaufsverhalten in getrennten Stichproben erhoben. Gelingt es, beide Datensätze zu fusionieren bzw. die Themen gleichzeitig zu erheben, können die für die Werbeplanung außerordentlich wichtigen Wirkungen des Mediakonsums ermittelt werden.

(7) Hinsichtlich des Befragtenkreises kann man sich an unterschiedliche Marktteilnehmer richten. Die meisten Befragungen sind **Kundenbefragungen**. Sinnvoll können aber auch **Händler-** oder **Expertenbefragungen** und – bei entsprechender Antwortbereitschaft – auch **Wettbewerberbefragungen** sein. Selten geht es um umfassende Bevölkerungsbefragungen, so dass in jedem Falle zunächst die relevante Grundgesamtheit zu definieren ist, auf welche sich die Studie beziehen soll.

Im Gegensatz zur Befragung wird bei der **Beobachtung** kein Kommunikationskontakt mit Auskunftspersonen hergestellt. Vielmehr versucht man, durch planmäßige und systematische Registrierung wahrnehmbarer Sachverhalte oder Vorgänge Aufschlüsse über das Marktgeschehen zu erzielen. Dies kann z.B. durch apparative Beobachtung (z.B. Zählmaschinen an Ausgängen, Kundenumlaufstudien im Handel, apparative Erfassung des Blickverlaufs bei Anzeigentests etc.) oder durch persönliche Beobachtung (mit entsprechenden Fehlermöglichkeiten) erfolgen (z.B. Kaufverhalten von Kunden am Regal). Beobachtungen sind demnach nicht auf die Mitarbeit von Auskunftspersonen angewiesen, erschließen aber auch nur die beobachtbaren Sachverhalte, nicht aber deren Hintergründe (Kaufmotive, Einstellungen etc.).
Hinsichtlich des Bewusstseinsgrades spricht man von **offener** Beobachtung dann, wenn der Beobachtete weiß, dass er beobachtet wird. Kann er allerdings nicht erkennen, wozu die Beobachtung dient (z.B. bei Labortests, in denen Probanden Zeitschriften durchblättern und dabei beobachtet werden, wie lange sie bestimmte Anzeigen betrachten), spricht man von **quasibiotischer** Beobachtung. **Biotische** (verdeckte) Beobachtung lässt den Beobachteten völlig darüber im Unklaren, dass, wozu und wie er beobachtet wird. Nach den ethischen Richtlinien der Marktforschung ist dies nur dann erlaubt, wenn der Kunde im Nachhinein darüber unterrichtet und um Erlaubnis zur Auswertung der entsprechenden Daten gebeten wird.
Bei **teilnehmender Beobachtung** übernimmt der Beobachter eine bestimmte Rolle, z.B. die des Käufers in Geschäften. Beim sog. „**Mystery-Shopping**" bspw. geben sich Mitarbeiter eines Marktforschungsinstitutes Mitarbeitern eines Unternehmens (z.B. eines Handelsgeschäftes oder einer Bank) gegenüber als gewöhnliche Kunden aus. Anhand eines Kriterienkataloges prüfen sie die Qualität des Services oder der Bedienung und erstellen anschließend einen Bericht. Identifizierte Mängel können durch das beauftragende Unternehmen anschließend mit Mitarbeitern besprochen und ggf. abgestellt werden.

Bei nicht-teilnehmender Beobachtung bleibt der Beobachter hingegen im Hintergrund. Neben der visuellen Beobachtung können auch Tonband-, Film- oder Videoaufzeichnungen oder experimentelle Erhebungen, z.b. der emotionalen oder kognitiven Aktivierung (durch Gehirnstrom- oder Hautwiderstandsmessung) vorgenommen werden. Auf solche Verfahren wird v.a. in der wissenschaftlichen, experimentellen Wirkungsforschung, aber z.B. auch bei Anzeigentests, zurückgegriffen.

Experimente sind im Grunde keine eigenständigen Erhebungsverfahren, sondern nur eine spezifische Variante des Untersuchungsdesigns für Befragungen oder Beobachtungen. Trotzdem werden sie in der Literatur und auch in der Praxis als getrennte Methodenkategorie behandelt. Die Eigenart liegt darin, dass eine zu untersuchende Einflussgröße („Treatment-Variable") von anderen möglichen Einflussfaktoren isoliert und in ihrer Wirkung auf eine abhängige Variable hin überprüft wird. Auf diese Weise sollen **Kausalzusammenhänge** offen gelegt bzw. überprüft werden. Meistens geht es um die Wirkung bestimmter Marketinginstrumente (Preishöhe, Verpackungsgestaltung, Anzeigengestaltung etc.) auf Variablen des Kaufverhaltens (Aufmerksamkeit, Anmutung, Wiedererkennung, Kaufabsicht etc.). Dabei gilt es Störgrößen, wie das Wahrnehmungsumfeld, Wettbewerbseinflüsse, regionale Sonderheiten etc., auszuschalten. Hierfür stehen verschiedene Möglichkeiten zur Verfügung, wobei Zufalls- und Nichtzufalls-Designs zu unterscheiden sind. Bei **Zufalls-Designs** erfolgt die Auswahl der experimentellen Erhebungseinheiten (z.B. Testgeschäfte, in denen der Preis abgesenkt wird) durch eine Zufallsauswahl, die bewirkt, dass alle Störeinflüsse normal verteilt wirken und im Mittel keinen untypischen Effekt bewirken. **Nicht-zufällige Designs** versuchen diese Bereinigung von Störeffekten durch bewusste Kontrolle der Störgrößen zu bewältigen. So werden z.B. Paare von Test- und Kontrolleinheiten gebildet, die möglichst gleich geartet sind. Ein Vergleich der abhängigen Variablen in den Test- und Kontrolleinheiten erbringt dann Aufschluss über die Einflusswirkungen.

Derartige Experimente können entweder in der realen Marktwelt („**Feldexperiment**") oder im Labor stattfinden („**Laborexperiment**"). Bei Feldexperimenten erhält man je nach Repräsentativität der Testeinheiten unverfälschte und generalisierbare Ergebnisse. Allerdings benötigt man hierfür i.d.R. die Mitarbeit des Handels, was man wiederum oft nur gegen Zusatzleistungen an den Handel erreicht. Schließlich bleiben derartige Experimente auch den Wettbewerbern nicht verborgen und liefern u.U. (z.B. bei Tests neuer Produkte) unerwünschten Aufschluss über Absichten des Unternehmens. Andererseits sind die Ergebnisse derartiger Feldtests bei entsprechender Repräsentanz der Untersuchungseinheiten valide und generalisierbar. Dagegen ist die **externe Validität** von Laborexperimenten stets fraglich. Darunter ist die Übertragbarkeit der Laborergebnisse auf die Realität zu verstehen. Im Gegensatz dazu ist die **interne Validität** sehr hoch, weil man im Labor bestimmte Störgrößen ausschalten kann. Dies nutzt man z.B. bei sog. **Kaufsimulationen**, wo die Probanden z.B. vor einem nachempfundenen Ladenregal die Wahl zwischen verschiedenen Marken zu treffen haben, deren Merkmale systematisch variiert werden können. Auf diese Weise kann man in **Befragungsexperimenten** unterschiedliche Kaufsituationen simulieren und die Wirkung der Treatment-Variablen separieren. Dies ist insb. bei sog. **Conjoint-Analysen** (vgl. Abschnitt 2.3.2.) wichtig, in denen verschiedene Absatzkonzepte von dem Probanden abzugleichen und in eine Präferenzordnung zu bringen sind. Das Verfahren leitet aus solchen Präferenzdaten dann

Teilnutzenwerte für die Ausprägungen verschiedener Merkmale (Preis, Verpackung, Produktqualität, Dienstleistungen etc.) ab, was wiederum anhand von Simulationen die Identifikation besonders erfolgversprechender Absatzkonzepte ermöglicht.

Testmärkte sind umfassende Feldexperimente in der Marktforschung, bei denen Produkte bzw. Marketing-Mix-Konzepte, insb. im Rahmen der Produktneueinführung (Innovationsmanagement, vgl. Kap. 4/ 2., auf einem realen Teilmarkt probeweise angeboten werden, um Aufschlüsse über die Zweckmäßigkeit einer endgültigen Markteinführung eines Angebotes bzw. einer Marketing-Mix-Modifikation zu erhalten. Die im regionalen Testmarkt ermittelten Ergebnisse werden nach dem für Experimente gültigen experimentellen Designs mit einem bestimmten Kontrollmarkt verglichen, um insb. die Auswirkungen auf die relative Marktstellung des Produktes zu erfassen.

Wichtige Ziele des Testmarktes sind die Ermittlung der Produktakzeptanz und des Absatzpotentials für ein neues Produkt, der Durchsetzbarkeit bestimmter Preise, die Ermittlung der Wirkung bestimmter Werbemittel sowie Maßnahmen der Verkaufsförderung und nicht zuletzt die Sammlung von Daten, die bei der nationalen Einführung eines neuen Produktes als Argumente gegenüber dem Handel im vertikalen Marketing verwendet werden können.

Waren früher Testmärkte vor der Einführung neuer Produkte sehr weit verbreitet, wurden sie im Verlauf der letzten Jahre zunehmend durch kleinere Markttests oder sogar Testmarktsimulatoren substituiert. Dies hängt mit den verschiedenen Problemen des Testmarkts zusammen: Zunächst bedarf der Testmarkt eines repräsentativen Testgebiets hinsichtlich Bevölkerungsstruktur, Einkaufsverhalten, Handelsstruktur, Medienstruktur, Wettbewerbsstruktur und Außendienststruktur. Diese Anforderungen können meist nicht voll erfüllt werden. In jenen Gebieten, die sich dafür besonders anbieten werden so viele Testmärkte durchgeführt, dass Handel und Verbraucher möglicherweise bereits atypisch reagieren. Darüber hinaus bietet man beim Testmarkt wegen der inneren Vorbereitungs- und Laufzeit den Wettbewerbern hinlängliche Möglichkeiten zur (u.U. bewusst störenden) Beeinflussung der experimentellen Ergebnisse und macht die eigenen Absichten bezüglich der neuen Produkte in allen Einzelheiten deutlich. Schließlich ist auch der Handel immer weniger bzw. nur gegen Entgelte bereit, an Testmärkten mitzuwirken.

Bei der Auswertung der Testmarktergebnisse stützt man sich sowohl auf eigene Absatzstatistiken als auch meist auf Ergebnisse von Handels- bzw. Haushalts-Panels. Mit solchen Daten kann eine Marktanteilsprognose über die Marktpenetration und Marktdurchdringung, etwa nach dem Parfitt-Collins-Modell erfolgen.

Testmärkte verursachen sehr hohe Kosten und eine angesichts des Wettbewerbsdrucks oft nur schwer in Kauf zu nehmende zeitliche Verzögerung bei der Produkteinführung, weshalb viele Firmen zu billigeren und schnelleren Ersatzlösungen mit vergleichbarem Datenanfall, wenngleich geringerer Validität zurück greifen (z.B. sog. Minimarkttest-Panels, regionale Markttest oder Testmarktsimulatoren).

2.2.1.3   Mess- und Skalierungsmethoden

PRINZIP: Mess- und Skalierungsmethoden
Mit Befragungen lassen sich bei sorgfältiger Fragebogengestaltung und angemessener Skalierungstechnik auch hypothetische Konstrukte und andere Verhaltenshintergründe systematisch erschließen. Bei der Formulierung von Fragen sind angemessene Mess- und Skalierungstechniken auf geeigneten Skalenniveaus anzuwenden.

In der Marktforschung müssen z.T. sehr komplexe und häufig nicht direkt beobachtbare, sondern in der Psyche von Menschen liegende Größen erhoben werden (z.B. Einstellungen, Motive, Kaufabsichten etc.). Hierfür wurden spezielle Mess- und Skalierungsmethoden entwickelt, die sicherstellen sollen, dass die Messung reliabel und valide erfolgt, obwohl es sich um subjektive Zustände handelt. Viele Beispiele dafür liefert die Werbeforschung. Aber auch bei objektiven Messgegenständen, z.B. dem Berufsstand oder dem Familienlebenszyklus, tauchen Messprobleme auf.

Unter **Messung** versteht man ganz allgemein die Zuordnung von Zahlen oder Symbolen zu Messobjekten. Dazu verwendet man üblicherweise Ziffern, auch wenn es sich nicht um quantitative, sondern qualitative Merkmale handelt (z.B. 0 für nicht vorhanden, 1 für vorhanden bei sog. Dummy-Variablen). Auch solche Merkmale werden „gemessen" und in statistische Auswertungen (z.B. Kreuztabellen, Clusteranalysen etc.) einbezogen. Allerdings lassen sie sich nicht in gleicher Weise statistisch behandeln wie metrische Merkmale, die man z.B. zu Mittelwerten zusammenfassen kann. Abbildung 3-8 gibt einen Überblick über die vier wichtigsten Skalentypen in der Marketingforschung und die dabei jeweils zulässigen Transformationen und statistischen Verfahren. Grundsätzlich gilt, dass die Messung umso ergiebiger, aber auch schwieriger wird, je höher das Messniveau ausfällt. Z.B. kann ein Konsument relativ leicht angeben, ob er ein bestimmtes Produkt schon gekauft hat oder nicht bzw. einem anderen vorzieht. Schwieriger ist es schon, die Kaufhäufigkeit in der Vergangenheit festzustellen (wie lange zurück? Erinnerungsvermögen?) oder wie stark die Präferenz gegenüber dem Wettbewerbsprodukt ausfällt. Solche Angaben wären metrischer Natur. Marketingforscher haben deshalb stets abzuwägen, welches Skalenniveau sie ihren Messungen zugrunde legen und wie es hierbei um die Reliabilität und Validität bestellt ist. Überfordert man das Auskunftsvermögen von Probanden, ergeben sich rasch unreliable Werte. Die für die gesamte empirische Sozialforschung gültige Messtheorie hat deshalb grundlegende Konzepte und Methoden entwickelt, um möglichst fehlerfreie Messungen sicherzustellen.

Messung			
nicht metrische Skalen		metrische Skalen	
Nominalskala	Ordinalskala	Intervallskala	Verhältnisskala
Eigenschaften: Zuordnung nach Gleichheit-Verschiedenheit	zusätzlich: Bestimmung einer Rangfolge (größer-kleiner) möglich. Z.B. a > b > c	zusätzlich: Gleichheit von Intervallen und Unterschieden; willkürlich festgelegter Nullpunkt	zusätzlich: Gleichheit von Summen, Vielfachen und Quotienten; absoluter, empirisch sinnvoller Nullpunkt
zulässige Transformationen		zulässige Transformationen	
Jede Substitution durch ein anderes Symbol entsprechend einer eineindeutigen Funktion	Jede monoton steigende Funktion, d. h. jede Umbenennung, die keine Veränderung in der Rangfolge verursacht	Jede positiv lineare Funktion $x' = a \cdot x + b$ (a, b als reelle Zahlen mit a > 0), d. h. Multiplikation mit einer positiven Konstanten und/oder Addition einer Konstanten	Jede Änlichkeitstransformation $x' = a \cdot x$ (a als reelle Zahl, a>0) ------------------------------- für Log - Intervallskala gilt: $x' = a \cdot x^b$ (a, b als reelle Zahlen; a, b > 0)
Statistische Verfahren		Statistische Verfahren	
Häufigkeiten, Modalwert, Kontingenzkoeffizient, Chi2 -Test, McNemar - Test, Log-Lineare Modelle	Median, Quartile, Rangkorrelation, Mann - Whitney - U - Test, Rang - varianzanalyse	Mittelwert, Varianz, Produkt - Moment Korrelation, T - Test, F- Test, Kausalanalyse	Geometrisches Mittel, Variabilitätskoeffizient
Beispiele		Beispiele	
Kontonummer, Nummerierung von Fußballspielern, dichoto-misierte Merkmale wie Geschlecht, Kauf usw. Merkmalsklassifikationen	Härteskala, Richtersche Erdbebenskala, Präferenzurteile, viele psychologische Skalen (bei restriktiver Auslegung), Tabellenstand der Bundesliga	Temperatur (z. B. Celsius), Einstellungswerte, Indexwerte, Magnitudemessungen	Länge, Zeit, Volumen, be-stimmte Skalen der Psychophysik, Preise, Alter, Produktionsmenge, Kundenzahl, als absolute Werte Wahrschein-lich-keiten, aber dann keine Transformation zulässig

Abb. 3-8: Skalentypen in der Marktforschung
(Quelle: Neibecker 2001, S. 1554)

In unserem Zusammenhang interessieren neben den Skalenniveaus insb. die **Skalie-rungstechniken**. Dabei handelt es sich um spezielle Messvorschriften zur Erhebung ganz bestimmter „**hypothetischer Konstrukte**", d.h. theoretischer Konzepte, die in der Realität nicht unmittelbar beobachtbar sind, sondern vom Forscher konstruiert wurden (z.B. „Kaufmotive"). Dazu müssen bestimmte Theorien eingesetzt werden, aus denen heraus sich die Konstrukte ableiten lassen (z.B. Käuferverhaltenstheorie). Solche Konstrukte werden dann **operationalisiert**, d.h. in spezielle Messanweisungen umgesetzt. Dabei kann man auf unterschiedliche Skalierungstechniken zugreifen.

Beispiel: Das theoretische Konstrukt „Kundenzufriedenheit" kann u.a. aus der Einstellungstheorie abgeleitet werden. Danach umfassen Einstellungen zumindest zwei Dimensionen, nämlich Wissen über ein Objekt und Emotionen hinsichtlich des Objektes. Entsprechend wäre bei der Operationalisierung der Zufriedenheit auf kognitive und emotionale Aspekte getrennt einzugehen. Dazu kann man Skalen einsetzen, etwa eine Zustimmungsskala zu bestimmten Statements wie „mit der Marke X hatte ich noch nie Qualitätsprobleme". Auf einer Zustimmungsskala von z.B. 1 bis 7 (1 = stimme über-haupt nicht zu, 7 = stimme voll und ganz zu) könnte der Befragte ein entsprechendes Urteil abgeben. Dieses Urteil wäre im Grunde ordinal skaliert, weil es um mehr oder weniger gute bzw. schlechte Erfahrungen geht. Üblicherweise interpretiert man Ratingskalen der genannten Art allerdings metrisch und lässt damit eine Verrechnung zu Mittelwerten, eine Varianzberechnung etc. zu. Dies ist insb. für die Weiterverarbeitung von Daten in multivariaten Analyseverfahren Voraussetzung. Daneben müsste erhoben werden, wie sympathisch o.ä. die Marke auf den Befragten wirkt (emotionale Zufriedenheit) oder wie verbunden er ihr ist (Markentreue). Naturgemäß ist die Messung solcher emotionalen Konstrukte im Wege der Befragung („**reaktive Messung**") besonders kritisch, weil letztlich Gefühlszustände in einer kognitiv kontrollierten Art und Weise erfasst werden müssen, was dem Charakter von Gefühlen im Grunde widerspricht. Deshalb bevorzugt man bei emotionalen Konstrukten häufig **nicht-reaktive Messverfahren**, bei denen der Proband keine kognitiv gesteuerten Auskünfte geben muss, sondern z.B. beobachtet wird, u.U. unter Einsatz **psychobiologischer Messverfahren** (z.B. Pulsfrequenz- oder Gehirnstrommessung). Alternativ könnten auch **Bilderskalen** eingesetzt werden, auf denen die Ähnlichkeit der dort abgebildeten Motive mit dem Befragungsgegenstand erfragt und damit die emotionale Nähe festgehalten werden kann.

Besonders häufig werden in der Marktforschung folgende Skalierungstechniken angewendet:

(1) Ratingskalen

Hierbei werden dem Befragten abgestufte Antwortkategorien vorgegeben, mit denen er die Intensität seiner Antwort abstufen kann. Es existieren sehr unterschiedliche Ausgestaltungsformen, auf die hier nicht näher eingegangen werden kann (vgl. *Neibecker* 2001, S. 1583 ff.). Häufig operiert man mit Skalen der oben bereits skizzierten Art, bei denen bestimmte Statements formuliert werden, zu denen der Proband mehr oder minder zustimmen kann („**Zustimmungsskala**"). Vor allen bei Imageanalysen verwendet man ferner häufig **semantische Differentiale** (Begriffsgegensätze wie modern-altmodisch, gut-schlecht etc.), die dann aneinander gereiht entsprechende **Polaritätsprofile** ergeben. Abbildung 3-9 zeigt ein entsprechendes Beispiel. Die Skalen selbst können nur in Endpunkten oder an jeder Skalenstufe benannt werden. Bei der Anzahl der Skalenstufen wählt man meist ungerade Ziffern (5- oder 7-stufige Skalen), um eine Position der Unentschlossenheit im Mittelpunkt der Skala offen zu lassen. Forced choice-Ratings lassen dagegen keine solche Mittelposition zu. Zur Unterscheidung von mittleren Antworttendenzen und Unkenntnis des Befragungsgegenstandes empfiehlt es sich freilich, gesonderte „Weiß nicht"-Kategorien einzuführen. Ratingskalen werden häufig für ganze **Itembatterien** abgefragt, d.h. eine Mehrzahl von Statements oder Fragenaspekte wird erhoben. Damit kann der Vieldimensionalität vieler Konstrukte im Marketing besser Rechnung getragen werden (z.B. Image, Zufriedenheit, Kundenbindung etc.).

Komplexere Skalierungsverfahren sind in der Lage, auch mehrdimensionale Messobjekte mit einem Messverfahren zu erfassen. Z.B. ermittelt man mit **Konstantsummenskalen** die relative Wichtigkeit einzelner Aspekte einer Aspektgesamtheit (z.B. Qualitätskomponenten). Dazu haben die Probanden eine fixierte Punktzahl (z.B. 100) auf die jeweiligen Aspekte je nach subjektiver Bedeutung aufzuteilen. Damit vermeidet man die bei Ratingskalen übliche Anspruchsinflationierung, wo meist alle Aspekte als wichtig angegeben werden. Ähnlich wird bei **Guttmann-Skalen** („**Skalogrammanalyse**") die Intensität eines Verhaltensaspektes, z.B. der Sympathie einer Marke, dadurch zu ermitteln versucht, dass mehrere, in der Aussage immer stärkere Statements vorgelegt werden. Aus der stärksten, noch positiv beantworteten Skala kann man dann auf die Gesamthaltung des Probanden schließen.

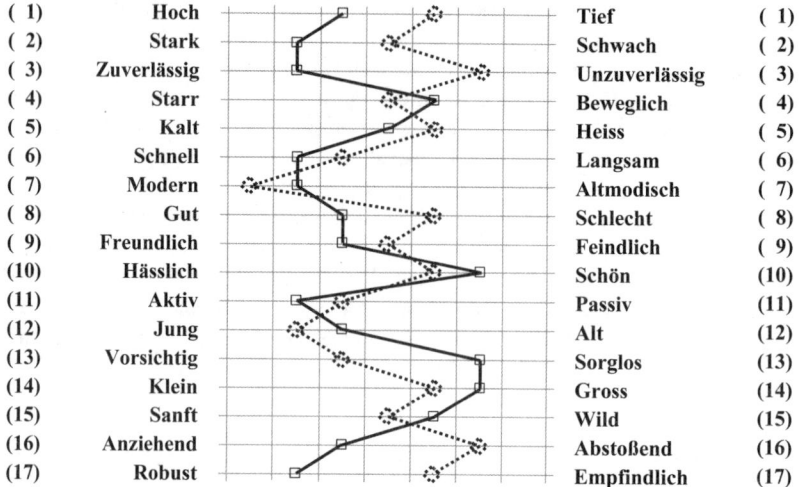

(1)	Hoch		Tief	(1)
(2)	Stark		Schwach	(2)
(3)	Zuverlässig		Unzuverlässig	(3)
(4)	Starr		Beweglich	(4)
(5)	Kalt		Heiss	(5)
(6)	Schnell		Langsam	(6)
(7)	Modern		Altmodisch	(7)
(8)	Gut		Schlecht	(8)
(9)	Freundlich		Feindlich	(9)
(10)	Hässlich		Schön	(10)
(11)	Aktiv		Passiv	(11)
(12)	Jung		Alt	(12)
(13)	Vorsichtig		Sorglos	(13)
(14)	Klein		Gross	(14)
(15)	Sanft		Wild	(15)
(16)	Anziehend		Abstoßend	(16)
(17)	Robust		Empfindlich	(17)

Abb. 3-9: Das Polaritätenprofil für zwei Automarken
(Quelle: Hammann/Erichson 2000, S. 349)

Bei **Likert-Skalen** werden mehrere Messwerte für verschiedene Statements aufaddiert. Dazu sind die Eindimensionalität der Statements und ihre Trennschärfe zunächst zu erfassen, um einen entsprechenden Einstellungsindex aufbauen zu können. In der Marketingforschung häufiger angewandt wird auch die sog. **mehrdimensionale Skalierung (MDS)**, bei der zunächst ordinalskalierte Paarvergleiche von bestimmten Erhebungsobjekten (z.B. Marken) erhoben werden. Anschließend positioniert das Verfahren die Marken geometrisch in einem mehrdimensionalen Merkmalsraum so, dass die empirisch erhobenen Relationen zwischen den Objekten in den messbaren Distanzen bei der geometrischen Darstellung richtig reproduziert werden. Je nach Dimensionalität der Wahrnehmung der Marken gelingt dies bei ein-, zwei- oder auch erst bei mehrdimensionaler Skalierung, was an entsprechenden Gütemaßen („Stress") abgelesen werden kann. Das Verfahren arbeitet iterativ, beginnt also bei einer willkürlichen Konfiguration, die mit einem Gradientenverfahren unter Heranziehung des Stresswertes zu optimieren versucht wird.

Ein bekanntes Messverfahren für Einstellungen beruht auf dem **Fishbein-Modell**, das Einstellungen als Produktsumme aus den von Person i subjektiv empfundenen Wahrscheinlichkeiten P_{ijk}, dass die relevanten Attribute k beim Einstellungsobjekt j vorhanden sind (kognitive Komponente), und den subjektiven Bewertungen Q_{ijk} dieser Attribute (affektive Komponente) modelliert. Für jedes Attribut eines Produktes ergibt sich also – wie in Abbildung 3-10 an einem Automobilattribut „Sicherheit" dargestellt - ein sog „**Eindruckswert**"(im Beispiel 4 • 5 = 20), der zur Ermittlung eines Einstellungsindex anschließend über alle Attribute aufsummiert wird, so dass gilt: $E_{ij} = \sum P_{ijk} \cdot Q_{ijk}$

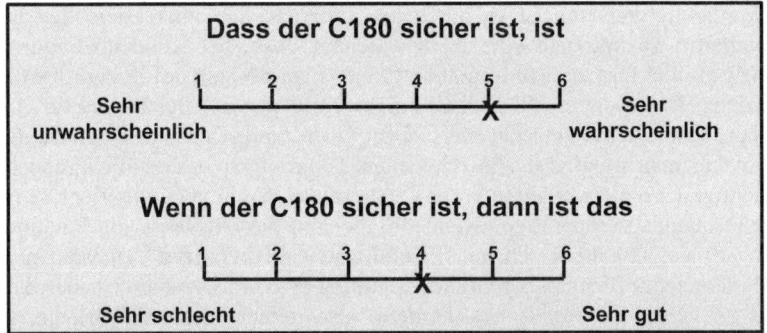

Abb. 3-10: Operationalisierung von Einstellungskomponenten im Fishbein-Modell

Ein alternativer Ansatz ist das Trommsdorff-Modell. Es handelt sich um ein Verfahren der mehrdimensionalen Einstellungsmessung. Ähnlich dem Fishbein-Modell stellt es eine wesentliche Verfeinerung des semantischen Differentials dar. In Analogie zu *Fishbein* versucht *Trommsdorff* die affektive *und* kognitive Einstellungskomponente zu erfassen und zu verknüpfen. Konkret erfragt er die subjektiv für ideal gehaltenen Merkmalsausprägungen und stellt diese den wahrgenommenen gegenüber, vollzieht also im Grunde einen Soll-Ist-Vergleich. Der Vorteil des Trommsdorff-Modells gegenüber dem Fishbein-Modell liegt u.a. darin, dass die Bewertungsmaßstäbe der Testperson durch die Angabe der subjektiv als ideal empfundenen Merkmalsausprägungen relativiert und transparent werden. Handlungsstrategien, die sich hieraus ableiten lassen, sind z.B. die Heranführung einer Realmarke an das subjektiv empfundene Idealbild durch Maßnahmen der Imagepolitik oder die Veränderung des subjektiv empfundenen Idealbilds durch kommunikationspolitische Maßnahmen.

Die erwähnten Skalierungstechniken stehen nur beispielhaft für eine Fülle von Mess- und Skalierungsverfahren, auf die der professionelle Marktforscher zurückgreifen kann. Naturgemäß wird dadurch die Qualität der erhobenen Informationen entscheidend beeinflusst. Der dilettantische Umgang mit Skalierungsverfahren, der in der Praxis oft beobachtbar ist, führt jedenfalls zu Artefakten und unreliablen Messungen, worüber sich die Anwender oft nicht bewusst sind.

2.2.1.4   Stichprobentechniken

PRINZIP: Stichproben

Mittels Stichprobenerhebungen können bei Anwendung von statistisch abgesicherten Zufallsverfahren repräsentative Ergebnisse ermittelt werden, ohne dass Vollerhebungen nötig sind. Die Repräsentativität hängt vom Stichprobenumfang, der Streuung des Untersuchungsmerkmals sowie dem jeweils frei wählbaren Vertrauensintervall und dem Stichprobenfehler ab. Zur Ziehung repräsentativer Stichproben können verschiedene Auswahlverfahren herangezogen werden, bei denen die Elemente der Grundgesamtheit eine gleiche bzw. eine bestimmbare Wahrscheinlichkeit (> 0) der Ziehung besitzen müssen.

In der Marketingforschung ist es nur selten möglich, alle interessierenden Untersuchungseinheiten zu befragen oder zu beobachten. Insb. bei Kundenbefragungen auf Konsumgüter- und Dienstleistungsmärkten muss man deshalb auf Stichproben zurückgreifen, deren Repräsentativität freilich zu gewährleisten ist. Bei **bewusster Auswahl** der Stichprobenelemente versucht man, selbst einen repräsentativen Querschnitt herzustellen, indem man möglichst alle relevanten Teilgruppen in der Stichprobe bewusst berücksichtigt („Quotenverfahren", s.u.). Allerdings ist hierbei die Repräsentativität nicht exakt quantifizierbar. Eine zweite Möglichkeit besteht darin, die Stichprobe zufallsgesteuert vorzunehmen, d.h. ein „**Zufallsauswahlverfahren**" zu wählen, das sicherstellt, dass jedes Element der Grundgesamtheit eine berechenbare Chance hat, in die Auswahl zu gelangen. Zufallsauswahl heißt also gerade nicht willkürliche, sondern wohl geplante und diesen Grundsatz einhaltende Auswahl der Stichprobenelemente. Allein die Zufallsauswahl ermöglicht den sog. statistischen Repräsentationsschluss, bei dem von der Stichprobe auf die Grundgesamtheit „hochgerechnet" wird. Dabei lässt sich ein **Zufallsfehler** berechnen, der angibt, mit welcher Wahrscheinlichkeit ein Stichprobenergebnis richtig ist bzw. in einem bestimmten, frei wählbaren **Fehlerbereich** liegt („**Vertrauensintervall**"). Beispielsweise lässt sich dann sagen, dass die ermittelte Käuferrate von 30% mit einer Wahrscheinlichkeit von 95% in einem Intervall zwischen 28% und 32% der Käufer liegt. Die Möglichkeit zu derartigen Fehlerquantifizierungen ergibt sich aus dem zentralen Grenzwertsatz, der ab Mindestfallzahlen von etwa 30, besser 50 oder sogar 100 Stichprobenfällen möglich wird. Danach verteilen sich alle möglichen Stichproben dieser Größe in den entsprechenden Stichprobenergebnissen nach der Normalverteilung (darunter nach der t-Verteilung), so dass folgende Zusammenhänge gelten:

$$e = t \cdot s / \sqrt{n} \quad \text{bzw.} \quad n = t^2 \cdot s^2 / e^2$$

e = tolerierte Fehlerspanne
t = Parameter für die Vertrauenswahrscheinlichkeit (z.B. t = 1,96 für 95%)
s = Standardabweichung in der Stichprobe
n = Stichprobenumfang

Nach dieser Formel lässt sich demnach auch der bei gegebener Vertrauenswahrscheinlichkeit und tolerierbarer Fehlerspanne notwendige Stichprobenumfang berechnen. Er beträgt z.B. bei 95% Vertrauenswahrscheinlichkeit und einer Fehlerspanne von 0,03 sowie einer Standardabweichung von 0,35: $1,96^2 \cdot 0,35^2 / 0,03^2 = 529$.

Man erkennt daraus,

− dass zur Verringerung des Fehlerintervalls eine überproportionale Zunahme der Stichprobe erforderlich ist ($\sqrt{n}$ im Nenner des Bruchs!),

− dass bei geringerer Streuung des interessierenden Merkmals eine geringere Stichprobe möglich ist, ohne dass der Fehler dadurch ansteigt, und

− dass bei einer Verringerung des Vertrauensintervalls (höherer t-Wert) die Stichprobe ebenfalls überproportional erhöht werden muss (t^2).

Die landläufige Meinung, dass die Stichprobengröße generell bei einem bestimmten Umfang, z.B. 1000 Fällen, hinreichend ist, ist also falsch. Tatsächlich kann eine Stichprobe von 100 ausreichen, wenn die Standardabweichung der Messgröße recht gering ist und eine relativ große Fehlerspanne toleriert wird. Andererseits können 1000 Fälle viel zu wenig sein, wenn die Messgröße in der Grundgesamtheit stark schwankt und ein sehr genaues Ergebnis erzielt werden soll.

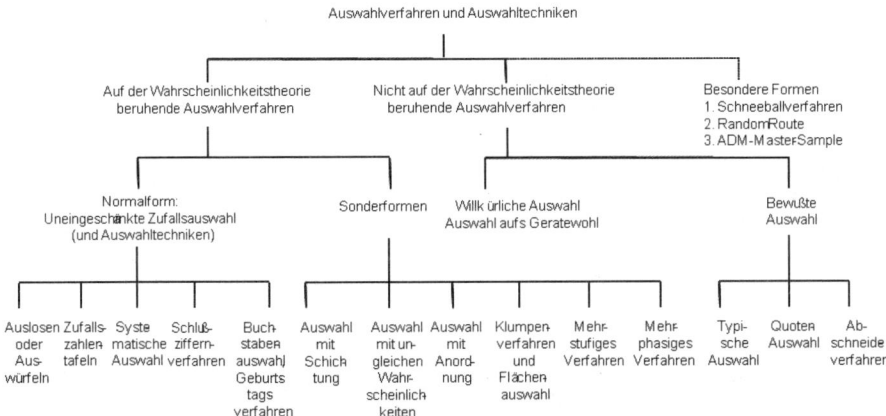

Abb. 3-11: Übersicht über die Auswahlverfahren bei der Stichprobenziehung
(Quelle: Hüttner 2001)

Dem Zufall kann im Rahmen der Stichprobenziehung auf ganz unterschiedliche Weise Rechnung getragen werden. Abbildung 3-11 gibt einen Überblick über die diesbezüglichen „**Auswahlverfahren**" bei der Stichprobenbildung. Dort sind auch die nicht zufälligen Verfahren mit aufgeführt, die einen statistischen Repräsentationsschluss nicht zulassen.

Bei den **Zufallsauswahlverfahren** („**Random-Verfahren**") wird versucht, dem Urnenmodell Rechnung zu tragen, wo jedem Element der Grundgesamtheit die gleiche Chance gegeben wird, in die Stichprobe zu gelangen. Häufig verfügt man allerdings nicht über physische Repräsentanten der Elemente der Grundgesamtheit. Deshalb greift man auf Ersatzverfahren zurück, etwa Zufallszahlentafeln, systematische Auswahlverfahren (z.B. nach dem Prinzip, dass jedes 100. Element in die Auswahl gelangt, wenn die Stichprobe 10% der Grundgesamtheit beträgt), dem Schlussziffernverfahren (aus einer durchnummerierten Grundgesamtheit kommt jedes Element mit einer bestimmten, per Zufall festzulegenden Schlussziffer in die Auswahl), oder einem entsprechenden Buchstabenverfahren (z.B. alle Elemente mit dem Anfangsbuchstaben B). Streng genommen können Stichprobenausfälle nicht ersetzt werden, weshalb man häufig bereits im Vorhinein eine bestimmte „Reserve" in die Sollstichprobe mit einberechnet. Andere Lösungsmöglichkeiten bieten die Sonderformen der Zufallsausfallverfahren, insb. **Schichten-**, **Klumpen-** und **Flächenauswahlverfahren**. Sie zeichnen sich dadurch aus, dass die Auswahlwahrscheinlichkeit nicht mehr gleich ist, sondern dem Zufall auf andere Weise Rechnung getragen wird. Bei der **Schichtenauswahl** teilt man z.B. die Grundgesamtheit in mehrere Auswahlschichten ein und zieht daraus jeweils (meist unterschiedlich große) Stichproben. Dadurch kann sichergestellt werden, dass jede Schicht hinreichend repräsentiert ist und darüber hinaus der Stichprobenumfang u.U. abgesenkt werden kann, weil die Varianz in unterschiedlichen Schichten unterschiedlich groß ist. Bei **Klumpen-Stichproben** teilt man die Grundgesamtheit ebenfalls in Teilgesamtheiten („Klumpen") auf, wählt dann jedoch sämtliche Elemente eines oder mehrerer Klumpen für die Stichprobe aus. Dabei kann es zum sog. Klumpeneffekt kommen, wenn die ausgewählten Teilgesamtheiten nicht repräsentativ sind. Klumpen sind häufig Gebiete, wie dies auch bei der Flächenauswahl der Fall ist. Diese wird darüber hinaus oft mehrstufig vorgenommen, wobei z.B. mit Bundesländern begonnen und über Wahlbezirke sowie Stimmkreise eine weitere Einengung der Stichprobe erfolgt.

Eine Auswahl aufs Geratewohl ist **willkürlich** und deshalb keine Zufallsauswahl. Eine Straßenbefragung ist deshalb gerade keine Zufallsauswahl und deshalb prinzipiell bedenklich. Etwas weniger fehlerhaftet ist bereits die **typische Auswahl**, bei der nach Meinung des Marktforschers typische Elemente aus Grundgesamtheit ausgewählt werden. Führt man diesen Gedanken systematisch weiter, gelangt man zur **Quotenauswahl**, bei der versucht wird, die Stichprobe strukturell so zu gestalten wie die Grundgesamtheit. Dazu quotiert man die Stichprobenelemente so, wie sie auch in der Grundgesamtheit verteilt sind. Relevante Merkmale sind dabei solche, die in einem Zusammenhang mit dem Untersuchungsthema stehen und über die man gleichzeitig entsprechende Verteilungsinformationen besitzt. Dies ist meist lediglich für soziodemographische oder sozioökonomische Merkmale der Fall. Beispielsweise kann bestimmt werden, dass die Stichprobe eine Alters- und Einkommens- sowie Bildungsverteilung besitzt, die jener in der Grundgesamtheit entspricht. Diese Grundgesamtheit muss nicht die bundesdeutsche Bevölkerung sein, sondern kann z.B. die Käuferschaft eines Unternehmens darstellen, deren Strukturen in entsprechenden Datenbanken abgebildet sind. Häufig muss man bei der Abgrenzung der Grundgesamtheit Kompromisse eingehen, weil es von vornherein meist aus Kostengründen unmöglich ist, wirklich alle Elemente einer Grundgesamtheit zu erfassen. Z.B. kann man bei einer Befragung von Studenten auf die im Fernstudium Studierenden kaum zurückgreifen, weil sie z.B. an Universitäten kaum „greifbar" sind. Nicht selten konzentriert man sich auf die größten und wichtigsten Kunden, was dem Auswahlverfahren nach dem **Konzentrationsprinzip** entspricht, bei dem nur die bedeutendsten Elemente der Grundgesamtheit zur Auswahl herangezogen werden können. Dementsprechend kann man die Ergebnisse von Stichproben auch nach der Bedeutung einzelner Elemente gewichten („gewichtete Stichprobe"). Unter den nicht-zufälligen Auswahlverfahren ist das Quotenverfahren besonders beliebt, weil hierbei den Interviewern freie Wahl bei der Auffindung entsprechender Personen gelassen wird. Allerdings müssen sie die erforderlichen Kombinationen an Merkmalen, die im **Quotenplan** festgelegt sind, einhalten, was zunehmend schwieriger wird, je weiter die Stichprobe ausgeschöpft ist. Abbildung 3-12 zeigt einen entsprechenden Quotenplan, der bei der letzten Person, d.h. nach „Streichung" aller bereits „gezogenen" Fälle, nur noch eine ganz spezifische Kombination (hier: „weiblich, über 60, Stadtregion") zulässt (bereits vergebene Fälle sind durchgestrichen).

Quotenplan: Zu befragen sind 10 Personen, davon...		Zählliste (gestrichene Fälle sind „vergeben")
Merkmal	Ausprägung	
Geschlecht	Männlich	~~1,2,3,4~~,5
	Weiblich	~~1,2,3~~,4,5
Alter	18 – 30	~~1,2~~,3
	31 – 50	~~1,2,3~~,4
	> 60	~~1,2~~,3
Wohnort	Stadtregion	~~1,2,3,4,5~~,6,7
	Landregion	~~1,2,3~~

Abb. 3-12: Beispiel für einen Quotenplan für die Stichprobenziehung

2.2.2　　　Datenanalysemethoden

PRINZIP: Datenanalysemethoden

Zur optimalen Auswertung von Marktforschungsdaten, sind uni-, bi- und multivariate statistische Verfahren einsetzbar. Sie erlauben die Komprimierung von Daten, die Aufdeckung von Datenstrukturen und die Überprüfung von entsprechenden Strukturhypothesen bzw. -modellen.

Sind die Daten einer Marktforschung-Primärstudie erhoben, muss man sie zunächst formal und statistisch aufbereiten. Hierzu zählt eine **Rücklaufkontrolle** hinsichtlich Vollständigkeit und Plausibilität der Ergebnisse sowie Feststellung der Stichprobenausfälle. Anschließend werden die Daten für eine elektronische Auswertung verschlüsselt, d.h. jeder Ausprägung ein spezifischer Code zugewiesen. Das entsprechende Schema hierfür ist der **Codeplan**. Er enthält auch Angaben darüber, an welcher Stelle des Datensatzes die jeweilige Variable zu finden ist und welches Skalenniveau sie aufweist. Fehlende Fälle werden üblicherweise mit der Ziffer 9 gekennzeichnet. Insgesamt ergibt sich dadurch eine **Datenmatrix**, die meist in den Spalten die einzelnen Merkmale (Variablen) und in den Zeilen die Fälle (Auskunftspersonen, Beobachtungsobjekte etc.) enthält.

Die statistische Aufbereitung der Daten erfolgt mit Hilfe entsprechender **Softwareprogramme** (SPSS, SAS etc.), die meist zugleich eine grafische Ergebnisaufbereitung zulassen. Wie Abbildung 3-13 im Überblick deutlich macht, gibt es grundsätzlich datenverdichtende, strukturaufdeckende und strukturprüfende Verfahren. Erstere komprimieren die Verteilung einer Variablen z.B. zu **Verteilungskennzahlen**, etwa Mittelwerten, Schiefe- oder Streuungsmaßen. Darüber hinaus kann man durch Verknüpfung einzelner Variablen **Indizes** bilden. Bei der **Faktorenanalyse** werden verschiedene Variablen entsprechend ihrer Korrelation zu höher dimensionierten Faktoren verdichtet. Hierbei handelt es sich bereits um ein **multivariates Analyseverfahren**. Bei diesen werden mehrere Variablen gleichzeitig in einem Rechengang verarbeitet, so dass die Interdependenzen, aber auch die Dependenzen (Abhängigkeiten) zwischen den Variablen aufgedeckt werden können. Im Gegensatz dazu verbleiben univariate Verfahren auf der Ebene einer einzelnen Variablen, und bivariate Verfahren verknüpfen lediglich zwei Variablen.

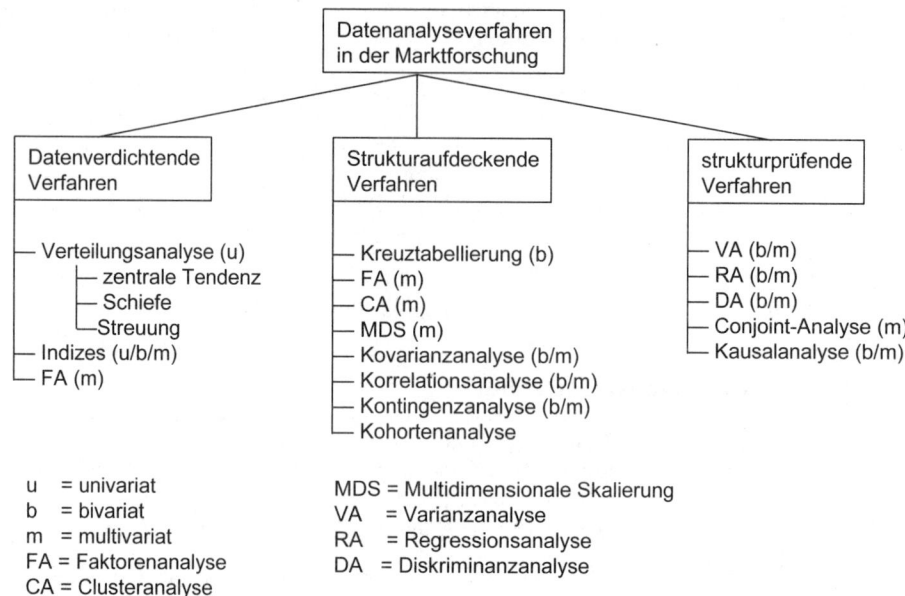

Abb. 3-13: Überblick über wichtige Datenanalyseverfahren in der Marktforschung
(Quelle: Hammann 2001, S. 260)

Besonders oft gebräuchliche Auswertungsverfahren in der Marktforschung sind **Häu-figkeitsauszählungen** und **Kreuztabellierungen** mit entsprechenden Korrelations-bzw. Kontingenzanalysen, in denen der Zusammenhang zwischen zwei Größen (z.B. Einkommen und Kaufhäufigkeit) abgebildet wird. In Kontingenztabellen findet man ausschließlich nicht-metrische (meist ordinale) Merkmale. Auch hierfür lassen sich je-doch Koeffizienten berechnen, die den Zusammenhang z.B. zwischen dem Geschlecht und dem Kauf bestimmter Produktvarianten (ja/nein) messen.

Bei **Mittelwertvergleichen** werden die Mittelwerte von Untergruppen einer Stichprobe (meist das arithmetische Mittel) gegenübergestellt, um systematische Unterschiede zu entdecken, bzw. überprüfen. Beispielsweise kann man danach fragen, wie sich der Ab-satz in verschiedenen Absatzregionen unterscheidet. Da hierbei bereits zwei Größen (Region und Absatz) einbezogen werden, handelt es sich um eine bivariate Analyse.

Die **Korrelationsanalyse** misst die Stärke des Zusammenhangs zwischen zwei Merk-malen. Dabei gibt es sowohl für ordinal skalierte als auch für metrisch skalierte Merk-male entsprechende Messverfahren. Grafisch wird eine Korrelation durch die systemati-sche Richtung der im Koordinatensystem dargestellten Fälle (z.B. je höher Merkmals-ausprägung der Variable X, desto höher Merkmalsausprägung der Variable Y) zum Ausdruck gebracht.

Bei der **Einfachregression** werden nicht nur Korrelationen, sondern Abhängigkeiten überprüft. Dazu muss ein Modell aufgestellt werden, wobei üblicherweise eine lineare

Funktion unterstellt wird. Diese wird statistisch überprüft und auf diese Weise getestet, ob und mit welcher statistischen Eindeutigkeit eine Abhängigkeit tatsächlich besteht.

Unter den **multivariaten Analyseverfahren** finden insb. multiple Regressions- und Diskriminanz- sowie Varianz- und Faktorenanalysen am meisten Verwendung. **Multiple Regressionsanalysen** setzen eine abhängige Größe zu mehreren unabhängigen Größen in Beziehung und unterstellen einen (meist linearen) Zusammenhang. Bei der Berechnung des entsprechenden Schätzmodells werden alle Variablen gleichermaßen berücksichtigt, wozu allerdings spezifische Voraussetzungen gegeben sein müssen. Im Ergebnis erbringt eine multiple Regressionsanalyse für jede der unabhängigen Variablen Regressionskoeffizienten, welche die Stärke des Einflusses dieser Variablen auf die abhängige Größe zum Ausdruck bringen. Darüber hinaus gibt das Bestimmtheitsmaß (R^2) für die Gesamtgleichung an, wie viel der Varianz der abhängigen Variablen durch die in das Modell einbezogenen unabhängigen Variablen aufgeklärt werden kann (und wie viel nicht). Entsprechend muss das Modell ggf. noch erweitert oder in der Struktur modifiziert werden. Handelt es sich um Stichprobenwerte, kann durch Inferenzstatistiken geprüft werden, ob die Funktion insgesamt statistisch signifikant ist (F-Test) und ob jeder der Regressionskoeffizienten signifikant von 0 abweicht (T-Test).

Mit Hilfe von **Diskriminanzanalysen** soll beantwortet werden, welche Merkmale für die Zugehörigkeit eines Untersuchungsobjektes zu einer bestimmten Gruppe (z.B. Käufer/Nicht-Käufer) maßgeblich ist. Dazu wird eine Diskriminanzfunktion berechnet, in der wiederum bestimmte metrische, unabhängige Merkmale diese Zugehörigkeit erklären sollen. Der Rechenalgorithmus basiert allerdings auf einem anderen Kriterium als bei der Regressionsanalyse. Die Diskriminanzkoeffizienten geben Aufschluss darüber, wie viel das jeweilige Merkmal dazu beiträgt, dass ein Objekt zur einen oder anderen Gruppe gehört.

Bei der **Faktorenanalyse** werden eine Vielzahl von miteinander korrelierten Variablen zu weniger übergeordneten sog. Faktoren verdichtet. Solche Faktoren sind abstrakte Dimensionen hinter den Merkmalen, die durch die Korrelationen angedeutet werden. Beispielsweise bilden die technischen Merkmale eines Autos (Leistung des Motors, Höchstgeschwindigkeit, Beschleunigungsvermögen etc.) eine gemeinsame Dimension ab, die man mit „technische Leistung" umschreiben kann. Autos bestimmter Klassen weisen bei diesen Merkmalen entsprechend hohe bzw. niedrige Werte auf und lassen sich auf diese Weise auch grafisch abbilden. Eine andere Dimension könnte das Image der Automobile sein, das z.B. durch die Merkmale „Sportlichkeit", „Prestige", „Innovationsgrad" etc. erfasst wird. Möglicherweise muss man dabei jedoch differenzieren und zwei Dimensionen (z.B. Prestige und Fortschrittlichkeit) unterscheiden. Insofern ist es eine Aufgabe der Faktorenanalyse, diese Dimensionalität des hinter den Merkmalen stehenden Wahrnehmungsraums zu erfassen. Da Faktoren grundsätzlich voneinander unabhängige Dimensionen darstellen, können sie gleichzeitig als orthogonale Achsen eines geometrischen Merkmalsraums interpretiert werden. Abbildung 3-14 zeigt ein entsprechendes Beispiel, bei dem auf sehr hohem Abstraktionsniveau lediglich zwei Faktordimensionen, nämlich die funktionale „Qualität" und die emotionale Ausstrahlung, zur Positionierung verschiedene Automarken herangezogen werden. Man erkennt

intuitiv, dass so trotz der hohen Verdichtung eine plausible und informative Repräsenta-
tion der Markenimages gelingt.

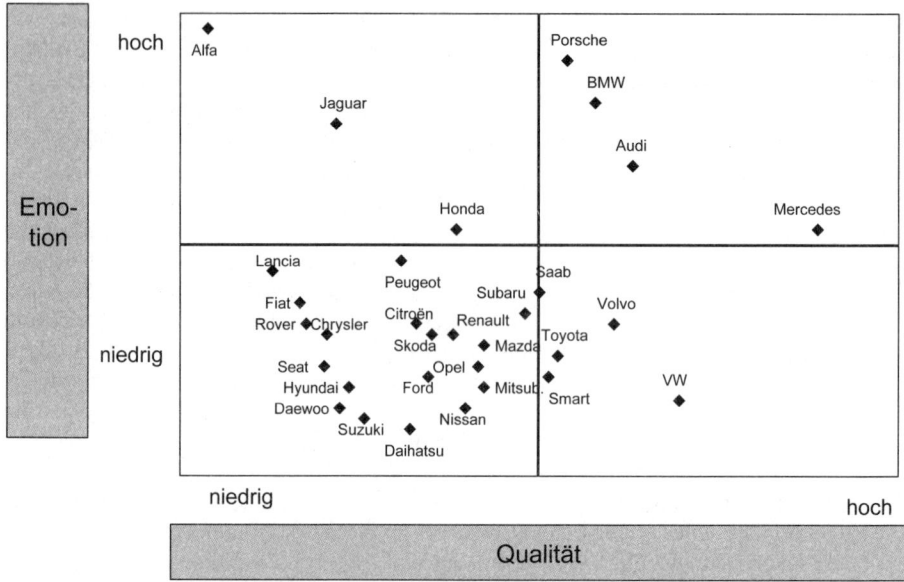

Abb. 3-14: Produktqualitäten im Spiegel von Positionierungsmodellen

Im Rahmen von **Varianzanalysen** wird ähnlich wie in der Regressionsanalyse überprüft, ob eine oder mehrere Einflussgrößen (mind. nominal skaliert) (Treatments) auf
eine bestimmte, metrisch gemessene Variable einen signifikanten Einfluss besitzen.
Solche Auswertungen sind insbesondere bei Experimenten erforderlich, um sicher zu
gehen, dass eine gemeinsame Variation der unabhängigen und abhängigen Merkmale
nicht zufällig ist. Auch hierbei kann man bi- und multivariate Fälle unterscheiden.

Besonders nützlich für die Marktforschung sind schließlich **Clusteranalysen**. Bei ihnen
wird versucht, eine Menge an Objekten (z.B. Produkten, Einkaufsstätten oder konkurrierende Unternehmen) bzw. Subjekten (z.B. Verbraucher im Rahmen von
Konsumententypologisierungen, vgl. Kap. 2/ 2.) in in sich homogene, aber untereinander heterogene Teilgesamtheiten zu zerlegen. Die Ähnlichkeit der Objekte oder Subjek-
te wird in solchen Clusteranalysen unter gleichzeitiger Berücksichtigung aller erhobenen Merkmale bestimmt. Verfügt man z.B. über 20 Variablen, die Konsumenten beschreiben, kann jede Person mit ihren Antworten mathematisch mit einem 20-
dimensionalen Datenvektor repräsentiert und mit anderen Personen verglichen werden.
Die im Wege einer einfachen Distanzrechnung oder mit anderen Ähnlichkeitsmaßen
ermittelte „Nähe" entscheidet dann darüber, ob zwei Personen in eine Gruppe aufgenommen werden oder nicht. Iterativ muss ferner überprüft werden, wie viele Gruppen
gebildet werden müssen, um einerseits in sich homogene Typen zu bilden, aber andererseits hinreichend umfassende Gruppierungen zu erhalten. Dazu vergleicht man die Güte

von 2-, 3-, 4-Gruppenlösungen usw. anhand von Homogenitätsmaßen für die definierten Cluster.

Auswertungstechnisch geht es bei **deterministischen Clusteranalyseverfahren** darum, die Ähnlichkeit der Objekte hinsichtlich aller in die Analyse einbezogenen Merkmale durch Konstruktion eines Distanzmaßes abzubilden und darauf aufbauend eine Zusammenfassung ähnlicher Elemente (aggregierendes Verfahren) oder eine zunehmende Aufteilung der Gesamtgruppe (divisives Verfahren) in immer kleinere Teilmengen vorzunehmen. Eine andere Variante deterministischer Clusteranalysen, das sog. Austauschverfahren, beginnt mit einer gewissen (z.B. willkürlichen) Startaufteilung und versucht dann, durch systematische Verschiebung einzelner Elemente in andere Gruppen das Gesamtergebnis zu verbessern. Dieses bemisst sich durch die Homogenität der Teilsegmente, die z.B. über die Innergruppen-Varianz erfasst werden kann. Gleichzeitig versucht man, die Zwischen-Gruppen-Varianz zu maximieren, um die Gruppen trennscharf zu machen. Neben den zur Gruppierung herangezogenen „aktiven" Clustervariablen benutzt man anschließend „passive" Variablen, um die Unterschiede zwischen den Gruppen noch weiter zu charakterisieren. Dazu werden die Mittelwerte der jeweiligen Gruppen verglichen und auf signifikante Unterschiede hin überprüft. Auch eine Diskriminanzanalyse kann eingesetzt werden, um die Güte der Klassifikation zu überprüfen.

Neuere Verfahren der Klassifikation sind nicht deterministisch, sondern **probabilistisch** angelegt und basieren auf Verteilungsannahmen über die ausgewählten Segmentierungsvariablen (z.B. wird für metrische Variablen meist eine Normalverteilung unterstellt). Das Ziel dieses Ansatzes ist es, aus der Mischverteilung, welche diese Variablen auf der gesamten Population aufweisen, die segmentspezifischen Verteilungen zu bestimmen und so die Segmente zu beschreiben. Im Unterschied zu den deterministischen Segmentierungsverfahren werden die Objekte einem Segment nicht fest zugeordnet. Vielmehr wird der Unsicherheit, die aus der unvollständigen Information über diese Objekte resultiert, dadurch Rechnung getragen, dass man lediglich eine Zugehörigkeitswahrscheinlichkeit eines Objektes pro Segment berechnet.

2.3   Anwendungsfelder der Marktforschung

> **PRINZIP: Anwendung der Marktforschung**
> Datenerhebungs- und Datenanalysemethoden werden in konkreten Anwendungsfeldern des Marketing eingesetzt, um eine rationale Entwicklung von Strategien sowie einen optimalen Einsatz der Marketinginstrumente zu ermöglichen.

Erhebungs- sowie Datenanalysemethoden der Marktforschung werden zur Lösung bestimmter Informationsprobleme im Marketing eingesetzt. Welche Methoden jeweils am besten geeignet sind, hängt von der konkreten Fragestellung ab. Daher kann die Marktforschung als Teilprozess des Marketing nur verstanden werden, wenn typische Anwendungsfelder der Marktforschungsmethoden bekannt sind. In diesem Abschnitt stellen wir einige der typischen Anwendungsfelder vor, die in vielen Unternehmen Relevanz besitzen.

Wesentliche Anwendungsfelder der Marktforschung liegen im Bereich der Marketinginstrumente. Es geht dort i.d.R. um Fragen der kundenseitigen Wahrnehmung, Beurteilung und Kenntnis von Marketinginstrumenten aus den produkt-, preis-, kommunikations- und distributionspolitischen Entscheidungsfeldern eines Unternehmens. Auch die eigene Marktpräsenz eines Unternehmens und deren Bedeutung im Verhältnis zur Präsenz von Konkurrenten stellt ein Forschungsfeld dar. Daneben interessieren Informationen, die für die Gestaltung des Kundenmanagements bzw. das Beziehungsmarketing hilfreich sind.

Dabei können hier jeweils lediglich ausgewählte Beispiele für die genannten Anwendungsfelder gegeben werden. Die in der Praxis tatsächlich vorzufindenden Anwendungsmöglichkeiten sind wesentlich umfangreicher. Außerdem gibt es über die hier genannten sechs wesentlichen Anwendungsfelder hinaus weitere Spezialfragen, auf die wir aus Platzgründen nicht eingehen können.

2.3.1   Produktbezogene Forschung

Im Rahmen der **Produktpolitik** (vgl. Kap. 4/ 2.) gestaltet ein Unternehmen einzelne Elemente seines Leistungsangebots und fügt sie zu einem kohärenten Gesamtsortiment zusammen. Jedes Einzelelement (ein physisches Gut, eine Dienstleistung oder eine kombinierte Leistung) kann anhand verschiedener Dimensionen gestaltet werden (z.B. Qualität der eingesetzten Ressourcen, Design, Verpackung oder Markierung). Im Rahmen der Produktforschung interessiert folglich, wie Marktteilnehmer (Kunden, Wettbewerber, Einflussgruppen etc.) das Leistungsangebot des Unternehmens wahrnehmen, beurteilen und wie gut sie es kennen.

Ein erstes Anwendungsbeispiel der Marktforschung in der Produktpolitik sind Verfahren, die im Rahmen der Neuproduktentwicklung eingesetzt werden. Hierbei geht es darum, frühzeitig die Bedürfnisse und Erwartungen der künftigen Zielgruppe eines Leistungsangebotes zu erfassen, um das neu zu entwickelnde Angebot möglichst optimal an diese Bedürfnisse und Erwartungen anzupassen. Zeigen sich Diskrepanzen zwischen dem in Entwicklung befindlichen Produkt (oder der entsprechenden Dienstleistung) und den Kundenbedürfnissen / -erwartungen, können Veränderungen rechtzeitig vor Markteinführung vorgenommen werden. So werden neue Automodelle bspw. im Rahmen einer sog. „**Car Clinic**" einige Zeit vor dem tatsächlichen Launch-Zeitpunkt kleineren Gruppen von Testpersonen gezeigt, um Reaktionen zu sammeln und rechtzeitig vor dem Produktionsstart Designveränderungen vornehmen zu können. Eine Car Clinic wird in der Regel von einem spezialisierten Marktforschungsinstitut durchgeführt. Das für die Einführung vorgesehene Automodell wird gemeinsam mit relevanten Wettbewerbermodellen präsentiert. In ähnlicher Weise hat die Lufthansa bei der Entwicklung ihres neuen Konzepts für die erste Flugklasse in unterschiedlichen Stufen des Innovationsprozesses jeweils mehrere Hundert First-Class Kunden in die Entwicklungsarbeit mit einbezogen. Von Interesse waren dabei sowohl Informationen über Leistungen, die Kunden in der ersten Klasse künftig wünschen (in frühen Marktforschungsphasen) als auch Bewertungen der tatsächlich realisierten Neugestaltung, etwa der Sitze und ihrer Umwandelbarkeit in Schlafgelegenheiten (in späten Projektphasen).

Auch Studien zur **Markenwahrnehmung** gehören zum Bereich der produktpolitischen Marktforschung. Hier wird bspw. ermittelt, welches **Image** eine Marke in der Sicht von Konsumenten hat oder welche Persönlichkeitsdimensionen Konsumenten bei einer Marke wahrnehmen. Dabei können sowohl qualitative als auch quantitative Methoden zum Einsatz kommen. In der Markenpersönlichkeitsforschung bspw. existiert eine Skala (vgl. *Aaker* 1997), anhand derer Konsumenten ihnen genannte Marken bewerten. Die Skala umfasst 42 Items, die insg. 5 Dimensionen der Markenpersönlichkeit abdecken (Sincerity, Excitement, Competence, Sophistication und Ruggedness). Pro Item werden Mittelwerte über Antworten der Befragten je Marke gebildet. Anhand dieser Mittelwerte lassen sich Markenpersönlichkeitsprofile erstellen und Marken miteinander vergleichen. Außerdem lässt sich innerhalb einer Produktkategorie ermitteln, welche relative Bedeutung einzelne Dimensionen, bspw. die von Kunden bei einer Marke wahrgenommene Ehrlichkeit (Sincerity), für Zielgrößen wie Markensympathie oder –loyalität haben.

2.3.2   Preisforschung

Ein zweites Anwendungsfeld der Marktforschung besteht in der **Preisforschung**. Im Rahmen der Preispolitik setzt ein Unternehmen Preise für Leistungen (z.B. für einen VW Golf in seiner Grundausstattung sowie für jede mögliche Sonderausstattung), definiert Preisabstände zwischen unterschiedlichen Modellen in einer Produktkategorie (z.B. zwischen den Grundmodellen des VW Polo, Golf und Passat), differenziert Preise oder führt ggf. Preisvariationen durch (vgl. Kap. 4/ 3.).

Um die entsprechenden Entscheidungen treffen zu können, interessiert Marketingmanager u.a., welches Preiswissen Kunden haben (um einen aktuellen Preis z.B. im Verhältnis zu Referenzpreisen bewerten zu können), welche relative Bedeutung der Preis im Verhältnis zu anderen Leistungsparametern für die Kaufentscheidung hat, welchen Preis sie (z.B. bei einer Neuprodukteinführung) für gerechtfertigt erachten würden oder wie elastisch die Nachfrage hinsichtlich des Preises ist.

Sekundärstatistisch kann man die Absatzreaktionen früherer Preisänderungen oder die Absatzunterschiede in Regionen bzw. Outlets mit unterschiedlichen Preisen analysieren und daraus Rückschlüsse auf die Preiselastizität ziehen.

Primärstatistisch messen einfache **Preis-Reaktionstests** per Befragung, welche Preise für ein gegebenes Produkt bei wie viel Prozent der Zielgruppe als billig, akzeptabel bzw. teuer beurteilt werden und ermitteln daraus eine Zone des am meisten akzeptierten Preises („**Preisbarometer**"). **Preisempfindungstests**lehnen sich an psychophysikalische Messverfahren an. Man versucht, die subjektive Einstufung der Preisgünstigkeit verschiedener Preise bei den Befragten zu erfassen. Zur Erhebung verwendet man entweder Ordinalskalen (z.B. Preis ist niedrig/angemessen/hoch), Ratingskalen (z.B. bipolare Intervallskala von „sehr billig" bis „sehr teuer") oder Verfahren der Magnitude-Skalierung. Die Befragung erfolgt meist hinsichtlich mehrerer qualitativ ähnlicher Produkte oder Geschäfte. Daraus lassen sich Rückschlüsse auf die Preisbereitschaft bzw. den zu erwartenden Preiswiderstand der Nachfrager ziehen. Preisempfindungstests können auch zum Nachweis subjektiver Preisschwellen herangezogen werden, wenn man den Befragten Preisdifferenzen aus verschiedenen Preisbereichen und über vermutete Preisschwellen hinweg zur Beurteilung vorlegt und die Anmutungsunterschiede mit den objektiven Preisunterschieden vergleicht.

Ein sehr bedeutendes Verfahren im Rahmen der Preisforschung stellt die **Conjoint Analyse** dar. Sie wird eingesetzt um die Reaktion auf Preisveränderungen zu schätzen.

Conjoint-Analyse (Conjoint Measurement, CA)

... ist ein aus der mathematischen Psychologie stammendes Verfahren der Multi-varia-tenanalyse zur Dekomposition von Einstellungs- und Präferenzurteilen. Ziel der Conjoint Analyse ist es, aus globalen Urteilen über Stimuli (z.B. Produktkonzepte) die Nutzenbeiträge einzelner Merkmalsausprägungen zu ermitteln. Die Stimuli werden hierzu über die Ausprägungen ausgewählter Merkmale (z.B. Farbe, Preis etc.) beschrieben. Jedem Merkmal wird ein Nutzen- bzw. Präferenzmodell zugrunde gelegt (Bewertungsmodell). Die additive oder multiplikative Verknüpfung dieser merkmalsspezifischen Nutzenfunktionen legt das CA-Präferenzmodell fest, dessen Parameter (=Teilnutzenwerte) geschätzt werden müssen. Im einfachsten Fall lässt sich dann durch Addition der Teilnutzenwerte sämtlicher Merkmalsausprägungen der Gesamtnutzenwert eines Produktkonzeptes berechnen.

Das klassische Verfahren der (additiven) CA für nicht-metrische Daten nach *Kruskal* beruht auf dem Prinzip der monotonen Varianzanalyse. Es verlangt eine schwach monotone Anpassung der Gesamtnutzenwerte an die Rangordnung der empirischen Präferenzurteile. Formal kann das Modell wie folgt dargestellt werden:

$$p_k \xrightarrow{\ f_m\ } z_k \cong y_k = \sum_{j=1}^{J} \sum_{m=1}^{M_j} \beta_{jm} \cdot x_{jm}$$

mit:

p_k = empirische Rangwerte der Stimuli (k=1, ..., K),

z_k = monoton angepasste Rangwerte,

y_k = metrische Nutzenwerte gewonnen durch Addition der Teilnutzenwerte der Merkmale,

β_{jm} = Teilnutzenwert für Ausprägung m von Eigenschaft j,

x_{jm} = Dummy Variable: $\{1\}$ falls bei Stimulus k die Eigenschaft j mit Ausprägung m vorliegt, sonst $\{0\}$,

f_m = monotone Transformation.

Zielkriterium ist eine Stress-Größe, die zu minimieren ist:

$$\underset{f_m}{\text{Min}}\ \underset{\beta}{\text{Min}}\ \text{Stress} = \frac{\sum\limits_{k=1}^{\ } (z_k - y_k)^2}{\sum\limits_{k=1}^{K} (y_k - \bar{y})^2}$$

mit $\bar{y}$ = Mittelwert der Nutzenwerte y_k

Im Rahmen einer CA sind folgende methodische Entscheidungen zu treffen:

Wahl eines Präferenzmodells: Meist Teilnutzenmodell mit additiver oder (weniger häufig) multiplikativer Verknüpfung.

Auswahl des Erhebungsdesigns: Entweder Trade-off-Verfahren mit Vergabe von Rangplätzen für Ausprägungskombinationen jeweils zweier Merkmale oder Vollprofil-Verfahren mit verbaler oder bildlicher Darstellung aller als relevant erachteter Merkmale. Um einer kognitiven Überforderung der Testpersonen vorzubeugen, lässt sich die Anzahl der zu bewertenden Stimuli durch Verkürzung des vollständigen auf ein fraktionell faktorielles Design vermindern. Weitere Erleichterungen erreichen neuere Ansätze durch die Kombination dekompositioneller mit kompositionellen Befragungsteilen (Hybride CA).

Bewertung der Stimuli: Neben der üblichen Erhebung über Rangreihung (ranking) ist auch eine Bewertung über Skalenwerte möglich (rating).

Parameterschätzung: Die Auswahl des Verfahrens hängt vom Skalenniveau der erhobenen Daten ab. Metrisch skalierte Urteile erlauben einen regressionsanalytischen OLS-Ansatz, bei nicht-metrisch skalierten Daten (Präferenzrangfolgen) kommt die monotone Varianzanalyse zur Anwendung. Ein Vergleich der Nutzenstrukturen unterschiedlicher Testpersonen ist erst im Anschluss an eine Normierung der individuell geschätzten Teilnutzenwerte möglich.

Die häufigsten Anwendungsbereiche der CA sind die Produkt- und Preispolitik. Neben der Unterstützung von Produktgestaltungsentscheidungen ist insbesondere die Schätzung von Responsefunktionen, z.B. Preis-Absatzfunktionen, eines der vorrangigen Einsatzgebiete der CA. Unter Zugrundelegung bestimmter Kaufmodelle (häufig die First-choice-Regel, nach der ein Konsument das Produkt mit dem höchsten Nutzenwert auswählt) lassen sich auf Basis der berechneten individuellen Nutzenwerte Marktsimulationen durchführen und letztlich Marktanteile der simulierten Produktkonzepte prognostizieren. Die Methodik wird von vielen Marktforschungsinstituten als Standarddienst angeboten.

(Quelle: H. Bauer. (2001): Conjoint Analyse, in: Diller, H. (Hrsg.): Vahlens Großes Marketinglexikon, 2. Aufl., München, S. 230-232.)

2.3.3 Kommunikationsforschung

Die Kommunikationsforschung versucht, die Wirkung kommunikationspolitischer Instrumente zu ermitteln und ihr relevantes Umfeld zu erfassen. Seit langem etabliert ist die **Werbewirkungsforschung**. Hier wird erforscht, welche Einfluss Werbemaßnahmen (in verschiedenen Medien wie TV, Radio etc.) auf Kaufentscheidungen von Konsumenten sowie auf vorgelagerte psychologische Konstrukte des Kaufentscheidungsprozesses ausüben. Auf Grund der deutlich gestiegenen Zahl der verfügbaren Kommunikationsmaßnahmen reicht die Werbewirkungsforschung heute jedoch nicht mehr aus. Vielmehr interessiert Marketingmanager die Wirkung der Kombination der eingesetzten Instrumente, z.B. Werbung, Sponsoring, Direktmarketing, Internetkommunikation, Empfehlungsmarketing und Präsenz in sozialen Netzwerken. Von Bedeutung ist dies zum einen, um die Effektivität der Kommunikation verbessern zu können, z.B. durch verständlichere Gestaltung von Textbotschaften oder Vermeidung des Einsatzes „falscher" Bildelemente, die von Zielgruppen nicht richtig interpretiert werden oder zu Reaktanz führen können. Zum anderen interessiert die Effizienz der Kommunikation, u.a. die Frage mit welcher Verteilung eines gegebenen Budgets auf verschiedene Medien die größte Wirkung erzielt werden kann.

Ein konkretes Beispiel für kommunikationspolitische Marktforschung stellen **Werbewahrnehmungstests** dar. Die Frage, ob einem Kommunikationsmittel (z.B. einer be-

stimmten Anzeige in einer Zeitschrift) in der Realität überhaupt Aufmerksamkeit geschenkt wird, kann nur in einer quasi-biotischen oder biotischen Versuchssituation untersucht werden: Die Versuchsperson darf nicht wissen, dass es sich um einen Test handelt. Ein geeignetes Verfahren ist die **getarnte Leseverhaltensbeobachtung**. Andere
Verfahren arbeiten mit **apparativen Tools**, z.B. mit der Methode der Blickregistrierung.
Die Überprüfung der Aktivierungswirkung erfolgt i.a. durch **Hautwiderstandsmessung**. Je stärker die durch Werbung ausgelöste Aktivierung ist, umso größer ist die Bereitschaft zur Aufnahme und Verarbeitung einer Werbebotschaft. Die emotionale Wirkung von Werbemitteln kann auch durch Befragung gemessen werden. Die Richtung
der Gefühle (angenehm oder unangenehm) sowie deren Qualität (etwa Freude, Angst)
können auf diese Weise recht gut erfasst werden. Die Stärke der emotionalen Wirkung,
also die Aktivierungswirkung der Werbemittel, wird jedoch besser über physiologische
Indikatoren gemessen, die willentlich nicht beeinflussbar sind. Die Methode der Befragung führt in diesem Fall vielfach zu verzerrten Ergebnissen. Die Testpersonen versuchen einerseits, sozial erwünscht und "vernünftig" zu antworten, andererseits sind sie
gar nicht in der Lage, den Grad ihrer Aktivierung wirklich genau anzugeben.

Werbetests

… sind Untersuchungen zur empirischen Überprüfung der Werbewirksamkeit einzelner
werblicher Maßnahmen. Je nach Umfang der zu testenden werblichen Maßnahmen unterscheidet man Motiv-Tests (Sujet-Tests), bei denen einzelne Motive (z.B. einzelne Anzeigen) getestet werden, und Kampagnentests, in denen eine Werbekampagne oder auch
mehrere alternative Kampagnen im Pretest überprüft oder die Wirksamkeit einer gesamten Werbekampagne während oder nach der Schaltung überprüft werden. Ein Kampag-
nentest i.d.S. beinhaltet auch die Effekte der Schaltungshäufigkeit und der Mediaauswahl.

Je nach Testzeitpunkt lassen sich Pretests und Posttests unterscheiden. Pretests nennt man
Werbetests, die vor der Schaltung der Werbung bzw. vor ihrem Einsatz im Markt stattfinden. Sie werden mit fertig („finished") oder mit nur teilweise ausgearbeiteten Werbemitteln (z.B. roughs, scribbles, animatics, ripomatics, storyboards) durchgeführt. In einer
sehr frühen Phase der Werbekonzeption nennt man Pretests auch Konzepttests. Hier werden auch oft reine Verbalkonzepte in den Test gegeben. Posttests werden erst dann
durchgeführt, wenn die Werbung bereits im Markt angelaufen („on-air") ist. Besondere
Formen sind hier der Day-After-Recall-Test (DAR-Test) und das Werbetracking.
Da die Werbung in vielen Fällen darauf abzielt, Absatzerfolge zu erzielen, müsste die
Werbewirkung eigentlich dadurch bestimmt werden, dass man die werblichen Maßnahmen anhand von Absatzzahlen bewertet. Dabei entsteht aber das Problem, dass der Absatz von einer Vielzahl von Faktoren abhängig ist. Das sind z.B. alle Instrumente des
Marketing-Mix, Konkurrenzaktivitäten und gesamtwirtschaftliche Einflüsse. Absatzerfolge lassen sich deshalb nur sehr bedingt den werblichen Aktivitäten zurechnen. In Werbetests greift man deshalb meistens auf psychologische bzw. vor-ökonomische Wirkungen
bei den Umworbenen zurück ("psychologische Werbetests"). Man testet Werbung quasi
anhand von Kriterien, die "vor" dem Absatzerfolg liegen.

Die Vorgehensweise sieht im Normalfall wie folgt aus: Psychologisch orientierte Werbetests werden fast immer mit Stichproben durchgeführt. Aus der Grundgesamtheit (meist
die Zielgruppe, wie sie vom Marketing definiert wurde) wird eine Auswahl an Personen
getestet. Bei psychologisch orientierten Werbetests geht man in der Regel von Stichpro-
bengrößen zwischen 30 und 200 Personen aus. Die Testpersonen werden, nachdem sie

sich mit der entsprechenden Werbung beschäftigt haben, dazu befragt. Als wichtigste Kriterien gelten in Werbetests die folgenden Aspekte:

- Hat es die Werbung geschafft, Inhalte im Gedächtnis der Zielpersonen zu verankern? (Erinnerungswirkungen der Werbung)
- Wird die intendierte Werbebotschaft von den Zielpersonen verstanden? (Kommunikationswirkung der Werbung)
- Gelingt es der Werbung, die Einstellungen zugunsten des Produktes/der Marke zu verändern? (Überzeugungswirkungen der Werbung)

Bei den Erinnerungswirkungen der Werbung unterscheidet man die aktive Erinnerung (recall) und die passive Erinnerung (recognition). Im Rahmen der aktiven Erinnerung wird abgefragt, ob sich die Befragten von sich aus an die Werbung und ihre Inhalte erinnern können. Im Recognition-Test wird den Zielpersonen das Werbemittel, z.B. die Anzeige, noch einmal gezeigt, und sie werden gefragt, ob sie diese Anzeige vorher schon gesehen bzw. gelesen haben. Dieser Testansatz wird als Copy-Test insbesondere von Medien durchgeführt. Der Recognition-Test ist in seinem prognostischen Wert als Werbewirkungsmaß umstritten.

Bei der Kommunikationswirkung wird überprüft, ob die Werbung in der Lage ist, die intendierte Botschaft (richtig) zu vermitteln und ob die Zielgruppe diese Werbebotschaft versteht („comprehension"). Dies wird durch ungestützte (offene Frage nach der Hauptaussage) oder gestützte Befragungen (Vorgabe von Antwortkategorien für mögliche Hauptaussagen) ermittelt.

Hinsichtlich der Überzeugungswirkungen der Werbung ("persuasion") wird abgeprüft, inwieweit die Zielpersonen durch die werbliche Botschaft beeinflusst werden und ihre Einstellung zugunsten des beworbenen Produktes/der beworbenen Marke verändern.
Daneben werden in Werbetests häufig noch andere Wirkungsaspekte abgeprüft:
- ob die Werbung glaubwürdig ist,
- ob sie aus der Sicht der Zielpersonen informativ ist und relevante Informationen beinhaltet,
- ob sie Gefallen oder Sympathie findet (Werbesympathie), und
- ob sie Emotionen weckt (Aktivierung).
Diese Aspekte werden unter dem Begriff der Werbeakzeptanz zusammengefasst. In diesem Rahmen werden auch oft „Likes and Dislikes" abgefragt (was gefällt an der Werbung, was gefällt weniger?).

Die verschiedenen Befragungsverfahren werden im psychologischen Pretests teilweise durch apparative Testverfahren ergänzt. Dazu gehören z.B. die Blickregistrierung, Aktivierungstests, Tests mit dem Tachistoskop oder dem Programmanalysator. All diese Verfahren basieren auf der Überlegung, dass die Werbewirkung durch eine Befragung allein nicht vollständig abgeschätzt werden kann. Deshalb wird mit anderen Mitteln untersucht, wie die Verbraucher auf die Werbung reagieren und wie sie sich der Werbung gegenüber tatsächlich verhalten - auch wenn sie dies in einer Befragung nicht verbalisieren können oder nicht zugeben möchten. Apparativ gestützte Tests sind dann besonders hilfreich, wenn der Test auch Ergebnisse zur Diagnose („Warum?") und zur Optimierung liefern kann.

(Quelle: Keitz, B. v./Zweigle, T. (2001): Werbetests, in: Diller, H. (Hrsg.): Vahlens Großes Marketinglexikon, 2. Aufl., München, S.875 ff.)

Insbesondere mit dem Aufkommen des Internets hat die Kommunikationsforschung wesentliche zusätzliche Anwendungsfelder gefunden. So interessieren sich Unternehmen bezüglich ihres Internetangebotes (Webpages, Shops etc.) dafür, welche Internetnutzer zu welchen Zeiten mit welcher Verweildauer und von welcher vorhergehenden Seite (z.B. einer Suchmaschine wie Google) auf ihre Webpräsenz zugreifen. Dies ist u.a. deswegen von Bedeutung, weil zu entscheiden ist, ob Bannerwerbung auf fremden Internetseiten sinnvoll ist und, falls ja, auf welchen Webpages die Werbebanner platziert werden sollten. Ermöglicht werden entsprechende Analysen durch den Rückgriff auf IP-Adressen von Computern. Diese eher quantitativen Analysen werden z.B. durch qualitative Analysen von Kundenäußerungen über die Produkte und Marken eines Unternehmens ergänzt. Beispielsweise verfügen viele Marken über eine Präsenz auf dem sozialen Netzwerk Facebook. Andere Facebook-Nutzer können dort Kommentare über die Marke und ihre Aktivitäten abgeben. Deren Inhalte können positiv, neutral oder negativ sein und erlauben es dem Unternehmen, wichtige komplementäre Einblicke in die Wahrnehmung ihrer Kommunikationsaktivitäten zu gewinnen, die die klassische Werbeforschung ergänzen. Teilweise geschieht dies durch automatisch agierende Content-Analyse-Tools, die z.B. auswerten wie oft bestimmte Adjektive mit einer Marke gemeinsam auftauchen (**„Web-Mining"**).

2.3.4   Distributionsforschung

Im Rahmen der Distributionsforschung geht es um die Optimierung der Verknüpfung eines Unternehmens mit seinen Endkunden. Dabei interessiert, wie Kunden unterschiedliche Distributionskanäle wahrnehmen und nutzen, aber auch die Frage, welche Produkte in welchen Kanälen welche Präsenz haben oder wo sog. Out-of-stock-Situationen entstehen. Weiterhin wird insb. im Handel untersucht, welche Wirkung alternative Ansätze zur klassischen Platzierung von Produkten im Regal haben, etwa Sonderplatzierungen von Produkten im Kassenbereich oder am Kopf einer Regalgondel. Auch die Wirkung besonderer Verkaufsförderungsaktionen (Vergabe von Proben, Gewinnspiele etc.) werden auf Absatzwirkungen hin untersucht.

Einblicke in die Distribution eigener Produkte im Handel lassen sich besonders gut aus Paneldaten ermitteln, insb. aus einem **Handelspanel**. Dabei handelt es sich um ein Panel, bei dem die Erhebungen bei einem repräsentativ ausgewählten, im Prinzip gleich bleibenden Kreis von Absatzmittlern (i.d.R. Einzelhandelsgeschäfte) in regelmäßigen Abständen über einen längeren Zeitraum hinweg zum im Prinzip gleichen Untersuchungsgegenstand durchgeführt werden. Es erlaubt eine dynamische Betrachtung, also die Verfolgung von Veränderungen und Entwicklungen im Zeitablauf. Die Standardberichte von Handelspanels umfassen i.a. folgende Daten:
Produktwerte:

–   Umsatz (Euro und Marktanteil),

–   Absatz (Menge absolut und Marktanteil),

–   Einkäufe (Mengen),

–   Bestände (Mengen),

–   durchschnittlicher Absatz je Geschäft,

- durchschnittlicher Einkauf je Geschäft,

- durchschnittlicher Bestand je Geschäft,

- durchschnittliche Bevorratungsdauer,

- Umschlagsgeschwindigkeit,

- durchschnittliche Endverbraucherpreise je Produkteinheit,

- Distributionsquoten (numerisch und gewichtet):

- Produktführende Geschäfte (Zahl, Anteil),

- Verkaufsförderungswerte (numerisch und gewichtet).

Diese Daten werden im Einzelnen nach einschlägigen Kriterien (z.B. Gebiete, Geschäftstypen, Organisations- und Kooperationsformen, Verkaufsflächengrößenklassen) untergliedert.

2.3.5   Kundenanalysen

Kundenanalysen sollen Aufschluss über Motive, Wahrnehmungen und Einstellungen sowie ähnliche Konstrukte, die für das Verhalten von Kunden auf einem Markt Relevanz haben, geben.

Eine weit verbreitete Form der Kundenanalyse besteht in der **Kundenzufriedenheitsforschung**. Hierbei wird versucht zu ermitteln, wie zufrieden Kunden mit einem Anbieter (und ggf. seinen Konkurrenten) ist. Gegenstand der Kundenzufriedenheitsmessung ist die Identifikation von Leistungsmerkmalen, die für das Ausmaß der Kundenzufriedenheit von Bedeutung sind, und die Erfassung der Zufriedenheit der Kunden mit diesen Merkmalen. Abgesehen von sog. „objektiven" Verfahren, die Kundenzufriedenheit über wenig aufschlussreiche und zudem zweifelhafte Indikatoren wie den Gewinn erfassen, ist grundsätzlich zwischen merkmalsbezogenen und ereignisbezogenen Verfahren der Zufriedenheitsmessung zu unterscheiden.
Merkmalsbezogene Verfahren entsprechen weitgehend dem multiattributiven Ansatz der Einstellungsmessung: Zunächst gilt es, solche Leistungsmerkmale zu identifizieren, die für die Ermittlung der Zufriedenheit des Kunden von Bedeutung sind. Dabei können verschiedene qualitative Verfahren der Marktforschung zum Einsatz gelangen, so z.B. Tiefeninterviews, Gruppendiskussionen und der **Repertory Grid-Ansatz**. Bei letzterem werden die Konsumenten aufgefordert, jeweils drei alternative Angebote zu vergleichen und Unterschiede zwischen den Angeboten zu benennen. Sind die zufriedenheitsrelevanten Merkmale bekannt, muss die Zufriedenheit der Kunden mit diesen Merkmalen eingeholt werden. Dies kann mittels persönlicher, telefonischer oder schriftlicher Befragung der Zielgruppe erfolgen. Im Anschluss daran wird aus den Merkmalszufriedenheiten die Gesamtzufriedenheit ermittelt, wobei Überlegungen zum Funktionsverlauf angestellt werden müssen. Neben der Möglichkeit einer Gewichtung der einzelnen Merkmale im Hinblick auf ihren jeweiligen Einfluss auf die Gesamtzufriedenheit der Kunden und die Berücksichtigung von Nichtlinearitäten auf Merkmalsebene (Penaltys, Rewards) stellt sich hier vor allem die Frage nach der Art und Weise der Berücksichtigung von Kundenerwartungen. Verschiedene Studien haben gezeigt, dass eine Einbe-

ziehung der Erwartungskomponente im Rahmen der Datenerhebung und deren Berücksichtigung über ein Differenzmodell mit grundlegenden konzeptionellen Problemen verbunden ist (linear-additive Verknüpfung; unterschiedliche Erwartungsstandards), die die Nutzung solcher Differenzmodelle in Frage stellen. Vielmehr erscheint es sinnvoll, die Erwartungen der Kunden in Form einer Resultatsgröße zu berücksichtigen (z.B. „Wie zufrieden sind Sie mit der Freundlichkeit/Unfreundlichkeit des Personals?"). Ein spezifischer merkmalsbezogener Messansatz sind nationale **Kundenbarometer,** bei denen die Kundenzufriedenheit mit vielen Anbietern bzw. Marken in der gleichen Weise erhoben und damit unmittelbar vergleichbar gemacht wird.

Merkmalsbezogene Verfahren sind indes nur begrenzt geeignet, dem komplexen und individuellen Charakter von Kundenunzufriedenheit Rechnung zu tragen. Eine sinnvolle Ergänzung stellen daher **ereignisbezogene Messansätze** dar (**Kontaktpunktanalyse**). Diese Verfahren zur Zufriedenheitsmessung setzen auf einer weniger abstrakten Ebene an: Es wird angenommen, dass es i.d.R. einzelne Erlebnisse des Kunden sind, die sein Zufriedenheitsurteil im Hinblick auf ein Unternehmen oder ein spezielles Produkt bestimmen. Während merkmalsbezogene Ansätze etwa der Freundlichkeit des Servicepersonals einen zeitlich konstanten Wichtigkeitswert zuweisen, gehen ereignisbezogene Ansätze davon aus, dass ein einziges negatives Erlebnis im Hinblick auf die Freundlichkeit die Beziehung gefährden kann. Spezielle Ansätze der Zufriedenheitsmessung sind hier die Methode der kritischen Ereignisse (**Critical Incident-Technik**), das **Blueprinting** und dessen Erweiterung, die „**Service Map**".

Neben sehr auf ein Konstrukt fokussierten Analysen - wie sie z.B. in der Kundenzufriedenheitsforschung zum Einsatz kommen - spielt im Rahmen von Kundenanalysen zunehmend auch das sog. **Customer Profiling** eine Rolle. Hierbei handelt es sich um einen globaleren Forschungsansatz, bei dem anhand einer Vielzahl von Variablen typische Kundenprofile erstellt werden. Man bedient sich dafür oft spezieller multivariater Analyseverfahren, etwa der Diskriminanzanalyse, die ermittelt, welche Merkmale eine Kundengruppe von einer anderen besonders gut trennen. Die darauf aufbauenden Profile typischer Kunden können dann für die Gewinnung neuer Kunden herangezogen werden, die ähnliche Merkmale aufweisen sollten (Prinzip der Rasterfahndung). Auch für eine Segmentierung von Kunden oder für die Kundenselektion im Rahmen von Aktionen (z.B. Einladungen zur Teilnahme an Events, Aussendungen mit Angeboten etc.) sind Kundenprofile gut einsetzbar.

2.3.6   Konkurrenzforschung

Die Konkurrenzforschung (Competitive Intelligence) umfasst die systematische Erhebung und methodengestützte Auswertung von Daten über Aktionen und Reaktionen konkurrierender Anbieter sowie über deren Auswirkungen auf den Markterfolg eigener Produkte. Neben Untersuchungen bei besonderen unternehmerischen Anlässen (wie z.B. Neuprodukteinführungen, der Expansion auf neue Märkte oder der Markteintritt neuer Anbieter) ist auch das permanente Monitoring des Verhaltens der Wettbewerber zum Aufgabenspektrum der Konkurrenzforschung zu zählen. Auf diese Weise wird die Antizipation strategischer Maßnahmen der Wettbewerber angestrebt. Neben den „klassischen" Methoden und Modellen der strategischen Unternehmensplanung (vgl. Abschnitt 3.2.1) können in der Konkurrenzforschung aber auch noch andere qualitative

Instrumente zum Einsatz kommen. Beispielsweise können durch das sogenannte „Reverse Engineering" Rückschlüsse auf Produkt- und Produktionstechnologien gezogen werden. Auch wird die Anfertigung erwerbsbiographischer Profile des Top-Managements konkurrierender Unternehmen vorgeschlagen, um auf diese Weise typische Reaktionsmuster einzelner Manager zu identifizieren. Unabhängig von der spezifischen Zielsetzung ist grundsätzlich der kombinierte Einsatz mehrerer Verfahren anzuraten, um der Komplexität des Wettbewerbs Rechnung zu tragen.

Kontrollfragen zu Abschnitt 2

1.   Benennen Sie die charakteristischen Merkmale der Marktforschung und erläutern Sie deren unterschiedliche Anwendungsbereiche im Marketing!

2.   Welche Unterschiede bestehen zwischen einer deskriptiven, explorativen und erklärenden Marktforschung? Welche weiteren Formen der Marktforschung lassen sich unterscheiden?

3.   Erläutern Sie die Teilphasen eines idealtypischen Marktforschungsprozesses am Beispiel einer quantitativen Studie über einen neuen ausländischen Absatzmarkt! Welche Kernfragen muss eine solche Studie behandeln (6 x W-Konzept)?

4.   Erläutern Sie die Vor- und Nachteile der Sekundär- und Primärforschung am Beispiel der Ermittlung der letztjährigen Anzahl an Autokäufern! Welche Sekundärquellen ließen sich dafür heranziehen?

5.   Versuchen Sie, im Internet Informationen über die Markenbekanntheit bestimmter Märkte Ihrer Wahl herauszufinden!

6.   Angenommen, Sie planen eine Befragung bei der privaten Käuferschaft zum nächsten Automobilkauf. Welche Formen der Befragung kommen hierfür in Frage? Welche Verfahren der Stichprobenziehung würden Sie wählen? Wie grenzen Sie Ihre Grundgesamtheit ab? Welche Skalierung würden Sie wählen, um die Präferenz der Kunden hinsichtlich bestimmter Marken zu erheben? Welche Auswirkungen auf die Auswertung hätte dies?

7.   Welche spezifischen Vorteile verbinden sich mit Panelerhebungen? Wo liegt der Unterschie zu Mehrwellenerhebungen?

8.   Was versteht man unter einer Omnibusbefragung und welche spezifischen Vorteile besitzt sie?

9.   Welche spezifischen Vorteile bieten Beobachtungen und Experimente? Erläutern Sie dies anhand einiger selbst gewählter Beispiele!

10.   Welche verschiedenen Skalenniveaus werden unterschieden und welche Bedeutung besitzt dies für die Marktforschung?

11.   Entwickeln Sie einige geeignete Skalen zur Messung des Bekanntheitsgrades von Marken auf Nominal-, Rang- und Intervallskalenniveau!

12.   Was versteht man in der Marktforschung unter einer Itembatterie, einem Polaritätenprofil und einer Konstantsummenskala?

13.   Diskutieren Sie verschiedene Möglichkeiten der Stichproben bei Umfragen an Ihrer Studienfakultät!

14.   Erläutern Sie die quantitative Erfassung der Repräsentativität von Stichproben anhand der Stichprobenformel! Erläutern Sie daran, warum kein linearer Zusammenhang zwischen Stichprobenumfang und Repräsentativität besteht!

15.   Entwickeln Sie einen Vorschlag für einen Quotenplan zur Erhebung einer Quotenstichprobe von Studierenden einer Fakultät!

16.   Erläutern Sie an verschiedenen Fragestellungen die Unterschiede zwischen datenverdichtenden, strukturaufdeckenden und strukturprüfenden Verfahren!

17. Charakterisieren Sie jeweils kurz die Zielsetzung von Korrelations-, Regressions-, Diskriminanz- und Varianzanalysen auf Basis der Kundendatei eines Versandhändlers!

18. Warum handelt es sich bei der Clusteranalyse um ein multivariates Analyseverfahren? Welche Zielsetzung wird dabei verfolgt?

19. Erläutern Sie den Unterschied zwischen merkmalsbezogenen und ereignisbezogenen Verfahren der Kundenzufriedenheitsmessung!

20. Was versteht man unter einem Handelspanel und welche Informationen lassen sich daraus im Rahmen der Distributionsforschung gewinnen?

3.   Marketingplanung

3.1   Überblick

> **PRINZIP: Marketingplanung**
>
> Marketingplanung als systematische, gedankliche Vorwegnahme künftigen Absatzgeschehens ist aus Gründen der Rationalität des Managements unverzichtbar und dient der Steuerung und Koordination von Marketingentscheidungen im Hinblick auf strategische und operative Marketingziele. Dadurch können das Risiko der Marketingentscheidungen reduziert und die Effizienz der Marketingpolitik gesteigert werden. Ein Grundraster für das Planungsgeschehen liefert das entscheidungstheoretische Grundmodell mit den Elementen Aktionsraum, Entscheidungsumfeld und Ergebnisraum.

Will man sich verdeutlichen, was Planung im Unternehmen bedeutet, sollte man weniger an die Arbeit hochspezialisierter Planungsstäbe als an das tagtägliche Entscheidungsgeschehen denken. Dort laufen ständig zahllose Entscheidungsprozesse ab, wobei man zum Entscheidungsprozess nicht nur den eigentlichen Willensakt, d.h. die Auswahl einer Entscheidungsalternative, zählt, sondern auch die diesen Willensakt vorbereitenden sowie vollziehenden Phasen. Idealtypisch unterscheidet man dabei die in Abbildung 3-15 dargestellten Entscheidungsphasen.

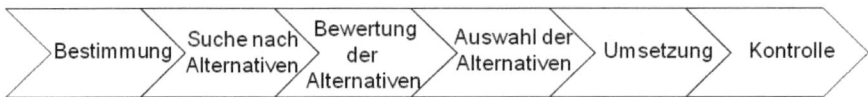

Abb. 3- 15: Idealtypische Untergliederung eines Entscheidungsprozesses

Ohne Planung würde ein derart vielschichtiges Entscheidungsgeschehen selbst in Kleinbetrieben schnell zum Chaos führen. Unter Planung ist dabei die „systematische gedankliche Vorwegnahme künftigen Geschehens durch problemorientierte Alternativensuche, -beurteilung und –auswahl unter Zugrundelegung bestimmter Annahmen über künftige Umweltsituationen" zu verstehen (*Hahn* 1993, S. 3185 f.). Fehlt es an einer solchen systematischen Entscheidungsvorbereitung, so spricht man von **Improvisation** oder **Ad hoc-Entscheidungen**.

Die definitorisch geforderte **Systematik** von Entscheidungsprozessen äußert sich darin, dass man zielbezogen handelt und argumentiert und insofern dem schon eingangs dieses Kapitels erläuterten Anspruch auf Rationalität Rechnung zu tragen versucht. Planung bedeutet aus dieser Perspektive das Setzen von Zielen und die gedankliche Antizipation der Wirkungen bestimmter Handlungen zur Erreichung dieser Ziele („Denkhandeln"). In diesem Sinne ist Planung auch kein zeitlich eng begrenzter Prozess, sondern permanenter Manageralltag. Gleichwohl gilt es, die Planungen zeitlich zu strukturieren und in **Plänen**, d.h. schriftlichen Niederlegungen der Planüberlegungen einschließlich der daraus abgeleiteten Planergebnisse („**Absatzplan**"), festzuhalten. Liegt die Planperiode im ein- oder unterjährigen Bereich, spricht man von Kurzfristplanung, ansonsten von mittelfristiger (ein bis drei Jahre) bzw. langfristiger Planung (über drei Jahre).

Marketingplanung bedeutet in Fortführung dieser Planungsdefinition Denkhandeln im Marketing, d.h. systematische gedankliche Vorwegnahme künftigen Absatzgeschehens. Dies erfolgt durch problemorientierte Alternativensuche, -beurteilung und -auswahl unter Zugrundelegung bestimmter Annahmen über künftige Umfeldsituationen. Hier wird der unmittelbare Bezug zur Marktforschung deutlich, die für eine entsprechende Informationsunterstützung zu sorgen hat.

Ausgehend von dem im Kapitel 1 dargestellten dualen Verständnis des Marketing als Leitkonzept der Unternehmenspolitik einerseits und den absatzgerichteten Funktionen andererseits umfasst die Marketingplanung nicht nur die direkt absatzbezogenen Entscheidungen, sondern auch all jene, meist bei der Unternehmensleitung angesiedelten Entscheidungen, mit denen das gesamte Unternehmen auf den Markt hin ausgerichtet wird. Diesem Verständnis folgend untergliedert sich die Marketingplanung in die **strategische** und in die **operative Marketingplanung**. Zu Letzterer zählen insbesondere alle taktischen Entscheidungen beim Einsatz der absatzpolitischen Instrumente, also z.B. der Qualitätspolitik, der Preispolitik oder der Durchführung von Verkaufsförderungsaktionen. Ergebnis dieser Analysen ist ein **Absatzplan**, d.h. eine Summe von Sollgrößen über die am Markt in einer Planperiode abzusetzenden Produkte, die dabei erzielbaren Preise, die sich somit ergebenden Umsätze sowie die dafür in Kauf zu nehmenden Vertriebskosten, was wiederum Deckungsbeiträge bestimmen lässt. Ein solcher Absatzplan ist eingebettet in den umfassenderen **Marketingplan**, der nicht nur Festlegungen enthält, sondern auch Situationsbeschreibungen des jeweils relevanten Entscheidungsumfeldes („Umfeldanalyse") und deren Entwicklung sowie eine Beschreibung der eigenen Spielräume des Agierens am Markt („Aktionsanalyse"). Darüber hinaus kann im Marketingplan aus der Umfeldanalyse und der Analyse der eigenen Möglichkeiten und Ressourcen auch eine **Marketingstrategie** logisch stringenter abgeleitet werden. Abbildung 3-16 veranschaulicht diese Zusammenhänge.

Der Hinweis auf die Marketingressourcen macht deutlich, dass der Marketingplan selbst wiederum mit anderen Teilplänen des Unternehmens abzustimmen ist, insbesondere mit dem Investitions- und Finanzierungsplan, aber auch mit Plänen anderer Funktionsbereiche, z.B. der Personalwirtschaft, der Beschaffung oder der Produktion. Nach dem sog. **Engpassgesetz der Planung** kommt dem Marketingplan freilich eine gewisse Priorität zu, weil zumindest in Käufermärkten der Absatzmarkt den größten Engpass darstellt, so dass dessen Planung maßgeblich auch für andere Teilpläne sein muss.

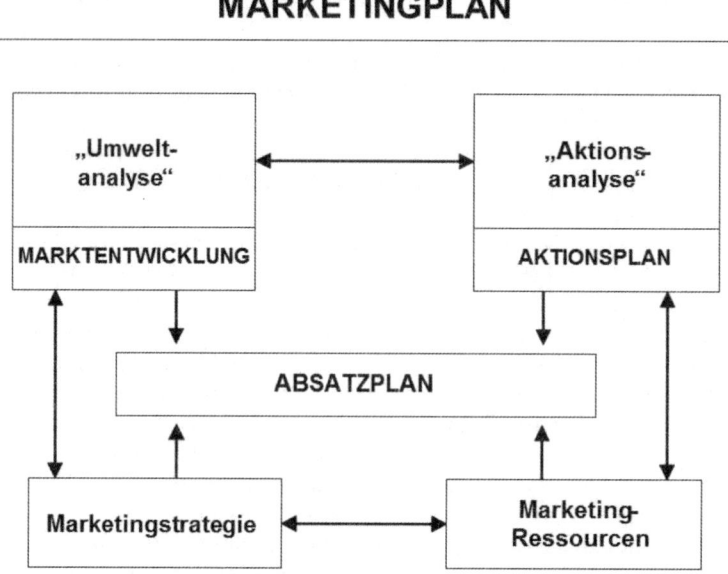

Abb. 3- 16: Teilbereiche und Interdependenzen eines Marketingplans

Dem Anspruch auf Rationalität von Entscheidungen wird durch ein **entscheidungstheoretisches Grundmodell** Rechnung getragen (vgl. Abb. 3-17). Danach sind Entscheidungen durch drei Elemente charakterisiert:

(1) Die **Alternativen** beschreiben mögliche Aktionsparameter bzw. Instrumente und Konzepte, mit denen das Unternehmen auf den Markt einwirken kann. Entscheidungen stellen stets eine Auswahl zwischen solchen Handlungsalternativen dar. Ein exzellentes Marketing-Intelligence-System sorgt dafür, dass die am besten geeigneten Alternativen gefunden werden, was angesichts des Drucks zu Marketing-Innovationen immer auch eine kreative Herausforderung darstellt.

(2) **Absatz-** oder **Marketingziele** beschreiben die mit den Alternativen verfolgten Absichten, also z.B. Gewinne, Umsätze, Marktanteile, Imagepositionen etc. Der Zusammenhang mit den Alternativen kann in Marktreaktionsfunktionen dargestellt werden (vgl. Kap. 1/ 3.) Die Auswahl der Ziele und die Prognose der Zielerreichung sind wesentliche Bestandteile eines Marketing-Intelligence-Prozesses, mit dem ausgelotet werden kann, mit welchem Marketingkonzept das Unternehmen den besten Fit zwischen eigenen Ressourcen, den Wünschen und Verhaltensweisen der Zielkunden und der jeweiligen Umfeldsituation erlangt.

(3) Inwieweit diese Wirkungen erzielbar sind, hängt nicht nur von den Aktivitäten selbst, sondern insbesondere auch vom **Entscheidungsumfeld** ab, wozu grundsätzlich nicht oder nur sehr beschränkt kontrollierbare Variablen (Restriktionen, Gegebenheiten), wie Klima, Konjunktur, Konkurrenz- und Käuferverhalten oder Rechtsordnung, zählen.

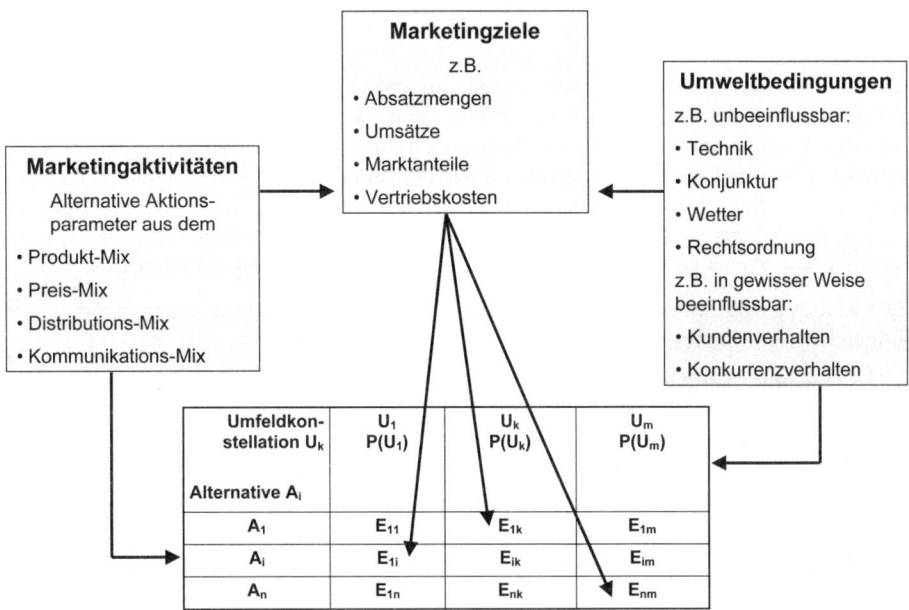

Abb. 3- 17: Entscheidungstheoretisches Grundmodell der Marketingplanung

Die drei zentralen Variablen der Entscheidungssituation sind also die Marketingaktivitäten A_i, die Umweltkonstellationen U_k und die angestrebten Ziele, die in bestimmten Ergebnisgrößen E gemessen werden. Daraus ergibt sich die in Abbildung 3-17 dargestellte **Entscheidungsmatrix**, welche die jeweilige Entscheidungssituation strukturiert. Unter Umfeld**konstellation** ist dabei eine Kombination aus Umweltgrößen zu verstehen, die zur Vereinfachung der Komplexität vorgenommen wird. Ansonsten müssten hier alle möglichen Kombinationen sämtlicher relevanter Umfeldvariablen aufgeführt werden. Das Symbol P (U_k) bezieht sich dabei auf eine nicht zwingende, aber mögliche wahrscheinlichkeitstheoretische Modellierung. Es bringt die geschätzte Wahrscheinlichkeit für die jeweilige Umweltkonstellation zum Ausdruck. In der Summe aller Umweltkonstellationen müssen diese Wahrscheinlichkeiten 1 ergeben, da logisch zumindest eine eintreten muss. Man kann in solchen Fällen dann die (quantitativen) Ergebnisgrößen (z.B. erwarteter Umsatz) mit den entsprechenden Wahrscheinlichkeiten gewichten und durch Aufsummierung der gewichteten Ergebnisse einen Erwartungswert für das Ergebnis jeder Alternative berechnen. I.d.R. werden dabei mehrere Ziele angestrebt, so dass pro Zelle der Matrix mehrere Ergebnisgrößen vorliegen. Diese sind ggf. miteinander zu verrechnen oder im Rahmen von Nutzwertmodellen zu Punktwerten zu transformieren.

Das entscheidungstheoretische Grundmodell macht deutlich, auf welche Weise die Rationalität betriebswirtschaftlich bewältigt werden soll: Zum einen gilt es, systematisch die möglichen Alternativen zu suchen, die dem Unternehmen im Rahmen der Marketingpolitik zur Verfügung stehen. Zum anderen ist das entscheidungsrelevante Umfeld zu untersuchen und zu strukturieren. Da hierbei die **zukünftige** Umwelt entscheidend

ist, müssen diese Situationen im Grunde prognostiziert werden, weil die Alternativen ja
stets erst in der Zukunft wirksam werden. Darüber hinaus sind **Wirkungsprognosen**
anzustellen, welche die Ergebnisse der Alternativen hinsichtlich der verschiedenen Ergebnisgrößen prognostizieren. Dies impliziert eine Zielentscheidung, d.h. eine Auswahl
und Priorisierung der relevanten Ergebnisgrößen. Insofern stellt Absatzplanung stets das
Abwägen von Zielen und Alternativen unter bestimmten Umweltbedingungen dar. Die
dafür notwendigen Informationen stammen aus dem Marketing-Intelligence-System des
Unternehmens und sind entsprechend den jeweiligen Entscheidern bereit zu stellen, die
sie dann mit ihren eigenen Erfahrungen und Erwartungen verknüpfen können.

Die Zielsetzungen einer solchen Marketingplanung sind – wie bei jeder Planung – in
folgenden vier Managementaufgaben zu sehen:

(1) **Steuerungsfunktion**: In einem Unternehmen arbeiten viele Entscheider, die bei
     ihrer Tätigkeit auf einheitliche Ziele hin ausgerichtet werden müssen. Die in die
     Marketingplanung integrierte Zielplanung verfolgt genau diesen Zweck. Beispiels-
     weise muss im Rahmen der Verkaufsplanung klar sein, ob die Neukundengewin-
     nung oder die Bindung vorhandener Kunden Priorität besitzen soll.

(2) **Koordinationsfunktion**: Die Vielzahl der Entscheidungen an ganz verschiedenen
     Stellen des Unternehmens bzw. des Marketingbereichs macht eine Koordination er-
     forderlich. Ansonsten würden sich einzelne Entscheidungen u.U. gegenseitig wi-
     dersprechen, Ineffizienzen erzeugen oder sogar paralysieren. Umgekehrt kann bei
     Koordination auf Synergieeffekte gehofft werden. Typisch ist dieses Anliegen z.B.
     für die integrierte Kommunikation (vgl. Kap. 4/ 5.).

(3) **Risikoreduktionsfunktion**: Die systematische Analyse der Entscheidungssituation
     und die sorgfältige Auswahl der zu ergreifenden Marketingmaßnahmen sollen si-
     cherstellen, dass sich die Entscheider über die Risiken ihrer Entscheide hinreichend
     bewusst sind. Man kann z.B. abwägen, ob das höhere Risiko eines Produktrelaunch
     wegen entsprechend höherer Ergebniserwartungen im Vergleich zur Beibehaltung
     des Produktkonzepts in Kauf genommen werden kann. Letztlich entscheidet frei-
     lich immer der Manager selbst, mit welchem Risiko er die Marktbearbeitung be-
     treiben will. Man spricht von der **Risikopräferenz** des Entscheiders.

(4) **Effizienzsteigerung**: Die systematische Durchdringung der Entscheidungssituation
     nach dem Muster der Entscheidungsmatrix verhindert ineffiziente Vorgehenswei-
     sen, weil deutlich überlegene Alternativen ans Licht gebracht und rational abgewo-
     gen werden. Intuitive Entscheidungen lassen sich dagegen nicht rational begründen
     und in ihrer Wirtschaftlichkeit im Vorhinein beurteilen.

Der generelle **Ablauf** eines (idealtypischen) Marketingplanungsprozesses ist aus der
Entscheidungsmatrix abzuleiten: Zunächst sind Probleme und Chancen zu erkennen,
anschließend Ziele zu formulieren, darauf folgend Strategien und Maßnahmen zu planen und auszuwählen und schließlich im Rahmen vorgegebener Kontrollgrößen zu
überprüfen. Nach diesem grundsätzlichen Muster laufen alle Planungsprozesse ab. Im
Rahmen der Marketingplanung kann dieses Schema im Hinblick auf die strategischen
und operativen Aspekte sowie die unterschiedlichen Planungsbereiche des Marketings
differenziert werden. Daraus ergibt sich die in Abbildung 3-18 dargestellte Ablaufstruktur der Marketingplanung.

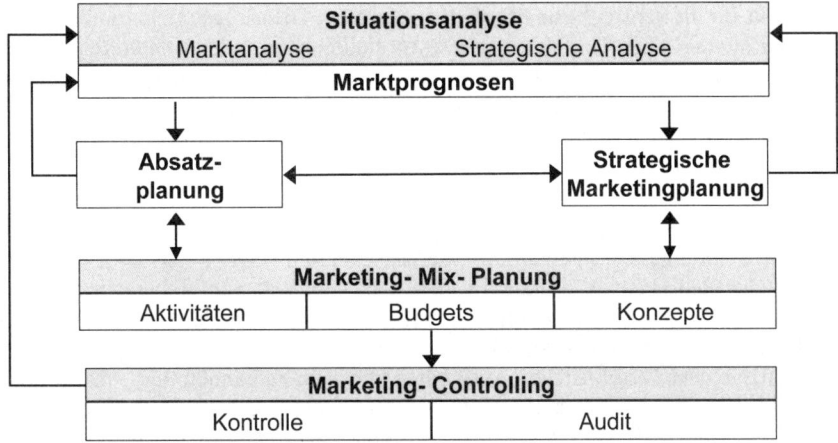

Abb. 3-18: Logische Ablaufstruktur der Marketingplanung

Entsprechend der Phasenaufteilung des Entscheidungsprozesses steht am Beginn der Planungsarbeiten eine **Situationsanalyse**, bei welcher die aktuelle Absatzsituation des Unternehmens aus strategischer wie operativer Sicht möglichst prägnant herausgearbeitet werden muss. Der Sinn einer solchen Analyse besteht darin, solche Veränderungen des relevanten Umfeldes festzumachen, auf die der Marketing-Manager reagieren sollte, sei es, weil sich dadurch Gefährdungen der Zielerreichung ergeben, sei es, weil daraus Chancen für Ergebnisverbesserungen erwachsen. Gleichzeitig kann dabei überprüft werden, ob die bei der vorherigen Planung angenommenen künftigen Entwicklungen tatsächlich eingetreten sind, um entsprechende Lernfortschritte für die Zukunft zu tätigen. Insofern gibt es eine Feedback-Beziehung zwischen Marketing-Controlling und Situationsanalyse. Marktforschung kann die Situationsanalyse stark unterstützen. Einige der dabei einsetzbaren Methoden werden im Abschnitt 3.2 ausführlicher dargestellt. Im Ergebnis erbringen diese Analysen eine Selektion jener Marktkräfte, auf welche der Entscheider besonders achten sollte.

Weil Planung zukunftsgerichtet ist, sind diese Marktkräfte nicht nur in einer Momentaufnahme zu erfassen, sondern in die Zukunft zu projizieren. Man spricht deshalb von **Entwicklungsprognosen**. Sie bieten eine erste Möglichkeit zur Absatzplanung i.e.S., die in der logischen Ablaufstruktur der Marketingplanung den nächsten Arbeitsschritt darstellt. Es handelt sich um die Ableitung von Sollgrößen für die am Markt in der Planperiode abzusetzenden Produktmengen bzw. -erlöse. Im einfachsten Falle („naive Prognose") wird hierfür der entsprechende Wert der Istperiode einfach fortgeschrieben. Genauer ist die Anknüpfung an die Entwicklungsprognosen der relevanten Umfeldgrößen. Z.B. kann dabei der Rückgang der Konjunktur oder eine Zunahme der Käuferschaft berücksichtigt werden.

Unbefriedigend an solchen Planwerten ist der Umstand, dass hierbei jene Einflussmöglichkeiten auf die Ansatzentwicklung unberücksichtigt bleiben, die sich aus dem Einsatz der Marketinginstrumente ergeben. Deshalb besteht zwischen der Absatzplanung und der Marketing-Mix-Planung keine einseitige, sondern eine zweiseitige logische Abhängigkeit (vgl. Abb. 3-18).

Gleiches gilt für die **strategische Marketingplanung**. Diese muss sich grundsätzlich an den bei der strategischen Umfeldanalyse festgestellten Zuständen orientieren. Andererseits gilt es aber auch, die kurzfristigen Absatzplanungen in die langfristige Strategie einzupassen und umgekehrt die Absatzplanung unter der Vorgabe strategischer Ziele vorzunehmen. Insofern sind strategische Marketingplanung und operative Absatzplanung eng verbunden.

Gegenstand der **Marketing-Mix-Planung** ist dann die Festlegung der Konzepte für den Einsatz der Marketinginstrumente (z.B. Werbestrategie, Preisstrategie etc.), der im Einzelnen durchzuführenden Aktivitäten in den verschiedenen Submixbereichen (operatives Marketing-Mix) sowie der dafür zur Verfügung zu stellenden Budgets (Kostenplanung). Dazu sind insbesondere Marktreaktionsprognosen erforderlich, um die Effektivität und Effizienz der verschiedenen Aktivitäten abwägen zu können (vgl. Abschnitt 3.3). Mit eingeschlossen in die Marketing-Mix-Planung sind auch die zeitliche Terminierung und die Justierung der Aktivitäten auf bestimmte Zielgruppen bzw. Absatzsegmente. Letztlich werden dadurch die Formalziele des Marketing auf Sachziele und Aktivitäten heruntergebrochen. Seinen quantitativen Niederschlag findet dies in sog. **Marketingbudgets**, d.h. schriftlichen Zusammenfassungen der geplanten monetären Sollgrößen für jene Organisationseinheiten, welche dafür Verantwortung tragen.

Integraler Bestandteil der Marketingplanung ist die abschließende Herleitung von **Kontrollgrößen**, mit denen die Erreichung der geplanten Marketingziele überprüft werden kann. Weil hierbei auch strategische Aspekte einbezogen werden müssen, spricht man auch vom Marketing-Controlling, das dann die operative Kontrolle und ein strategisches Audit umfasst (vgl. Kap. 5/ 3.).

Im Gegensatz zum Produktionsbereich einesr Unternehmens, wo die stark technisch bestimmten Wirkungszusammenhänge relativ präzise und sichere Angaben darüber zulassen, welche Folgen bestimmte Maßnahmen nach sich ziehen werden, stößt die Marketingplanung auf gravierende und z.T. unüberwindbare **Schwierigkeiten**. Diese lassen sich dann nur durch sog. **Heuristiken** bewältigen, d.h. Planungsmethoden, die zwar keine Optimierung der Entscheidung ermöglichen, aber immerhin für eine gewisse Rationalität des Entscheidungsprozesses sorgen. Die spezifischen Probleme der Marketingplanung resultieren aus insgesamt fünf Umständen mit jeweils wiederum verschiedenen Unteraspekten:

(1) Ein erstes Charakteristikum ist die **Vielzahl** und **Interdependenz der Aktionsparameter**. Das Marketinginstrumentarium umfasst hunderte von Aktionsparametern, die im Marketing-Mix zusammengefasst werden (vgl. Kap. 4). Diese große Zahl an Eingriffsmöglichkeiten erfordert entsprechend viele Marktreaktionsprognosen. Viele Aktionsparameter sind freilich nicht unabhängig voneinander, sondern müssen vorher zu Konzepten zusammengefügt werden. Des Weiteren handelt es sich oft um qualitative Aktionsparameter, wo eine quantitative Abschätzung der Marktwirkungen meist noch schwieriger als bei quantitativen Parametern ausfällt.

(2) Zur Komplexität des „Aktionsraums" tritt die **Komplexität des „Ergebnisraums"**, d.h. der bei den Marketingentscheidungen relevanten **Zielgrößen** (Zellen der Matrix in Abb. 3-17) hinzu. Gerade im Absatzbereich strebt man i.a.R. mehrere Ziele gleichzeitig an, weil dort Chancen und Risiken, also Wachstums- und Sicherheits-

ziele, aber auch kurz- und langfristige Ziele, z.B. Marktanteil vs. Umsatzrentabilität, gegeneinander abgewogen werden müssen. Nicht selten treten hierbei **Zielkonflikte** auf, die letztlich nur durch eine bewusste Zielpräferenzentscheidung gelöst werden können. Hinderlich erweist sich dabei, dass viele Zielgrößen auf unterschiedlichem Messniveau angesiedelt sind, so dass man sie nicht ohne weiteres miteinander verrechnen kann.

(3) Das vielleicht schwerwiegendste Problem der Marketingplanung liegt in der **Komplexität** und **Dynamik der Wirkungszusammenhänge** zwischen Alternativen, Umfeld und Ergebnisgrößen. Die „Marktmechanik" ist i.A. nicht leicht zu durchschauen, weil sie von vielen Einflussgrößen bestimmt wird, die darüber hinaus untereinander interdependent sind. Darüber hinaus gibt es Verzögerungseffekte („**Lag-Effekte**"), aber auch zeitliche Ausstrahlungseffekte („**Carryover-Effekte**"), wenn Absatzmaßnahmen auch noch in späteren Planungsperioden wirksam bleiben. Schließlich sind insbesondere im Konsumgütermarketing **mehrere Wirkungsstufen** zu bedenken, weil mehrstufige Märkte zu bearbeiten sind. Z.B. kann eine neue Verpackungsgestaltung beim Endverbraucher erst dann wirksam werden, wenn zuvor auch der Handel die neue Verpackung akzeptiert und in den Regalen entsprechend platziert.

(4) Ein vierter Komplexitätsfaktor der Marketingplanung ist das durch die Komplexität bedingte **Entscheidungsrisiko**. Je weniger man die Marktmechanik durchschaut, umso weniger genau lässt sich prognostizieren, zu welchen Folgen ganz bestimmte Maßnahmen führen werden. Allerdings lassen sich durch einschlägige Analysen und zusätzliche Datenerhebungen u.U. Unsicherheiten ausräumen. Dem Marketingplaner stellt sich so in allen Phasen des Planungsprozesses immer wieder die Frage, ob er nicht zusätzliche Informationen einholen sollte, um damit bessere Entscheidungsgrundlagen zu schaffen (Variabilität des Informationsstandes). Auf die dabei zusätzlich auftretenden Probleme der Informationsbewertung wurde oben bereits hingewiesen.

(5) Erschwerend zu den bereits erörterten Problemkomponenten tritt hinzu, dass viele Marketingplanungen **im Team** zu treffen sind. Dadurch kommen unterschiedliche Zielpräferenzen, aber auch Wirkungsvermutungen ins Spiel, die einerseits die Effektivität der Planentscheidungen verbessern können und sollen, andererseits aber auch die Diskussionen und Entscheidungen erschweren.

Zur Bewältigung der besonderen Komplexität der Marketingplanung werden – z.T. unter Nutzung der Marktforschung – spezifische **Planungsmethoden** und **Planungsmodelle** eingesetzt. Auf einige von ihnen wird in den nachfolgenden Unterabschnitten entsprechend eingegangen. Ganz allgemein sind Planungsmethoden Verfahren der Informationsverknüpfung und -aufbereitung, was auf die enge Verbindung mit den Marktforschungstechniken (vgl. Abschnitt 2.2) hinweist. Die verfügbaren Daten werden dabei so aufbereitet, dass die Teilentscheidungen des Planungsprozesses besser getroffen werden können. **Modelle** sind dagegen Hilfsmittel, welche reale Zusammenhänge in vereinfachter Form abbilden und damit für die Planung zugänglich machen. Es handelt sich also um symbolsprachliche (z.B. mathematische, geometrische, kurzsprachliche), zweckmäßig und bewusst vereinfachte Abbildungen der Realität, die mit dem Ziel erstellt werden, das Verhalten der Marktsysteme zu beschreiben, zu prognostizieren oder zu erklären. Derartige Modelle bauen auf der Marketingtheorie auf und helfen bei der Bewältigung der Komplexität der Wirkungszusammenhänge. Ohne zumindest rudimentäre Modellvorstellungen kann eine rationale Marketingplanung nicht stattfinden. Modellhaftes Entscheiden ist insofern kein theoretisches Hirngespinst, sondern eine praktische Notwendigkeit. Freilich lassen sich die verschiedenen Modelle unterschiedlich gut und hilfreich einsetzen. Dies hängt insbesondere davon ab,

- ob und inwieweit die in den Prämissen des Modells steckenden Vereinfachungen Verzerrungen der Modellergebnisse bewirken,

- wie gut die für die Nutzung des Modells erforderlichen Informationen verfügbar gemacht werden können und

- wie verständlich das Modell für den Anwender ist, damit es dessen Akzeptanz findet.

Insbesondere im Hinblick auf die letztgenannte Anforderung wird gelegentlich gefordert, die Erfahrung des Managers selbst in die Modelle mit einzubringen, indem dieser z.B. Wirkungsvermutungen (Elastizitäten) oder relevante Marktzusammenhänge auswählt und eingibt („**Decision-Calculus-Ansatz**").

3.2   Methoden der Situationsanalyse

In der Situationsanalyse wird die aktuelle Absatzsituation eines Unternehmens aus strategischer wie operativer Sicht möglichst prägnant herausgearbeitet. Der Sinn einer solchen Analyse besteht darin, solche Veränderungen des relevanten Umfeldes aufzuspüren, auf welche der Marketing-Manager reagieren sollte, sei es, weil sich dadurch Gefährdungen des Marketingerfolges ergeben, sei es, dass daraus Chancen für Ergebnisverbesserungen erwachsen, oder sei es lediglich zur Kontrolle der bei vorherigen Planungszeitpunkten angenommenen künftigen Entwicklungen. Auch wenn sich beide Teile in der Praxis stark vermischen, lassen sich analytisch die eher kurz- bis mittelfristig ausgerichtete Marktanalyse und eine langfristig ausgerichtete strategische Analyse unterscheiden.

3.2.1   Strategische Situationsanalysen

PRINZIP: Strategische Situationsanalysen
Zur strategischen Situationsanalyse werden insb. Stärken-/Schwächen-Analysen, Branchenstrukturanalysen, Analysen der strategischen Gruppen, Positionierungs- und Zielgruppenanalysen eingesetzt. Im Rahmen einer strategischen Prognose kann man dies durch Szenarioanalysen und andere qualitative Langfristprognosen ergänzen.

Strategische Situationsanalysen dienen dazu, Marketingstrategien zu entwickeln und zu bewerten. Dazu sind die grundsätzlichen, langfristigen und wettbewerbsentscheidenden Faktoren aus dem Marketingumfeld heraus zu destillieren, um entsprechende strategische Konzepte für die Wahl der Geschäfts- und Marktfelder sowie der abnehmer- und wettbewerbsgerichteten Strategien entwickeln zu können. Hierbei sind sowohl die externen Umfeldbedingungen als auch die interne Situation des Unternehmens zu berücksichtigen. Beide Teile werden dann allerdings im Rahmen der Portfolioanalyse (vgl. Abschnitt 3.4) wieder miteinander kombiniert. Daneben existieren Methoden der strategischen Voraussage, also langfristige Prognoseverfahren, wie die Lücken- oder die Szenarioanalyse.

Delphi-Methode

...ist eine Variante der heuristischen Prognose und spezielle Form der Gruppenprognose, die Anfang der 60er-Jahre innerhalb der RAND Corporation entwickelt wurde. Charakteristische Eigenschaften der Methode sind:

- Die Prognosegruppe besteht aus Experten, die sich mit unterschiedlichen Aspekten des Prognoseproblems beschäftigt haben.
- Die Experten bleiben untereinander anonym.
- Die Prognose vollzieht sich in mehreren Runden, zwischen denen eine Informationsrückkoppelung stattfindet.
- Der Median und die Quartilspanne der Prognosen jeder Runde werden den Experten mitgeteilt.

Ziel der Delphi-Methode ist es, während mehrerer Befragungsrunden eine Konvergenz der Einzelprognosen zu erreichen, ohne dass sich die Experten in Gruppendiskussionen gegenseitig beeinflussen.

(Quelle: Hansmann, K.-W. (2001): Delphi-Methode, in: Diller, H. (Hrsg.): Vahlens Großes Marketinglexikon, 2. Aufl., München, S. 275.)

3.2.1.1   Trendanalysen

Das Marketing benötigt frühzeitig Informationen darüber, ob sich im Umfeld des Unternehmens wesentliche Änderungen abzeichnen, um entsprechende strategische Anpassungen vorbereiten und einleiten zu können. Beispielsweise ist die zunehmende Nutzung von Tauschbörsen für Musiktitel im Internet ein Trend, der den Absatz an Musikprodukten stark tangiert und die Musikverlage zu strategischen Reaktionen (z.B. eigene Download-Plattformen) herausfordert. Ebenso müssen sich Zeitungsverlage damit auseinandersetzen, dass der Anteil der Zeitungsleser in der jüngeren Generation rapide sinkt. Trendanalysen dienen dazu, solche Veränderung möglichst frühzeitig aufzuspüren, um schneller als die Wettbewerber darauf reagieren zu können und damit Pioniervorteile zu erzielen bzw. um den damit verbundenen Risiken rechtzeitig entgegen treten zu können. Das Marketing-Intelligence-System sollte deshalb regelmäßig die relevanten Umfelder nach einschlägigen Signalen für neue Trends oder Trendveränderungen absuchen („Umfeld-Scanning"). Kennt man bereits kritische Entwicklungen, werden diese einem kontinuierlichen „Monitoring" unterworfen. Entsprechende Frühwarnsysteme nutzen sowohl quantitative Methoden der Trenderkennung, etwa statistische Zeitreihenanalysen, als auch qualitative Verfahren, wie Delphi-Befragungen unter Experten (vgl. Kasten). Sog. „Trend-Scouts" recherchieren in einschlägigen Szenen, etwa unter Jugendlichen. Besonderes Augenmerk wird auf das Erkennen der hinter bestimmten Entwicklungen stehenden Triebkräfte, also abstrakter formulierten „Megatrends" gelegt, welche das gesamte Marketinggeschehen in nachhaltiger Weise prägen. Beispielsweise ließ sich in den vergangenen Jahren eine Polarisierung vieler Märkte in Premium- und

Niedrigpreissegmente festmachen, die Mittelpreisanbieter gefährdet. Sie schlägt sich in entsprechenden Marktanteilen der Discounter, im Auftauchen neuer Betriebsformen und Marken und in anderen Indikatoren nieder. Trendforschung wird auch von darauf spezialisierten Instituten betrieben, die darüber regelmäßig (gegen Entgelt) Bericht erstatten. Ein Beispiel für die Anfang des Jahrzehnts erkennbaren produkttechnischen Trends im Automobilbau findet sich in Abb. 3-19.

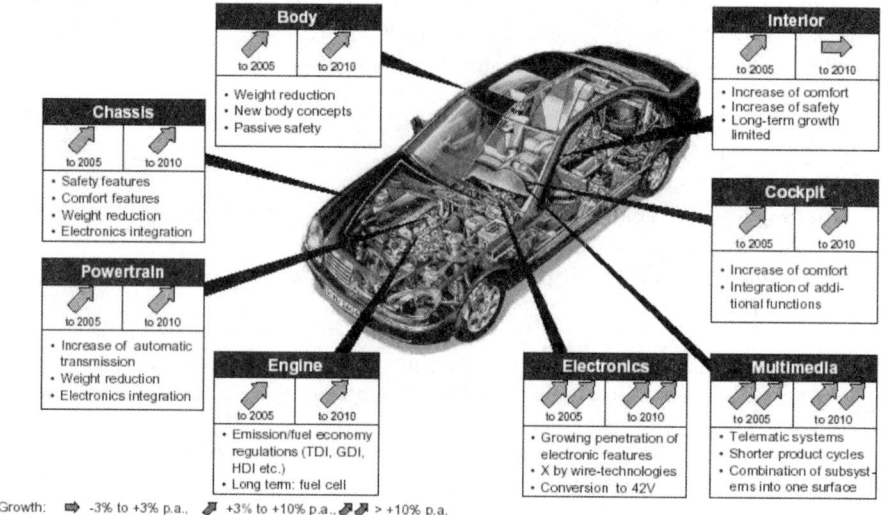

Abb. 3-19: Überblick über produkttechnische Trends bei Automobilen
(Quelle: Roland Berger & Partner 2000)

Trendanalysen sind wichtigster Input für eine Zusammenstellung relevanter Chancen (**opportunities**) bzw. Bedrohungen (**threats**), die zusammen mit den nachfolgend beschriebenen Stärken-Schwächen-Analysen (**strength and weaknesses**) die sog. **SWOT-Analyse** bilden. Häufige Indikatoren für die Attraktivität von Märkten (Chancen!) sind z.B. die Wachstumsaussichten, das Heranwachsen neuer Kundenschichten, bevorstehende staatliche Eingriffe (z.B. Abgasnormen) etc.; Bedrohungen können z.B. aus der demographischen Entwicklung, nachlassender Nachfrage durch Substitutionsprozesse, Aufkommen internationaler Wettbewerber etc. entstehen.

3.2.1.2 Stärken-Schwächen-Analysen

Aufgabe der Stärken-/Schwächen-Analyse ist es, die Fähigkeiten eines Unternehmens im Vergleich zu den Fähigkeiten der wichtigsten Konkurrenten zu analysieren und zu bewerten. Die eigentliche Analyse erfolgt dabei meist in Form strukturierter **Checklisten** von Beurteilungskriterien. Das Hauptproblem besteht darin, jene Beurteilungskriterien herauszuarbeiten, die strategisch relevant sind. Die eigentliche Beurteilung der eigenen Stärken und Schwächen erfolgt dann durch eine Kombination von subjektiven

Einschätzungen der Planer und Einsatz nachprüfbarer Daten. Ergebnis ist ein sog. Stärken-Schwächen-Profil, wie es Abbildung 3-20 beispielhaft darstellt.

Zur Identifikation der relevanten Beurteilungskriterien greift man oft auf ein funktionales Raster zurück, in dem die für eine Branche besonders wichtigen **Funktionskomplexe** aufgeführt werden (F&E, Beschaffung, Produktion, Absatz, Finanzierung etc.). Dabei können auch **Kennzahlen** zur Charakterisierung dieser Funktionalbereiche eingesetzt werden. Ein anderer Zugang zur Ableitung von Beurteilungskriterien findet sich über spezifische **Ressourcen**, d.h. Leistungspotenziale, z.B. im technologischen, finanziellen, personellen oder technischen Bereich. Eine dritte Möglichkeit zur Herleitung der relevanten Kriterien bieten **Prozessmodelle** des Unternehmens, die sich am Modell der Wertkette orientieren („**Wertkettenanalyse**"). Dabei erfolgt eine strategische Kostenanalyse für jede der unterschiedlichen Teilprozesse unter Herausarbeitung der Kostentreiber (z.B. Unternehmensgröße, Lernprozesse, Standort etc.) und ein Vergleich dieser Größen zwischen den verschiedenen Wettbewerbern. Ähnlich geht man dann bei der sog. strategischen **Differenzierungsanalyse** (im Rahmen der Wertkettenanalyse) vor. Hierbei geht es dann darum, die Quellen der Differenzierung aufzudecken, welche das Unternehmen und seine Konkurrenten im Rahmen ihrer Wettbewerbsstrategien benutzen. Um das Stärken-Schwächen-Profil zu komprimieren, kann man einen Indexwert über die Summe der Abstände der eigenen Position zum Mittelwert der Konkurrenten berechnen, der dann z.B. für die Portfolio-Analyse Verwendung finden kann (s.u.).

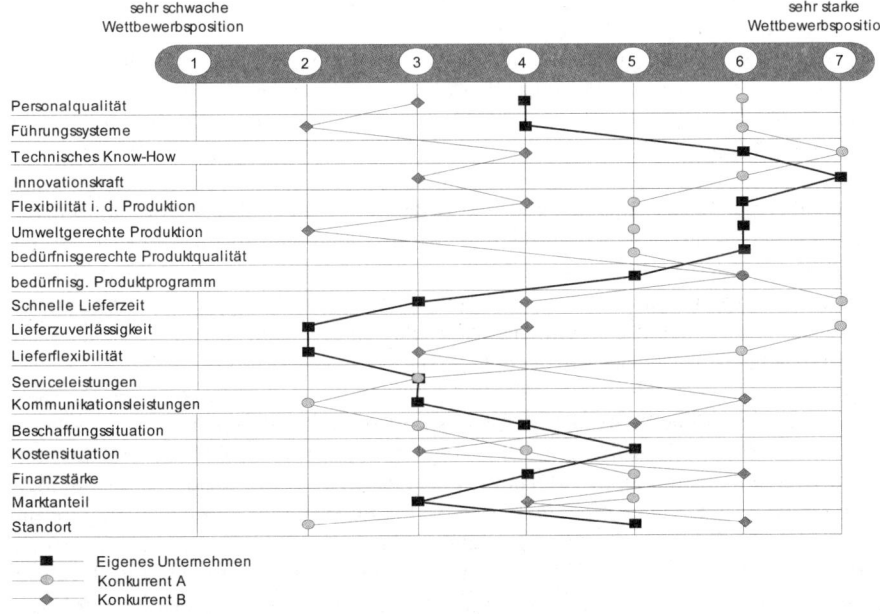

Abb. 3-20: Beispiel für ein Stärken-Schwächen-Profil
(Quelle: Götz 1998, S.55)

3.2.1.3   Branchenstrukturanalyse

Ein von *M. Porter* entwickeltes Verfahren zur Umfeldanalyse, das speziell auf die Wettbewerbsintensität abzielt, ist die sog. **Branchenstrukturanalyse**. Sie fokussiert fünf Wettbewerbskräfte, durch welche die Rentabilität bestimmter Branchen bestimmt wird: Erstens die Verhandlungsstärke der Abnehmer, zweitens die Verhandlungsstärke der Lieferanten, drittens die Bedrohung durch neue Konkurrenten, viertens die Gefährdung durch Substitutionsprodukte, fünftens der Rivalitätsgrad zwischen existierenden Wettbewerbern. Für jede dieser Determinanten wird eine Anzahl von Indikatoren erhoben, so dass insgesamt ein differenziertes Bild von der langfristigen Ertragskraft bestimmter Branchen bzw. Märkte entwickelt werden kann.

Ergänzt wird dies durch die **Analyse strategischer Gruppen**, d.h. Unternehmen in einer Branche, die identische oder ähnliche Strategien verfolgen. Speziell fokussiert man dabei den Grad der Spezialisierung und den Grad der vertikalen Integration und kann dann ggf. Unternehmensgruppen in einem zweidimensionalen Schema („strategische Karte") darstellen.

3.2.1.4   Positionierungsmodelle

Abnehmer- und wettbewerbsbezogene Aspekte werden in der Positionierungsanalyse erfasst. Hierbei werden die dominierenden Dimensionen der Produktwahrnehmung in geometrischen Modellen abgebildet und die Wettbewerbspositionen verschiedener Produkte bzw. Unternehmen als Punkte eingetragen.
Erfasst man dabei auch die **Präferenzen** der Nachfrager nach bestimmten Produkttypen bzw. Produktmerkmalen, werden zukunftsträchtige Stossrichtungen für die Entwicklung des eigenen Leistungsangebotes sichtbar. Das **Grundprinzip** dieser Modelle liegt darin, dass in einem geometrischen Raum ähnliche Produkte nahe zueinander und unähnliche Produkte mit entsprechender Distanz abgebildet werden. In der Distanz spiegelt sich demnach die Wettbewerbsintensität der jeweiligen Produkte wider. Die Achsen des Raumes geben die relevanten Wahrnehmungsdimensionen an. Ihre Anzahl ist von der Differenziertheit der Wahrnehmung abhängig. Ermitteln lassen sich diese Wahrnehmungsdimensionen durch entsprechende Befragungen von Kunden, deren Ergebnisse anschließend faktoranalytisch verdichtet werden. Darauf kann an dieser Stelle nicht näher eingegangen werden (vgl. *Brockhoff* 2001).

Zum Entscheidungsmodell werden diese Positionierungsräume dann, wenn zusätzlich zu den Wahrnehmungen auch die Präferenzen der Kunden in analoger Form abgebildet werden. Dadurch entsteht ein **Präferenzraum**, der sich ggf. mit dem Wahrnehmungsraum verbinden lässt. Man spricht dann vom sog. **„Joint space"**. Voraussetzung hierfür ist, dass sich die Präferenzen nach denselben Dimensionen bilden wie die Wahrnehmungen. Erhebbar sind solche Präferenzen z.B. durch direkte Abfrage von „Idealprodukten" hinsichtlich der verschiedenen Produktmerkmale (z.B. „ideale" Höchstgeschwindigkeit bei Automobilen) oder durch Einbau entsprechender Idealprodukte in Paarvergleiche. Im Ergebnis erbringen solche Messverfahren gemeinsame Produkt- und Wahrnehmungsräume, wie sie beispielhaft in Abbildung 3-21 für den Fall des Snack-Marktes dargestellt sind. Es handelt sich in diesem Falle um ein dreidimensionales Modell, bei dem für die Wahrnehmung und die Präferenz drei Dimensionen maßgeblich sind:

(1) Wie stark befriedigt der jeweilige Snack den Hunger und inwieweit wird er dem modernen Ernährungsbewusstsein gerecht? (vertikale Dimension)

(2) Ist der Snack speziell für Kinder geeignet und wie preiswert wird er angeboten? (horizontale Links-Rechts-Dimension)

(3) Wie genussvoll ist der Verzehr des Snacks? (Vorne-Hinten-Dimension)

Abb. 3-21: Joint Space für Snacks mit Idealpunkten
für zwei ausgewählte Konsumentengruppen

Man erkennt z.B., dass die Marke BI-FI als ein besonders Hunger stillender, aber nicht sehr ernährungsbewusster Snack wahrgenommen wird, der darüber hinaus weniger für Kinder geeignet und eher teuer ist sowie bezüglich des Genusses eine mittlere Position einnimmt. Gelingt es nun, in diesen Raum die Idealpunkte bestimmter Kunden oder Kundengruppen zu projizieren, so lassen sich aus den Abständen dieser Idealvorstellungen zu den einzelnen Marken Hinweise für die Kaufwahrscheinlichkeit ableiten. In Abbildung 3-21 ist beispielhaft der durchschnittliche Idealpunkt der tatsächlichen BI-FI-Esser abgetragen. Er befindet sich konsequenterweise in der Nähe der Produktposition von BI-FI. Umgekehrt ist der Idealpunkt der Milky Way-Esser an ganz anderer Stelle positioniert, so dass dort die Produkte Milky Way, Duplo und Hanuta die höchste Kaufwahrscheinlichkeit aufweisen.

Zum Entscheidungsmodell wird diese gemeinsame Abbildung von Präferenzen und Wahrnehmungen dann, wenn **Kaufmodelle** hinzugefügt werden. Beispielsweise kann man unterstellen, dass die Kunden das jeweils am nächsten zu ihrem Idealpunkt gelegene Produkt und nur dieses kaufen („First choice-Regel"). Ein anderes Kaufmodell unterstellt, dass die Kaufwahrscheinlichkeit mit dem Abstand vom Idealpunkt linear oder überproportional sinkt. In diesem Falle würde der Kunde gelegentlich auch andere Produkte als das am nächsten seinem Idealpunkt liegende kaufen. Je nachdem, welche Modellierung man wählt, ergeben sich nur für unterschiedliche Positionen im Joint space unterschiedliche Käuferanteile, so dass analytisch nach einem Punkt gesucht werden kann, in dem die Käuferanteile maximiert werden. Dabei lassen sich auch unterschiedliche Kaufintensitäten pro Person berücksichtigen. Voraussetzung ist die Abbildung einer repräsentativen Stichprobe in diesem Joint space. Abbildung 3-22 zeigt die Logik solcher Idealpunktmodelle. Idealpunkte stellen soz. den Gipfelpunkt einer Kuppel über den in diesem Beispielsfall zweidimensionalen Joint Space dar, bei dem die Präferenz der jeweiligen Person umso mehr sinkt, je weiter ein Produkt von diesem Gipfelpunkt entfernt liegt – und zwar gleich in welche Richtung. Die Kreise in Abbildung 3-22 stellen somit Isopräferenzkreise dar, d.h. Orte gleicher Präferenz. Je weiter vom Idealpunkt entfernt diese Kreise liegen, umso geringer wird die Präferenz. Im vorliegenden Fall ergibt sich daraus für Kunde 1 die Präferenzordnung C > E > B > D > F > A und für Kunde 2: A > B > F > C > E > D.

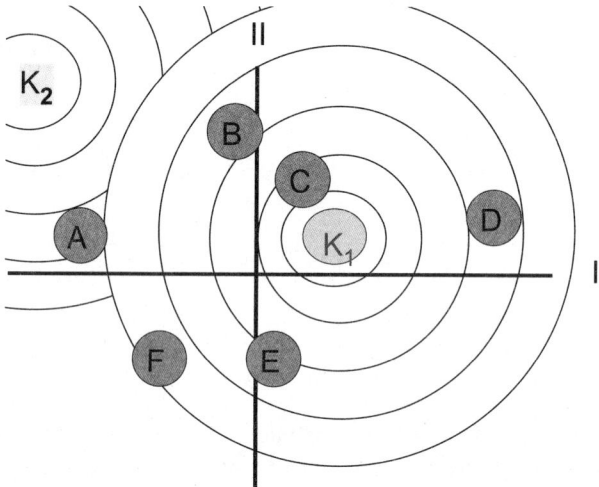

Abb. 3-22: Idealpunktmodelle am Beispiel eines zweidimensionalen Joint Space

Das **Idealpunktmodell** unterstellt also fixierte Idealvorstellungen auf jeder relevanten Präferenzdimension. Häufig haben die Kunden jedoch die Vorstellung, dass ein Produkt nicht an einem bestimmten Punkt optimal ist, sondern von einer Eigenschaft nie genug haben kann (z.B. Haltbarkeit, Umweltfreundlichkeit, Preisgünstigkeit etc.). In diesem Falle sind **Idealvektormodelle** angebrachter. Abbildung 3-23 zeigt ein entsprechendes Beispiel. Der Idealvektor K_1 zeigt die Richtung der Präferenz an, die Person 1 in einem bestimmten Produktfeld aufweist. Sie gewichtet die Dimensionen I und II etwa gleich, weil die Präferenz sowohl bei Steigerung der Eigenschaft I als auch der Eigenschaft II proportional steigt. Wäre K_1 flacher, würde die Dimension I stärker und die Dimension II schwächer gewichtet. Der Präferenzvektor der Person 2 weist dagegen in eine andere

Richtung. Hier bringt eine Verbesserung der Dimension I eine Verschlechterung der Präferenz, d.h. diese Person ist auf geringere Ausprägungen der Eigenschaft I ausgerichtet.

Die Präferenzrangfolgen der verschiedenen Marken ergeben sich nun durch Fällung der Lote auf den jeweiligen Präferenzvektor. So ergibt sich für die Person K_1 die Präferenzrangfolge D > C > B > E > F > A und für Person 2 die Präferenzrangfolge A > B > C > F > E > D.

Simuliert man nun die Position der eigenen Produkte an verschiedenen Positionen des Joint Space, so lassen sich jeweils Präferenz- bzw. Marktanteile bestimmter Positionierungen berechnen und auf iterativem Wege auch eine Optimalsituation ermitteln. Damit wird das Joint Space-Modell zu einem wertvollen Entscheidungsmodell, das auf verhaltenswissenschaftlicher Grundlage **optimale Produktimages** zu ermitteln erlaubt.

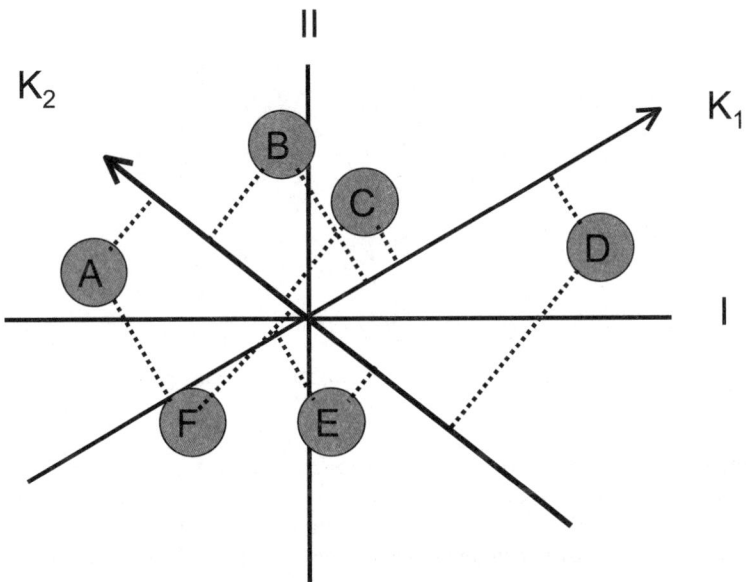

Abb. 3-23: Idealvektormodell mit zwei Idealvektoren

3.2.1.5   Zielgruppenanalysen

Zielgruppenüberlegungen gehören zum Standard jeder Marketingplanung, sollen doch alle Marketingaktivitäten auf die Eigenheiten der anvisierten Kunden abgestimmt werden (vgl. Kap. 2/ 2.). Voraussetzung dafür ist die Abgrenzung solcher Zielgruppen, die im Wege von **Zielgruppenanalysen** erreicht wird. Im Rahmen strategischer Überlegungen handelt es sich hierbei um eine **Marktsegmentierung**, d.h. eine grundsätzliche Einteilung des Zielmarktes nach relevanten Merkmalen, wie sie in Kapitel 2/ 2. beschrieben wurde. Dafür sind von der Marktforschung entsprechende Daten bereitzustellen, die im Wege der Primär- oder Sekundärforschung erhebbar sind. Z.B. bieten Zeitschriftenverlage Typologien für bestimmte Märkte an, in denen neben

Soziodemografika und Kaufverhaltensmerkmalen oft auch Einstellungen oder Lifestyles Eingang finden. Weit verbreitet sind auch sog. **Milieu-Klassifikationen**, in denen die Bevölkerung nach sozialen Merkmalen und bestimmten Werthaltungen unterteilt werden. Abb. 3-24 zeigt mit den *Sinus-Milieus*® von Sinus Sociovision ein Beispiel, bei dem zehn Gruppen unterschieden werden, die sich hinsichtlich ihrer sozialen Lagen (Vertikale) und ihrer grundsätzlichen Werteorientierung (Horizontale) unterscheiden.

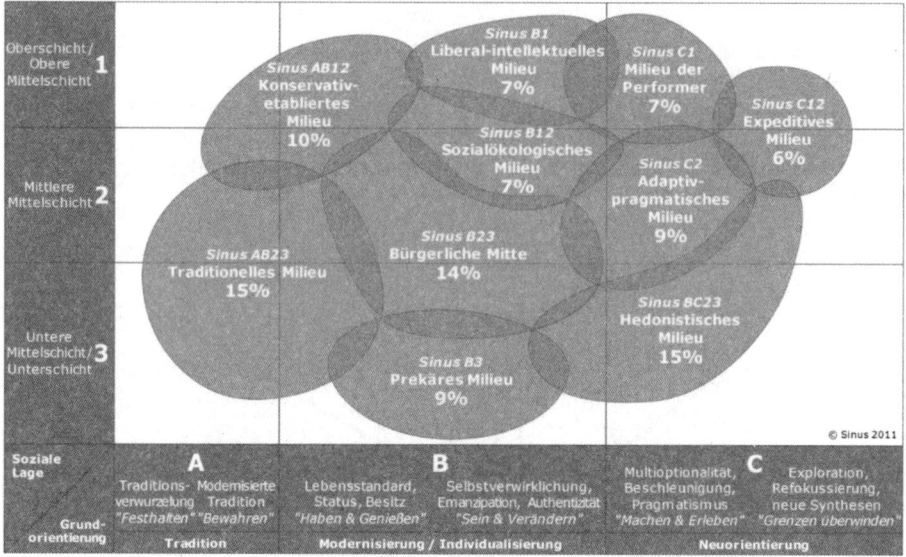

Abb. 3-24: Milieu-Klassifikation von Sinus Sociovision:,,Sinus-Milieus® *in Deutschland 2011, Soziale Lage und Grundorientierung" (Quelle: www.sinus-institut.de)*

Für Segmentierungen existieren zahlreiche Ansatzpunkte, wobei allerdings häufig auch weniger strategische, sondern eher operative Ziele der **Selektion** von Zielpersonen für konkrete Marketingaktivitäten (z.B. Direktmarketing-Kampagnen, Verkaufsförderungsaktionen etc.) im Vordergrund stehen (,,**Targeting**"). Abb. 3-25 gibt einen entsprechenden Überblick, der auch deutlich machen soll, welche Spannweite zwischen den strategischen Ansätzen (links oben) und den stark operativen Verfahren (rechts unten) besteht. Die zunehmende Verfügbarkeit von Responsedaten aus Kundenkartensystemen führt heute dazu, dass die Zielgruppenauswahl im Wege des oben beschriebenen **Profiling** immer operativer und flexibler gehandhabt wird.

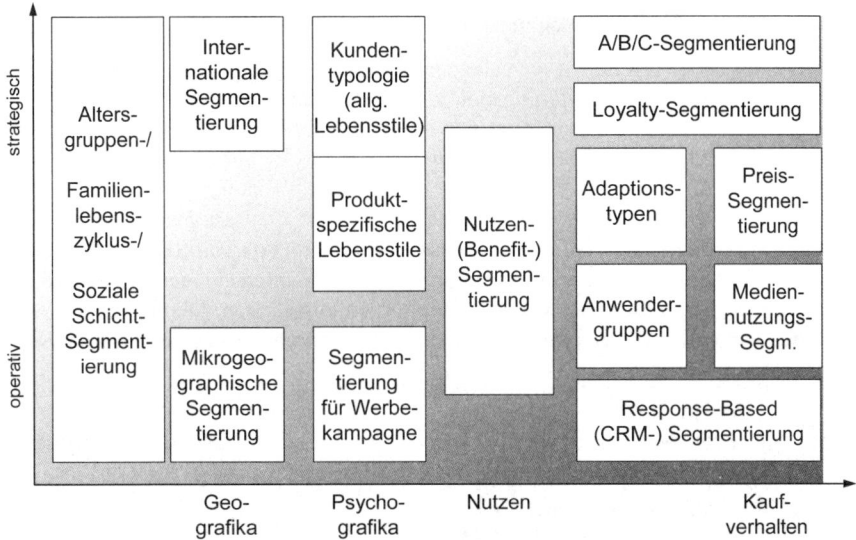

Abb. 3-25: Ausgewählte Ansatzpunkte strategischer und operativer Zielgruppenbestimmungen (Quelle: Diller 2006, S.15)

3.2.2 Operative Situationsanalysen

> **PRINZIP: Operative Situationsanalysen**
> Operative Situationsanalysen durchleuchten die Marktstruktur und das Marktpotenzial und analysieren die eigenen Absatzerfolge hinsichtlich Mengen, Preisen, Umsätzen, Kosten und Deckungsbeiträgen. Operative Analysen arbeiten mit einer Vielzahl verschiedener Methoden, u.a. Ranglisten, ABC-Analysen, Anteilsrechnungen und Anteilsvergleichen, Korrelationsrechnungen, Cluster- und Conjoint-Analysen sowie Potenzialanalysen.
> Im Rahmen der Vertriebserfolgsrechnung muss eine Gegenüberstellung der Umsatzerlöse und der in den jeweiligen Absatzsegmenten dafür in Anspruch genommenen Vertriebskosten vorgenommen werden. Üblicherweise geschieht dies mit Hilfe von Systemen der Deckungsbeitragsrechnung.

Operative Situationsanalysen fokussieren kurzfristige Veränderungen der internen und externen Entscheidungsumfelder. Dazu werden die Strukturen der Märkte bzw. des eigenen Absatzes und der dafür in Kauf genommenen Kosten durch entsprechende Aufgliederungen und Gegenüberstellungen transparent gemacht. Wichtigstes Ziel derartiger Analysen ist es,

– die notwendigen Prioritäten in der Absatzplanung zu bestimmen (z.B. durch Aufzeigen der umsatzstärksten Absatzsegmente oder der volumenmäßig wichtigsten Vertriebskostenarten),

– Verschiebungen der Markt- bzw. Absatzverhältnisse zu erkennen, an die sich das Unternehmen anpassen muss (z.B. Verlagerung der Marktvolumina auf neue Vertriebskanäle, Heranwachsen neuer Käuferschichten etc.) und

– Quervergleiche zwischen verschiedenen Absatzsegmenten zur Abschätzung von
  Absatz- bzw. Rationalisierungspotenzialen vorzunehmen (z.B. Quervergleich der
  Durchschnittspreise in verschiedenen regionalen Teilmärkten oder der Vertriebskos-
  ten in verschiedenen Außendienstbüros).

Die inhaltlich wichtigsten Teilbereiche der operativen Analyse sind in Abbildung 3-26
schematisch dargestellt. Man erkennt, dass es einerseits um Marktanalysen geht, wobei
wiederum Marktstruktur- und Marktpotenzialanalysen unterschieden werden können. In
beiden Fällen liegt der Analysefokus auf externen Umständen. Demgegenüber wird bei
der Absatz- und der Vertriebserfolgsanalyse das interne Absatzgeschehen analysiert.

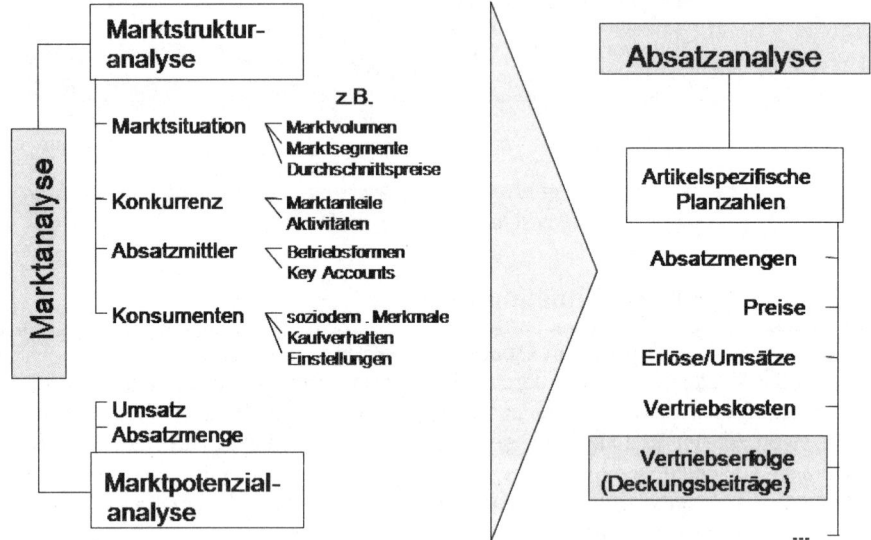

Abb. 3-26: Teilbereiche der operativen Analyse
(Quelle: Cornelsen 1998, S. 73)

Marktstrukturanalysen sollen die Verhältnisse auf Absatzmärkten und deren Veränderungen aufzeigen. Sie richten sich damit auf eines oder mehrere der folgenden Merkmale:

– allgemeine Marktsituation (Marktvolumen, technologische Entwicklung, rechtliche
  Veränderung, Marktwachstum etc.),

– Kunden (Anzahl, Struktur, Untergruppen etc.),

– Absatzmittler (Anzahl, Marktanteile etc.),

– Wettbewerber (Anzahl, Marktanteile, Wettbewerbsverhalten),

– Absatzwege (Distributionskanäle, Distributionsdichte etc.).

Methodisch arbeitet man hierbei insbesondere mit folgenden Analyseverfahren:

- **Ranglisten** reihen die jeweils betrachteten Untersuchungsobjekte nach Maßgabe ihrer relativen Bedeutung der Größe nach an. Besonders beliebt sind z.B. „Renner-Penner-Listen, welche die Artikel eines Sortiments nach ihrem Absatz bzw. der Umschlagsgeschwindigkeit ordnen. Daraus erhält man u.a. Hinweise zur Sortimentsbereinigung.

- **Konzentrationsanalysen** überprüfen, wie stark die Konzentration eines Merkmals auf ganz bestimmte Merkmalsträger ausfällt. Beispielsweise wird bei einer **Kunden-ABC-Analyse** überprüft, auf wie viele Kunden die Hälfte des Gesamtumsatzes entfällt („A-Kunden"). Dasselbe geschieht dann für die nächsten jeweils 25% („B-bzw. C-Kunden"). Auf diese Weise wird erkennbar, welches die besonders wichtigen Kunden sind. Methodisch sind die Kunden dazu zunächst der Umsatzbedeutung nach zu ordnen und anschließend bezüglich ihrer Umsatzanteile entsprechend zu kumulieren. Gleiches kann auch mit anderen Untersuchungsgegenständen, z.B. den Umsatzanteilen einzelner Artikel oder Regionen erfolgen. Abbildung 3-27 zeigt ein entsprechendes Ergebnis am Beispiel einer Produkt-ABC-Analyse, die deutlich macht, dass allein mit zwei Artikeln (33%) fast 80% des Umsatzes erzielt wird.

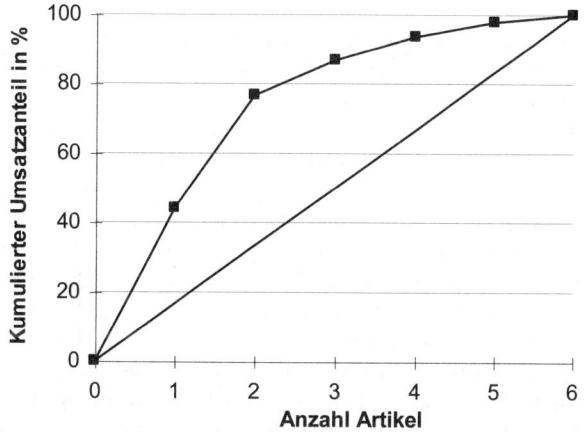

Abb. 3-27: Beispiel für eine umsatzbezogene Produkt-ABC-Analyse

- **Anteilsrechnungen** und **Anteilsvergleiche** relativieren die absoluten Volumina bestimmter Merkmalsausprägungen an entsprechenden Gesamtgrößen. Die grafische Aufbereitung erfolgt in Sektorendiagrammen (Kuchendiagramme), welche die relative Bedeutung der verschiedenen Teilsegmente unmittelbar sichtbar macht.

- **Korrelationsrechnungen** überprüfen die Stärke des Zusammenhangs zwischen zwei Merkmalen und stellen sie ggf. durch einen „Plot", d.h. ein zweidimensionales Diagramm mit den entsprechenden Platzierungen der Untersuchungsobjekte dar. Beispielsweise kann man auf diese Weise überprüfen, ob die Umsatzhöhe von Kunden mit deren Ertragskraft korreliert.

- **Potenzialanalysen** gehen der Frage nach, welche Mengen eines Produktes unter optimalen Bedingungen maximal absetzbar sind. Sie charakterisieren damit die größtmögliche Aufnahmefähigkeit eines Marktes. Ansatzpunkte dafür finden sich z.B. durch eine „Pro-Kopf-Rechnung", internationale Vergleiche des Pro-Kopf-Konsums oder einer Hochrechnung der vorhandenen Bedarfsträger (z.B. alle Kfz-Werkstätten) mit entsprechenden Verbrauchskoeffizienten (Verbrauch pro Bedarfsträger).

Im Rahmen der auf die internen Verhältnisse gerichteten **Absatz-** und **Vertriebserfolgsanalyse** überprüft man die derzeitige Situation bzgl. Absatzmengen, Preisen, Umsatz und Vertriebskosten sowie Deckungsbeiträgen verschiedener Absatzsegmente. Dazu vergleicht man zum einen die zeitliche Entwicklung dieser Größen, um Wachstumsunterschiede festzustellen, und überprüft andererseits - ähnlich wie bei den marktbezogenen Analysen – Rangpositionen, Konzentrationen, Anteile und Korrelationen. Hand in Hand mit diesen Analysen geht i.d.R. eine Soll-Ist-Abweichungsanalyse für die Planzahlen der Vorperiode. Da die Anzahl der Betrachtungsebenen je nach Vielgestaltigkeit des Absatzgeschehens enorm groß ausfällt, behilft man sich üblicherweise mit entsprechenden Kennzahlen bzw. Kennzahlen-Systemen, in denen die Abweichungen von Vergangenheitswerten bzw. Mittelwerten über verschiedene Teilsegmente hinweg Handlungsprioritäten anzeigen. In Kapitel 5/ 3. wird darauf ausführlicher eingegangen.

Die **Vertriebserfolgsrechnung i.e.S.** ist eine Gegenüberstellung der Umsatzerlöse und der dafür in Anspruch genommenen Vertriebskosten. Üblicherweise verrechnet man dabei nicht alle Kosten, sondern entweder nur die variablen (Direct Costing-System) oder die dem Absatzsegment zurechenbaren Einzelerlöse und Einzelkosten (System der relativen Einzelkostenrechnung). Daraus ergeben sich entsprechende Deckungsbeiträge, die über die verschiedenen Absatzsegmente hinweg verglichen werden. Absatzsegmente sind dabei alle möglichen Produkt-Markt-Beziehungen, denen sich Kosten und Erlöse gesondert zurechnen lassen, z.B. Produktgruppen, Absatzregionen, Absatzwege, Kundengruppen etc. Der Quervergleich der entsprechenden Absatzsegmente dient dazu, Gewinn- und Verlustquellen zu identifizieren und ggf. eine selektive Absatzpolitik einzuleiten, d.h. einzelne Segmente aus dem Tätigkeitsbereich des Unternehmens auszuscheiden. Umgekehrt kann sehr erfolgreichen Absatzsegmenten Priorität für die Zukunft eingeräumt werden. Abbildung 3-28 zeigt beispielhaft ein entsprechendes Kalkulationsschema für den Kundendeckungsbeitrag, der dann zwischen den Kunden bzw. Kundengruppen verglichen werden kann.

Unsere Erörterungen machen deutlich, dass operative Analysen kein festgefügtes Schema an Vorgehensweisen verfolgen, sondern nach Problemsituation flexibel und unter Einsatz ganz verschiedener statistischer Analysemethoden durchgeführt werden. Zielsetzung ist es in allen Fällen, Effektivitäts- und Effizienzunterschiede aufzudecken, um die zukünftige Absatzpolitik darauf abzustimmen. Ein exzellentes Marketing-Intelligence-System muss dafür die entsprechenden Daten, aber auch Vorgehensregeln für die Mitarbeiter bereitstellen, damit die analytische Durchdringung der Planungssituation auch tatsächlich gelebt wird.

BRUTTOERLÖSE (zu Listenpreisen)
- effektive, kundenbezogene Erlösschmälerungen *(z.B. Sofortrabatte, Mengenrabatte, Kundenskonti, Boni)*
= NETTOERLÖSE
- Standard - Herstellkosten *(bzw. auftragsweise nachkalkulierte Herstellkosten)*
= KUNDEN - DECKUNGSBEITRAG I
- dem Kunden zurechenbare Marketingkosten *(z.B. Mailing, Kataloge)*
= KUNDEN - DECKUNGSBEITRAG II
- dem Kunden zurechenbare Verkaufskosten *(z.B. Außendienstbesuche, Bestellabwicklung, Fakturierung)*
= KUNDEN - DECKUNGSBEITRAG III
- dem Kunden zurechenbare Service- und Transportkosten *(z.B. Kundendienst, Kundenschulung)*
= KUNDEN - DECKUNGSBEITRAG IV

Abb. 3-28: Beispiel für eine Kundendeckungsbeitragsrechnung
(Quelle: Cornelsen 1998, S. 107)

3.3 Entwicklungsprognosen

PRINZIP: Entwicklungsprognosen

Zur Ausrichtung der Marketingplanung auf zukünftige Marktbedingungen gilt es, die bisher festgestellten zeitlichen Entwicklungsmuster durch eine Zeitreihenanalyse offen zu legen und zu einer Entwicklungsprognose zu verarbeiten. Trendprognosen können mit Hilfe gleitender Durchschnitte oder linearer bzw. nichtlinearer Regressionsmodelle durchgeführt werden. Kurzfristige Prognosen bedienen sich insb. der exponentiellen Glättung sowie autoregressiver Prognosemodelle.

Nach dem in Abbildung 3-18 dargestellten Ablaufschema der Marketingplanung folgt der Situationsanalyse eine „**Marktprognose**". Es handelt sich hierbei um Vorhersagen der in der Situationsanalyse betrachteten Größen. Im Gegensatz zu den bei der Marketing-Mix-Planung erforderlichen Wirkungsprognosen geht es hierbei um **Fortschreibungen**. Man unterstellt dabei, dass sich die bei der Analyse der historischen Daten entdeckten Zusammenhänge unverändert auf die Zukunft übertragen lassen. Bei Entwicklungsprognosen wird also lediglich die Variable Zeit als verursachend angesehen und die jeweilige Prognosevariable (Absatz, Umsatz, Marktpreis etc.) aus den in der Zeitreihe vermuteten inneren Gesetzmäßigkeiten heraus prognostiziert.

Dazu benötigt man eine Zeitreihe von Beobachtungswerten der Prognosevariablen, die im gleichen zeitlichen Abstand aufeinander folgen. Erhöht sich z.B. das Marktvolumen eines Produktes jährlich um 1000 Tonnen, so könnte man dies als Regularität interpretieren und die Zeitreihen entsprechend in die Zukunft fortschreiben, d.h. **extrapolieren**. Bei geringfügiger Dynamik mag auch eine sog. **naive Prognose**, d.h. die Wahl des Letztperiodenwertes als Prognosewert, erwägenswert sein. I.A. liegen die Dinge jedoch komplexer und hinter einer Zeitreihe verstecken sich mehrere Regularitäten. Solche Fälle greifen **Zeitreihenanalysen** auf. Sie zerlegen die Zeitreihe in mehrere Strukturkomponenten, prognostizieren diese isoliert und fügen sie dann ggf. wieder zu einer Gesamtgröße zusammen. Die Prognose erfolgt also in folgenden Schritten:

(1) Inspektion der Zeitreihe, am besten an Hand einer Grafik;

(2) Postulierung der in der Zeitreihe enthaltenen Strukturkomponenten (Modellierung);

(3) statistische Zerlegung der Zeitreihe und Messung der Strukturkomponenten, die damit prognostizierbar werden;

(4) Prognose der Entwicklung einzelner Strukturkomponenten;

(5) Zusammenfügung der Strukturkomponenten für zukünftige Prognosewerte.

Grundsätzlich können insgesamt vier Einflussfaktoren auf die Gestalt einer Zeitreihe einwirken. Diese sind (vgl. 3-29) ein Trend (T), saisonale Einflüsse (S), zyklische Einflüsse (Z), z.B. Konjunkturzyklen, und Irregularitäten oder Zufallseinflüsse (E für engl. error).

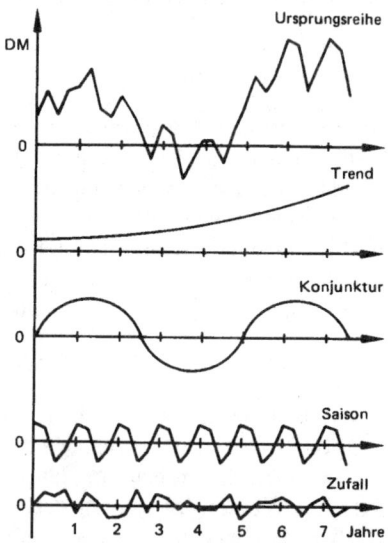

Abb. 3-29: Strukturkomponenten von Zeitreihen
(Quelle: Henschel 1979, S. 26)

Gelingt die in Abbildung 3-29 dargestellte Zeitreihenzerlegung, kann man die verschiedenen Zeitreihenkomponenten getrennt fortschreiben und anschließend z.B. additiv zusammenfassen.

Bei langfristigen Prognosen genügt es u.U. schon, nur eine einzelne Komponente, nämlich den Trend und ggf. noch die langfristigen Zyklen, zu berücksichtigen. Ein sehr einfaches Trendprognoseverfahren ist dabei die Bildung **gleitender Durchschnitte**, wo unter Zugrundelegung eines Glättungszeitraums (z.B. die Länge des Konjunkturzyklusses) Mittelwerte ersten und/oder zweiten Grades gebildet werden, um den Trend zu isolieren. Bei Kurzfristprognosen, etwa auf Jahresbasis, müssen dagegen auch kurzfristige Schwankungen in die Betrachtung einbezogen werden. Dies geschieht z.B. durch sog. Saisonverfahren, die auf der **exponentiellen Glättung** aufbauen. Dabei gehen die vergangenen Zeitreihenwerte in einen Mittelwert mit zunehmendem Alter in immer geringerer Gewichtung ein. Der zuletzt zurückliegende Wert bestimmt den Prognosewert also am meisten, der zweitweitest zurückliegende am zweit meisten etc.. Komplexere Zeitreihenanalysen unterstellen Sättigungsgrenzen und nicht lineare Verläufe, wobei insbesondere logistische Funktionen herangezogen werden. Darüber hinaus wird zunehmend auf Regressionsanalysen zurückgegriffen, bei denen die Vorperiodenwerte als unabhängige Variable eines Regressionsmodells für den zukünftigen Wert modelliert werden. Damit wird ein sog. **autoregressives Prognosemodell** gebildet. Auf die Details solcher sog. ARIMA-Modelle kann hier nicht weiter eingegangen werden (vgl. *Schobert/Tietz* 1998, S. 149 ff.).

Indikatorprognosen, etwa für den nächstjährigen Automobilabsatz in einer Region, verwenden für die Vorhersage der Prognosegröße leichter vorhersagbare bzw. bereits bekannte Indikatoren (z.B. Einwohner, Betriebsstätten, Bruttosozialprodukt etc.), die in einem entsprechenden Strukturmodell abgebildet werden. Die Modellparameter werden dabei mathematisch durch ein Mehrgleichungssystem bzw. entsprechende Regressionsfunktionen miteinander verknüpft. Man versucht insbesondere, sog. Vorlaufindikatoren in das Prognosemodell aufzunehmen, etwa die gut prognostizierbare Bevölkerungsentwicklung, das Energiepreisniveau, das Bruttosozialprodukt o.ä., Größen, für die aus der amtlichen Statistik häufig bereits recht zuverlässige Prognosewerte vorliegen. Diese werden dann in das eigene Prognosemodell übertragen. Man spricht hier im Gegensatz zu Zeitreihenmodellen von **Indikatormodellen**. Nicht die Zeit, sondern ein oder mehrere Vorlaufindikatoren fundieren die Prognose.

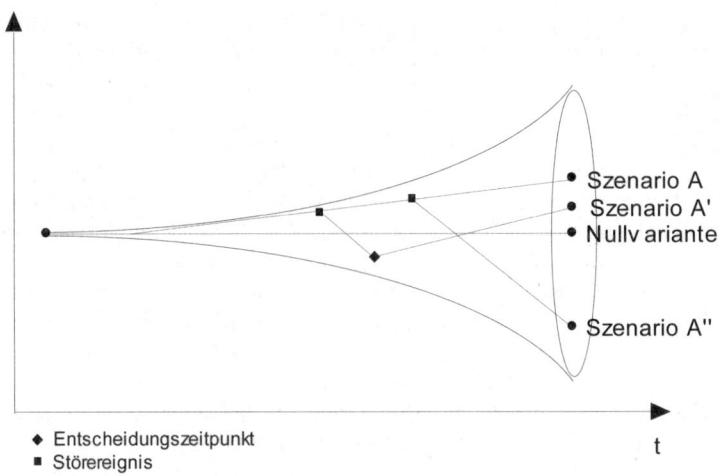

Abb. 3-30: Der Szenario-Trichter
(Quelle: Reibnitz 1992, S. 27)

Die bisher dargestellten Prognoseverfahren sind quantitativer Natur. Darüber hinaus existieren auch **qualitative Prognoseverfahren**, die nicht statistisch fundiert sind, sondern qualitativen Überlegungen entspringen. Meist handelt es sich um langfristige Prognosen, bei welchen die Fortschreibung von Zeitreihen ohnehin problematisch ist. Ein besonders bekanntes qualitatives langfristiges Prognoseverfahren ist die sog. **Szenario-Analyse**. Deren Ziel ist es, die zukünftige Entwicklung von Umfeldsituationen bei unterschiedlichen Rahmenbedingungen in Form alternativer Zukunftsbilder abzubilden. Diese Zukunftsbilder setzen sich aus kausal verknüpften, in sich stimmigen Annahmen zusammen (z.B. energiewirtschaftliche Lage Deutschlands im Jahre 2020). Dabei will die Szenarioanalyse Störungen, Disparitäten und Dysfunktionen in der Entwicklung erkennen und berücksichtigen. Dazu werden die wichtigsten zukünftigen Einflussgrößen identifiziert, mögliche Entwicklungstendenzen dieser Einflussgrößen beschrieben und in Form konsistenter Annahmebündel systematisch kombiniert. Unter Berücksichtigung möglicher Störereignisse und mit Hilfe formalisierter Plausibilitätsüberlegungen leitet man daraus wenige Szenarien her, die dann lediglich die Bandbreite der potenziellen Zukunftsentwicklungen abdecken. Das Denkmodell lässt sich insofern bildlich als ein **Trichter** verdeutlichen, der in Abbildung 3-30 dargestellt ist. Die heutige Situation bildet dabei den Ausgangspunkt des Trichters. Die im Zeitablauf immer größer werdende Öffnung symbolisiert die zunehmende Unsicherheit über die Geschehnisse. Die verschiedenen Zukunftsszenarien finden sich dann auf einer Schnittfläche des Trichters wieder. Beispielsweise könnte die Energiesituation im Extremfall von starker Verknappung mangels ausbleibender Ersatzenergien und hoher Nachfrage sowie Zerfall des Preiskartells der OPEC geprägt sein. Im anderen Extremfall könnte es z.B. zur starken Substitution herkömmlicher Energieträger durch staatliche Förderung und stark ansteigende Rohölpreise kommen.

3.4 Strategische Marketingplanung

> **PRINZIP: Strategische Marketingplanung**
> Im Rahmen der strategischen Marketingplanung gilt es u.a., das Portfolio der Geschäftsfelder bzw. der bearbeiteten Absatzsegmente permanent zu überdenken. Dazu kann die Portfolioanalyse eingesetzt werden. Sie verfolgt eine investitionspolitische Sicht auf verschiedene Geschäftsfelder, nach welcher deren Priorisierung und Selektion vorgenommen werden kann.

Nach Abschluss der Situationsanalysen und der Entwicklungsprognosen ist man in der Lage, strategische Konzepte festzulegen, mit denen ein Unternehmen am Markt seinen Erfolg sucht. An dieser Stelle soll aus der Fülle hier einschlägiger Methoden (vgl. *Götz* 1998) nur auf die weit verbreitete **Portfolioanalyse** näher eingegangen werden.

Es handelt sich um eine Planungsmethode, die auf den Ergebnissen des PIMS-Projektes (vgl. Kap. 1/ 3.) und dem Erfahrungskurveneffekt aufbaut und zunächst von US-Beratungsunternehmen in die Praxis getragen wurde, wo sie seit Anfang der 80er-Jahre überdurchschnittlich große Akzeptanz fand. Jede Strategische Geschäfteinheit (SGE) eines Unternehmens wird dabei in einer Matrix aus Marktattraktivität (externer Erfolgsfaktor) und Wettbewerbsstärke (interner Erfolgsfaktor) graphisch positioniert, wobei angenommen wird, dass diese Position ihr Erfolgspotential wesentlich bestimmt (vgl. Abb. 3-31).

Die **Marktattraktivität** wird unterschiedlich operationalisiert: Der ursprüngliche Vorschlag der *Boston Consulting Group* ("BCG-Matrix") verwandte das relative Marktwachstum (Wachstumsrate der SGE im Verhältnis zur SGE mit höchster Wachstumsrate); später wurden Attraktivitätsindizes vorgeschlagen, die mehrere Marktattraktivitätsaspekte mittels Punktbewertungsmodellen in sich vereinen. Die **Wettbewerbsstärke** kann am einfachsten mit dem relativen Marktanteil gemessen werden (Marktanteil der SGE im Verhältnis zum Marktanteil des stärksten Wettbewerbers).

Die SGE's werden grafisch positioniert, wobei die Trennlinien für die Vier-Felder-Matrix i.d.R. beim Wert 1 liegen und die Volumina der SGE (Umsätze, Absatzmengen) durch unterschiedlich große Kreise symbolisiert werden.

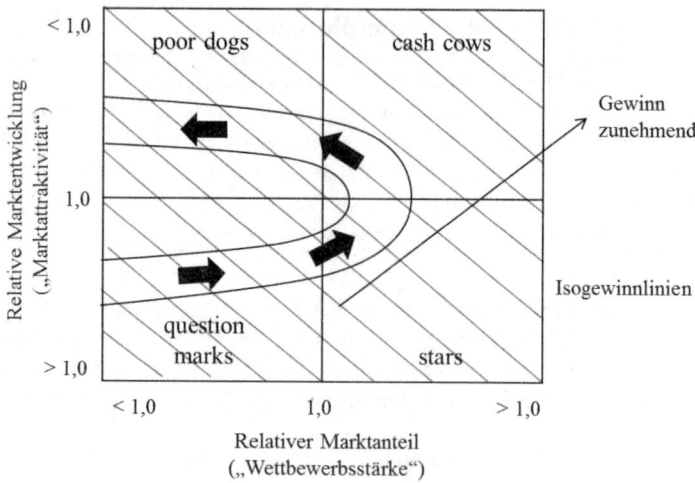

Abb. 3-31: Portfolio-Matrix

Getreu den Ergebnissen des PIMS-Projektes wird dabei unterstellt, dass mit zunehmender Wettbewerbsstärke und höherer Marktattraktivität eine bessere Gewinnsituation einhergeht. Daraus folgen die in der Abbildung 3-31 dargestellten Isogewinnlinien und die darauf aufbauenden Bezeichnungen der vier Matrixfelder ("Melkkühe", "Stars", "Arme Hunde", "Fragezeichen"). Folgt man dem Konzept des Lebenszyklus' (vgl. Kapitel 2/ 2.), so bewegen sich die einzelnen Produkte entlang eines Pfades, der im Schaubild durch die Pfeile verdeutlicht ist.

Die Analyse zeigt nun auf, welche SGE für das Unternehmen von welcher strategischer Bedeutung sind: Aus einigen "Fragezeichen" müssen die "Stars" der Zukunft werden, aus den heutigen "Stars" die "Melkkühe" von morgen, welche die Finanzmittel für den Aufbau der Stars liefern. Insofern bieten sich folgende sog. **Normstrategien** für die vier Felder an:

– "Fragezeichen": Selektives Investieren

– "Stars": Investieren

– "Melkkühe": "Melken" (keine Reinvestition der hohen Mittelrückflüsse)

– "Arme Hunde": Desinvestition.

Aus dieser investitionspolitischen Problemsicht heraus erhielt die Portfolio-Analyse auch ihre Bezeichnung. Die Ähnlichkeit zur Streuung eines Wertpapierportfolios aus Risikogründen ist evident.

Das Portfolio-Konzept ist leicht einsichtig; bei der konkreten Umsetzung zeigen sich allerdings erhebliche Probleme, weshalb der ihr zugeschriebene Erkenntnisgewinn im praktischen Einsatz nicht immer erreicht wird. Die Attraktivität des Konzeptes zeigt sich auch daran, dass sein Grundgedanke auf ähnliche Allokationsprobleme des strategischen Marketing übertragen wurde, so auf die Auswahl von Auslandsmärkten (**„Län-**

derportfolio") oder die Entwicklung von Kundenprioritäten („ **Kundenportfolio**"; vgl. Kapitel 2/ 3.). Nicht immer werden dabei die theoretischen Grundlagen aus der Erfolgs-faktorenforschung hinreichend berücksichtigt.

3.5   Absatzplanung i.e.S.

PRINZIP: Absatzplanung i.e.S.
Bei der Absatzplanung i.e.S. müssen Ziele definiert, abgeglichen, präzisiert und vorgegeben werden. Dazu können definitorische und sachlogische Zielbeziehun-gen zwischen den verschiedenen Zielen hergestellt werden, wodurch ein in sich schlüssiges Zielsystem entsteht. Die einzelnen Planziele sind entsprechend der Planungsebenen (Perioden, Kunden(gruppen), Regionen, Produkte, Produktgrup-pen etc.) zu aggregieren bzw. zu disaggregieren.

Mit der umfassenden Analyse und Prognose der externen und internen Unternehmenssi-tuation und dem Entwurf einer darauf abgestimmten Marketingstrategie sind die Vo-raussetzungen geschaffen, um in die Absatzplanung i.e.S. einzutreten. Darunter ist die Festlegung artikelspezifischer Planzahlen für die nächste Planperiode zu verstehen. Letztlich handelt es sich dabei um Zielvorgaben für die operativen Einheiten, z.B. den Vertrieb, das Produktmanagement oder das Kundenmanagement. Die strategischen Zie-le werden dabei auf operative Ziele herunter gebrochen, so dass ein hierarchisches Mar-keting-Zielsystem entsteht (vgl. Kapitel 4/ 1.). Es umfasst sowohl innerbetriebliche Marketing-Leistungsziele, wie die Steigerung der Produktqualität oder des Servicegra-des, als auch marktbezogene und unternehmensergebnisbezogene Ziele. Die Schlüssig-keit dieses Zielsystems herzustellen, ist Kernaufgabe der Absatzplanung. Letztlich han-delt es sich hierbei also um einen Prozess der **Zielplanung**, der in praxi inkrementell betrieben wird, d.h. sich an den bisherigen Zielerreichungsgraden orientiert und diese fortschreibt. In Zeiten hoher Umfelddynamik müssen freilich immer wieder auch neue operative Ziele entwickelt und präzisiert werden. Darüber hinaus ist zu berücksichtigen, dass Unternehmen stets mehrere Ziele verfolgen, die in verschiedenen Beziehungen zueinander stehen und insofern einen Systemcharakter besitzen.

Absatzplanung beinhaltet insofern folgende Teilaufgaben (*Diller* 1998, S. 173):

(1) **Ziele finden**: Auch wenn die Marketingstrategie die groben Stoßrichtungen vorgibt, besitzt der Absatzplaner immer noch Spielraum bei der konkreten Benennung jener Un-terziele, mit denen diese Strategie ausgefüllt werden kann. Anregungen dazu erbringen v.a. die Situationsanalyse und die Marktprognose. Ferner können **Benchmarking-Studien** weiterhelfen, in denen untersucht wird, wie erfolgreiche Wettbewerber oder Unternehmen anderer Branchen ganz bestimmte Marketingprobleme lösen.

(2) **Ziele abgleichen**: Hierbei werden die Prioritäten verschiedener Ziele festgelegt. Dazu ist eine Zielkonfliktanalyse durchzuführen und nach Zielkompromissen zu suchen. Beispielsweise konfligiert die Breite des Produktionsprogramms mit den Lagerkosten, so dass hier ein Kompromiss bzw. Optimum gesucht werden muss (vgl. Kap. 4/ 1.). Gelegentlich helfen hier auch neue operative Maßnahmen weiter, etwa die Einführung eines neuen Lagersystems.

(3) **Ziele präzisieren**: Liegen die Zielinhalte und die Zielprioritäten fest, gilt es, die Ziele zu präzisieren und bis auf die Artikelebene herunter zu brechen. Die Präzisierung erfolgt durch Definition der zu erreichenden Zielwerte in einem zu bestimmenden Zielzeitraum und in einem zu präzisierenden Marktsegment. Das Herunterbrechen von Zielen bedeutet, dass entsprechende Planwerte nicht nur für ein Sortimentsteil oder eine Sortimentsgruppe, sondern auch für einzelne Produkte und Artikel vorgegeben werden, um entsprechende Planzahlen für die Produktion bereit zu stellen. Abbildung 3-32 zeigt ein entsprechendes Beispiel für die Aufgliederung der Absatzplanung, wie sie in einem Unternehmen der Sportartikelindustrie betrieben wird. Die Disaggregation der Artikelplanwerte auf Regionen, Kunden und Teilperioden wird dabei vom Vertrieb geleistet, während das Produktmanagement entsprechend aggregierte artikelspezifische Planvorgaben liefert. Diese werden in Planbesprechungen mit den Planwerten des Vertriebs abgestimmt. Umgekehrt werden die Planzahlen des Produktmanagements für die verschiedenen Artikel produktspezifisch und sortimentsgruppenspezifisch verdichtet und mit der Marketing- bzw. Unternehmensleitung abgestimmt. Je genauer eine solche Aufgliederung der Planwerte erfolgt, umso besser gelingt es, unausgeschöpfte Umsatz- und Kostenpotenziale gezielt auszuschöpfen und die Absatzpolitik im Verlauf der Planperiode systematisch nachzusteuern, wenn entsprechende Abweichungen auftreten.

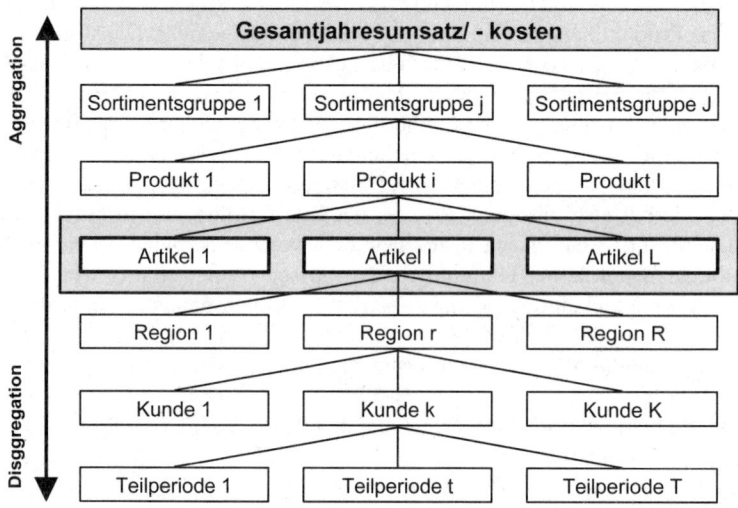

Abb. 3-32: Beispiel für die Aufgliederung von Planwerten in der Absatzplanung

(4) **Ziele vorgeben**: Sind auf diese Weise stimmige Absatzziele definiert, gilt es, diese für die Mitarbeiter verbindlich zu machen. Dazu sind Zielerreichungszeitpunkte festzulegen und Handlungsspielräume zu definieren sowie Verantwortlichkeiten für die Zielerreichung zu bestimmen. Als Hilfsmittel dafür dienen **Marketingbudgets**, deren Bestimmung in Kapitel 4/ 5. bereits behandelt wird. Sie umfassen die aus der Planung abgeleiteten und in Geldeinheiten quantifizierten Sollergebnisse bestimmter Organisationseinheiten für eine Planungsperiode. Häufig greift man dabei auch auf Kennzahlen zurück, anhand derer die Effektivität und Effizienz der Marketingleistungen in kompak-

ter Weise zu erkennen ist. Sind komplexe Projekte zu planen, z.B. ein Messeauftritt, so kann auch auf Verfahren der **Netzplantechnik** zurückgegriffen werden. Sie bestimmen die notwendigen Startzeitpunkte für bestimmte Aktivitäten, können aber auch zur Kostenplanung und -überwachung eingesetzt werden (*Zimmermann/Stache* 2001).

Der Begriff „Absatzplanung" bedeutet keineswegs, dass hierbei nur Absatzmengen geplant werden. Vielmehr umfasst dieser Teil der Marketingplanung die Spezifikation sämtlicher operativer Marketingziele. Diese stehen z.T. in definitorischen oder in sachlogischen Beziehungen zueinander. Nicht alle Zielbeziehungen sind freilich komplementärer Natur. Vielmehr gibt es auch indifferente, d.h. sich gegenseitig nicht sachlogisch tangierende Ziele (z.B. Werbekosten und Distributionsdichte) sowie konkurrierende Ziele, bei denen ein höherer Zielerreichungsgrad beim einen Ziel sachlogisch zwangsläufig mit einer Verminderung des Zielerreichungsgrades beim anderen Ziel verbunden ist. Dies ist etwa dann der Fall, wenn der Bekanntheitsgrad erhöht werden soll aber gleichzeitig die Werbekosten niedrig zu halten sind. Weil die Erhöhung des Bekanntheitsgrades meist nur durch höhere Werbekosten erzielbar ist, entstehen hier **Zielkonflikte**, deren Lösung im Sinne einer gegenseitigen Abwägung der Zielerreichungsausmaße vom Management im Rahmen der Absatzplanung angegangen werden muss.

3.6   Marketing-Mix-Planung

> **PRINZIP: Marketing-Mix-Planung**
> Im Rahmen der Marketing-Mix-Planung können komplexe Marktreaktionsmodelle, sowie Simulationsverfahren helfen, die Wirkungsweise verschiedener Kombinationen von Marketinginstrumenten zu erfassen.

Gegenstand der Marketing-Mix-Planung ist die Kombination der in der Planperiode einzusetzenden Marketinginstrumente. Diese hat in einer Art und Weise zu erfolgen, dass möglichst synergetische Konzepte entstehen, bei denen sich die einzelnen Instrumente gegenseitig unterstützen (vgl. Kap. 4). Da die Unternehmen mit Ausnahme von Start-ups bereits bisher eine bestimmte Marketingpolitik betrieben haben, geht es i.d.R. nur noch darum, einzelne Instrumente zu modifizieren und die Intensität des Instrumenteneinsatzes festzulegen. Dies schlägt sich dann in entsprechenden finanziellen **Budgets** nieder. Die größte Variabilität besetzt man dabei bei den Budgets für Kommunikationsinstrumente, während die Ausgaben für die produktpolitischen und die distributionspolitischen Aktivitäten eher fixer Natur sind.

Was die Auswahl des optimalen Mix an Marketinginstrumenten angeht, steht man im Grunde vor dem gleichen Problem wie bei der Optimierung einzelner Marketinginstrumente: Es gilt zu prognostizieren, welche Erfolgswirkungen die jeweilige Kombination hervorruft und in welchem Verhältnis sie zu deren Kosten steht. Marktreaktionsfunktionen, wie sie für einzelne Instrumente entwickelt werden können (vgl. Kap. 1/ 3.), sind für solche Kombinationen freilich nur mit hohem Aufwand, nämlich über entsprechende Markttests, möglich. Darauf greift man deshalb nur bei großen Neuerungen, z.B. Produktrelaunches oder Neuprodukteinführungen, zurück.

Eine andere Möglichkeit der Wirkungsprognose absatzpolitischer Konzepte liegt in der **Simulation**. Dabei handelt es sich um Berechnungsexperimente. Ohne tatsächlich ein Experiment durchzuführen, überprüft man die Wirkung der Veränderung einzelner Marketinginstrumente an einem theoretischen Modell, das mit entsprechenden Wirkungsfunktionen fundiert ist. Dazu greift man auf frühere Erfahrungen und entsprechende Regressionsmodelle zurück. Auch die oben erläuterten Positionierungsmodelle können dazu verwendet werden, um die Wirkung z.B. einer Imageveränderung auf den Marktanteil zu simulieren.

Kontrollfragen zu Abschnitt 3

1. Charakterisieren Sie die typischen Merkmale der Planung am Beispiel einer Produktdifferenzierung!

2. Welche Elemente umfasst das entscheidungstheoretische Grundmodell? Erläutern Sie diese am Beispiel einer Sortimentserweiterung!

3. Welche Funktionen erfüllt die Marketingplanung? Erläutern Sie dies an je einem Beispiel!

4. Schildern Sie die logische Ablaufstruktur der Marketingplanung und die dabei auftretenden Interdependenzen!

5. Warum erweist sich die Marketingplanung als besonders schwierig und nur durch sog. Heuristiken zu bewältigen?

6. Angenommen, Sie müssten eine Stärken-/Schwächen-Analyse für Ihre Studienfakultät durchführen, welche Systematik würden Sie hierfür anwenden?

7. Erläutern Sie das Anliegen der Branchenstrukturanalyse von *Porter* und die dabei unterschiedenen Wettbewerbskräfte!

8. Welche Zielsetzungen verfolgt die operative Situationsanalyse?

9. Erläutern Sie am Beispiel eines Möbelherstellers, welche Merkmale bei Marktstrukturanalysen näher betrachtet werden müssen!

10. Benennen Sie fünf typische Methoden, die bei der Marktstrukturanalyse eingesetzt werden! Konkretisieren Sie die dabei zu beantwortenden Fragestellungen am Beispiel des Möbelmarktes!

11. Benennen Sie typische Fragestellungen der Vertriebserfolgsanalyse und der dabei unterscheidbaren Absatzsegmente bei einem Möbelhersteller!

12. Entwickeln Sie ein Kalkulationsschema für den Kundendeckungsbeitrag eines Möbelherstellers und benennen Sie dafür jeweils einschlägige Kostenbeispiele!

13. Erläutern Sie den Unterschied zwischen Indikator- und Entwicklungsprognosen!

14. Welche Komponenten werden im Rahmen von Zeitreihenanalysen getrennt und welchen Zwecken dient dies?

15. Erläutern Sie das Prinzip der exponentiellen Glättung und das autoregressiver Prognosemodelle!

16. Charakterisieren Sie das Anliegen und die Vorgehensweise bei der Szenarioanalyse!

17. Schildern Sie das Vorgehen bei der Portfolioanalyse! Welche Indikatoren verwendet man für die interne und die externe Dimension des Portfolios? Welche Normstrategien lassen sich daraus ableiten?

18. Welches ist die Kernaufgabe der Absatzplanung i.e.S. und welche Teilaufgaben lassen sich darunter subsumieren?

19. Erläutern Sie das Vorgehen bei der Aufgliederung von Planwerten in der Absatzplanung!

Kapitel 4

Marketing-Aktion und Marketing-Innovation

Inhaltsverzeichnis

Kapitel 4: Marketing-Aktion und Marketing-Innovation

Kapitel 4

Marketingaktion

BASISPRINZIP: Marketingaktion
Um den Markt im Sinne der Unternehmensziele zu bearbeiten, ist eine Marketing-strategie festzulegen. Darauf aufbauend ist der Einsatz der Marketinginstrumente zu gestalten.

Lernziele:

In diesem Kapitel wird erläutert,

- welche Bedeutung die Festlegung von strategischen Marketingzielen für ein Unternehmen hat,

- welche strategischen Optionen einem Unternehmen bei der Marktbearbeitung, Wettbewerbs- und Kundenorientierung zur Verfügung stehen,

- wie die Marketing-Instrumente der Produkt-, Preis-, Vertriebs- und Kommunikationspolitik eingesetzt werden können, um die Marketingziele zu erreichen,

- wie die einzelnen Marketing-Instrumente ausgestaltet werden können,

- welche strategischen Hintergründe und spezifischen Probleme den Einsatz der Marketing-Instrumente prägen,

- und was die Grundlagen und Aufgaben des Kundenbeziehungsmanagements sind.

Nach Durcharbeitung dieser Lerneinheit sollten Sie in der Lage sein, grundlegende strategische Konzepte der Marktbearbeitung zu erläutern und einen Überblick über die Optionen der Wettbewerbs- und Kundenorientierung zu geben. Ferner sollten Sie verstanden haben, wie der Einsatz der Marketing-Instrumente zur Erreichung der festgelegten Marketingziele beitragen kann. Sie sollten die Ausgestaltungsoptionen der Marketing-Instrumente darlegen sowie deren charakteristische Merkmale erklären können. Außerdem sollten Sie die Grundlagen und Aufgaben des Kundenbeziehungsmanagements darstellen können.

1.   Strategisches Marketing

1.1   Prozess der Strategieentwicklung im Marketing

Der Prozess der Strategieentwicklung innerhalb des Marketing lässt sich in einen ideal-typischen Phasenablauf untergliedern, der Schritt für Schritt durchlaufen wird (vgl. Abb. 4-1).

Abb. 4-1: Idealtypischer Phasenablauf der Strategieentwicklung im Marketing

Folgende Aktivitäten spielen somit bei der Strategieentwicklung eine Rolle:

–   Im ersten Schritt erfolgt eine **strategische Situationsanalyse**, die die Informations-grundlage für die folgende Entwicklung langfristiger Ziele und Marketingstrategien liefert. (Kapitel 1.2)

–   Darauf aufbauend erfolgt die **Festlegung der strategischen Marketingziele**, also die erwünschte Unternehmenssituation, die durch das Marketing erreicht werden soll. (Kapitel 1.3)

–   Der Prozess der Strategieentwicklung endet mit der **Festlegung der Marketing-strategien**, welche die grundsätzliche Art und Weise festlegen, wie sich das Unter-nehmen im Markt verhält. (Kapitel 1.4)

1.2   Strategische Situationsanalyse

> **PRINZIP: Strategische Situationsanalyse**
>
> Innerhalb der strategischen Situationsanalyse müssen Unternehmen Daten über ih-re eigene Unternehmenssituation und der Unternehmensumwelt erheben und aus-werten.

Ohne eine fundierte Informationsgrundlage hinsichtlich des eigenen Unternehmens, des zu bearbeitenden Marktes und der globalen Rahmenbedingungen lassen sich nur schwer sinnvolle strategische Ziele und Strategien festlegen. Die Sammlung, Analyse, Aufbereitung und Kommunikation von Informationen über die aktuelle Situation und die zukünftige Entwicklung von Schlüsselgrößen, die für das Unternehmen von grundlegender und langfristiger Bedeutung sind, bilden daher den Ausgangspunkt der Strategieentwicklung im Marketing.

Inhaltlich sind drei Bereiche zu unterscheiden, die im Rahmen der **strategischen Situationsanalyse** analysiert werden:

- **Analyse der globalen Umwelt (Makro-Umwelt):** Hierbei sind die politisch-rechtlichen, gesellschaftlichen, ökonomischen, ökologischen und technologischen Entwicklungen zu identifizieren, die für die strategische Ausrichtung des Unternehmens von Bedeutung sind.

- **Analyse des relevanten Marktes (Mikro-Umwelt):** Neben den generellen Marktcharakteristika (wie z.B. das Volumen und Wachstum des Marktes) stehen hier alle relevanten Akteure des Marktes im Blickfeld der strategischen Situationsanalyse. Zu diesen Akteuren zählen vor allem Kunden und Wettbewerber, aber auch Händler und Lieferanten.

- **Analyse der Unternehmenssituation:** Neben kundenbezogenen Aspekten (wie z.B. Veränderungen bei der Kundenloyalität) spielt in diesem Bereich die strategische Situation des Unternehmens im Wettbewerbsumfeld (z.B. der relative Marktanteil) eine zentrale Rolle. Aber auch alle strategisch relevanten internen Faktoren, wie Art und Funktion der angebotenen Marktleistungen, die vorhandenen Kernkompetenzen, finanzielle Mittel, Produktionskapazitäten oder die Vertriebsstruktur sind in diesen Analysebereich integriert.

Hinsichtlich der Analyse unternehmensexterner Umwelteinflüsse hat insbesondere die **Trendanalyse** eine hervorzuhebende Stellung inne. Die zentrale Aufgabe dieser Analyseform besteht darin, alle relevanten Entwicklungen zu identifizieren und die daraus resultierenden Konsequenzen für das Unternehmen herauszuarbeiten. Während die Trendanalyse den Möglichkeitsspielraum der Strategieplanung absteckt, versucht die **Stärken-/Schwächen-Analyse** festzulegen, wie das Unternehmen vor dem Hintergrund der internen Ressourcensituation strategisch sinnvoll agieren kann. Beide Teilanalysen werden anschließend in der Regel im Rahmen einer **SWOT-Analyse** zusammengeführt (vgl. Kap. 3/ 2.). Ziel ist es, durch die Gegenüberstellung von Chancen und Risiken auf der einen Seite und Stärken und Schwächen auf der anderen Seite, besonders kritische bzw. Erfolg versprechenden Kombinationen zu identifizieren und auf diese Weise erste Stoßrichtungen für die Festlegung von Marketingzielen und -strategien ableiten zu können.

1.3   Festlegung der strategischen Marketingziele

PRINZIP: Strategische Marketingziele

Strategische Marketingziele sollen Unternehmen grundlegende und langfristig orientierte Vorgaben geben, die durch das Verfolgen adäquater Marketingstrategien und dem Einsatz der Marketinginstrumente erreicht werden müssen.

Ohne eine zielorientierte Ausrichtung drohen Unternehmen in ihrer Entwicklung stehen zu bleiben und sich einzig reaktiv den Umweltveränderungen anzupassen. Auf Basis der Ergebnisse der Analyse der strategischen Ausgangssituation sollte daher eine Festlegung strategischer Marketingziele erfolgen, die grundlegende und langfristig orientierte Vorgaben für das Marketing darstellen. Gemäß dem Denken im strategischen Dreieck (vgl. Kap. 1/ 1.) sind hierbei insbesondere markt-, wettbewerbs- bzw. kundenbezogene Aspekte zu berücksichtigen. Zudem sollten sich die strategischen Marketingziele einerseits an der Unternehmensvision und den Unternehmenszielen orientieren, d.h. zu deren Erreichung beitragen. Andererseits dienen sie wiederum als Grundlage für die Formulierung der Instrumentalziele. Diese Logik ist in Abb. 4-2 in Form einer **hierarchischen Zielpyramide** illustriert.

Abb. 4-2: Zielhierarchien im Marketing

Die Spitze einer solchen Zielpyramide bildet die **Unternehmensvision („business mission")**, die festlegt, welche Arten von Leistungen das Unternehmen als Teil der Gesamtwirtschaft erbringen soll. Mit der Beantwortung der Frage „Was ist unser Geschäft?" gibt die Unternehmensvision dem Unternehmen somit eine klare Grundrichtung vor. Abbildung 4-3 enthält als Beispiel die von IKEA formulierte Unternehmensvision.

**Unsere Vision
und unsere Geschäftsidee**

Es ist unsere Vision bei IKEA, den vielen Menschen einen besseren Alltag zu schaffen. Unsere Geschäftsidee unterstützt diese Vision, indem wir ein breites Sortiment formschöner und funktionsgerechter Einrichtungsgegenstände zu Preisen anbieten, die so günstig sind, dass möglichst viele Menschen sie sich leisten können.

Abb. 4-3: Unternehmensvision von IKEA (Quelle: www.ikea.com 2011)

Aus der Unternehmensvision abgeleitete **Unternehmensziele** stellen Vorgaben für das Unternehmen als Ganzes dar. Sie definieren eine anzustrebende Unternehmenssituation und dienen als Orientierungs- bzw. Richtgrößen für das Handeln des gesamten Unternehmens. Da Unternehmen in der Regel in einem marktwirtschaftlichen Umfeld operieren, stellen diese Ziele insbesondere auf marktbezogene und/oder monetäre Größen und damit auf die Effektivität und Effizienz des Unternehmens ab, immer häufiger jedoch auch unter Berücksichtigung ethischer bzw. sozialer Belange. Beispielhafte Unternehmensziele umfassen Marktleistungsziele (z.B. im Hinblick auf Produktqualität), Marktstellungsziele (z.B. im Hinblick auf Marktanteil), Rentabilitätsziele (z.B. im Hinblick auf Gewinn), Finanzziele (z.B. im Hinblick auf die Kapitalstruktur), Macht-/Prestigeziele (z.B. im Hinblick auf Image), soziale Ziele (z.B. im Hinblick auf Arbeitszufriedenheit) und Umweltschutzziele (z.B. im Hinblick auf Emissionen) (vgl. *Meffert/Burmann/Kirchgeorg* 2008).

Insofern bestehen oftmals gewisse Überschneidungen zwischen den Unternehmenszielen und den **strategischen Marketingzielen,** da auch letztere – unter Berücksichtigung ethischer bzw. sozialer Nebenbedingungen – auf die Effektivität und Effizienz des Unternehmens abstellen. So umfassen strategische Marketingziele häufig Wachstums-, Internationalisierungs-, Positionierungs- und/oder Diversifizierungsvorgaben. Diese konkretisieren sich in bestimmten Leistungs-, Interaktions-, Kunden-, Markt- und Ertragszielen (vgl. Kap. 1/ 2.). Damit derartige Ziele ihre interne Steuerungs- und Motivationsfunktion entfalten können, müssen sie im Hinblick auf Inhalt, Ausmaß, Periode und Bereich spezifiziert und formuliert werden. Abb. 4-4 illustriert dies am Beispiel des Kundenziels „Kundenzufriedenheit".

Dimension	Zentrale Fragestellung	Beispiel
Zielinhalt	Was soll erreicht werden?	Umsatzwachstum
Zielausmaß	Wie viel soll erreicht werden?	Umsatzwachstum um 20%
Zielperiode	Wann soll das Ziel erreicht werden?	Umsatzwachstum um 20% bis Ende 2011
Zielbereich	Auf welchen Märkten, bei welchen Zielgruppen wollen wir die Ziele erreichen?	Umsatzwachstum um 20% bis Ende 2011 bei der Zielgruppe „Junge Erwachsene" in den neuen Bundesländern

Abb. 4-4: Beispiel für die Konkretisierung eines strategischen Marketingziels

Wie erwähnt bilden die strategischen Marketingziele auch die Grundlage für die Formulierung der **Instrumentalziele** im Marketing. Diese Ziele beziehen sich auf die verschiedenen Instrumente des Marketing-Mix und haben meist – wenngleich nicht immer – einen eher kurzfristigen Charakter. Typische Beispiele für Instrumentalziele im Marketing wären eine bestimmte zu erzielende Absatzmenge in Rahmen einer Sonderpreisaktion (vgl. Kap. 4/ 3.) oder eine bestimmte zu erzielende Antwortquote auf eine Direktmarketing-Aktion (vgl. Kap. 4/ 6.).

1.4   Festlegung der Marketingstrategien

PRINZIP: Marketingstrategie
Die Marketingstrategie ist ein mehrdimensionaler Verhaltensplan, der Unternehmen Handlungsbahnen für den Einsatz des Marketing-Mix vorgeben soll.

Im Anschluss an der Festlegung der Marketingziele, also der Definition **was** erreicht werden soll, folgt die Festlegung der Marketingstrategien, d.h. der grundlegenden und langfristigen Stoßrichtung für das Marketing. In diesem Schritt muss das Unternehmen klären, **wie** die festgelegten Marketingziele erreicht werden sollen. Die Festlegung von Marketingzielen und -strategien stellen somit zwei Seiten einer Medaille dar, die sich gegenseitig bedingen. Eine Zieldefinition ohne anschließende Strategiedefinition ist unternehmerisch ebenso wertlos wie eine Strategiedefinition, die auf keiner Zieldefinition basiert.

Kernbestandteil bei der Festlegung der Marketingstrategien ist das Denken in (und die Suche nach) **Wettbewerbsvorteilen**. Hierfür stellt das strategische Dreieck (vgl. Kap. 1/ 2.) einen geeigneten Bezugsrahmen dar, das auf die Beschreibung der Beziehung zwischen Unternehmen, Kunden und Wettbewerbern abzielt. Mit Hilfe dieses Bezugsrahmens und den Informationen aus der strategischen Situationsanalyse lassen sich die Wettbewerbsvorteile eines Unternehmens identifizieren. Um nachhaltig zum Marketing- und Unternehmenserfolg beizutragen, muss ein Wettbewerbsvorteil über die folgenden Eigenschaften verfügen:

– **Nützlichkeit**: Der Vorteil muss eine wesentliche, für den Kunden kaufentscheidende Problemlösung beinhalten oder ermöglichen.

– **Sichtbarkeit**: Der Vorteil muss für den Kunden wahrnehmbar sein und damit auch subjektive Relevanz besitzen. Mit dieser Forderung wird insbesondere dem in der Praxis häufig anzutreffenden Phänomen Rechnung getragen, dass Unternehmen allein aus dem Besitz von Produkttechnologien Wettbewerbsvorteile ableiten, obwohl diese aus Kundensicht nicht wahrnehmbar sind.

– **Langfristigkeit**: Der Vorteil darf durch den Wettbewerb nicht kurzfristig einhol- oder imitierbar sein.

Ein Wettbewerbsvorteil ist jedoch nur dann wertvoll, wenn der Preis, der für die entsprechende Leistung erzielt wird, die Kosten der Leistungserstellung übersteigt. Hierbei ist es für das Unternehmen jedoch nicht entscheidend, objektiv besser zu sein als die Wettbewerber – vielmehr ist es entscheidend, welche Unterschiede die Kunden subjektiv wahrnehmen. Daraus folgt, dass der Nutzen, den der Kunde aus einer Leistung erzielt und damit den Preis, den er für die Inanspruchnahme der Leistung zu zahlen bereit ist, einzig durch seine subjektive Wahrnehmung bestimmt wird.

Aus Kundensicht werden Wettbewerbsvorteile von Unternehmen dabei in erster Linie in Form von Preisunterschieden (niedriger Preis bei gleicher Leistung) oder Leistungsunterschieden (höhere Leistung bei gleichem Preis) wahrgenommen. Die Wettbewerbsvorteile selbst können hierbei jedoch die unterschiedlichsten Ursachen haben, denn im Grunde kann jeder Parameter, der von einem Unternehmen beeinflusst werden kann, als Quelle für einen Wettbewerbsvorteil dienen. Ein Unternehmen muss vor diesem Hintergrund festlegen, auf welchen Ansatzpunkten es seine Wettbewerbsvorteile aufbauen will.

Folgendes Fallbeispiel zeigt zwei unterschiedliche Ansatzpunkte für die Erreichung von Wettbewerbsvorteilen:

Fallbeispiel: Erreichung von Wettbewerbsvorteilen

Das Unternehmen McDonalds entwickelte mit seinem Fast Food-Konzept ein Nutzenangebot, das bei bestimmten Zielgruppen, insbesondere jugendlichen Kunden, wegen seiner Unkompliziertheit, Schnelligkeit, Modernität und Preisgünstigkeit auf hohe Resonanz stieß. Wettbewerber waren zunächst nicht mit ähnlichen Konzepten auf dem Markt, so dass eine Pionierrolle übernommen werden konnte. Diese wurde relativ rasch und global genutzt, indem McDonalds in enger Zusammenarbeit mit Franchise-Nehmern ein Filialsystem „ausrollte", das heute eine sehr intensive Distributionsdichte garantiert und entsprechend Größenvorteile generiert, die gegenüber inzwischen in den Markt eingetretenen Imitatoren nutzbar gemacht werden können. Eine zielgruppengerechte Kommunikationsstrategie und permanente Sortimentsaktualisierungen sorgen dafür, dass das strategische Konzept nicht veraltet.

Das Nutzenversprechen von Aldi besteht dagegen zum einen in einem unschlagbaren Preis-Leistungs-Verhältnis. So werden Produkte mittlerer, nicht selten sogar hoher Qualität zu niedrigsten Preisen angeboten. Zum anderen ermöglicht Aldi seinen Kunden einen sehr effizienten Einkaufsprozess. Dieser Aspekt des Nutzenangebotes schlägt sich bspw. im Produktangebot nieder, das durch Aldi im Hinblick auf das jeweils beste Preis-Leistungs-Verhältnis pro Warengruppe zusammengestellt ist, so dass die Kunden bedenkenlos zugreifen können, statt sich mit Qualitäts- oder Preisvergleichen aufhalten zu müssen. Die Konsequenz, mit der dieser Nutzenaspekt umgesetzt ist, zeigt sich nicht zuletzt in der Geschwindigkeit der Aldi-Kassiererinnen. Das kundenbezogene Konzept wird durch ein schlüssiges wettbewerbsbezogenes Konzept abgesichert – und dadurch erst ermöglicht. So werden sowohl in Konditionenverhandlungen als auch durch eine intensive Zusammenarbeit mit den Lieferanten alle Möglichkeiten zur Preisreduktion sowie Qualitätssteigerung der entsprechenden Produkte genutzt. Gleichzeitig sorgt die konsequente und ständige Verbesserung der unternehmensinternen Abläufe für einen konkurrenzseitig schwer aufholbaren Kostenvorteil.

1.4.1   Überblick über Marketingstrategien

Das vorangegangene Fallbeispiel macht deutlich, dass Marketingstrategien vieldimensional und komplex sind. „Die" Marketingstrategie ist also kein monolithischer Block, sondern eher ein **Modulsystem** von verschiedenen Arten von Marketingstrategien, die zunächst einzeln entworfen und dann untereinander abgestimmt werden müssen. Eine umfassende und systematische Übersicht der hierfür einzubeziehenden Marketingstrategien liefert Abb. 4-5.

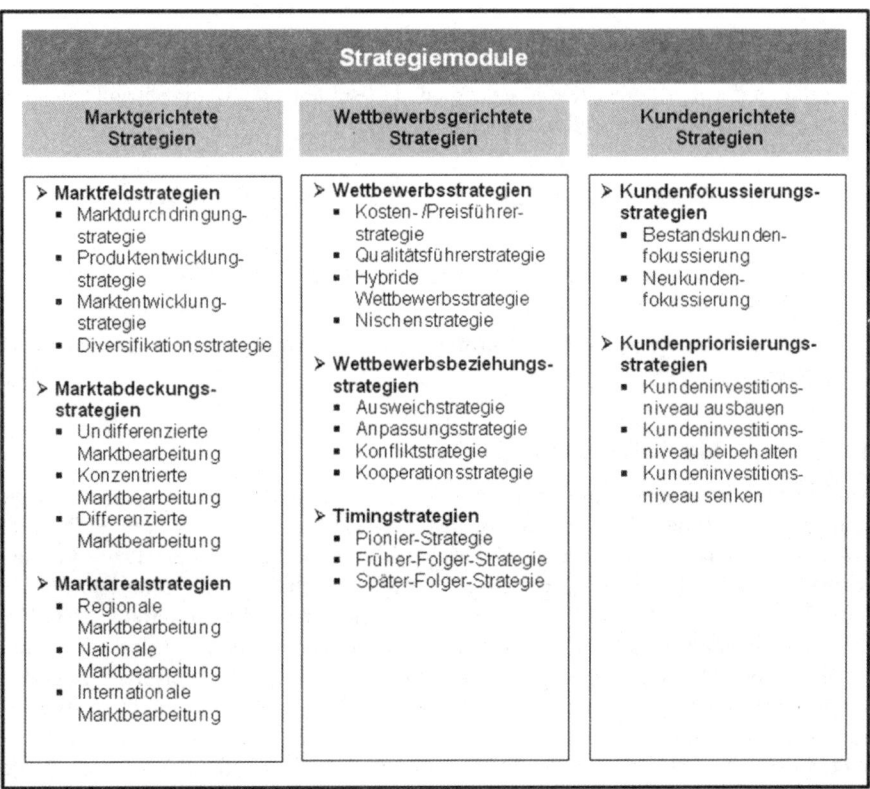

Abb. 4-5: Überblick über Marketingstrategien

Die Marketingstrategien lassen sich zunächst anhand der drei generellen strategischen Bezugspunkte, die das strategische Dreieck vorgibt, kategorisieren. Somit lässt sich zwischen marktgerichteten, wettbewerbsgerichteten und kundengerichteten Strategien unterscheiden. Im Rahmen der **marktgerichteten Strategien** wird festgelegt, in welchen Produkt-Markt-Kombinationen ein Unternehmen mit welchem Differenzierungsgrad in der Marktbearbeitung und mit welcher regionalen Reichweite die festgelegten Marketingziele erreichen will. Durch die Festlegung dieser Strategien sind der relevante Markt und die Form der Marktbearbeitung so weit präzisiert, dass im nächsten Schritt die Strategien hinsichtlich der relevanten Marktteilnehmer (**wettbewerbsgerichtete** und **kundengerichtete Strategien**) festgelegt werden können. Im Mittelpunkt beider Strategien steht die Auswahl von passenden Teilstrategien, die einen Wettbewerbsvorteil sicherstellen. Um dies zu erreichen, sind sämtliche Teilstrategien erfolgswirksam auszugestalten.

Durch die Ausgestaltung aller Teilstrategien wird zudem die marktgerichtete Form der angestrebten Wertschöpfung eines Unternehmens strukturiert und festgelegt. Somit ist das **Geschäftsmodell** des Unternehmens hinsichtlich der Marketingaktivitäten definiert, das die Beschreibung des verfolgten Marktauftritts, der Rollen der beteiligten Interaktionspartner und der zu realisierenden Erlösquellen beinhaltet.

1.4.2 Marktgerichtete Strategien

Im Rahmen der marktgerichteten Strategien sind strategische Grundsatzentscheidungen zur Beantwortung der folgenden Fragen zu treffen:

– **Marktfeldstrategie**: Mit welchen Produkt-Markt-Kombinationen sollen zukünftig Wachstumsziele realisiert werden?

– **Marktabdeckungsstrategie**: Wie differenziert und in welchem Ausmaß soll der Markt bearbeitet werden?

– **Marktarealstrategie**: Mit welcher regionalen Reichweite sollen Märkte erschlossen werden?

1.4.2.1 Marktfeldstrategie

Ein Unternehmen steht nicht nur am Beginn seiner Geschäftstätigkeit, sondern aufgrund sich schnell verändernder Marktbedingungen nahezu ständig vor der Frage, in welchen **Geschäftsfeldern** es tätig sein soll. Geschäftsfelder sind spezifische **Produkt-Markt-Kombinationen**, die einem Unternehmen geeignet erscheinen, um in diesem Marktumfeld seine festgelegten Marketingziele zu erreichen. Maßgeblich dafür sind zwei Faktoren: Zum einen müssen die vom Unternehmen nicht beeinflussbaren Marktbedingungen im Geschäftsfeld attraktiv genug sein, um eine Investition in den entsprechenden Markt sinnvoll erscheinen zu lassen. Andererseits muss das Unternehmen über spezifische Ressourcen verfügen, um die jeweiligen Märkte zu erschließen und sich gegen den Wettbewerb zu behaupten. Bei der Definition von Geschäftsfeldern bzw. Produkt-Markt-Kombinationen legen also Unternehmen eine oder mehrere Geschäftseinheiten fest, mit denen sie einen bestimmten Markt durch darauf abgestimmte Leistungsangebote bedienen wollen. Der Markt und das Produkt können dabei sehr unterschiedlich festgelegt werden. *Abell* (1980) hat hierfür ein dreidimensionales Konzept vorgeschlagen, das in Abb. 4-6 am Beispiel des Bekleidungsmarktes anhand der Dimensionen „Abnehmergruppe", „Funktionserfüllung" und „Technologie" dargestellt ist.

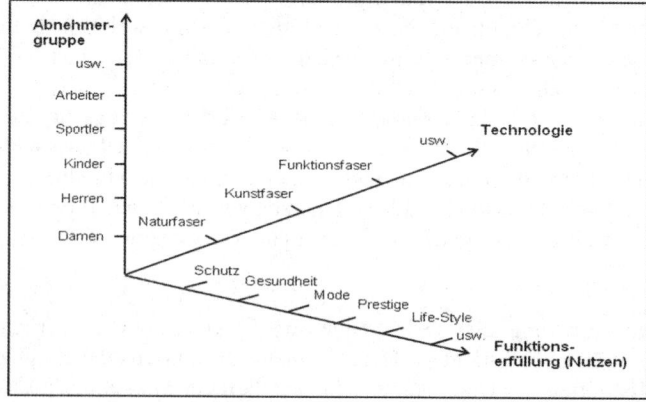

Abb. 4-6: Geschäftsfeldabgrenzung am Beispiel des Bekleidungsmarktes

Entlang der drei Dimensionen können verschiedene Ausprägungen im jeweiligen Branchenkontext definiert und damit Kombinationen generiert werden, die mögliche Geschäftsfelder des Unternehmens beschreiben. Offenkundig ist, dass die drei Dimensionen je nach Bedarf unterschiedlich ausgestaltet werden können. So könnte man die Dimension „Technologie" im Bekleidungsmarkt auch nach eingesetzten Produktionstechnologien statt nach verarbeiteten Faserqualitäten definieren. Entscheidend aus der Sicht des Marketing ist hierbei, dass die Definition des Geschäftsfeldes nicht allein von technischen bzw. technologischen Aspekten des Angebotes, sondern immer auch von Bedürfnissen und Nutzenvorstellungen der Abnehmer geprägt ist.

Neben der Bestimmung des Geschäftsfeldes, welches den Ausgangspunkt strategischen Handelns darstellt, stehen Unternehmen vor der Frage, welche **Wachstumspfade** sie einschlagen sollen, um den Markterfolg auszuweiten und abzusichern. Wachstum ist insofern eine strategische Herausforderung, weil alte Marktfelder erodieren und durch nachwachsende neue Marktfelder ersetzt werden müssen. Darüber hinaus fordert der Größenwettbewerb Unternehmenswachstum, weil ein Anbieter ansonsten hinsichtlich seiner Kostenposition und Marktstellung zurückfällt.

Vor diesem Hintergrund hat *Ansoff* (1966) die sog. **Produkt-Markt-Matrix** entworfen, die verschiedene, mit dem gewählten Marktfeld verbundene **Wachstumsstrategien** aufzeigt (vgl. Abb. 4-7). Je nachdem, ob das Unternehmen auf gegenwärtigen oder neuen Märkten zukünftig aktiv sein möchte und dies entweder mit gegenwärtig bereits produzierten oder für das Unternehmen neuen Produkten realisieren will, liegen vier unterschiedliche Strategieoptionen vor:

bearbeitete Märke \ angebotene Produkte	gegenwärtig	neu
gegenwärtig	Marktdurchdringungs-strategie	Produktentwicklungs-strategie
neu	Marktentwicklungs-strategie	Diversifikations-strategie

Abb. 4-7: Strategische Optionen im Rahmen der Marktfeldstrategie (Produkt-Markt-Matrix)

(1) Im Falle der **Marktdurchdringungsstrategie** bewegt sich das Unternehmen auf seinen bisherigen Märkten und versucht mit dem bisherigen Produktionsprogramm zusätzliche Abnehmer zu erschließen (horizontales Wachstum) oder vorhandene Kunden stärker zu durchdringen (vertikales Wachstum). Ein Beispiel für horizontales Wachstum können Produktproben und Testangebote, wie ein kostenloses Probeabonnement für eine Zeitschrift, darstellen. Vertikales Wachstum kann dagegen beispielsweise durch eine Vergrößerung der Verkaufseinheiten (Familienpackungen), einer Erweiterung der Distribution (Online-Verkauf als neuer Absatzweg) oder durch Verstärkung der Marke-

tingkommunikation erreicht werden. Die Marktdurchdringungsstrategie bietet sich dabei immer dann an, wenn die Umsatz- und Kundenpotenziale bestehender Märkte noch wenig ausgeschöpft sind.

(2)   Ist dies dagegen nicht der Fall, so beschreiten Unternehmen üblicherweise den Weg zu (für sie) neuen Märkten, die über mögliche Abnehmer für die bisherigen Produkte verfügen. „Produkte" sind hierbei auch im Sinne der Produkttechnologie zu verstehen. Beispielsweise kann ein Kühlschrankhersteller Kühlaggregate für Flugzeuge oder Schiffe anbieten, die auf der gleichen technologischen Grundlage basieren. Oft handelt es sich somit um Kundengruppen, bei denen ein bestimmtes Produkt bisher noch nicht gebräuchlich war, so dass von einer **Marktentwicklungsstrategie** gesprochen wird. Eine der erfolgreichsten Umsetzungen der Marktentwicklungsstrategie ist mit Sicherheit dem Spirituosen-Produzent Jägermeister gelungen. Obwohl das eigentliche Produkt in keiner Weise verändert wurde, gelang es Jägermeister durch eine neu ausgerichtete Kommunikationsstrategie, das Getränk nicht mehr als reines Altherrengetränk zu positionieren, sondern auch für eine jüngere Zielgruppe als Mode-Getränk attraktiv zu machen.

(3)   Eine **Produktentwicklungsstrategie** liegt vor, wenn das Unternehmen seinen bisherigen Kunden neue Produkte anbietet. Die Neuheit wird dabei nicht am Markt, sondern am bisherigen Produktionsprogramm des Unternehmens festgemacht. Diese Strategieoption spielt heute für viele Unternehmen eine herausragende Rolle zur Erreichung von Wachstumszielen. Das grundlegende Ziel dieser Strategie besteht darin, durch Einführung innovativer Angebote die bestehenden Kunden (weiterhin) an das Unternehmen zu binden bzw. neue Kunden hinzuzugewinnen. Die Produktinnovationen können hierbei unterschiedliche Innovationsgrade aufweisen: Angefangen bei der grundlegenden Neugestaltung eines Produktes (z.B. Smartphones, die Mobiltelefone und Organizer in einem Produkt zusammenfassen) bis hin zu eher kosmetischen Produktveränderungen, wie die Weiterentwicklung der iPhone-Modelle durch Apple. Voraussetzung für die Realisierung dieser Strategie ist, dass der bisher bearbeitete Absatzmarkt, auf dem auch das neue Produkt angeboten werden soll, auch zukünftig Wachstumsmöglichkeiten bietet.

(4)   Von einer **Diversifikationsstrategie** wird gesprochen, wenn das Wachstum auf neuen Märkten mit neuen Produkten erzielt werden soll. Dies ist wegen des doppelten Neuheitsgrades die schwierigste und riskanteste Wachstumsstrategie. Das Unternehmen hat hier einerseits intern die Aufgabe, neue Produkte zu entwickeln oder andere Unternehmen zu akquirieren, die solche Produkte bereits herstellen. Andererseits muss es sich mit neuen Kunden(typen) auseinandersetzen und diese für sich gewinnen. Am einfachsten ist dies noch möglich, wenn man sich auf derselben Stufe der Wertschöpfungskette bewegt, also z.B. als Hersteller von TV-Geräten den Käufern von PCs zuwendet. Diese treffen ihre Kaufentscheidungen vermutlich ähnlich wie die TV-Gerätekäufer. Man verbleibt auf der Stufe der Konsumgüterhersteller, weshalb von **horizontaler Diversifikation** gesprochen wird. **Vertikale Diversifikation** liegt dagegen vor, wenn vorgelagerte (Rückwärtsintegration) oder nachgelagerte (Vorwärtsintegration) Märkte betreten werden. So haben viele Hersteller von Kleidung mittlerweile über das Internet oder Factory-Outlets eine eigene Handels-Infrastruktur aufgebaut und damit die nachgelagerte Wertschöpfungsstufe für sich selbst erschlossen. Bewegt man sich dagegen völlig außerhalb der bisherigen Wertschöpfungskette, handelt es sich um **laterale Diversifikati-**

on. Beispielsweise ist die Firma Dr. Oetker nicht nur ein Hersteller von Backmitteln, Pudding und Tiefkühlpizza, sondern ist auch als Reederei, Hotelkette und Getränkehersteller aktiv.

1.4.2.2 Marktabdeckungsstrategie

Eng verbunden mit der Festlegung der Produkt-Markt-Kombination ist die **Marktabdeckungsstrategie**. Hierbei ist die Frage zu klären, wie viele Marktsegmente eines mit der Geschäftsfeldentscheidung gegebenen Marktes vom Unternehmen in wie differenzierter Form bearbeitet werden sollen. Die Marktabdeckungsstrategie setzt also eine entsprechende **Marktsegmentierung** voraus, die die Ziele verfolgt den Einsatz der Marketing-Instrumente produktiver zu gestalten und eine stärkere Abnehmerbindung durch segmentspezifisch ausgestaltete Marketing-Mix-Konzepte zu erzielen (vgl. Kap. 2/ 2.). Diesem Anliegen kann umso besser entsprochen werden, je feiner der Markt unterteilt ist. Andererseits steigt mit zunehmendem Segmentierungsgrad und entsprechend differenzierter Marktbearbeitung die Komplexität des Geschäfts. Außerdem besteht auf diese Weise Gefahr, dass Größenvorteile verloren gehen. Insofern ist stets unter Kosten-Nutzen-Aspekten abzuwägen, inwieweit der Markt segmentiert werden soll. In praxi führt dies dazu, dass der Grad der Marktsegmentierung sehr unterschiedlich ausfällt, mit einer Tendenz zu geringerer Segmentierung im Industriegüterbereich und zu stärkerer Segmentierung im Konsumgüter- und Dienstleistungsbereich.

Die Entscheidungssituation der Marktabdeckungsstrategie, die auf der Marktsegmentierung aufbaut, lässt sich hierbei in Form einer Matrix abbilden (vgl. Abb. 4-8), wonach drei generelle strategische Optionen offen stehen:

Grad der Differenzierung Ab- deckung des Marktes	undifferenziert	differenziert
vollständig	undifferenzierte Marktbearbeitung (Massenmarketing)	differenzierte Marktbearbeitung
teilweise	konzentrierte Marktbearbeitung	differenzierte Marktbearbeitung

Abb. 4-8: Strategische Optionen im Rahmen der Marktabdeckungsstrategie

(1) Bei der **undifferenzierten Marktbearbeitung** (teilweise auch als Massenmarketing bezeichnet) werden alle Teilsegmente eines Marktes in undifferenzierter Form bearbeitet. Massenmarketing bedeutet die Vermarktung von Produkten, die in gewisser Weise allen Abnehmerschichten gerecht werden. Der VW-Käfer war dafür einmal ein typisches Beispiel. Die Unternehmen versuchen bei dieser Strategie meist, Größenvorteile der Produktion zu realisieren und in Form von Niedrigpreisen an die Kunden wei-

terzugeben. Die Strategie gerät aber in Gefahr, wenn Wettbewerber Teilsegmente des Marktes mit spezifischen Problemlösungen versorgen und auf diese Weise den Massenmarktanbieter umzingeln. Massenmarktstrategien sind deshalb in der Regel nur in der Anfangsphase eines Produktlebenszyklus erfolgreich, in welcher der Innovationsgrad der Leistungsangebote entscheidender ist als ihr Differenzierungsgrad.

(2) Eine **konzentrierte Marktbearbeitung** liegt vor, wenn ein Unternehmen zwar ebenfalls massenhaft den Markt bearbeitet, sich aber auf bestimmte Teilabschnitte eines Marktes konzentriert. Das Prinzip besteht auch bei dieser Strategieoption darin, bewusst Massenmärkte zu bedienen, die jedoch enger gefasst sind als beim oben beschriebenen Massenmarketing. Als Beispiel hierfür kann die Marktbearbeitung von Gillette und Braun auf dem Rasierer-Markt angeführt werden. Während sich Gillette auf den Teilmarkt Nassrasur konzentriert, hat sich Braun auf den Trockenrasierer-Markt spezialisiert. Diese Strategieoption hat den Vorteil, dass sich Unternehmen mit ihren Produkt- und Marketingprogramm optimal auf die Bedürfnisse des ausgewählten Teilmarkts einstellen können.

(3) Von **differenzierter Marktbearbeitung** spricht man, wenn Unternehmen den Markt mit unterschiedlichen Konzepten angehen. Hierbei ist wiederum zwischen einer totalen und einer partialen Marktabdeckung zu differenzieren. Ziel der **totalen Marktabdeckung** ist es, möglichst jedes identifizierte Segment mit einer speziell zugeschnittenen Marketingausgestaltung optimal anzusprechen. Diese Strategiealternative kommt eigentlich nur für Großunternehmen in Betracht, da hohe Investitions-, Produktions- und Vermarktungskosten entstehen. So ist beispielsweise der Unilever-Konzern im deutschen Lebensmittelmarkt mit insgesamt sieben Margarinemarken vertreten (Rama, Flora Soft, Lätta, Becel, Homa Gold, Bertolli und Sanella), die jeweils unterschiedliche Marktsegmente bedienen sollen. Eine **partiale Marktabdeckung** ist hingegen dadurch charakterisiert, dass Unternehmen nur ausgewählte Marktsegmente differenziert bearbeiten. Daher ist dieser Strategietyp insbesondere für kleinere und mittlere Unternehmen geeignet, die nicht den Gesamtmarkt bearbeiten können oder wollen. Ein Beispiel hierfür stellt Porsche dar, die zum einen das Sportwagensegment und zum anderen mit dem Porsche Cayenne das SUV-Segment bedienen. Somit bearbeitet Porsche nur ein Teil des Automobilmarktes. Da die zwei angeführten Segmente jedoch mit unterschiedlichen Marketingkonzepten angegangen werden, kann man in diesem Fall von einer differenzierten Marktbearbeitung mit partialer Marktabdeckung sprechen. Zusammenfassend haben beide Arten der differenzierten Marktbearbeitung den Vorteil, dass normalerweise mit höheren Umsätzen als bei den zwei undifferenzierten Marktbearbeitungsstrategien gerechnet werden kann. Auf der anderen Seite ist dies jedoch meist mit nicht unerheblichen Kostensteigerungen verbunden. Deshalb ist speziell bei der differenzierten Marktbearbeitung darauf zu achten, dass der zusätzliche Nutzen einer differenzierten Zielgruppenansprache stets die dadurch entstanden Mehrkosten überwiegt.

1.4.2.3   Marktarealstrategie

Mit der **Marktarealstrategie** wird im Grunde ein Unteraspekt der Marktabdeckung angesprochen, nämlich die räumliche Ausdehnung des Absatzgebietes. Im Kern stehen einem Unternehmen drei unterschiedliche Strategien offen:

- **Regionale** Marktbearbeitung
- **Nationale** Marktbearbeitung
- **Internationale** Marktbearbeitung

Die Wahl eines bestimmten Absatzgebietes hängt zunächst stark von der Produktart ab. So existieren Produkte, die typischerweise durch eine internationale Marktbearbeitung gekennzeichnet sind. Dies ist zum Beispiel bei sehr kapitalintensiven Produkten (z.B. Großraumflugzeugen) der Fall, für welche nur eine internationale Vermarktung ökonomisch sinnvoll ist. Daneben existieren Produkte, deren Märkte tendenziell national sind. Dies ist meist in kulturellen Faktoren begründet, wie etwa bei Lebensmitteln, die nur in einem bestimmten Kulturkreis verzehrt werden. Eine regionale Marktbearbeitung erfolgt meist aufgrund der Art des Produktionsprozesses, etwa bei Dienstleistern wie Friseure, Handwerker oder Restaurants.

Das geografische Absatzgebiet eines Unternehmens entwickelt sich jedoch häufig erst im Laufe der Zeit. Den Ausgangspunkt bildet eine **regionale Marktbearbeitung**, d.h. eine Fokussierung auf den Heimatmarkt. Das gilt vor allem für Branchen mit vielen kleinen und mittleren Betrieben, wie das etwa bei Brauereien der Fall ist. Die Weiterentwicklung einiger Betriebe vollzieht sich dann von der regionalen über eine überregionale (z.B. mehrere Bundesländer) bis hin zur **nationalen Marktbearbeitung**. Für sehr viele Unternehmen – und dies gilt branchenübergreifend und unabhängig von der Größe – ist es heute aber auf Dauer unerlässlich, über die nationalen Grenzen hinaus tätig zu sein und eine **internationale Marktbearbeitung** zu verfolgen. Gründe hierfür sind vor allem Konkurrenzdruck und Marktsättigungstendenzen sowie das Bestreben nach verbesserter Risikostreuung und Kapazitätsauslastung.

Abb. 4-9 zeigt typische **Strategiemuster der Internationalisierung** von Unternehmen aus Deutschland und Japan, zweier stark international ausgerichteter Wirtschaftsnationen, die unterschiedliche Wege gingen. Deutsche Firmen eroberten die Weltmärkte stufenweise durch Gründung von Niederlassungen in verschiedenen Regionen. Deren Marketingstrategie war auf die dort jeweils gültigen Marktbedingungen ausgerichtet (polyzentrisches System). Die echten Globalisierungsvorteile werden jedoch erst bei standardisierter Bearbeitung der Weltmärkte erschlossen (global geozentrisches System), das japanische Firmen sofort und mit großem Erfolg ansteuerten.

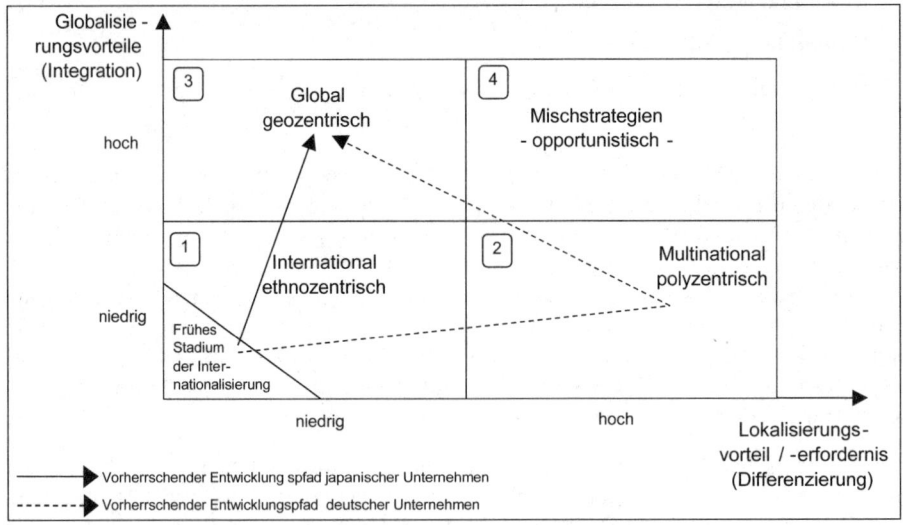

Abb. 4-9: Strategiemuster der Internationalisierung japanischer und deutscher Unternehmen

1.4.3   Wettbewerbsgerichtete Strategien

Mit der Festlegung der marktgerichteten Strategien sind zugleich die relevanten Markt-teilnehmer (Wettbewerber, Kunden) definiert. Im Anschluss gilt es, das strategische Vorgehen gegenüber diesen Marktteilnehmern zu definieren und zu koordinieren. Wett-bewerbsgerichtete Marketingstrategien legen hierbei fest, wie ein Unternehmen ver-sucht, sich auf dem Absatzmarkt Wettbewerbsvorteile gegenüber Konkurrenten zu ver-schaffen und diese möglichst langfristig zu sichern. Dies erfolgt im Rahmen von drei strategischen Grundsatzentscheidungen, die sich der Beantwortung der folgenden Fra-gen widmen:

- **Wettbewerbsstrategie**: Auf Grundlage welcher Basisstrategie sollen Wettbewerbs-vorteile generiert werden?

- **Wettbewerbsbeziehungsstrategie**: Wie soll sich grundsätzlich gegenüber dem Wettbewerb verhalten werden?

- **Timingstrategie**: Zu welchem Zeitpunkt soll sich dem Wettbewerb gestellt werden?

1.4.3.1   Wettbewerbsstrategie

1.4.3.1.1   *Kosten-/Preisführerstrategie*

Die **Kosten-/Preisführerstrategie** beruht darauf, Abnehmer primär durch einen mög-lichst niedrigen Preis zum Kauf eines Produktes zu bewegen. Der zentrale Wettbewerbsvorteil liegt also im günstigen Preis, den der Kunde zu entrichten hat. Die zentrale Voraussetzung für die Erreichung der Preisführerschaft ist i.d.R. die Kostenführerschaft, die darauf abzielt, die günstigste Kostenposition in einer Branche zu erreichen (*Hagel/Sinner* 1999; *Porter* 1980). Um diese Kostenposition zu erlangen, streben Anbieter meist hohe Marktanteile an. Aus diesem Grund spricht man in diesem Zusammenhang auch von einer Preis-Mengen-Strategie, da durch hohe Produktionszahlen Erfahrungskurveneffekte genutzt werden, wodurch sukzessive die Stückkosten der Herstellung sinken. Unternehmen, die diesen Strategietyp erfolgreich umsetzen, sind beispielsweise die Oettinger-Brauerei, Ryanair oder Dacia.

Die Grundvoraussetzung für den Einsatz dieses Strategietyps ist, dass ein niedriger Preis für die Zielgruppe überhaupt ein wesentliches, den Kundennutzen beeinflussendes Merkmal ist. Zwar spielt der Preis für Kunden immer eine Rolle, aber nicht immer ist er der Faktor, der letztlich kaufentscheidend ist. Man denke etwa an Branchen wie den Spezialmaschinenbau, in denen Kunden eindeutig Merkmale wie Qualität oder Individualität der Maschinen stärker als den Preis gewichten. Bei den Abnehmern, die durch die Kosten-/Preisführerstrategie angesprochen werden sollen, muss es sich somit um preisfokussierte Kunden handeln. Diese definieren eine bestimmte Mindestqualität, die ein Angebot aufweisen muss, und wählen dann die Alternative aus den zur Verfügung stehenden konkurrierenden Angeboten aus, welche die gewünschte Mindestqualität erfüllt und gleichzeitig den niedrigsten Preis aufweist.

Typische **Marktbearbeitungsmerkmale** der Kosten-/Preisführerstrategie sind daher:

- Aggressive Niedrigpreispolitik

- Weitgehende Standardisierung des Leistungsangebots (wenige Varianten und zusätzliche Services)

- Nutzung effizienter Vertriebswege

- Betonung attraktiver Preise im Rahmen der Kommunikationspolitik

1.4.3.1.2   *Qualitätsführerstrategie*

Die **Qualitätsführerstrategie** stellt das Gegenstück zur Kosten-/Preisführerstrategie dar. Diese Strategiealternative generiert Wettbewerbsvorteile über eine im Vergleich zur Konkurrenz überlegenes Leistungsangebot. Ansatzpunkte für die Erzielung eines Wettbewerbsvorteils sind dabei alle aus Kundensicht relevanten Nutzendimensionen eines Leistungsangebotes. Welche Nutzendimensionen für Kunden kaufrelevant sind, hängt stark von der Art des jeweiligen Produktes ab. Hinzu kommt, dass gerade höherwertige Produkte oftmals eine mehrdimensionale Nutzenstruktur für den Kunden haben. So kann bei Automobilen beispielsweise der Imagenutzen eine zentrale Rolle spielen, gleichzeitig aber auch die technische Funktionalität des Fahrzeugs oder die Qualität der Service-Dienstleistungen kaufrelevante Nutzendimensionen repräsentieren. Im Rahmen der Qualitätsführerstrategie kann insgesamt zwischen sieben Nutzendimensionen unterschieden werden (*Porter* 1980; *Mintzberg/Quinn/Ghoshal* 1995):

- **Funktionsqualität**: Diese Nutzendimension zielt auf die Frage ab, wie gut das Leistungsangebot seine Kernfunktion erfüllt. Bei materiellen Gütern beruht die Funktionsqualität hauptsächlich auf der Funktionsweise der technischen Komponenten, der Materialqualität und der Verarbeitungsqualität. So hat z.B. BMW gegenüber anderen Anbietern Wettbewerbsvorteile im Bereich der Fahrwerksqualität, welche für viele Automobilkäufer kaufrelevant sind.

– **Service**: Diese Nutzendimension zielt auf Zusatzdienstleistungen, die das Kernprodukt ergänzen und zusammen mit diesem angeboten werden. Im Luftfahrtbereich steht beispielsweise Singapore Airlines für überdurchschnittlichen Bordservice, der das Kernprodukt Transport ergänzt. Gerade für serviceorientierte Kundensegmente ist diese Nutzendimension oftmals kaufentscheidend.

– **Schnelligkeit**: Der Aspekt Geschwindigkeit erlangt bei vielen Kunden einen immer zentraleren Stellenwert. Als gutes Beispiel für ein Unternehmen, das die Schnelligkeit des Geschäftsprozesses in den Mittelpunkt stellt, kann McDonalds angesehen werden.

– **Image**: Vor allem bei Produkten, die es dem Kunden ermöglichen, sich in seinem sozialen Umfeld vorteilhaft darzustellen, spielt der Imagenutzen oftmals eine wichtige Rolle. Als Beispiele können Marken wie Rolex oder Red Bull dienen. Aber auch viele andere Imagedimensionen, wie Exotik bei Bacardi, Liebenswürdigkeit bei Mon Cheri, Erotik bei Campari oder Cleverness bei Media Markt kommen hierbei zum Einsatz.

– **Art und Ort (Herkunft) der Herstellungsweise**: Die Herstellungsweise eines Leistungsangebotes kann ebenfalls zur Basis eines Wettbewerbsvorteils werden und erfährt als Nutzendimension eine immer größere Bedeutung (Beispiel: fair trade-Produkte oder Manufakturen). Neuerdings stützt sich diese Nutzendimension auch auf ethische Aspekte, wie z.B. die ökologische oder sozial verträgliche Produktion durch Verzicht auf Kinderarbeit. Die Relevanz des Herstellungsortes ergibt sich aus damit assoziierten Qualitätsmerkmalen (Parfum aus Paris, Solinger Stahlwaren, Nürnberger Lebkuchen etc.).

– **Erlebnis**: Die mit dem Leistungsangebot werblich verbundenen Erlebniswelten können weitere Nutzendimensionen, wie Exotik (Bounty), Sport (Milka) oder Nostalgie (Tennessie-Whiskey) erschließen. Auch durch ein ästhetisches Design können solche Erlebnisse geschaffen werden. So beruht zum Beispiel der Wettbewerbsvorteil von Apple stark auf einen ausgesprochen designorientierten Gestaltungsansatz der Produkte.

– **Vertriebsausgestaltung**: Den wichtigsten Ansatz stellt hierbei die Nutzung bestimmter Vertriebskanäle dar, die vom Wettbewerb nicht genutzt werden. Dies ist z.B. bei Avon der Fall, die als einzige große Kosmetikmarke ausschließlich im Direktvertrieb erhältlich ist.

Durch die Qualitätsführerstrategie werden hauptsächlich die sogenannten Markenkäufer angesprochen, die sich durch eine mehr oder weniger starke Präferenz für bestimmte Marken auszeichnen, weil die Leistungsangebote dieser Marken kaufrelevante Nutzendimensionen optimal bedienen. Der Preis spielt hinsichtlich der Kaufentscheidung dagegen eine untergeordnete Rolle.

Typische **Marktbearbeitungsmerkmale** der Qualitätsführerstrategie sind daher:

- Ständige Optimierung der Leistungsfähigkeit der Leistungsangebote
- Intensive Markenpflege
- Umfassende Innovationsaktivitäten
- Breites Angebot an produktbegleitenden Services
- Gehobenes Preisniveau
- Fokus auf persönliche Kontakte mit dem Kunden bei der Vertriebsausgestaltung
- Auf die Überlegenheit des Leistungsangebotes fokussierte Kommunikationspolitik

1.4.3.1.3   Hybride Wettbewerbsstrategie

Eine **hybride Wettbewerbsstrategie** liegt vor, wenn beide grundsätzlichen Ansatzpunkte für den Aufbau von Wettbewerbsvorteilen – Qualitätsführerschaft und Kosten-/Preisführerschaft – gleichzeitig verwirklicht werden. Eine solche hybride Strategie nennt man auch **Outpacing-Strategie**, da sie gegenüber der einfachen Qualitätsführerschafts- und Kosten-/Preisführerstrategie als überlegen gilt (*Gilbert/Strebel* 1987). Ihr Vorteil im Vergleich zur reinen Qualitätsführerstrategie liegt darin, dass es angesichts des gebotenen Preisvorteils tendenziell zu einer größeren Nachfrage kommt, die wiederum mit einem höheren Marktanteil verbunden ist. Dies wirkt sich wiederum positiv auf die Kostensituation aus. Hinsichtlich der reinen Kosten-/Preisführerstrategie bietet die Outpacing-Strategie dagegen den Vorteil, dass ein Unternehmen angesichts seiner Leistungen als differenziert angesehen wird, wodurch sich ein gewisser Substitutionsschutz einstellt, der wiederum die Marktposition stärkt. Zusammenfassend bietet die Outpacing-Strategie daher das Potenzial für hohe Marktanteile bei gleichzeitig attraktiven Gewinnen.

Eine Outpacing-Position bereits beim Markteintritt zu besetzen ist i.d.R. relativ schwierig. Ein Unternehmen, das dies versucht, muss auf Anhieb sowohl entlang der Preis-/Kosten- als auch der Leistungsdimension mit den jeweils besten Wettbewerbern konkurrieren und zudem auch die Kunden davon überzeugen können. Am ehesten gelingt dies, wenn ein Unternehmen für das jeweilige Angebot ein vollkommen neues Leistungselement anbietet, das die Konkurrenz bislang nicht als mögliche Quelle der Differenzierung erkannt hat, und das Unternehmen zudem sein Leistungsangebot mit innovativen, aber zugleich kostengünstigen Produktions- und Vermarktungsmethoden erbringt. Eines der wenigen Beispiele, bei denen dies gelungen ist, stellen die Swatch-Uhren dar.

Häufiger schlagen Unternehmen jedoch einen **sequenziellen Weg** ein, um eine Outpacing-Position zu erreichen. Hierbei stellen die reine Kosten-/Preisführer- oder Qualitätsführerstrategie den Ausgangspunkt dar, wobei die Ausgangsstrategie über die Zeit mit dem jeweiligen anderen Ansatzpunkt kombiniert wird (vgl. Abb. 4-10).

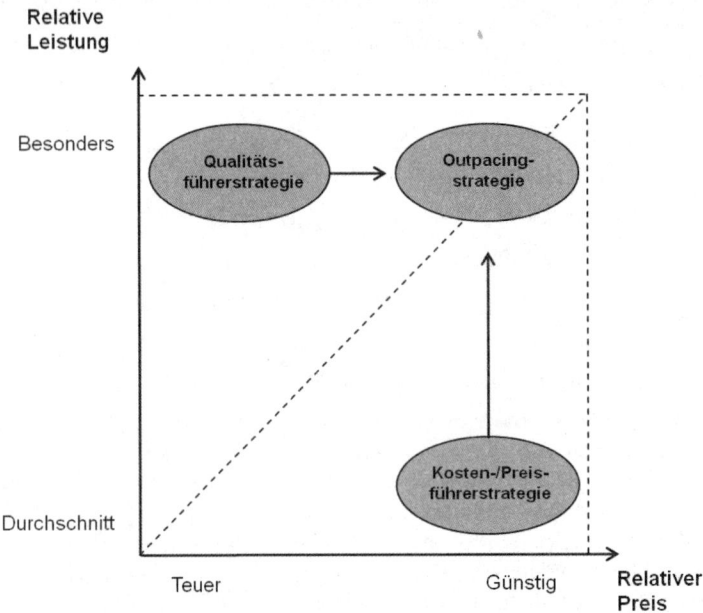

Abb. 4-10: Positionierung der unterschiedlichen Strategietypen

Wenn ein Unternehmen beispielsweise eine Kosten-/Preisführerstrategie als Ausgangs-punkt wählt, wird es durch den Preisvorsprung, den es seinen Kunden gegenüber Kon-kurrenzprodukten bietet, typischerweise eine relativ große Nachfrage auf sich vereinen und daher schnell wachsen. Durch dieses Wachstum kann es seinen Kostenvorsprung weiter ausbauen und gleichzeitig seine Gewinnsituation verbessern. Diese Gewinne kann das Unternehmen nun darauf verwenden, um in den Aufbau einer Qualitätsführer-schaft zu investieren, ohne hierbei die Kostenposition zu gefährden. Vorstellbar sind hierbei der Aufbau einer Marke oder ein besonderes Qualitätsimage. Auf diese Weise kann über die Zeit eine Positionierung im Markt erreicht werden, die die beiden Basis-strategien Kosten-/Preisführer- und Qualitätsführerstrategie vereint. Unternehmen wie IKEA oder Aldi sind diesen Weg erfolgreich gegangen, da sie Möglichkeiten der Diffe-renzierung über Qualitätsaspekte erkannt und genutzt haben, die nicht automatisch zu Kostensteigerungen führen. Aber auch der umgekehrte Weg ist möglich, wenn Unter-nehmen die Quelle ihrer Qualitätsführerschaft auf immer mehr Leistungsangebote aus-weiten und so eine wachsende Nachfrage auf sich ziehen. Dies wirkt sich tendenziell positiv auf die Kostenposition eines Unternehmens aus. Wird diese verbesserte Kosten-situation nun durch geringere Preise an den Kunden weitergegeben, setzt sich auch hier eine Bewegung in Richtung Outpacing-Position in Gang. Häufig kann man diesen Pro-zess bei Unternehmen beobachten, die über einen Innovationsvorsprung einen Differen-zierungsvorteil besitzen. Wenn ihnen jedoch Imitatoren folgen, müssen sich auch diese Unternehmen um Kostensenkungen bemühen, um einen größeren preispolitischen Spielraum zu erhalten. Beispiele für derartige Veränderungsprozesse sind Intel sowie Mercedes-Benz mit der Markteinführung des smart.

1.4.3.1.4   Nischenstrategie

Unternehmen, die eine **Nischenstrategie** verfolgen, versuchen durch eine Konzentration auf einen relativ kleinen, dafür aber vor dem Wettbewerb vergleichsweise geschützten Teilmarkt die Bedürfnisse der Kunden in diesen Marktnischen besser oder günstiger zu erfüllen als größere, weniger spezialisierte Unternehmen, die diesen Teilmarkt als nicht interessant genug erachten oder nicht über die erforderlichen Kompetenzen zur spezifischen Bearbeitung verfügen. Bei der Nischenstrategie handelt es sich somit um keine eigenständige Wettbewerbsstrategie, wie bei den bisher aufgezeigten Strategietypen, sondern vielmehr um eine Unterform der zwei Basisstrategien Kosten-/Preisführer- und Qualitätsführerstrategie (vgl. Abb. 4-11).

Markt-abdeckung \ Wettbewerbs-vorteil	Preisvorteil	Einzigartigkeit aus Kundensicht
Vollständig (Gesamtmarkt)	Kosten-/Preis-führerstrategie	Qualitätsführerstrategie
Teilweise (Nischenmarkt)	**Nischenstrategie** Kosten-Nische	Qualitäts-Nische

Abb. 4-11: Grundoptionen der zwei Wettbewerbsbasisstrategien

Mit der Nischenstrategie verfolgen Unternehmen sowohl kunden- als auch wettbewerbsbezogene Ziele. Bezogen auf die *kundenbezogenen Ziele* versucht ein Unternehmen Wettbewerbsvorteile zu generieren, indem es sich mit seinem Leistungsangebot sehr konsequent an einer ganz bestimmten Zielgruppe ausrichtet. Das Leistungsangebot muss der Zielgruppe dabei einen kaufrelevanten Mehrwert bieten. In den meisten Fällen besteht dieser zusätzliche Nutzen in einer aus Kundensicht besonders hohen Qualität der Marktleistungen, die sich zudem ausschließlich an den Wünschen und Bedürfnissen der Zielgruppe orientiert. Getrieben wird dieses Vorgehen von dem Ziel, eine ausgeprägte Markenpräferenz verbunden mit einer hohen Preisbereitschaft bei den Kunden aufzubauen. Ein Beispiel für ein Unternehmen, das eine solche Qualitäts-Nische besetzt, stellt Porsche dar. Der zentrale Wettbewerbsvorteil, der aus der Fokussierung der Geschäftstätigkeit beruht, kann jedoch auch auf der Kostenseite zu finden sein. Solche Kosten-Nischen werden vor allem im Investitionsgüterbereich von Unternehmen eingenommen. Dies kann man z.B. bei einigen Softwareanbietern beobachten, die hochspezialisierte Unternehmenssoftware für Betriebe einer bestimmten Branche anbieten, dadurch die Anforderungen von Betrieben anderer Branchen ignorieren und somit relativ geringe Entwicklungskosten besitzen. Für Unternehmen, die eine Nischenstrategie verfolgen, spielen jedoch auch oft *wettbewerbsbezogene Ziele* eine große Rolle. So können Nischenanbieter ihren Kunden einen relativen Kosten- oder Qualitätsvorteil bieten, den die meisten Wettbewerber nicht offerieren können, da sie mit ihren Leistungsangeboten einen Kompromiss zwischen den Bedürfnissen verschiedener Zielgruppen finden müssen. Auf diese Weise können Marktbarrieren aufgebaut werden, die Konkurrenten den Eintritt in das Geschäftsfeld des Nischenanbieters erschweren.

Die Chancen der Nischenstrategie liegen somit in der Abschöpfung der hohen Preisbereitschaft und der Abschottung vom Wettbewerb. Gerade wenn ein Nischenanbieter
jedoch erfolgreich ist und die Nische durch ein hohes Potenzial gekennzeichnet ist, besteht das Risiko, dass Wettbewerber, die den Gesamtmarkt bedienen, mit Hilfe moderner Produktions- und Managementkonzepte Teile ihres Leistungsangebotes an den Leistungen des Nischenanbieters angleichen, wodurch dessen Wettbewerbsvorteil zunehmend ausgehöhlt wird. So hat beispielsweise der ursprüngliche Nischen-Monopolist
Bionade mittlerweile mit einer hohen Zahl an Wettbewerbern zu kämpfen, die ebenfalls
in die Nische „Öko-Erfrischungsgetränke" eingetreten sind.

1.4.3.2   Wettbewerbsbeziehungsstrategie

Das konkurrenzgerichtete Verhalten eines Unternehmens kann generell anhand der folgenden zwei Dimensionen erfolgen:

–   Innovativ vs. imitativ
–   Vermeidend vs. stellend

Die Unterscheidung zwischen innovativen und imitativen Verhalten zielt darauf ab, ob
Unternehmen die Technologie und das Verhalten der Wettbewerber übernehmen (**imitativ**) oder ob sie sich auf neue Verfahren, Leistungen oder Marketingaktivitäten stützen
(**innovativ**). Die zweite Dimension nimmt dagegen Bezug auf den Zeitpunkt der Durchführung von konkurrenzgerichtetem Verhalten. Während bei **wettbewerbsvermeiden-
dem** Verhalten ein Unternehmen erst dann Maßnahmen ergreift, wenn es durch ein of-
fensives Vorgehen der Konkurrenz bedroht wird, ist das **wettbewerbsstellende** Verfahren dadurch charakterisiert, dass Unternehmen bereits auf erste Anzeichen von Wettbewerbsaktivitäten reagieren und diese Aktivitäten explizit in die eigene Planung einbeziehen. Stellt man das konkurrenzgerichtete Verhalten von Unternehmen anhand dieser
zwei Dimensionen gegenüber, lassen sich die folgenden vier Strategieoptionen im
Rahmen der **Wettbewerbsbeziehungsstrategie** unterscheiden (vgl. Abb. 4-12)

Verhaltens-dimensionen	innovativ	imitativ
vermeidend	Ausweichstrategie	Anpassungsstrategie
stellend	Konfliktstrategie	Kooperationsstrategie

*Abb. 4-12: Strategische Optionen im Rahmen der Wettbewerbsbeziehungsstrategie
(Quelle: in Anlehnung an Meffert/Burmann/Kirchgeorg 2008, S. 310)*

– **Ausweichstrategie**: Wenn Unternehmen diese strategische Option verfolgen, versuchen sie, durch innovative Aktivitäten dem Wettbewerb zu entgehen, was innerhalb von abgeschirmten Marktsegmenten oder mit Hilfe neuer Technologien erfolgen kann. Diese Strategie ist vor allem dann erfolgreich, wenn es gelingt, frühzeitig Markteintrittsbarrieren aufzubauen und Spezialisierungs- und Erfahrungskurveneffekte zu realisieren.

– **Anpassungsstrategie**: Bei dieser Strategie stimmen Unternehmen ihr Verhalten auf die Reaktion der Wettbewerber ab, mit dem Ziel, die einmal erreichte Marktposition zu erhalten. Diese eher defensive Vorgehensweise wird häufig nur so lange aufrechterhalten wie keine Schwächung der Unternehmensposition durch den Wettbewerb erfolgt.

– **Konfliktstrategie**: Unternehmen verfolgen diese Strategie, um durch innovatives Verhalten zusätzliche Marktanteile zu gewinnen. Hierbei wird eine Konfrontation mit dem Wettbewerb bewusst in Kauf genommen. Dieses Verhalten lässt sich üblicherweise auf Märkten beobachten, die stagnieren oder schrumpfen, und daher eine Positionsverbesserung nur noch auf Kosten anderer Marktteilnehmer möglich ist.

– **Kooperationsstrategie**: Diese Strategie wird vor allem von Unternehmen verfolgt, die keinen deutlichen Wettbewerbsvorteil oder nicht die notwendigen Ressourcen besitzen, um im Wettbewerbsumfeld dauerhaft eigenständig zu überleben. Sinnvoll ist dieses Verhalten insbesondere dann, wenn durch eine Kooperation eine höhere Rendite erwirtschaftet werden kann als bei einem intensiven Konkurrenzkampf.

1.4.3.3   Timingstrategie

Die dritte Entscheidung, die ein Unternehmen im Rahmen der wettbewerbsgerichteten Strategien treffen muss, betrifft den **Zeitpunkt des Markteintritts** im Vergleich zur Konkurrenz. Grundsätzlich bieten sich dabei drei grundlegende Strategieoptionen (*Robinson/Fornell* 1985):

– Pionier-Strategie

– Früher-Folger-Strategie

– Später-Folger-Strategie

Bei der **Pionier-Strategie** betritt ein Unternehmen mit seinem Leistungsangebot als Erstes einen Markt. Mit dem Modell Prius verkaufte Toyota beispielsweise den ersten markttauglichen PKW mit Hybridantrieb. Dem Pionier bieten sich dadurch Zeitvorteile, die ihm eine größere Freiheit bei der Gestaltung seines Marketing ermöglichen und durch die er schneller Erfahrungskurveneffekte realisieren kann. Darüber hinaus profitiert er von der besonderen Aufmerksamkeit, die eine Innovation beim erstmaligen Erscheinen auslöst. Durch diesen Effekt fällt es ihm leichter ein bestimmtes Image zu etablieren und eine starke Markenpräferenz aufzubauen. Außerdem besteht für den Pionier die Chance, technische Branchenstandards zu prägen und damit eine weitere Markteintrittsbarriere für potenzielle Wettbewerber zu schaffen. Zeitvorteil und Markteintrittsbarrieren bieten dem Pionier zudem die Gelegenheit, vor dem Markteintritt der ersten Konkurrenten eine starke Kundenbindung aufzubauen und damit die eigene Position am Markt weiter zu stärken. Allerdings ist diese strategische Option auch mit einer Reihe von Risiken verbunden, was bereits damit beginnt, dass eine derartig stark auf Innovationen ausgelegte Strategie hohe Investitionen in Forschung und Entwicklung erfordert. Des Weiteren muss der Pionier Nachfrage und Akzeptanz für das neue Leistungsangebot generieren. Diese Aktivitäten sind allesamt mit enormen Anstrengungen verbunden, die zudem noch den später in den Markt eintretenden Konkurrenten zu Gute kommen. So spart der schnelle Verfolger bereits erheblich an Investitionen in die Markerschließung, da der Pionier die Leistung schon am Markt bekannt gemacht hat, und kann zudem aus eventuellen Fehlern des Pioniers lernen. Die größte Gefahr für den Pionier besteht jedoch darin, dass sich sein neues Leistungsangebot als Flop erweist, womit alle finanziellen und personellen Anstrengungen der Markterschließung zunichte gemacht würden.

Ist ein Unternehmen zu einer derartigen Innovationspolitik nicht fähig oder nicht willig, die entsprechenden Risiken zu tragen, bietet sich die **Früher-Folger-Strategie** an. Hierbei tritt das entsprechende Unternehmen relativ kurz nach dem Pionier auf den Markt ein. Zentraler Vorteil dieser strategischen Option ist, dass sich das Unternehmen einen Teil der Markterschließungsinvestitionen spart und darüber hinaus aus den Fehlern des Pionierunternehmens lernen kann. Diese Strategieoption verfolgten z.B. die großen Elektronikkonzerne bei MP3-Playern. So wurde der erste massenmarkttaugliche MP3-Player vom südkoreanischen Unternehmen SaeHan entwickelt. Erst als deren Pioniermodell Erfolge am Markt verzeichnete, zogen die großen Elektronikkonzerne mit eigenen Modellen nach. Die zentralen Herausforderungen für Unternehmen, die als schnelle Verfolger den Markt betreten, liegen zum einen in der Überwindung der vom Pionier geschaffenen Markteintrittsbarrieren und zum anderen in dem Nachteil, dass der schnelle Verfolger sein Marketing nicht wie der Pionier frei gestalten kann, sondern dass er sich meistens an den Aktivitäten des Pionierunternehmens orientieren muss.

Unternehmen, die die **Später-Folger-Strategie** wählen, treten zu einem Zeitpunkt in den Markt ein, zu welchen der Markt bereits entwickelt, Standards definiert und das Kundenverhalten bekannt ist. Daher konzentrieren sich diese Unternehmen meist auf die Imitation der bereits etablierten Leistungsangebote, um Wachstumschancen des Marktes zu nutzen. Dieses Vorgehen wird teilweise auch als **Mee-too-Strategie** bezeichnet. Beispiele für Unternehmen, die eine derartige Strategie verfolgen, sind Hersteller sogenannter Generika, d.h. Medikamenten, die die Wirkstoffinhalte von Markenmedikamenten kopieren. Der entscheidende Vorteil der Später-Folger-Strategie sind die geringen Markteinführungskosten. Die Nachteile sind vergleichbar mit denen der Früher-Folger-Strategie. Jedoch sind aufgrund der längeren Marktexistenz die Markteintrittsbarrieren für diese Unternehmen noch höher und auch der unternehmerische Spielraum ist weitaus abhängiger von den Handlungen der bereits etablierten Unternehmen. Um sich dauerhaft eine Position im Markt zu sichern, muss der Späteinsteiger daher in der Lage sein, entweder einen relativen Kostenvorteil aufzubauen, um einen Preisvorteil offerieren zu können, oder eine kaufrelevante inhaltliche Verbesserung des Leistungsangebotes zu entwickeln.

1.4.4 Kundengerichtete Strategien

Die marktgerichteten Strategien stecken nicht nur den Rahmen für die wettbewerbsgerichteten Strategien ab, sondern auch für die kundengerichteten Strategien. Während die wettbewerbsgerichteten Strategien auf den Umgang mit Konkurrenzunternehmen abzielen, verfolgen die kundengerichteten Strategien das Ziel, die Kunden auszuwählen, die zur Bearbeitung am geeignetsten erscheinen. Denn nicht immer macht die Bearbeitung aller Kunden Sinn, da oftmals hierfür die Kosten zu hoch, Wachstumspotenziale beschränkt und Bedürfnisse der Kunden zu heterogen sind. Um die zur Realisierung der Marketingziele am geeignetsten Kunden auszuwählen, müssen daher zwei strategische Grundsatzentscheidungen getroffen werden, die mit der Beantwortung der folgenden Fragen verbunden sind (*Diller/Haas/Ivens* 2005):

- **Kundenfokussierungsstrategie**: Wie sollen die zur Verfügung stehenden Ressourcen zwischen der Gewinnung von Neukunden und der Bearbeitung von Bestandskunden aufgeteilt werden?

- **Kundenpriorisierungsstrategie**: Wie sollen die zur Verfügung stehenden Ressourcen über die einzelnen Kunden verteilt werden?

1.4.4.1 Kundenfokussierungsstrategie

Im Mittelpunkt der **Kundenfokussierungsstrategie**): steht die Verteilung der Marketingressourcen auf die Akquisition von Neukunden bzw. die Bearbeitung der Bestandskunden. Abgesehen von dem Extremfall, dass ein Unternehmen komplett neu in den Markt eintritt und daher auf keine Bestandskunden zurückgreifen kann, ist in diesem Zusammenhang eine der Grundhypothesen des Beziehungsmarketing relevant. Diese besagt, dass die Pflege bestehender Geschäftsbeziehungen im Vergleich zur Neukundenakquisition weniger kostenintensiv ist. Daraus wird allgemein gefolgert, dass Unternehmen einen stärkeren Fokus auf die Kundenbindung legen sollten als auf die Neukundengewinnung. Trotz der Plausibilität dieser Forderung und der vielfältigen empirischen Belege für die Erfolgspotenziale einer derartigen Kundenbearbeitungsstrategie (*Capon/Farley/Hoenig* 1990) muss in der Regel auch ein gewisser Teil der Marketingressourcen auf die Akquisition von Neukunden verwendet werden (*Voos/Voss* 2008). Dies liegt vor allem an den folgenden drei Gründen: Erstens weißt jeder Kundenstamm natürliche Abgänge auf (z.B. Insolvenz, Fusion, Tod), so dass ihm kontinuierlich neue Kunden zugeführt werden müssen. Zweitens sind nicht notwendigerweise alle Kunden an einer langfristigen Geschäftsbeziehung interessiert, sondern wechsln z.B. gerne von Zeit zu Zeit den Anbieter (sogenannte Variety Seeker). Drittens weisen auch Kundenbindungsmaßnahmen ab einem bestimmen Punkt einen abnehmenden Grenznutzen auf, ab dem die noch erzielbaren Erlössteigerungen und Kostensenkungen durch die zusätzlichen Kosten der Kundenbeziehungsmaßnahmen übertroffen werden.

Bei der Aufteilung der Ressourcen darf daher die Entscheidung über die Höhe des jeweiligen Budgets für Kundengewinnungs- und Kundenbindungsmaßnahmen nicht isoliert erfolgen. Würde man dies tun, besteht das Risiko ökonomischer Fehlentscheidungen, da man beispielsweise bei einem mehr oder minder großen Teil der in der Kundenakquise investierten Mittel einen höheren Ertrag bei einer Nutzung zur Bearbeitung vorhandener Kunden erzielen könnte. Als Konsequenz daraus geht es bei der konkreten Ausgestaltung der Kundenfokussierungsstrategie um die Frage, wie das zu Verfügung stehende Budget optimal zwischen der Gewinnung neuer Kunden und der Bearbeitung von Bestandskunden aufzuteilen ist.

In ökonomischer Hinsicht liegt eine **optimale Aufteilung des Budgets** an der Stelle vor, an der der kumulierte Ergebnisbeitrag der Aufträge von neuen und bestehenden Kunden ein Maximum erreicht. Dies ist dort der Fall, wo die jeweiligen Grenzerträge der Investitionen in Kundengewinnung und Kundenbindung gleich sind. Die Bestimmung des Optimums kann dabei auf Basis der Funktion erfolgen, die die Ergebnisse der Auftragsakquise bei neuen bzw. vorhandenen Kunden in Abhängigkeit der jeweils eingesetzten Mittel zum Ausdruck bringt (vgl. Abb. 4-13). Dabei ist es unzweckmäßig, lediglich auf die Planperiode abzustellen. Denn die Investition in die Gewinnung eines Kunden wird häufig erst im Laufe der Kundenbeziehung (über-)kompensiert. Entsprechend würde ein Fokus auf den Beitrag zum Periodenergebnis zu einer Unterinvestition in die Neukundengewinnung führen mit der Konsequenz einer fortschreitenden Überalterung und Erosion des Kundenstammes. Daher erscheint es zweckmäßig, bei dieser Kalkulation den Kapitalwert zugrunde zu legen. Abb. 4-13 zeigt beispielhaft, wie sich die optimale Aufteilung des Budgets auf Kundengewinnung und Kundenbindung bestimmen lässt, die in diesem Fall bei einem Verhältnis von 1:3 liegt.

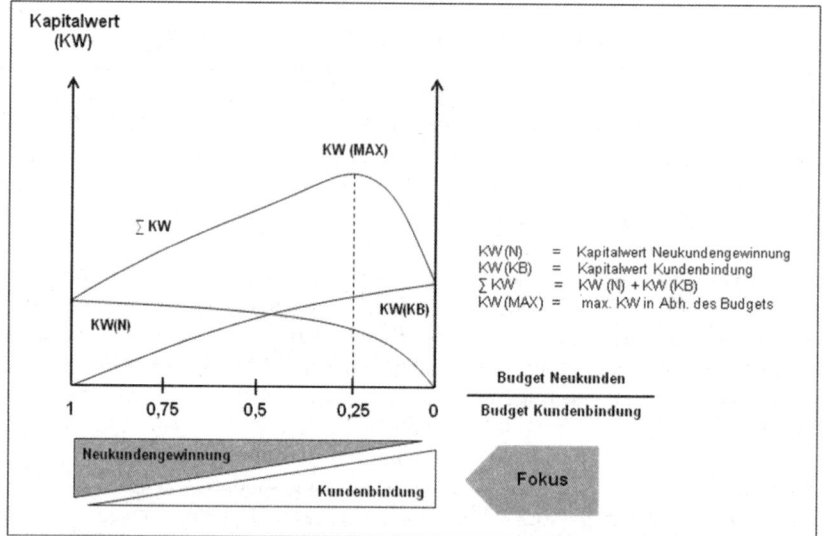

Abb. 4-13: Optimale Budgetaufteilung auf Neukundengewinnung und Kundenbindung (Quelle: in Anlehnung an Kühn/Fuhrer 2001, S. 132)

1.4.4.2   Kundenpriorisierungsstrategie

Sowohl bei der Neukundenakquisition als auch bei der Bearbeitung von Bestandskunden ist es sinnvoll, besonders attraktive Kunden priorisiert zu behandeln und auf diese

Kunden mehr Ressourcen zu verwenden (vgl. Kap. 2/ 2.). Diese Priorisierung erfolgt auf Grundlage einer externen und einer internen Dimension. Die externe Dimension zielt auf die **Kundenattraktivität** ab. Entscheidende Kriterien hierfür sind z.B. der aktuelle und zukünftige Bedarf des Kunden an Leistungen des Unternehmens. Des Weiteren ist in diesem Zusammenhang auch die Erlösqualität zu beachten, d.h. das Preisniveau, das beim Kunden erzielt werden kann. Aussichtsreiche Kunden müssen neben einer hohen Attraktivität aber auch für das Unternehmen zugänglich bzw. gewinnbar sein, was durch die Stärke seiner **Wettbewerbsposition** beeinflusst wird. Diese interne Dimension umfasst neben dem aktuellen Lieferanteil des Unternehmens bei den Kunden vor allem die in Kauf zu nehmenden Vertriebskosten zur Bearbeitung dieser Kunden, die Loyalität der Kunden zu Wettbewerbern und die Aufgeschlossenheit der Kunden gegenüber der Produkttechnologie des Unternehmens. Je geringer die diesbezüglichen Widerstände bei den Kunden ausfallen, umso stärker ist die eigene Wettbewerbsposition und umso besser werden sich Investitionen in die jeweiligen Kunden rentieren.

Stellt man diese zwei Dimensionen gegenüber, lassen sich verschiedene Kundentypen mit damit verbundenen strategischen Stoßrichtungen ableiten, die Unternehmen im Rahmen der Kundenpriorisierung verfolgen können (vgl. Abb. 4-14):

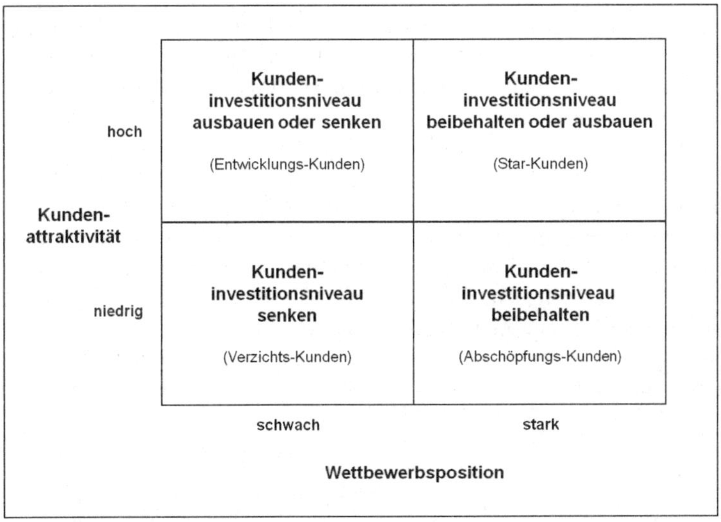

	hoch	**Kunden-investitionsniveau ausbauen oder senken** (Entwicklungs-Kunden)	**Kunden-investitionsniveau beibehalten oder ausbauen** (Star-Kunden)
Kunden-attraktivität			
	niedrig	**Kunden-investitionsniveau senken** (Verzichts-Kunden)	**Kunden-investitionsniveau beibehalten** (Abschöpfungs-Kunden)
		schwach	stark
		Wettbewerbsposition	

Abb. 4-14: Strategische Stoßrichtungen im Rahmen der Kundenpriorisierungsstrategie

- **Star-Kunden**: Kunden die über eine hohe Attraktivität verfügen und bei denen Unternehmen eine starke Wettbewerbsposition innehaben, stellen investitionspolitisch die interessantesten Kunden dar. Auf diese Kunden sollten Unternehmen zuvorderst ihre Marketingbemühungen richten und daher ihr Investitionsniveau ausbauen oder zumindest beibehalten.

- **Entwicklungs-Kunden**: Bei Kunden, die eine hohe Kundenattraktivität haben, aber bei denen ein Unternehmen nur eine schwache Wettbewerbsposition besitzt, gilt es abzuwägen, ob das Investitionsniveau ausgebaut oder gesenkt werden soll. Denn nur wenn die Möglichkeit besteht, einen Kunden stärker an das Unternehmen zu binden und dies auch in einem vertretbaren finanziellen Rahmen zu bewerkstelligen ist, macht es Sinn, das Investitionsniveau auszubauen. In der Praxis kann dies bedeuten, dass in die Gewinnung bzw. in den Ausbau der Bindung des attraktivsten Kunden nicht (weiter) investiert wird, weil dessen Bearbeitung z.B. einen zu hohen Aufwand oder auch Wettbewerbskriege mit sich bringen würde.

–　**Abschöpfungs-Kunden**: Kunden deren Attraktivität zwar gering ist, aber bei denen Unternehmen über eine starke Wettbewerbsposition verfügen, stellen eine wichtige Ertragsquelle dar. Aus diesem Grund sollte das Investitionsniveau beibehalten werden, um die Wettbewerbsposition zu halten und diese Kundenerträge abzuschöpfen.

–　**Verzichts-Kunden**: Beim diesem Kundentyp, der durch eine geringe Kundenattraktivität gekennzeichnet ist, besitzen Unternehmen nur eine schwache Wettbewerbsposition. Die Ergebnisbeiträge dieser Kunden sind meist negativ, weshalb in solchen Fällen das Investitionsniveau gesenkt werden sollte.

1.4.5　　　Bewertung und Auswahl von Marketingstrategien

Bei der Betrachtung der markt-, wettbewerbs- und kundengerichteten Strategien wurde deutlich, dass Unternehmen eine Vielzahl unterschiedlicher Strategieoptionen zur Verfügung stehen. Die Aufgabe der **Strategiebewertung und -auswahl** besteht nun darin, die einzelnen strategischen Optionen miteinander zu vergleichen und anschließend die Einzelstrategien auszuwählen, die tatsächlich im Rahmen der Marketingstrategie implementiert werden sollen. Den Maßstab für die Bewertung und Auswahl der geeignetsten Strategieoptionen stellen dabei die Unternehmens- und Marketingziele dar. Die Aufgabe der Strategiebewertung ist es daher, die Auswirkungen der einzelnen Strategieoptionen auf die Marketing- und Unternehmensziele aufzuzeigen, um anschließend im Rahmen der Strategieauswahl unter den möglichen Strategieoptionen jene auszusuchen, die die bestmögliche Zielerreichung verspricht.

Der Prozess der Strategiebewertung und -auswahl kann in *drei Phasen* eingeteilt werden: Konsistenztest, Kompetenztest und Funktionstest (*Florin* 1988) (vgl. Abb. 4-15).

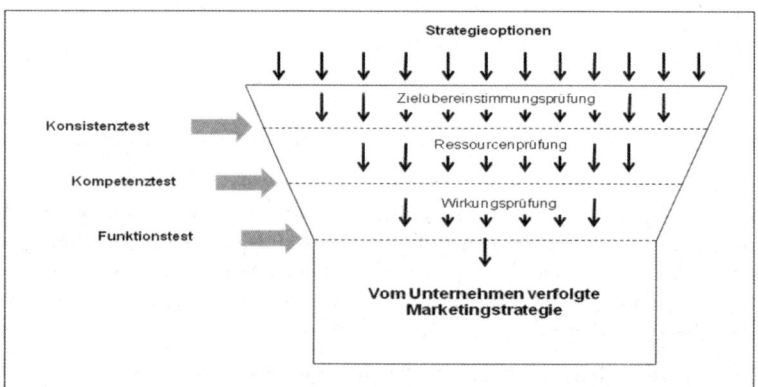

Abb. 4-15: Prozess der Strategiebewertung und –auswahl

Der **Konsistenztest** stellt den ersten Schritt im Rahmen der Strategiebewertung und -auswahl dar. Hier wird überprüft, ob die vom Unternehmen ausgewählten Optionen markt-, wettbewerbs- und kundengerichteter Strategien zueinander passen (d.h. in sich widerspruchsfrei sind) und damit ein strategischer Fit besteht. Verfolgt ein Unternehmen beispielsweise eine Kosten-/Preisführerstrategie, so muss es diese Strategie mit anderen Strategieoptionen verbinden, die es ermöglichen, die notwendigen Kostenvorteile zu erreichen. Dies ist z.B. bei der Marktabdeckungsstrategie mit Hilfe des Massenmarketing zu realisieren, bei der Kostenüberlegungen eine entscheidende Rolle spielen. Im Rahmen des Konsistenztest ist zudem sicherzustellen, dass die potenziellen Strategieoptionen mit den Zielen des Unternehmens im Einklang sind. Strategieoptionen, die in sich widerspruchsfrei und zudem mit dem Zielsystem des Unternehmens kompatibel sind, werden anschließend mit Hilfe des **Kompetenztests** dahingehend überprüft, ob für deren Implementierung die notwendigen Ressourcen zur Verfügung stehen. Für die Strategieoptionen, deren Ressourcenbedarf gedeckt ist, wird im nächsten Schritt der **Funktionstest** durchgeführt. Hierbei wird überprüft, welchen Zielerreichungsgrad die Strategieoptionen erreichen bzw. wie sie auf die verfolgten Zielgrößen wirken. Grundlage dieser Funktionstests sind Wirkungsprognosen, welche die Wirkung der noch zur Auswahl stehenden Strategieoptionen auf die Zielgrößen (Unternehmens- und Marketingziele) darlegen. Die Strategieoptionen, die hierbei zu dem besten Ergebnis kommen, stellen die geeignetste Strategiekombination für das Unternehmen dar und sollten als Marketingstrategie verfolgt werden.

Die Marketingstrategie eines Unternehmens ist somit als unternehmensindividuelle **Marketingstrategiekombination** zu verstehen. Abb. 4-16 stellt zur Verdeutlichung die Marketingstrategiekombinationen der Unterhaltungselektronikhersteller Bang & Olufson und Medion gegenüber.

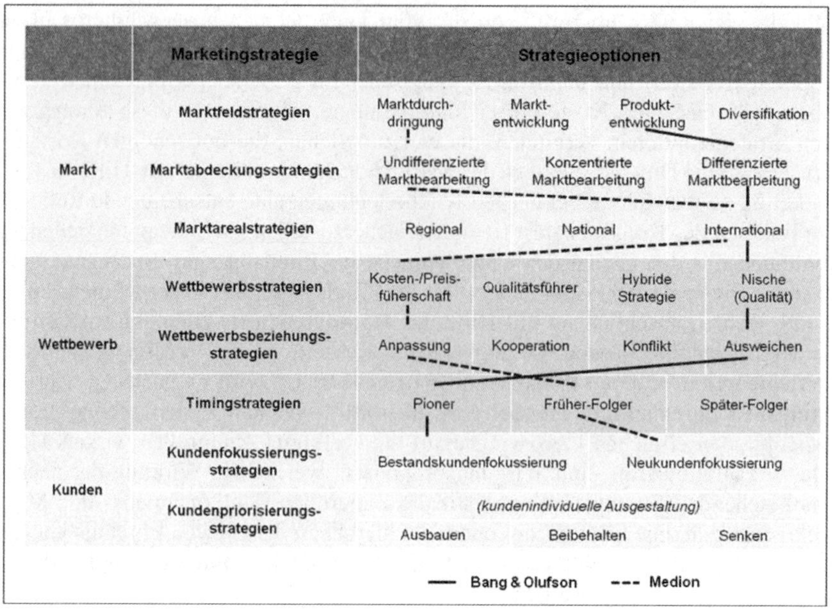

Abb. 4-16: Beispiele für Marketingstrategiekombinationen bei Bang & Olufson und Medion

Kontrollfragen zu Abschnitt 1

1.   Welche Zielsetzungen verfolgt die strategische Situationsanalyse?

2.   Konkretisieren Sie ein selbst gewähltes Unternehmensziel bis auf die Ebene instrumenteller Teilziele!

3.   Erläutern Sie an einem selbst gewählten Beispiel, welche Dimensionen man bei der präzisen Formulierung von Zielen berücksichtigen muss!

4.   Durch welche wesentlichen Merkmale muss ein Wettbewerbsvorteil gekennzeichnet?

5.   Welche grundlegenden Entscheidungen werden im Rahmen der Marktfeldstrategie getroffen? Stellen Sie die vier Ausprägungen der Marktfeldstrategie anhand einer Matrix dar!

6.   Ein Hersteller von Fruchtsaftgetränken plant eine Diversifikationsstrategie. Geben Sie für jede Art der Diversifikation ein geeignetes Beispiel dafür an, wie sie durch den Fruchtsaftproduzent konkret realisiert werden kann!

7.   Welche strategische Entscheidung wird im Allgemeinen im Rahmen der Marktabdeckungsstrategie getroffen? Grenzen Sie die drei generellen Strategietypen der Marktabdeckungsstrategie gegeneinander ab!

8.   Erläutern Sie den Unterschied zwischen einer differenzierten Marktbearbeitung mit vollständiger versus mit teilweiser Marktabdeckung! Geben Sie für jede der beiden strategischen Optionen jeweils einen Vorteil und einen Nachteil sowie ein treffendes Beispiel aus der Praxis an!

9.   Erläutern Sie drei Gründe weshalb die internationale Marktbearbeitung in vielen Branchen zunehmend an Bedeutung gewinnt!

10.   Worin unterscheiden sich eine global-geozentrische und eine multinational-polyzentrische Internationalisierungsstrategie?

11.   Welche Voraussetzungen müssen erfüllt sein, damit sich ein Unternehmen als Kostenführer bzw. als Qualitätsführer auf dem Absatzmarkt durchsetzen kann? Welcher Zusammenhang besteht zwischen diesen beiden konkurrenzgerichteten Strategietypen?

12.   Zeigen Sie jeweils anhand eines geeigneten Beispiels die zwei potenziellen Wege auf, um eine Outpacing-Position zu erreichen! Welche Chancen sind mit dieser Strategieoption verbunden?

13.   Grenzen Sie die Pionierstrategie ab von der Strategie des frühen und des späten Folgers! Geben Sie für jeden Strategietyp einen Vor- und einen Nachteil sowie eine treffendes Beispiel aus der Praxis an!

14.   Auf welche Weise sollte die optimale Aufteilung des Marketingbudgets im Rahmen der Kundenfokussierungsstrategie ermittelt werden?

15.   Stellen Sie die vier Ausprägungen der Kundenpriorisierungsstrategie anhand einer Matrix dar! Welche generellen Managementimplikationen können Sie Unternehmen bezüglich der einzelnen Ausprägungen geben?

2.   Die Produktpolitik

2.1   Grundlagen der Produktpolitik

PRINZIP: Produktpolitik

Im Rahmen der Produktpolitik muss jeder Anbieter mit den beiden Aktionsparametern Management des Produktprogramms und Management einzelner Produkte
die Kundenbedürfnisse bestmöglich befriedigen.

Die Produktpolitik kann als „Herz des Marketing" bezeichnet werden (*Meffert* 1978, S.
519). Sie beinhaltet alle Entscheidungen, die sich auf die an den Kundenbedürfnissen
orientierte Gestaltung der Produkte eines Unternehmens beziehen.

In Anlehnung an *Kotler* (1972) können drei Begriffsverständnisse für den Produktbegriff unterschieden werden: der substanzielle, der erweiterte und der generische Produktbegriff. Der **substanzielle Produktbegriff** fasst ein Produkt als ein Bündel phy-
sisch-technischer Eigenschaften zur Befriedigung funktionaler Bedürfnisse auf. Dieser
Produktbegriff zielt somit auf physische Produkte (Sachgüter) ab und schließt keine
immateriellen Leistungen (Dienstleistungen) ein. Der **erweiterte Produktbegriff** ergänzt den substanziellen Produktbegriff um immaterielle Leistungen. Ein Produkt besteht demnach aus einem Bündel von physischen und/oder immateriellen Leistungen.
Dem **generischen Produktbegriff** liegt das umfassendste Verständnis zugrunde, da er
neben physischen und immateriellen Leistungen sämtliche Leistungen umfasst, die einem Kunden Nutzen stiften. Neben dem funktionalen Kundennutzen, der aus den physischen und immateriellen Leistungen resultiert, werden demnach auch Nutzenkategorien
eingeschlossen, die den emotionalen oder sozialen Nutzen ansprechen. Basierend auf
dem generischen Produktbegriff wird dem vorliegenden Buch die folgende Definition
von Produkten zugrunde gelegt:

Unter einem **Produkt** wird ein Bündel von sämtlichen physischen und immateriellen
Leistungen verstanden, das neben dem funktionalen Nutzen auch andere Nutzenkomponenten befriedigt und somit für den Kunden als Problemlösung fungiert.

Im Rahmen der Produktpolitik haben Unternehmen die Möglichkeit, mit den beiden
Aktionsparametern **Management des Produktprogramms** und **Management einzelner Produkte,** die Kundenbedürfnisse bestmöglich zu befriedigen (vgl. Abb. 4-17).

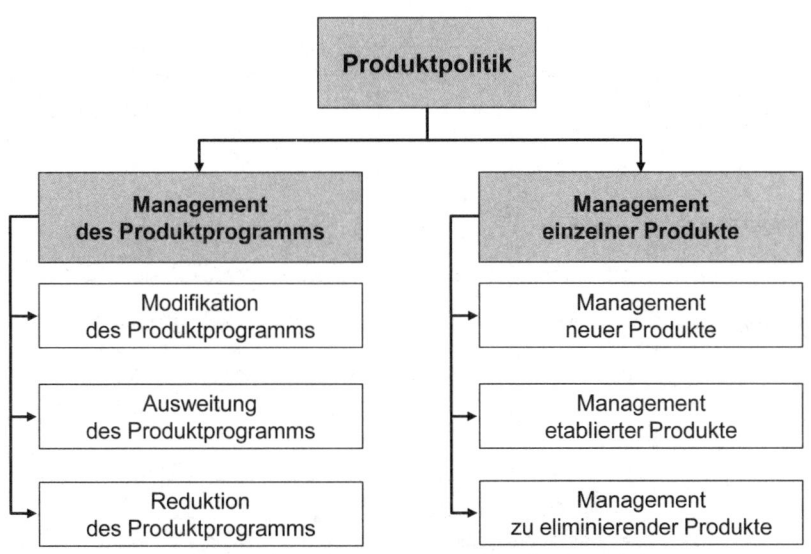

Abb. 4-17: Aktionsparameter der Produktpolitik

Das Management des Produktprogramms beinhaltet die Bereiche Modifikation, Ausweitung und Reduktion des Produktprogramms (vgl. Abschnitt 2.2), wohingegen das Management einzelner Produkte analog des Produktlebenszyklus (vgl. Abschnitt 2.3) in das Management neuer, etablierter und zu eliminierender Produkte untergliedert werden kann. Im Folgenden wird zunächst kurz auf das Management des gesamten Produktprogramms eingegangen, bevor in Abschnitt 2.3 ausführlich das Management einzelner Produkte behandelt wird. Diese Logik wurde gewählt, da in der Unternehmenspraxis diese Reihenfolge ebenfalls zu beobachten ist. Stehen Marketingmanager vor produktpolitischen Entscheidungen, schauen sie zunächst global auf das gesamte Produktprogramm, bevor sie detailliert auf Einzelproduktebene nach Lösungsansätzen suchen.

2.2 Management des Produktprogramms

> **PRINZIP: Management des Produktprogramms**
> Jeder Anbieter hat sein Produktprogramm mit dem ihm zur Verfügung stehenden Optionen so auszugestalten, dass er damit die Bedürfnisse seiner Kunden bestmöglich befriedigen kann.

Unter einem **Produktprogramm** wird die Gesamtheit aller Produkte verstanden, die ein Unternehmen seinen Kunden anbietet. Bei Handelsunternehmen spricht man in diesem Zusammenhang von Sortimenten. Der Umfang des Produktprogramms wird durch die Breite und die Tiefe bestimmt (vgl. Abb. 4-18). Die **Breite** wird durch die Anzahl verschiedener Produktlinien definiert. Als Produktlinie bezeichnet man in sich homogene Güterarten, für die jeweils unterschiedliche Produktvarianten angeboten werden. Deren Anzahl bestimmt die **Tiefe** des Produktprogramms.

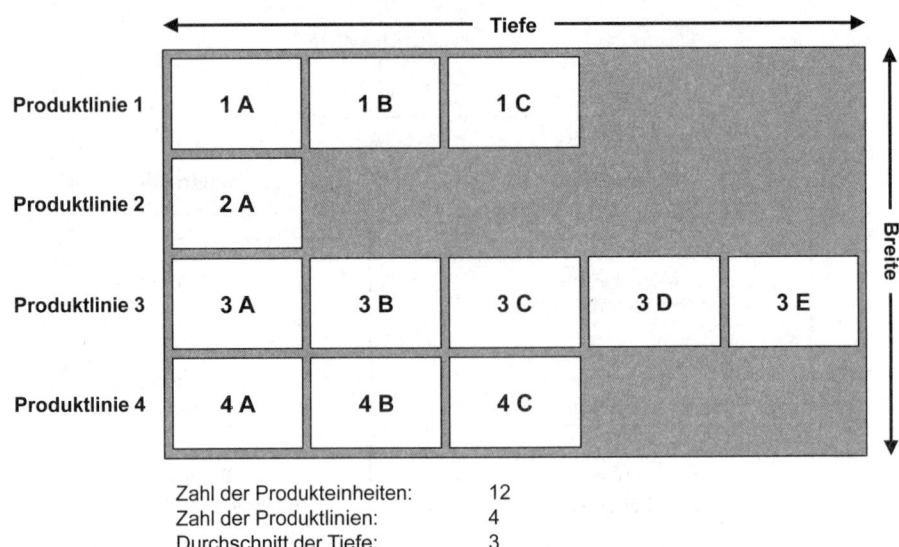

Zahl der Produkteinheiten: 12
Zahl der Produktlinien: 4
Durchschnitt der Tiefe: 3

Abb. 4-18: Beispiel für die Breite und Tiefe eines Produktprogramms

Die Produktlinien eines Fahrradherstellers könnten beispielsweise Tourenräder, Mountainbikes, Rennräder und Kinderräder darstellen. Innerhalb dieser Produktlinien werden dann jeweils unterschiedlich viele Produktvarianten angeboten. Mit der Programmbreite wächst also der potenzielle Kundenkreis eines Unternehmens, wobei herstellungs- wie absatzseitig gemeinsames Know-How und andere Ressourcen synergetisch genutzt werden können (vgl. Kap. 4/ 6.). Im Gegensatz zur Programmbreite zielt die Programmtiefe darauf ab, dem Kunden eine seinen Bedürfnissen möglichst individuell entsprechende Produktlösung zu bieten (z.B. beim Fahrrad Rahmenhöhe, Ausstattung, Farbe, Design etc.).

Zur Gestaltung des Produktprogramms bieten sich, wie in Abbildung 4-17 dargestellt, die folgenden Optionen an: Modifikation, Ausweitung und Reduktion des Produktprogramms. Die beiden Aktionsparameter zur **Modifikation des Produktprogramms** stellen die Produktvariation und die Produktbündelung dar.

–   Unter einer **Produktvariation** wird die Veränderung einzelner Produkteigenschaften eines bereits bestehenden Produktes verstanden. Dabei bleiben die Basisfunktionen des Produktes im Wesentlichen unverändert. Unter zeitlichen Aspekten können Produktvariationen regelmäßig oder unregelmäßig erfolgen. Beispielsweise betreiben die Automobilhersteller regelmäßige „Face liftings", um das Erscheinungsbild der Autos an den Stilwandel anzupassen.

–   Unter einer **Produktbündelung** wird die Zusammenfassung bestimmter Produkte zu einem Bündel verstanden. Beispielsweise könnten die Produkte Rennsattel, Flaschenhalterung und besonders leistungsfähige Gangschaltung zu einem Bündel mit einem bestimmten Nutzenversprechen (z.B. „Sportpaket") zusammengefasst werden. Nicht selten können hierbei auch Erzeugnisse verschiedener Produktlinien und

Komplementärbedarf (z.B. Reisetaschen, Landkarten) in das Bündel mit aufgenommen werden.

Neben der Möglichkeit der Modifikation des Produktprogramms kann das Produktprogramm auch ausgeweitet werden. Die beiden Aktionsparameter zur **Ausweitung des Produktprogramms** stellen die Produktdifferenzierung und die Produktdiversifikation dar.

- Unter einer **Produktdifferenzierung** wird die Ergänzung eines bestehenden Produktes um zusätzliche Produktvarianten verstanden. Typische Beispiele sind sog. Derivate (z.B. Kombi- oder Coupé-Varianten bestimmter Automodelle) oder Geschmackssorten (bei Lebensmittelprodukten). Die Problematik des optimalen Zeitpunkts für die Einführung solcher Produktvarianten liegt in den vielschichtigen Wirkungsverflechtungen der einzelnen Produktabsätze. So kann eine neu eingeführte Produktvariante einerseits neue Kunden hinzugewinnen, die bislang Produkte bei der Konkurrenz erwarben („Partizipationseffekt"), aber auch Absatzmengen eigener Produkte mindern („Kannibalisierungseffekt").

- Unter einer **Produktdiversifikation** wird die Hinzunahme von Produkten in das bestehende Produktprogramm verstanden, die in keinem direkten Zusammenhang zu dem bestehenden Produktprogramm stehen (vgl. Kap. 4/ 1.). Eine Diversifikation kann dabei horizontal (z.B. ein Automobilhersteller produziert zukünftig auch Motorräder), vertikal (z.B. ein Automobilhersteller produziert zukünftig auch Autoreifen) oder lateral (z.B. ein Automobilhersteller bietet zukünftig neben Automobilen auch Urlaubsreisen an) erfolgen.

Vor dem Hintergrund sich ständig verändernder Kundenbedürfnisse und eines immer stärker werdenden Wettbewerbsdrucks haben Unternehmen ihre Produktprogramme in den letzten Jahren zunehmend ausgeweitet. Der positiven Wirkung der optimalen Bedürfnisbefriedigung stehen jedoch auch ansteigende Komplexitätskosten sowie enorm hohe Flopraten bei Neuproduktentwicklungen entgegen. Dies verdeutlicht, dass es für Unternehmen durchaus sinnvoll sein kann, ihre Produktprogramme gründlich zu analysieren und gegebenenfalls zu reduzieren. Die Elimination von Produkten stellt hierzu die geeignete Maßnahme dar. Unter einer **Produktelimination** versteht man die ersatzlose Herausnahme einzelner Produkte oder gesamter Produktlinien aus dem bestehenden Produktprogramm. Da das Thema Elimination von Produkten für die Unternehmenspraxis immer wichtiger wird, werden Eliminationen im Rahmen von Abschnitt 2.3.3 auf Einzelproduktebene detailliert behandelt. Parallelen zu Auswirkungen auf Produktprogrammebene (insbesondere Verbundbeziehungen) werden dort ebenfalls diskutiert.

2.3   Management einzelner Produkte

> **PRINZIP: Management einzelner Produkte**
> Jeder Anbieter hat die einzelnen Produkte entlang des gesamten Produktlebenszyklus an den Bedürfnissen seiner Kunden auszurichten.

Das Management einzelner Produkte kann anhand des **Produktlebenszyklus (PLZ)** in die drei Bereiche Management von Neuprodukten (Abschnitt 2.3.1), Management etablierter (Abschnitt 2.3.2) und Management zu eliminierender Produkte (Abschnitt 2.3.3) untergliedert werden (vgl. Abb. 4-19). Der PLZ ist ein idealtypisches Modell für den Umsatz- bzw. Gewinnverlauf eines Produktes über die Zeit hinweg (*Patton* 1959). Dabei wird das „Leben" eines Produktes in unterschiedliche Phasen eingeteilt. Die genaue Anzahl und Spezifikation der einzelnen Phasen wird in der Literatur unterschiedlich vorgenommen. In dem in Abbildung 4-20 dargestellten Modell werden 6 Teilphasen unterschieden:

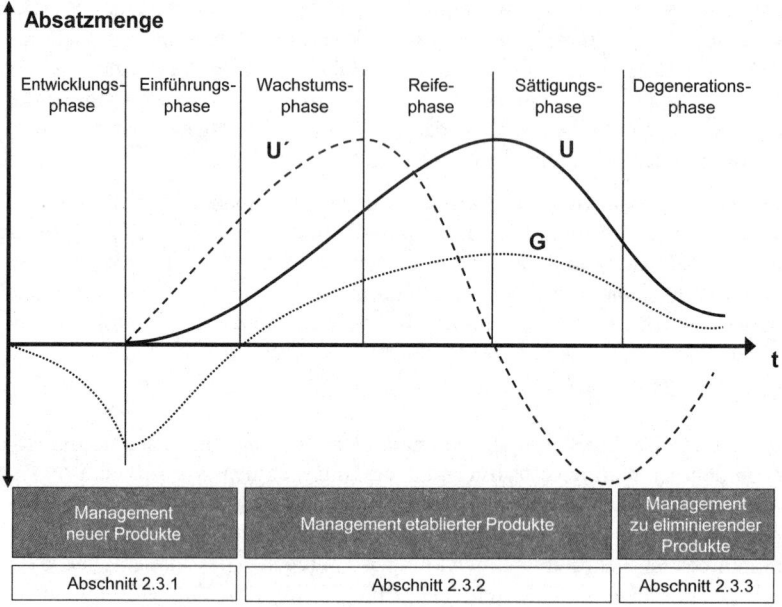

Abb. 4-19: Produktlebenszyklus-Modell

(1)   In der Entwicklungsphase wird das Produkt definiert und entwickelt. Dafür fallen Kosten an, denen zunächst keine Erlöse gegenüber stehen. Daher kumulieren sich zunächst Verluste, die in den nachfolgenden Phasen amortisiert werden müssen.

(2)   Mit der Einführung des Produktes am Markt (Einführungsphase) fließen die ersten Erlöse. Die Umsatzkurve U nimmt meist einen exponentiellen Verlauf, d.h. sie steigt nach zögerndem Start überproportional an. Dies bedeutet eine steigende Grenzumsatzkurve U′ (d.h. der Zuwachs des Umsatzes verglichen mit der Vorperiode).

(3)   Übertreffen die kumulierten Deckungsbeiträge der bisher verkauften Mengen des Produktes die bis dahin nicht gedeckten Kosten der Entwicklung und Produktion des Gutes, wird die Gewinnschwelle erreicht und die Wachstumsphase des Produktes eingeläutet. Sprachlich ist diese Bezeichnung etwas unglücklich, weil na-

türlich auch in der Einführungsphase Wachstum vorliegt, das nun deutlicher sichtbar wird.

(4) Nimmt die Zuwachsrate des Umsatzes wieder ab, ist die Reifephase des PLZ erreicht. Das Produkt ist „erwachsen" geworden. Zwar steigen Umsatz und Gewinn in absoluter Hinsicht nach wie vor an. Sie weisen jedoch abnehmende Grenzraten auf.

(5) Geht der Umsatz schließlich auch in absoluter Hinsicht zurück, so ist die Sättigungsphase erreicht. Die Grenzumsätze nehmen damit zwangsläufig negative Werte an, wobei zunächst ein überproportional fallender Verlauf der Umsatzkurve unterstellt wird.

(6) Erst wenn dieser Umsatzverfall durch einen Wendepunkt der Umsatzkurve mit wieder ansteigenden, aber nach wie vor negativen Grenzumsätzen abgelöst wird, ist schließlich die Degenerationsphase erreicht. Sie kann durch eine gezielte Innovationspolitik mehr oder minder lang hinausgezögert werden. Geht dies mit einer Kampagne für ein neu gestaltetes und gegebenenfalls auch neu positioniertes Produkt einher, spricht man von einem „Relaunch". Beispielweise existiert die Marke Persil nach zahlreichen Relaunches bereits seit mehr als 110 Jahren. Gelingt keine Hinauszögerung der Degenerationsphase, sollte eine Elimination (vgl. Abschnitt 2.3.3) in Betracht gezogen werden.

Das PLZ-Modell beschreibt demnach die Dynamik der Entwicklung eines Produktes. Wie bereits erwähnt, können die einzelnen Lebensphasen des PLZ-Modells als Strukturierungsraster für das Management einzelner Produkte herangezogen werden. So konzentriert sich das Management neuer Produkte auf die Phasen (1) und (2) (vgl. Abschnitt 2.3.1), das Management etablierter Produkte auf die Phasen (3), (4) und (5) (vgl. Abschnitt 2.3.2) und das Management zu eliminierender Produkte auf die Phase (6) (vgl. Abschnitt 2.3.3).

2.3.1   Management neuer Produkte

> **PRINZIP: Management neuer Produkte**
> Jeder Anbieter muss ein systematisches Management der beiden generischen Innovationsprozesse aufbauen und sicherstellen, dass diese Prozesse fehlerfrei funktionieren.

Das Management neuer Produkte kann unter dem Begriff **Innovationsmanagement** subsumiert und in zwei generische Innovationsprozesse unterteilt werden. Der erste Prozess beschäftigt sich mit den einzelnen Aufgaben des Innovationsmanagements im Unternehmen (**interner generischer Innovationsprozess**). Der Fokus liegt hierbei auf dem Management, den Abteilungen und Mitarbeitern im Unternehmen. Der zweite Prozess hingegen beschäftigt sich mit der Aufgabe der Einführung von Innovationen am Markt und konzentriert sich auf potenzielle Kunden (**externer generischer Innovationsprozess**). Abbildung 4-20 verdeutlicht die einzelnen Aufgaben der beiden generischen Innovationsprozesse.

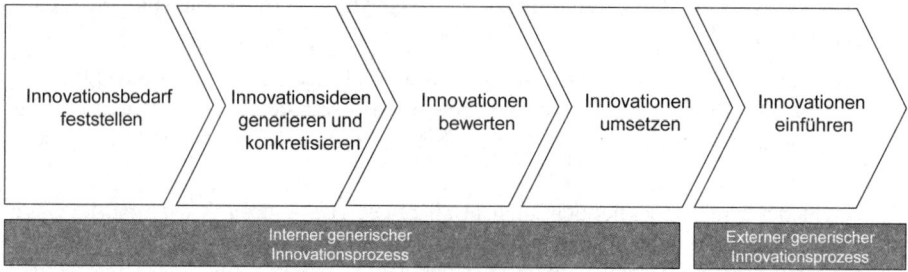

Abb. 4-20: Generische Innovationsprozesse

Zur Sicherstellung eines langfristigen Unternehmenserfolges ist es erforderlich, ein systematisches Management der einzelnen Aufgaben der beiden generischen Innovationsprozesse, die im Folgenden detailliert behandelt werden, zu gewährleisten.

2.3.1.1   Innovationsbedarf feststellen

In einem ersten Schritt wird durch die Suche nach schwachen Signalen, Trend-, Szenario- und Altersstrukturanalysen der unternehmensspezifische Innovationsbedarf festgestellt.

Ein Innovationsbedarf zeigt sich gegenüber dem Management nicht automatisch, sondern muss proaktiv identifiziert werden. Dazu sucht man nach **„schwachen Signalen"** im Umfeld der Unternehmen. Das Konzept der „schwachen Signale" („weak signals") geht auf *Ansoff* (1976) zurück und beruht auf der Annahme, dass sich größere Veränderungen (Diskontinuitäten) vor ihrem tatsächlichen Eintreten bereits durch „schwache Signale" andeuten. Als „schwache Signale" werden relativ unstrukturierte Informationen bezeichnet, die hinsichtlich ihrer Auswirkungen nicht genau klassifizierbar sind. Zum Aufspüren dieser „schwachen Signalen" werden das Scanning und das Monitoring herangezogen. Scanning bezeichnet die ungerichtete Suche nach „schwachen Signalen" im Unternehmensumfeld. Werden derartige Signale identifiziert, werden sie im Rahmen des *Monitoring* intensiv auf ihre Relevanz für das Unternehmen geprüft (*Krystek/Müller-Stewens* 2006). Um schließlich aus den gewonnenen Signalen zukünftige Prognosen ableiten zu können, werden methodische Instrumente, wie z.B. die Delphi-Methode, herangezogen (vgl. Kap. 3/ 3.).

Darüber hinaus bietet sich zur Feststellung des unternehmensspezifischen Innovationsbedarfs eine **Trendanalyse** an. Sie dient, wie in Kapitel 3/ 3. beschrieben, dem Aufspüren von Änderungen im Umfeld des Unternehmens. Durch das frühzeitige Erkennen von Änderungen (z.B. Rückgang der Leser einer klassischen Zeitung im Papierformat) können Unternehmen einen Innovationsbedarf (z.B. neue Formen einer Zeitung) feststellen und entsprechende produktpolitische Maßnahmen ergreifen (z.B. Entwicklung einer elektronischen Zeitung).

Auch **Szenario-Analysen** können zur gezielten Feststellung von Innovationsbedarfen herangezogen werden. Wie in Kapitel 3/ 3. beschrieben, besteht das Ziel der Szenario-Analyse darin, die zukünftige Entwicklung von Umfeldsituationen bei unterschiedlichen Rahmenbedingungen in Form alternativer Zukunftsbilder abzubilden. Im Gegensatz zur Trendanalyse werden alternative Zukunftsbilder generiert, die Unternehmen helfen, frühzeitig zu reagieren und die Unsicherheit bezüglich der Zukunft schrittweise zu reduzieren.

Schließlich kann auch die **Altersstrukturanalyse** zur gezielten Feststellung von Innovationsbedarfen herangezogen werden. Bei dieser Methode werden die Lebenszyklusanalysen (vgl. Abschnitt 2.3) einzelner Produkte zu einer komprimierten Analyse des gesamten Produktprogramms zusammengeführt. Durch Überprüfung der Verteilung der Umsatzbeitrage nach den jeweiligen Lebenszyklusphasen ihrer Produkte lassen sich Schwachstellen des bestehenden Produktprogramms erkennen und Ansatzpunkte sowohl für die Elimination von Produkten als auch für die Planung neuer Produkte ableiten. In Analogie zur Bevölkerungspyramide sollte sich eine relativ hohe Anzahl der Produkte bzw. Artikel des Unternehmens in der Einführungs- und Wachstumsphase befinden. Abbildung 4-21 zeigt eine ungünstige und eine eher günstige Altersstruktur eines Produktprogramms. Um einen vollständigen Überblick über den Innovationsbedarf eines Unternehmens zu erhalten, sollten bei derartigen Analysen allerdings auch noch die Produkte in die Betrachtung einbezogen werden, die sich in der ersten Phase des PLZ (Entwicklung) befinden (sog. „Pipeline").

Die ungünstige Altersstruktur ist dadurch gekennzeichnet, dass der Umsatzanteil der Produkte in der Sättigungs- und Degenerationsphase zu kopflastig, also relativ groß ist. Dem Unternehmen fehlt eine ausreichende Anzahl neuer Produkte. Günstiger ist eine eher bauchlastige Altersstruktur des Produktprogramms. Dies kann mit Hilfe des Konzepts des Produktlebenszyklus dadurch begründet werden, dass sich das Umsatzgenerierungspotenzial alter Produkte auf ein natürliches Ende zu bewegt. Gleichzeitig muss bei Produktneueinführungen mit hohen Floþraten gerechnet werden. Aufgrund des Marktselektionsmechanismus ist daher eine bauchlastige Altersstruktur des Produktprogramms günstiger als eine kopflastige.

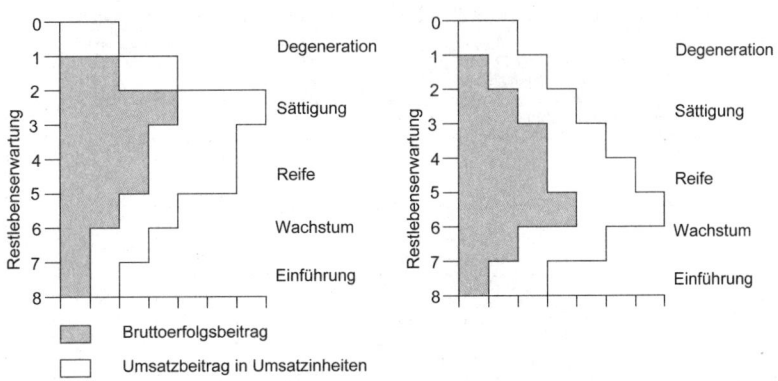

Abb. 4-21: Beispiel einer ungünstigen und günstigen Altersstrukturanalyse (Quelle: Meffert 2000, S. 346f.)

Das Ergebnis einer solchen Analyse sollte jedoch nicht überbewertet werden. Solange man Schwierigkeiten hat, die Lebensdauer eines Produktes am Markt vorauszusehen, erhält man mit der Analyse nur einen Hinweis darauf, dass bereits länger am Markt eingeführte und kaum noch verbesserbare Produkte eliminationsverdächtiger sind als jüngere Produkte. Man muss dabei auch bedenken, dass jüngere Produkte ältere kannibalisieren können, bevor sie ihr Umsatzpotenzial ausgeschöpft haben, und dass nur eine begrenzte Zahl innovativer Produkte von einem Unternehmen bewältigt werden kann.

2.3.1.2   Innovationsideen generieren und konkretisieren

In einem zweiten Schritt werden Innovationsideen systematisch generiert und anschließend konkretisiert. Für die Ideengenerierung können einerseits klassische Methoden angewendet werden (z.B. das betriebliche Ideenmanagement, Kreativitätstechniken und Fokusgruppen), andererseits auch neuere Methoden (z.B. Lead User, Open Innovation, Online Communities und Toolkits), die den Kunden aktiver einbeziehen. Für die Ideenkonkretisierung bieten sich die Conjoint-Analyse und das Quality Function Deployment (QFD) an. Die genannten Methoden werden im Folgenden näher erläutert.

Die Ideen engagierter und einfallsreicher Mitarbeiter stellen eine wichtige Quelle dar, um Innovationen anzustoßen und zu realisieren. Deren Potenziale zu erschließen, ist Ziel des **betrieblichen Ideenmanagements**, das zahlreiche Aktionsparameter zur Förderung der Mitarbeiterkreativität umfasst (vgl. Abb. 4-22). Zu den wichtigen Erfolgsfaktoren zählen die Bekanntheit des Systems bei den Mitarbeitern, die verwendete Anreizsystematik sowie die Ablauf- und Aufbauorganisation des Ideenmanagements.

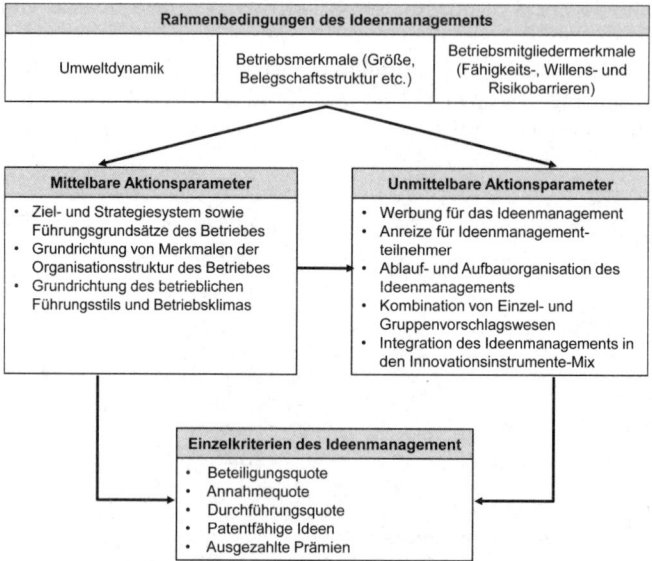

Abb. 4-22: Aktionsparameter des betrieblichen Ideenmanagements
(Quelle: Thom 1991, S. 116)

Eine weitere Möglichkeit der unternehmensinternen Ideengenerierung ist die Durchführung von Workshops, bei denen **Kreativitätstechniken** zur Anwendung kommen. Je nach Reifegrad der entwickelten Ideen eignen sich verschiedene Kreativitätstechniken zur Weiterentwicklung von Innovationsideen. Eine Übersicht über die wichtigsten Kreativitätstechniken gibt Abbildung 4-23.

–   Als relativ ungerichtetes Verfahren bietet sich das **Brainstorming** an. Hierbei handelt es sich um eine problemorientierte Beratung von Experten, die ausschließlich das Hervorbringen einer Vielzahl von Ideen zum Ziel hat. Dem Brainstorming liegt das Prinzip zu Grunde, die eigentliche Ideenfindung von der Bewertung der Ideen zu trennen. Oberstes Gebot ist daher das Unterlassen jeglicher Kritik an den geäußerten Ideen der Teilnehmer. Weitere Durchführungsregeln sind in Abbildung 4-23 aufgeführt.

–   Die Methode der **Synektik** eignet sich zur Entwicklung ungewöhnlicher Lösungen in komplizierten Problemstrukturen und mit hohem Neuartigkeitsgrad. Sie beruht auf dem Verfremden eines Problems durch Analogien mit zunächst scheinbar zusammenhangslosen Verbindungen einzelner Problemteilbereiche und der Übertragung dieser Erkenntnisse auf die vorliegende Problemstellung. Für technische Lösungen bieten oftmals Analogien zur Biologie interessante Ansatzpunkte (z.B. Haifischhaut und Oberflächenstrukturen von Flugzeugtragflächen). Einzelne Durchführungsregeln finden sich in Abbildung 4-23.

–   Der **morphologische Kasten** ermöglicht eine sehr systematische Analyse der Problemstruktur und die vollständige Darstellung möglicher Problemlösungen. Seine Grundidee beruht auf der vollständigen Zerlegung eines Problems in seine Einzelteile (Teilsysteme, Attribute), der Suche nach Lösungsmöglichkeiten für jedes einzelne Teilproblem und der Kombination dieser Lösungsmöglichkeiten zu einer Vielzahl an Gesamtlösungen. Beispielsweise lassen sich damit die Möglichkeiten der konstruktiven Auslegung einer Uhr (z.B. im Hinblick auf Energieantrieb, Anzeigesystem und Zeitbestimmung) durch Kombination aller sinnvollen Ausprägungen systematisch erschließen. Regeln zur Durchführung sind in Abbildung 4-23 dargestellt.

	Brainstorming	Synektik	Morphologischer Kasten
Grundprinzip	Spontane Ideenproduktion ohne Bewertung	Iterative Problemkonkretisierung und Bildung von Analogien	Zerlegung eines Gesamtproblems in seine Bestandteile
Regeln zur Durchführung	• 7-12 Teilnehmer • Freie Ideensammlung • „Quantität geht vor Qualität" • Keine Urheberrechte/ keine Kritik • Gruppe mit fachlicher Heterogenität und sozialer Homogenität	• 5-7 Teilnehmer • Gebrauch von Metaphern • Wechselspiel zwischen Verfremdung und Rückbesinnung	• Beliebig viele Teilnehmer • Abgrenzung von Parametern und Ausprägungen • Diskussion von Produktideen
Ergebnisse	Erste Ideen	Grundsatzideen mit hohem kreativem Potenzial	Relativ vollständiges Modell der Produktidee

Abb. 4-23: Wichtige Kreativitätstechniken im Überblick
(Quelle: in Anlehnung an Pleschak/Sabisch 1996, S. 33f.)

Daneben können durch den Einsatz von **Fokusgruppen** Innovationsideen generiert werden. Fokusgruppen bestehen aus ausgewählten, vergleichsweise sachkundigen Nutzern eines Produktes, die in Gruppendiskussionen unter der Leitung eines qualifizierten Moderators zu einem oder mehreren Themen befragt werden. Die Gruppen setzen sich i.d.R. aus acht bis zehn potenziellen Kunden zusammen und dauern, je nach Problemstellung, bis zu zwei Stunden. Mit Hilfe dieser relativ offen gehaltenen Diskussionen möchte man unentdeckte Bedürfnisse, mögliche Probleme beim Produktgebrauch und andere „Insights" in das Kundenverhalten gewinnen. Der Vorteil von Fokusgruppen liegt in der gegenseitigen Stimulierung der Teilnehmer aufgrund einer entstehenden Gruppendynamik. Gerade bei der Generierung von Innovationsideen ist es vorteilhaft, wenn Beiträge anderer Teilnehmer aufgenommen und weitergedacht werden.

Neben diesen klassischen Methoden der Ideengenerierung wird in den letzten Jahren verstärkt eine aktive Integration des Kunden in den internen generischen Innovationsprozess angestrebt. Im Folgenden wird auf den Lead User Ansatz, Open Innovation, Online Communities und Toolkits eingegangen.

Lead User sind Kunden, die wesentlich früher als die meisten Kunden Bedürfnisse verspüren und artikulieren, die sich zukünftig am Markt durchsetzen werden (*von Hippel* 1988). Sie sind intrinsisch motiviert, eine Problemlösung schrittweise mit einem Hersteller zu entwickeln. Die Einbindung von Lead Usern startet i.d.R. mit der Definition des Analyseproblems und des entsprechenden Marktsegmentes. In einem zweiten Schritt gilt es, relevante Trends und Bedürfnisse zu selektieren, für die eine Problemlösung erarbeitet werden soll. Die Identifikation konkreter Lead User bildet den dritten Schritt, bevor dann in gemeinsamen Workshops konkrete Innovationsideen schrittweise gemeinsam entwickelt werden. Lead User Projekte sind im Zulieferbereich (z.B. Flugzeug- oder Automobilbau) weit verbreitet, da dort oft sehr enge und vertrauensvolle

Geschäftsbeziehungen vorherrschen und gerade in diesem Bereich Kunden an innovativen Problemlösungen interessiert sind, deren Entwicklung sie mitbestimmen und früher als die Konkurrenz einsetzen können.

Eine Weiterentwicklung des Lead User Gedankens stellt der Einsatz von **Open Innovation** dar. Der Begriff Open Innovation ist zurückzuführen auf Henry Chesbrough (*Chesbrough* 2003) und „(…) beschreibt den Innovationsprozess als einen vielschichtigen offenen Such- und Lösungsprozess, der zwischen mehreren Akteuren über die Unternehmensgrenzen hinweg abläuft" (*Reichwald/Piller* 2006, S. 117). Im Rahmen von Open Innovation können somit alle Akteure in den internen generischen Innovationsprozess eingebunden werden. Open Innovation wird von einer Reihe von Unternehmen angewendet. So ist beispielsweise Procter & Gamble im Jahr 2010 für seine professionelle Umsetzung dieses Konzeptes ausgezeichnet worden.

Das zentrale Hilfsmittel zur Unterstützung der aktiven Integration von Kunden in den internen generischen Innovationsprozess stellt das Internet dar. Unterstützungswerkzeuge einer solchen Zusammenarbeit liefern zum einen Online Communities und zum anderen so genannte Toolkits. **Online Communities** bestehen aus einer Gruppe von Individuen, die sich online austauschen und miteinander kommunizieren (vgl. Kap. 1/ 3.). Die Vorläufer von **Toolkits** sind Produktkonfiguratoren, die es dem Kunden ermöglichen, in einem vordefinierten Rahmen zulässige Merkmalskombinationen von Produktfeatures festzulegen. Toolkits gehen aber darüber hinaus. Hier stellt der Anbieter den Kunden real oder virtuell Werkstoffe, Fertigungsverfahren und Gestaltungswerkzeuge zur Verfügung, die es erlauben, individuell zugeschnittene und innovative Problemlösungen zu entwickeln. Beispielsweise kann man auf der Internetseite von Nike vor dem Kauf sein individuell gestyltes T-Shirt gestalten, u.a. im Hinblick auf Farbe, Form und Bildern. Toolkits erlauben es z.T. auch zu experimentieren, also verschiedene Lösungen zu entwickeln und gedanklich durchzuspielen. Sie helfen Kunden darüber hinaus, sich über die eigenen Bedürfnisse bewusst zu werden und diese klar zu artikulieren.

Nachdem die Ideen für Innovationen generiert wurden, kann eine Reihe von Verfahren zur Ideenkonkretisierung zum Einsatz kommen (*Herrmann/Huber* 2009). Hierzu bieten sich die Conjoint-Analyse (vgl. hierzu ausführlich Kap. 3/ 2.) und das Quality Function Deployment (QFD) an.

Mit Hilfe des **Quality Function Deployment** (QFD) wird versucht, die generierten Kundenanforderungen an ein Produkt systematisch in konkrete technische Produktmerkmale zu übertragen. Es stellt somit ein Instrument zur Überwindung der Schnittstellenproblematik zwischen Marketing und Produktentwicklung dar (*Engelhardt/Freiling* 1997). Im Zentrum des QFD steht das sog. **House of Quality**, das dem Ziel dient, eine durchgehende Kundenorientierung des Entwicklungsprozesses sicherzustellen (*Kamiske et al.* 1994). In Form einer Matrix werden dazu die Kundenanforderungen („Voice of the Customer") in geeignete technische Umsetzungsmöglichkeiten („Voice of the Engineer") übersetzt. Im Zuge dieses Prozesses geht es letztlich darum, die Kundenanforderungen so genau wie möglich zu erfassen und unter Berücksichtigung von Konkurrenzangeboten eine Leistungskonzeption zu entwickeln, die sich durch ihre Kundenorientierung vom Wettbewerb abhebt. Im Sinne eines ganzheitlichen Produktentwicklungsprozesses lässt sich das House of Quality dabei nicht nur in der Pro-duktplanung, sondern auch in der Teile-, Prozess- und Fertigungsplanung einsetzen.

Abbildung 4-24 zeigt einen typischen Aufbau des House of Quality für den Bereich der Produktplanung. Die darin skizzierte Vorgehensweise stellt sich wie folgt dar (*Freiling* 2001a; *Schmidt/Steffenhagen* 2002):

(1)   Ermittlung der Kundenanforderungen an die (neu) zu gestaltende Leistung. Hier-bei ist insbesondere die Verlässlichkeit der erhobenen Kundeninformationen si-cherzustellen, da sonst alle folgenden Planungsschritte von unzutreffenden Wei-chenstellungen ausgehen. Neben der Ermittlung der Kundenanforderungen wer-den die einzelnen Anforderungen aus Kundensicht gewichtet (z.B. durch Conjoint-Analysen, Repertory Grid-Methode) (*Bauer/Huber* 1998; *Engel-hardt/Freiling* 1997).

(2)   Das Generieren technischer Lösungen zielt darauf ab, produktbezogenen Kunden-anforderungen entsprechende Leistungsmerkmale gegenüberzustellen, die eine möglichst vollständige Erfüllung der Anforderungen gewährleisten. So kann etwa die Kundenanforderung einer langen Lebensdauer durch das Leistungsmerkmal „dynamische Belastbarkeit" sichergestellt werden.

(3)   Innerhalb der Beziehungsmatrix wird geprüft, ob allen Kundenanforderungen durch entsprechende Leistungsmerkmale entsprochen wird. Lücken lassen sich ebenso wie eine – zumeist wirtschaftlich nicht vertretbare – Übererfüllung von Kundenanforderungen erkennen, was Änderungen in Stufe 2 (Generieren techni-scher Lösungen) erfordert. An dieser Stelle geht es ebenfalls darum, die Existenz und Stärke der Wirkungsbeziehungen zwischen den Kundenanforderungen und den Leistungsmerkmalen zu visualisieren. Existieren keine Wechselbeziehungen, bleibt die entsprechende Zelle leer. Während leere oder schwach besetzte Zeilen der Matrix auf fehlende Leistungsmerkmale hinweisen, verdeutlichen leere Spal-ten aus Kundensicht überflüssige Leistungsmerkmale.

(4)   Mit Blick auf Interdependenzen zwischen einzelnen technischen Lösungen wird geprüft, ob und inwieweit ein Leistungsmerkmal auf die Wirksamkeit eines ande-ren Einfluss nimmt. Dabei können sowohl komplementäre als auch konfliktäre Beziehungen auftreten. Ersteres ist etwa bei den Merkmalen „dynamische Belast-barkeit" und „Festigkeit" gegeben, Letzteres beispielsweise bei den Merkmalen „Festigkeit" und „Gewicht" (da im vorliegenden Fall eine höhere Festigkeit nur durch Einsatz schwererer Materialien zu erreichen ist). Daher wird unter Zuhilfe-nahme des Dachs der Matrix geprüft, ob mit den vorgesehenen Leistungsmerkma-len unter Berücksichtigung aller Interdependenzen auch tatsächlich eine vollstän-dige Erfüllung der Kundenanforderungen möglich ist.

(5)   Um Wettbewerbsvorteile realisieren zu können, ist im Sinne einer Konkurrenz-bewertung zu untersuchen, wie relevante Konkurrenzangebote aus Kundensicht beurteilt werden. Auch hier ist die Gewichtung der einzelnen Kundenanforderun-gen zu berücksichtigen. Indem man eigene strategische Gewichtungen einträgt,

kann zudem die geplante Produktpositionierung in das House of Quality einfließen.

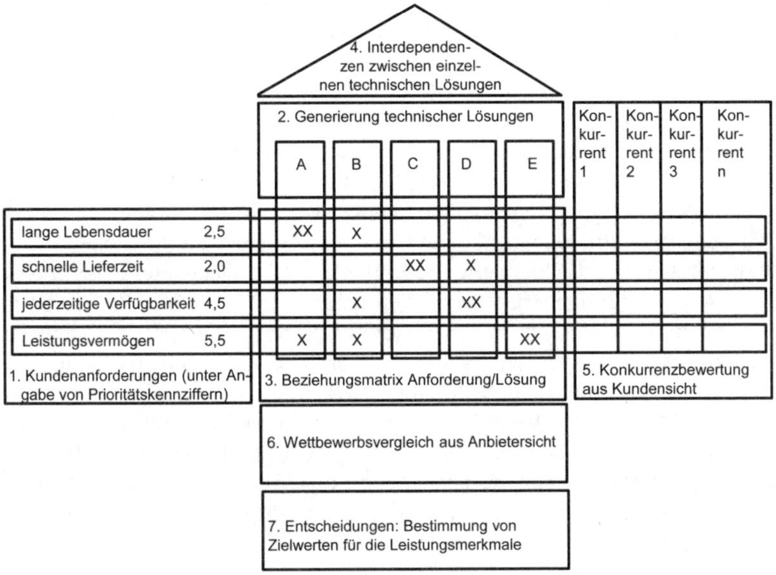

4. Interdependenzen zwischen einzelnen technischen Lösungen

2. Generierung technischer Lösungen

Kundenanforderung	Priorität	A	B	C	D	E	Konkurrent 1	Konkurrent 2	Konkurrent 3	Konkurrent n
lange Lebensdauer	2,5	XX	X							
schnelle Lieferzeit	2,0			XX	X					
jederzeitige Verfügbarkeit	4,5		X		XX					
Leistungsvermögen	5,5	X	X			XX				

1. Kundenanforderungen (unter Angabe von Prioritätskennziffern)

3. Beziehungsmatrix Anforderung/Lösung

5. Konkurrenzbewertung aus Kundensicht

6. Wettbewerbsvergleich aus Anbietersicht

7. Entscheidungen: Bestimmung von Zielwerten für die Leistungsmerkmale

Abb. 4-24: Grundstruktur des House of Quality
(Quelle: In Anlehnung an Freiling 2001a, S. 619)

(6)   Im Zuge des Wettbewerbsvergleichs aus Anbietersicht werden die relevanten Konkurrenzprodukte im Hinblick auf Unterschiede in den Leistungsmerkmalen beurteilt. Dabei kann man z.B. auf Expertenurteile zurückgreifen.

(7)   Mit der Bestimmung der Zielwerte für die Leistungsmerkmale geht es um die Frage, wie viel bei jedem technischen Merkmal erreicht werden muss. Die quantitative Festlegung aller produktbezogenen Details des zu entwickelnden Produktes liefert konkrete Vorgaben für die nachgelagerten Arbeitsschritte und ermöglicht auf Basis entsprechender Kontrollen eine kundenorientierte Steuerung des Entwicklungsprozesses.

Das House of Quality ist in der realen Anwendung zwar komplex und kann zu internen Widerständen gegen die Einführung führen, u.a. aufgrund des zunächst höheren Arbeits- und Trainingsaufwands und der notwendigen organisatorischen Veränderungen hin zu einer funktionsübergreifenden Zusammenarbeit. Gleichwohl wird durch den Einsatz dieser Methode nicht nur der Entwicklungsprozess konsequent kundenorientiert ausgerichtet, sondern häufig auch dessen Effizienz im Hinblick auf Dauer und Kosten und die funktionsübergreifende interne Kommunikation verbessert.

2.3.1.3   Innovationen bewerten

Im dritten Schritt werden Innovationen durch Punktbewertungskalküle bewertet, formalisiert und durch Testverfahren empirisch gestützt.

Punktbewertungsverfahren (Scoring-Modelle) ermöglichen es, gleichzeitig mehrere Beurteilungskriterien, auch solche mit verschiedenen Skalenniveaus, durch Transformation in standardisierte Punktwerte in die Analyse einzubeziehen. Man gelangt auf diese Weise zur Gesamtbeurteilung eines komplexen Innovationsobjektes. Der Gesamtbeurteilungswert (Nutzwert) setzt sich dabei aus der gewichteten Summe der Einzelbewertungen zusammen. Abbildung 4-25 zeigt exemplarisch ein Scoring-Modell. Dabei wurde zur besseren Übersichtlichkeit eine Untergliederung in Ober- und Unterkriterien vorgenommen. Die Wichtigkeit eines Oberkriteriums ergibt sich dabei aus der Summe der Gewichte der zugehörigen Unterkriterien und ist jeweils in Klammern angegeben. Im vorliegenden Beispiel besitzt der Aspekt Vermarktung mit einem Gewicht von 40 die größte Wichtigkeit. Die Gewichte wurden so gewählt, dass sie sich zu 100 addieren. Die Bewertung der Unterkriterien wurde auf einer 7-stufigen Skala mit den Ankerpunkten 1=„sehr schlecht" bis 7=„sehr gut" vorgenommen. Zu beachten ist, dass dieses Beispiel auch negative Kriterien (-) enthält. Hier muss die Bewertungsrichtung umgekehrt werden, d.h. eine höhere Ausprägung muss mit einer niedrigeren Punktzahl bewertet werden (*Erichson* 2007).

Kriterien Haupt- und Unterkriterien	Gewichte W	Bewertung	
		Punkte x	W * X
1. Marktpotenzial (20)			
a) Größe des Marktes: Zahl der potenziellen Käufer, Bedarfsintensität	8	5	40
b) Vorhandene Kaufkraft	6	6	36
c) Wachstum des Marktes	4	3	12
d) Saison - und/oder Konjunkturabhängigkeit (-)	2	7	14
2. Vermarktung (40)			
a) Vorteil gegenüber konkurrierenden Produkten: USP, Preisvorteil	16	2	32
b) Zugang zu Vertriebskanälen	12	2	24
c) Konkurrenzintensität (-)	8	1	8
d) Sortimentseffekte: positiver Absatzverbund, Kannibalisierung (-)	4	3	12
3. Produktionsbedingungen (20)			
a) Benötigtes Know-how vorhanden	8	7	56
b) Produktionsanlagen vorhanden	6	4	24
c) Benötigte Rohstoffe vorhanden	6	5	30
4. Finanzielle Aspekte (20)			
a) Investitionsvolumen (-)	12	5	60
b) Finanzierungsmöglichkeiten	8	7	56
Summe	**100**		**404**

Abb. 4-25: Bewertung einer Produktidee mit Hilfe eines Punktbewertungsverfahrens
(Quelle: Erichson 2007, S. 402)

Um die Bewertung von Innovationen empirisch zu stützen, bietet sich ein **Testmarkt** an. Hierunter versteht man die probeweise Einführung einer Innovation unter realen Bedingungen (Feldexperiment) oder unter künstlichen Bedingungen (Laborexperiment) (vgl. Kap. 3/ 2.). Das Ziel besteht darin, einen realistischen Test der gesamten Marketingkonzeption und durch Hochrechnung auch eine Prognose des Markterfolges einer Innovation im Gesamtmarkt zu erlangen. Typische Beispiele für Testmärkte unter realen Bedingungen sind regionale/lokale Testmärkte oder Mini-Testmärkte. Bei einem

regionalen/lokalen Testmarkt wird die Innovation in einem regional/lokal abgegrenzten und für den Gesamtmarkt repräsentativen Gebiet eingeführt um von potenziellen Kunden gekauft zu werden. **Mini-Testmärkte** werden meist von Marktforschungsinstituten gepflegt und konzentrieren sich auf einzelne ausgewählte Geschäfte in einem Gebiet. Durch die Kombination mit einem Haushaltspanel können Individualdaten der Haushalte gewonnen werden, wodurch die Prognose des Markterfolges einer Innovation im Vergleich zu regionalen/lokalen Testmärkten erhöht werden kann (z.B. GfK-BehaviorScan). Ein typisches Beispiel für einen Testmarkt unter künstlichen Bedingungen stellt eine **Testmarktsimulation** dar. Das Ziel einer solchen Simulation besteht in der Nachbildung des Adoptionsprozesses (vgl. Abschnitt 2.3.1.5) von potenziellen Kunden. Hierzu nehmen die Testpersonen in einem Teststudio an einem mehrstufigen Experiment teil. Bei einem ersten Studio-Test wird dabei zunächst das so genannte Relevant Set des Probanden erfragt, also diejenige Menge an Marken, unter denen der Proband in der Regel seine Kaufentscheidung fällt. Durch Kaufsimulation mit neuen und alten bzw. vom Wettbewerber stammenden Varianten lassen sich dann die Erstkaufrate und damit die Grenzrate der Penetration ermitteln. Der anschließende Home-Use Test und der zweite Studio-Test lassen darüber hinaus eine Schätzung der Wiederkaufrate zu (*Erichson* 2007).

2.3.1.4 Innovationen umsetzen

Im vierten Schritt werden Innovationen umgesetzt. Dabei sind Entscheidungen im Hinblick auf die Gestaltung des Produktkerns, des Produktdesigns, der Verpackung, der Markierung und der Gestaltung von Services zu treffen.

Der **Produktkern** besteht aus den für die jeweilige Produktgattung charakteristischen Kerneigenschaften eines Produktes, die der Befriedigung des Grundnutzens eines Kunden dienen (vgl. Kap. 1/ 3.). Bei Sachgütern handelt es sich typischerweise um Merkmale wie die gewählten Materialien (z.B. Stahl- vs. Aluminium-Fahrräder), die konstruktive Auslegung der Produkte (z.B. gefederter vs. ungefederter Rahmen), Funktionsmerkmale (z.B. Seitenstabilität, Fahrkomfort), Verarbeitungsqualität (z.B. Bruchsicherheit von Schweißnähten) und Abmessungen (z.B. Rahmenhöhe). Bei Dienstleistungen hingegen geht es weniger um Produktsubstanzen und -techniken, als um die Ausgestaltung einzelner Prozessschritte und der dabei eingesetzten Techniken (z.B. Handwäsche vs. Waschstraße für Automobile). Im Investitionsgüterbereich spielen naturgemäß technische Produkteigenschaften eine besonders wichtige Rolle.

Bei der Gestaltung des Produktkerns spielt die **Produktqualität** eine zentrale Rolle. In der Literatur finden sich verschiedene Qualitätsbegriffe: Der objektive, der subjektive und der teleologische Qualitätsbegriff. Dem **objektiven Qualitätsbegriff** liegt die Idee zugrunde, dass es ein objektives, zumeist von Dritten vorgegebenes Maß für die Qualität eines Produktes gibt („Pflichtenheft"). Beim **subjektiven Qualitätsbegriff** werden die Bedürfnisse und Vorstellungen der Kunden berücksichtigt. Mit Hilfe eines sog. Produktmarktraumes, der die geometrischen Koordinatenwerte von Produkten in Abhängigkeit subjektiver Wahrnehmung und Beurteilung zeigt, kann die Qualität bestimmt werden. Je näher ein Produkt an der Idealvorstellung einer Person oder eines Segmentes positioniert ist, desto höher sind seine Zwecktauglichkeit und damit sein Potenzial zur

Bedürfnisbefriedigung (vgl. Kap. 3/ 3.). Beim **teleologischen Qualitätsbegriff** bewerten Kunden die einzelnen Produkteigenschaften anhand ganz konkreter Anforderungen. Hierbei werden die Bedürfnisse, Wünsche und Ansprüche der Kunden (subjektive Sphäre) den Leistungsmerkmalen des jeweiligen Produktes (materielle Sphäre) gegenübergestellt. Dieser Qualitätsbegriff ist demnach verwendungszielorientiert, da er angibt, in welchem Maße ein Produkt für einen spezifischen Verwendungszweck geeignet ist. Dem teleologischen Qualitätsbegriff liegt die Überlegung zugrunde, dass eine Qualitätsnorm existiert. Abweichungen von dieser Norm haben für die einzelnen Kunden unterschiedliche Relevanz und führen zu unterschiedlichen Preisbereitschaften (*Freiling/Herrmann/Huber* 2001).

Der Qualitätsbegriff wird im Marketing in aller Regel vom teleologischen Qualitätsverständnis geprägt. Entscheidend für die Qualität ist demnach nicht die technisch-objektive Leistungsfähigkeit eines Produktes, sondern dessen Fähigkeit zur Erzielung ganz bestimmter Wirkungen beim Kunden. Dies zeigt sich auch in der ISO-Normenreihe (ISO 8402), in der Qualität definiert ist als „Gesamtheit von Merkmalen einer Einheit bezüglich ihrer Eignung, festgelegte und vorausgesetzte Erfordernisse zu erfüllen".

Qualität umfasst neben der Produktqualität auch die **Prozessqualität**, d.h. die Zuverlässigkeit, Bequemlichkeit und Fehlerfreiheit der Produktanwendung. Sie wird ihrerseits durch die eingesetzten sachlichen und menschlichen Potenziale (z.B. Materialqualitäten, Personalfähigkeiten) bestimmt.

Zur Sicherung und Steigerung der Produktqualität werden organisatorische Maßnahmen der **Qualitätssicherung** eingesetzt. Dazu gehören z.B. Zertifizierungen der qualitätsbestimmenden Prozesse durch entsprechende Agenturen, die in vielen Zulieferbranchen eine Voraussetzung für die Auswahl eines Unternehmens als Zulieferer darstellen. Hierzu muss detailliert in sog. Qualitätshandbüchern festgelegt werden, welche Aktivitäten zu ergreifen sind, um ein angestrebtes Qualitätsergebnis sicherzustellen. Ferner werden vielfältige Maßnahmen ergriffen, um die Qualität im Zeitablauf an die sich wandelnden Bedingungen des Wettbewerbs anzupassen. Die Summe dieser vielfältigen Maßnahmen ergibt das sog. Total Quality Management (*Stauss/Friege* 1996).

Neben der Gestaltung des Produktkerns, kann ein Produkt auch mit Hilfe des Produktdesigns, der Verpackung, der Markierung und dem Angebot von Services angereichert werden.

Der durch das **Produktdesign** erzielbare Nutzen erstreckt sich nicht nur auf ästhetische Werte, sondern auch auf funktionelle und wirtschaftliche Aspekte. So kann z.B. die äußere Form eines Automobils die Funktionalität (über den Wendekreis), die Bequemlichkeit des Einstiegs (über den Türmechanismus) und den Benzinverbrauch (über den Luftwiderstand) entscheidend beeinflussen. Bei Konsumgütern sind im Rahmen der Designgestaltung auch die Bedürfnisse der ggf. in den Absatz eingeschalteten Handelsunternehmen zu berücksichtigen, die oft unter besonders starken Platzrestriktionen agieren (Regalplatzknappheit). Das Produktdesign stellt in nicht wenigen Gütermärkten ein dominantes Gestaltungsmerkmal dar, da es auch emotionale Wirkungen erzeugt, die bei dem Kunden entsprechende Produktfaszination auslösen können. Dies gilt z.B. für Automobile, Möbel, Einrichtungsgegenstände und Lederwaren, ganz besonders aber für Bekleidungsstücke und anderen persönlichen Bedarf, bei dem die Form der Produkte gleichzeitig zum Stilmittel auf Seiten des Kunden wird.

Manche Firmen haben sich durch konsequente Ausrichtung auf bestimmte Design-Konzepte (z.B. funktional-ästhetisch, nostalgisch, naturnah) ein erhebliches Preispremium (Mehrpreis im Vergleich zum Durchschnittspreis am Markt) und eine profilierte Wettbewerbsposition erarbeiten können. Allerdings sind Designleistungen nur begrenzt wettbewerbsrechtlich schützbar, so dass die dadurch erzielbaren Wettbewerbsvorteile häufig rasch erodieren, wenn es dem Unternehmen nicht gelingt, in den Augen des Kunden eine generelle Designkompetenz zu erlangen.

Eine weitere Komponente zur Anreicherung eines Produktes stellt die **Verpackung** dar. Verpackungen umhüllen das Produkt. Die Aktionsparameter der Verpackungsgestaltung sind letztlich Form, Farbe, Material und Oberflächenbeschaffenheit, in bestimmten Märkten neuerdings auch der Duft. Diese Parameter gilt es im Hinblick auf die Funktionen und das Erscheinungsbild des Produktes hin zu optimieren. Dabei treten zahlreiche Konflikte auf, etwa zwischen der Platz sparenden Gestaltung einer Verpackung einerseits und der Lesbarkeit der Produktinformationen auf der Verpackung andererseits. Ein weniger an Verpackung kann ebenso profilieren wie ein Mehraufwand. Zu beachten ist zudem, dass die Verpackungskosten bei manchen Produkten auch einen hohen Vertriebskostenanteil ausmachen, etwa bei Kosmetika, Getränken oder Pharmazeutika. Außerdem spielen ökologische Aspekte eine immer stärkere Rolle, zumal die Entsorgung der Verpackungen über entsprechende Produktabgaben (z.B. DSD-Gebühren) den Preis des Produktes belastet.

Die Verpackung erfüllt eine Vielzahl von Funktionen und Anforderungen *(Rivinius* 2001):

- Schutzfunktion: Sie schützt die Ware sowie garantiert Haltbarkeit, Hygiene, Qualität und Unversehrtheit. Zudem verhindert sie Verderb und Kontamination sowie Beschädigungen oder Produktmanipulationen.

- Distributionsfunktion: Darüber hinaus macht die Verpackung ein Produkt transport- und lagerfähig und garantiert eine langfristige Bedarfsdeckung.

- Informations- und Kommunikationsfunktion: Im Handel übernimmt sie eine beratende und kaufanregende Funktion und differenziert von den Produkten der Wettbewerber. Sie enthält allgemeine Informationen, wie Mindesthaltbarkeitsdatum, Ingredienzien, Gewicht oder Preis und technische Daten wie EAN-Code oder Sicherheitsvorschriften. Gleichzeitig kommuniziert sie als Werbemedium die Markenbotschaft am **Point of Sale**.

- Conveniencefunktion: Aufgrund spezifischer den Ge- und Verbrauch des Produktes erleichternder Funktionen bildet die Verpackung in manchen Fällen sogar den **USP** (Unique Selling Proposition) des Produktes. Ein derartiger USP kann z.B. die Wiederverschließbarkeit, die Portionierbarkeit oder die einfache Handhabung des Produktes sein.

– Signalfunktion: Die Verpackung stellt nicht nur einen Bestandteil der Produktpolitik dar, sondern tangiert auch die Vertriebspolitik (unterschiedliche Packungsformen für unterschiedliche Vertriebskanäle) (vgl. Kap. 4/ 4.), die Preispolitik (verschiedene Packungsgrößen und -ausführungen zu unterschiedlichen Preisen) (vgl. Kap. 4/ 3.) und die Kommunikationspolitik (die Verpackung als Werbeträger im Regal) (vgl. Kap. 4/ 5.).

Der Begriff Verpackung bezieht sich in erster Linie auf physische Produkte und nicht auf Dienstleistungen. Bei der Vermarktung von Dienstleistungen kommt dem **physischen Umfeld** eine zentrale Bedeutung zu. Daher kann das physische Umfeld quasi als „Verpackung" einer Dienstleistung aufgefasst werden. Das physische Umfeld betrifft in erster Linie die Ladengestaltung, aber auch die Interaktion mit den Mitarbeitern. An dieser Stelle sei darauf hingewiesen, dass die Gestaltung des physischen Umfeldes nicht nur im Dienstleistungskontext eine zentrale Rolle spielt, sondern auch bei der Vermarktung physischer Produkte zunehmend an Bedeutung gewinnt.

Die **Markierung** eines Produktes stellt eine weitere Komponente zur Anreicherung eines Produktes dar. Sie ist Bestandteil der sog. **Markenpolitik**, die versucht, Produkte weit über die Namensgebung hinaus von Produkten des Wettbewerbs zu differenzieren. In der Literatur finden sich verschiedene Definitionen des Begriffes Marke. So definiert z.B. die American Marketing Association eine **Marke** als „ein Name, Begriff, Zeichen, Symbol, eine Gestaltungsform oder eine Kombination aus diesen Bestandteilen zum Zwecke der Kennzeichnung der Produkte … eines Anbieters oder einer Anbietergruppe und der Differenzierung gegenüber Konkurrenzangeboten" (*Kotler/Keller/Bliemel* 2007, S. 509). Während in dieser Definition in erster Linie auf formale Aspekte abgestellt wird, finden sich in der Literatur auch Definitionen, denen eher eine wirkungsorientierte Sichtweise zugrunde liegt. Beispielsweise definiert (*Meffert* 2000, S. 847) eine Marke als „verankertes, unverwechselbares Vorstellungsbild von einem Produkt".
Bei der Gestaltung eines Werbeauftrittes ist zu berücksichtigen, dass hier das betreffende Produkt nur „symbolisch" dargestellt werden kann. Daher sollte der Markenname prägnant, differenzierend, änderungs- und schutzfähig sein. Darüber hinaus sollte er in seiner Wahrnehmung stellvertretend für das Produkt selbst Träger eines emotionalen Erlebnisses des Verbrauchers werden können (*Bruhn* 2004).

Neben der in den Definitionen schon erwähnten primären Funktion der Differenzierung einer Marke, können in Abhängigkeit des Betrachters weitere Funktionen von Marken unterschieden werden (vgl. Abb. 4-26).

Anbieter	Absatzmittler	Kunde
▪ Profilierungsfunktion ▪ Signalfunktion ▪ Loyalitätsfunktion ▪ Absatzförderungsfunktion	▪ Risikoreduktionsfunktion ▪ Stabilisierungsfunktion ▪ Sicherungsfunktion	▪ Orientierungsfunktion ▪ Signalfunktion ▪ Risikoreduktionsfunktion ▪ Imagefunktion

Abb. 4-26: Funktionen von Marken

Aus Sicht des Anbieters dient eine Marke dazu, sich von den Angeboten des Wettbewerbs abzugrenzen (Profilierungsfunktion). Zudem üben Marken v.a. im Hinblick auf die Qualität eines Produktes eine Signalfunktion aus. Durch das Signalisieren qualitativ hochwertiger Produkte können Anbieter darüber hinaus Markenloyalität aufbauen, wodurch sie sich auch im Hinblick auf preispolitische Maßnahmen Vorteile verschaffen können (z.B. Erzielung eines Preispremiums). Ein weiterer Vorteil loyaler Kunden besteht darin, dass Wettbewerbern der Markteintritt erschwert wird. Eine starke Marktposition führt zu einer besseren Verhandlungsmacht gegenüber dem Handel, wodurch zum einen der Absatz bestehender Produkte gefördert, aber auch die Einführung neuer Produkte ermöglicht werden kann (*Bruhn/Hadwich* 2006; *Homburg/Krohmer* 2009).

Für Absatzmittler haben Marken zum einen eine Risikoreduktionsfunktion, denn durch das Angebot etablierter Marken können sie ihr eigenes Absatzrisiko in erheblichem Maße reduzieren. Zum anderen erreichen sie durch das Angebot etablierter Marken eine stabilisierende Wirkung im Hinblick auf zukünftige Absatzpläne, wodurch auch die Absatzsicherheit erhöht wird (*Bruhn/Hadwich* 2006; *Homburg/Krohmer* 2009).

Aus Sicht des Kunden erleichtern Marken in erster Linie die Orientierung beim Einkauf. Darüber hinaus üben Marken auch für Kunden eine Signalfunktion im Hinblick auf die Produktqualität aus, wodurch u.a. das Kaufrisiko in erheblichem Maße reduziert werden kann. Kunden nutzen zudem Marken nicht nur zur Befriedigung funktionaler Bedürfnisse, sondern auch als Ausdruck ihrer eigenen Persönlichkeit (Imagefunktion) (*Bruhn/Hadwich* 2006; *Homburg/Krohmer* 2009; *Meffert/Burmann/Koers* 2005).

Abbildung 4-27 zeigt einen Überblick über verschiedene Merkmale, anhand derer Marken typologisiert werden können, inkl. entsprechender Erscheinungsformen und Beispielen aus der Praxis.

Typologisierungsmerkmale für Marken	Erscheinungsformen	Beispiele
Institutionelle Stellung des Inhabers der Marke	• Herstellermarke • Handelsmarke • Dienstleistungsmarke	• Jacobs Krönung • Albrecht-Kaffee • TUI
Geographische Reichweite der Marke	• Regionale Marke • Nationale Marke • Internationale Marke • Weltmarke	• Südmilch, KadeWe • Ernte 23, Mark Astor • Opel, EC-Karte • Coca-Cola, Amex
Vertikale Reichweite der Marke im Warenweg	• Verschwindende Vorproduktmarke • Begleitende Vorproduktmarke	• Kugelfischer Kugellager, Sonnenschein-Batterien • Sympatex, Intel
Anzahl der Markeneigner	• Individualmarke • Kollektivmarke	• Rosenthal • Gruppe 21
Zahl der markierten Güter	• Einzelmarke • Produktgruppenmarke • Dachmarke	• Odol • Nivea • Siemens

Bearbeitete Marktebenen (Marktschichten)	▪ Erstmarke ▪ Zweitmarke ▪ Drittmarke	▪ Henkel Trocken ▪ Carstens SC ▪ Rütgers Club
Inhaltlicher Bezug der Marke	▪ Firmenmarke ▪ Phantasiemarke	▪ Bahlsen-Keks ▪ Merci-Schokolade
Verwendung wahrnehmungsbezogener Markierungsmittel	▪ Akustische Marke ▪ Optische Marke ▪ Olfaktorische Marke ▪ Taktile Marke	▪ Dallas (Melodie) ▪ Mohr v. Sarotti ▪ 4711 ▪ Nylon
Art der Markierung	▪ Wortmarke ▪ Bildmarke	▪ Daimler-Benz ▪ Mercedes-Stern
Herstellerbekenntnis	▪ Eigenmarke ▪ Fremdmarke	▪ Bahlsen Schoko-Leibniz ▪ Palazzo (Schoko-Keks)

Abb. 4-27: Typologisierungsmerkmale von Marken
(Quelle: Bruhn 2004)

Abbildung 4-27 verdeutlicht, dass auch Dienstleistungen oftmals markiert werden (z.B. Reiseveranstalter TUI).

Die Gestaltung von **Services** stellt schließlich die letzte an dieser Stelle genannte Möglichkeit zur Anreicherung eines Produktes dar. Services sind Zusatzleistungen, die mit dem Ziel der Kundengewinnung und/oder Kundenbindung angeboten und mit der Hauptleistung zu einem Leistungsbündel verknüpft werden. Es kann sich hierbei nicht nur um Dienstleistungen im engeren Sinne handeln, sondern auch um Sachleistungen (z.B. Pausenkaffee von Seminarveranstaltern, kostenlose Tragetaschen von Handelsbetrieben), Informationen (z.B. häusliches Beratungsgespräch) oder Rechte (z.B. Nutzung von VIP-Räumen bei Luftfahrtgesellschaften). Für den Kunden bieten solche Services spezifische Teilnutzen. Häufig erschließen sie sogar erst die Nutzbarkeit eines Hauptangebotes (z.B. bei Installationsservices) oder lassen die vollständige Ausschöpfung des Nutzenpotenzials zu (z.B. Beratungsservice). Services können, müssen aber keineswegs kostenfrei geliefert werden, wenn dies nicht vom Wettbewerb erzwungen wird. Üblicherweise werden sie in **Pre-Sales** und **After-Sales-Services** unterteilt (vgl. Abb. 4-28).

Pre-Sales-Services	After-Sales-Services
▪ Betriebsberatung ▪ Informationsveranstaltungen ▪ Online-Katalog ▪ Vermittlung von Finanzierungsmöglichkeiten ▪ Projektierung ▪ Nutzennachweis für den Kunden	▪ Auslieferung ▪ Installation ▪ Wartung ▪ Reparatur ▪ Kundenschulung ▪ Änderungsdienste ▪ Entschädigungsleistung ▪ Warenrücknahme

Abb. 4-28: Beispiele für Pre- und After-Sales-Services

Die besondere Problematik der Servicepolitik liegt darin, dass hierbei oft Leistungska-pazitäten mit hohen Fixkosten aufgebaut werden müssen, deren Auslastung nicht ge-währleistet ist. Services bedingen ferner oft den Einsatz menschlicher Ressourcen, die besonders teuer sind. Zunehmend bemüht man sich deshalb auch in diesem Bereich um Automatisierung (z.B. funkgesteuerte Fehlermeldung von Elektrogeräten an den Her-steller) und neue Organisationsformen (z.B. Kooperationen, Kundenbetreuung per Call-Center bzw. Internet). Insbesondere bei langlebigen Gebrauchsgütern ist der technische Kundendienst vor Ort aber nach wie vor unverzichtbar. Eine weitere Problematik be-steht darin, dass ein Leistungsbündel oft aus einer Vielzahl von Serviceleistungen be-steht, die für einen Kunden uninteressant sind und die er eigentlich nicht benötigt. Hie-raus resultiert eine mangelnde Preisbereitschaft für das angebotene Leistungsbündel und der Kunde entscheidet sich gegen einen Kauf. Eine Lösung dieser angesprochenen Problematik liegt in der Individualisierung des Leistungsbündels, so dass ein Kunde nur für die Serviceleistungen bezahlt, die er tatsächlich in Anspruch nehmen möchte.

2.3.1.5   Innovationen einführen

Im Anschluss an die Aufgaben des internen generischen Innovationsprozesses folgt als letzte Aufgabe die Einführung der Innovationen auf den Markt (Launch) (externer gene-rischer Innovationsprozess).

Hierfür ist es notwendig, den **Zielmarkt** festzulegen, also den Markt, in dem die Inno-vation eingeführt werden soll. Der Zielmarkt ist dabei nicht notwendigerweise nur eine Bestimmung in geographischer Hinsicht, sondern beinhaltet auch die Festlegung, wel-che Zielgruppen angesprochen werden sollen. Von besonderer Bedeutung sind in die-sem Fall sog. Innovatoren, d.h. Personen, die gegenüber Innovationen besonders offen sind. Die Bezeichnung dieser Personengruppe stammt aus der Adoptions- und Diffusi-onsforschung (*Rogers* 1962). Unter einer **Adoption** wird die Übernahme einer Innova-tion durch einen Nachfrager verstanden. Nach Rogers stellt die Adoption die letzte Pha-se im **Adoptionsprozess** dar (vgl. Abb. 4-29). In der ersten Phase wird der Nachfrager auf die Innovation aufmerksam (z.B. durch Werbung). Er verfügt zu diesem Zeitpunkt noch über keine oder nur sehr wenig Informationen über die Innovation. Erst in der zweiten Phase verspürt der Nachfrager Interesse an der Innovation und sammelt zusätz-liche Informationen, die die Grundlage zur Bewertung der Innovation in der dritten Pha-se bilden. Bewertet der Nachfrager die Innovation positiv, denkt er über einen Probe-kauf nach und versucht die Innovation in der vierten Phase zu testen. In der letzten Pha-se entscheidet sich der Nachfrager dann, die Innovation zu übernehmen. Die einzelnen Prozessphasen werden in der Realität nicht unbedingt alle durchlaufen. Das Auslassen oder Überspringen einer Phase bzw. das Zurückspringen in eine frühere Phase sind ebenfalls möglich. Wichtig ist es, darauf hinzuweisen, dass der Verlauf des Adoptions-prozesses von verschiedenen Faktoren beeinflusst wird. Hierunter fallen u.a. Soziodemographika oder auch Eigenschaften der Innovation selbst (z.B. Komplexität, wahrgenommenes Risiko).

Abb. 4-29: Darstellung des Adoptionsprozesses
(Quelle: Rogers 2003, S. 170)

Unter der **Diffusion** wird die zeitliche Ausbreitung einer Innovation im Markt bezeichnet. In der Literatur wird eine Reihe von unterschiedlichen Diffusionsmodellen unterschieden (*Mahajan/Muller/Bass* 1990). An dieser Stelle soll nur auf das klassische Diffusionsmodell nach *Rogers* (1962) eingegangen werden (vgl. Abb. 4-30).

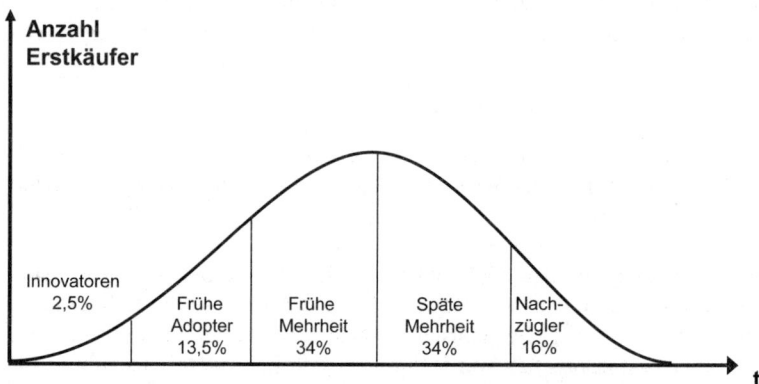

Abb. 4-30: Darstellung eines Diffusionsmodells
(Quelle: Rogers 1962, S. 247)

Im Rahmen des Diffusionsmodells in Abb. 4-31 werden auf Basis der Innovationsbereitschaft und -geschwindigkeit fünf Gruppen von Nachfragern unterschieden. Die erste Gruppe, die sog. Innovatoren, sind risikofreudig und daher, wie bereits erwähnt, gegenüber Innovationen besonders offen. Als frühe Adopter bezeichnet man Personen, die Innovationen ebenfalls relativ schnell übernehmen. Die frühe Mehrheit handelt wohl überlegt, übernimmt jedoch Innovationen frühzeitiger als der durchschnittliche Kunde. Bei der späten Mehrheit erfolgt eine Adoption erst, wenn ein Großteil der Kunden diese bereits adoptiert hat. Nachzügler sind die letzten Kunden, die eine Innovation adoptieren. Für Unternehmen, die die Markteinführung einer Innovation anstreben, ist die Kenntnis des Adoptions- und Diffusionsverlaufs von besonderer Bedeutung, um eine geeignete Markteinführungsstrategie zu entwickeln.

Bezüglich des **Markteintrittszeitpunktes** unterscheidet man zwischen einer Pionier-, einer frühen Folger- und einer späten Folger-Strategie (vgl. Kapitel 4/ 1.). Der Zeitpunkt muss dabei so gewählt werden, dass der Wachstumspfad des gesamten Unternehmens keinen Einbruch erleidet. Da Produktentwicklungen oft Jahre benötigen, ist ein frühzeitiges Erkennen eines Innovationsbedarfes äußerst wichtig.

Darüber hinaus sollte die Markteinführung durch preis-, vertriebs- und kommunikationspolitische Maßnahmen begleitet werden.

Im Rahmen der Gestaltung der preispolitischen Maßnahmen sind Entscheidungen hinsichtlich der Preisstrategie für die Innovation zu treffen (vgl. Kap. 4/ 3.). Zu unterscheiden ist dabei zwischen einer Skimming- oder einer Penetrationsstrategie. Bei der **Skimmingstrategie** wird anfangs ein hoher Preis für die Innovation verlangt, der im Laufe des PLZ sukzessive gesenkt wird. Das Ziel dieser Strategie besteht darin, die Zahlungsbereitschaft der Kunden abzuschöpfen um die bereits getätigten Investitionen schnellstmöglich zu amortisieren. Bei der **Penetrationsstrategie** hingegen wird mit anfangs niedrigen Preisen versucht, eine schnelle Diffusion der Innovation zu erreichen und hohe Marktanteile zu generieren.

Maßnahmen im Rahmen der Vertriebspolitik konzentrieren sich auf die Wahl der Vertriebsorgane und die Gestaltung der Vertriebsstruktur (vgl. Kap. 4/ 4.). Mit der Auswahl der Vertriebsorgane legt das Unternehmen fest, welche Personen oder Organisationen Vertriebsaktivitäten für die Innovation durchführen. Durch Auswahl und Kombination der Vertriebsorgane entstehen Vertriebskanäle. Die Art und Anzahl der eingesetzten Vertriebskanäle bestimmen die Vertriebsstruktur des Unternehmens.

Begleitende kommunikationspolitische Maßnahmen zielen darauf ab, den Bekanntheitsgrad der Innovation zu steigern. Hierfür stehen Unternehmen eine Reihe von Kommunikationsinstrumenten zur Verfügung (vgl. Kap. 4/ 5.). Hervorzuheben sind im Rahmen der Markteinführung von Innovationen Produktvorankündigungen. Diese zielen darauf ab, den Zielgruppen eine Botschaft über die Absicht der zukünftigen Markteinführung einer Innovation zu vermitteln. Bei den Zielgruppen handelt es sich um potenzielle Nachfrager und den Handel, aber auch um Wettbewerber und Kapitalmarktkunden. Produktvorankündigungen sind allerdings ein zweischneidiges Schwert. Einerseits können sie zu Pioniereffekten, Nachfrageanregungen, Kaufverzögerungen, Image-Verbesserungen, Diffusionsbeschleunigungen und die Realisierung vertrieblicher Vorteile führen. Andererseits besteht durch sie auch die Gefahr von Imageschäden bei Einführungsverzögerungen, Hinweise an die Wettbewerber, mögliche Kundenverwirrung und Kannibalisierungseffekte bei eigenen Produkten (*Mohr/Sengupta/Slater* 2005).

In Abhängigkeit des Innovationsgrades des neuen Produktes lassen sich verschiedene **Markteinführungsstrategien** unterscheiden (vgl. Abb. 4-31).

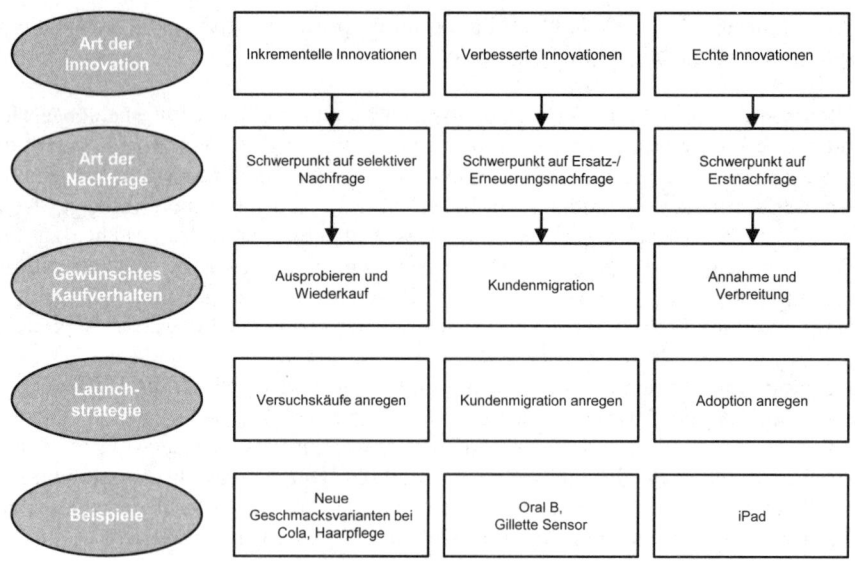

Abb. 4-31: Markteinführungsstrategien in Abhängigkeit
vom Innovationsgrad des neues Produktes
(Quelle: Guiltinan 1999, S. 512)

Bei der Markteinführung **inkrementeller Innovationen** *(z.B. neue Geschmacksvarian-*
ten bei Cola) steht die Anregung von Versuchskäufen der Kunden im Mittelpunkt der
Markteinführungsstrategie. Aufgrund des geringen Kaufrisikos der Kunden bieten sich
die kostenlose Vergabe von Proben und aufmerksamkeitsstarke Verkaufsförderungsaktionen an. Bei der Einführung von **verbesserten Innovationen** ist das primäre Marketingziel die Anregung der Kundenmigration zu den verbesserten Produkten (Trading
Up). Die alten Produktgenerationen werden dabei vom Hersteller entweder vom Markt
genommen (z.B. VW Golf I, II, III, IV ...) oder bewusst als preisgünstiger positionierte
Alternativen im Markt belassen (z.B. Oral B Produktgenerationen). Die Anregung der
Kundenmigration kann beispielsweise durch Auslobung der neuen Vorteile oder durch
die Inzahlungnahme der alten Produkte gefördert werden. Bei **echten Innovationen**,
wie z.B. dem 2010 eingeführten iPad von Apple, stehen insbesondere die Reduzierung
des von Kunden wahrgenommenen hohen Risikos und die Anregung zur Adoption im
Mittelpunkt der Marketingbemühungen. Neben Zertifizierungen und Testberichten von
neutralen Gutachtern steht insbesondere die Gewinnung der Innovatoren unter den
Nachfragern im Vordergrund, die durch ihre Vorbildfunktion weniger innovative Kunden zum Kauf anregen können (*Guiltinan* 1999).

Folgendes Fallbeispiel zeigt eine erfolgreiche Markteinführung:

Fallbeispiel: Erfolgreiche Markteinführung

Dem Unternehmen Henkel ist Anfang des Jahres 2009 mit der neuen Haarpflege-
marke SYOSS eine der erfolgreichsten Markteinführungen gelungen. Unter der

globalen Masterbrand Schwarzkopf hat Henkel mit SYOSS eine Marktlücke im Bereich der Haarkosmetik geschlossen.

Der Markt für Haarpflegeprodukte bestand bis zu diesem Zeitpunkt grob aus den Bereichen professionelle Haarpflegeprodukte für den Friseursalon und professionelle Haarpflegeprodukte für den Handel. Dabei liegen die Preise für Haarpflegeprodukte für den Friseursalon weit über denen der für den Handel. Daraus ergab sich für Henkel die aufgezeigte Marktlücke: Erschwingliche Haarpflegeprodukte in Salonqualität. Unter dem Slogan *„Professionelle Haarpflege, die man sich leisten kann!"* führte das Unternehmen die neue Marke SYOSS mit einer breit angelegten Mediakampagne ein. In 500ml Falschen mit dezent gehaltenem Branding wurden anfangs Shampoo (schwarze Flasche) und Spülung (weiße Flasche) für einen Preis von unter 4€ in den Handel eingeführt. Inzwischen wurde die Marke SYOSS weiter aufgebaut und die Produktpalette um Styling und Coloration ergänzt.

2.3.2   Management etablierter Produkte

> **PRINZIP: Management etablierter Produkte**
> Jeder Anbieter muss die am Markt etablierten Produkte pflegen und situativ an die geänderten Kunden- und Marktbedürfnisse anpassen.

Der Fokus des Managements etablierter Produkte liegt auf den Phasen 3 bis 5 des Produktlebenszyklus (vgl. Abb. 4-19). Für diese Phasen stehen Unternehmen vielfältige Möglichkeiten zur Verfügung, die jedoch nicht losgelöst von den bereits im vorangegangenen Abschnitt behandelten Möglichkeiten zu betrachten sind. Das Ziel dieses Abschnittes besteht darin, aufzuzeigen, wie Unternehmen dazu beitragen können, ein am Markt etabliertes Produkt erfolgreich zu halten und situativ an die geänderten Kunden- und Marktbedürfnisse anzupassen. Der Fokus liegt hierbei auf Entscheidungen hinsichtlich des Produktkerns, des Produktdesigns, der Verpackung, der Markierung und der Gestaltung von Services.

Hinsichtlich des **Produktkerns** können Unternehmen Maßnahmen zur kontinuierlichen Erhaltung und Steigerung der Produkt- und Prozessqualität ergreifen. Gerade vor dem Hintergrund, dass Unternehmen in der Praxis trotz umfassender Qualitätsmaßnahmen im Rahmen des Managements von Neuprodukten in einigen Fällen zu Gunsten eines schnellen Markteintritts eine nur ausreichende Produktqualität in Kauf nehmen, verdeutlicht, dass die Produktqualität einen zentralen Stellhebel für die Lebensdauer eines Produktes darstellt. Zahlreiche empirische Studien belegen einen positiven Zusammenhang zwischen der Produktqualität und dem Unternehmenserfolg (*Anderson/Sullivan* 1993; *Anderson/Fornell/Lehmann* 1994; *Capon/Farley/Hoenig* 1990).

Auch die Veränderung des bestehenden **Produktdesigns** kann in Erwägung gezogen werden. Besonders vor dem Hintergrund der bereits erwähnten Regalplatzknappheit sind entsprechende Anpassungen denkbar. Beispielsweise führte die Abänderung der vormals runden Flasche von Likören der Firma Berentzen zu einer eckigen Flasche zu einer fast 30%igen Platzersparnis im Regal der Händler, weil nunmehr die vorher leeren

Zwischenräume zwischen den Flaschen genutzt werden konnten. Dem Unternehmen brachte dies die Möglichkeit, auf gleicher Verkaufsfläche zusätzliche Sorten auf den Markt einzuführen. Darüber hinaus ist sowohl die Verpackung eines Produktes als auch die Gestaltung des physischen Umfeldes hinsichtlich sich verändernder Kunden- und Marktbedürfnisse anzupassen bzw. zu optimieren.

Im Rahmen der **Markenpolitik** ist eine Pflege der gesamten Marke von entscheidender Bedeutung. Gegebenenfalls sind mit Hilfe der Kommunikationspolitik Maßnahmen zu ergreifen, die dazu führen, dass die Marke eines Produktes in die Köpfe der Menschen gelangt und dort langfristig verankert bleibt.

Auch das Angebot von **Services** ist zu pflegen und unter Umständen auszuweiten sowie durch entsprechende kommunikative Maßnahmen zu verbreiten.

Zusammengefasst kann festgehalten werden, dass nach der Markteinführung eines Produktes eine kontinuierliche Pflege und Verbesserung der Merkmale eines Produktes von entscheidender Bedeutung für den langfristigen Unternehmenserfolg sind.

2.3.3 Management zu eliminierender Produkte

> **PRINZIP: Management zu eliminierender Produkte**
> Jeder Anbieter muss eliminationsverdächtige Produkte frühzeitig identifizieren und sie aus dem Produktprogramm entfernen.

Wie in Abschnitt 2.2 bereits erläutert, versteht man unter einer **Produktelimination** die ersatzlose Herausnahme einzelner Produkte oder gesamter Produktlinien aus dem bestehenden Produktprogramm. Produkteliminationsentscheidungen werden im Rahmen dieses Buches im Kapitel des Managements einzelner Produkte in einem eigenen Kapitel behandelt. Dies bedeutet jedoch nicht, dass derartige Entscheidungen nur isoliert auf Einzelproduktebene zu treffen sind. Stattdessen sollten sie stets im Kontext des gesamten bestehenden Produktprogramms gesehen werden, insbesondere vor dem Hintergrund bestehender Verbundeffekte zu anderen Produkten des Unternehmens.

Wie Abbildung 4-19 verdeutlicht, können Produkte nur über einen bestimmten Zeitraum hinweg wirtschaftlich produziert und auf dem Markt angeboten werden. Dies verdeutlicht, dass Unternehmen spätestens beim Übergang von der Sättigungs- zur Degenerationsphase aktiv reagieren sollten. Wie in Abschnitt 2.3.1 erwähnt, kann die Degenerationsphase in einigen Fällen durch gezielte Marketingmaßnahmen hinausgezögert werden. Allerdings bedeutet dies nicht, dass dies auch für alle Produkte sinnvoll ist. Vielmehr ist es empfehlenswert, auf Basis einer regelmäßigen und systematischen Analyse des gesamten Produktprogramms eliminationsverdächtige Produkte frühzeitig zu identifizieren. Dies können durchaus auch Produkte sein, die sich noch in frühen Phasen ihres Lebenszyklus befinden, wie beispielsweise Neuprodukte, die sich relativ schnell nach der Markteinführung als (wohl dauerhaft) unrentabel erwiesen haben.

Ist eine Eliminationsentscheidung getroffen, muss diese sowohl im Unternehmen (interne Umsetzung) als auch gegenüber den von der Elimination betroffenen Kunden (externe Umsetzung) umgesetzt werden. Im Rahmen der internen Umsetzung sind u.a. Entscheidungen über die Art der Elimination zu treffen, also ob ein oder mehrere Produkte eliminiert werden und ob eine sofortige oder graduelle (d.h. schrittweise) Elimination durchgeführt wird (*Wemhoff* 1998). Die externe Umsetzung hingegen zielt auf die Umsetzung gegenüber betroffenen Kunden ab. Hierbei sind insbesondere kommunikative Maßnahmen, wie die rechtzeitige Ankündigung einer Elimination oder auch begleitende produktpolitische Maßnahmen, wie das Angebot adäquater Ersatzprodukte empfehlenswert (*Fürst/Pečornik* 2010; *Prigge* 2008).

Kontrollfragen zu Abschnitt 2

1. Nennen und erläutern Sie die zentralen Produktbegriffe im Marketing.

2. Welche grundlegenden Aktionsparameter können im Rahmen der Produktpolitik unterschieden werden?

3. Welche Bereiche umfasst das Management des Produktprogramms? Nennen und erläutern Sie für jeden Bereich die jeweils zur Verfügung stehenden Optionen zur Befriedigung der Kundenbedürfnisse.

4. Wodurch wird der Umfang eines Produktprogramms bestimmt?

5. Erläutern Sie die Begriffe „Produktvariation" und „Produktbündelung" und geben Sie jeweils ein Beispiel.

6. Erläutern Sie die Begriffe „Produktdifferenzierung" und „Produktbündelung" und geben Sie jeweils ein Beispiel.

7. Welche Phasen lassen sich nach dem Produktlebenszyklusmodell unterscheiden? Nennen und beschreiben Sie diese Phasen anhand eines Ihnen bekannten Produktes.

8. Bestimmen Sie mit Hilfe des Konzeptes des Produktlebenszyklus die drei Bereiche des Managements einzelner Produkte und ordnen Sie jedem dieser Bereiche die relevanten Phasen des Produktlebenszyklus zu.

9. Was versteht man unter dem internen und dem externen generischen Innovationsprozess? Welche Aufgaben sind im Rahmen dieser beiden Prozesse zu unterscheiden?

10. Welche Methoden können zur Feststellung eines Innovationsbedarfes herangezogen werden?

11. Erläutern Sie das Konzept der „schwachen Signale".

12. Anhand welcher Kriterien lassen sich Fehlentwicklungen in der Altersstruktur des Produktprogramms eines Unternehmens abschätzen?

13. Welche Methoden können zur Generierung von Innovationsideen herangezogen werden?

14. Erläutern Sie die verschiedenen Instrumente des betrieblichen Ideenmanagements.

15. Welche grundlegenden Kreativitätstechniken lassen sich unterscheiden?

16. Welche Möglichkeiten haben Unternehmen, Kunden aktiv in den internen generischen Innovationsprozess zu integrieren?

17. Beschreiben Sie das Vorgehen im Rahmen des House of Quality an einem Beispiel.

18. Beschreiben Sie die grundsätzliche Logik von Punktbewertungsverfahren.

19. Grenzen Sie regionale/lokale Testmärkte, Mini-Testmärkte und Testmarktsimulationen voneinander ab.

20. Was versteht man unter dem Produktkern?

21. Erläutern Sie die Unterschiede zwischen dem objektiven, dem subjektiven und dem teleologischen Qualitätsbegriff.

22. Erläutern Sie die Nutzenrelevanz des Produktdesigns am Beispiel eines Automobils.

23. Erläutern Sie die unterschiedlichen Funktionen von Verpackungen an einem Beispiel.

24. Erläutern Sie die Funktionen von Marken aus Sicht der Anbieter, der Absatzmittler und der Kunden.

25. Anhand welcher Merkmale können Marken typologisiert werden? Erläutern Sie pro Merkmal die verschiedenen Erscheinungsformen und geben Sie je ein Beispiel aus der Unternehmenspraxis.

26. Definieren Sie Services und geben Sie Beispiele für Pre- und After-Sales-Services. Worin besteht die besondere Problematik im Rahmen der Servicepolitik?

27. Was versteht man unter einer „Adoption"? Beschreiben Sie die einzelnen Phasen des Adoptionsprozesses anhand eines Beispiels.

28. Was versteht man unter einer „Diffusion"? Beschreiben Sie das klassische Diffusionsmodell. Welche Gruppen von Nachfragern können aus diesem Modell abgeleitet werden?

29. Welche Markteinführungsstrategien lassen sich für Produkte unterschiedlichen Innovationsgrades unterscheiden?

30. Welche Möglichkeiten stehen Unternehmen zur Verfügung, ein am Markt etabliertes Produkt erfolgreich zu halten?

31. Was versteht man unter einer „Produktelimination"?

32. Wie kann eine Elimination erfolgreich umgesetzt werden?

3.   Die Preispolitik

3.1   Grundlagen der Preispolitik

PRINZIP: Kundenorientierte Preispolitik

Durch systematischen Einsatz der preispolitischen Instrumente sollen einerseits Preisprobleme von Kunden gelöst und andererseits der maximale Erlös für die vom Unternehmen angebotenen Leistungen erwirtschaftet werden.

Die Preispolitik bildet einen zweiten Unterbereich des Marketinginstrumentariums. Dabei geht es grundsätzlich darum, für die vom Unternehmen angebotenen Produkte und Dienstleistungen marktgerechte Preise zu realisieren. Dies erfordert strategische und operative Entscheidungen unter Einsatz spezifischer Methoden, die in diesem Abschnitt vorgestellt werden. Wir beginnen mit den begrifflichen und konzeptionellen Grundlagen der Preispolitik, behandeln anschließend strategische und anschließend operative Entscheidungen.

3.1.1   Preis

Auch in der Preispolitik kann das grundlegende Nutzendenken des Marketing Anwendung finden, was bisher aber eher unüblich war. Traditionell wurde der Preis nämlich angebotsorientiert als monetäre Gegenleistung („**Entgelt**") eines Käufers für eine bestimmte Menge eines gegebenen Wirtschaftsgutes bestimmter Qualität („Leistungsumfang") definiert. Diese Definition ist für eine Nutzenbetrachtung zunächst viel zu eng. Preise besitzen aus Käufer- wie Anbietersicht nämlich stets einen Preiszähler (Entgelt) und einen Preisnenner (Leistungsumfang), stellen also eine **Preis-Leistungs-Relation** dar. An beiden Stellen kann die Preispolitik ansetzen, etwa wenn der Abgabepreis pro Einheit erhöht oder wenn bei gleichem Preis die Packungsmenge verringert wird. Noch weiter gehender lässt sich der Güterpreis aus Kundensicht und über den gesamten Gebrauchszyklus hinweg betrachtet als die Summe aller mittelbar oder unmittelbar mit dem Kauf eines Gutes verbundenen Kosten des Kunden interpretieren („**Total Costs of Ownership**"). In diesem Fall zählen zum Preis neben dem eigentlichen Verkaufsentgelt auch die Beschaffungsnebenkosten, z.B. für die Lieferung, Installation und Kreditierung, die zwischen verschiedenen Gütern oft differierenden Kosten des Produktunterhalts sowie der Reparatur und der Rückführung in den Stoffkreislauf bzw. (als Negativposten) die Rabatte und die Wiederverkaufserlöse des Kunden. Eine solche Perspektive bietet einerseits viele wertvolle Ansatzpunkte für eine Differenzierung der Preispolitik. Beispielsweise verlagern viele Hersteller von PC-Druckern die Entgeltmaximierung auf die Folgegeschäfte (Druckertinte, Toner, Papier) und subventionieren damit einen optisch günstigen Gerätepreis. Andererseits fokussiert sie die unterschiedlichen Preisbedürfnisse von Kunden und ist somit kundenorientiert. Z.B. legt sie Flat-Rates auch für Gebrauchsgüter wie Autos nahe, in denen nicht nur das Produkt, sondern auch Folgeleistungen wie Kundendienst, Versicherung, Reparaturen und Finanzierung eingeschlossen werden.

Preise werden von Anbietern gefordert ("Angebotspreise"), von Nachfragern geboten ("Nachfragepreise"/ „Reservationspreise") bzw. am Markt akzeptiert ("Marktpreise"). Für bestimmte Güter werden spezielle Preisbegriffe entwickelt, etwa „**Tarife**" für Dienstleistungen. Standardisierte Listenpreise werden durch systematische oder kundenindividuell ausgehandelte Vertragskonditionen gemäß spezifischer Anbieter- oder Abnehmerleistungen modifiziert („**Konditionenpolitik**", vgl. Abschnitt 3.2.2.3).

3.1.2 Preispolitik

Die Definition der Preispolitik folgt der jeweiligen Definition des Preises. Bei einem kalkulatorischen Verständnis geht es allein um die „Berechnung" des Entgeltes, üblicherweise auf Basis von Kosteninformationen. Die Preispolitik ist auf den Preiszähler beschränkt und mit der Kostenträgerrechnung oder **Preiskalkulation** identisch. Dieses in der Praxis nach wie vor verbreitete Verständnis ist allerdings zu eng. Weil auf vielen Märkten weder Menge noch Qualität der gehandelten Güter normiert sind, wird das faktische Alternativenfeld der Preispolitik bei einer definitorischen Beschränkung auf den Preiszähler recht willkürlich zerschnitten.

Eine Preis-Leistungs-orientierte Definition der Preispolitik („**Preis-Leistungs-Politik**") schließt deshalb auch Variationen des Preisnenners mit ein, insoweit sie ergriffen werden, um einen bestimmten Preiszähler am Markt durchzusetzen

Eine zusätzliche definitorische Ausweitung erfährt die Preispolitik dann, wenn man sie – wie es die Marketingphilosophie fordert – nicht nur als Vermarktungsinstrument, sonders als Problemlösungsfeld für alle Kundenprobleme interpretiert, die im Zusammenhang mit der Begleichung des (aus Kundensicht definierten) Preises auftreten können. In diesem Falle zählen z.B. auch Preisgarantien, Bonusprogramme oder Ersatzteilpreise zur Preispolitik. Dieses moderne Verständnis von Preispolitik folgt den im sog. Beziehungsmarketing entwickelten Leitlinien eines „marktgetriebenen", also gleichermaßen kunden- wie wettbewerbsorientierten Marketing und mündet in folgender, heute zeitgemäßer und nachfolgend verwendeter Definition (*Diller* 2008, S. 34):

> **Preispolitik** umfasst alle von den Zielen des Anbieters geleiteten und gesteuerten Aktivitäten zur Suche, Auswahl und Durchsetzung von Preis-Leistungs-Relationen und damit verbundenen Problemlösungen für Kunden.

Die definitorische Bezugnahme auf die Anbieterziele erfolgt wegen der **betriebswirtschaftlichen Perspektive** der Preispolitik. Es geht nicht um Problemlösungen per se, sondern um Wege zur langfristigen Gewinnsteigerung oder andere Unternehmensziele. Die Aufgliederung in Suche, Auswahl und Durchführung soll den **Prozesscharakter** der Preispolitik deutlich machen und dem Umstand Rechnung tragen, dass es hier nicht nur um die Auswahl von Handlungsalternativen, sondern auch um deren Findung durch Preisforschung und Preisanalysen und um die Realisation der Alternativen unter Einsatz bestimmter Implementationstechniken wie Preisverhandlungen, Preisempfehlungen oder Preisgarantien geht. Insofern rechtfertigt sich auch die synonyme Verwendung der Begriffe **Preismanagement** bzw. **Pricing**. Der Verweis auf die angestrebten Problemlösungen soll schließlich die kundenorientierte Stoßrichtung der Preispolitik deutlich machen, die auf **Preiszufriedenheit** der Kunden zielt.

In der Praxis spielt die Preispolitik aus mehreren Gründen eine **zentrale Rolle** (vgl. *Diller* 2009, S. 21f.):

- Sie ist eine der schärfsten Marketingwaffen im Marketing-Mix, weil sowohl Kunden als auch Wettbewerber unmittelbar und oft auch drastisch auf Preisänderungen reagieren.

- Der Preis zählt zu den stärksten Treibern des Gewinns. Er bestimmt einerseits unmittelbar die Umsatzerlöse, die als Produkt aus Preis und Absatzmenge definiert sind. Er ist andererseits ein wesentlicher Treiber der Absatzmenge und deshalb auch der Auslastung und damit der Kosten. Daneben trägt auch die effiziente Ausgestaltung von Pricingprozessen zur Ertragsteigerung bei, wie internetgestützte Preissysteme (z.B. bei Airlines) belegen.

- Die Preispolitik steht in einer starken Interdependenz mit anderen Marketing-Mix-Instrumenten, etwa der Qualitätspolitik, der Wahl der Absatzwege oder der Verkaufsförderung. Über diese Instrumente kann ohne Festlegungen preispolitischer Prinzipien nicht entschieden werden. Damit kommt dem Pricing eine Schlüsselfunktion im Marketing-Mix zu.

- Die Preispolitik agiert in einem äußerst dynamischen Umfeld, so dass sie häufiger und gründlicher als bei den meisten anderen Marketing-Mix-Instrumenten überdacht und gegebenenfalls nachjustiert werden muss.

- Die Preispolitik gehört zu den schwierigsten und risikoträchtigsten Marketing-Mix-Instrumenten. Zum einen liegt dies an den zahlreichen Aktionsparametern, zum anderen an den oft ungewissen bzw. schwer einschätzbaren Reaktionen der Kunden und Wettbewerber auf eigene Preisaktivitäten.

3.1.3 Ziele und Restriktionen

Gemäß der oben beschriebenen Eigenart und Problematik der Preispolitik verfolgt diese vor allem folgende **Ziele**:

- **Erlössteigerung** durch Maximierung der Absatzmengen, Erhöhung der Marktanteile und/oder maximale Abschöpfung der Preisbereitschaft bei den Kunden,

- **Ertragssteigerung** durch Kostensenkung via optimaler Auslastung der Kapazitäten, optimierten Preis-Kosten-Relationen und effizienten Preisprozessen,

- **Kundengewinnung und –bindung** durch attraktive und faire Preissysteme, langfristige Preiszufriedenheit der Kunden und ein im Vergleich zum Wettbewerb gutes Preisimage,

- **Risikobegrenzung** durch strategische Fundierung der Preispolitik und Vermeidung sprunghafter Veränderungen der Preisparameter.

Daneben sind zahlreiche **Restriktionen** zu beachten, insbesondere

- **rechtliche Vorschriften** zur Preisbildung, –information und –durchsetzung (Kalkulationsrichtlinien, Preisauszeichnungsregeln, Kartellverbote, Preisempfehlungen etc.),

- **ethische Standards** zur preispolitischen Behandlung von Kunden, z.B. bzgl. Preisdiskriminierung, Ausbeutung von Notsituationen, Preisaufklärung und Kulanz sowie

- **Wettbewerbs-Standards**, etwa was die Preisbildung oder die Preisberechnung in einer Branche betrifft (z.B. Auktionspreise bei Rohmaterialien, Anzahlung bei Anlagenkäufen).

3.1.4   Ebenen und Instrumente der Preispolitik

PRINZIP: Preis-Mix entwickeln

Erfolgreiche Preispolitik erfolgt auf drei aufeinander aufbauenden Gestaltungsebenen (Preisadministration, Preisstrategie und operatives Pricing) und mit Hilfe einer Vielzahl von preispolitischen Instrumenten, die im Preis-Mix optimal zu bündeln sind.

Preispolitik geschieht auf **drei Ebenen**, nämlich der operativen, der strategischen und der administrativen Ebene. Erstere umfasst die Festlegung aller kurzfristig variierbaren Preisinstrumente. Auf der strategischen Ebene wird dagegen über grundlegende und langfristig gültige Preisparameter entschieden. Bei der Prozesssteuerung geht es schließlich um die effektive und effiziente Administration der mit der Preispolitik verbundenen Prozesse. Diese drei Ebenen bauen aufeinander auf und bedingen sich gegenseitig, wenn eine optimale Preispolitik betrieben werden soll: Eine klare und effiziente Preisadministration sorgt dafür, dass alle relevanten strategischen und operativen Pricingprozesse im Unternehmen installiert und optimal unterstützt werden. Sie ermöglich somit auch die Entwicklung einer Preisstrategie, die dann ihrerseits mit ihren Grundsatzentscheidungen die operative Preispolitik in die gewünschte Richtung steuert.

Eine dieser Aufgliederung folgende und in den nachfolgenden Abschnitten näher erörterte Untergliederung des preispolitischen Instrumentariums findet sich in Abbildung 4-32. Als **preispolitisches Instrument** gilt dabei grundsätzlich jeder Aktionsparameter, mit dem Preis-Leistungs-Relationen und Preis-Problemlösungen marktwirksam ausgestaltet werden können. Damit sind nicht nur klassische Instrumente, wie Listenpreise, Rabatte, Preisdifferenzierungen oder die Preislinienpolitik, sondern z.B. auch die Konditionenpolitik, die Absatzfinanzierung und die Preisinformationspolitik (z.B. Preiswerbung) in die Preispolitik eingeschlossen. Ihr Einsatz muss in abgestimmter Weise erfolgen, so dass sich insgesamt ein ebenso effektives wie effizientes **Preis-Mix** ergibt.

Eine Sonderrolle spielen die in Abb. 4-32 nicht aufgenommenen Instrumente der **Preisadministration**, weil sie die „Innenseite" der Preispolitik betreffen, also nicht direkt marktgerichtet sind. Hierbei geht es um die Organisation und das Controlling sowie die IT-Unterstützung der Preispolitik und die zielgerichtete Führung der dort eingesetzten Mitarbeiter. Wir verweisen diesbezüglich auf die allgemeinen Ausführungen im Kapitel 5 sowie auf *Diller* (2008, S. 423ff.).

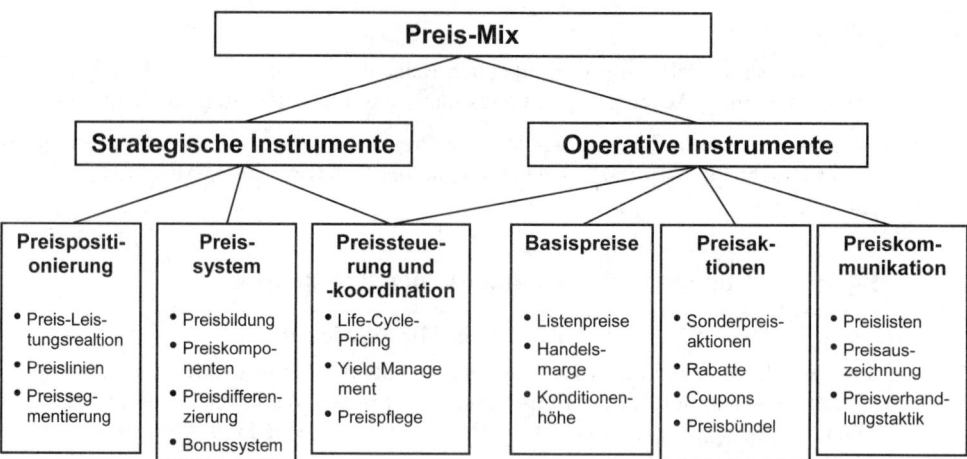

Abb. 4-32: Das marktgerichtete Instrumentarium der Preispolitik.

3.1.5   Prozesse und Methoden der Preisbestimmung

> **PRINZIP: Preisbestimmung**
> Preisentscheidungen erfordern den Durchlauf mehrerer Prozessschritte und die Anwendung kostenorientierter, marktbezogener und verhaltenswissenschaftlicher Entscheidungskalküle und Analysen.

Wie alle Marketingentscheidungen sollte auch die Preispolitik systematisch und geordnet ablaufen, um alle Chancen und Risiken zu erkennen und höchstmögliche Effektivität zu gewährleisten. Typische **Prozessschritte** dafür sind

(1) Definition und Strukturierung des preispolitischen Entscheidungsproblems einschließlich der Festlegung bestimmter Zielpräferenzen

(2) Umsichtige und kreative Herleitung von Alternativen für die Preisentscheidung

(3) Evaluierung und Vergleich der Alternativen unter angemessenen Einsatz primär- und sekundärstatistischer Methoden der Marktforschung (vgl. dazu Kap. 3/ 2.)

(4) Auswahl der im Hinblick auf die relevanten Ziele optimalen Alternative

(5) Umsetzung der Preisentscheide, was nicht selten eigenständige Maßnahmen erfordert, z.B. Vorankündigungen von Preiserhöhungen oder Schulungen des Außendienstes bei neuen Konditionensystemen

(6) Definition von Kontrollstandards zur Steigerung der Preiskompetenz und zur Überwachung der Zielerreichung im Zeitablauf

(7) Ggf. Nachsteuerung der Maßnahmen bei Planabweichungen

(8) Kontrolle der Zielerreichung und Analyse eventueller Zielabweichungen

Zur Kreation und Evaluation preispolitischer Alternativen greift man auf unterschiedliche betriebswirtschaftliche **Analysen und Kalküle** zurück:

(1) **Kostenorientierte Kalküle („Preiskalkulation")**: Auf Basis dieser Kalküle lässt sich ein Kostenpreis berechnen, der die Kosten für das jeweilige Erzeugnis deckt und

um einen angemessenen Gewinnzuschlag beinhaltet. Derartige Berechnungen erfordern eine Schlüsselung von Gemeinkosten, weshalb eine (Vollkosten-) Kalkulation nie völlig genau sein kann. Nicht selten geht man deshalb zu Deckungsbeitragskalkulationen über, bei denen die variablen Kosten oder die Einzelkosten als Preisuntergrenzen definiert und entsprechende Deckungsbudgets aufgestellt werden, die für alle Produkte oder Teilgesamtheiten erfüllt werden müssen, um die noch nicht verrechneten Fix- bzw. Gemeinkosten zu decken und den angestrebten Gewinn zu ermöglichen. Naturgemäß können kostenorientierte Kalküle die Interdependenz zwischen Preisen und Kosten aber nicht abbilden. Es besteht deshalb die Gefahr, sich „aus dem Markt zu kalkulieren", wenn die Nachfrage sinkt und deshalb der Preis angehoben wird, was nur weitere Absatzrückgänge zur Folge hat. Lässt sich ein Teil der Kosten eines Produktes nicht mehr diesem selbst, sondern z.B. nur noch der Produktlinie zurechnen, muss die Preiskalkulation zwangsläufig auf **Kostentragfähigkeitsüberlegungen** zurückgreifen. Damit erfolgt der Übergang von einer stark kostenorientierten Einzelkalkulation zu einer stärker marktorientierten **Ausgleichskalkulation**, deren Zielfunktion auf das Gesamtergebnis der Produktlinie und nicht auf einzelne Produkte gerichtet ist. Typische Erscheinungsformen einer solchen Preispolitik sind:

– **Basismodelle** (z.B. in der Automobilindustrie), die relativ preisgünstig kalkuliert sind und die Preisanmutung der Produktlinie positiv beeinflussen sollen,

– **Untereinstandspreis-Angebote**, d.h. besonders preisgünstige, z.T. sogar unter Herstell- bzw. Einstandskosten kalkulierte Angebote zur Weckung von Preisaufmerksamkeit und zur Erzeugung einer hohen Kundenfrequenz,

– **überproportionale Kalkulationsaufschläge** für hochpreisige Produkte der Produktlinie wegen geringerer Preissensitivität der Kunden in diesem Bereich,

– **Preisunifizierung**, d.h. gleiche Preisstellung für verschiedene Produkte (trotz unterschiedlich hoher Kosten) aus Gründen der Preisoptik oder der Vereinfachung der kalkulatorischen Handhabung (sog. Preisgruppen).

(2) **Marktbezogene Kalküle:** Diese Kalküle zeichnen sich durch eine Orientierung an den am Markt erkennbaren Preisen aus (z.B. in Preisforderungen der Kunden oder Ausgabepreisen der Wettbewerber). Mit Hilfe von **Sekundäranalysen** über frühere Marktreaktionen auf Preisänderungen können z.B. **Preis-Absatz-Funktionen** ermittelt und entsprechende Umsatzprognosen für unterschiedliche Preise erstellt werden. Mittels **Preisbefragungen** bei Kunden oder Außendienstmitarbeitern kann man z.B. abschätzen, welche Bedeutung der Preis für bestimmte Zielgruppen besitzt und welche Preisschwellen zu beachten sind (vgl. Kap. 3/ 2.). Bezugsgröße ist dabei häufig nicht die absolute Preishöhe der eigenen Produkte, sondern deren Preisabstand zu den Produkten der Wettbewerber.

(3) **Preistheoretische Kalküle:** Eine Anwendung dieser Kalküle setzt die Kenntnis der jeweiligen Preis-Absatz-, Preis-Kosten- und der daraus zusammengesetzten Preis-Gewinn-Funktion voraus. Der optimale Preis wird hierbei mit Hilfe der Differenzialrechnung ermittelt und ergibt sich im Maximum der Preis-Gewinn-Funktion (vgl. *Diller* 2008, S. 90ff.). Die zunehmend bessere Möglichkeit, Preis-Absatz-Funktionen auf Basis

gespeicherter Transaktionsdaten zuverlässig zu schätzen, hat die Einsatzmöglichkeiten dieser Kalküle stark verbessert.

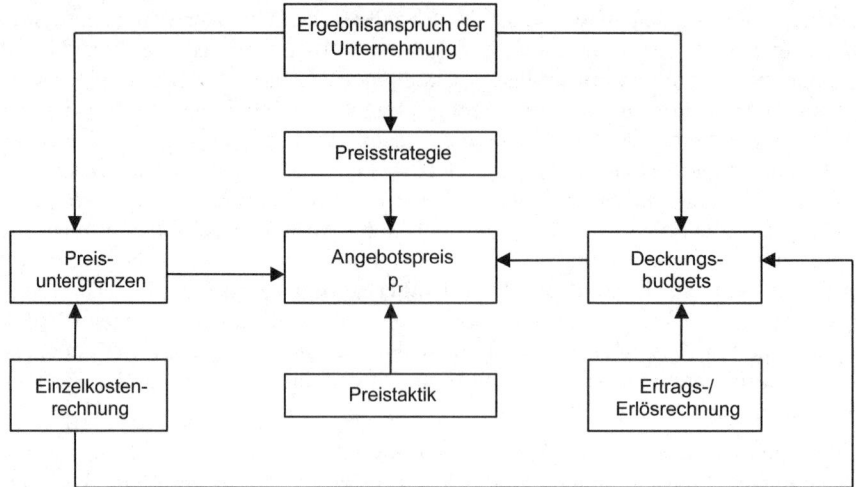

Abb. 4-33: Integrativer Ansatz der Preisbestimmung (Quelle: Diller 2008, S. 329)

Eine Kombination der drei Ansätze findet sich in dem in Abb. 4-33 dargestellten Schema. Ausgehend vom Ergebnisanspruch des Unternehmens und den Informationen aus der Kostenrechnung werden zunächst **Preisuntergrenzen** bestimmt. Die marktorientierte Ertrags- bzw. Erlösrechnung liefert Informationen über die **Preisobergrenzen** und die erforderlichen Deckungsbudgets bei bestimmten Abgabepreisen. Daraus und in Verbindung mit preisstrategischen Überlegungen (z.B. Unterschreitung von Preisschwellen, Unter- oder Überbietung bestimmter Wettbewerber) lässt sich dann der angemessene Abgabepreis p_r abschätzen.

(4) **Verhaltenswissenschaftliche Analysen**: Diese Analysen berücksichtigen auch scheinbar irrationale Aspekte der Preisentscheidung von Kunden und haben vor allem das Ziel, „faire" Preisverfahren und Preise zu finden, die dem Gerechtigkeitsempfinden Rechnung tragen. So kann man z.B. (meist im Wege von Befragungen) systematisch untersuchen,

–   wie stark das Preisinteresse bei verschiedenen Kundengruppen ausfällt und wodurch es motiviert wird,

–   über welche Preiskenntnisse Kunden verfügen, insb. an welchen Referenzpreisen sie ihre Preisbeurteilung verankern,

–   wie stark Kunden den Preis als Qualitätsindikator nutzen, also von niedrigen bzw. hohen Preisen auf niedrige bzw. hohe Qualität der Ware schließen,

–   welche Preiskomponenten die Preiszufriedenheit am stärksten treiben oder

–   welche Stärken und Schwächen das Preisimage eines Anbieters im Wettbewerbervergleich aufweist (vgl. dazu ausführlich: *Diller* 2008, S. 94ff).

3.2 Gestaltung der Preispolitik

PRINZIP: Preispolitik

Die Preispolitik bedarf einer strategischen Fundierung bezüglich Positionierung, Systematik des Preissystems und langfristiger Preissteuerung. Auf dieser Basis müssen dann die operativen Entscheidungen zur Preisbestimmung, zu Preisaktionen und zur Preiskommunikation getroffen werden.

Die vielfältigen Preisinstrumente verfolgen teilweise unterschiedliche strategische Stoßrichtungen und können daher nicht wahllos eingesetzt werden. So konkurrieren beispielsweise niedrige mit hohen Markteintrittspreisen, Dauerniedrigpreisprogramme mit Aktionspreiskonzepten oder Flat-Rates mit Verbrauchstarifen. Weiterhin trifft die Preispolitik auf unterschiedlich preisinteressierter Kundengruppen und muss daher zielgruppenorientierter als früher angelegt werden. Deshalb müssen preisstrategische Entscheidungen bezüglich Preispositionierung, Preissystem und Preiskoordination getroffen werden.

Preisstrategien sind allgemein definiert aufeinander abgestimmte, also ganzheitliche und an langfristigen Unternehmenszielen ausgerichtete Ziel- und Handlungskonzepte der Preispolitik, welche auf die Erschließung und Sicherung von Erfolgspotenzialen des Unternehmens abzielen. Je nach den Vorgaben aus den generellen Marketing- bzw. Unternehmensstrategien kann es sich dabei mehr um Wachstums-, Ertrags- oder Stabilisierungsziele handeln. Wegen der aktuellen Wachstumsschwächen auf vielen Märkten und des damit verknüpften Preisverfalls gewannen in den letzten Jahren insbesondere kundenbindungs- und ertragsorientierte Strategien an Bedeutung.

3.2.1 Preispositionierung

PRINZIP: Preispositionierung

Das Unternehmen muss seine Angebote im Preis-Qualitätsfeld entsprechend den Preis- und Qualitätswahrnehmungen der Kunden angemessen platzieren, wobei Niedrigpreis-, Mittelpreis- und Premiumstrategien zur Auswahl stehen. Zu deren Umsetzung bedarf es eines entsprechenden Kundennutzenkonzeptes, das bestimmte Preisprobleme der Kunden besser löst als es die Wettbewerber vermögen.

3.2.1.1 Platzierung im Preis-Qualitäts-Feld

Die Preispositionierung beinhaltet die Platzierung eines Unternehmens im *Preis-Qualitäts-Feld* (vgl. Abb. 4-34). Märkte schichten sich üblicherweise nach Kunden mit hohen, mittleren und niedrigen Qualitätsansprüchen und entsprechenden Preiserwartungen. Ein Unternehmen wird sich hier im Sinne einer generischen Strategie i.d.R. auf der Diagonale dieses Preis-Qualitäts-Feldes positionieren, woraus sich drei Optionen ergeben:

(1) Bei der „**Niedrigpreisstrategie**" optiert das Unternehmen für ein Absatzprogramm mit unterdurchschnittlichen, aber keineswegs schlechten Produktqualitäten und niedri-

gen Preisen. Die Mindestansprüche der Kunden an die Qualität müssen dabei über-schritten werden. Typische Beispiele sind Discountanbieter (z.B. Flugverkehr, Hotelle-rie, Pharmazeutika, Mobilfunk).

(2) Bei der „**Mittelfeldstrategie**" sucht das Unternehmen ihren Erfolg durch Produkte mittlerer Qualität und mittleren Preisniveaus, wobei dies herkömmlich besonders breite Kundenkreise ansprach. Allerdings hat sich im Laufe der letzten Jahre eine **Polarisie-rung** vieler Märkte ergeben, durch die sich die Mittelschicht ausdünnte und sich die ehemals kegelförmige Marktzusammensetzung zu einer Glocke verformte (vgl. *Becker* 2006).

(3) Bei der „**Premiumstrategie**" sucht das Unternehmen mit (weit) überdurchschnittli-chen Produktqualitäten und entsprechend hohen Preisen ihren Markterfolg. Dabei gibt es verschiedene Erscheinungsformen, etwa Luxusmärkte bei Uhren, Spezialitäten- bzw. Feinschmecker-Konzepte im Lebensmittelbereich oder Hochleistungsgeräte im industri-ellen Produktgeschäft.

In allen drei Fällen ergibt sich aus dem Preis-Leistungs-Verhältnis ein attraktiver Netto-nutzen für die Kunden mit jeweils unterschiedlichen Nutzenschwerpunkten (Konsis-tenzzone" des Preis-Qualitätsfeldes). Weicht ein Unternehmen von diesen Optionen ab, ergeben sich entweder „**Vorteilstrategien**" oder „**Übervorteilungsstrategien**", wobei Letztere kaum auf Dauer, sondern nur bei Vorliegen eines temporären Wettbewerbsvor-teils betrieben werden können. Vorteilsstrategien sind dagegen immer dann möglich, wenn ein Unternehmen spezifische Wettbewerbsvorteile besitzt, die ihr ein überdurch-schnittliches Preis-Leistungs-Angebot an die Kunden erlauben. Dies erzeugt naturge-mäß besondere Zufriedenheit, verschiebt aber auf Dauer die Preis-Qualitäts-Relationen, wenn sich die Kunden an diese Verhältnisse gewöhnen. Insofern unterliegt das Preis-Qualitätsfeld einer gewissen Dynamik und verschiebt sich dadurch nach links, d.h. frü-here Vorteilspositionen erodieren.

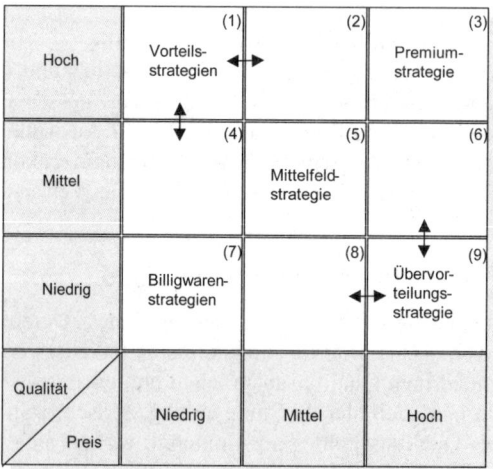

Abb. 4-34: Strategieoptionen im Preis-Qualitäts-Wettbewerb (Quelle: Bliemel 2001, S. 1348)

Man erkennt daraus, dass das Preis-Qualitätsfeld nicht nach objektiven Kriterien, sondern nach den subjektiven Wahrnehmungen der Kunden aufzuspannen ist. Ein Imagevorsprung in der Qualität schlägt sich dann aus Gründen der kognitiven Konsistenz auch in einer höherwertigen Preiswahrnehmung nieder. Die verschiedenen Marken scharen sich deshalb um eine „**Preis-Nutzen-Relationslinie (PNR)**" wie sie in Abb. 4-35 am Beispiel des Kfz-Reifen-Marktes dargestellt ist.

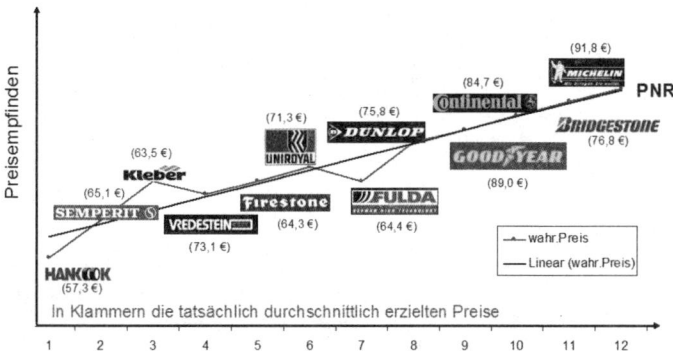

Abb. 4-35: Preispositionierung diverser Autoreifen-Marken
(Stand 2006; Quelle: facit Markenführungsbarometer)

Hinter der Positionierung im Preis-Qualitäts-Feld stehen **preisstrategische Kundennutzen-Konzepte**, d.h. ganzheitliche Entwürfe zur Lösung von Preisproblemen bei den Kunden, die ein möglichst einzigartiges Preisversprechen definieren, das im Wettbewerb profilieren und die Kunden an das Unternehmen binden können. Preisprobleme der Kunden sind dabei nicht nur ein vergleichsweise niedriger Preis (Preisgünstigkeit) bzw. ein gutes Preis-Leistungsverhältnis (Preiswürdigkeit), sondern z.B. auch Preisemotionen (z.B. Stolz auf Preisschnäppchen („Ich bin doch nicht blöd"), Sicherheit vor Preisärger und –enttäuschungen, Preisübersichtlichkeit und -sicherheit oder langfristige Preiszufriedenheit im Verlauf des Ge- oder Verbrauchszyklus eines Produktes („Life-Cycle-Costs"). Daran anknüpfend lassen sich in allen Preislagen u.U. imageträchtige Preiskonzepte entwickeln. Besonders kreativen Produktkonzepten – etwa „Red Bull" im Cola-Markt – gelingt es, das herkömmliche Preis-Qualitätsfeld zu „sprengen", weil innovative Marketingelemente gefunden werden. Wer sich in dieser Art dem Preis- und Qualitätswettbewerb entzieht, erlangt damit soz. eine „Innovationsrente". Dafür können auch andere Marketingmerkmale, etwa das Vertriebskonzept (z.B. Avon, Vorwerk) verantwortlich sein.

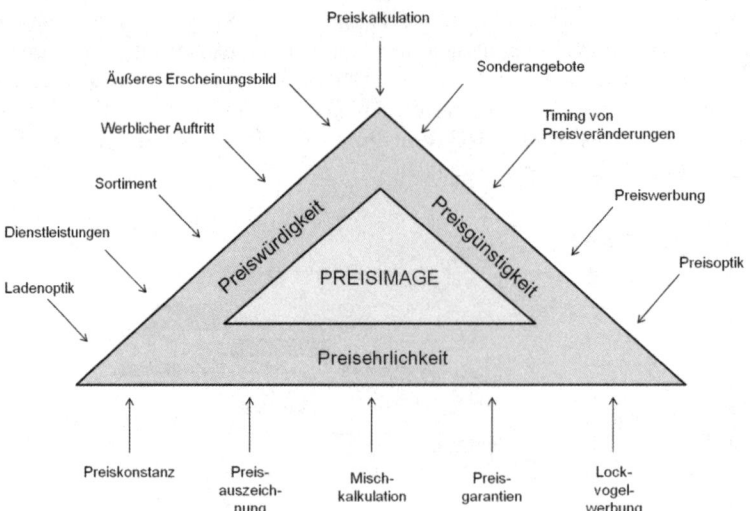

Abb. 4-36: Dimensionen des Preisimage am Beispiel von Einzelhandelsbetrieben

Preispositionierungen prägen das **Preisimage** eines Anbieters. Darunter sind die Summe der subjektiv von Nachfragern wahrgenommenen Eindrücke und Erfahrungen bezüglich des Preisgebarens eines Anbieters zu verstehen, die sich bei Konsistenz im Laufe der Zeit zu einer dauerhaften und das Kaufverhalten prägenden Preiseinstellung verfestigt (*Müller* 2003). Man kann mehrere Dimensionen des Preisimages unterscheiden:

(1) Bei der **Preiswürdigkeit** als erster Dimension des Preisimages geht es um die „Preis-Leistungs-Klasse", in der ein Anbieter agiert. Aldi zählt z.B. zu den Discountern, Kaufhof zu den Warenhäusern, zwei Betriebsformen des Einzelhandels, die sich mit spezifischen Preis-Leistungs-Vorstellungen verbinden.

(2) Daneben prägt die **Preisgünstigkeit** das Preisimage. Sie ergibt sich aus dem *relativen* Preisniveau verglichen mit Wettbewerbern aus der gleichen Preis-Leistungs-Klasse (z.B. Aldi vs. Lidl). Eingeschlossen oder als gesonderte Dimension abgetrennt werden kann davon ggf. die Günstigkeit der **Sonderangebote** (vgl. *Müller* 2003).

(3) In manchen Studien konnten darüber hinaus der Einfluss der **Preisehrlichkeit** bzw. der **Preisfairness** im laufenden Geschäft als weitere Dimensionen ermittelt werden. Abb. 4-36 zeigt ein entsprechendes Modell für den Einzelhandel und den dort einschlägigen Instrumenten, mit denen man das Preisimage pflegen kann.

3.2.1.2   Preislinienpolitik

> **PRINZIP: Preislinienpolitik**
> Das Unternehmen muss nach Maßgabe der Marktbelegungsstrategie, der eigenen Kapazitäten und der Imagekonsistenz der Preispositionen darüber entscheiden, welche Preislagen zu besetzen sind und wie breit und wie gestaffelt die eigenen Angebote darin platziert werden sollen. Dabei sind die Möglichkeiten der Mischkalkulation zu berücksichtigen.

Die **Preislinienpolitik** beinhaltet als Unterproblem der Preispositionierung die Definition der sortimentsübergreifend vom Unternehmen besetzten Preislagen (= Preislinien). Dabei stellen sich folgende strategische Entscheidungsprobleme:

(1) Bestimmung der vom Sortiment abgedeckten **Preislagen.** Dazu ist die Bestimmung der **Preisspanne** im gesamten Produktionsprogramm und der Besetzungszonen dazwischen erforderlich. Hierbei gilt es abzuwägen, welche Preislagen in die strategische Preispositionierung des Unternehmens passen, d.h. Wettbewerbsfähigkeit und Preis-Image-Konsistenz gewährleisten. Manche Unternehmen verzichten bewusst auf untere, andere auf obere Preislagen. Maßgeblich sind insb. die Kaufkraft und Struktur der jeweiligen Zielgruppen. Allerdings verändern sich diese Größen im Zeitablauf, was eine Überprüfung der Preisspanne von Zeit zu Zeit nahe legt. Zu beobachten sind dabei sowohl Ausweitungen nach unten (z.B. Generika-Produkte bei Pharmazeutika), insb. aber nach oben, z.B. durch sog. Premium-Produkte. Hierbei gilt es durch entsprechende Aufschlüsselung der Umsatzanteile in verschiedenen Preiszonen zu eruieren, welche Preiszonen welche Umsatzanteile auf sich vereinen und wo das eigene Unternehmen relativ stark bzw. schwach vertreten ist. Die Aufteilung in Preiszonen erfolgt dabei unter Berücksichtigung typischer **Preisschwellen** (Preispunkte, an denen sich die Preisbeurteilung sprunghaft ändert) und branchenüblicher Gepflogenheiten in der Preisstellung. Da in den Preislinien mit verschiedenen Modellvarianten eine Preisverteilung entsteht, ist zu beachten, dass sich die verschiedenen Preislinien nicht (zu sehr) überschneiden, um Kannibalisierungseffekt zu vermeiden.

(2) **Koordination der Preise innerhalb der Preislinie**, etwa für das Basismodell und bestimmte Produktvarianten (wie im Automobilmarkt Limousine, Kombi, Cabrio etc. einer Modellreihe).

(3) Prinzipielles Vorgehen bei der Abstimmung der Preisstellung der verschiedenen Artikel (Kalkulationsaufschläge) innerhalb und zwischen den Preislinien im Sinne eines **preispolitischen Ausgleichs.** Dieser erfolgt im Wege einer **Misch- oder Ausgleichskalkulation**, bei der die einzelnen Artikel auf ihre jeweilige Kostentragfähigkeit hin überprüft werden und ein entsprechender Angebotspreis festgelegt wird. Kalkulatorische Unterdeckungen bei einzelnen Erzeugnissen („Ausgleichsnehmer") sollen dabei durch überdurchschnittliche Gewinnzuschläge bei „Ausgleichsgebern" sortimentsübergreifend ausgeglichen werden. Das Prinzip lässt sich auch auf die Kalkulation von Hauptprodukt und Folgeprodukten (z.B. EDV-Drucker und Tintenpatronen) oder Folgedienstleistungen (z.B. Reparaturleistungen, Ersatzteile) anwenden.

Die Preislinienpolitik weist also starke Interdependenzen mit der Programm- bzw. Sortimentspolitik auf und ist insgesamt von dem Bemühen getragen, nicht nur die optimalen Preise einzelner Erzeugnisse zu finden, sondern die Preispolitik über das gesamte Produktionsprogramm hinweg zu optimieren.

3.2.1.3   Preissegmentierung

PRINZIP: Preissegmentierung

Zur Abschöpfung unterschiedlicher Preisbereitschaften und Steigerung der Preiszufriedenheit können preispolitische Aktivitäten auf bestimmte Zielgruppen mit
relativ homogenen Preisverhalten ausgerichtet und ggf. entsprechend differenziert
werden.

Die Preispositionierung zielt immer auf bestimmte Zielgruppen. Bei einer preisorientier-
ten Segmentierungsstrategie, kurz „**Preissegmentierung**" genannt, werden Merkmale
zur Charakterisierung des Preisverhaltens von Kunden oder andere preisbezogene
Marktcharakteristika zur Beschreibung und Unterteilung von Märkten und zur Auswahl
entsprechender Zielgruppen für die Preispolitik herangezogen (*Stamer* 2006). Preissegmentierung stellt damit einen Spezialfall der Marktsegmentierung dar, die das Anliegen
hat, einen gegebenen Markt in bezüglich der Marktreaktion intern homogene und untereinander heterogene Untergruppen (Marktsegmente) aufzuteilen und eines oder mehrere
dieser Marktsegmente gezielt zu bearbeiten (vgl. Kap. 2/ 2.).

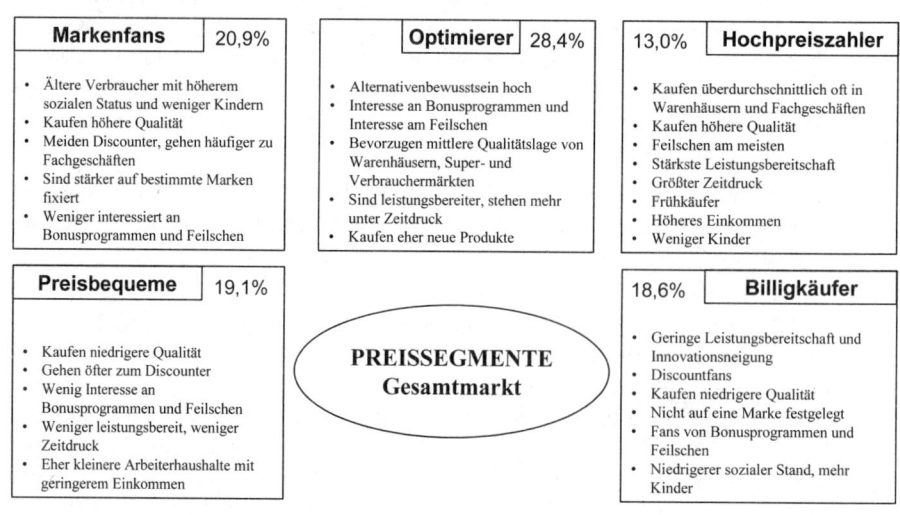

*Abb. 4-37: Ergebnisse einer Preissegmentierung auf FMCG-Märkten
(Quelle: Diller/Stamer 2004)*

Bei der Auswahl der Segmentierungsvariablen stehen eine Vielzahl von Alternativen
zur Auswahl, die branchen- und situationsspezifisch auszuwählen sind. Eine breit angelegte empirische Untersuchung von *Diller/Stamer* (2004) im FMCG-Markt ergab für
nahezu alle Produktkategorien eine stabile Clusterlösung mit fünf Konsumentengruppen, nämlich „Markenfans", „Preisbequeme", „Optimierer", „Hochpreiszahler" und
„Billigkäufer" (vgl. Abb. 4-37).

3.2.2 Preissystem

PRINZIP: Preissystem

Das Unternehmen hat sich für ein Preissystem zu entscheiden, mit dem die Preisformen und –komponenten, die Art der Preisbildung sowie das Ausmaß und die
Art der Preisdifferenzierung grundsätzlich geregelt werden.

Ein weiteres sehr grundlegendes Feld preisstrategischer Instrumente betrifft das **Preissystem** eines Anbieters. Darunter sind grundsätzlich alle vom Unternehmen verwendeten Preisformen, Preisfindungsregularien sowie die ausgewiesenen Preis- und
Konditionenkomponenten zu verstehen. Dies schließt die grundsätzlichen Bedingungen
und die Spannweite der Preisdifferenzierung mit ein.

3.2.2.1 Preisformen und Preisbildung

Nicht in allen Märkten und Geschäftsbeziehungen ist es möglich oder zweckmäßig,
Preise als monetäre Entgelte zu definieren. Vielmehr kann man auch andere Preisformen festlegen, die den jeweiligen preispolitischen Zielen u.U. besser gerecht werden. Es
lassen sich diesbezüglich drei Unterscheidungskriterien definieren, die auch kombiniert
zur Anwendung kommen können:

(1) **Zahlungsmedium**: Der Preis kann entweder als **monetäre** Gegenleistung, also in
Geldform, oder als Kompensationsgeschäft, als in Form von **Realgütern**, definiert werden. Letzteres geschieht vor allem im Auslandsgeschäft, wenn der Kunde über unzureichende Devisen für eine monetäre Abwicklung verfügt („**Barter-Geschäfte**").

(2) **Bezugsbasis**: Der Kaufpreis kann sich auf die verkaufte **Leistung** oder auf die
Wirkung der verkauften Leistung beim Kunden, also z.B. die Senkung der Betriebskosten oder die effizientere Prozessabwicklung, beziehen („leistungsabhängige Preise"). Im
letzteren Fall übernimmt der Lieferant selbst Nutzungs- und/oder Erfolgsrisiken des
Kunden und steigert damit dessen Preisbereitschaft und –vertrauen (*Hüttmann* 2003).

(3) **Produkt oder Dienst**: In manchen Fällen ist es möglich, statt Produkte Dienstleistungen mit den Produkten zu vermarkten und diese dabei durch zusätzliche Elemente
anzureichern. So bietet Hilti als Hersteller von Profi-Handwerksgeräten (Bohrhämmer,
Sägen etc.) seinen Key Accounts im Baugewerbe ein „**Flottenmodell**" an, bei dem der
Kunde nicht mehr laufend jährlich Tausende von Produkten selbst kauft, sondern Hilti
permanent gegen eine fixe Monatsgebühr eine definierte Geräteflotte bereitstellt und
darüber hinaus das gesamte Management dieser Flotte übernimmt (Bestandsüberwa-
chung, Einsatzkontrolle, Abschreibung, Wartungsmanagement, Ersatzmanagement, auf
Wunsch auch Abdeckung von Bedarfsspitzen etc.). Hardware wird damit zur Software,
der Kunde hat keinerlei Preisrisiken, ein professionelleres Gerätemanagement und eine
geringere Kapitalbindung. Ähnliche Preismodelle sind z.B. bei Aufzugherstellern und
EDV-Anbietern im Einsatz.

Sehr maßgeblich für die Möglichkeiten und Grenzen differenzierter Preissysteme ist das
auf den jeweiligen Märkten übliche **System der Preisbildung**. Es schafft spezifische

Freiheitsspielräume oder begrenzt sie bis hin zur totalen Fixierung auf einen reinen Marktpreis bei Produktbörsen.

Herkömmlich erfolgt der Absatz in „**fixierten Systemen**", wo das Unternehmen den (Plan-) Abgabepreis festsetzt und sich seine Abnehmer zu diesem Preis selbst sucht. Bei **Auktions- und Börsensystem**en geben die Nachfrager Preisgebote ab, die dann – je nach gewählten Regeln – vom Anbieter akzeptiert werden müssen oder nicht. Mithin ist der Preis hier nicht a priori fixiert. Bei einer **Ausschreibung** fordern Abnehmer die Anbieter öffentlich oder durch direkten Kontakt auf, ihre Preisangebote für bestimmte Leistungen abzugeben. Insbesondere auf BtB-Märkten werden Preise oft individuell **ausgehandelt**, sie entstehen also in einem Wechselspiel von Preisgeboten des Anbieters und Preisforderungen des Nachfragers. Eine Variante davon stellen **Kostenvoranschläge** bzw. **unverbindliche Preisanfragen** dar.

Vor allem durch das Internet werden vielfältige neue Preisbildungsverfahren bis hin zum sog. **Reverse Pricing** möglich werden, bei dem der **Nachfrager** ein Preisgebot abgibt, das vom Anbieter dann angenommen wird, wenn es oberhalb einer verdeckt gehaltenen Preisuntergrenze liegt. 4-38 gibt einen Überblick über solche Formen der **partizipativen Preisfindung**.

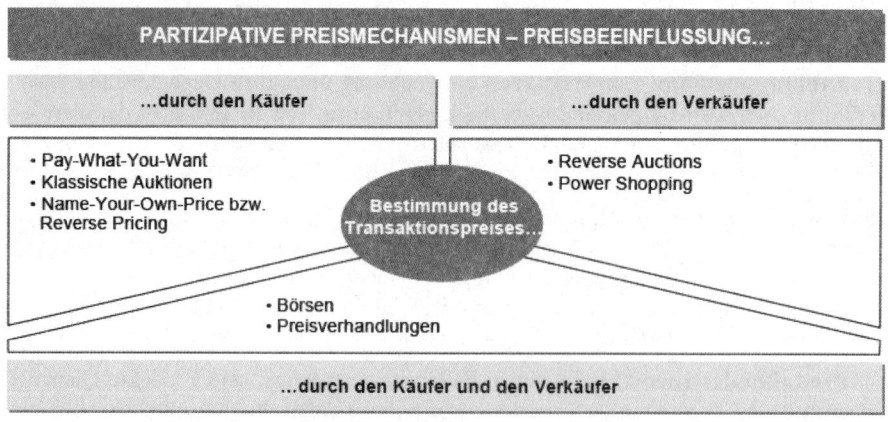

Abb. 4-38: Erscheinungsformen der partizipativen Preisbildung (Quelle: Kim/Natter/Spann 2010)

Erste Erfahrungen zeigen, dass auf diesem Wege eine gute Abschöpfung von Konsumentenrenten möglich ist (*Spann/Skiera/Schäfers* 2005). Freilich eignet sich das Reverse Pricing nur für relativ wenige Gütermärkte, etwa Flugreisen oder elektronische Produkte, wo der Anteil der Internetkäufer grundsätzlich recht hoch ausfällt. Noch kundenorientierter ist die gänzliche Übergabe der Preishoheit an die Nachfrage in sog. „**Pay-What-You-Want (PWYW) –Systemen**". Dort wird es dem Kunden überlassen, jenen Preis zu entrichten, den er für angemessen hält. Erste Praxiserfahrungen bei Restaurant- oder Kinobetreibern zeigen, dass der dabei erzielte Erlös in einigen Fällen nicht deutlich niedriger als bei üblicher Preisstellung ausfällt und die Attraktivität des Anbieters angesichts der offerierten maximalen Preisfairness deutlich steigt (*Kim/Natter/Spann* 2010).

Es bleibt aber abzuwarten, wo und inwieweit sich dieses Preisbildungsmodell betriebs-wirtschaftlich bewährt.

3.2.2.2 Preisdifferenzierung

Grundsätzlich frei ist jedes Unternehmen bei ihrem System der **Preisdifferenzierung**, also den Unterschieden in den Abgabepreisen für gleiche oder doch sehr ähnliche Leis-tungen. Mit dem Wegfall des Rabattgesetzes im Jahre 2004 ergaben sich diesbezüglich erheblich größere Spielräume als früher. Zu beachten ist hier heute nur noch ein gene-relles Diskriminierungsverbot nach Maßgabe des Wettbewerbsrechts für ungerechtfer-tigte Preisunterschiede.

Es lassen sich nach *Pigou* die drei in Abbildung 4-39 dargestellten Grundformen der Preisdifferenzierung unterscheiden: Bei der **Preisdifferenzierung ersten Grades** wer-den kundenindividuelle Preise gebildet und angestrebt, dass jeder Kunde genau seinen individuellen Maximalpreis bezahlt. Damit würde die gesamte **Konsumentenrente** ab-geschöpft. Solche Konsumentenrenten entstehen, wenn die individuelle Preisbereit-schaft höher als der gezahlte Marktpreis ausfällt. Preisdifferenzierung ersten Grades wird u.a. bei individuellen Preisverhandlungen und Versteigerungen möglich.
Preisdifferenzierung zweiten Grades liegt dagegen dann vor, wenn der Kunde selbst bestimmt, welche der vom Anbieter vorgegebenen Preisangebote er wählt. Er ordnet sich damit indirekt selbst einer bestimmten Preishöhe zu. Diese variiert üblicherweise nach Maßgabe leistungsbezogener oder mengenmäßiger Kriterien sowie nach Maßgabe sog. Preisbündel.

PREISDIFFERENZIERUNG (PD)						
PD ersten Grades	**PD zweiten Grades**			**PD dritten Grades**		
Preis-individualisierung	Leistungs-bezogene PD	Mengen-mäßige PD	Preis-bündelung (PB)	Person-elle PD	Räum-liche PD	Zeitliche PD
Preisver-hand-lungen z.B. Ver-steiger-ungen	z.B. Liefer- vs. Abhol-preise, Sitzplatz-kategorien	z.B. Mengen-rabatte, Boni, Mehrstufige Tarife, Pauschal-preise	z.B. Set-Preise, Pauschal-reisen, Zubehör-pakete	z.B. Studenten, Beamten- oder Senioren-tarife	z.B. Internat. PD, Bahnhofs-preise	z.B. Wochen-end-fahrpreise, Nachttarife

Abb. 4-39: Arten und Formen der Preisdifferenzierung
(Quelle: Diller 2008, S. 229)

Leistungsbezogene Preisdifferenzierungen variieren die Angebotsleistung, ohne dass neue Güter entstehen. Üblicherweise geschieht dies durch Veränderung der Verpa-ckung, Verbesserung der Ausstattung oder anderer peripherer Produktmerkmale. Die Grenze zur Produktdifferenzierung ist fließend. Typisch sind z.B. deutliche Preisunter-schiede für Flugreisen in der ersten, der Business- und der Touristenklasse. Weit ver-breitet sind auch **mengenmäßige** Preisdifferenzierungen, die in sehr unterschiedlicher

Form umgesetzt werden können. Nicht immer handelt es sich um einen reinen **Mengen-rabatt**, der ab bestimmten Bezugsmengen gewährt wird und dann die großen Kunden besser stellt als die kleinen. Ein umgekehrter, aber auch komplementärer Weg liegt darin, Kleinkunden sog. **Mindermengenzuschläge** abzuverlangen, wenn die Absatzmenge bestimmte Richtwerte unterschreitet. Wird der Rabatt über einen Zeitraum hinweg auf die gesamte Absatzmenge bezogen und im Nachhinein gewährt, spricht man von **Bonus**. Solche Boni können – wie Rabatte allgemein – nicht nur in Form von Preisnachlässen, sondern auch in Form von Naturalrabatten (Freistücke), Sachprämien oder – wie bei umfassenderen **Bonusprogrammen** – Wertgutschriften eines Bonussystems erfolgen. Dabei erlangt der Kunde bei Überschreiten bestimmter Punktwerte Anspruch auf bestimmte Sach- oder Geldleistungen. Dies soll zu stärkerer Kundenbindung und höherer Kauffrequenz führen (*Müller* 2006).

Von **Preisdifferenzierung dritten Grades** spricht man dann, wenn nicht der Kunde selbst, sondern der Anbieter bestimmt, welche Preise für den jeweiligen Kunden gelten. Dies gelingt bei Differenzierung der Preise nach bestimmten personellen, räumlichen oder zeitlichen Merkmalen. **Personelle Preisdifferenzierung** liegt z.B. bei Sozialtarifen für Studenten oder Senioren oder bei spezifischen Beamtentarifen in der Kraftfahrzeugversicherung vor. Häufig sind derartige Preisunterschiede mit sozialen Anliegen oder mit unterschiedlichen Kosten für den Anbieter (z.B. Schadenshäufigkeit) verbunden. Durch die zunehmende Verbreitung von Kundendatenbanken mit individuellen Kundendaten und entsprechenden Kundenkarten, mit denen sich die Kunden ausweisen können, steigt der Anwendungsbereich personeller Preisdifferenzierungen. Dagegen sinken durch die zunehmende Transparenz und Globalisierung der Märkte die Chancen der **räumlichen Preisdifferenzierung**, die früher ganz erheblich waren. **Zeitliche Preisdifferenzierung** liegt dann vor, wenn der Anbieter für bestimmte Zeitpunkte oder -perioden unterschiedliche Preise fordert, ohne dass der Nachfrager dann die Chance hätte, zu unterschiedlichen Preisen zu kaufen. Dies gilt z.B. für Wochenendfahrpreise von Verkehrsmitteln, Autowaschanlagen oder Nachsaisonpreisen für Sportartikel.

Der **gewinnsteigernde Effekt** der Preisdifferenzierung kann an einem einfachen Beispiel aufgezeigt werden (vgl. Abb. 4-40). Gilt bei undifferenzierter Preisstellung der gewinnoptimale Preis p_2^* und die variablen Kosten $k = 2$, so wird insgesamt der in Abbildung 4-30 grau unterlegte Bereich als Deckungsbeitrag erwirtschaftet. Gelingt es dagegen, bei einer Gruppe von Kunden den höheren Preis p_3^* und einer anderen den niedrigeren Preis p_1^* zu realisieren, können zusätzliche Gewinne in Höhe der schwarz unterlegten Flächen erwirtschaftet werden.

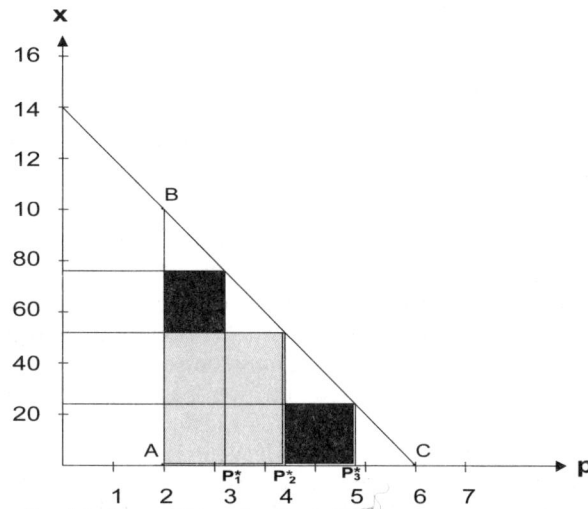

Abb. 4-40: Abschöpfungseffekte der Preisdifferenzierung

Preisdifferenzierungen werden freilich nicht nur zu Zwecken der Gewinnsteigerung eingesetzt. Sie dienen auch dazu, den Kundenkreis gezielt zu erweitern, Kunden an das Unternehmen zu binden und die Auslastung über das Jahr hinweg zu verstetigen.

3.2.2.3   Preis- und Konditionenkomponenten

Je komplexer das Leistungsangebot eines Unternehmens durch „added values" ausfällt, um so leichter wird es möglich, **Preisbaukästen** für die Preisdifferenzierung zu entwickeln, bei denen für Zusatzleistungen wie Finanzierung, Zustellung, Schulung, Installation, Garantien etc. eigene Preisbausteine definiert werden, die der Kunde wählen kann oder nicht (*Diller* 1993).

Konditionen sind „...zwischen Anbieter und Abnehmer vereinbarte, an bestimmte Umstände gekoppelte, abnehmerspezifische Modifikationen der ansonsten üblichen Standardbemessung von Anbieterleistungen oder Abnehmer-Gegenleistungen bei Markttransaktionen" (*Steffenhagen* 2001, S. 797). Sie knüpfen am **Kaufvolumen** (Mengenkonditionen), am **Kaufzeitpunkt** (Dispositionskonditionen, z.B. Frühbucherrabatt, Vorsaisonpreis), an den **Zahlungsmodalitäten** (z.B. Inkassovergütung, Skonti, Zahlungsziele), an **Logistik-Parametern** (z.B. Palettenabnahme, Zustellort), an **Kundenleistungen** (z.B. Distributionsdichte, Umsatzsteigerung, Warenpräsentation) oder anderen Größen an, in denen zumindest eine der beiden Seiten eine Leistung erblickt, die eine Preisreduktion verdient.

Prinzipiell strebt man mit solchen **Konditionensystemen** danach, Leistungen und Gegenleistungen adäquat zu berücksichtigen („leistungsorientiertes Konditionensystem"), was aber nicht selten an der Marktmacht der Verhandlungspartner scheitert, wobei dann effektive Preisnachlässe hinter z.T. abenteuerlichen Konditionenarten („Auslistungsverhinderungsrabatt", „Jubiläumsrabatt" etc.) „versteckt" werden, um den offiziellen Listenpreis unberührt zu lassen (*Steffenhagen* 1995). Oft höhlen sich dann solche Preissysteme in ihrer Glaubwürdigkeit sehr schnell aus, so dass besser zu „Netto-Netto-Preisen" übergegangen wird, in denen alle Preiskomponenten verrechnet sind.

Preissysteme können **ein- oder mehrteilig** sein, je nachdem, wie viele Preiskomponenten in den Endpreis eines Gutes einfließen (*Büschken* 2001; *Pechtl* 2003). In manchen Dienstleistungsmärkten gilt z.B. ein **Preissockel** als Periodenbasispreis („Grundgebühr"), zu dem ein von der Nutzungsintensität abhängiger Verbrauchspreis pro Zeit- oder Mengeneinheit hinzukommt. Dadurch entstehen **nicht-lineare Preissysteme**, weil sich der Preissockel bei zunehmender Nachfrage auf immer mehr Einheiten verteilt und so ein degressiver Preisverlauf entsteht. Typisch ist dies für Energieversorger, Telekommunikationsdienstleister oder Handwerksbetriebe, die eine Anfahrtspauschale berechnen. Solche Systeme dienen insbesondere der leichteren Preisdifferenzierung. Hohe Basispreise rechnen sich für den Kunden umso besser, je intensiver er den Dienst nutzt (Intensivverwender). Für Extensivverwender werden dagegen oft auch Tarife mit geringem Basispreis, aber hohen Nutzungspreisen angeboten (z.B. für Mobilfunk). Letztlich handelt es sich hier um Varianten des Mengenrabattes. Besonders stark wirkt diese mengenmäßige Preisdifferenzierung bei mehrstufigen Tarifen wie der Bahncard, weil dort der Bezugspreis für die einzelne Einheit drastisch (25 bzw. 50%) reduziert wird, wenn man einmal die Grundgebühr bezahlt hat. Durch sie entsteht ein Lock-in-Effekt, der den Kunden dazu drängt, im Zweifelsfalle das Angebot des jeweiligen Anbieters und nicht jenes von Wettbewerbern zu wählen. Darüber hinaus gewinnt man im Preisvergleich (z.B. zwischen Auto und Bahn) eine optisch bessere Position, weil die einmal getätigten Ausgaben für den Basistarif als „sunk costs" dort schwer zugerechnet und deshalb meist gar nicht eingerechnet werden (*Grunberg* 2004).

Im BtC-Geschäft waren lange Zeit **Komplettpreise** üblich, da sie für den Kunden Preistransparenz schaffen und dem Anbieter verdeckte Möglichkeiten der Mischkalkulation zwischen verschiedenen Preiskomponenten lassen. Zunehmend breiten sich aber auch hier mehrteilige Preissysteme aus. Gleichzeitig gibt es aber auch den Gegentrend zu **Pauschalpreisen** *(„flat rates")*, wo der Kunde gegen einen fixen Periodenbetrag so viele Einheiten beziehen kann, wie er wünscht. Auch dies stellt im Grunde eine Preisdifferenzierung nach Menge bzw. Nutzungsintensität dar, weil der Durchschnittspreis pro bezogener Einheit mit zunehmender Bezugsmenge entsprechend sinkt. Einsetzbar sind Pauschalpeise vor allem dort, wo die Verbrauchsmengen begrenzt sind (z.B. Buffet-Preise) oder wo die Grenzkosten sehr gering und die Kapazitäten ausreichend groß sind (z.B. Internet-Provider). Außerdem bieten sie hohe **Preisbequemlichkeit** für die Kunden.

3.2.3   Preissteuerung und -koordination

Die Preisstrategie eines Unternehmens muss langfristig und ganzheitlich orientiert sein. Dass hierbei grundlegende Koordinationsaufgaben erwachsen, wurde oben schon bei Behandlung der Preislinienpolitik deutlich, wo es neben der Positionierung im Wettbewerb auch um die Koordination der Preisstellungen innerhalb der Sortimente eines Unternehmens geht. Darüber hinaus stellen sich drei weitere strategische Steuerungs- und Koordinationsaufgaben:

(1)   Der Produktlebenszyklus neuer Produkte muss durch eine **zeitliche Koordination** der Preisabfolgen gesteuert werden. Sie geschieht im sog. **Product-Life-Cycle-Pricing**.

(2) Eine **räumliche Preiskoordination** ist v.a. im internationalen Vertrieb erforderlich, weil dort die unterschiedlichen Marktverhältnisse einerseits oft eine Preisdifferenzierung nahe legen, aber andererseits bei zu großen Preisunterschieden die Gefahr von negativen Ausstrahlungseffekten entsteht. Ferner sind Wechselkursrisiken zu beachten.

(3) Eine **kapazitative Steuerung** der preislich verschiedenen Angebotsklassen soll die maximale Auslastung unter der Bedingung höchstmöglicher Erträge gewährleisten („**Yield Management**")

3.2.3.1   Product-Life-Cycle-Pricing

PRINZIP: Product-Life-Cycle-Pricing
Bei Einführung neuer Produkte muss zwischen Skimming- und Penetrationsstrategie entschieden werden. Im Handel gilt es die Vor- und Nachteile einer Dauerniedrigpreisstrategie gegenüber einer High-Low-Preispolitik abzuwägen.

Skimming- vs. Penetrationsstrategien
Die Preispolitik in der Einführungsphase neuer Produkte kann entscheidenden Einfluss auf den weiteren Verlauf des Lebenszyklus nehmen. Sie besitzt deshalb hohe strategische Bedeutung. Man kann grundsätzlich **Skimming-** und **Penetrationsstrategien** unterscheiden. Bei ersterer wird der Preis im Verlauf des Modelllebenszyklus sukzessiv gesenkt, während man bei Penetrationsstrategien von Anfang an einen im Vergleich zum kurzfristig optimalen Preis relativ niedrigen Preis setzt, um
(a) den Markt schnell zu durchdringen und dabei
(b) rasch Erfahrungskurveneffekte, d.h. Kostenvorsprünge im Wettbewerb, zu realisieren und
(c) den (potentiellen) Wettbewerbern von Anfang an weniger Angriffschancen zu bieten.

Eine dauerhafte Preiserhöhung über Inflationsraten hinaus lässt sich im Produktlebenszyklus meist nicht durchsetzen. Der Preiswiderstand der Kunden und ihr Gerechtigkeitsempfinden stehen dem entgegen. Deshalb scheuen viele Firmen das Risiko der Penetrationsstrategie, die nur „aufgeht", wenn sich das neue Produkt am Markt tatsächlich durchsetzt. Daneben können bei einer Skimmingstrategie die notwendigen Produktionskapazitäten schrittweise aufgebaut werden.

Dauerniedrigpreise vs. High-Low-Strategie
Eine ähnliche strategische Aufgabe stellt sich insb. im Handel im Hinblick auf die Sonderpreise. Viele Unternehmen bauen hier auf die Anreizwirkung temporärere Preissenkungen (vgl. unten), was auf Dauer zu einer sog. **High-Low-Politik** führt, bei der die Preise regelmäßig zwischen Hoch- und Niedrigpreisen pulsieren. Dies mag allerdings Kunden dazu verleiten, Käufe hinauszuzögern, bis man wieder auf Sonderpreise trifft. Damit sinken dann über die Zeit hinweg die Ertragschancen der High-Low-Strategie. Ferner werden zum Normalpreis kaufende Kunden in gewisser Weise diskriminiert, was das Gerechtigkeitsempfinden stören und das Preisimage bezüglich Preisfairness beschädigen kann. Deshalb bevorzugen manche Unternehmen den gänzlichen Verzicht auf Sonderpreise und bieten sog. **Dauerniedrigpreise** an, deren Preisstellung im Vergleich

zum Normalpreis bei High-Low-Politik niedriger angesetzt werden kann. Die Entscheidung für eine der beiden Alternativen ist davon abhängig, ob der bei Dauerniedrigpreisen wegfallende Anlockeffekt der Sonderpreise durch die Bindungseffekte der fairen
Dauerniedrigpreise überkompensiert werden kann.

3.2.3.2   Internationale Preiskoordination

PRINZIP: Internationale Preiskoordination
Zur Abschöpfung regional und international unterschiedlicher Preissituationen
bieten sich räumliche Preisdifferenzierungen an. Zur Durchsetzung müssen daraus
resultierende Ertragschancen und Reimportgefahren gegeneinander abgewogen
werden. Ferner sind die Chancen konzerninterner Verrechnungspreise und langfristige Wechselkursrisiken zu berücksichtigen.

Die meisten Unternehmen sind heute international aktiv, sei es durch Export, Auslands-
niederlassungen oder -gesellschaften, internationale Vermarktungsnetzwerke oder Joint
Ventures mit ausländischen Partnern. Man agiert damit gleichzeitig auf mehreren Märkten mit jeweils unterschiedlicher Preissituation, was eine **international Preisdifferenzierung** nahe legt. Allerdings ergeben sich dabei u.U. gefährliche Rückkopplungseffek-
te, wenn durch Re- und Querimporte Arbitragegeschäfte entstehen, welche die nationale
Preisstellung in Frage stellen. Insofern ergeben sich Zwänge zur **internationalen
Preiskoordination**.

Ein preispolitischer Lösungsansatz liegt in der Einführung eines entsprechenden **Preiskorridors** (vgl. *Simon/Fassnacht* 2009, S. 551ff.) für die Zielländer, der festlegt, in
welchem Ausmaß die Preise voneinander abweichen dürfen. Dieses Konzept sucht ge-
wissermaßen den Mittelweg zwischen Einheitspreisen und unabhängigen Landesprei-
sen, um ein langfristiges Absinken auf das Niveau der Niedrigpreismärkte zu verhindern. Es wird davon ausgegangen, dass, durch eine teilweise Absenkung der relativ hohen Preise und eine Erhöhung der niedrigen Preise, die mit einer Preisstandardisierung
einhergehenden Gewinneinbußen reduziert werden können. Der Korridor muss dabei so
bemessen sein, dass Arbitrage gerade unterbunden wird, d.h. dass die Preisdifferenz
zwischen zwei Märkten knapp geringer ist als die Arbitragekosten.

Eine andere Form der Preiskoordination setzt am Preisnenner an, wenn z.B. die jeweiligen **Produkte** international differenziert (z.B. Markierung, Ingredienzien etc.) oder Garantien und andere Serviceleistungen für ausländische Produkte eingeschränkt oder aber
Händlerbindungsmaßnahmen entwickelt werden. Dabei ist allerdings jeweils ein öko-
nomisches Kalkül, das Kosten und Nutzen derartiger Maßnahmen gegenüberstellt, anzustellen.

Eine spezifische Form der internationalen Preisdifferenzierung stellt das **Dumping** dar,
bei dem der geforderte Preis für ein bestimmtes Gut im Ausland niedriger als im Inland
ausfällt. Im engeren und handelspolitisch geächteten Sinne liegt Dumping allerdings
erst dann vor, wenn die im Ausland gültigen Preise dem Exporteur keine (volle) Kos-
tendeckung mehr gewährleisten.

Unternehmen, die ausländische Märkte nicht ausschließlich über Exporte bearbeiten, sondern über Niederlassungen, Joint Ventures, Lizenzabkommen und vergleichbare Marktbearbeitungsformen direkt im Zielmarkt tätig sind, müssen neben der auf externe Leistungsabnehmer ausgerichteten Preispolitik auch **Transferpreise** gestalten, also etwa die Preise der Zentrale an ausländische Lizenznehmer oder zwischen zwei Tochtergesellschaften festlegen. Ziel der Transferpreispolitik ist es, das globale Konzernergebnis zu optimieren. Dabei werden suboptimale Situationen in einzelnen (z.B. nationalen) Unternehmensbereichen in Kauf genommen. Transferpreise dienen z.B. dazu (vgl. *Diller* 2008, S. 305),

– hohe Steuern in bestimmten nationalen Märkten dadurch zu umgehen, dass die dort angesiedelten Firmenteile für erhaltene Güter und Leistungen hohe Transferpreise zu entrichten haben, die den vor Ort anfallenden Gewinn mindern, oder

– Zollbelastungen niedrig zu halten.

Eine weitere strategische Entscheidung im internationalen Geschäft betrifft die **Währung**, in der die Geschäfte abgewickelt werden können. Sie ist maßgeblich dafür, wer das Wechselkursrisiko trägt, das sich ergibt, wenn sich zum Zahlungszeitpunkt (im Anlagengeschäft oft Jahre nach der Auftragsvereinbarung) der Wechselkurs verschlechtert hat. Um solche Währungsrisiken zu vermeiden und zudem internationale Einkaufspreise vergleichbar zu machen, haben ausländische Abnehmer ein Interesse daran, in ihrer jeweiligen Währung zu zahlen. Ergebnisse einer empirischen Studie (vgl. *Samiee/Anckar* 1998, S. 125) zeigen, dass in Fremdwährung fakturierende Unternehmen einerseits geringere Deckungsbeiträge in Kauf nehmen müssen. Andererseits weisen sie aber ein höheres Exportvolumen als ihre in nationaler Währung abrechnenden Konkurrenten auf. Insbes. in frühen Phasen von internationalen Geschäftsbeziehungen muss oft auf Währungswünsche von Kunden eingegangen werden, um diese zunächst an das Unternehmen zu binden. Es zeigt sich, dass der Wahl der Währung in internationalen Preisverhandlungen ein wichtiger strategischer Platz einzuräumen ist.

3.2.3.3   Yield Management

> **PRINZIP: Yield Management**
> Bietet ein Unternehmen den Kunden mehrere Buchungsklassen an, müssen sowohl die Preishöhe als auch die Angebotskapazität der verschiedenen Klassen simultan so festgelegt werden, dass größtmögliche Auslastung bei maximalen Erträgen resultieren.

Umfassende strategische Systemunterstützung erhält die Preispolitik bei Dienstleistern durch sog. **Yield Management-Systeme** (vgl. z.B. *Tillmans* 2003; *Diller* 2008, S. 497ff.). Sie ermöglichen eine ertragsorientierte, elektronische Steuerung der Angebotsmengen und zugehörigen Preise von Dienstleistungen, die, wie bei Flügen, Übernachtungen, Mietwagen etc., im Voraus buchbar sind und an unterschiedlich preissensitive Kundengruppen vertrieben werden.

Die **Preissegmentierung** nach verschiedenen Buchungsklassen erfolgt vorab nach dem preistheoretischen Modell der Preisdifferenzierung zweiten Grades. Je nach Preiselastizität der Segmente werden die Ausgangspreisniveaus der Buchungsklassen bestimmt. Den verschiedenen Buchungsklassen, deren Abgrenzung durch entsprechende Buchungsvoraussetzungen (Zeitpunkt, Zeitraum der Nutzung, Umbuchbarkeit etc.) erfolgt, werden nach den zu erwartenden Nachfragemengen berechnete Mengenkontingente zugeschlagen, die sich in Annäherung an den Verfallszeitpunkt immer feiner an die jeweilige Buchungssituation anpassen. Dazu kann ein unter normalen Umständen zu erwartender Reservierungskorridor definiert werden, der sich mit nahendem Zeitpunkt der Leistungserstellung ständig verengt. Bei Ausbrüchen der tatsächlichen Buchungen aus diesem Korridor werden entsprechende Preisänderungen vorgenommen, um die Nachfrage anzuheben bzw. zu dämpfen.

Die bestmögliche Aufteilung der Kapazitäten auf die verschiedenen Preiskategorien bzw. Buchungsklassen liegt dann vor, wenn die mit den aktuellen Nachfragewahrscheinlichkeiten gewichteten Durchschnittserlöse, d.h. die erwarteten Grenzumsätze, in allen Preiskategorien gleich sind. Zentrale Ziel- und Steuerungsgrößen sind also der Auslastungsfaktor (bei Fluggesellschaften z.B. der Sitzladefaktor, d.h. der Anteil gebuchter Sitzplätze einer Maschine pro Flug) und der Durchschnittserlös pro Kunde, der z.B. durch den Kunden-Mix und die Anteile der verschiedenen Buchungsklassen sowie sonstige Preisnachlässe und Sonderkonditionen bestimmt wird.

Das Herzstück eines Yield Management-Systems liegt in der die historischen Buchungsverläufe und Stornierungen in differenzierter Form (Termine, Orte, Vertriebskanäle, Kundenmerkmale etc.) erfassenden **Datenbank**. Diese enthält darüber hinaus alle Merkmale der eigenen und der konkurrierenden Angebote sowie u.U. auch Verbunderlöse. Auf dieser Basis werden mittels entsprechender Regressionsmodelle **Nachfrage- und Stornoprognosen** erstellt, die eine nach Tag und Buchungsklasse genaue Kalkulation des Kundenaufkommens, des damit erzielbaren Umsatzes und Gewinns zulassen. Das Prognose- und Optimierungsmodul kontingentiert die Gesamt- und Teilkapazitäten inkl. etwaiger Überbuchungszuschläge für alle getrennt buchbaren Teilkapazitäten und meldet dies im Echtzeitbetrieb an das elektronische Vertriebssystem. Dabei wird das Fehlmengen- gegen das Leerkostenrisiko abgeglichen und eine nachfragegerechte, flexible sowie gewinnoptimale Feinsteuerung des Angebots möglich. Liegt bei einer Airline die Auslastung eines Fluges z.B. vier Wochen vor Abflug in der Business Class bereits deutlich über dem durch die Prognose geschätzten Wert, werden Kapazitäten aus der Economy Class abgezogen bzw. der Preis der Economy-Plätze erhöht. In der Endphase der Buchungsfrist wird der Preis immer höher, weil dann meist nur noch kurzfristig dringende Flüge gebucht werden. Zudem wehrt man damit Spekulanten auf billige Last-Minute-Preise ab.

Im Luftverkehr und in der Hotellerie mit hohen „No-Show"- bzw. Stornoraten werden im Yield Management auch gezielte **Überbuchungskalküle** angestellt, um den dadurch verursachten Umsatz- und Gewinnausfall zu minimieren. Dazu sind die mit wachsender Überbuchung abnehmenden Opportunitätsverluste durch bessere Auslastung mit den steigenden Kosten der Überbuchungen (Ersatzleistungen, rechnerische Imageverluste etc.) gegen zurechnen.

Die Einrichtung eines Yield-Management-Systems ist eine strategische, dessen laufende Nutzung eine operative Aufgabe zur Preisdurchsetzung.

Nachfolgend werden die drei operativen Entscheidungsbereiche der Preispolitik dargestellt. Sie zeichnen sich dadurch aus, dass die jeweiligen Entscheidungen keine grundsätzliche Bedeutung besitzen und im Rahmen kurzfristiger Dispositionen verändert
werden können. Deshalb sind sie organisatorisch meist auch bei operativen Einheiten
wie dem Produkt-Management und/oder dem Vertrieb angesiedelt.

3.2.4 Bestimmung der Basispreise

> **PRINZIP: Bestimmung der Basispreise**
> Durch kombinierte Anwendung kosten- und marktorientierter und/oder preistheo-
> retischer und verhaltenswissenschaftlicher Preiskalküle sind in jeder Planperiode
> Basiswerte für die Abgabepreise und ggf. Handelsmargen sowie die relevanten
> Konditionenbausteine zu bestimmen.

Bei der Bestimmung der Basispreise geht es um die aktuell gültigen Angebotspreise
eines Unternehmens. Anlässe dafür sind

– die Lancierung neuer Produkte,

– die aus Gründen der Markt- und Kostendynamik meist jährlich bzw. pro Saison er-
  folgende Neubestimmung der Listenpreise für die bereits im Sortiment befindlichen
  Artikel,

– die pro Auftrag bzw. Auftragsanfrage zu berechnenden Abgabepreise für kundenindividuell spezifizierte Leistungen.

Dafür stehen die in Abschnitt 3.1.5 bereits besprochenen kosten-, marktbezogenen,
preistheoretischen und verhaltenswissenschaftlichen Kalküle zur Verfügung. Da alle
diese Verfahren bestimmte Vor- und Nachteile besitzen, die situationsabhängig von
mehr oder minder großem Gewicht sind, lässt sich keines generell als optimal empfehlen. Sie schließen sich naturgemäß auch nicht gegenseitig aus, sondern ergänzen sich in
ihrem jeweiligen Aussagegehalt, so dass es sinnvoll ist, gleichzeitig auf mehrere Verfahren zurückzugreifen. Branchenspezifika spielen dabei eine wichtige Rolle. So kann
im Massengeschäft mit periodisch gekauften Konsumgütern leichter eine Preis-
Absatzfunktion ermittelt und für eine marginalanalytische Preisfindung herangezogen
werden als im Anlagengeschäft, wo jede Anlage individuell zugeschnitten wird und
deshalb eher eine kosten- und nutzenorientierte Preisfindung stattfindet.
Auch bei der kostenorientierten „Preiskalkulation" handelt es sich nur die Anwendung
einer Rechenformel. Vielmehr sind dabei mehr oder minder komplexe und umfassende
Arbeitsschritte mit verschiedenen Analysemethoden zu durchlaufen. Ziel ist es, den
grundsätzlich vorhandenen Preisspielraum, also eine Preisober- und untergrenze zu definieren und im Anschluss daran den gefundenen Preiskorridor durch Argumente bezüglich Kostentragfähigkeit, Nachfrage- und Preiselastizität sowie Konkurrenzpreiselastizi-
tät immer weiter einzuengen (vgl. Abb. 4-41). Es geht bei der Preiskalkulation also
nicht nur um einen fixen **Angebotspreis**, sondern auch um die Bestimmung von **Preisuntergrenzen**, die man im Rahmen von Preisverhandlungen nicht unterschreiten will,
aber auch um zulässige **Preisdifferenzen** zum Wettbewerb, **Preisempfehlungen** für
den Weiterverkauf im Handel und Entgelte für begleitende **Serviceleistungen**.

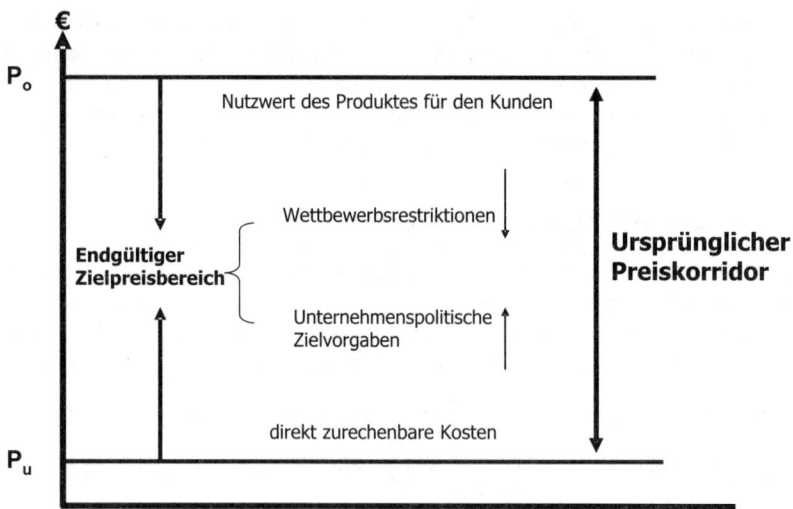

*Abb. 4-41: Ermittlung des Preiskorridors und Zielpreises als Aufgaben der
Preiskalkulation (Quelle: in. Anl. an Monroe 2003, S. 12)*

Die **Preisuntergrenzen** werden durch die in der Kostenträgerrechnung ermittelten
Selbstkosten bestimmt. Kurzfristig müssen zumindest die variablen Kosten, langfristig
die vollen Stückkosten gedeckt werden. Letztere lassen sich freilich wegen Gemeinkosten nicht exakt ermitteln, so dass viele Unternehmen auf **Deckungsbudgets** zurückgreifen und damit marktbezogene Aspekte in die Preisbestimmung einbringen. Jede Produktlinie muss dabei einen aus der Marktsituation hergeleiteten Anteil der noch nicht
verrechneten Gemeinkosten decken, der dann nochmals auf die einzelnen Produkte herunter zu brechen ist. Die Preisobergrenze ergibt sich einerseits aus dem **Nutzwert** des
Produktes für den Kunden, der für dessen Preisbereitschaft maßgeblich ist, andererseits
aus den **Wettbewerbspreisen**, aus denen der Kunde auswählen kann. Je nach Wettbewerbssituation kommt diesen Preisbezugspunkten unterschiedliche Bedeutung zu. So
gibt es für gänzlich neue oder einzigartige Produkte keinen, für an Börsen gehandelte
Massengüter dagegen nur einen Wettbewerbspreis.

Im Rahmen **preistheoretischer Optimierungsmodelle** benötigt man zur Ermittlung
gewinnmaximaler Preise eine Funktion, die den Zusammenhang zwischen der Preishöhe
und dem Gewinn darstellt (vgl. ausführlich: *Diller* 2008, S. 72ff. und 337ff.). Die Preis-
Umsatz- und die Preis-Kostenfunktion bilden dafür die Grundlage. Die Preis-
Umsatzfunktion verläuft parabolisch, weil mit steigenden Preisen zunächst der Preis-
und später der Mengeneffekt einer Preiserhöhung überwiegt. Die Preis-Kostenfunktion
verläuft negativ, weil mit steigenden Preisen weniger abgesetzt werden kann, also auch
weniger Produktionskosten anfallen. Geht man vom kalkulatorischen Nettogewinn aus –
allgemein als Differenz der Preis-Umsatz- und der Preis-Kostenfunktion – so ergibt sich
folgende Preis-Gewinnfunktion:

(4-1) $G = U - K = p \cdot x(p) - K[x(p)]$

Bei linearer Preis-Absatzfunktion und linearer Kostenfunktion ergibt sich daraus die in Abb. 4-42 auch graphisch dargestellte Preis-Gewinnfunktion

(4-2) $\quad G_i = (\alpha + \beta \cdot p_i) \cdot p_i - K_{fi} - k_{vi}(\alpha + \beta \cdot p_i).$

Bei Verwendung des Deckungsbeitrags bleiben die fixen Kosten K_{fi} unberücksichtigt, so dass sich die Gewinnfunktion D(p) dann lediglich im Niveau um den Betrag von K_{fi}, nicht aber im Verlauf verändert. Wie auch aus Abb. 4-42 ersichtlich wird, ist der gewinnmaximale Preis p* völlig unabhängig von den Fixkosten. Daraus folgt, dass bei einer kurzfristigen Betrachtung der Preisfindungsproblematik auf die Berücksichtigung der fixen Kosten verzichtet und ohne Bedenken auf den Deckungsbeitrag als Zielgröße zurückgegriffen werden kann.

(4-3) $\quad D_{it} = U_{it} - K_{vit}$

D_{it}	=	Deckungsbeitrag des Produktes i in Periode t
U_{it}	=	Umsatzerlöse des Produktes i in Periode t
K_{vit}	=	Summe der variablen Kosten des Produktes i in Periode t
(i	=	1 ... I; t = 1 ... T)

Mathematisch ergibt sich der gewinnoptimale Preis dort, wo die Ableitung der Gewinnfunktion nach p Null wird. Dies ist der Fall, wenn die Grenzkosten (bezüglich des Preises) mit den Grenzerlösen übereinstimmen. Jede Abweichung von dieser Bedingung bringt eine Verschlechterung der Gewinnsituation: Bei Preissenkungen übersteigen die zusätzlichen Kosten die Grenzerlöse, und bei Preissteigerungen sinkt der Umsatz stärker als die Kosten.

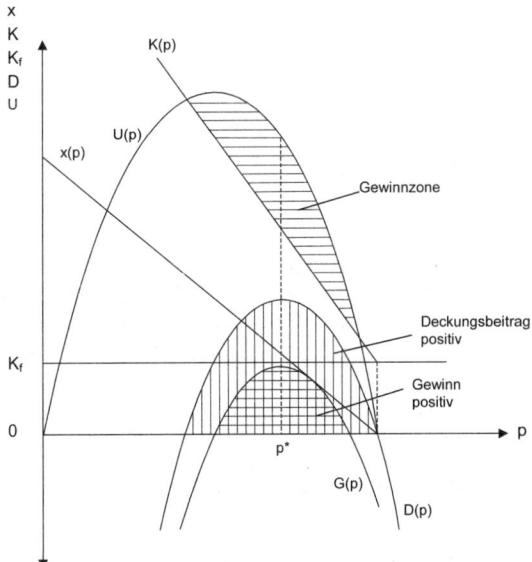

Abb. 4-42: Preis-Gewinnfunktion und Preis-Deckungsbeitragsfunktion bei linearer Preis-Absatz- und Kostenfunktion

Modellanalytisch wurde dieser hier nur für das Monopol dargestellte Kalkül erstmals von Cournot dargestellt und deshalb nach ihm benannt. Der gewinnoptimale Punkt auf der linearen Preis-Absatzfunktion heißt deshalb auch **Cournot-Punkt C**, die zugehörigen Werte Cournot-Menge bzw. Cournot-Preis. Der Cournot-Punkt liegt bei jenem Abszissenwert, wo sich Grenzerlöskurve und Grenzkostenkurve schneiden. Die Bestimmungsgleichung lautet:

(4-4) $p^* = -(\alpha / 2\beta) + (k_v / 2) = 1/2 (-\alpha / \beta + k_v)$

Wichtig für das Verständnis der kurzfristigen Preisfindung ist auch der Umstand, dass in den meisten Fällen bereits ein Vorperiodenpreis vorliegt, also keine völlige Neukalkulation vorzunehmen ist. Dies vermindert das Preisrisiko und lässt eine adaptive, die Marktgegebenheiten immer besser berücksichtigende Preisfindung zu.

Bei **indirektem Absatz** ergibt sich aus der Differenz des für den Endabnehmer kalkulierten Preises und dem Abgabepreis an den Handel die **Handelsmarge**. Sie entscheidet maßgeblich über die Chance, in das Sortiment der Händler aufgenommen zu werden. Fabrikabgabepreise und z.B. aus Imagegründen erwünschte (ggf. empfohlene) Endverbraucherpreise müssen also gegenseitig aufeinander abgestimmt werden. Die Preishoheit über die Endverbraucherpreise liegt hier immer beim Handel.

Basisentscheidungen sind im Übrigen nicht nur für die Angebotspreise, sondern auch für die **Konditionenhöhe** zu treffen. Z.B. müssen die genaue Rabattstaffelung oder die Skontoregeln im Detail festgelegt werden. Dafür gelten die für die Angebotspreise dargestellten Überlegungen analog.

3.2.5   Preisaktionen

PRINZIP: Preisaktionen ·
Unternehmen können durch temporäre Preisnachlässe Marktanreize zur kurzfristigen Absatzsteigerung setzen, die jedoch mit den daraus resultierenden negativen Langfristwirkungen abzuwägen sind.

Preisaktionen sind unregelmäßige und zeitlich befristete Preissenkungen in direkter oder indirekter Form. Am gebräuchlichsten sind Sonderangebote, Preisbündel, Coupons und Bonusaktionen. Im Handel kommen sog. Preisabschriften hinzu.
Preisaktionen sollen innengerichteten (z.B. Lagerabbau, Liquidität), handelsbezogenen (z.B. Einlistung, Verkaufsunterstützung) und verbraucherbezogenen **Zielen** (z.B. Markenerstkauf, Kundenbindung) dienen. Bei der Ausgestaltung sind verschiedene **Preiseffekte** zu bedenken:

(1)   Der **Preisniveau-Effekt** sorgt für eine Steigerung der abgesetzten Menge entsprechend der jeweiligen Preiselastizität.

(2)   Der **Referenzpreis-Effekt** verstärkt zunächst den Preisniveau-Effekt. Er entsteht dadurch, dass Kunden den neuen Preis mit dem alten Preis vergleichen, und somit den Eindruck einer günstigen Kaufgelegenheit erhalten („Schnäppchen-Effekt").

In der Folge Ferner vermindert sich jedoch mit jeder Preisreduktion das Referenzpreisniveau der Kunden, d.h. der Preiswiderstand gegenüber dem Normalpreis nimmt zu. Dieser lässt sich immer schwerer durchsetzen, der Sonderpreis wird zum Referenzpreis.

(3) Der **Kannibalisierungs-Effekt** kann wiederum den Referenzpreis-Effekt konterkarieren. Beispielsweise können Sonderangebote lediglich zu vorgezogenen (aber nicht zusätzlichen) Käufen führen, mit entsprechend negativen Konsequenzen für den zukünftigen Absatz (Carryover-Effekt). Zudem können negative Spill-over-Effekte auf andere Produkte im Sortiment des Anbieters auftreten. So kann eine Preissenkung bei dem Premium-Modell dazu führen, dass sich Kunden zukünftig verstärkt für dieses Modell und nicht für das (gegebenenfalls margenträchtigere) Mittelklasse-Modell entscheiden.

(4) Der **Preiserwartungs-Effekt** kommt dadurch zustande, dass Kunden bei regelmäßigen Preisaktionen ihr Kaufverhalten gezielt darauf abstellen und mit dem Kauf bis zur (vermeintlich) nächsten Preisaktion warten. Daraus entstehen negative Carry-over-Effekte auf den Durchschnittserlös, weil immer höhere Anteile des Absatzes zu Sonderpreisen vermarktet werden.

(5) Der **Segmentierungs-Effekt** entsteht dadurch, dass durch Sonderangebote insbesondere preissensitive Kunden angezogen werden. Gerade diese Kundengruppe zeichnet sich jedoch durch eine relativ geringe Loyalität aus, d.h. sobald ein anderes Unternehmen das Produkt zu einem niedrigeren Preis anbietet, werden sie mit großer Wahrscheinlichkeit zu diesem Unternehmen wechseln.

Oft werden die langfristig negativen Wirkungen von Preisaktionen unterschätzt. Preisaktionen stellen insofern eine „preispolitische Droge dar, die kurzfristig high, aber langfristig krank machen kann" (*Meffert* 2000). Nicht zuletzt deshalb variiert man die Preisaktionen und setzt unterschiedliche Formen ein (vgl. *Gedenk* 2003), auf die wir nachfolgend eingehen.

3.2.5.1   Sonderangebote

Sonderangebote sind unregelmäßige und zeitlich befristete Preissenkungen für einzelne Artikel und gelten für alle Nachfrager. Sie lassen sich örtlich, zeitlich, sachlich (Produktvarianten, Packungsgrößen) und im Hinblick auf den horizontalen und vertikalen Wettbewerb sehr gezielt und relativ kurzfristig in einer der jeweils aktuellen Zielsetzung angepassten Form ausgestalten und besitzen insofern hohe **Flexibilität** im Einsatz. Sie bewirken häufig deutliche **Absatzsteigerungen**. Die intensive Nutzung führt aber auch zur **Abnutzung** der Wirkungseffekte. Kunden gewöhnen sich rasch an die Vorteile und richten ihr Kaufverhalten darauf aus, so dass die Negativwirkungen zunehmen. Die z.T. extrem hohen Aktionspreiselastizitäten bringen ferner hohe **Unstetigkeit** in das logistische System und erzeugen damit Opportunitätskosten, die z.B. bei Dauerniedrigpreisen nicht entstünden. Da Sonderangebote von allen Kunden einer Vertriebsstelle genutzt werden können, besteht hierbei auch kaum eine Chance zur Individualisierung der Preispolitik. Schließlich kalkuliert der Handel inzwischen die für Sonderangebote von den Herstellern bezahlten **Werbekostenzuschüsse** von vorne herein fest in seine Preiskalkulation ein, womit diese ihren Anreizcharakter im vertikalen Wettbewerb verlieren und die sorgfältige Durchführung der Aktion zweitrangig wird.

3.2.5.2   Rabattaktionen

Im Gegensatz zu Sonderangeboten beziehen sich Rabattsaktionen auf die Gesamtheit oder große Teile des Sortiments, meist verbunden mit einem pauschalen Preisnachlass. Dieser Preisnachlass erreicht in manchen Branchen (z.B. Möbeleinzelhandel) deutlich zweistellige Prozentwerte. Auf Kundenseite steigen hierdurch das preisbezogene Misstrauen gegenüber dem Anbieter und das Verlangen nach Preisnachlässen auf reguläre Verkaufspreise. Rabattaktionen erfreuen sich wegen ihrer starken Wirkung auf die Kundenfrequenz zunehmender Beliebtheit, sind jedoch angesichts der erwähnten Nachteile und ihrer drastisch negativen Wirkung auf die Marge mit großer Vorsicht einzusetzen. Meist sind die Preiselastizitäten nicht hinreichend groß, um den Margenverlust mit dem Zuwachs an Kunden zu kompensieren. Manche Anbieter „verbuchen" Rabattaktionen deshalb eher als Werbekosten zur Verbesserung des Preisimages. Die Baumarktkette Praktiker als ehemaliger Innovator solcher Aktionen hat diese mittlerweile wieder aufgegeben.

3.2.5.3   Preisbündelung

Bei der Preisbündelung bietet ein Anbieter mehrere heterogene Güter in einem Bündel (Paket) zu einem Gesamtpreis an. Dieser ist i.d.R. niedriger als die Summe der Einzelpreise. Insofern handelt es sich um eine mengenmäßige Preisdifferenzierung. Solche „Paketangebote" sind in der Praxis weit verbreitet und dienen ganz unterschiedlichen Zielen, insbesondere dem Cross-Selling und der internen Mischkalkulation zwischen den verschiedenen Leistungen im Preisbündel. Von **reiner Preisbündelung** spricht man, wenn nur das Bündel und nicht auch die Einzelprodukte offeriert werden, wie das z.B. bei Pauschalangeboten von Reiseveranstaltern der Fall ist. Bei der **gemischten Preisbündelung** werden auch die Einzelprodukte zum Verkauf angeboten, etwa bei Computerkomponenten oder Menübestandteilen in der Gastronomie. Bei **Koppelungsverkäufen** erwirbt der Käufer neben dem Hauptprodukt Komplementärprodukte oder verpflichtet sich, diese künftig ausschließlich vom gleichen Lieferanten zu kaufen (z.B. Handy-Kauf und Telefonvertrag). **Umsatzboni**, die auf den (mit verschiedenen Produkten) zustande gekommenen Periodenumsatz gewährt werden, stellen im Grunde ebenfalls Modelle der Preisbündelung dar. Schließlich gibt es gelegentlich **Mehr-Personen-Preise**, wo ein Preisnachlass für eine zweite oder mehrere Personen gewährt wird, welche die Leistung gemeinsam nutzen (z.B. Hotelzimmer, Seminarveranstaltung). Zunehmend gebräuchlich sind auch **Mehrfachpackungen** oder komplementäre **Produkt-Sets** (z.B: Hemd und Krawatte).

In Preisaktionen erfolgt eine solche Bündelung temporär und kann mit speziellen Preisvorteilen verbunden werden. Bündelangebote zielen vor allem auf Umsatzsteigerungen durch Mehrkauf oder Cross-Selling. Die reduzierte Marge kann dabei durch die höheren Umsätze u.U. kompensiert werden. Es handelt sich um einen Spezialfall der leistungsbezogenen Preisdifferenzierung.

3.2.5.4   Coupons

Coupons sind Gutscheine, die bei ihrem Einsatz innerhalb eines festgelegten Zeitraums einen Preisvorteil für ein bestimmtes Produkt versprechen. Coupons können sowohl von Hersteller- als auch von Handelsunternehmen ausgegeben werden. Sie bieten die Möglichkeit der **individuellen Rabattierung**, also einer Preisdifferenzierung ersten Grades, etwa für besonders wertvolle Kunden oder Neukunden, wenn die Coupons per Mailing zugestellt werden.

Coupons lassen sich in sehr unterschiedlicher Form ausgestalten und distribuieren. Am beliebtesten, da effektivsten sind

– **Leaflet-Coupons**, die der Handel über Handzettel oder Werbeprospekte verteilt;

– **On-/In-Pack-Coupons**, bei denen sich der Coupon auf bzw. in der Verpackung befindet;

– **Direct-Mail-Coupons** werden direkt an die Verbraucher versendet, z.B. in Form von Briefen. Zu den Direct-Mail-Coupons zählen auch die sog. **E-Coupons**, die per E-Mail an die Verbraucher übermittelt werden, sowie die **M-Coupons**, die per SMS an den Kunden verschickt werden;

Die verschiedenen Distributionsformen von Coupons unterscheiden sich insbes. hinsichtlich ihrer **Kosten** sowie der durch sie erzielbaren **Reichweite**. Beispielhaft seien hier die extrem niedrigen Distributionskosten von E-Coupons genannt, wohingegen die Ausgabe von Instore-Coupons durch Handelsmitarbeiter mit vergleichsweise hohen Kosten verbunden ist.

Coupons weisen im Vergleich zu kurzfristigen Preisreduktionen einige Vorteile auf: Sie gewähren nur den Kunden einen Vorteil, die im Besitz eines Coupons sind und ermöglichen so eine Segmentierung der Kunden. Der negative Einfluss von direkten Preisreduktionen auf den Referenzpreis der Kunden wird bei Coupons vermieden, da diese den Angebotspreis des Produktes nicht verändern. Allerdings dürfen diese Vorteile nicht über mögliche Nachteile hinwegtäuschen. So zeigen Befunde aus den USA, dass eine Verteilung von Coupons nach dem Gießkannen-Prinzip wenig Erfolg versprechend ist. Ferner bestehen bei personalisierten Coupons zunehmend Vorbehalte wegen des möglichen Datenmissbrauchs. Negativ sind auch die z.T. sehr hohen Kosten für das Handling und Clearing der Coupons.

3.2.5.5   Bonusaktionen

Preisattraktionen können auch durch kurzfristige und temporäre Erhöhungen der Bonifizierung bestimmter Käufe in Bonusprogrammen erzeugt werden, wie das manche Unternehmen im payback-System tun. Für eine bestimmte Zeit werden dann z.B. beim Einkauf bestimmter Waren doppelte oder dreifache Bonuspunkte gewährt. Dadurch lassen sich v.a. sehr gezielt ganz bestimmte Sortimentsbereiche forcieren und gleichzeitig die Nutzung des Bonusprogramms und dessen Wertschätzung beim Kunden steigern. Gleichzeitig priorisiert man bei solchen Preisaktionen die treuen und wertvollen Kunden, weil diese deutlich häufiger Teilnehmer von Bonusprogrammen darstellen. Außerdem darf man auf einen preisoptischen Effekt hoffen, wenn die Bonuspunkte als spezielle „Währung" vom Preis separiert und wegen eines ggf. höheren absoluten Niveaus besser beurteilt werden als äquivalente Preisnachlässe.

3.2.5.6   Preisabschriften

Preisabschriften sind dauerhafte Reduktionen eines ursprünglich geplanten Verkaufs-preises für einen bestimmten Artikel. Gebräuchlich ist der Begriff v.a. im Textileinzel-handel, wo es die beträchtlichen modischen Unsicherheiten selten zulassen, dass die ursprünglich geplanten Preise tatsächlich ohne Restbestände am Markt durchgesetzt werden können. Insofern geht es bei Preisabschriften auch um die (misslungene) **Preis-durchsetzung** der für eine bestimmte Absatzsaison vorgesehenen Preise. Zu den Preis-abschriften kann man auch die **Räumungsverkäufe** zum Saisonschluss zählen.

Neben ungeplanten finden sich auch **geplante Preisabschriften**. Ein erster Unterfall betrifft hier das „**Saison-Skimming**", bei dem ein Anbieter einen Artikel bewusst in der frühen Phase der Saison zu höheren Preisen als in späteren Phasen anbietet, um die hö-here Preisbereitschaft bestimmter Nachfrager auszunutzen und damit Konsumentenrente abzuschöpfen. Insofern handelt es sich hier gleichzeitig um einen Fall der zeitlichen Preisdifferenzierung. Im Gegensatz zu normalen Preisaktionen, bei denen der Preis nach der Aktion wieder angehoben wird, könnte man hier von einer „**Preisreduktionsakti-on**" sprechen. Der höhere Ausgangspreis wird hier als Preisanker eingesetzt, um dem Verbraucher einen zusätzlichen Anreiz zum Kauf der Ware zu bieten (Referenzpreisef-fekt).

3.2.6   Preiskommunikation

PRINZIP: Preiskommunikation
Anbieter müssen ihre Preise mittels geeigneter Medien an Mitarbeiter, Händler und Endverbraucher kommunizieren. Dabei muss man sich um eine möglichst günstige Preisoptik, aber auch um Begrenzung der Preisspreizung am Markt be-mühen.

Unter die Preiskommunikation fallen alle Aktivitäten zur Information der Mitarbeiter, Händler und Endverbraucher über die Abgabepreise. Eine günstige Färbung von Preisen in der Wahrnehmung dieser Zielgruppen kann durch Wortzusätze (z.B. „Schlager", „Fabrikpreis", „Hammer-Preis"), durch die Schriftgröße oder -farbe (z.B. hervorgeho-bene Preise) oder durch Preisgegenüberstellungen (z.B. Preisempfehlung des Herstel-lers, früherer Preis) erfolgen. Der gesetzliche Rahmen und die Prinzipien einer kunden-orientierten Preispolitik gebieten allerdings eine offene, vollständige und leicht ver-ständliche Preisinformation. Hierzu tragen auch Informations-Services wie z.B. Preiskonfiguratoren und Warenkörbe bei, die den Kunden wissen lassen, was ein Pro-dukt in der jeweils ausgewählten Konfiguration kostet bzw. wie hoch die aktuelle Summe der bereits gekauften Produkte ausfällt.

Als je nach Branche mehr oder minder wichtige **Instrumente** der Preiskommunikation kommen in Frage (vgl. *Diller* 2008, S.405ff. und 522ff.):

–   **Preislisten und -verzeichnisse**, die zunehmend in elektronischer Form und damit aktueller und effizienter, aber auch für den Kunden besser aufbereitbar, erstellt werden

- **Preisauszeichnung** am Produkt bzw. Regal, die grundsätzlich eine Aufgabe des Handels darstellt, aber teilweise auch von herstellereigenen Merchandiser-Organisationen erledigt wird. Immer häufiger finden im Handel elektronisch ferngesteuerte Preisdisplays am Regal Einsatz, welche die Einzelpreisauszeichnung am Produkt überflüssig machen und sekundengenaue Preisänderungen zulassen.

- **Preisdisplays** im Handel, mit denen vor allem auf Sonderangebote hingewiesen wird

- **Preisanzeigen** in Zeitungen und Zeitschriften sowie auf Prospekten, Wurfzetteln und anderen Werbemitteln, mit denen insbesondere die besonders günstigen Produkte beworben werden

- **Preisempfehlungen** des Herstellers gegenüber dem Handel („Handelspreisempfehlung") oder Endverbraucher („Endverbraucherpreisempfehlung"). Damit können Hersteller eine Orientierung für einen normalen Verkaufspreis liefern, die aber laut Gesetz mit keinerlei Druckmitteln durchgesetzt werden dürfen und insofern eine eher schwache Waffe der Preiskommunikation darstellen. Sie dienen Händlern oftmals als willkommener Preisanker für Preisgegenüberstellungen. Bis auf wenige Ausnahmen (z.B. Buchhandel) verboten sind in Deutschland Preisbindungen, d.h. verbindliche Vorgaben der Hersteller für den Weiterveräußerungspreis der eingeschalteten Absatzmittler.

- **Preisverhandlungstechniken**, bei denen versucht wird, den Verkaufspreis günstiger erscheinen zu lassen (z.B. durch Vergleich mit den bewirkten Kosteneffekten, durch Verrechnung des Preises auf Nutzungstage oder Anwendungen, Hervorhebung des Risikos niedrigpreisiger Produkte (vgl. dazu *Voeth/Herbst* 2009)

- **Preisgarantien**, mit denen Kunden die Suche nach preisgünstigeren Anbietern erspart wird, da diese darauf vertrauen, dass der Anbieter tatsächlich am preisgünstigsten ist. Das Ausmaß der kundenseitigen Inanspruchnahme solcher Garantien ist weitaus geringer als die tatsächlichen Preisunterbietungen durch andere Anbieter.

Preiskommunikation verbindet sich bei Markenartikelherstellern oft mit dem Anliegen der **Preispflege** , d.h. der Vermeidung einer zu großen Preisspreizung am Markt, durch die der Preiswettbewerb angeheizt und teure, aber u.U. wichtige Vertriebskanäle wie der Fachhandel mit höheren Kosten behindert würden.

Im Konsumgüterbereich sind darüber hinaus im Rahmen der Preisstellung auch Entscheidungen über den angestrebten **Endverbraucherpreis** zu treffen, da dieser die Positionierung des Produktes und dessen Qualitätsanmutung oftmals entscheidend beeinflusst. Darüber hinaus bestimmt er das erzielbare Wertschöpfungspotenzial, das auf alle in der Absatzkette beteiligten Partner verteilt werden kann. Insofern ist die Festlegung des Endverbraucherpreises mit jener der Handelsspanne (Differenz des Verkaufs- und Einkaufspreises im Handel) interdependent. Aktionsparameter sind herstellerseitige Preisempfehlungen und Maßnahmen der Preispflege (z.B. Prämien für die Einhaltung von Preislinien, Unterbindung von Re-Importen).

Fallbeispiel: Priceline.com INC

Das Geschäftsmodell des im NASDAQ-100 gelisteten Unternehmen Priceline basiert auf dem Prinzip des Reverse-Pricing. Unter der Internetadresse www.priceline.com werden Flüge, Hotelzimmer, Mietwagen und weitere Reisedienstleistungen folgendermaßen vermittelt:

1. Der Nachfrager wählt die gewünschte Dienstleistung aus und gibt einen Gebot ab
2. Nach Eingang des Gebotes wird überprüft, ob sich ein Anbieter findet, der die Dienstleistung zu diesem Preis anbietet
3. Falls dies nicht der Fall ist, kann man erst nach einer Sperrfrist ein neues Gebot abgeben
4. Falls die Suche nach einem Anbieter positiv verlaufen ist, wird das Geschäft abgeschlossen

Einer der grundlegenden Vorteile dieses Systems ist die verdeckte und individuelle Gebotsabgabe bzw. die Preisintransparenz. Damit ist es Priceline möglich, Nachfrager und Anbieter zusammenzubringen, die sich über klassische Preisbildungsverfahren nicht finden würden. Ein Hotel kann beispielsweise leicht Leerstand vermeiden, indem es die Hotelgäste in der Reihenfolge ihrer höchsten Gebote auswählt, ohne befürchten zu müssen, dass die unterschiedlichen Preise je Kunde als unfair empfunden werden. Die Kunden wiederum können ihre individuellen Preisvorstellungen angeben und haben damit die Chance, dass sie für sich passende Preis-Leistungs-Verhältnisse realisieren. Damit dieses System funktioniert, muss sich Priceline.com allerdings regelmäßig gegen Versuche wehren, die Sperrfristen beim Bieten zu umgehen, da es den Kunden ansonsten möglich wäre, über geschicktes Bieten den Mindestpreis des Anbieters herauszufinden. Außerdem finden sich im Internet mittlerweile Foren, in denen sich die Kunden über erfolgreiche Geschäftsabschlüsse austauschen und somit die Preisintransparenz zu ihren Gunsten verringern.

Kontrollfragen zu Abschnitt 3

1. Erläutern Sie am Beispiel eines TV-Gerätes die verschiedenen Definitionsmöglichkeiten für Preise bzw. für Preispolitik! Welche Nutzenaspekte sind in diesem Zusammenhang für die Kunden relevant?

2. Geben Sie an einer Branche Ihrer Wahl einen Überblick über die dort einschlägigen Aktionsparameter im Preis-Mix! Welches Preisbildungssystem herrscht dort und welche Instrumente spielen eine hervorragende, welche eine untergeordnete Rolle, welche sind irrelevant? Unterscheiden Sie dabei strategische und operative Parameter des Preis-Mix!

3. Erläutern Sie das Zielsystem des Preis-Mix am Beispiel eines Herstellers von Schreibgeräten! Welche Zielkonflikte treten hierbei auf?

4. Erläutern Sie die Wesensmerkmale einer Preisstrategie und die drei Bereiche, welche das strategische Pricing umfasst!

5. Welche Optionen bieten sich einem Hotelbetrieb bezüglich der Preis-Qualitäts-Strategie?

6. Erläutern Sie die Voraussetzungen und die Folgen der Preis-Qualitäts-Strategie der Firma Miele im Haushaltsgerätebereich!

7. Erläutern Sie die wesentlichen Charakteristika des Preisimage und diskutieren Sie dessen Einflusskriterien in einer Branche Ihrer Wahl!

8. Nennen Sie die Aktionsparameter der Preislinienpolitik und erläutern Sie deren Ausgestaltung für einen Hersteller von Fotoapparaten!

9. Was versteht man unter Preissegmentierung und welche Merkmale können dazu herangezogen werden?

10. Was ist unter einem „Preissystem" zu verstehen? Erläutern Sie den Begriff am Beispiel von McDonalds!

11. Erläutern Sie das Prinzip des „Reverse Pricing" und die damit verfolgten Ziele eines Unternehmens!

12. Erläutern Sie am Beispiel eines Autovermieters die Möglichkeiten der Preisdifferenzierung ersten, zweiten und dritten Grades! Diskutieren Sie die dabei auftretenden Nutzeffekte für die Kunden und für die Anbieter!

13. Inwiefern handelt es sich bei Mengenrabatten und Bonusprogrammen um Formen der Preisdifferenzierung?

14. Erläutern Sie das Vorgehen und die Effekte bei der Preisbündelung!

15. Verdeutlichen Sie den gewinnsteigernden Effekt der Preisdifferenzierung am Beispiel einer Preis-Absatzfunktion!

16. Welche grundsätzlichen Kalküle gibt es für die Festlegung des kurzfristigen Ausgabepreises?

17. Erläutern Sie Alternativen und Ziele von Preisaktionen am Beispiel eines Schreibgeräteherstellers!

18. Erläutern sie die Vor- und Nachteile des Couponing und der Preisbündelung!

19. Warum stellen Bonusprogramme ein Instrument der Preisdifferenzierung dar?

20. Welche Instrumente der Preiskommunikation sind in der Automobilbranche anzutreffen?

4.   Vertriebspolitik

4.1   Grundlagen der Vertriebspolitik

PRINZIP: Vertriebspolitik
Im Rahmen der Vertriebspolitik müssen Anbieter sowohl marktgerichtete akquisitorische als auch vertriebslogistische Aktivitäten gestalten. Dies hat in vielen Branchen einen großen Einfluss auf den Unternehmenserfolg.

Im Rahmen der **Vertriebspolitik** können grundsätzlich marktgerichtete akquisitorische Aktivitäten („**Verkauf**") und vertriebslogistische Aktivitäten („**Logistik**") unterschieden werden. Marktgerichtete akquisitorische Aktivitäten zielen darauf ab, die eigenen Produkte zu „vermarkten", d.h. Kunden zu kontaktieren, ihnen Produkte anzubieten und Verkaufsabschlüsse zu tätigen. Im Zusammenhang mit vertriebslogistischen Aktivitäten sind Entscheidungen hinsichtlich der physischen Verteilung der Produkte zu treffen. Ziel ist es, die Produkte möglichst effektiv und effizient zum Kunden zu bringen, so dass diese in dessen Verfügungsbereich übergehen können.

Die Vertriebspolitik hat in vielen Branchen einen großen Einfluss auf den Unternehmenserfolg (vgl. Abb. 4-43). Nur durch eine geeignete Ausgestaltung vertriebspolitischer Aktivitäten kann der Zugang zum Kunden sichergestellt werden. Insbesondere vor dem Hintergrund zunehmend austauschbarer Unternehmensleistungen ist dies von Bedeutung. Hinzu kommt, dass Vertriebskosten nicht selten einen beträchtlichen Teil der Marketing- oder sogar der Unternehmenskosten darstellen. Eine effiziente Kostenstruktur im Vertrieb kann daher maßgeblich zur Rentabilität des gesamten Unternehmens beitragen.

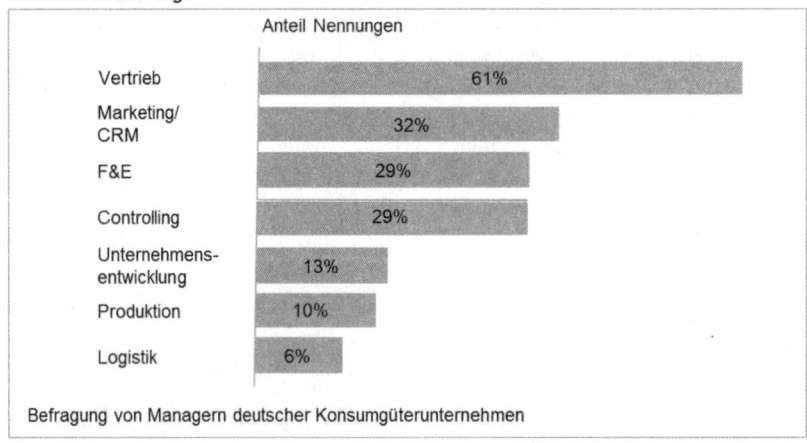

Abb. 4-43: Bedeutung verschiedener Unternehmensfunktionen für den Unternehmenserfolg (Quelle: Ziegfeld/van Kaldenkerken 2009, S. 6)

In den folgenden Abschnitten werden die zentralen Entscheidungsfelder der Vertriebspolitik detailliert dargestellt. Im Hinblick auf die marktgerichteten akquisitorischen Aktivitäten betrifft dies

- die Auswahl der **Vertriebsorgane** (vgl. Kap. 4/ 2.)

- die Gestaltung der **Vertriebsstruktur** (vgl. Kap. 4/ 3.)

- die Gestaltung der **Absatzstimulierung im Vertrieb** (vgl. Kap. 4/ 4.).

Im Anschluss werden grundlegende Entscheidungsfelder der Gestaltung der **Vertriebslogistik** (vgl. Kap. 4/ 5.) näher erläutert.

4.2   Auswahl der Vertriebsorgane

PRINZIP: Vertriebsorgane

Ein Unternehmen muss unternehmensinterne Vertriebsorgane (Vertriebsaußendienst und -innendienst) und/oder unternehmensexterne Vertriebsorgane (Absatzhelfer und -mittler) auswählen, welche die Verkaufsfunktionen übernehmen und verantworten.

Im Rahmen der Auswahl der **Vertriebsorgane** legt ein Unternehmen fest, welche Personen oder Organisationen Vertriebsaktivitäten durchführen. Grundsätzlich können unternehmens-interne und -externe Vertriebsorgane unterschieden werden. Bei den unternehmensinternen Vertriebsorganen sind insbesondere der Vertriebsaußendienst und -innendienst zu nennen, bei den unternehmensexternen Vertriebsorganen (sog. Vertriebspartner) Absatzhelfer und -mittler (vgl. Kap. 1/ 1). Viele Unternehmen setzen ferner ein Key Account Management für die Bearbeitung von Schlüsselkunden ein. Dem Key Account Management kommt oftmals eine koordinierende Funktion innerhalb und zwischen unternehmensinternen und -externen Vertriebsorganen zu (vgl. Abb. 4-44).

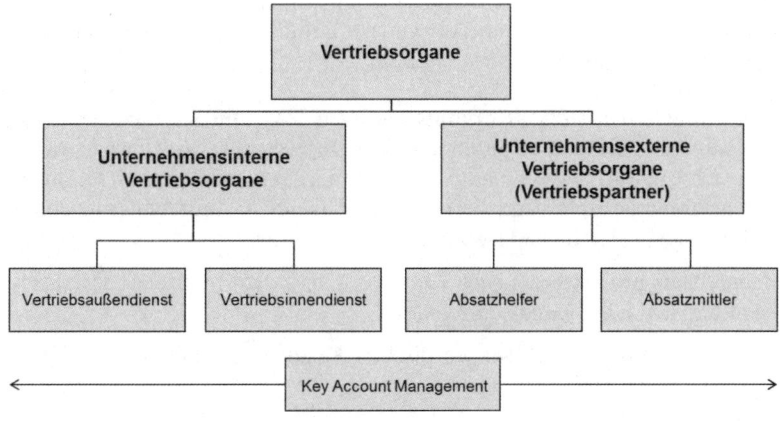

Abb. 4-44: Vertriebsorgane im Überblick

Bei den unternehmensinternen Vertriebsorganen ist zunächst der **Vertriebsaußendienst** zu nennen, der die Kunden vor Ort betreut. Neben der Kundenbetreuung fallen ebenso die Gewinnung von Marktinformationen und die Neukundenakquisition in den Aufgabenbereich der Außendienstmitarbeiter. Der Außendienst kann nach verschiedenen Gesichtspunkten organisiert werden. Damit verbunden ist eine Spezialisierung der Außendienstmitarbeiter, was einerseits im Hinblick auf die Kundenbedürfnisse und andererseits im Hinblick auf die Qualifikationsbedürfnisse der Mitarbeiter von Bedeutung ist. Als Gliederungskriterien stehen insbesondere Gebiete, Produkte und Kunden zur Auswahl.

Gebietsorientierte Außendienstorganisationen sind am weitesten verbreitet. Der Außendienstmitarbeiter ist dabei für alle verkäuferischen Aufgaben in einem bestimmten Verkaufsgebiet zuständig. Eine gebietsorientierte Spezialisierung bringt folgende Vorteile mit sich:

- Relativ niedrige Reisekosten

- Gute regionale Marktkenntnis

- Hohe Kundennähe, oft auch landsmannschaftliche Ähnlichkeit von Kunden und Außendienstmitarbeiter

- Hohe Motivationseffekte und geringer Koordinationsbedarf innerhalb der Außendienstorganisation durch eigenverantwortliche Bearbeitung der Verkaufsgebiete

Der Gebietsverkäufer ist Universalist hinsichtlich Produkte und Kunden, was sich allerdings auch nachteilig auswirken kann, u.a. in Form von Qualifikationsdefiziten bezüglich kundenbezogener Aufgaben (z.B. Kundenanalyse, technische Kundenbetreuung), Priorisierungsfehlern (z.B. bei der Bearbeitung unterschiedlich wertvoller Kunden) und mangelndem produktbezogenen Know-how. Außerdem ergibt sich ein hoher Steuerungsbedarf seitens der Vertriebsleitung, um strategische Entwicklungen des Vertriebs (z.B. die individuelle Ansprache von Kunden oder die schnelle Erfassung und Bearbeitung von Aufträgen durch Einsatz technischer Hilfsmittel) zu bewerkstelligen. Deshalb unterstellt man den Außendienst übergeordneten Leitungsebenen, etwa einer nationalen Vertriebsleitung (vgl. Kap. 5/ 2.).

Produktorientierte Außendienstorganisationen agieren mit Spezialisten für bestimmte Produktgattungen. Sie sind insbesondere im Vertrieb von Investitionsgütern verbreitet und finden sich v.a. dort, wo schon die Unternehmensorganisation nach technisch unterschiedlichen Produktsparten gegliedert ist. Die Außendienstmitarbeiter agieren hier als Produktspezialisten, was folgende Vorteile mit sich bringt:

- Umfangreiches produktbezogenes Know-how und damit optimale technische Kundenberatung und hohe Kundenakzeptanz

- Häufige Innovationsanstöße wegen direkter Koppelung von Marktbearbeitung und technischer Produktentwicklung

- Hohe Mitarbeitermotivation aufgrund anspruchsvoller Verkaufstätigkeit

Hinsichtlich Gebiete und Kunden findet in diesem Zusammenhang keine Spezialisierung statt. Nachteile sind daher insbesondere hohe Außendienstkosten wegen mehrfacher und überregionaler Kundenbetreuung, ein hoher Abstimmungsbedarf zur Durchsetzung übergeordneter Vertriebsstrategien, Koordinationsprobleme im Hinblick auf die ganzheitliche Steuerung der Geschäftsbeziehung zum Kunden sowie Know-how-Defizite des meist technischen Personals bei Verkaufsargumentation und Verhandlungsführung.

Kundenorientierte Außendienstorganisationen etablieren Spezialisten für bestimmte Kunden oder Kundentypen, z.B. industrielle und handwerkliche Kunden. Erfolgsentscheidend ist in diesem Zusammenhang eine sinnvolle Kundengliederung und -priorisierung, wie in Kap. 2/ 2. dargelegt. Folgende Vorteile bietet eine kundenorientierte Außendienstorganisation:

- Möglichkeit zur individuellen Kundenbetreuung mit entsprechend hoher Kundenzufriedenheit und Kundenbindung

- Genaue Kunden- und Marktkenntnis durch intensive Analyse und Betreuung wertvoller Kunden

- Kostenbedingt erzwungene Priorisierung wertvoller Kunden, die dann intensiver betreut werden als andere Kunden

- Kundenbetreuung nach dem Prinzip „One Face to the Customer" ermöglicht qualitativ hochwertige und schnelle Kundenbearbeitungsprozesse sowie gute Cross-Selling-Chancen

Kundenorientierte Außendienstmitarbeiter agieren jedoch als Universalisten bezüglich des Gebietseinsatzes und der Sortimentsabdeckung. Nicht selten sind erhöhte Kosten des Außendienstes durch eine gebietsübergreifende Spezialisierung auf Kundentypen vorzufinden. Stark konzentrierte Märkte mit relativ wenigen, wichtigen Kunden reduzieren daher den Kostenaufwand einer solchen Organisation. Desweiteren sind Know-how-Defizite bezüglich produkttechnischer Aspekte zu befürchten, insbesondere bei Unternehmen mit sehr breitem Sortiment.

Unterstützt wird der Vertriebsaußendienst durch den **Vertriebsinnendienst.** Häufig agiert er heute telefonisch und wird in sog. **Call Centern** zusammengefasst, die sowohl für eingehende Kundenanfragen ("**inbound**") als auch für aktive Anrufe bei Kunden ("**outbound**") zuständig sind. Der Vertriebsinnendienst kann sowohl administrative als auch akquisitorische Aufgaben übernehmen. Beispiele für administrative Aufgaben sind die Auftragsbearbeitung und die Pflege von Kundendaten. Der Einsatz eines administrativen Vertriebsinnendienstes hat meist zum Ziel, dem Kunden eine jederzeitige Ansprachemöglichkeit zu bieten, aber auch die Außendienstmitarbeiter von administrativen Aufgaben zu entlasten, so dass sie sich ganz auf verkaufsbezogene Tätigkeiten konzentrieren können. Vor allem in Dienstleistungsbranchen muss ferner ein Kundenservice- und Beschwerdekanal geschaffen werden, was z.T. ebenfalls vom Innendienst bzw. von entsprechenden Service-Call-Centern erledigt wird. In technischen Branchen ist der (technische) Kundendienst organisatorisch ausgegliedert und operiert als eigenes Profit-Center. Der Vertriebsinnendienst kann ebenfalls akquisitorische Aufgaben erfüllen, z.B. durch die Erzielung von Kaufabschlüssen per telefonischer Ansprache. Er kann somit maßgeblich zu einer effizienten Kundengewinnung und -betreuung beitragen.

Neben unternehmensinternen Vertriebsorganen können auch unternehmensexterne Vertriebsorgane, d.h. rechtlich selbständige Vertriebspartner, eingesetzt werden. Grundsätzlich können in diesem Zusammenhang Absatzhelfer und Absatzmittler unterschieden werden. Während Absatzhelfer kein Eigentum an den abzusetzenden Produkten erwerben und daher eher wirtschaftlich unterstützend tätig sind, erfolgt bei den wirtschaftlich selbstständigen Absatzmittlern eine Eigentumsübertragung an den externen Vertriebspartner.

Absatzhelfer können grundsätzlich in die Kategorien Handelsvertreter, Makler und Kommissionär eingeteilt werden. Ein **Handelsverteter** ist ein selbstständiger Gewerbetreibender, der ständig damit betraut ist, für ein anderes Unternehmen Geschäfte zu vermitteln oder in dessen Namen abzuschließen. Der Handelsvertreter agiert daher im Namen und auf Rechnung eines oder mehrerer anderer Anbieter. Beispielsweise werden in der Kosmetikbranche häufig Vertreter zum Vertrieb der Produkte eingesetzt. Auch der **Makler** ist in fremdem Namen und auf fremde Rechnung tätig, jedoch auf die Vermittlung von Verträgen spezialisiert. Beispiele sind Immobilien-, Versicherungs- und Börsenmakler. Im Unterschied zum Handelsvertreter und Makler unternimmt der **Kommissionär** vertriebliche Aktivitäten zwar auf fremde Rechnung, jedoch in eigenem Namen. Ein Beispiel stellt der Kommissionsbuchhandel dar, der eine Vermittlungsfunktion zwischen Verleger und Sortimentsbuchhändler wahrnimmt.

Absatzmittler übernehmen im Unterschied zu Absatzhelfern als sowohl rechtlich als auch wirtschaftlich selbstständige Vertriebspartner Eigentum an der Ware. Damit geht auch das Absatzrisiko auf sie über. Eine häufig vorzufindende Klassifizierung der Absatzmittler erfolgt auf Basis der Stellung in der Wertschöpfungskette (vgl. Kap. 1/ 1.). Der **Einzelhandel** vertreibt seine Produkte an private Nachfrager (Konsumenten), während der **Großhandel** in der Regel an andere Einzelhandelsunternehmen, Weiterverarbeiter oder gewerbliche Verbraucher verkauft. Da die Absatzmittler unterschiedliche Erscheinungsformen aufweisen, werden oftmals verschiedene **Betriebsformen (auch Betriebstypen)** unterschieden. Zur Charaktierisierung der Betriebsformen werden Merkmale wie beispielsweise das Kontaktprinzip (d.h. die Art und Weise, mit der Handelsunternehmen und Kunden in Kontakt treten), das Sortiment, das Preisniveau und die Verkaufsfläche herangezogen (Müller-Hagedorn 1998). Beim Großhandel unterscheidet man häufig nach der Sortimentstiefe bzw. -breite in Spezial- und Sortimentsgroßhandel, nach dem Kontaktprinzip in Zustell- und Abholgroßhandel (Cash-and-Carry-Großhandel). Der Einzelhandel wird häufig zunächst nach dem Kontaktprinzip in stationärer und nicht-stationärer Einzelhandel (inkl. Online-Handel) eingeteilt (vgl. Kap. 1/ 1.). Zieht man weiterhin u.a. die Kritierien Sortiment, Preisniveau und Verkaufsfläche heran, so sind insbesondere Kaufhäuser, Verbrauchermärkte, SB-Warenhäuser, Supermärkte, Fachmärkte und Discounter zu unterscheiden.

Eine weitere Differenzierung der Absatzmittler kann auf Basis der Art und des Umfangs an vertraglichen Bindungen zwischen Hersteller und Vertriebspartner erfolgen.

Besonders hervorzuheben sind in diesem Zusammenhang Vertragshändler und Franchise-Systempartner. Ein **Vertragshändler** ist in der Regel an Verkaufs- und Leistungsauflagen des Anbieters gebunden. Hierzu zählen beispielsweise die Anwendung der vertriebspolitischen Instrumente des Anbieters (z.B. im Rahmen der Verkaufsförderung, Konditionengestaltung und Sortimentszusammenstellung) und die Erfüllung bestimmter Serviceleistungen, insbesondere bei wartungsbedürftigen Produkten. Oftmals wird dem Vertragshändler im Gegenzug ein Gebietsschutz zugesichert, d.h. ein exklusives Vertriebsrecht in einem festgelegten Gebiet. Weit verbreitet sind Vertragshändlersysteme in der Automobilindustrie und im Mineralölvertrieb. Im Vergleich zu Vertragshändlern besteht bei **Franchise-Systempartnern** eine noch engere vertragliche Bindung. Der Franchise-Nehmer hat das Recht und gleichzeitig die Pflicht, ein Geschäft entsprechend des Vertriebskonzeptes des Anbieters (Franchise-Geber) zu führen. Dies betrifft insbesondere die Nutzung der Markierung und des wirtschaftlichen und technischen Know-Hows des Anbieters. Für die Nutzung des Vertriebskonzeptes entrichtet der Franchise-Nehmer in der Regel zunächst eine fixe Eintrittsgebühr und anschließend meist umsatzabhängige, variable Zahlungen. Weite Verbreitung finden Franchise-Systeme z.B. in der Tourismusbranche und in der Gastronomie (vgl. Abb. 4-45).

Franchise-System	Branche	Bertriebe Deutschland
TUI / First	Reisebüros	1.405
McDonald's	Systemgastronomie	1.334
Schülerhilfe	Nachhilfe	1.023
Studienkreis	Nachhilfe	1.008
Kamps	Bäckereien	930
Subway	Systemgastronomie	755
Fressnapf	Tiernahrung	723
Apollo Optik	Augenoptiker	670
Burger King	Systemgastronomie	650
Foto Quelle	Fotohandel	560

Größte deutsche Franchise-Unternehmen nach Anzahl der Betriebe (Summe aus Franchise-Betrieben und zentral geführte Bertriebe)

Abb.4-45: Franchise-Systeme in Deutschland
(Quelle: Deutscher Franchise Verband e.V. 2009)

Eine kundenbezogene Koordinationsstelle innerhalb und zwischen unternehmens-internen und -externen Vertriebsorganen stellt das **Key Account Management (KAM)** dar (Jensen 2001). Das KAM verfolgt das Ziel der Umsatz- und Gewinnsicherung durch den Aufbau und die Pflege langfristiger Beziehungen zu besonders wichtigen Kunden, sog **Key Accounts (Schlüsselkunden)**. Die Selektion der Key Accounts kann nach un-terschiedlichen Kriterien erfolgen (vgl. Abb. 4-46). Proaktive Kriterien sind insbesondere die aktuelle und zukünftige wirtschaftliche Bedeutung des Kunden (z.B. im Hinblick auf Umsatz bzw. Deckungsbeitrag), das Image des Kunden und das Know-how des Kunden. Ein Hilfsmittel zur Beurteilung proaktiver Kriterien stellen Analysen des Kundenwertes dar (vgl. Kap. 2/ 2.). Ferner können reaktive Kriterien die Klassifizierung eines Kunden als Key Account erforderlich machen. In gewissen Fällen ist ein Herstellerunternehmen gezwungen, die Forderung eines Kunden nach Key Account Status zu erfüllen, um negative Folgen einer Ablehnung (z.B. in Form einer Abnahmeverweigerung der Produkte) zu verhindern. Auch können interne Probleme bei der Bearbeitung eines Kunden eine Klassifizierung als Key Account rechtfertigen. Insbesondere bei sehr komplexen Kunden (z.B. mit vielen Standorten und zahlreichen Sparten) empfiehlt sich eine Koordination der kundengerichteten Aktivitäten im Rahmen des KAM.

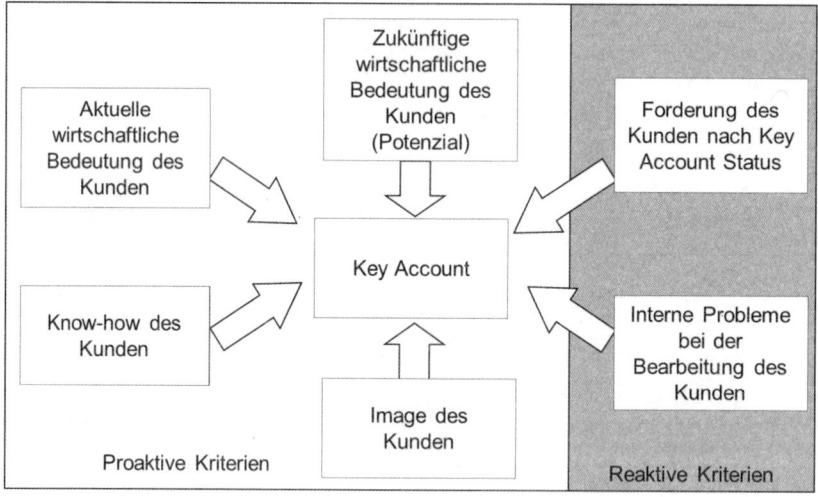

Abb. 4-46: Kriterien für die Selektion von Key Accounts
(Quelle: In Anlehnung an Homburg/Schäfer/Schneider 2008, S. 311)

Das Aufgabenbild eines Key Account Managers (KA-M) umfasst im Wesentlichen vier Hauptfunktionen (vgl. Kap. 5/ 2.). Im Rahmen der **Abwicklungs- und Koordinationsfunktion** pflegt der KA-M beispielsweise die Kontakte zu den Schlüsselkunden, er handelt Vereinbarungen mit diesen aus und fungiert als zentraler Ansprechpartner seiner Kunden. Der KA-M nimmt ebenfalls eine **Informationsfunktion** wahr, indem er kundenbezogene Informationen aufbereitet und im Unternehmen weiterleitet. Die **Planungsfunktion** umfasst die Planung kundenbezogener Aktivitäten, wie z.B. Verkaufsförderungsmaßnahmen, Präsentationen, Tagungen und Entwicklungsprojekte mit den Key Accounts. Schließlich übt der KA-M eine **Kontrollfunktion** aus, indem er die Zielerreichungsgrade der Schlüsselkunden überwacht und gegebenenfalls Verbesserungsmaßnahmen einleitet.

Die Auswahl der verschiedenen Vertriebsorgane erfolgt - je nach Branche - nach Maßgabe vieler Kriterien und Nebenbedingungen, von denen folgende die größte Bedeutung besitzen:

- Wer besitzt die notwendigen Vertriebskompetenzen bzw. (wie) können wir solche Kompetenzen auf längere Sicht aufbauen (Ressourcenverfügbarkeit)?

- Wer verfügt bereits über Beziehungen zu jenen Kunden, die man vordringlich ansprechen möchte (Beziehungsstatus)?

- Wie stark lässt sich die Arbeit des Vertriebs in Art und Intensität selbst steuern (Autonomie)?

- Welche Kosten sind mit dem Einsatz verschiedener Organe verbunden und welche Kostenflexibilität ist gegeben (Kostenniveau und -flexibilität)?

- Lassen sich eigene Absatzorgane hinlänglich auslasten und ist das dafür einzugehende Kostenrisiko tragbar (Auslastung)?

- Welche Marktbearbeitung wir von den Kunden präferiert (Kundenpräferenzen)?

- Kann man sich durch spezifische Vertriebsorgane im Wettbewerb profilieren (Profilierung)?

Es ist leicht einsichtig, dass es bei der Abwägung dieser Kriterien zu zahlreichen Zielkonflikten kommt, die auch nach Maßgabe strategischer Vorgaben gelöst werden müssen. Verfolgt man z.B. eine Niedrigpreisstrategie, so kommen relativ teure Absatzorgane nicht in Frage.

4.3   Gestaltung der Vertriebsstruktur

> **PRINZIP: Vertriebsstruktur**
> Das Unternehmen muss Art und Anzahl der eingesetzten Vertriebskanäle bestimmen. Bei dieser Gestaltung der Vertriebsstruktur sind sowohl Effizienz- als auch Effektivitätskriterien zu beachten.

Durch Auswahl und Kombination der Vertriebsorgane entstehen Vertriebskanäle. Die Art und Anzahl der eingesetzten Vertriebskanäle bestimmen wiederum die **Vertriebsstruktur**. Im Rahmen der Gestaltung der Vertriebsstruktur muss ein Hersteller insbesondere Entscheidungen hinsichtlich der Tiefe eines Vertriebskanals, der Breite eines Vertriebskanals und der Breite des gesamten Vertriebssystems treffen. Bei all diesen Entscheidungen handelt es sich um grundsätzliche und langfristig bindende Strukturierungen des Vertriebssystems. Insbesondere Umsatz- und Kostenwirkungen sind zu beachten und zu einem Optimum zu führen. Im Folgenden wird zunächst auf die Ausgestaltung eines Vertriebskanals eingegangen (sowohl im Hinblick auf die Tiefe als auch die Breite eines Vertriebskanals). Anschließend erfolgt eine Erläuterung der Ausgestaltung des gesamten Vertriebssystems (im Hinblick auf dessen Breite) (vgl. Abb. 4-47).

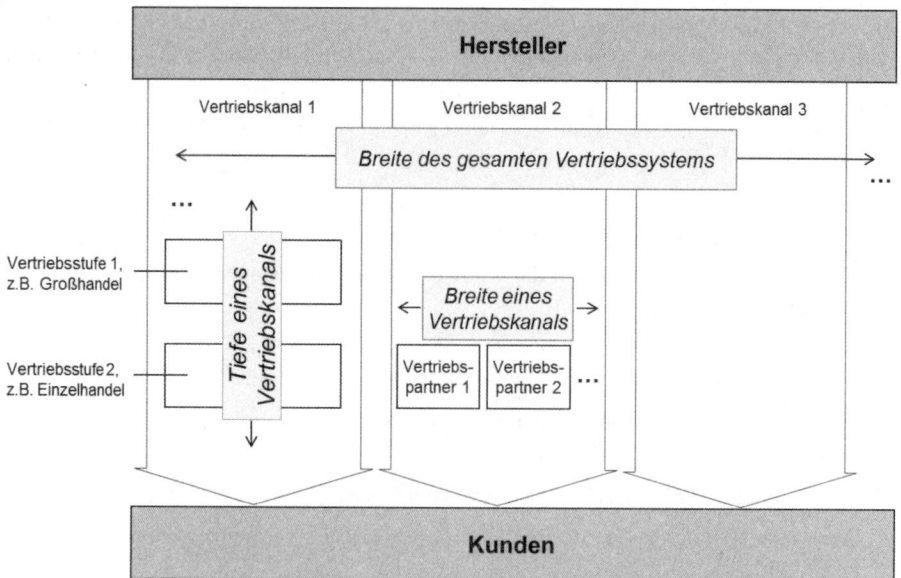

Abb. 4-47: Entscheidungsfelder im Rahmen der Vertriebsstruktur

Die **Tiefe eines Vertriebskanals** beschreibt die Anzahl an Vertriebsstufen zwischen Hersteller und Kunden. Verzichtet ein Hersteller auf zwischengeschaltete Vertriebsstufen, so liegt ein direkter Vertrieb vor. Entscheidet sich der Hersteller hingegen für die Einschaltung einer oder mehrerer Vertriebsstufen, d.h. bezieht er externe Vertriebspartner in die Vermarktung seiner Produkte ein, so liegt ein indirekter Vertrieb vor.

Beim **direkten Vertrieb** wendet sich der Hersteller direkt an die Endkunden. Der direkte Vertrieb ist insbesondere in der Investitionsgüter- und Dienstleistungsbranche vorzufinden, da hier der unmittelbare Kontakt mit den Kunden meist unverzichtbar ist. Aber auch im Konsumgüterbereich (z.B. in der Textilbranche) kann ein Trend zum direkten Vertrieb festgestellt werden (vgl. Abb. 4-48). Dieser Trend ist nicht zuletzt deshalb zu beobachten, da mit dem Internet und leistungsfähigen Kundendatenbanksystemen mittlerweile die technischen Möglichkeiten zur Verfügung stehen, auch große Kundenkreise direkt zu bedienen. Ein direkter Vertrieb erfolgt insbesondere über eigene mediale Vertriebskanäle (z.B. E-Shop, Katalog), eigene Filialen, persönlichen Besuch von Außendienstmitarbeitern beim Kunden und in sog. Factory Outlets. Viele Markenartikel-Unternehmen betreiben ferner sog. **Flagship-Stores**, die in prominenter Lage eine Vorreiterrolle hinsichtlich Sortimentsaufbau und -präsentation übernehmen. Bei all den Formen des direkten Vertriebs muss berücksichtigt werden, dass nicht nur die akquisitorischen, sondern auch die vertriebslogistischen Aktivitäten bewältigt werden müssen. Insbesondere beim Vertrieb über eigene mediale Vertriebskanäle stellt dies für viele Unternehmen eine große Herausforderung dar.

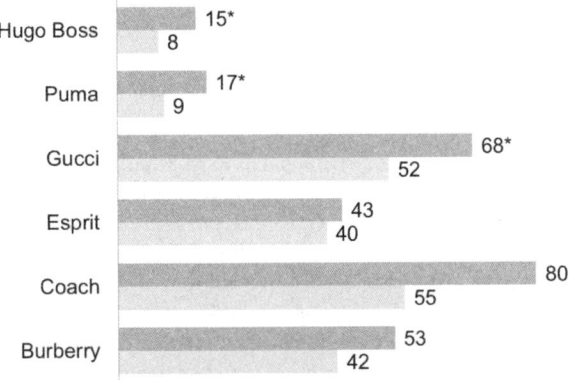

Umsatzanteile direkter Vertrieb in Prozent
▪ 2008   ▪ 2004   * Zahlen von 2007

Abb. 4-48: Bedeutung des direkten Vertriebs in der Textilbranche
(Quelle: Akzente 2009)

Beim **indirekten Vertrieb** werden externe Vertriebspartner zur Vermarktung der Produkte eingeschaltet. In diesem Zusammenhang stellt sich die Frage nach der Anzahl an Vertriebsstufen zwischen Hersteller und Kunden. Meist ist in der Unternehmenspraxis ein einstufiger oder zweistufiger indireker Vertrieb vorzufinden. Der **einstufige indirekte Vertrieb** ist vor allem im Geschäft mit Gebrauchsgütern (z.B. in der Automobilbranche) vorherrschend. Bei derartigen Produkten übernehmen i.d.R. Einzelhändler die Feindistribution der Herstellerprodukte und das Inkasso beim End-kunden. Insbesondere in Branchen, in denen der Einzelhandel noch eher mittelständisch strukturiert ist, oder sehr umfassende Sortimente zu bewältigen sind, kommt der **zwei-stufige indirekte Vertrieb** zum Einsatz. Zusätzlich zum Einzelhandel schaltet der Her-steller in einem solchen Fall meist den Großhandel dazwischen, vor allem um Lager- und Sortimentsfunktionen sowie die Zwischenfinanzierung und physische Grobdistribu-tion der Produkte zu übernehmen.

Sowohl bei der Grundsatzentscheidung zwischen direktem Vertrieb und indirektem Vertrieb als auch bei der Festlegung der Anzahl an Vertriebsstufen im Falle eines indirekten Vertriebs sind Effizienz- und Effektivitätsüberlegungen zu berücksichtigen. Die theoretische Fundierung der Effizienzüberlegungen erfolgt insbesondere mittels der **Transaktions-kostentheorie** (vgl. Kap. 1/ 3.). Die im Vertrieb maßgeblichen Kosten-treiber sind insbesondere kundenbezogen (z.B. Anzahl und geographische Verteilung der Kunden, Vorliegen eines Nachfrageverbundes auf Kundenseite) und produktbe-zogen (z.B. Spezifität, Komplexität und monetärer Wert der Produkte) (*John/Weitz* 1988). Neben diesen Effizienzüberlegungen sind ferner Effektivitätsüberlegungen zu beachten. In diesem Zuammenhang sind insbesondere die Möglichkeiten der Kundenbindung durch Kundennähe, der Zugang zu Markt- und Vertriebsinformationen und die Möglichkeit der Kontrolle der Vertriebsaktivitäten zu nennen.

Im Falle eines indirekten Vertriebs muss neben der Tiefe eines Vertriebskanals auch die **Breite eines Vertriebskanals** festgelegt werden, d.h. die Anzahl parallel eingesetzter Vertriebspartner auf einer Vertriebsstufe. Je nach Art und Ausmaß der Selektion der Vertriebspartner kann der intensive, der selektive und der exklusive Vertrieb unterschieden werden.

Beim **intensiven Vertrieb** findet keine nennenswerte qualitative oder quantitative Selektion der Vertriebspartner statt. Ziel ist es, eine möglichst hohe Marktpräsenz der angebotenen Produkte zu erreichen. Das Ausmaß des intensiven Vertriebs kann anhand des **Distributionsgrades** bestimmt werden. Er ist definiert als Quotient aus der Anzahl der Vertriebspartner, die das entsprechende Produkt führen, und der Gesamtheit aller für den Vertrieb in Frage kommenden Vertriebspartner. Da u.a. abhängig von Größe und Verkaufsfläche die verschiedenen Vertriebspartner unterschiedlich große Bedeutung für den Absatz besitzen, ist es jedoch ratsam, die Vertriebspartner entsprechend ihrer Bedeutung (z.B. nach Umsatz) zu gewichten. Der gewichtete Distributionsgrad kann dann beispielsweise berechnet werden als Quotient aus dem Warengruppenumsatz aller produktführenden Vertriebspartner und dem Warengruppenumsatz aller in Frage kommenden Vertriebspartner. Entsprechende Informationen stellen Marktforschungsinstitute wie Nielsen oder GfK aus deren jeweiligen Handels- bzw. Haushaltspanels bereit. Insbesondere bei Produkten des täglichen Bedarfs ist ein hoher Distributionsgrad wichtig.

Begrenzt ein Hersteller die Anzahl der Vertriebspartner nach qualitativen Gesichtspunkten, spricht man vom **selektiven Vertrieb**. Weit verbreitete Selektionskriterien sind generelle Unternehmenscharakteristika (z.B. Größe, finanzielle Situation, Geschäftsphilosophie, Image) und vertriebliche Kompetenzen (z.B. Fähigkeiten der Marktbearbeitung und -abdeckung, Produkt- und Sortimentsauswahl, Preisgestaltung).

Eine noch restriktivere Auswahl der Selektion erfolgt beim **exklusiven Vertrieb**, indem neben qualitativen Kriterien auch quantitative Kriterien der Selektion herangezogen werden. Den hierdurch ausgewählten Vertriebspartnern wird zumeist ein gewisser Gebietsschutz garantiert. Für Hersteller liegen die Vorteile des exklusiven Vertriebs insbesondere in der besseren Möglichkeit der Kontrolle der Vertriebsaktivitäten und damit verbunden in der besseren Möglichkeit, einen konsistenten Marktauftritt sicherzustellen. Insbesondere bei hochpreisig positionierten Produkten sind diese Vorteile von großer Bedeutung.

Die Entscheidung hinsichtlich der Breite eines Vertriebsweges hängt demnach insbesondere von produktbezogenen Einflussfaktoren ab (*Frazier/Lassar* 1996). Abb. 4-49 fasst wesentliche Produkteigenschaften und deren idealtypische Ausprägungen im Falle eines intensiven, selektiven und exklusiven Vertriebs zusammen.

Intensiv ⟵————————— Selektiv —————————⟶ Exklusiv

z.B. Grundnahrungsmittel   z.B. Baustoffe   z.B. Luxusgüter

gering	⟵———————	Gewicht	———————⟶	hoch
gering	⟵———	Nutzenstiftung (Zusatznutzen)	————⟶	hoch
gering	⟵———	Erklärungsbedürftigkeit	————⟶	hoch
gering	⟵———	Wartungsbedürftigkeit	———⟶	hoch
gering	⟵———	Wert	———————⟶	hoch
hoch	⟵———	Dringlichkeit des Bedarfs	————⟶	gering
hoch	⟵———	Periodizität des Bedarfs	————⟶	gering
gering	⟵———	Informationsbedürftigkeit	————⟶	hoch
gering	⟵———	Informationsneigung	————⟶	hoch

Abb. 4-49: Produktbezogene Einflussfaktoren der optimalen Breite eines Vertriebskanals (Quelle: Ahlert 1996, S. 45)

Im Rahmen der Gestaltung der Vertriebsstruktur ist schließlich noch die **Breite des gesamten Vertriebssystems** festzulegen, d.h. die Anzahl der parallel eingesetzten Vertriebskanäle. Grundsätzlich kann zwischen **Einkanal-Vertriebssystemen** und **Mehrkanal-Vertriebssystemen (sog. Multi-Channel-Vertriebssystemen)** unterschieden werden. In der Unternehmenspraxis ist in den vergangenen Jahren ein vermehrter Einsatz von Mehrkanal-Vertriebssystemen zu beobachten.

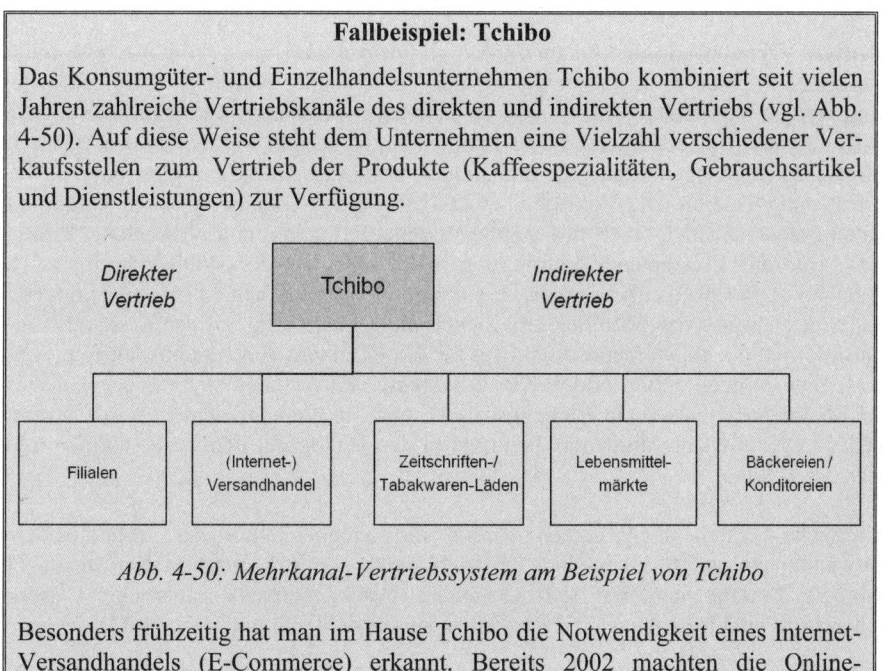

Fallbeispiel: Tchibo

Das Konsumgüter- und Einzelhandelsunternehmen Tchibo kombiniert seit vielen Jahren zahlreiche Vertriebskanäle des direkten und indirekten Vertriebs (vgl. Abb. 4-50). Auf diese Weise steht dem Unternehmen eine Vielzahl verschiedener Verkaufsstellen zum Vertrieb der Produkte (Kaffeespezialitäten, Gebrauchsartikel und Dienstleistungen) zur Verfügung.

Abb. 4-50: Mehrkanal-Vertriebssystem am Beispiel von Tchibo

Besonders frühzeitig hat man im Hause Tchibo die Notwendigkeit eines Internet-Versandhandels (E-Commerce) erkannt. Bereits 2002 machten die Online-

> Umsätze von Tchibo ca. 20 Prozent des Gesamtumsatzes aus. Mittlerweile gehört der Internetauftritt des Unternehmens zu den meist besuchten Deutschlands, insbesondere männliche, jüngere und finanzkräftigere Zielgruppen konnten über das Internet angesprochen werden. Darüber hinaus sind die Produkte im Internet in mehr Ländern erhältlich als im stationären Vertrieb.

Die zunehmende Relevanz von Mehrkanal-Vertriebssystemen kann auf verschiedene Entwicklungen zurückgeführt werden (*Fürst/Leimbach* 2010). Zunächst ist ein verändertes Kundenverhalten zu nennen. Während noch vor wenigen Jahren fast jeder Kunde lediglich einen Vertriebskanal zum Einkauf nutzte, werden heutzutage nicht selten zwei oder mehr Vertriebskanäle kombiniert. Insbesondere das Internet spielt eine zunehmend wichtige Rolle beim Einkauf der Kunden. Viele Kunden kaufen bereits bestimmte Produkte online, andere informieren sich online über Produkte und kaufen diese anschließend im stationären Handel. Ein Mehrkanal-Vertriebssystem kann diesem Kundenverhalten erfolgreich begegnen und Kaufabschlüsse herbeiführen. In vielen Branchen ist außerdem ein erhöhter Wettbewerbs- und Kostendruck zu beobachten. Bedingt durch eine zunehmende Austauschbarkeit der Unternehmensleistungen sowie begrenzte Wachstumsmöglichkeiten wird der Zugang zum Kunden oftmals zum entscheidenden Erfolgsfaktor. Der Einsatz mehrerer Vertriebskanäle kann maßgeblich dazu beitragen, Wachstum bei bestehenden und potenziellen Kunden zu generieren oder aber die durchschnittlichen Vertriebskosten durch den Einsatz kostengünstiger Kanäle zu senken. Schließlich führen Entwicklungen in der Informations- und Kommunikationstechnologie zur zunehmenden Popularität von Mehrkanal-Vertriebssystemen. Neue Technologien ermöglichen den Einsatz medialer Vertriebskanäle, die in vielen Fällen durch Erweiterung bereits vorhandener Kommunikationskanäle entstehen.

Mediale Vertriebskanäle können vielfältige Formen annehmen. Zum Vertrieb mittels klassischer Medien zählt beispielsweise der Verkauf über **Kataloge**. Beim **Teleshopping** werden dem Kunden die Waren im Fernsehen präsentiert, die dann direkt telefonisch oder künftig auch interaktiv via Fernbedienung bestellt werden können. Beim **Telefonverkauf** erfolgen Kauf, Beratung und Vertragsabschluss komplett oder in Teilschritten per Telefon. Der Vertrieb über das **Internet** (E-Commerce) kann ähnlich zum Katalogversandhandel, aber mit online-Warenpräsentation und -bestellung erfolgen (z.B. Amazon). Zunehmende Verbreitung findet außerdem der Mobile Commerce (M-Commerce), der als Teilbereich des E-Commerce zu verstehen ist. Mobile Endgeräte, wie beispielsweise das Mobiltelefon, dienen nicht mehr lediglich der Kommunikation und Information, sie werden zunehmend für die Erzielung von Kaufabschlüssen eingesetzt. Eine weitere Option bilden **Kiosk-Systeme**. Vorzufinden sind sie beispielsweise auf öffentlichen Plätzen, in Eingangshallen sowie in Verkaufsräumen von Unternehmen. Der Kunde kann durch ein Terminal in den Dialog mit dem Unternehmen treten (*Fischer* 2002).

Zahlreiche Unternehmen nutzen bereits die Möglichkeiten der technologischen Entwicklungen und fügen mediale Vertriebskanäle ihrem Vertriebssystem hinzu. Der parallele Einsatz mehrerer Vertriebskanäle bietet einerseits zahlreiche *Chancen*, andererseits sind jedoch auch die Risiken zu berücksichtigen (vgl. Abb. 4-51).

Chancen	Risiken
▪ **Breite Marktabdeckung:** Erhöhung des Umsatzpotenzials durch Ansprache zusätzlicher Kundengruppen ▪ **Kundengerechte Leistung:** Erfüllung unterschiedlicher Ansprüche, z.B. Direktlieferung für Großverbraucher, Einbindung in Sortimente des Handels für Haushalte ▪ **Wirtschaftlichkeit:** – Senkung der Vertriebskosten durch Nutzung des jeweils wirtschaftlichsten Kanals – Erhöhung der Effizienz einzelner Ressourcen im Vertrieb (z.B. Entlastung Außendienst durch mediale Vertriebskanäle) ▪ **Risikoausgleich:** – Verringerung der Abhängigkeit von einzelnen Vertriebspartnern – Erhöhung der Flexibilität bei Verschiebungen zwischen Absatzkanälen	▪ **Konflikte zwischen den Absatzkanälen:** – Konkurrenz verschiedener Vertriebspartner – Bei direktem Vertrieb insb. Konkurrenz zu bisherigen Stammkanälen – Gefahr des Verlustes von Marktzugängen (z.B. durch Auslistung) ▪ **Verwirrung der Kunden:** Angebot an die gleiche Kundengruppe durch verschiedene Kanäle aufgrund von mangelnder Kundenansprache / Abgrenzung / Kontrolle ▪ **Kontrollverluste:** Erhöhte Komplexität durch unterschiedliche Anforderungen der Kanäle erschwert eine einheitliche Steuerung ▪ **Suboptimierung:** Vernachlässigung kanalspezifischer Unterschiede ▪ **Problem der kritischen Masse:** Aufteilung des Umsatzes auf mehrere Absatzkanäle (insb. bei starker Kannibalisierung)

Abb. 4-51: Chancen und Risiken eines Mehrkanal-Vertriebssystems
(Quelle: In Anlehnung an Specht/Fritz 2005, S. 168 ff.)

4.4 Gestaltung der Absatzstimulierung im Vertrieb

> **PRINZIP: Absatzstimulierung im Vertrieb**
> Ein Hersteller muss im vertikalen Wettbewerb sowohl endkundengerichtete Maßnahmen (Pull-Anreize) als auch absatzmittlergerichtete Maßnahmen (Push-Anreize) sowie Kooperationsanreize der Absatzstimulierung einsetzen.

Nach Auswahl der Vertriebsorgane und Festlegung der Vertriebsstruktur ist die Gestaltung der **Absatzstimulierung im Vertrieb** zu bestimmen. In vielen Branchen, beispielsweise in der Lebensmittelindustrie, besitzt der Handel eine für den Absatzerfolg maßgebliche Gatekeeper-Funktion. Letztlich kann der Handel darüber bestimmen,

- ob eine Herstellermarke oder Markenvariante überhaupt erhältlich ist („Listung"),

- in welcher Form die Leistung dem Endkunden physisch und kommunikativ präsentiert wird (z.B. im Hinblick auf Platzierung und Preis) und

- in welchem Umfang und in welcher Qualität Kundenservice vor und nach dem Kauf erbracht wird.

Dieser Umstand sowie die zunehmende Konzentration auf Händlerebene – die vier größten Gruppen (Edeka, Rewe, Schwarz, Aldi) vereinen mittlerweile mehr als drei Viertel des Einzelhandelsumsatzes auf sich – garantieren dem Handel mittlerweile eine beträchtliche Macht gegenüber den meisten Herstellern.

Der Hersteller muss sich deshalb auf die Wünsche und Anforderungen des Handels einstellen und geeignete Konzepte für die Vermarktung der eigenen Leistungen bei den

Absatzmittlern entwerfen. Die entsprechenden Entscheidungen werden unter dem Begriff **Vertikales Marketing** (oder auch **Trade-Marketing**) zusammengefasst (vgl. Kap. 1/ 1.). Im Mittelpunkt stehen Aktivitäten, die dem Handel verschiedene Anreize bieten, so dass er motiviert wird, die Produkte nicht nur in sein Sortiment aufzunehmen, sondern dem Kunden auch so zu präsentieren, wie vom Hersteller in seiner eigenen Marketingstrategie vorgesehen. Diese Anreize lassen sich in drei Gruppen einteilen (vgl. Abb. 4-52) (*Tomczak/Schögel* 2001):

- **Pull-Anreize** beziehen sich auf endkundengerichtete Maßnahmen des Herstellers, die Kunden dazu motivieren, dessen Produkte im Handel nachzufragen und damit eine Art „Sogwirkung:" gegenüber dem Handel entfalten. Zu derartigen Maßnahmen gehören u.a. die Entwicklung und Vermarktung von Produktinnovationen und die Durchführung von Werbekampagnen.

- **Push-Anreize** beziehen sich auf absatzmittlergerichtete Maßnahmen des Herstellers und dienen der Unterstützung des Hinein- bzw. Abverkaufs dessen Produkte im Handel. Derartige Maßnahmen umfassen u.a. Rabattzugeständnisse, die Regalpflege und Promotion-Aktionen, die der Hersteller ganz oder teilweise für den Handel übernimmt.

- **Kooperations-Anreize** beziehen sich auf absatzmittlergerichtete Maßnahmen des Herstellers, die eine Win-Win-Situation für beide Seiten sicherstellen sollen. Ziel des Herstellers muss es dabei sein, die einzelnen Kooperations-Anreize so zu kombinieren, dass er sich hierdurch von seinen Konkurrenten in positiver Weise differenziert und damit eine Sonderstellung gegenüber dem Handel einnehmen kann.

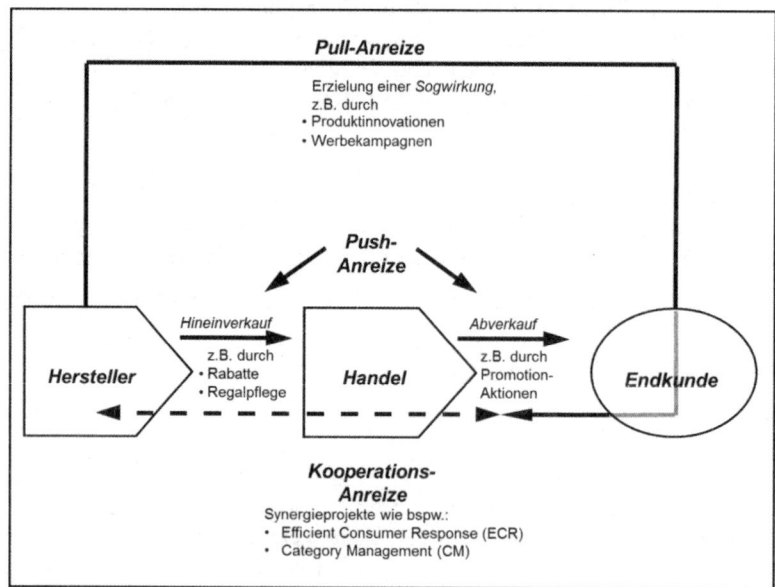

Abb. 4-52: Möglichkeiten der Absatzstimulierung im Vertikalen Marketing
(Quelle: Tomczak/Schögel 2001, S. 581)

In Zusammenhang mit den Kooperations-Anreizen ist insbesondere das Konzept des **Efficient Consumer Response (ECR)** hervorzuheben. Unter ECR versteht man eine strategische vertikale Kooperationsinitiative zwischen Hersteller und Handel zur Optimierung der gesamten Wertschöpfungskette vom Hersteller bis zum Kunden (*Homburg/Schäfer/Schneider* 2008). Ziel ist es, die Kundennachfrage besser, schneller und kostengünstiger zu ermitteln und zu befriedigen. Ursprünglich war ECR lediglich auf die Sicherstellung einer raschen Reaktion auf Nachfrageveränderungen in saisonalen Märkten (z.B. bei Bekleidung, Schuhe) beschränkt. Mitte der 90er Jahre griffen jedoch führende Konsumgüterhersteller und Händler diese Ideen auf und entwickelten sie zu einem umfassenden ECR-Konzept weiter. Nach heutigem Verständnis umfasst ECR sowohl eine Logistikperspektive (i.S. eines Supply Managements) als auch eine Nachfragerperspektive (i.S. eines Demand Managements). Voraussetzung für den erfolgreichen Einsatz des ECR-Konzeptes ist die angemessene Nutzung einer Reihe von **Basistechnologien**, wie z.B. Electronic Data Interchange (EDI) und Scanner-Kassen (vgl. Abb. 4-53).

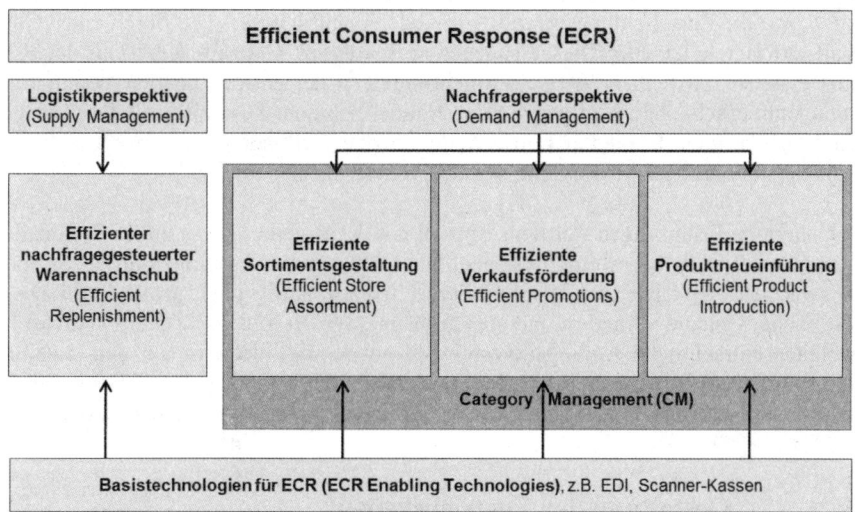

Abb. 4-53: Grundstruktur des Efficient Consumer Response (ECR)
(Quelle: Zentes/Swoboda 2005, S. 1076)

Aus der Logistikperspektive betrachtet wird durch das ECR ein **effizienter nachfragegesteuerter Warennachschub** angestrebt. Erreicht werden soll dies durch eine möglichst rasche Weiterleitung von Informationen über den Abverkauf der Produkte am Point-of-Sale (d.h. im Handel) an den Hersteller. Darüber hinaus umfasst ECR in logistischer Hinsicht auch das Bemühen um eine kontinuierliche Prozessverbesserung (z.B. mit Hilfe spezifischer Transportmittel und Lagersysteme).

Aus der Nachfragerperspektive betrachtet soll durch das ECR eine **effiziente Sortimentsgestaltung**, **Verkaufsförderung** und **Produktneueinführung** sichergestellt werden. Über die im Handel gewonnenen Marktinformationen kann beispielsweise auf die Attraktivität bestimmter Sortimentsteile geschlossen werden und somit eine effiziente Sortimentsgestaltung gewährleistet werden. Durch Kenntnis der Abverkaufszahlen wird ferner die optimale Auswahl der Aktionsartikel erleichtert und damit eine effiziente Verkaufsförderung gewährleistet. Schließlich können bereits in der Produkteinführungsphase verfügbare Erstkaufraten die Marktanteilseffekte von Produktinnovationen verdeutlichen, so dass auch eine effiziente Produkteinführung möglich wird.

In Zusammenhang mit der Nachfragerperspektive besonders hervorzuheben ist das **Category Management (CM)**, das alle nachfragerorientierten ECR-Module umfasst. Im Rahmen des CM arbeiten Hersteller und Handel gemeinsam an einem warengruppenspezifischen strategischen Marketing. Hierzu werden die Sortimente des Handelspartners in strategische Artikelgruppen (sog. „Categories") unterteilt. Im Anschluss definiert man für jede dieser Gruppen strategische Rollen und Prioritäten. Eine differenzierte Analyse der Stärken und Schwächen sowie der Absatz- und Umsatzzahlen jeder Artikelgruppe ergibt Ansatzpunkte für die Optimierung des Marketing-Mix. Auch hier handelt es sich somit um eine vertikale Kooperation, bei der in der Regel der Handel in Person des sogenannten **Category Manager** federführend ist. Der Category Manager besitzt zwar die Entscheidungsgewalt, wird jedoch häufig unterstützt durch einen Counterpart auf Herstellerseite. Dieser sogenannte **Category Captain** gehört in der Regel dem Hersteller mit dem größten Sortimentsanteil in der entsprechenden Warengruppe an und kann erheblichen Einfluss auf den Handel nehmen. Zusätzlich zu dem Category Captain haben viele Hersteller mittlerweile ganze Abteilungen ins Leben gerufen, die für die herstellerseitige Abwicklung des CM verantwortlich sind.

Die bisherigen Erfahrungen mit dem Einsatz von ECR zeigen, dass große Rationalisierungspotenziale gehoben werden können. Die technische und administrative Koordination zwischen Hersteller und Handel bereitet jedoch häufig noch große Probleme, da traditionelle Systeme verändert und standardisiert werden müssen. Zudem sind auf beiden Seiten beträchtliche Anfangsinvestitionen notwendig, die stark auf den jeweiligen Kooperationspartner zugeschnitten sind, und daher im Falle einer Beendigung der Kooperation nur schwerlich in andere ECR-Initiativen eingebracht werden können.

4.5   Gestaltung der Vertriebslogistik

PRINZIP: Vertriebslogistik

Im Rahmen der Vertriebslogistik muss ein Hersteller insbesondere Entscheidungen hinsichtlich des Lieferservice und der Lagerhaltung treffen, wobei Umsatz- und Kostenwirkungen abzuwägen sind.

Ziel der **Vertriebslogistik** ist es, Kunden die Produkte des Unternehmens physisch verfügbar zu machen, wofür eine Raum-, Zeit- und Mengenüberbrückung erforderlich ist. Neben den Kernaufgaben der Lagerhaltung und des Transports umfasst die Vertriebslogistik auch die Bewältigung von Informations- und Zahlungsströmen. Sie kann daher als Konzept angesehen werden, das alle Waren-, Informations- und Zahlungsströme ganzheitlich zusammenfasst, die bei der Annahme, Bearbeitung und Abwicklung von Aufträgen entstehen. Nur so ist gewährleistet, dass der Kunde jederzeit informiert werden kann, welchen Status sein Auftrag besitzt und wodurch eventuelle Verzögerungen verursacht sind. Da auch die Bezahlung üblicherweise an bestimmte Prozessstufen der Auftragsabwicklung angekoppelt ist, sind auch Fakturierung und Zahlungsüberwachung in die Vertriebslogistik zu integrieren. Naturgemäß werden vertriebslogistische Entscheidungen stark von markt- und produktspezifischen Faktoren beeinflusst, etwa dem Wert und Volumen der Produkte sowie deren Verderblichkeit und Transportempfindlichkeit. Im Konsumgütersektor übernehmen zunehmend Handelskonzerne wichtige logistische Funktionen, die früher herstellerseitig wahrgenommen wurden, und erwarten dafür entsprechende Preiszugeständnisse. Im Industriegüterbereich ist die Vertriebslogistik von besonderer Bedeutung, da eine Unterbrechung des Waren- und Ersatzteilflusses schwerwiegende Folgen für die Produktion und Wertschöpfung beim Kunden hätte.

Eine zentrale Kenngröße der Vertriebslogistik stellt der **Lieferservice** dar. Dieser besteht aus den Komponenten Lieferzeit, Lieferzuverlässigkeit, Lieferungsbeschaffenheit und Lieferflexibilität (*Pfohl* 2004b):

- Unter **Lieferzeit** wird der Zeitraum zwischen Auftragserteilung und Verfügbarkeit der Ware beim Kunden verstanden. Bei manchen Erzeugnissen (z.B. Ersatzteilen für Produktionsanlagen) kann die Lieferzeit aufgrund hoher Opportunitätskosten des Kunden (z.B. durch Stillstand der Produktionsanlage) sogar zum dominanten Kaufkriterium werden. Bei Konzepten der Lagerbestandsreduzierung (z.B. Just-in-Time-Konzepten) oder bei verderblichen Waren (z.B. Obst) kommt der Lieferzeit ebenfalls eine zentrale Rolle zu.

- **Lieferzuverlässigkeit** liegt bei Einhaltung des vereinbarten Liefertermins vor und ist daher eng mit der Lieferzeit verbunden. Sie hängt insbesondere von der Zuverlässigkeit des Arbeitsablaufs und der Lieferbereitschaft ab. Letztere wird maßgeblich durch die verfügbaren Produktions- und Logistikkapazitäten bestimmt. Eine zuverlässige Lieferung vermeidet auf Kundenseite Opportunitätskosten (z.B. durch Stillstand der Produktionsanlage) und Aufwendungen für Lagerhaltung bzw. Beschaffung alternativer Waren anderer Anbieter.

- Die **Lieferungsbeschaffenheit** gibt Auskunft über die mengenmäßige Liefergenauigkeit und den Zustand der gelieferten Ware. Im Rahmen der Liefergenauigkeit ist insbesondere der reibungslose Fluss von Informationsströmen im Vertriebssystem von Bedeutung. Auf Kundenseite trägt der korrekte Umfang und die Unversehrtheit einer Lieferung dazu bei, unnötige Reklamationen und sonstige Unannehmlichkeiten zu vermeiden.

- Die **Lieferflexibilität** beschreibt die Fähigkeit, auf besondere Kundenwünsche im Hinblick auf Auftragsbearbeitung, Verpackung oder Transport einzugehen. Beispielsweise kann ein Geschäftskunde den Wunsch äußern, die Waren zu einer exakt definierten Zeit an einen exakt definierten Ort auf seinem Firmengelände geliefert zu bekommen, wodurch ihm zusätzliche zeitlich nachgelagerte Lager- und Transportkosten erspart bleiben und er idealerweise die Waren im Sinne einer Just-in-Time-Logik sofort zur Weiterverarbeitung verwenden kann. Privatkunden kann beispielsweise der Einkauf von Produkten erheblich erleichtert werden, indem diese Waren (z.B. Getränke, Tiefkühlkost, Pizza) frei Haus angeliefert werden.

Zur Festlegung des optimalen Niveaus des Lieferservice sind Umsatz- und Kostenauswirkungen abzuwägen. Ein gewisses Mindestmaß an Lieferservice ist sicherlich in den meisten Branchen notwendig, selbst bei Produkten mit sehr hoher Qualität oder sehr niedrigem Preis.

Wie Abb. 4-54 zeigt, führt eine Steigerung des Lieferservice-Niveaus über das Lieferservice-Minimum hinaus in der Regel zunächst zu einem deutlichen Umsatzzuwachs bei nur moderat ansteigenden Kosten. Sobald jedoch die Lieferservice-Bedürfnisse des Kunden weitestgehend befriedigt sind, kann nur noch ein geringer Umsatzzuwachs generiert werden. Ab einem bestimmten Niveau des Lieferservice kommt es zudem zu einem exponentiellen Anstieg der Lieferservice-Kosten. Aus diesen Gründen macht es in ökonomischer Hinsicht keinen Sinn, durch Anstreben des Lieferservice-Maximums allen logistischen Wünschen des Kunden gerecht werden zu wollen. Stattdessen ist ein Lieferservice-Optimum anzustreben, bei dem die Differenz zwischen Umsatz- und Kostenwirkungen des Lieferservice-Niveaus am größten ist. Zu beachten ist in diesem Zusammenhang, dass der genaue Verlauf der Umsatz- und Kostenwirkungen und damit die Lage dieses Optimums stark von unternehmens-, produkt- und kundenbezogenen Faktoren abhängen. Ferner übt das Lieferserviceniveau des Wettbewerbs einen Einfluss auf Differenzierungsmöglichkeiten im Markt und daraus resultierende Umsatzwirkungen bei den Kunden aus.

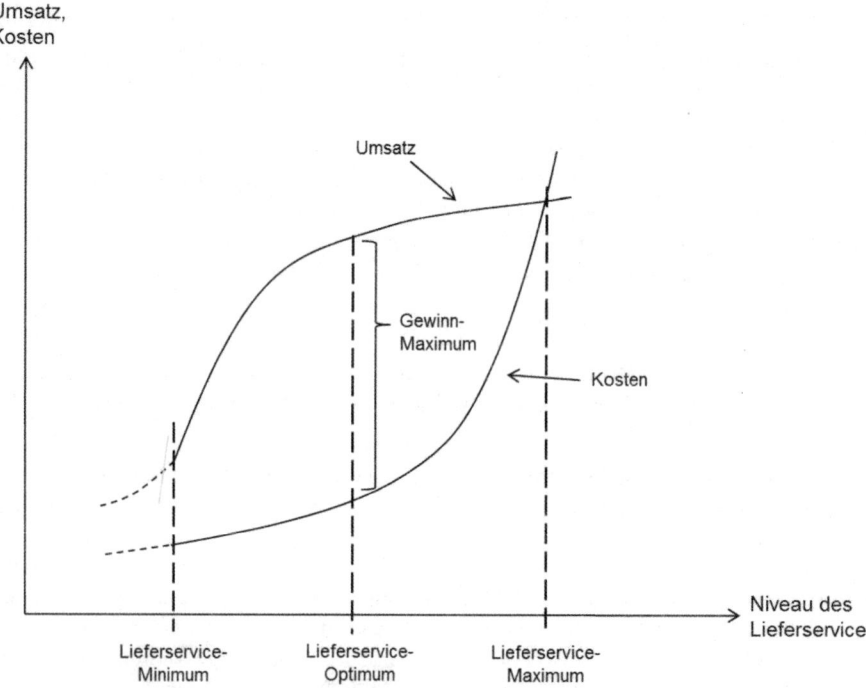

Abb. 4-54: Umsatz- und Kostenwirkungen des Lieferservice-Niveaus
(Quelle: Pfohl 2004a, S. 95)

Nach Diskussion der grundlegenden Umsatz- und Kostenwirkungen des Lieferservice-Niveaus sollen nun die maßgeblichen Kostenarten der Vertriebslogistik, d.h. die Lagerhaltungs- und Transportkosten, näher analysiert werden. Von besonderem Interesse ist hierbei die Höhe dieser Kosten in Abhängigkeit von der Anzahl an Vertriebslagern.

Wie Abb. 4-55 zeigt, steigen mit zunehmender Anzahl an Vertriebslagern die **Lagerhaltungskosten** an, da für jedes Lager fixe Kosten der Verwaltung anfallen sowie tendenziell größere Warenbestände gespeichert werden und daher mehr Kapital gebunden ist. Zudem fallen mit zunehmender Anzahl an Vertriebslagern die einzelnen Lager tendenziell kleiner aus, wodurch sich die Realisation größenbedingter Effizienzvorteile erschwert. Die **Transportkosten** setzen sich aus den Transportkosten von der Produktionsstätte zum Vertriebslager (Belieferungskosten) und den Transportkosten vom Vertriebslager zum Kunden (Auslieferungskosten) zusammen. Eine steigende Anzahl an Vertriebslagern führt einerseits – aufgrund eines tendenziell geringeren Warenumschlags je Lager und kleinerer Transportmengen – zu höheren Belieferungskosten, andererseits aber – aufgrund der geringeren physischen Distanz zum Kunden – zu geringeren Auslieferungskosten. Die optimale Anzahl an Vertriebslagern ergibt sich an der Stelle, an der die Summe aus Lagerhaltungs- und Transportkosten ihr Minimum besitzt. Der genaue Verlauf der Kostenwirkungen und damit die Lage dieses Optimums hängen hierbei stark von unternehmens-, produkt- und kundenbezogenen Faktoren ab. Zudem gilt es zu beachten, dass die Anzahl an Vertriebslagern auch einen maßgeblichen Einfluss auf das Niveau des Lieferservice besitzt (v.a. im Hinblick auf Lieferzeit und -zuverlässigkeit) und daher eine derartige Entscheidung nicht rein auf Kostenüberlegungen basieren sollte.

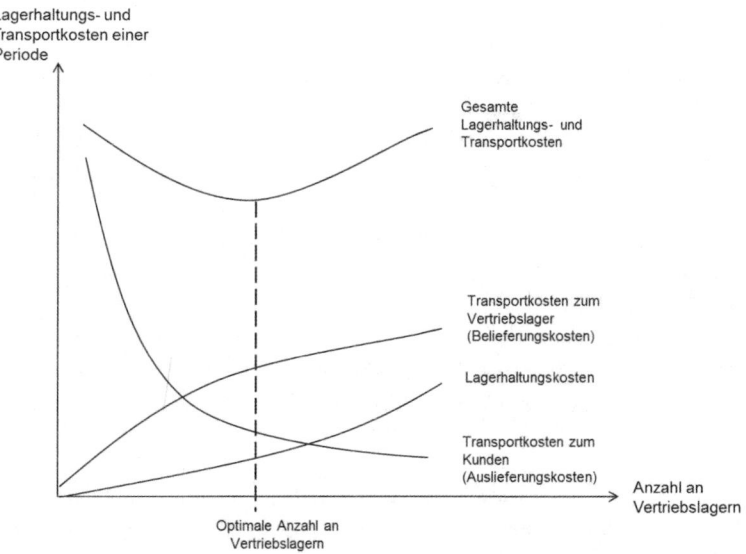

Abb. 4-55: Zusammenhang zwischen Lagerhaltungs- und Transportkosten (Quelle: Schulte 2005, S. 462)

Kontrollfragen zu Abschnitt 4

1. Geben Sie einen Überblick über die Entscheidungsbereiche der Vertriebspolitik am Beispiel eines Unternehmens Ihrer Wahl. Erläutern Sie ebenfalls die relative Bedeutung der Vertriebspolitik im Hinblick auf den Unternehmenserfolg.

2. Erläutern Sie grundlegende Organisationsformen des Außendienstes. Welche Vor- und Nachteile bringen die einzelnen Organisationsformen mit sich?

3. Welche Aufgaben kann der Vertriebsinnendienst wahrnehmen? Inwieweit kann der Vertriebsinnendienst den Vertriebsaußendienst unterstützen?

4. Welche grundlegenden Unterschiede bestehen zwischen Absatzhelfern und Absatzmittlern? Geben Sie außerdem Beispiele für Absatzhelfer und Absatzmittler.

5. Diskutieren Sie anhand einer Ihnen bekannten Franchise-Kette die Rechte und Pflichten des Franchise-Nehmers.

6. Welche Kriterien für die Auswahl der Key Accounts sind Ihnen bekannt? Wie lassen sich diese Kriterien einteilen?

7. Welche Aufgaben nimmt ein Key Account Manager wahr? Beschreiben Sie diese Aufgaben kurz.

8. Welche grundlegenden Entscheidungen sind im Rahmen der Gestaltung der Vertriebsstruktur zu treffen?

9. Mit Hilfe welcher Überlegungen sollte die Entscheidung zwischen direktem versus indirektem Vertrieb gefällt werden?

10. Geben Sie Beispiele für Produkte mit intensivem, selektivem und exklusivem Vertrieb. Welche Kriterien können für eine Selektion der Vertriebspartner beim selektiven und exklusiven Vertrieb herangezogen werden?

11. Welche Entwicklungen führten zur zunehmenden Relevanz von Mehrkanalsystemen? Erläutern Sie außerdem zentrale Chancen und Risiken von Mehrkanalsystemen.

12. Worin unterscheiden sich Push- und Pull-Strategien im Rahmen der Absatzstimulierung im Vertrieb? Warum sind beide Konzepte nicht alternativ, sondern komplementär zu verstehen?

13. Was versteht man unter Efficient Consumer Response (ECR)? Welche Perspektiven und Teilbereiche des ECR lassen sich unterscheiden?

14. Erläutern Sie, inwiefern ein Herstellerunternehmen einer zunehmenden Konsolidierung im Handel durch das Konzept des Category Managements (CM) entgegenwirken kann.

15. Welche zentralen Komponenten des Lieferservice lassen sich unterscheiden? Führen Sie außerdem Branchen an, in der die einzelnen Komponenten eine besondere Bedeutung besitzen.

16. Skizzieren Sie den idealtypischen Verlauf der Lagerhaltungs- und Transportkosten in Abhängigkeit der Anzahl an Vertriebslagern. Markieren Sie zudem die optimale Anzahl an Vertriebslagern.

5.   Kommunikationspolitik

Die Bedeutung der Kommunikationspolitik ist vor allem in der Konsumgüter- und Dienstleistungsbranche sehr groß. Renommierte Markenartikelhersteller verwenden für Kommunikationsmaßnahmen bis zu 20% des Umsatzes. In Industriegüterunternehmen führen hohe Messekosten ebenfalls nicht selten zu Kommunikationsausgaben von 5-10% des Umsatzes.

Auch gesamtwirtschaftlich betrachtet kommt der Kommunikationspolitik eine hohe Bedeutung zu. So betrugen in Deutschland im Jahr 2009 die Werbeinvestitionen (Aufwendungen für Werbehonorare, Werbemittelproduktion und Medienkosten) 28,8 Mrd. €, davon entfallen 18,4 Mrd. € auf die Netto-Werbeeinnahmen der Medien. Dies entspricht 1,2% des Bruttoinlandsprodukts (*ZAW* 2011). Nicht zu unterschätzen ist in diesem Zusammenhang die Aufgabe der Werbung als Regulativ der Marktwirtschaft. Nur wenn die Käufer und Wettbewerber über das Angebot am Markt hinreichend informiert sind, kann sich der Wettbewerb entfalten. Allerdings beschränkt der für kommunikationspolitische Maßnahmen notwendige Kapitalbedarf oft den Handlungsspielraum und damit die Wettbewerbsfähigkeit kleiner Anbieter im Markt.

Eine große Herausforderung für die Kommunikationspolitik ist die Tatsache, dass auf Kundenseite die mit der Werbeflut verbundene Informationsüberlastung zu werbemeidendem Verhalten führt (z.B. Zapping, d.h. Programmwechsel bei Werbeeinblendungen). Die Informationsüberlastung ist Ausdruck der modernen Informationsgesellschaft und kennzeichnet den von den Rezipienten nicht beachteten Anteil der bereitgestellten Informationen. Die sich dadurch verschärfende Informationskonkurrenz erfordert von jedem einzelnen Werbetreibenden, die Kommunikationspolitik so auszugestalten, dass zumindest die Schlüsselinformation einer Werbebotschaft von der Zielgruppe wahrgenommen wird.

5.1   Grundlagen der Kommunikationspolitik

PRINZIP: Kommunikationspolitik
Mit Hilfe der Kommunikationspolitik muss ein Unternehmen sein Leistungsangebot bekannt machen, sich im Wettbewerb profilieren und ein entsprechendes Produkt- bzw. Markenimage aufbauen. Informationen und Emotionen spielen dafür gleichermaßen eine Rolle.

Zur Kommunikationspolitik gehören alle auf den Markt gerichteten Informationen und Signale eines Unternehmens zum Zweck der Beeinflussung von Meinungen, Einstellungen, Erwartungen und Verhaltensweisen im Sinne des Unternehmens. Im Rahmen der Kommunikationspolitik informieren die Anbieter den Konsumenten über die Existenz ihrer Produkte, deren Vorteile und alle sonstigen Nutzenelemente. Somit ergeben sich für die Marktteilnehmer folgende Nutzenaspekte der Kommunikation:

-   **Informationsfunktion**: Für den Konsumenten wird das am Markt verfügbare Leistungsangebot hinsichtlich Qualität, Preis und Verfügbarkeit transparent.

-   **Nutzungsfunktion**: Die angebotenen Informationen sollten inhaltlich, formal, zeitlich und örtlich so präsentiert werden, dass sie einfach und bequem genutzt werden können.

- **Risikoreduktionsfunktion**: Die individuellen Unsicherheiten über die Eignung und Nutzenwirkungen der Produkte werden durch Kommunikationsmaßnahmen möglichst reduziert.

- **Identifikationsfunktion:** Es werden Identifikationspotenziale durch das aufgebaute Produkt- bzw. Markenimage geschaffen.

- **Unterhaltungsfunktion:** Kommunikationsmaßnahmen sollten einen Unterhaltungsnutzen erzeugen, um die sachliche Aufgabe der Information angenehm zu gestalten sowie die Werbeerinnerung zu erhöhen.

- **Interaktionsfunktion:** Durch eine multimediale Leistungspräsentation und die soziale Einbindung des Konsumenten kann die Kommunikation interaktiv gestaltet werden.

Abb. 4-56 beschreibt den **idealtypischen Prozess der Kommunikationspolitik** inkl. der damit verbundenen Aufgaben: Zunächst müssen die angestrebten Ziele der Kommunikationspolitik bestimmt werden. Nach einer sorgfältigen Verteilung des festgelegten Budgets werden die Kommunikationsmaßnahmen entsprechend ausgestaltet. Um zu überprüfen, ob die geplanten Kommunikationsinhalte auch die erhoffte Wirkung bei den Konsumenten erzielen, empfiehlt sich ein sog. Pretest. Nach der Durchführung der Kommunikationsmaßnahmen gibt ein Posttest darüber Aufschluss, ob die definierten Ziele erreicht wurden.

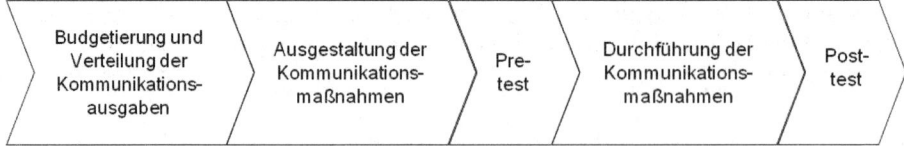

Abb. 4-56: Prozess der Kommunikationspolitik

5.1.1   Bestimmung der Kommunikationsziele

> **PRINZIP: Kommunikationsziele**
> Vor der Planung und Durchführung von Kommunikationsmaßnahmen sind die angestrebten Ziele der Kommunikationspolitik zu bestimmen.

Die Kommunikationspolitik kann sowohl **psychografische** als auch **ökonomische** Ziele verfolgen. Die psychografischen Ziele dienen in der Regel als Grundlage zur Erreichung ökonomischer Ziele (z.B. Absatz, Umsatz) und betreffen die unmittelbare Wirkung bei den Rezipienten. Sie umfassen kognitiv-orientierte (z.B. Erhöhung des Bekanntheitsgrades), affektiv-orientierte (z.B. Verbesserung von Einstellung und Image) und konativ-orientierte (z.B. Erhöhung der Kaufabsicht) Ziele (vgl. Kap. 1/ 2.).

Zur Beschreibung der Wirkung von Kommunikationsmaßnahmen bei Rezipienten existieren zahlreiche **Stufenmodelle**. Das wohl bekannteste dieser Modelle ist das AIDA-

Modell, das die folgende Wirkungskette unterstellt: Attention (Aufmerksamkeit) – Interest (Interesse) – Desire (Kaufwunsch/Präferenz) – Action (Kauf) (vgl. Kap. 1/ 2.). Es unterstreicht, dass in der Regel erst durch Erreichung psychographischer Ziele (z.B. Aufmerksamkeit, Interesse, Kaufwunsch/Präferenz) auch ökonomische Ziele (z.B. Kauf) realisiert werden können. Dies impliziert einen entsprechenden Zeit- und damit auch Kapitalbedarf für den Aufbau von Werbewirkung. Kommunikationsausgaben werden deshalb auch als Investition angesehen.

5.1.2 Budgetierung und Verteilung der Kommunikationsausgaben

> **PRINZIP: Budgetierung und Verteilung der Kommunikationsausgaben**
> Das Kommunikationsbudget ist nach ökonomischen Gesichtspunkten zu dimensionieren sowie sachlich, instrumentell, medial und zeitlich effektiv auf die eingesetzten Kommunikationsmittel zu verteilen.

Das Kommunikationsbudget umfasst die Gesamtheit aller geplanten Kommunikationsausgaben für eine Planperiode. Der Budgetierungsprozess umfasst dabei vier voneinander abhängige Teilaufgaben: die Bestimmung der Budgethöhe sowie dessen sachliche, instrumentelle, mediale und zeitliche Verteilung.

Bei der **Bestimmung der Budgethöhe** sind unternehmensinterne und -externe Faktoren zu berücksichtigen. Hierzu gehören die Art und das Ausmaß anderer Marketing-Mix-Aktivitäten, die finanzielle Situation des Unternehmens, die aktuelle Marktsituation und die voraussichtliche Budgethöhe der Wettbewerber. Die Problematik der Bestimmung der optimalen Budgethöhe liegt vor allem in der schwierigen Schätzung der Wirkungsfunktion, die den Zusammenhang zwischen der Höhe der Kommunikationsausgaben und der Wirkung auf entsprechende Zielgrößen (z.B. Absatz) beschreibt. In der Praxis behilft man sich deshalb häufig mit einfacheren und finanzielle Risiken vermeidenden Entscheidungsregeln (sog. Heuristiken), die im Folgenden kurz erläutert werden:

– **Orientierung am Budget der Vorperiode:** Bei dieser Methode wird das in der vorangegangenen Periode eingesetzte Budget fortgeschrieben. Diese Methode ist in ihrer Anwendung zwar relativ einfach, allerdings wird implizit angenommen, dass das Vorperiodenbudget eine sinnvolle Höhe aufwies und sich die Kommunikationssituation nicht verändert hat.

– **Orientierung an einer Bezugsgröße:** Hier wird das Budget als Prozentsatz vom vergangenen oder erwarteten Umsatz bzw. Gewinn definiert. Diese Vorgehensweise ist prozyklischer Natur, überfordert aber nicht die finanziellen Möglichkeiten des Unternehmens. Der erhoffte sachlogische Zusammenhang, dass die Höhe des Umsatzes bzw. Gewinnes von den Kommunikationsausgaben abhängt, wird hierbei allerdings umgekehrt. Ein weiterer Kritikpunkt ist die gewisse Willkürlichkeit, mit der man oftmals den Prozentsatz festlegt. Trotzdem ist dieser Ansatz der in der Praxis am meisten gebräuchlichste.

– **Orientierung an den verfügbaren monetären Mitteln:** Das Budget wird hier primär an der finanziellen Tragbarkeit ausgerichtet und stellt eine Residualgröße der

Finanzplanung dar. Dieses prozyklische Budgetierungsverhalten räumt der Liquidi-
tätssicherung Vorrang ein und berücksichtigt nicht, dass gerade in einer wirtschaftlich schwierigen Situation Kommunikationsmaßnahmen notwendig sein könnten.

- **Orientierung an Wettbewerbsaktivitäten:** Bei dieser Methode ist das Werbever-
halten der Wettbewerber Ausgangspunkt für die Bestimmung des Budgets. Die Orientierung erfolgt meist an einem durchschnittlichen, branchenüblichen Wert aus der
Vergangenheit oder dem bisherigen relativen Anteil der Kommunikationsausgaben,
dem sog. „Share of Advertising" (meist: eigene Mediaausgaben / Mediaausgaben aller Anbieter am Markt). Diese Methode ist besonders dann nachteilig, wenn die
Kommunikationsziele des eigenen Unternehmens von denen der Wettbewerber abweichen.

- **Orientierung an den Zielen der Kommunikationspolitik:** Hier wird das Budget
streng aus den Erfordernissen zur Erreichung der gesetzten Kommunikationszielen
abgeleitet. Je ambitionierter diese Ziele, desto höher muss das Budget entsprechend
angesetzt werden. Ist dieses nicht finanzierbar, müssen die Ziele korrigiert werden.
Wenngleich diese Methode sicherlich schwieriger als andere Methoden umzusetzen
und mit einem gewissen Investitionsrisiko verbunden ist, ist sie dennoch aus theoretischer Sicht am stärksten zu empfehlen.

Die Bestimmung der Budgethöhe sollte wie bereits erwähnt in enger Abstimmung mit
der sachlichen, instrumentellen, medialen und zeitlichen Verteilung des Budgets erfolgen.

- Bei der **sachlichen Verteilung** ist zu entscheiden, wie das Budget auf einzelne Objekte (z.B. Produkte, Marken) oder Produktbereiche (z.B. Produktlinien, Preisklas-
sen) bzw. Segmente (z.B. Zielgruppen, geografische Märkte) aufgeteilt werden soll.
Zu beachten ist dabei, dass es hier zu „**Spill-Over-Effekten**" kommen kann, wenn
auch andere als die eigentlich beworbenen Objekte von der Kommunikation profitieren.

- Bei der **instrumentellen Verteilung** ist nach Maßgabe einer Kosten-Nutzen-
Analyse eine Entscheidung darüber zu treffen, wie das Kommunikationsbudget auf
die zum Einsatz kommenden Kommunikationsinstrumente verteilt wird. Dabei spielen Effizienzkennzahlen für einzelne Instrumente (z.B. cost per contact/lead,
conversion rate) eine wichtige Rolle.

- Bei dem Einsatz von Kommunikationsmedien ist zusätzlich eine **mediale Verteilung** bezüglich der Mediengattung („**Intermediaselektion**") und bestimmter Medi-
en innerhalb einer Mediengattung („**Intramediaselektion**") erforderlich. Bei der
Auswahl einer Mediengattung (z.B. TV, Radio, Zeitschriften, Zeitungen) sollten vor
allem die folgenden Kriterien herangezogen werden: Präzision der Zielgruppenein-
grenzung, Möglichkeit, kognitive Inhalte zu vermitteln, visuelle und akustische Dar-
stellungsmöglichkeiten und Kosten. Innerhalb einer Mediengattung (z.B. Fernsehen)
müssen dann im Rahmen der Intramediaselektion die geeignetsten Medien (z.B.
ARD, ZDF, RTL) identifiziert werden. Diese Auswahl sollte sowohl anhand quantitativer (z.B. Verbreitung, Reichweite, Kosten) als auch qualitativer Kriterien (z.B.
Eigenschaften der Nutzer, Übereinstimmung mit der Zielgruppe) erfolgen. Ein häufig verwendetes Kriterium im Rahmen der Intramediaselektion ist der **Tausender-**

kontaktpreis (TKP). Dieser gibt die Kosten für die Erreichung von 1000 Kontakten über ein bestimmtes Medium an. Die Inter- und Intramediaselektion münden in der Regel in der Erstellung eines **Streuplanes**. Dieser gibt an, in welcher Frequenz die ausgewählten Medien über den Planungszeitraum belegt werden.

- Bei der **zeitlichen Verteilung** geht es um die Frage der Kommunikationsdosierung, d.h. darum, die Kommunikationsausgaben auf eine kürzere Zeitspanne zu **konzentrieren** („Klotzen") oder kontinuierlich über die Planperiode zu verteilen („Kleckern"). Während die Kommunikationswirkung bei einem konzentrierten Budgeteinsatz rasch ansteigt, jedoch nach Ende der Kommunikationsaktivitäten auch wieder relativ schnell abfällt, ist sie bei der kontinuierlichen Verteilung des Budgets von nachhaltigerer Natur (*Zielske* 1959; *Zielske/Henry* 1980). Eine Kombination beider Dosierungsarten stellt die **pulsierende Kommunikation** dar, bei der die Kommunikationsausgaben im systematischen Wechsel erhöht und gesenkt werden. Die optimale zeitliche Verteilung hängt letztlich stark vom Ziel der Kampagne ab: Soll z.B. eine Sonderaktion oder ein neues Produkt in kurzer Zeit möglichst vielen Personen bekannt gemacht werden, so ist ein konzentrierter Budgeteinsatz vorteilhaft. Geht es jedoch darum, reichhaltige Markenassoziationen aufzubauen oder das Image des Unternehmens zu pflegen, ist ein kontinuierlicher oder pulsierender Budgeteinsatz empfehlenswert. Zu beachten ist, dass die Werbewirkung oft nicht (gänzlich) in der Planperiode entsteht, sondern „**Carryover-Effekte**", d.h. Wirkungsverzögerungen auftreten können.

5.1.3   Zusammenarbeit mit externen Dienstleistern

> **PRINZIP: Outsourcing kommunikationspolitischer Prozesse an externe Dienstleister**
> Kommunikationspolitische Prozesse sollten an spezialisierte externe Dienstleister (Werbe- oder andere Spezialagenturen) ausgelagert werden, wenn dies unter Kosten- und Steuerungsaspekten sinnvoll ist.

Die wenigsten Unternehmen verfügen über die erforderlichen Ressourcen, Kommunikationsmaßnahmen gänzlich ohne Inanspruchnahme externer Dienstleister durchzuführen. Somit muss eine Entscheidung darüber getroffen werden, in welchem Umfang welche Aufgaben an welche externen Dienstleister (z.B. Werbeagenturen) outgesourct werden (vgl. Kap. 5/ 2.). Je nach Spektrum der Aufgaben, die ein externer Dienstleister übernehmen soll, bieten sich hierfür entweder Full-Service- oder Spezial-Dienstleister (z.B. Mediaagenturen, Grafik-Designer, Adressverlage) an (vgl. Kap. 1/ 2.).

Wesentlicher Vorteil eines derartigen Outsourcing ist die Nutzung der Arbeitskraft und Kompetenz von Fachkräften, die im Gegensatz zu den eigenen Mitarbeitern noch nicht über eine gewisse „Betriebsblindheit" verfügen. Nachteilig ist hingegen zu bewerten, dass externen Dienstleistern auch Einblicke in das Unternehmen gewährt werden müssen, inkl. einer möglichen Preisgabe sensibler Informationen.

Bei der Auswahl eines externen Dienstleisters ist daher auf dessen Vertrauenswürdigkeit zu achten. Darüber hinaus sollten Kostenaspekte genauso in die Entscheidung einbezogen werden wie das Leistungsvermögen des externen Dienstleisters (z.B. über die Berücksichtigung von Kreativrankings). Kleinere und mittlere Agenturen, die häufig vom Inhaber selbst geführt werden und mit freien Mitarbeitern zusammenarbeiten, sind insbesondere bei kleineren Kommunikationsbudgets oftmals sehr effizient. Allerdings können sie meist nicht das komplette Leistungsspektrum abdecken und sind oftmals nur ungenügend in der Lage, umfassende internationale Kampagnen adäquat zu planen und zu begleiten. Größere Agenturen bieten hingegen meist einen Full-Service an und sind in der Regel entweder selbst international aktiv oder in ein internationales Agenturnetz eingebettet. Gegen den Einsatz einer größeren Agentur spricht, dass diese oft erst ab einem gewissen Mindestetat zur Auftragsübernahme bereit ist.

Grundlage für die Arbeit mit einem externen Dienstleister bildet das **Briefing**. Es wird entweder vom Auftraggeber vorgegeben oder gemeinsam mit dem externen Dienstleister erarbeitet und beschreibt die Ziele und Aufgaben des Projektes. Die Zusammenarbeit zwischen Unternehmen und dem externen Dienstleister erfolgt in mehreren Arbeitssitzungen. Diese Sitzungen sollten stattfinden, wenn das Briefing vorliegt bzw. entwickelt werden soll, erste Ideen für die Kampagne besprochen werden können, Gestaltungsentwürfe für die Kommunikationsmittel und Medienpläne fertig gestellt sind und wenn die Produktion der Kommunikationsmittel abgeschlossen ist.

5.2   Ausgestaltung der Kommunikationsmaßnahmen

> **PRINZIP: Kommunikationsgestaltung**
> Für die Kommunikationsgestaltung muss ein Kommunikationsstil gefunden werden, der in möglichst einzigartiger Weise die Botschaften des Unternehmens vermittelt und begründet. Dabei müssen Entscheidungen hinsichtlich inhaltlicher, auditiver, visueller und sonstiger Elemente getroffen werden.

Bei der Ausgestaltung von Kommunikationsmaßnahmen geht es darum, die Werbebotschaft in eine möglichst prägnante und für den Empfänger verständliche Form zu bringen. Insbesondere das einzigartige Verkaufsversprechen („USP - Unique Selling Proposition") und die unterstützende Beweisführung („reason why"), die dieses Verkaufsversprechen für den Empfänger glaubhaft macht, müssen verständlich formuliert und kommuniziert werden. Hierzu sind Entscheidungen hinsichtlich inhaltlicher, auditiver, visueller und sonstiger Elemente zu treffen, deren konkrete Ausgestaltung stark vom gewählten Kommunikationsmittel abhängt (im Folgenden wird zumeist auf klassische Werbung abgestellt).

Im Hinblick auf die **inhaltlichen Elemente** geht es zum einen um die Gestaltung sprachlicher Bestandteile einer Kommunikationsmaßnahme (z.B. den werblichen Text) und zum anderen um die Festlegung eines Kommunikationsstils. Ausschließlich informierende Werbung (z.B. Werbeprospekt) verliert zunehmend an Wirksamkeit. Deshalb werden i.d.R. argumentative und psychologische Elemente (z.B. Humor, Furchtappelle, erotische Reize) verwendet. Darüber hinaus hat der Einsatz von emotionalen Erlebniswelten, deren Ziel die Verknüpfung von positiven Emotionen mit dem Werbeobjekt ist, zunehmend an Bedeutung gewonnen. Dadurch wird eine positive Grundhaltung gegenüber dem Objekt erreicht und eine Identifikationsmöglichkeit mit dem emotionalen Profil einer Marke geschaffen. Auch der Einsatz von Testimonials kann die Aussage einer Werbebotschaft unterstützen. Hierbei bedient man sich (häufig prominenter) Personen, die das Eintreten des behaupteten Kundennutzens bestätigen. Dadurch sollen die Glaubwürdigkeit einer Werbebotschaft erhöht und durch die Identifikation des Werbeadressaten mit der dargestellten Person eine Nachahmung angeregt werden. In den letzten Jahren ist auch vermehrt der Einsatz von sozialen und umweltschutzbezogenen Elementen zu erkennen („cause-related marketing", vgl. Kap. 1/ 2.). Strengen Vorschriften des Werberechts unterliegt die vergleichende Werbung, die einen direkten Vergleich der Eigenschaften des Werbeobjekts mit Konkurrenzobjekten anstellt. Eine Kommunikationsmaßnahme kann darüber hinaus durch eine möglichst einprägsame Wortfolge („Claim") unterstützt werden, die den Wiedererkennungswert von Kommunikationsmaßnahmen eines Unternehmens erhöht.

Den Wiedererkennungswert erhöht ebenfalls der Einsatz einer unverwechselbaren und durch das Unternehmen kreierten Melodie („Soundlogo"), welche den **auditiven Elementen** zugeordnet wird. Darüber hinaus müssen bei audiosprachlichen Kommunikationsformen Entscheidungen bezüglich Musik, Geräuschen, Lautstärke und Klang getroffen werden.

Bezüglich der **visuellen Elemente** sind Entscheidungen im Hinblick auf die verwendeten Bildmotive und -komponenten, Farben und Schriftarten sowie deren Anordnung und Größe zu treffen. Je nach Werbemittel wechselt der Bild- bzw. Wortanteil erheblich. Wegen der Informationsüberlastung hat bildhafte Kommunikation heute grundsätzlich aber eine deutlich höhere Durchschlagskraft und kann emotionale Inhalte leichter transportieren.

Die Gestaltung **sonstiger Elemente** betrifft Aspekte wie Geruch (z.B. bei Proben), Geschmack oder haptische Reize (d.h. Eindrücke, die durch Berühren wahrgenommen werden).

5.3   Instrumente der Kommunikationspolitik

> **PRINZIP: Kommunikationsinstrumente**
> Zur Durchführung von Kommunikationsmaßnahmen stehen eine Reihe von Kommunikationsinstrumenten zur Verfügung, die nach Maßgabe einer Kosten-Nutzen-Analyse auszuwählen sind.

Zur Umsetzung der Kommunikationspolitik können eine Reihe verschiedener Instrumente eingesetzt werden. Werbung in Massenmedien ist insbesondere für den Aufbau von Bekanntheit und Markenimage unverzichtbar, heute aber für den Kommunikationserfolg oftmals nicht mehr ausreichend. Andere Kommunikationsinstrumente können die Übermittlung einer Werbebotschaft an die Rezipienten ergänzen und damit die Werbewirkung verstärken. Je besser es insgesamt gelingt, den Kommunikationsauftritt durch den Einsatz unterschiedlicher Kommunikationsinstrumente zu profilieren, umso einprägsamer, wiedererkennbarer, unverwechselbarer und damit effektiver werden die Kommunikationsmaßnahmen eines Unternehmens.

5.3.1   Klassische Werbung

Eines der wichtigsten Instrumente der Kommunikationspolitik stellt die klassische Werbung dar. Zu ihren Basismedien zählen die **elektronischen Audio- und Video-Medien** (TV, Hörfunk, Kino) sowie breit gestreute **Print-Medien** (Zeitungen und Zeitschriften).

Im Vergleich zu den anderen Medien zeichnet sich **TV** durch hohe Kosten für die Herstellung und Verbreitung von Werbe-Spots aus. Den hohen Kosten steht aber eine Reihe von Vorteilen gegenüber. Neben der (aufgrund der hohen Gerätedichte) enormen Reichweite ist hier insbesondere die Bewegtheit der Bilder zu nennen, die im Vergleich zu gedruckten Bildern eine höhere Aufmerksamkeit beim Betrachter auslöst und einen größeren gestalterischen Spielraum lässt. Zentrale Vorteile von Print-Medien wie **Zeitungen** und **Zeitschriften** sind hingegen die bessere Möglichkeit der zielgruppengerechten Ansprache und die hieraus resultierenden geringeren Streuverluste. Den vergleichsweise hohen Streuverlusten bei TV wird jedoch durch das Aufkommen von Fernsehsendern mit zielgruppenspezifischen Inhalten entgegengewirkt.

5.3.2   Außenwerbung und Ambient Media

Außenwerbung ist eine im öffentlichen Raum platzierte Werbeform. Je nach gewähltem Ort (z.B. Plakatwand, Verkehrsmittel, City-Light-Poster) besitzt sie eine relativ hohe Reichweite bei gleichzeitig hoher Kontakthäufigkeit und vergleichsweise niedrigen Kosten. Ein Nachteil ist allerdings, dass eine A-priori-Selektion der Zielgruppe i.d.R. nur begrenzt über eine geografische Segmentierung möglich ist.

Ambient Media stellt eine Sonderform der Außenwerbung dar und versucht den Konsumenten in seinem direkten Lebensumfeld zu erreichen. Ein prägnantes Beispiel sind Werbegeschenke (z.B. Kugelschreiber), die mit dem Namen des Werbenden versehen sind und der Konsument in alltäglichen Situationen nutzt.

5.3.3   Direktwerbung

Die Direktwerbung zeichnet sich durch eine direkte Ansprache des Kunden und der Möglichkeit einer interaktiven Dialogkommunikation aus. Der Direktwerbung zuzuordnen sind Postwurfsendungen, adressierte Werbedrucksachen und E-Mail-Werbung (ggf. mit Responseelementen) sowie telefonische Kontakte.

Das Instrument der Direktwerbung hat im letzten Jahrzehnt außerordentliche Zuwächse erzielt: Lagen die Aufwendungen 1997 noch bei 17,1 Mrd. €, so betragen diese heute etwa 27,5 Mrd. €. 83 % aller Unternehmen nutzen Direktwerbung für ihre Kommunikation (*DDV* 2011). Haupttreiber dieser Entwicklung ist der Wunsch nach individualisierter und dialogartig aufgebauter Kommunikation (vgl. Kap. 2/ 2.). Die Individualisierung wird durch den Einsatz von Kundendatenbanken ermöglicht, die den Rückgriff auf frühere Interaktionen mit dem Kunden und individuelle Kundenmerkmale (z.B. Name, Adresse, Familienstand, Kaufgewohnheiten, Besitzstatus) zulassen (vgl. Kap. 5/ 4.). Darüber hinaus erlauben es neue Kombinationsmöglichkeiten von Informations- und Drucktechnologie, Prospekte und Kataloge als Unikate zu drucken, deren Inhalt spezifisch auf die Interessen und Bedürfnisse des einzelnen Kunden abgestimmt ist. Weitere

Vorteile der Direktwerbung betreffen die auf eine Adressenliste eingegrenzte Streubreite und die damit geringeren Streuverluste, die die höheren Kosten pro Kontakt kompensieren.

Um Konsumenten vor unerwünschter Direktwerbung zu schützen, wurden in den letzten Jahren einige Verbraucherschutzgesetze geschaffen bzw. überarbeitet. So muss nun ein Konsument i.d.R. in einer Geschäftsbeziehung mit dem werbenden Unternehmen stehen bzw. seine Einwilligung zur Kontaktaufnahme gegeben haben, um ihn per Direktwerbung ansprechen zu dürfen.

5.3.4   Online Marketing

Viele der charakteristischen Merkmale der Direktwerbung gelten auch für das Online Marketing, d.h. die Vermittlung von Kommunikationsinhalten über das Internet (vgl. Kap. 1/ 2.). Dazu zählen insbesondere Online-Werbebanner und Websites. Neben diesen beiden klassischen Instrumenten des Online Marketing gewinnen die Suchmaschinen- und die Affiliate-Werbung zunehmend an Bedeutung.

Bei dem Einsatz von **Online-Werbebannern** nutzt der Werbetreibende die Attraktivität und Besuchsfrequenz bekannter Online-Adressen. Die Integration in eine unternehmensfremde Website, die meist rechteckige Form und die Verlinkung auf weitere Kommunikationsinhalte des Werbetreibenden sind zentrale Merkmale der Banner-Werbung. Bei sog. **Interstitials** wird in das bereits geöffnete Browserfenster eine ganzseitige Werbefläche eingeblendet. Durch einen Klick auf das Interstitial oder automatisch nach Ablauf einer definierten Zeit wird die Werbung ausgeblendet und die ursprünglich angeforderte Seite erscheint (*Silberer* 2002).

Online-Werbebanner werden i.d.R. auf eine unternehmenseigene **Website** verlinkt. Diese ermöglichen eine jederzeit aktualisierbare Präsentation der von einem Unternehmen angebotenen Leistungen, z.B. im Rahmen von Online Katalogen. Das Unternehmen kann dabei eine Vielzahl von Darstellungsarten verwenden sowie Konfigurations- und Kalkulationshilfen (ggf. mit virtuellen Beratern) anbieten. Der Konsument hat damit die Möglichkeit, das für ihn Relevante herauszusuchen sowie die Modalitäten und Dauer der Präsentation selbst zu bestimmen. Damit geht die Interaktionshoheit im Kommunikationsprozess immer mehr auf den Konsumenten über (vgl. Kap. 1/ 2.).

Die **Suchmaschinen-** und die **Affiliate-Werbung** erhöhen durch kontextrelevante Werbeinhalte die Effektivität und Effizienz der Werbung im Internet. Bei der **Suchmaschinen-Werbung** werden je nach eingegebenem Suchwort kontextrelevante Werbelinks auf der Trefferseite einer Suchmaschine platziert. Die **Affiliate-Werbung** stellt eine Weiterentwicklung der klassischen Banner-Werbung dar, bei der ein Unternehmen Online-Werbebanner auf Partner-Websites (Affiliate) platziert, die einen starken inhaltlichen Bezug zum beworbenen Produkt aufweisen.
Eine Sonderform des Online Marketing stellt das **Social Media Marketing** dar, das durch die verstärkte Nutzung von sozialen Netzwerken (z.B. Facebook) zunehmend an Bedeutung gewinnt. Auf diesen Plattformen tauschen Konsumenten Meinungen, Informationen und Eindrücke aus und schaffen eigene Inhalte („user generated content").

Unternehmen können soziale Netzwerke als Kommunikationskanal nutzen und über dieses Medium eine wechselseitige Interaktion mit Konsumenten initiieren. Unternehmen versprechen sich von einer aktiven Präsenz auf diesen Plattformen einen relativ einfachen und kostengünstigen Zugang zu bestehenden und potentiellen Kunden (*Kilian/Hass/Walsh* 2007).

Zur kostengünstigen Verbreitung kommunikativer Botschaften über das Internet können sich Unternehmen auch viraler Effekte bedienen, insbesondere über soziale Netzwerke, E-Mails und Videoplattformen. Allerdings muss die Botschaft im Hinblick auf Unterhaltsamkeit, Nützlichkeit und Neuartigkeit so gestaltet sein, dass der Nutzer einen intrinsischen Anreiz hat, diese mit anderen zu teilen und daher weiterzuleiten. Durch die Nutzung des Internets wird die Weitergabe einer Botschaft durch Konsumenten an möglichst viele weitere Konsumenten erleichtert und um ein Vielfaches beschleunigt. Die Ansätze eines Unternehmens, solche viralen Effekte zu nutzen, werden oftmals auch unter dem Begriff „**Virales Marketing**" zusammengefasst (*De Bruyn/Lilien* 2008).

5.3.5   Mobile Marketing

Im Rahmen des Mobile Marketing werden Kommunikationsmaßnahmen über mobile Endgeräte durchgeführt. Diese Form der Kommunikation gewinnt in den letzten Jahren zunehmend an Bedeutung, insbesondere seit der Verbreitung neuer Mobilfunkstandards (v.a. UMTS) und den Weiterentwicklungen mobiler Endgeräte (v.a. bei Smartphones).

Mobile Marketing kann auf drei Wegen stattfinden: **Mobile Direct Response Marketing** stellt eine Sonderform der Direktwerbung dar, bei der der Konsument auf ein Werbeformat (auch eines anderen Kommunikationsinstrumentes) über ein mobiles Endgerät reagiert (z.B. durch Senden einer SMS an eine Kurzwahl oder durch Scannen eines Codes). Beim **Mobile Permission Marketing** sendet das Unternehmen nach Einwilligung des Konsumenten diesem mobile Coupons oder SMS und MMS mit entsprechenden Werbebotschaften zu. Im Rahmen des **Mobile Advertisement** nimmt der Konsument die kommunikative Botschaft in einem mobilen Content (mobiles Internet, Spiele, Video oder Applikationen) wahr. Werden die Botschaften auf die aktuelle räumliche Position des Adressaten (ermittelbar über die Anpeilung im Mobilfunk) abgestimmt, spricht man von „**local based services**", z.B. für die Tankstellen- oder Outletsuche von Franchiseketten oder für aktuelle Aktionen von Handelsbetrieben.

5.3.6   Verkaufsförderung

Im Konsumgüter- und Dienstleistungssektor wird die klassische Werbung häufig von der Verkaufsförderung unterstützt, die – häufig direkt am Point of Sales (PoS) – temporär und aktionistisch unterstützend Anreize für den Kauf eines Produktes liefert. Dies können z.B. Gewinnspiele, Verkostungen oder Sonderdisplays auf Aktionsflächen im Handel sein.

Verkaufsförderungsaktionen werden zusammen mit den Handelspartnern inhaltlich und zeitlich geplant und sind individuell auf die spezifische Verkaufssituation auszurichten.

Die Absatzwirkung ist oft beträchtlich, weil viele Kunden dadurch auf bestimmte Leistungsangebote aufmerksam und zu Impulskäufen verleitet werden (*Gedenk* 2002).

5.3.7   Sponsoring

Sponsoring bezeichnet die „Zuwendung von Finanz-, Sach- und/oder Dienstleistungen von einem Unternehmen (Sponsor) an eine Einzelperson, eine Gruppe von Personen oder eine Organisation bzw. Institution aus dem gesellschaftlichen Umfeld des Unternehmens (Gesponserter) gegen die Gewährung von Rechten zur kommunikativen Nutzung von Person bzw. Institution und/oder Aktivitäten des Gesponserten auf der Basis einer vertraglichen Vereinbarung" (*Hermanns* 2001, S. 1587). Formen des Sponsoring umfassen **Sport-, Kunst-, Öko-, Sozio- und Wissenschaftssponsoring**, wobei mehr als die Hälfte aller derartiger Aktivitäten auf das Sportsponsoring entfällt.

Während es sich aus Sicht des Gesponserten i.d.R. um ein Finanzierungsinstrument handelt, nutzt der Sponsor das Instrument zur Erreichung von Kommunikationszielen. Ein entscheidender Vorteil ist die Ansprache von Konsumenten in nicht-kommerziellen Situationen, sodass das Sponsoring meist eine höhere Kontaktqualität aufweist als die meisten anderen Instrumente. Ökonomisch besonders interessant ist das Sponsoring, wenn sich über die mediale Berichterstattung eine Multiplikatorwirkung ergibt.

5.3.8   Event Marketing

Unter einem Event werden „inszenierte Ereignisse in Form von Veranstaltungen und Aktionen verstanden, die (…) firmen- oder produktbezogene Kommunikationsinhalte erlebnisorientiert vermitteln und auf diese Weise der Umsetzung der Marketingziele des Unternehmens dienen" (*Zanger* 2001, S. 439-440).

Insbesondere vor dem Hintergrund der zunehmenden Informationsüberflutung des Konsumenten stellt das Event Marketing ein innovatives Kommunikationsinstrument für die Kundeninteraktion und die Vermittlung von Markenwerten dar (Nickel 2007). Durch eine mediale Berichterstattung im Vor- und insbesondere im Nachfeld eines Events kann ebenfalls eine Multiplikatorwirkung erreicht werden. Ein bekanntes Beispiel für ein erfolgreiches Event Marketing liefert der Getränkehersteller „Red Bull" mit seinen „Flugtagen", bei denen die Teilnehmer versuchen, mit selbstgebauten Fluggeräten von einer Rampe aus möglichst weit zu fliegen.

5.3.9   Messen

Eine Messe ist eine zeitlich und örtlich begrenzte Veranstaltung, bei der sich eine Vielzahl von Anbietern den Zielgruppen präsentieren. Charakteristisch für eine Messe sind die turnusmäßige Wiederholung, die Standortbindung sowie die Möglichkeit eines direkten Kontaktes zwischen Aussteller und Besucher (*Fließ* 1994).

Zudem hat eine Messe einen thematischen Schwerpunkt. Obwohl Messen im B2B-Bereich eine höhere Relevanz besitzen, gibt es auch zahlreiche Endverbrauchermessen, die Unternehmen zur Selbstdarstellung und Produktpräsentation nutzen können. Gefördert durch den thematischen Schwerpunkt und das Erheben eines Eintrittspreises treffen die Aussteller auf eine selektierte und für Informationen empfängliche Zielgruppe.

5.3.10   Product Placement

Als Product Placement wird die Platzierung eines deutlich erkennbaren Markenproduktes im Gebrauchs- oder Verbrauchsumfeld der Handlung eines Filmes (oder Fernsehsendung) bezeichnet. Zentrale Merkmale sind dabei die werbliche Intention sowie die Entgeltlichkeit. Der Werbecharakter soll dabei vom Empfänger nicht durchschaut werden.

Im Gegensatz zur rechtlich untersagten Schleichwerbung handelt es sich beim Product Placement bei dem gezeigten Markenprodukt um eine notwendige, mit der Handlung verbundene Requisite. Das Product Placement steht dennoch in einem engen Spannungsverhältnis mit medien-, urheber- und wettbewerbsrechtlichen Grenzen (*Schumacher* 2007).

5.3.11   Public Relations

Mehr auf die Gestaltung und Pflege der Beziehungen zur Öffentlichkeit als auf die direkte Absatzförderung beziehen sich die Public Relations (PR) (*Bruhn* 2010). Lediglich bei Produktneuheiten, die ein entsprechendes Potential zur medialen Berichterstattung aufweisen, kann dieses Instrument auch zur direkten Absatzförderung eingesetzt werden (z.B. beim Apple iPhone und iPad).

Insbesondere aufgrund der zunehmenden Sensibilität der Öffentlichkeit für die gesellschaftliche Verantwortung von Unternehmen gewinnen Public Relations stetig an Bedeutung. PR-Aktivitäten umfassen zum einen die Medienarbeit, wie Pressemitteilungen und
-konferenzen, zum anderen Veranstaltungen für die Öffentlichkeit, wie Vorträge, Seminare oder Betriebsbesichtigungen. Ein positives Unternehmensbild kann zudem durch entsprechende Inhalte in Informationsmaterialen entstehen. Public Relations sind besonders effizient, wenn die Aktivierung von Multiplikatoren gelingt. Hierzu zählen Meinungsführer und auch professionelle Meinungsbildner in der Presse und anderen Medien. Ein professionelles Beziehungsmanagement zu diesem Personenkreis ist daher empfehlenswert. Das Krisenmanagement stellt eine weitere PR-Aktivität dar, die vor und im Krisenfall (z.B. bei ernsthaften Schäden am bzw. durch das Produkt) durch eine schnelle, proaktive und offene Kommunikation die Bildung eines negativen Images in der Öffentlichkeit zu verhindern sucht.

5.4   Integrierte Kommunikation

PRINZIP: Integrierte Kommunikation
Alle Kommunikationsmaßnahmen sind zur Erhöhung der Durchschlagskraft inhaltlich, formal, medial und zeitlich zu integrieren. Dies erhöht die Wiedererkennbarkeit und Durchschlagskraft der Kommunikation.

Die hohen Aufwendungen für Kommunikationsmaßnahmen machen es notwendig, Synergieeffekte durch eine integrierte Kommunikation zu erschließen und hierdurch die Kommunikationsziele effektiver und effizienter zu erreichen (*Kotler et al.* 2011). Bei der integrierten Kommunikation geht es um die Schaffung einer Einheit aller eingesetzten kommunikativen Maßnahmen (vgl. Tab. 4-57). Dies erfordert auch die Definition einer einheitlichen Kommunikationsstrategie sowie inhaltlicher und formaler Leitlinien, die alle Kommunikationsmaßnahmen eines Unternehmens prägen. So wird ein unverwechselbares Erscheinungsbild des Unternehmens geschaffen, das als **Corporate Identity** bezeichnet wird.

Formal wird dieses Bild durch die Summe der Kommunikationsmittel („Corporate Communication"), das visuelle Erscheinungsbild des Unternehmens („Corporate Design") und den externen und internen Auftritt der Mitarbeiter („Corporate Behavior") geprägt. Die Integration kann nur gelingen, wenn die Planung der Kommunikationsmaßnahmen aufeinander abgestimmt wird, die Organisation der Kommunikationsprozesse eine Koordination zulässt und die mit den Aufgaben betrauten Mitarbeiter zu einer Koordination fähig und willens sind.

Formen		Gegenstand	Ziele	Hilfsmittel	Zeithorizont
Inhaltliche Integration	Funktional	Thematische Abstimmung durch Verbindungslinien	Konsistenz, Eigenständigkeit, Kongruenz	Einheitliche Slogans, Botschaften, Argumente, Bilder	langfristig
	Instrumental				
	Horizontal				
	Vertikal				
Formale Integration		Einhaltung formaler Gestaltungsprinzipien	Präsenz, Prägnanz, Klarheit	Einheitliche Zeichen/Logos, Slogans nach Schrifttyp, Größe und Farbe	mittel- bis langfristig
Zeitliche Integration		Abstimmung innerhalb und zwischen Planungsperioden	Konsistenz, Kontinuität	Ereignisplanung („Timing")	kurz- bis mittelfristig

Abb. 4-57: Formen der integrierten Kommunikation (Quelle: Bruhn 2009, S.97)

5.5   Kontrolle der Kommunikationswirkung

> **PRINZIP: Kontrolle der Kommunikationswirkung**
> Die Wirkung der Kommunikation sollte kontinuierlich und nachhaltig sowohl vor als auch nach der Durchführung von Kommunikationsmaßnahmen überprüft werden.

Die Kontrolle der Kommunikationswirkung (*Bruhn* 2010) stellt eine zentrale Aufgabe im Rahmen der Kommunikationspolitik dar. Sie muss kontinuierlich und nachhaltig durchgeführt werden, um den Erfolg von Kommunikationsmaßnahmen zu überprüfen. Der **Pretest** stellt eine Kontrolle der Kommunikationswirkung vor der Durchführung einer Kommunikationsmaßnahme dar und sollte insbesondere bei neu entwickelten Kommunikationsmaßnahmen erfolgen. Der **Posttest** erfolgt nach der Durchführung

einer Kommunikationsmaßnahme, um den Erreichungsgrad der angestrebten Kommunikationsziele zu bestimmen. Der Posttest dient daher auch zur Legitimation von Kommunikationsausgaben.

Die Methoden zur Kommunikationswirkungskontrolle können nicht nur nach dem Zeitpunkt des Einsatzes (Pre- vs. Posttest), sondern auch nach dem Ort des Einsatzes (Labor
vs. Feld) und nach der Art der Datenerhebung (Befragung vs. Beobachtung) unterteilt
werden.

Zu den Befragungsmethoden zählen insbesondere **Recall- und Recognition-Tests**, die
das Erinnern (Recall) und Wiedererkennen (Recognition) von Inhalten und Elementen
von Kommunikationsmaßnahmen messen. **Einstellungsfragen** und **Imagemessungen**
analysieren darüber hinaus die kognitiven und emotionalen Reaktionen auf Kommunikationsmaßnahmen (vgl. Kap. 1/ 2.).

Zu den Beobachtungsmethoden gehört beispielsweise die **Aktivierungsmessung**, die
den Aktivierungsgrad und die emotionale Wirkung einer Kommunikationsmaßnahme
bei Probanden ermittelt. **Blickaufzeichnungen („Eye Tracking")** registrieren die
Blickverläufe von Probanden mit Hilfe einer Brille, die mit einer Kamera verbunden ist.
Hiermit kann insbesondere die Effektivität der Gestaltung einer Anzeige überprüft werden. Weitere Beobachtungsmethoden sind das **Compagnon-Verfahren**, der **Programmanalysator**, das **Tachistoskop** oder die **Messung des Absatzerfolgs**.

Die Kontrolle der Kommunikationswirkung hat jedoch mit einigen **Problemen** zu
kämpfen, die bei der Beurteilung der Ergebnisse bedacht werden sollten. Diese Probleme betreffen insbesondere sachliche Interdependenzen mit anderen Marketing-Mix-
Instrumenten (z.B. mit einer Preisaktion) und Schwierigkeiten der eindeutigen Zurech-
nung der Kommunikationswirkung zu einer bestimmten kommunikativen Maßnahme.
Zudem können sich zeitliche Interdependenzen durch zeitliche Ausstrahlungseffekte
ergeben. Schließlich kann die Kontrolle der Kommunikationswirkung auch durch externe Störeinflüsse (z.B. Maßnahmen der Wettbewerber) erschwert werden.

Fallbeispiel: Kommunikationspolitik des Kaffeekapsel-Systems NESPRESSO

Das Kaffeekapsel-System NESPRESSO des Schweizer Lebensmittelherstellers
Nestlé war im November 2010 das am zweitstärksten beworbene Markenprodukt
in Deutschland (mit Kommunikationsausgaben von 7,3 Mio. €). Das System ist
Marktführer im Bereich des portionierten Spitzenkaffees und möchte sich im
Wettbewerb durch qualitativ sehr hochwertige Kaffeevarianten, stilvolle Kaffee-
maschinen sowie exklusive Dienstleistungen im Rahmen eines Kundenclubs profilieren. Für die Kreation des Kommunikationsauftrittes ist McCann Erickson, eine der weltweit führenden Werbeagenturen, größtenteils verantwortlich.
Das Ziel der Kommunikationspolitik von NESPRESSO ist der Aufbau und die
Pflege einer unverwechselbaren Erlebniswelt rund um den Kaffeegenuss. Dazu
setzt die Marke in TV-Werbespots George Clooney als prominentes Testimonial
ein. Auch in der begleitenden Print-Werbekampagne wird der Hollywood-Star in
unterschiedlichen Situationen in elegantem Anzug, immer eine Tasse

NESPRESSO in der Hand haltend, dargestellt. Zur Profilierung eines unverwechselbaren Markenauftrittes setzt das Unternehmen eine Reihe weiterer Kommunikationsinstrumente ein: Auf der Website kann der Kunde die Marke interaktiv erleben und z.B. „in die Rolle des Regisseurs für den nächsten TV-Werbesport schlüpfen". Darüber hinaus können die Besonderheiten neuer und bestehender Kaffeevarianten entdeckt werden. Die Kommunikation über Social Media Plattformen (Facebook, Twitter und Youtube) runden das Online Marketing ab. Ergänzt wird die Kommunikationspolitik von NESPRESSO durch hochwertig und individuell gestaltete, postalische „Kaffee-Mailings" sowie eine sehr dezent eingesetzte E-Mail-Kommunikation im Rahmen der Direktwerbung. Um den Kunden über alle Kommunikationskanäle zu erreichen, wurde zudem eine Applikation für Smartphones entwickelt. Ganzjährig durchgeführte Verkostungen und Produktvorführungen am Point of Sale sollen zudem die individuellen Unsicherheiten vor dem Kauf reduzieren.

Durch Gründung der Initiative „NESPRESSO AAA Sustainable Coffee Program" macht das Unternehmen im Rahmen seiner Public Relations darauf aufmerksam, dass es großen Wert auf einen nachhaltigen und fairen Kaffeeanbau legt. Die Initiative „Ecolaboration" ist ein weiterer Baustein der PR-Strategie: Um der Kritik an der nicht besonders umweltfreundlichen Verwendung von Einmal-Aluminiumkapseln entgegenzuwirken, werden gezielte Kommunikationsmaßnahmen mit dem Hinweis auf die Einführung eines Recycling-Systems für die Kapseln durchgeführt. Gleichzeitig wird die Verwendung von Aluminium gerechtfertigt, indem es als „das ideale Material um die Aromen eines außergewöhnlichen Kaffees frisch zu halten und die Oxidation des Kaffees zu vermeiden" dargestellt wird.

Zur Erhöhung des Wiedererkennungswertes der Kommunikationsmaßnahmen setzt NESPRESSO den Claim *„ What else? "* sowie ein unverwechselbares Soundlogo ein. Ein einheitlicher Auftritt wird insbesondere durch die Verwendung eines stets hohen Anteils dunkler Farben wie schwarz und dunkelbraun – in Anlehnung an die Farben des Kaffees – gewährleistet.

Kontrollfragen zu Abschnitt 5

1. Welche Auswirkungen für die Ausgestaltung der Kommunikationspolitik ergeben sich aus dem Phänomen der Informationsüberlastung von Konsumenten?

2. Erläutern Sie den Prozess der Kommunikationspolitik am Beispiel eines Multiplex-Kinos!

3. Welche Ziele der Kommunikationspolitik können unterschieden werden?

4. Was wird unter „Spill-Over-Effekten" und „Carry-Over-Effekten" in der Kommunikation verstanden?

5. Erläutern Sie verschiedene Methoden zur Festsetzung der Höhe eines Kommunikationsbudgets!

6. Schildern Sie die Vor- und Nachteile der Zusammenarbeit mit externen Dienstleistern im Rahmen der Kommunikationspolitik!

7. Ordnen Sie die Instrumente der Kommunikationspolitik nach ihrer Bedeutung bei Lehrbuch-Verlagen! Erläutern Sie daran auch, was unter integrierter Kommunikation zu verstehen ist! Erläutern Sie ferner die relevanten Nutzenaspekte der Kommunikationspolitik für Studenten!

8. Stellen Sie geeignete Kommunikationsinstrumente für einen Hersteller von Kaugummi, PKW-Reifen und LKW-Reifen sowie eine Unternehmensberatung dar! Erläutern Sie an diesen Fällen auch die Einsatzmöglichkeiten von Testimonials, vergleichender Werbung, Product Placement und Sponsoring!

9. Begründen Sie die besondere Beliebtheit der Direktwerbung im Rahmen des Beziehungsmarketing!

10. Erläutern Sie die Möglichkeiten des Online Marketing für einen Fitness-Club und die dabei auftretenden Nutzungsvorteile für potenzielle Kunden!

11. Worin liegt der spezifische Charakter von Verkaufsförderungsmaßnahmen? Überlegen Sie, warum dieses Kommunikationsinstrument im Konsumgütermarketing eine annähernd gleichgewichtige Bedeutung wie die Werbung erlangt hat!

12. Nennen Sie typische Aktionsinstrumente von Public Relations für eine Hochschule!

6. Kundenbeziehungsmanagement

6.1 Grundlagen des Kundenbeziehungsmanagements

In Abgrenzung bzw. als Ergänzung zum so genannten klassischen **Transaktionsmarke-ting**, das in erster Linie auf den kurzfristigen Transaktions- und Produkterfolg mit Hilfe aktionistischer Marketingprozesse abzielte, findet in der jüngeren Vergangenheit das **Beziehungsmarketing** als neues Paradigma zunehmende Verbreitung (vgl. Abb. 4-58).

Transaktionsmarketing	Beziehungsmarketing
(1) Orientierung am kurzfristigen Trans-aktionserfolg	(1) Orientierung am langfristigen Be-ziehungserfolg
1 Priorität der kurzfristigen Kundenab-schöpfung	1 Priorität der langfristigen Ausschöpfung aller Kundenpotenziale
2 Wachstum durch neue Kunden	2 Wachstum durch Kundenbindung
3 Transaktionsorientierte Sicht der Kunden-beziehung	3 Evolutorisches Verständnis der Kun-denbeziehung
(2) Priorität des Produkterfolges	(2) Priorität des Kundenerfolges
1 Umsatz und Marktanteil als Marketing-oberziele	1 Kundennähe, -zufriedenheit und Kun-denbindung als Marketingoberziele
2 Gesamtmarkt- oder Segmentbetrachtung im Marketing-Management	2 Individuelle Steuerung von Kundenbe-ziehungen
3 Kontrolle der Vorteilhaftigkeit von Trans-aktionen	3 Vertrauen in Fairness der Geschäftspro-zesse
(3) Aktionistische Marketingprozesse	(3) Interaktive Marketingprozesse
1 „Broadcasting"-Kommunikation	1 Dialog-Kommunikation
2 Standardisierte Marketingaktivitäten	2 Individualisierte Marketingaktivitäten
3 Anonymes Massenmarketing	3 Aktive Förderung der Interaktion
4 Klare Grenzen zum Kunden	4 Integration des Kunden

Abb. 4-58: Gegenüberstellung des Transaktions- und des Beziehungsmarketing

Im Gegensatz zum Transaktionsmarketing stellt das Beziehungsmarketing den Kunden bzw. die Kundenbeziehung in den Mittelpunkt aller Marketingaktivitäten (vgl. Kap. 1/ 3.). Als Ziele werden demnach auch Kundenerfolgsgrößen, wie der Aufbau von Kun-dennähe, -zufriedenheit, -vertrauen und -bindung verfolgt. Statt von einer standardisier-ten Gleichbehandlung der Kunden wird zu einer möglichst individuellen und dialogori-entierten Kundeninteraktion übergegangen, um langfristig das gesamte Kundenpotential auszuschöpfen.

Dieser **Paradigmenwechsel** und die damit einhergehende Konzentration auf den Auf-bau und die Pflege langfristiger Kundenbeziehungen werden vor allem mit den damit verbundenen Möglichkeiten der Steigerung des wirtschaftlichen Erfolges begründet. Zwar sind nicht alle langfristigen Kundenbeziehungen profitabel, jedoch gehen i.d.R. viele positive Effekte mit der Dauer und Intensivierung einer Kundenbeziehung einher (*Reichheld/Sasser* 1990; *Diller* 1995, 1996b):

(1) Loyale Kunden führen zu **mehr Sicherheit**, da diese regelmäßig Umsatz generie-ren, ohne dass der Anbieter dafür entsprechende Akquisitionsbemühungen unter-

nehmen muss. Daneben weißen diese eine höhere Auskunft- und Beschwerdebereitschaft auf, was dem Anbieter hilft, zukünftige Risiken und Chancen zu erkennen.

(2)   Loyale Kunden führen zu **mehr Wachstum**, da erstens deren Potenzial besser ausgeschöpft werden kann (bessere Kundenpenetration) und zweitens loyale Kunden über Kundenempfehlungen (positive Mundpropaganda) dem Anbieter zu Neukunden verhelfen.

(3)   Loyale Kunden sind schließlich auch mit kostensenkenden und erlössteigernden Wirkungen und damit mit **mehr Gewinn bzw. Rentabilität** verbunden. Die kostensenkenden Wirkungen entstehen u.a. dadurch, dass Transaktionskosten wegfallen, notwendige und i.d.R. sehr kostenintensive Neukundenakquisitionen reduziert werden können und Anbieter ihre loyalen Kunden und deren Bedürfnisse besser kennen und damit effizienter bearbeiten können. Die erlössteigernden Wirkungen basieren auf einer oft geringeren Preissensitivität loyaler Kunden sowie besserer Möglichkeiten des Cross- und Up-Selling.

Das Kundenbeziehungsmanagement setzt die Ideen des Beziehungsmarketing in die Praxis um, indem es darauf abzielt, Kundenbeziehungen über den gesamten Kundenlebenszyklus (vgl. Kap. 2/ 2.) hinweg systematisch zu steuern.

PRINZIP: Kundenbeziehungsmanagement
Das Kundenbeziehungsmanagement erfordert ein systematisches Management der Interaktionsprozesse eines Anbieters mit potenziellen, aktuellen oder ehemaligen Kunden zur Generierung und Pflege von Kundenbeziehungen über den gesamten Kundenlebenszyklus hinweg.

Kundenbeziehungsmanagement beinhaltet das Management von Kundenbeziehungen, d.h. deren systematische Analyse, Gestaltung und Kontrolle (vgl. Kap. 2/ 2.). Die Bezeichnung „Customer Relationship Management" (CRM) bezieht sich auf ein IT-System, das die Umsetzung dieser Prozesse unterstützt. Für die zu Grunde liegende IT-Technologie und dessen Einsatz sei auf die Ausführungen in Kap. 5/ 4. verwiesen.

Die Aufgaben des Kundenbeziehungsmanagements sind auf die jeweilige Phase im Kundenlebenszyklus zugeschnitten, d.h. sie lassen sich mit Hilfe der aus dem Kundenlebenszyklus abgeleiteten (Ziel-)Gruppen der **potenziellen Kunden, aktuellen Kunden (Neu- und Stammkunden)** und **verlorenen Kunden** unterteilen (vgl. Kap. 2/ 2.). Im Hinblick auf potenzielle Kunden stellt sich die Aufgabe, diese Gruppe zu einem Erstkauf und damit zur Aufnahme einer Geschäftsbeziehung zu bewegen. Im Hinblick auf aktuelle Kunden ist es zum einen Aufgabe, Neukunden zu regelmäßigen Käufen zu motivieren, und zum anderen Stammkunden an das Unternehmen bzw. die Marke zu binden bzw. besser auszuschöpfen. Im Hinblick auf verlorene Kunden ist es schließlich Aufgabe, abgebrochene Geschäftsbeziehungen wiederzubeleben. Im Folgenden wird beschrieben, wie Unternehmen diese Aufgaben im Rahmen des Managements potenzieller Kunden (Abschnitt 6.2.1), aktueller Kunden (Abschnitt 6.2.2) und verlorener Kunden (Abschnitt 6.2.3) bewältigen können.

6.2 Aufgaben des Kundenbeziehungsmanagements

6.2.1 Management potenzieller Kunden

PRINZIP: Management potenzieller Kunden

Beim Management potenzieller Kunden gilt es, Kaufprozesse zu initiieren, zu gestalten und mit einem Verkauf zum Abschluss zu bringen.

Zwar gilt die Kundenbindung als Kernelement des Kundenbeziehungsmanagements, allerdings nimmt die **Neukundengewinnung** (Neukundenakquise) nach wie vor einen zentralen Stellenwert in den meisten Unternehmen ein. Da eine hundertprozentige Kundenbindung in der Praxis nicht möglich ist, muss sich jedes Unternehmen bis zu einem gewissen Grad auch um die Gewinnung neuer Kunden bemühen (vgl. Kap. 4/ 1.). Vor allem in gesättigten Märkten ist die Neukundengewinnung relativ kostenintensiv, da die Akquisition eines Neukunden in der Regel gleichzeitig die Abwerbung eines Kunden vom Wettbewerb bedeutet. Die hohen Investitionen, die mit einer Neukundengewinnung einhergehen, lohnen sich daher nur, wenn diese im Laufe der Geschäftsbeziehung wieder erwirtschaftet werden können. Diesen Aspekt gilt es bereits bei der Bearbeitung von Interessenten zu berücksichtigen.

Der Fokus des **Interessentenmanagements** („Lead-Management") liegt auf Personen bzw. Organisationen, die einen Bedarf an Produkten des eigenen Unternehmens haben („Prospects") bzw. sich bereits interessiert gezeigt haben („Leads").

Das Interessentenmanagement lässt sich in drei Phasen unterteilen: Identifikation und Priorisierung potenzieller Kunden, Interessentengenerierung (mit dem Ziel, potenzielle Kunden zu Interessenten zu machen) und Interessentenkonversion (mit dem Ziel, Interessenten zu Kunden zu machen).

In der ersten Phase ist zunächst eine **Identifikation potenzieller Kunden** („Prospects") vorzunehmen, d.h. eine Definition und Segmentierung des Zielmarktes sowie eine Definition und Beschreibung der Zielgruppen. Dafür benutzt man heute häufig die Eigenschaftsprofile bereits vorhandener Kunden und sucht nach Bedarfsträgern mit ähnlichen Eigenschaften („Profiling"; vgl. Kap. 3/ 2.). Im Anschluss sollte eine **Priorisierung der Zielpersonen** oder -gruppen erfolgen. Zu berücksichtigen sind hierfür sowohl Effektivitätskriterien (vor allem der Kundenwert dieser Zielgruppen; vgl. Kap. 2/ 2.) als auch Effizienzkriterien (vor allem der für die Gewinnung dieser Zielgruppen erforderliche Aufwand).

Idealerweise sollte die Identifikation und Priorisierung potenzieller Kunden auf einer soliden Informationsbasis geschehen. Verfügt ein Unternehmen nicht über die benötigten Informationen in Form einer eigenen Datenbank, so kann es diese über verschiedene Quellen gewinnen. Abb. 4-59 zeigt am Beispiel der Adressgewinnung, welche Quellen hierfür zur Auswahl stehen. Ausgehend von den so ermittelten ersten Informationen ist es möglich, eine Interessentendatenbank aufzubauen, die als Grundlage für die weitere Bearbeitung der potenziellen Kunden dient und – im Falle eines späteren Abschlusses – als Kundendatenbank weitergeführt werden kann.

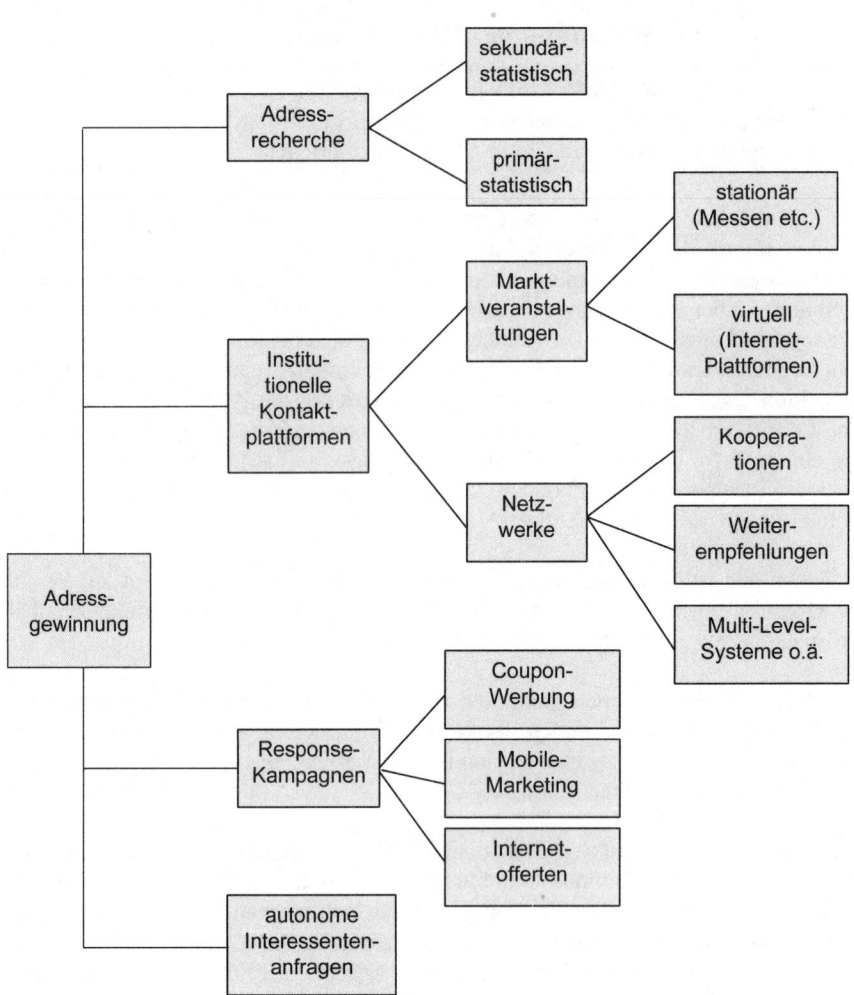

Abb. 4-59: Quellen der Adressgewinnung (Diller/Haas/Ivens 2005, S. 150)

In der zweiten Phase gilt es im Zuge der **Interessentengenerierung**, potenzielle Kunden zu Interessenten zu machen, die die Produkte des Anbieters als Problemlösungsalternative in Betracht ziehen und damit bei ihrer Kaufentscheidung berücksichtigen. Hierfür ist zunächst eine Informationsbeziehung zu den potenziellen Kunden herzustellen. Dies kann proaktiv geschehen oder auch durch den Einsatz reaktionsorientierter Instrumente des Direktmarketing (z.B. Direct Mailing oder Coupon-Anzeigen), die potenzielle Kunden zu einer Kontaktaufnahme („Response") mit dem Unternehmen bewegen.

In der dritten Phase wird schließlich im Zuge der **Interessentenkonversion** versucht, aus Interessenten tatsächliche Kunden zu machen, d.h. diese zu einem Kaufabschluss zu bewegen. Hierfür müssen oftmals seitens der Interessenten bestehende Widerstände gegen einen Kaufabschluss überwunden werden. Derartige Widerstände können z.B. daraus erwachsen, dass der Interessent daran zweifelt, ob die angebotenen Produkte für ihn zweckmäßig sind und der Anbieter seinen Ansprüchen genügt. Ziel des Anbieters muss es in einem solchen Fall sein, das vom Interessenten wahrgenommene Risiko abzubauen. Dies kann z.B. über eine ausreichende Versorgung mit Produkt-/Unternehmensinformationen, die Gewährung von Rücknahmegarantien und den Verweis auf Referenzkunden erfolgen. Auch der persönliche Verkauf spielt eine wichtige Rolle beim Risikoabbau. So kann das Verkaufspersonal nicht nur inhaltliche Fragen des Interessenten unmittelbar klären, sondern auch seine eventuell weiterhin bestehenden Bedenken im persönlichen Gespräch versuchen, direkt zu adressieren und auszuräumen. Um Interessenten zu einem Kaufabschluss zu bewegen, ist es außerdem häufig sinnvoll, spezielle Kaufanreize zu geben. Hierfür steht grundsätzlich das gesamte Marketing-Instrumentarium zur Verfügung (z.B. Preisnachlässe, Finanzierungsangebote).

6.2.2 Management aktueller Kunden

> **PRINZIP: Management aktueller Kunden**
> Beim Management aktueller Kunden gilt es, Geschäftsbeziehungen aufzubauen, zu pflegen und zu intensivieren. Dabei sind Neukunden zu regelmäßigen Käufen zu motivieren und Stammkunden optimal auszuschöpfen.

6.2.2.1 Management von Neukunden

Das **Neukundenmanagement** setzt dort an, wo das Interessentenmanagement aufhört. So liegt der Fokus des Neukundenmanagements auf aktuellen Kunden, die über den Akt des Erstkaufs von Interessenten zu Kunden geworden sind, jedoch aufgrund bisher noch nicht getätigter Folgekäufe in einem bestimmten Zeitraum noch nicht als Stammkunden bezeichnet werden können. Dabei zielt das Neukundenmanagement vor allem auf den Zeitraum nach dem Erstkauf ab, bei dem es sich um eine äußerst kritische Phase des Kundenlebenszyklus handelt. So sind die im Rahmen der Neukundengewinnung getätigten Investitionen häufig noch nicht vollständig amortisiert, so dass eine Kundenabwanderung in dieser Phase ein Verlustgeschäft für das Unternehmen bedeuten würde.

Das Neukundenmanagement umfasst die Analyse, Planung, Durchführung und Kontrolle solcher Maßnahmen, die der Zufriedenstellung von Neukunden und damit zum Aufbau von neuen Geschäftsbeziehungen dienen.

Das Ziel der Stabilisierung der Geschäftsbeziehung zu Neukunden und der damit verbundenen Bindung an das Unternehmen lässt sich durch das Anstreben der folgenden Unterziele erreichen (*Gouthier* 2006):

- **Psychologische Ziele**: In diesem Zusammenhang sind insbesondere die Herstellung von Nachkaufzufriedenheit, der Abbau von Nachkaufdissonanzen und der Aufbau von Kundenvertrauen zum Unternehmen zu nennen.

- **Intentions- und Verhaltensziele**: Zudem sollte versucht werden, Kunden zu bestimmten Verhaltensabsichten bzw. konkretem Verhalten im Hinblick auf Wiederkauf, Zusatzkauf und Weiterempfehlung zu bewegen.

- **Ökonomische Ziele**: Mit den beiden vorherigen Unterzielen verbunden ist das Ziel, den Deckungsbeitrag von Neukunden (baldmöglichst) positiv zu gestalten und den Customer Lifetime Value zu maximieren.

Insbesondere zur Erreichung der psychologischen Ziele stehen Unternehmen eine Reihe von Instrumenten zur Verfügung (vgl. Abb. 4-60). Die Auswahl, Kombination und Gestaltung des Instrumentaleinsatzes orientiert sich einerseits an dem geschätzten Kundenwert und andererseits an den Betreuungsbedürfnissen und Leistungsansprüchen der Kunden. Die Instrumente können grob in allgemeine und spezifische Maßnahmen unterteilt werden:

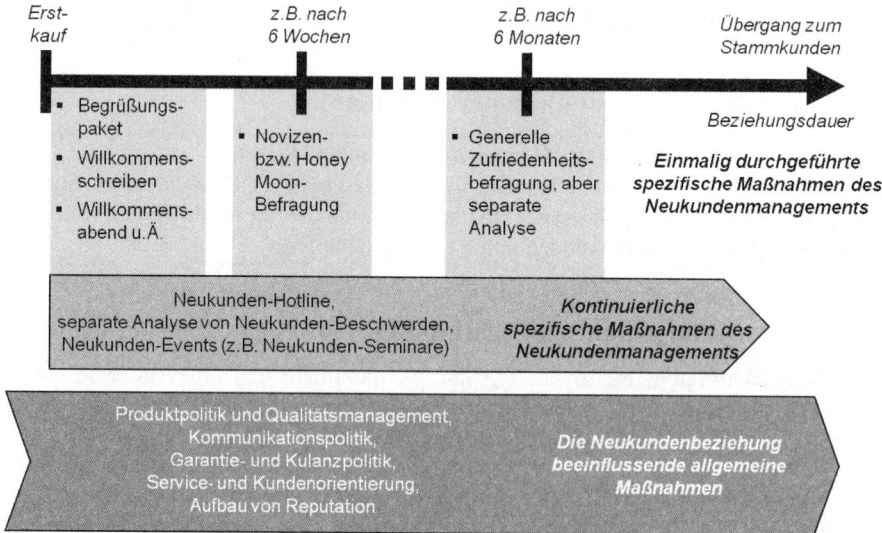

Abb. 4-60: Maßnahmen des Neukundenmanagements
(Quelle: Gouthier 2004, S. 593)

(1) **Allgemeine Maßnahmen**: Für die Erreichung der psychologischen Ziele sind an erster Stelle Produkte anzubieten, die die Erwartungen des Kunden mindestens erfüllen, im Idealfall sogar übererfüllen. In diesem Zusammenhang kommt gerade dem Qualitätsmanagement eine zentrale Rolle zu. Daneben kann ein Unternehmen über kommunikationspolitische Maßnahmen (z.B. Bedienungsanleitung, Werbebrief) neue Kunden in der Richtigkeit ihrer Kaufentscheidung bestätigen und damit zu einem Abbau von Nachkaufdissonanzen beitragen. Auch eine entsprechende Garantie- und Kulanzpolitik, eine hohe Service- und Kundenorientierung (z.B. im Hinblick auf die Auslieferung, Installation, Wartung, Reparatur, Betreuung) sowie der Aufbau einer hohen Reputation tragen über eine Sicherstellung der Nachkaufzufrie-

denheit und dem Aufbau von Kundenvertrauen zu einer Erreichung der psychologischen Ziele bei.

(2) **Spezifische Maßnahmen**: Sie lassen sich in einmalige und kontinuierliche spezifische Maßnahmen unterteilen. Erstere umfassen z.B. die Zusendung eines Begrüßungspakets und Willkommensschreibens oder die Einladung zu einem Willkommensabend. Zu den Letzteren zählen das Angebot einer Neukunden-Hotline, die separate Analyse von Neukunden-Beschwerden und regelmäßig stattfindende Neukunden-Events.

6.2.2.2 Management von Stammkunden

Als **Stammkunden** werden solche Kunden bezeichnet, die regelmäßig Transaktionen bei einem Anbieter tätigen. Somit kann erst bei einem Stammkunden von einer wirklichen Geschäftsbeziehung gesprochen werden (vgl. Kap. 1/ 1.). Was genau unter „regelmäßigen Transaktionen" verstanden wird, muss jedes Unternehmen selbst definieren. Diese Entscheidung hängt vor allem von typischen produktspezifischen Kaufzyklen ab. So gilt ein Kunde in Märkten mit kurzlebigen Konsumgütern wie im Lebensmittelbereich mit einigen wenigen Wiederkäufen im Laufe eines Monats vielleicht schon als Stammkunde, während er in Märkten mit langlebigen Gebrauchsgütern wie im Automobilbereich erst über einen Wiederkauf nach mehreren Jahren zum Stammkunden wird.

Das Management von Stammkunden umfasst das Kundenbindungsmanagement (vgl. Abschnitt 6.2.2.1.1), das Beschwerdemanagement (vgl. Abschnitt 6.2.2.1.2), das Kündigungspräventionsmanagement (Abschnitt 6.2.2.1.3) und das Beziehungsauflösungsmanagement (vgl. Abschnitt 6.2.2.1.4).

6.2.2.2.1 Kundenbindungsmanagement

Das Kundenbindungsmanagement bildet den Kern des Stammkundenmanagements. Sein Fokus liegt auf der Gesamtheit aller Stammkunden, die aus Unternehmenssicht auch weiterhin Kunden bleiben sollen. Es umfasst die Analyse, Planung, Durchführung und Kontrolle spezifischer Maßnahmen zur Intensivierung und Stabilisierung von bereits initiierten Geschäftsbeziehungen.

Das Kundenbindungsmanagement hat folglich zwei Aufgaben zu erfüllen: Die Beziehungserhaltung (mit dem Ziel, profitable Kundenbeziehungen zu sichern und zu stabilisieren) und die

Beziehungsintensivierung (mit dem Ziel, die Kundenbeziehungen auszubauen und deren Potenzial optimal auszuschöpfen).
Die **Beziehungserhaltung** kann auf unterschiedliche Art und Weise erfolgen. Entscheidend ist dabei, ob sich ein Kunde selbst als ge- oder verbunden betrachtet (*Bliemel/Eggert* 1998), d.h. ob es sich um eine freiwillige Bindung („Loyalität") oder eine unfreiwillige Bindung („Fesselung") handelt (vgl. Kap. 2/ 2.). Hat ein Kunde das Gefühl in einer Geschäftsbeziehung „gefangen" zu sein („locked-in"), kann dies zu Unzufriedenheit führen und damit negative Folgen (z.B. negative Mundpropaganda) für

das Unternehmen haben. Daher sind Maßnahmen zur unfreiwilligen Bindung von Kunden, z.B. über den Aufbau von Wechselbarrieren, nur mit Bedacht einzusetzen. Die langfristig erfolgreichste Kundenbindung lässt sich über den Aufbau von Loyalität erzielen, da insbesondere diese Form eine Reihe positiver Effekte (z.B. positive Mundpropaganda, geringere Preissensitivität) zur Folge hat.

Als **Instrumentarium** steht das gesamte Spektrum des Marketing-Mix zur Verfügung. Neben der klassischen Differenzierung der Instrumente anhand der Marketing-Mix-Logik lassen sich die Instrumente auch nach ihrer primären Aufgabe unterscheiden, d.h. danach, ob sie vor allem auf die Individualisierung der Kundenbeziehung, die Steigerung der Leistungsnutzung oder den Aufbau von Wechselbarrieren abzielen (vgl. Abb. 4-61). Dabei dienen die Instrumente zur Individualisierung und Steigerung der Leistungsnutzung der Schaffung von Verbundenheit, während die Instrumente zum Aufbau von Wechselbarrieren der Schaffung von Gebundenheit dienen.

	Individualisierung	Steigerung der Leistungsnutzung	Aufbau von Wechselbarrieren
Produkt	• Leistungsindividualisierung • Kundenintegration • Value Added Services	• Programmerweiterung • Leistungsbündelung • Servicepolitik • Qualitätsmanagement	• Funktionale Wechselbarrieren durch Kompatibilität • Leistungsentwicklung • Leistungsbündelung
Preis	• Preisdifferenzierung • Preisindividualisierung, i.V.m. Leistungsindividualisierung (mit oder ohne Aufpreis)	• Preisbündelung • Individuelle Preisnachlässe für andere Leistungen • Kundenkarten mit Rabattfunktion	• Vertragliche Wechselbarrieren • Ökonomische Wechselbarrieren
Vertrieb	• Individualisierung durch flexible Vertriebssysteme	• Hohe regionale und zeitliche Verfügbarkeit durch innovative Vertriebskanäle	• Bauliche oder technologische Installation eines Vertriebskanals beim Kunden • Multichanneling
Kommunikation	• Dialogkommunikation • Verstärktes Angebot persönlicher Kommunikation (persönlicher Ansprechpartner)	• Direct Marketing zur Bekanntmachung weiterer Leistungen • Unternehmens- oder leistungsbezogene Mediawerbung zur Erinnerung	• Thematisierung von Lock-in-Effekten und Leistungsqualität • Vorankündigungen • Emotionale Wechselbarrieren

Abb. 4-61: Instrumente des Kundenbindungsmanagements
(Quelle: in Anlehnung an Bruhn 2009, S. 193)

Abgesehen von diesen Marketing-Mix-Instrumenten stehen Unternehmen auch spezielle Instrumente des Kundenbindungsmanagements zur Verfügung. Neben Kunden-Newsletter und Kunden-Events gehören hierzu insbesondere die im Folgenden näher erläuterten Kundenclubs, Bonusprogramme und Cross- bzw. Upselling-Aktivitäten.

Kundenclubs
Kundenclubs sind von einem oder mehreren Unternehmen initiierte, organisierte oder zumindest geförderte Vereinigungen von Kunden. Mit dem Ziel der engeren Bindung der Kunden an das Unternehmen werden Clubmitgliedern exklusive Leistungen angeboten (*Holz* 1997; *Tomczak/Reinecke/Dittrich* 2010).

Bei der Einrichtung eines Kundenclubs gilt es, folgende Gestaltungsaspekte zu berücksichtigen:

- **Offenheit**: Grundsätzlich gilt es zu entscheiden, ob ein Kundenclub als offen oder geschlossen gestaltet werden soll. Im Gegensatz zu offenen Kundenclubs, die grundsätzlich allen Kunden zugänglich sind, müssen Anwärter geschlossener Kundenclubs bestimmte (Aufnahme-)Bedingungen (z.B. ein gewisser Kundenstatus oder ein Mindestumsatz) erfüllen, um Mitglied werden zu können. Sollen nicht alle Kunden angesprochen werden, sondern lediglich eine besondere Kundengruppe, so bieten sich geschlossene Clubs an.

- **Gebührenpflicht**: Daneben muss festlegt werden, ob die Mitgliedschaft in einem Kundenclub kostenlos oder gebührenpflichtig sein soll. Gebührenpflichtige Kundenclubs haben aus Unternehmenssicht den Vorteil, dass die anfallenden Kosten z.T. über die Aufnahme- und Mitgliedschaftsgebühren gedeckt werden können.

- **Mitgliedsvorteile**: Schließlich muss bei der Gestaltung eines Kundenclubs berücksichtigt werden, welche Art von Vorteilen er seinen Mitgliedern bieten soll. Hierbei kann allgemein zwischen rationalen und emotionalen Vorteilen differenziert werden.

Abb. 4-62 zeigt verschiedene **Kundenclub-Typen**, die anhand rationaler und emotionaler Vorteile eingeteilt wurden. Zu den rationalen Vorteilen zählen z.B. preisvergünstigte Einkäufe, spezielle Serviceleistungen oder spezifische Sortimentsleistungen. Zu den emotionalen Vorteilen zählen insbesondere der „Stolz" auf die Mitgliedschaft, das damit verbundene Prestige oder auch die Möglichkeit, sein hohes Produktinteresse durch zusätzliche Aktivitäten zu befriedigen.

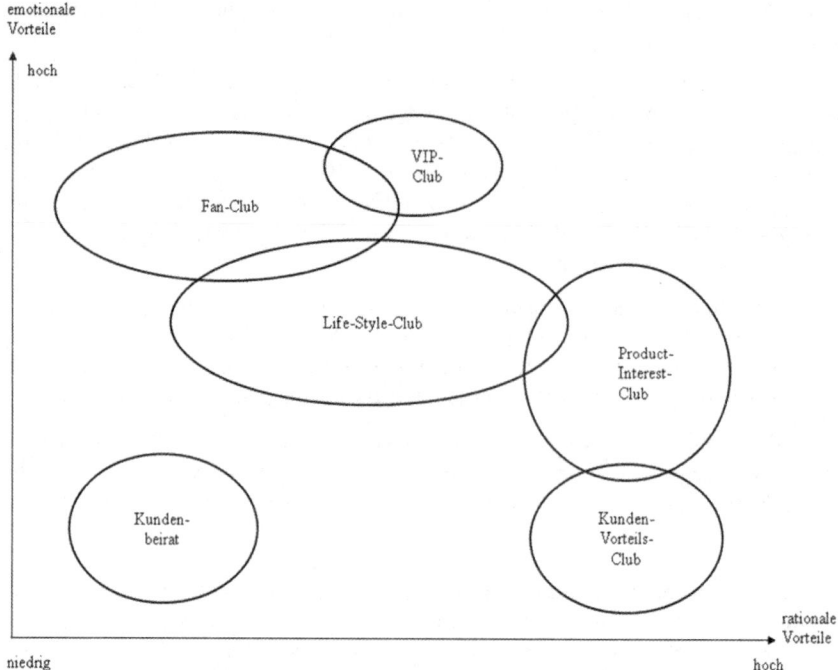

Abb. 4-62: Einteilung von Kundenclubtypen
anhand rationaler und emotionaler Vorteile
(Quelle: Diller 1996a, S. 11)

So geht die Mitgliedschaft in einem VIP-Club vor allem mit emotionalen Vorteilen wie dem durch die Exklusivität der Mitgliedschaft erzeugten Prestige einher. Im Gegensatz dazu ist die Mitgliedschaft in einem Product-Interest-Club eher rational begründet. Solche Clubs zielen auf Kunden mit hohem Produkt-Involvement ab und bieten z.B. exklusive Vorabinformationen zu Neuprodukten oder eine Austauschplattform.

Zur Erreichung dieser Kundenvorteile setzen Kundenclubs verschiedene Instrumente aus allen Bereichen des Marketing-Mix ein. Dazu zählen bspw. das Angebot spezieller Services (exklusive Leistungen für Clubmitglieder), der Einsatz meist dialogorientierter Medien (Club-Zeitung, Newsletter, Mailing), Preisvergünstigungen (exklusive Vergünstigungen/Rabatte für Clubmitglieder) oder die Veranstaltung von Events (exklusive Veranstaltungen für Clubmitglieder).

Die Relevanz von Kundenclubs lässt sich insbesondere anhand deren Möglichkeiten für das Kundenbindungsmanagement verdeutlichen. Aus Unternehmenssicht ist die Einrichtung eines Kundenclubs in vielerlei Hinsicht empfehlenswert:

– **Aufbau von Kundenloyalität**: Über die Schaffung rationaler und emotionaler Mitgliedsvorteile können Zufriedenheit und Commitment sowie letztlich Loyalität von Kunden gesteigert werden.

– **Zusätzliche Umsatzsteigerungen**: Über Aufnahmegebühren und Mitgliedsbeiträge sowie den Verkauf exklusiver Produkte (z.B. spezielle Editionen) an Mitglieder können zusätzliche Umsätze generiert werden.

– **Direkter Kommunikationskanal**: Über den Kundenclub als direkten Kommunikationskanal können Unternehmen ihre Kunden selektieren und gezielt in Dialogform ansprechen.

– **Gewinnung von Kundendaten**: Ein Kundenclub ermöglicht schließlich die Sammlung wichtiger Kundeninformationen, die wiederum für Direkt- und Dialogmarketing-Aktionen sowie für Marktforschungszwecke genutzt werden können.

Bonusprogramme
Bonusprogramme (tw. auch Prämienprogramme genannt) sind von einem oder mehreren Unternehmen herausgegebene, langfristig ausgerichtete Programme, bei denen Kunden ein Treueguthaben (z.B. in Form von Punkten, Marken, Meilen) ansammeln und bei Erreichen bestimmter Einlöseschwellen einen Bonus erhalten, der in unterschiedlicher Form ausbezahlt werden kann. Charakteristisch für Bonusprogramme ist die Belohnung von Kunden für deren nachgewiesenes Treueverhalten (*Müller* 2006).

Bei der Konzeption eines Bonusprogramms sollten vor allem folgende *Gestaltungsaspekte* berücksichtigt werden:

(1) **Zielgruppendifferenzierung:** Im Gegensatz zu Kundenclubs, die generell schon auf eine spezielle Zielgruppe hin ausgerichtet sind, zielen Bonusprogramme i.d.R. auf alle Kunden ab. Oft ist jedoch eine weitere Differenzierung sinnvoll. Eine solche Differenzierung kann bspw. auf Basis des aktuellen Kundenstatus erfolgen, d.h. besonders loyale Kunden sollten auch mit besonders attraktiven Boni belohnt werden. Durch diesen Anreiz lassen sich weniger loyale Kunden zu einem noch intensiveren Treueverhalten motivieren.

(2) **Programmart:** Eine Grundsatzentscheidung bei der Gestaltung eines Bonusprogramms betrifft die Wahl zwischen einem eigenständigen Programm („Stand-Alone-Programm") oder der Teilnahme an einem Kooperationsnetzwerk („Multipartnerprogramm"). Ersteres hat vor allem den Vorteil, dass die Inhalte und die Ausgestaltung des Programms spezifisch auf das eigene Unternehmen zugeschnitten werden können (z.B. hinsichtlich der Höhe der Einlöseschwellen oder der eingesetzten Boni). Letztere hat vor allem den Vorteil, dass die z.T. hohen Kosten und Risiken, die mit der Initiierung und Organisation eines Bonusprogramms einhergehen, geteilt werden können. Vor allem kleinere Unternehmen beteiligen sich daher i.d.R. an Multipartnerprogrammen.

(3) **Bonusart:** Daneben muss bei der Gestaltung eines Bonusprogramms entschieden werden, welche Bonusarten eingesetzt werden sollen. Zu den gängigsten Bonusarten gehören:

  – Geldprämien bzw. Barauszahlungen (z.B. über Cashback-Systeme)

  – Sachprämien bzw. Naturalrabatte (z.B. Treuegeschenke, Draufgaben)

- Preisnachlässe bzw. Barrabatte (z.B. Preisvergünstigung um einen Prozentsatz)

- Extra-Serviceleistungen (z.B. Expresslieferungen)

- Aus Unternehmenssicht eignen sich kostengünstige bzw. kostenlose und mit wenig Aufwand verbundene Bonusleistungen, die dem Kunden einen möglichst hohen Mehrwert bieten, wie bspw. eine besondere Kundenbehandlung.

(4) **Sammelmedium**: Ein weiterer Aspekt bei der Konzeption eines Bonusprogramms betrifft die Wahl des Mediums zur Registrierung des aktuellen Sammelstatus der Kunden. Dafür stehen unterschiedliche Sammelmedien zur Verfügung. Dazu gehören bspw.:

- Treuemarken (z.B. im Lebensmitteleinzelhandel)

- Kundenkonten (z.B. im E-Commerce)

- Kundenkarten (z.B. im Einzelhandel)

Der Einsatz von Bonusprogrammen ist für Unternehmen in *dreierlei Hinsicht* sinnvoll:

- **Selektion der Intensivkunden**: Da es sich für Intensivkunden eher lohnt, Bonuspunkte zu sammeln, treten sie i.d.R. als erste in solche Programme ein. Damit stehen diese wichtigen Kunden für eine Bearbeitung im Wege des Direktmarketing zur Verfügung (Selektionseffekt).

- **Aufbau von Kundenbindung**: Über die Schaffung ökonomischer Wechselbarrieren aufgrund der angesammelten Punkte und der angebotenen Treueboni können Kunden an das Unternehmen gebunden werden. Dieser Bindungseffekt ist oftmals jedoch geringer als der Selektionseffekt (*Müller* 2006).

- **Differenzierung vom Wettbewerb**: Daneben können sich Unternehmen in Märkten mit nahezu austauschbaren Angeboten über den Einsatz von Bonusprogrammen und den damit verbundenen Vorteilen für ihre Kunden vom Wettbewerb abgrenzen.

Im Mittelpunkt von Bonusprogrammen stehen meist **Kundenkarten**. Eine Kundenkarte ist ein Identifikationsbeleg, i.d.R. in Form einer normierten Plastikkarte, den Unternehmen oder eine Unternehmensgruppe an Kunden ausgeben. Kundenkarten werden i.d.R. im Business-to-Consumer-Bereich eingesetzt und sind vor allem im Einzelhandel weit verbreitet. Das in Deutschland erfolgreichste Bonusprogramm in Form einer Kundenkarte ist das Payback-Programm. Daneben sind das Miles & More Programm der Lufthansa und die Bahn-Card der Deutschen Bahn weitere bekannte Beispiele.

Kundenkarten sind aus Unternehmenssicht besonders vorteilhaft, da sie neben den bereits genannten Vorteilen von Bonusprogrammen einen entscheidenden *weiteren Vorteil* aufweisen. So können über den Einsatz von Kundenkarten wichtige Informationen über das Kaufverhalten der Kunden gewonnen werden. Diese kundenindividuellen Transaktionsdaten können in Kombination mit soziodemografischen Daten, die z.B. über ein Antragsformular erhoben wurden, zur Erstellung von Kundenprofilen genutzt werden, die wiederum die Informationsbasis für den Einsatz von Direktmarketingmaßnahmen oder für die Identifikation von Cross-/Up-Selling-Potenzialen bilden.

Der Erfolg von Bonusprogrammen hängt vor allem von der Akzeptanz der Kunden ab. So werden Kunden ein Bonusprogramm nur dann in Anspruch nehmen, wenn sie von der Teilnahme profitieren, d.h. einen subjektiven Mehrwert wahrnehmen. Daher sollten Bonusprogramme ihren Nutzern möglichst viele Vorteile bieten. Neben den bereits dargestellten Boni könnten solche Vorteile z.B. der Spaß am Sammeln der Bonuspunkte oder ein besonderes attraktiver Sonderstatus (VIP-Status) sein. Der heute zum Teil inflationäre Einsatz von Bonusprogrammen führt mittlerweile jedoch dazu, dass Kunden das Angebot weiterer Programme oft ablehnen. Daher gilt es, vor der Implementierung eines Bonusprogramms die Erfolgsaussichten hinsichtlich der Kundenakzeptanz im Vorfeld genau zu bestimmen.

Fallbeispiel: Payback

Payback ist ein Multipartner-Bonusprogramm, das mehrere hundert Unternehmen aus verschiedensten Branchen vereint. Zu den bekanntesten Unternehmen gehören bspw. Aral, Europcar, Germanwings, Vattenfall und Vodafone. Neben diesen offiziellen Partnern arbeitet Payback auch mit über 300 Onlineshops zusammen. Dazu zählen bspw. Amazon.de, die Deutsche Post AG oder ebay. Das Payback-Programm wurde im Jahre 2000 in Deutschland gegründet. Die Firma Loyalty Partner, zu der auch die Payback GmbH gehört, ist mit ähnlichen Projekten mittlerweile auch in Polen und Indien aktiv.

Das Payback-Programm basiert auf dem Einsatz einer Kundenkarte. Diese wird entweder von einem der Partnerunternehmen oder direkt von der Payback GmbH an Kundenausgegeben. Neben der Standardkarte, die der Registrierung des Sammelstatus dient, werden auch spezielle Karten ausgegeben, die darüber hinaus weitere Vorteile wie eine Zahlungsfunktion bieten. Nach eigenen Angaben wird die Payback-Karte ca. 1,5 Mio. Mal pro Tag eingesetzt. Die auf der Karte gesammelten Punkte können auf verschiedene Arten eingelöst werden:
- in Bargeld über eine Direktüberweisung auf das Konto des Kunden
- in Prämien aus dem Payback-Shop (Produkte, Events etc.)
- in Gutscheine/Werteschecks, die wiederum bei Partnern eingelöst werden können
- in Gutschriften auf das Lufthansa Miles & More-Konto
- in Punktespenden an Hilfsprojekte wie UNICEF

Das Programm bietet seinen Kunden neben der Incentivierung, d.h. dem Erwerb von Punkten durch Einkäufe bei den Partnerunternehmen, weitere Vorteile, wie Coupons der Partner, Sonderaktionen, zusätzliche Rabatte und individuelle Produktinformationen. Diese Vielzahl an gebotenen Vorteilen ist neben den starken Partnerunternehmen der wohl bedeutendste Erfolgsfaktor dieses Bonusprogramms.

Cross-/Up-Selling

Im Rahmen des **Cross-Selling** sollen Kunden, die über den Kauf eines oder mehrerer Produkte bereits in einer Geschäftsbeziehung zu einem Anbieter stehen, angeregt werden, weitere Produktarten des Unternehmens zu erwerben (*Keppler* 2006). Dabei kann es sich um andere Produkte, Zusatzprodukte oder auch Zusatzleistungen („Value Added Services") handeln, die oft in einem Nutzungszusammenhang mit dem bereits erworbenen Produkt stehen („Folgegeschäfte"). Die Besonderheit des Cross-/Up-Selling ergibt sich für Unternehmen vor allem aus der bereits aufgebauten Beziehung zum Kunden. So stehen i.d.R. bereits erste Informationen über das Kaufverhalten sowie ein eingerichteter Kommunikationskanal zur Verfügung.

Up-Selling – als Spezialfall des Cross-Selling – zielt darauf ab, Kunden nach dem Erwerb eines Einstiegs- oder Kernprodukts höherwertige Produkte zu verkaufen. Beispielsweise haben die früher nur in den oberen Preisbereichen präsenten Automobilanbieter zunehmend auch niedrigpreisigere Fahrzeuge ins Programm aufgenommen, um diesen Markt mit abzudecken und den dort gewonnenen Kunden dann „Aufstiegsmöglichkeiten" zu bieten. Vereinzelt werden die eigentlichen Margen eines Unternehmens gar nicht über den Verkauf der Einstiegs- bzw. Kernprodukte, sondern erst über die Realisierung von Up-Selling-Potenzialen generiert. So bieten viele Banken kostenlose Girokonten an, um dann über den Verkauf weiterer Produkte (z.B. Kreditkarten, Geldanlage, Versicherungen) Gewinne zu erzielen. Weit verbreitet ist das Up-Selling auch dort, wo der Leistungsumfang nicht von vorneherein klar ist (z.B. bei Versicherungen oder Urlaubsreisen).

Das Cross-/Up-Selling umfasst die folgenden zwei zentralen Aufgaben:

(1) **Identifikation von Cross-/Up-Selling-Potenzialen**: Voraussetzung für die Identifikation von Cross- und Up-Selling-Potenzialen ist eine Kundendatenbank, in der idealerweise die gesamte Transaktionshistorie des Kunden abgebildet ist. Auf dieser Informationsbasis können Größe und Struktur des unausgeschöpften Potenzials bestimmt werden. Die Größe bezieht sich dabei auf den monetären Wert des unausgeschöpften Potenzials. Die Struktur beschreibt, in welchen Feldern der Kunde noch unausgeschöpfte Potenziale aufweist.

(2) **Erschließung von Cross-/Up-Selling-Potenzialen**: Die Erschließung der identifizierten Potenziale erfolgt über die Gestaltung sinnvoller Cross-/Up-Selling-Angebote. Diese Angebote können entweder auf sachlogischen Überlegungen basieren oder auf den Ergebnissen mathematisch-statistischer Verfahren. So können bspw. im Handel so genannte Warenkorbanalysen Aufschluss darüber geben, welche Produkte oft in Kombination gekauft werden. Diese Erkenntnisse gilt es dann, auf neue Kunden anzuwenden, indem nach dem Kauf eines der beiden Produkte das jeweils andere empfohlen wird oder die beiden Produkte räumlich nah beieinander platziert werden, um den Kauf beider Produkte anzuregen. Zum Beispiel bietet das Internet-Versandhaus Amazon seinen Kunden individuelle Produktempfehlungen an, die auf dem Kaufverhalten anderer Kunden basieren.

Für Unternehmen bietet ein erfolgreiches Cross-/Up-Selling vor allem den entscheidenden Vorteil leicht zugängliche monetäre Potenziale zu erschließen. So dient das Cross-

/Up-Selling primär der **Kundenausschöpfung**, d.h. dessen Aufgabe liegt weniger in der Beziehungserhaltung, sondern eher in der Beziehungsintensivierung. Für ein Unternehmen ist es oft effizienter, das vorhandene Potenzial aktueller Kunden auszuschöpfen, anstatt neue Kunden über die sehr kostenintensive Neukundenakquise zu gewinnen.

6.2.2.2.2 Beschwerdemanagement

Unter Beschwerdemanagement können alle proaktiven und reaktiven Maßnahmen subsummiert werden, die ein Anbieter in Zusammenhang mit Beschwerden ergreift.
Das Beschwerdemanagement zielt auf Kunden ab, die eine Beschwerde gegenüber dem Unternehmen geäußert haben und dadurch als „gefährdet" eingestuft werden. **Beschwerden** sind schriftliche, telefonische oder persönliche Unzufriedenheitsäußerungen eines Kunden gegenüber einem Hersteller oder einem Absatzmittler, die sich auf ein wahrgenommenes Problem mit der Kernleistung, der Zusatzleistung bzw. dem Verhalten von Mitarbeitern eines Anbieters beziehen.

Eng verwandt mit dem Beschwerdemanagement ist das so genannte „**Reklamationsmanagement**". Reklamationen können als Sonderfall von Beschwerden betrachtet werden. Diese liegen vor, wenn mit der Beschwerde kaufrechtliche Ansprüche des Kunden hinsichtlich eines erworbenen Produkts gestellt werden.

Das Beschwerdemanagement umfasst die in Abb. 4-63 dargestellten drei zentralen Aufgaben.

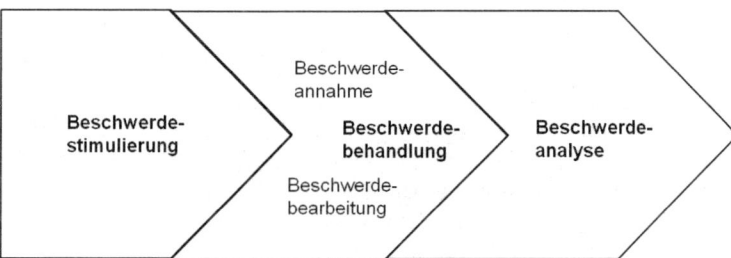

Abb. 4-63: Zentrale Aufgaben des Beschwerdemanagements

(6)　Im Rahmen der **Beschwerdestimulierung** sollen Kunden angeregt werden, ihre wahrgenommenen Probleme gegenüber dem Unternehmen zu äußern, anstatt alternative Handlungsoptionen (z.B. Abwanderung, negative Mund-zu-Mund-Kommunikation) zu wählen. Wichtig ist demnach die Bereitstellung leicht zugänglicher und möglichst einfach zu nutzender Beschwerdekanäle wie beispielsweise eine kostenlose Beschwerdehotline, ein gut besetztes Kundencenter oder eine unkomplizierte Beschwerdeplattform im Internet. Neben diesen strukturellen Voraussetzungen ist auch der Aufbau einer Unternehmenskultur, in der Beschwerden seitens Management und Mitarbeiter als etwas Positives, Hilfreiches und nicht als etwas Lästiges angesehen werden, ein entscheidender Erfolgsfaktor der Beschwerdestimulierung.

(7)   Die **Beschwerdebehandlung** umfasst die Beschwerdeannahme und Beschwerde-
      bearbeitung. Bei der Gestaltung der **Beschwerdeannahme** geht es um die Ent-
      wicklung von Prozessen, die beinhalten, über wen und wie Beschwerden entge-
      gengenommen werden sollen. Dabei sind Verantwortlichkeiten festzulegen sowie
      Verhaltensrichtlinien für Mitarbeiter zu definieren. Die **Beschwerdebearbeitung**
      beschäftigt sich hingegen mit der Prüfung des vom Kunden artikulierten Anlie-
      gens. Dies beinhaltet auch die korrekte Weiterleitung an die betreffende Stelle.
      Wichtige Erfolgsfaktoren der Beschwerdebearbeitung sind die Reaktionsge-
      schwindigkeit sowie eine vom Kunden als fair wahrgenommene Reaktion seitens
      des Unternehmens. Diese Reaktion sollte auch Maßnahmen zur Wiedergutma-
      chung wie bspw. Entschuldigungen, bestimmte Reparatur- und Serviceleistungen
      (Kulanzverhalten) sowie Gutschriften beinhalten.

(8)   Im Rahmen der **Beschwerdeanalyse** werden die erhobenen Beschwerdeinforma-
      tionen auf aggregierter Ebene analysiert und interpretiert, um die Ergebnisse an-
      schließend an relevante Entscheidungsträger bzw. Bereiche weiterzuleiten. Die
      Ergebnisse können beispielweise vom Qualitätsmanagement dafür genutzt wer-
      den, Problembereiche zu identifizieren und zu beheben.

Da Unzufriedenheit eine Hauptursache von Geschäftsbeziehungsabbrüchen darstellt, ist
die Hauptfunktion des Beschwerdemanagements diese gefährdete Geschäftsbeziehung
wieder zu stabilisieren. Wesentlich dafür ist der Aufbau von Beschwerdezufriedenheit,
z.B. über eine schnelle und unkomplizierte Beschwerdebearbeitung, die das Problem
des Kunden zufriedenstellend löst.

Ein erfolgreiches Beschwerdemanagement bietet Unternehmen vor allem folgende Vorteile:

–   **Vermeidung negativer Handlungsoptionen**: Durch eine erfolgreiche Beschwerde-
    bearbeitung können Kunden von alternativen Handlungsoptionen wie bspw. einer
    Abwanderung, negativer Mundpropaganda oder der Kontaktierung von Drittparteien
    wie Verbraucherorganisationen, Medien oder Rechtsanwälten etc. abgehalten wer-
    den.

–   **Aufbau eines kundenorientierten Images**: Das Beschwerdemanagement kann
    auch dazu beitragen, ein kundenorientiertes Image aufzubauen, z.B. über die Initiie-
    rung positiver Mundpropaganda beim Beschwerdeführer durch eine erfolgreiche
    Beschwerdebehandlung.

–   **Erhöhung der Kundenloyalität**: Teilweise weisen Kunden nach einer erfolgreich
    bearbeiteten Beschwerde eine höhere Zufriedenheit bzw. eine höhere Loyalität auf
    als vor der Beschwerde (sog. „Beschwerdeparadox").

–   **Gewinnung von Informationen**: Aus dem direkten und ungeschönten Kunden-
    feedback können wichtige Informationen über von Kunden wahrgenommene Prob-
    leme bzw. Verbesserungsvorschläge gewonnen werden.

–   **Prozess- und Qualitätsoptimierung**: Schließlich können die von Kunden artiku-
    lierten Probleme behoben und die erhobenen Informationen dafür genutzt werden,
    die internen Prozessabläufe zu optimieren und die Qualität der Produkte sicherzu-
    stellen.

6.2.2.2.3   Kündigungspräventionsmanagement

Das Kündigungspräventionsmanagement ("Churn-Management") bearbeitet Kunden, deren Beziehung zum Unternehmen als instabil eingeschätzt wird. Ziel ist es, derartige Kundenbeziehungen zu identifizieren, eine wahrscheinliche Kündigung zu prognostizieren und diese rechtzeitig zu verhindern.

Im Rahmen des Kündigungspräventionsmanagements werden folglich Kunden bearbeitet, die aus Unternehmenssicht als "gefährdet" eingestuft wurden. Wann ein Kunde in diese Kategorie fällt, ist abhängig von der Branche bzw. dem jeweiligen Unternehmen. Aufgrund fehlender allgemeingültiger Kriterien und der daraus resultierenden Schwierigkeit einer eindeutigen Zuordnung von gefährdeten Kunden, steht das Kündigungspräventionsmanagement zwischen dem Kundenbindungsmanagement, dem Beschwerdemanagement und dem Rückgewinnungsmanagement. In der Praxis sind daher oft organisatorische Überschneidungen dieser Teilbereiche zu beobachten.

Das Kündigungspräventionsmanagement lässt sich in die vier folgenden Aufgaben unterteilen:

(1)   Grundlage einer erfolgreichen Kündigungsprävention ist die **Identifikation und Kategorisierung der Abwanderungsursachen**. Für die Identifikation stehen verschiedene Methoden zur Verfügung (*Michalski* 2002):

  – **Merkmalsorientierte Methoden**: Diese Methoden umfassen standardisierte Kundenbefragungen mit quantitativen Auswertungen z.B. Kundenzufriedenheitsbefragungen ergänzt um Fragen zur Loyalität oder Wechselabsicht.

  – **Ereignisorientierte Methoden**: Diese Methoden, wie z.B. die Critical Incident Technique, erlauben es, über den Einsatz teil-standardisierter Interviews kritische Ereignisse (sog. "Critical Incidents") zu identifizieren. Diese kritischen Ereignisse (i.d.R. vom Kunden wahrgenommene Fehler des Unternehmens) sind oft Auslöser von Kundenabwanderungen.

  – **Prozessorientierte Methoden**: Diese Methoden betonen den Prozesscharakter von Kundenabwanderungen und zielen auf die Erstellung von Abwanderungsverläufen ab, da es oft nicht nur eine einzige Ursache bzw. ein einzelner Vorfall ist, der einen Kunden zur Abwanderung bewegt. Beispielhafte Methoden zur Modellierung solcher Abwanderungsverläufe sind die Sequentiell Incident Technique oder die Switching Path Analysis Technique (*Roos* 1999).

Neben den dargestellten Methoden eignet sich zur Ermittlung von Abwanderungsursachen auch die Analyse von Beschwerden oder Kundengesprächsprotokollen.

Im Zuge der Kategorisierung der Abwanderungsursachen werden diese aggregiert und für eine Kündigersegmentierung aufbereitet (*Stauss/Friege* 1999; *Michalski* 2002; *Büttgen* 2003). In der Regel existieren drei sinnvolle Kategorien von Abwanderungsgründen:

- **Unternehmensbezogene Ursachen**: Hierzu zählen beispielsweise Fehler im Leistungsangebot oder im Rahmen der Kundeninteraktion sowie Preiserhöhungen oder ein gesunkenes Unternehmensimage.

- **Wettbewerbsbezogene Ursachen**: Diese umfassen attraktive Wettbewerbsangebote, wie z.B. Lockangebote oder Wechselprämien.

- **Kundenbezogene Ursachen**: Hierzu zählen situative Veränderungen wie z.B. ein Wohnortswechsel, eine weggefallene Nachfrage oder Zahlungsunfähigkeit.

(2) Im Zuge der **Identifikation von Frühwarnindikatoren** gilt es, geeignete Indikatoren zu identifizieren, die es ermöglichen Abwanderungen vorherzusagen. Diese Indikatoren variieren je nach Branche und Unternehmen. Mit Hilfe von Profiling-Techniken kann von den Profilen bisheriger Abwanderer auf das Gefährdungspotential vorhandener Kunden rückgeschlossen werden (vgl. Kap. 3/ 2.). Beispielsweise nutzen Mobilfunkgesellschaften Nutzungsmerkmale, demographische Merkmale und Merkmale aus dem Beziehungsgeschehen wie Beschwerden, Kündigungsandrohungen, Teilkündigungen und andere kritische Ereignisse als Datengrundlage für entsprechende Profilanalysen.

(3) Im Zuge der **Segmentierung und Priorisierung** sollten die als gefährdet identifizierten Kunden zunächst einer Kundenwertanalyse unterzogen werden, um zu bestimmen, ob der Einsatz von Präventionsmaßnahmen überhaupt ökonomisch sinnvoll ist. Die Ergebnisse der Kundenwertanalyse können zusammen mit den Ergebnissen aus der Analyse der Abwanderungsursachen in eine Kundenportfolioanalyse einfließen, um auf diese Weise die erfolgversprechendsten Zielgruppen zu identifizieren.

(4) Die letzte Aufgabe umfasst den **Einsatz geeigneter Präventionsmaßnahmen**. Dafür stehen folgende Strategien zur Verfügung (*Michalski* 2006):

- **Anreizstrategie**: Bei dieser Präventionsstrategie sollen gefährdete Kunden über kleinere Anreize zur Weiterführung der Geschäftsbeziehung bewegt werden. Dabei kann es sich um besondere Angebote, Einladungen zu Events oder um die Erhöhung des Kundenstatus handeln.

- **Kompensationsstrategie**: Im Rahmen dieser Strategie sollen Kunden, die (aus deren Sicht) unternehmensverschuldete finanzielle oder zeitliche Verluste erlitten haben, wieder zufriedengestellt werden, z.B. mit Hilfe eines finanziellen Verlustausgleichs oder eines Gutscheins.

- **Dialogstrategie**: Sind Kunden aufgrund von Servicefehlern als abwanderungsgefährdet zu betrachten, so sollte über die Dialogstrategie versucht werden, das Vertrauen zum Anbieter wiederherzustellen, z.B. durch Erklärungen gegenüber dem Kunden, wie es zu dem Fehler kam, verbunden mit einer Entschuldigung.

- **Austrittsbarrierenstrategie**: Schließlich kann über den Aufbau von Austrittsbarrieren versucht werden, Kunden an einer Abwanderung aktiv zu hindern. Allerdings ist diese erzwungene „Fesselung" von Kunden langfristig gesehen wenig zielführend und sollte deshalb nur in Einzelfällen angewendet werden.

6.2.2.2.4   Beziehungsauflösungsmanagement

Das Beziehungsauflösungsmanagement (tw. auch Kündigungsmanagement oder Exit-Management genannt) umfasst sämtliche Maßnahmen, die zur Auflösung von Geschäftsbeziehungen mit aktuellen Kunden des Unternehmens beitragen (*Lucco* 2008).

Während das Kundenbindungsmanagement die Pflege und Intensivierung profitabler Kundenbeziehungen zum Ziel hat, beabsichtigt das Beziehungsauflösungsmanagement, unprofitable bzw. unattraktive Kundenbeziehungen zu identifizieren, zu überprüfen und ggf. aufzulösen. Das entscheidende Kriterium zur Identifikation derartiger Kundenbeziehungen stellt der Kundenwert dar. Anhand einer Kundenwertanalyse können Unternehmen zwischen profitablen und unprofitablen Kunden differenzieren. Unprofitabel sind Kunden vor allem dann, wenn sie weder Umsätze generieren noch zukünftiges Umsatzpotenzial aufweisen. Verursachen unprofitable Kunden zusätzlich hohe Kosten oder binden wertvolle Ressourcen (z.B. aufgrund ungewöhnlicher Forderungen oder einem besonders hohen Betreuungsaufwand) so gilt es, diese Geschäftsbeziehungen möglichst zeitnah zu beenden, da der dadurch verursachte Wertverlust mit der Dauer der Geschäftsbeziehung ansteigt.

Die Vorteile eines Beziehungsauflösungsmanagements umfassen (*Lucco* 2008):

- **Bereinigung des Kundenstamms**: So ist es für ein Unternehmen vorteilhaft, seinen Kundenstamm so zusammenzustellen, dass möglichst alle Kunden eine hohe Profitabilität aufweisen. Dadurch lässt sich der Kundenstammwert erhöhen, der wiederum einen wesentlichen Treiber des Unternehmenserfolgs darstellt.

- **Realisierung kurzfristiger monetärer Abschöpfungspotenziale**: Durch eine kundenorientierte Gestaltung des anbieterseitigen Kündigungsprozesses können Kunden dazu gebracht werden, evtl. ausstehende Verpflichtungen vor der Kündigung zu begleichen.

- **Minimierung negativer Folgen einer anbieterseitigen Kündigung**: Schließlich sollen die mit einer proaktiven Ausgrenzung von Kunden einhergehenden Folgen, wie bspw. negative Mundpropaganda vermieden werden.

6.2.3   Management verlorener Kunden

> **PRINZIP: Management verlorener Kunden**
> Beim Management verlorener Kunden gilt es, kundenseitig abgebrochene Geschäftsbeziehungen zu identifizieren und wiederzubeleben.

Als verlorene Kunden werden hier ehemalige Kunden des Unternehmens bezeichnet. Dazu zählen einerseits Kunden, die eine Geschäftsbeziehung aktiv beendet haben (z.B. über eine offizielle Kündigung oder eine nicht getätigte Verlängerung einer auslaufenden Vertragsbeziehung) und andererseits Kunden, deren Kaufverhalten signifikant von deren üblichen Kaufverhalten abweicht (z.B. im Sinne einer Reduktion des üblichen Kaufvolumens).

Das **Rückgewinnungsmanagement** umfasst sämtliche Maßnahmen, die ein Unternehmen ergreift, um profitable ehemalige Kunden und Kündiger zurückzugewinnen. In einigen Fällen mag ein Unternehmen den Verlust eines Kunden nicht besonders bedauern, da z.B. mit dem Kunden kein ausreichender Gewinn erwirtschaftet wurde oder da er für andere, wertvollere Kunden benötigte Kapazitäten band (vgl. Abschnitt 6.2.2.1.4). Meist ist der Verlust eines Kunden jedoch von Nachteil für ein Unternehmen, da hierdurch Ertragspotenziale verloren gehen und Wettbewerber diese Potenziale für sich erschließen können.

Im Rahmen des Rückgewinnungsmanagements wird je nach Auslöser des Rückgewinnungsprozesses bzw. je nach zeitlichem Abstand zwischen Abwanderung und Rückgewinnung in **Kündigungsmanagement** und **Revitalisierungsmanagement** unterschieden. Dabei zielt das Kündigungsmanagement auf die Rücknahme einer kürzlich geäußerten Kündigung ab. Der Auslöser dieses Prozesses liegt also auf Kundenseite und der zeitliche Abstand zwischen Abwanderung und Rückgewinnung ist eher gering. Hingegen zielt das Revitalisierungsmanagement auf den Wiederaufbau von ehemaligen Geschäftsbeziehungen ab. Der Auslöser dieses Prozesses liegt folglich auf Unternehmensseite und der zeitliche Abstand zwischen Abwanderung und Rückgewinnung ist eher hoch. Die folgenden Ausführungen beziehen sich allgemein auf das Rückgewinnungsmanagement.

Aus Unternehmenssicht weist das Rückgewinnungsmanagement *folgende Vorteile* auf:

- **Minimierung negativer Folgen der Kundenabwanderung**: Durch einen Rückgewinnungsversuch können Unternehmen demonstrieren, dass ihnen etwas an ihren Kunden liegt. Dadurch sollen die negativen Folgen, die mit einer Kundenabwanderung einhergehen, wie beispielsweise negative Mundpropaganda, minimiert werden. Hierbei sollte jedoch berücksichtigt werden, dass ein zu plumper Rückgewinnungsversuch genau den gegenteiligen Effekt haben kann.

- **Gewinnung von Informationen**: Daneben können über die Analyse der Abwanderungsursachen Informationen über Probleme im Rahmen der Leistungserstellung oder der Kundeninteraktion gewonnen werden.

- **Beseitigung unternehmensbezogener Abwanderungsursachen**: Schließlich können die identifizierten Abwanderungsursachen soweit wie möglich beseitigt werden.

- **Stärkung der Kundenloyalität**: Erfolgreich zurückgewonnene Kunden sind z.T. zufriedener bzw. loyaler als Stammkunden, die die Geschäftsbeziehung zu ihrem Anbieter nicht abgebrochen haben. Dieser Effekt wird auch als „recovery paradox" bezeichnet.

Speziell im Vergleich mit der Neukundenakquise können *weitere Vorteile* des Rückgewinnungsmanagements genannt werden:

- Es ist i.d.R. **weniger kostenintensiv** als die Neukundenakquise, da bspw. keine Basisinformationen neu gewonnen werden müssen.

- Es ist i.d.R. **erfolgreicher**, gemessen anhand der (Wieder-)Gewinnungsquote, und effektiver, gemessen anhand des Return on Investment (ROI), als die Neukundenakquise, da es vorhandene Informationen über den (zukünftigen) Kundenwert sowie über die individuellen Bedürfnisse der Kunden nutzen kann. Diese Informationen stehen im Rahmen der Neukundenakquise oft gar nicht bzw. nicht in dem Ausmaß zur Verfügung.

Im Rahmen des Rückgewinnungsmanagements lassen sich die folgenden zwei zentralen Aufgaben unterscheiden:

(1) Als erste Aufgabe gilt es im Zuge der **Rückgewinnungsanalyse**, die notwendige Informationsbasis für die Rückgewinnung zu schaffen. Dazu sind wie auch im Rahmen des Kündigungspräventionsmanagements Abwanderungs-, Kundenwert- und Kundenportfolioanalyse durchzuführen, um die ehemaligen Kunden anhand ihrer zukünftigen Profitabilität und der Wiedergewinnungswahrscheinlichkeit (basierend auf den Abwanderungsursachen) zu segmentieren und zu priorisieren.

(2) Die zweite Aufgabe umfasst die Gestaltung und Durchführung von **Rückgewinnungsmaßnahmen**. Dabei sind vor allem folgende Aspekte zu berücksichtigen:

- **Rückgewinnungstiming**: Zunächst ist zu entscheiden, wann der ehemalige Kunde kontaktiert werden soll. Allgemein kann zwischen einer frühzeitigen und einer zeitlich verzögerten Ansprache unterschieden werden. In den meisten Fällen ist eine frühzeitige Ansprache zu empfehlen, da der Kunde das Unternehmen und dessen Leistungen noch gut in Erinnerung hat und noch keine Beziehung zu einem alternativen Anbieter aufbauen konnte. Daneben ist in Deutschland eine frühzeitige Ansprache auch aufgrund der aktuellen Rechtslage zu empfehlen, da Kunden, zu denen keine aktive Geschäftsbeziehung besteht, nur unter bestimmten Voraussetzungen kontaktiert werden dürfen.

- **Rückgewinnungskanal**: Daneben gilt es zu entscheiden, über welchen Kommunikationskanal der ehemalige Kunde angesprochen werden soll. Hierbei kann zwischen einer persönlichen (face-to-face, telefonisch) und unpersönlichen Ansprache (postalisch, per E-Mail) unterschieden werden. Generell sind persönliche Ansprachen vorzuziehen, da diese effektiver als unpersönliche sind, gleichzeitig aber auch kostenintensiver. Die Erfolgswahrscheinlichkeit einer persönlichen Ansprache hängt maßgeblich davon ab, wer den ehemaligen Kunden kontaktiert. So sollten besonders wertvolle Kunden (z.B. Key Accounts) nicht von einem anonymen Call Center-Mitarbeiter, sondern vom persönlichen Berater, Key-Account-Manager oder sogar einem Mitglied des Top-Managements kontaktiert werden.

- **Rückgewinnungsangebot**: In Abhängigkeit von den individuellen Abwanderungsgründen gilt es schließlich, ein Rückgewinnungsangebot zu entwickeln, das einen konkreten Anreiz zur Rückkehr enthält. Grundsätzlich lassen sich dabei materielle und immaterielle Rückkehranreize unterscheiden:

- **Materielle Rückkehranreize**: Diese Anreize können direkt monetärer Art (z.B. Rückkehrprämien, Rückkehrrabatte) oder indirekt monetärer Art, im Sinne kostenloser oder preislich reduzierter Güter bzw. Dienstleistungen (z.B. Vertragsumstellungen, Erhöhung des Kundenstatus) sein.

- **Immaterielle Rückkehranreize**: Diese Anreize umfassen z.B. Erklärungen für

Missstände oder Entschuldigungen und zielen darauf ab, die Verärgerung des Kunden zu reduzieren, um diesen zu einer freiwilligen Wiederaufnahme der Geschäftsbeziehung zu motivieren.

Kontrollfragen zu Abschnitt 6

1. Beschreiben Sie die Unterschiede zwischen Transaktionsmarketing und Beziehungsmarketing.

2. Erläutern Sie den Zusammenhang von Kundenbeziehungsmanagement und Customer Relationship Management.

3. Nennen Sie einige der Vorteile, die sich durch langfristige Geschäftsbeziehungen ergeben.

4. Erläutern Sie die Relevanz des Interessentenmanagements für das Kundenbeziehungsmanagement.

5. Welche Möglichkeiten haben Unternehmen Informationen über potenzielle Interessenten zu gewinnen?

6. Erläutern Sie die Relevanz des Neukundenmanagements für das Kundenbeziehungsmanagement.

7. Erläutern Sie die Relevanz des Kundenbindungsmanagements für das Kundenbeziehungsmanagement.

8. Was versteht man unter einem Kundenclub und welche Vorteile bieten diese aus Kundensicht?

9. Beschreiben Sie die Unterschiede zwischen einem Kundenclub und einem Bonusprogramm.

10. Was versteht man unter Cross- und Up-Selling?

11. Erläutern Sie die Relevanz des Beschwerdemanagements für das Kundenbeziehungsmanagement.

12. Warum sollten Unternehmen ihren Kunden die Möglichkeiten zur Beschwerdeäußerung erleichtern?

13. Erläutern Sie die Relevanz des Kündigungspräventionsmanagements für das Kundenbeziehungsmanagement.

14. Welche Methoden zur Identifikation gefährdeter Kunden stehen Unternehmen zur Verfügung?

15. Erläutern Sie die Relevanz des Rückgewinnungsmanagements für das Kundenbeziehungsmanagement.

16. Beschreiben Sie die zwei Teilprozesse des Rückgewinnungsmanagements.

Kapitel 5

Marketingadministration

Inhaltsverzeichnis

Kapitel 5: Marketingadministration

Kapitel 5

Marketingadministration

> **BASISPRINZIP: Marketingadministration**
> Stelle Effektivität und Effizienz marktgerichteter Prozesse durch Organisation, Controlling, IT-Unterstützung und Personalführung sicher!

Lernziele:

In diesem Kapitel wird erläutert,

- welche Prozesse im Marketing ablaufen und wie sie organisiert werden können,
- wie interne und externe Schnittstellen koordiniert werden können,
- welche Aufgaben Kunden(gruppen)- und Produktmanager haben,
- wie das Marketing nach Funktionen, Produkten, Kunden(gruppen) und Prozessen strukturiert werden kann und wie Matrix- und Teamorganisation ablaufen,
- wieso Controlling auch im Marketing wichtig ist,
- welche Werkzeuge für das Marketingcontrolling zur Verfügung stehen,
- welche Möglichkeiten moderne IT-Systeme bei Datenmanagement und Vernetzung im Marketing bieten,
- welche Kompetenzen von Führungskräften im Marketing erwartet werden,
- wie sich das Verhalten von Marketing-Mitarbeitern durch Führungsstile, -techniken und -instrumente steuern lässt,
- wie Führungsstile im Marketing abgegrenzt werden.

Nach Durcharbeitung dieser Lerneinheit sollten Sie in der Lage sein, zu erklären, wie die unternehmensinternen Prozesse des Marketing funktionieren und worauf dabei zu achten ist. Sie sollten die allgemeinen Grundzüge von Organisation, Controlling, IT-Unterstützung und Personalführung kennen und ihre spezifischen Anwendungsprobleme in Marketing und Vertrieb verstehen.

Darüber hinaus sollten Sie die einschlägigen Fachbegriffe beherrschen.

1 Grundlagen

1.1 Definition und Charakteristika der Marketingadministration

Marketingadministration beinhaltet die Steuerung der mit dem Marketing verbundenen **unternehmensinternen Prozesse** im Hinblick auf maximale Effektivität und Effizienz („Marketingimplementierung"). Es handelt sich folglich um innengerichtete Marketingkonzepte, also den unternehmensinternen „Rückraum" des Marketing, der jedoch für den Markt- und Unternehmenserfolg nicht minder wichtig ist als die marktgerichteten Konzepte. Um einen gelungenen Marktauftritt wirklich zu Stande zu bringen, müssen zunächst nämlich

(1) die diesbezüglichen **Entscheidungsprozesse** so organisiert werden, dass sie optimale Entscheidungen gewährleisten, und
(2) die bei der **Umsetzung** der Entscheidungen ablaufenden Marketingprozesse tatsächlich zielgerecht **installiert** und **optimiert** werden.

Dabei existieren fast immer **Verbesserungsmöglichkeiten**. Beispielsweise
(1) kann eine zwischen Technik und Vertrieb besser koordinierte Neuproduktentwicklung zu einem zeitlichen und qualitativen Vorsprung im Wettbewerb beitragen;
(2) kann eine verbindlichere Formalisierung und Standardisierung der Pricing-Prozesse die Schnelligkeit und Treffsicherheit preispolitischer Entscheidungen erhöhen;
(3) kann die Überwachung und Steuerung einer Mailing-Kampagne durch ein elektronisches CRM-System deren Effektivität und Kostenwirtschaftlichkeit verbessern;
(4) kann eine marktgerichtete Unternehmenskultur dazu beitragen, dass die Mitarbeiter die Kunden freundlicher bedienen und mehr neue Serviceideen generieren.

Saatkamp (2002) fand inhaltsanalytisch aus den Akten einer großen Marketingberatung heraus, dass sich die Rangfolge der **Marketingprobleme** deutscher Industrie-Unternehmen um die Jahrtausendwende wie folgt darstellte:
(1) Langsamkeit
(2) zu komplexe und langwierige Entscheidungen
(3) unsystematisches Vorgehen
(4) fehlende Systemunterstützung
(5) fehlende Informationen im Entscheidungsprozess
(6) durch Schnittstellen bedingte Prozessfehler und Nachbearbeitungsschleifen
(7) Abstimmungsprobleme zwischen Marketing und Entwicklung bzw. Produktion
(8) Unzufriedenheit der Kunden
(9) zu starke Technik- statt Kundennutzenorientierung
(10) unzureichendes Kundenverständnis

Eine auf 474 Fällen beruhende Analyse von *Diller/Ivens* (2006) aus dem Jahre 2005 belegt, dass diese Probleme nach wie vor nicht überall gelöst sind. Die von diesen Autoren untersuchten fünf Marketingprozesse waren nämlich nur von 16,6% der jeweiligen Firmen wirklich gut organisiert. 12,9% wiesen generell deutliche Prozessdefizite auf, und in 12,9% bzw. 41,7% der Fälle mangelte es an einer geeigneten Organisation bzw. wirklichen Gelebtheit der Prozesse.

Prozessmanagement zählt deshalb seit einigen Jahren zu den wichtigsten „Baustellen" im Marketing. Es umfasst **vier Arbeitsbereiche**, welche die Teilprozesse des Marketing soz. betriebswirtschaftlich „in die Zange nehmen" (vgl. Abb. 5-1):

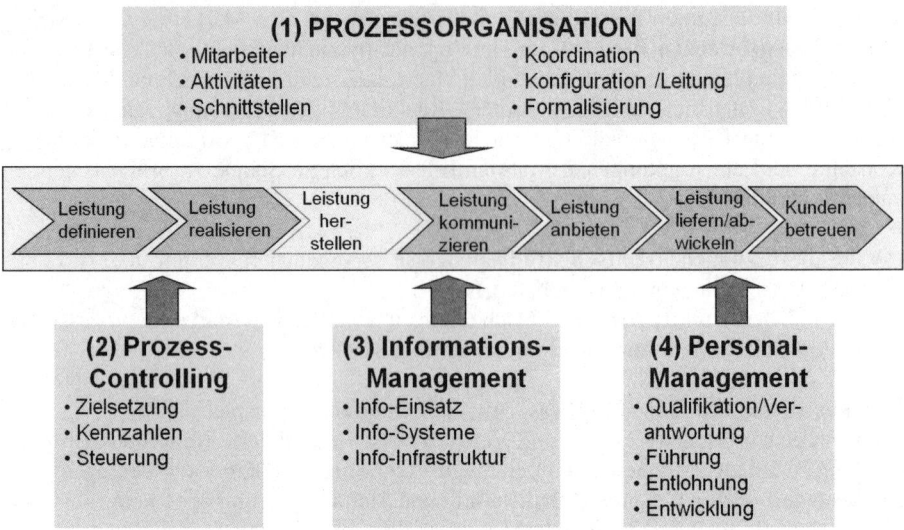

Abb. 5-1: Dimensionen des Prozessmanagements im Marketing

(1) Im Rahmen der Gestaltung der **Prozessorganisation** muss sichergestellt werden, dass alle notwendigen Aktivitäten tatsächlich durchgeführt, unnötige Aktivitäten unterlassen und alle Aktivitäten optimal koordiniert werden. Darüber hinaus müssen die bestgeeigneten Mitarbeiter diesen Aktivitäten zugewiesen und Schnittstellen möglichst vermieden werden. Regelungsbedürftig ist auch die Konfiguration der Prozessorganisation, d.h. die Über- und Unterordnung bestimmter Prozessverantwortlicher sowie der Grad an Formalisierung der Prozesse (vgl. Abschnitt 2). Generell zeigt sich hier, dass die traditionelle funktionale Marketingorganisation, bei der verschiedene Mitarbeiter bzw. Stellen für einzelne Aufgabenkomplexe homogener Art (z.B. Marktforschung, Verkauf, Werbung etc.) zuständig sind, immer weniger in der Lage ist, die Kundenorientierung im Unternehmen sicherzustellen. Deshalb ersetzt oder überlagert man diese Organisationsstrukturen zunehmend durch/mit kundenorientierte(n) Strukturen, z.B. einem für die Koordination im Unternehmen verantwortlichen Key Account Management, das die bestmögliche Bedienung der Schlüsselkunden (Key-Accounts) des Unternehmens sicherstellen soll.

(2) Das **Prozesscontrolling** muss für die Effektivität und Effizienz der Marketingprozesse sorgen. Hierbei geht es deshalb um die Formulierung prozessorientierter **Zielsysteme**, die möglichst kundenorientiert auszugestalten sind. Sie betreffen deshalb insb. die Kundenzufriedenheit, die Prozessqualitäten und -zeiten. Zur laufenden Überwachung

dienen dabei häufig **Kennzahlensysteme**, die – unter Rückgriff auf Prozesskosten- und -leistungsrechnungen – Einblicke in die Effizienz der Marketingprozesse geben bzw. prozessspezifische Indikatoren für Zeit, Qualität und Kundenzufriedenheit beinhalten. Auf dieser Basis kann dann eine mitlaufende Prozessüberwachung und -regelung erfolgen und der Versuch einer **kontinuierlichen Prozessverbesserung** unternommen werden (vgl. Abschnitt 3).

(3) Einen dritten Bereich des Prozessmanagements bildet das **IT-Management,** in dem es um Konzepte für den optimalen Informationseinsatz bei den Marketingprozessen i.S. der im Kap. 3 beschriebenen Marketing-Intelligence geht. Er bestimmt maßgeblich die Qualität und Geschwindigkeit der Marketingprozesse (vgl. Abschnitt 4).

(4) Schließlich ist beim prozessorientierten **Personalmanagement** ein Konzept zu finden, das sicherstellt, dass die persönliche und fachliche Qualifikation der Marketing-Mitarbeiter angemessen ist und ständig an die sich wandelnden Anforderungen angepasst wird. Da letztlich die Motivation und Qualifikation von Menschen für den Marketingerfolg entscheidend ist, spielen Motivationskonzepte im Marketing eine besondere Rolle. Sie schlagen sich z.B. in entsprechenden **Entlohnungssystemen** für den Außendienst, in partizipativen **Führungsstilmodellen** und einer möglichst offenen und kreativitätsfördernden **Marketingkultur** nieder (vgl. Abschnitt 5).

Abb. 5-2: Ziele der Marketingadministration

Marketingadministration soll also „**Marketingexzellenz**" i.S. eines professionellen Prozessgeschehens sicherstellen. Die Marketingadministration dient dabei zum einen der **Effektivität** des Marketing (vgl. Kap. 1/ 2.). Effektivität meint das Ausmaß, in dem die Ziele erreicht werden, die man mit einem Prozess anstrebt, also z.B. das tatsächliche Ausmaß an Kundenzufriedenheit oder die Genauigkeit der Produktpositionierung („die richtigen Dinge tun"). **Effizient** sind Marketingprozesse dagegen dann, wenn sie möglichst **kostengünstig**, ohne **qualitative** Einbußen und Fehler sowie in hinreichender **Schnelligkeit** geschieht („die Dinge richtig tun"). Abbildung 5-2 stellt diese Systematik der Prozessziele im Überblick dar.

Kostenwirtschaftlichkeit liegt vor, wenn ein gegebenes Effektivitätsziel, z.B. die Anzahl neuer Kunden, mit relativ geringen Kosten erreicht werden kann. Gemessen wird dies anhand von Kennzahlen wie Kosten pro Neukunde, Interessenten/Werbekosten oder IT-Kosten/Kundenanzahl. Auch der Kapitalbedarf kann dabei über kalkulatorische Kapitalkosten in das Zielsystem mit aufgenommen werden. Ansatzpunkte zur Rationalisierung ergeben sich sowohl beim Mengen- als auch beim Wertgerüst der Kosten, d.h. einer Verminderung des Faktoreinsatzes oder einer günstigeren Beschaffung der Einsatzfaktoren. Wegen der in Deutschland hohen (und inflexiblen) Personalkosten substituiert man auch im Marketing zunehmend Arbeit durch Maschinen, etwa durch automatische Sprachsysteme im Call Center.

Qualitätspolitische Ziele des Prozessmanagements betreffen den **Fehlergrad** der Marketing-Prozesse. Nirgendwo gelingt es, absolut fehlerfrei zu agieren. Dies gilt auch für das Marketing. Je weniger Fehler allerdings auftreten, desto weniger Zeitverluste, Kundenverärgerung, Doppelarbeit und andere Unwirtschaftlichkeiten entstehen in der Kundenpolitik. Theoretisch ließe sich dies auch in Kostengrößen abbilden. Ein unmittelbarer Zugriff auf diese Missstände wird allerdings erst möglich, wenn man die Fehlerfreiheit der Prozesse selbst zum Ziel erhebt. Typisch ist diese Betrachtungsweise für Qualitätsverbesserungsprogramme wie „**Six Sigma**", bei dem bekanntlich für alle repetitiven Prozesse eine extrem niedrige Fehlerrate (jenseits von sechs Varianz-Einheiten, d.h. 99,999666 % Zuverlässigkeit) gefordert wird. In einem Prozess dürften damit bei einer Million Durchläufe lediglich 3,4 Defekte auftreten (vgl. *Rehbein/Yurdakul* 2002). Typische Messgrößen für solche Qualitätsziele sind z.B. Anzahl der Beschwerden pro Kunde, Kundenzufriedenheits-Ratings (erfragt), Anzahl der Retouren, Kundenvertrauen (erfragt), Zertifizierungen durch Güteinstitute oder Lieferanten oder Qualitäts-Awards im Rahmen von Qualitätswettbewerben. Zunehmend wird auch die **Zufriedenheit** der im Marketing aktiven **Mitarbeiter** als ein wichtiger Maßstab für die Qualität angesehen. Dies trägt dem Umstand Rechnung, dass zufriedene Mitarbeiter einen wichtigen Einflussfaktor für die Kundenzufriedenheit darstellen (vgl. *Stock* 2009). Auch folgt man damit der Absicht, die **Führungsqualitäten** im Marketing einer kritischen Qualitätsbetrachtung zu unterziehen (vgl. Abschnitt 5).

Schnelligkeitsziele spielen insbesondere in High-Tech-Märkten eine wichtige Rolle, gewinnen aber auch generell an Bedeutung, weil die Marktdynamik zunimmt. Im Einzelnen geht es dabei um die Vermeidung von Fristüberschreitungen bei der Kontaktierung, Information und Belieferung von Kunden sowie um den Aufbau entsprechender interner Systeme des Marketing. Darüber hinaus kann man hier auch Flexibilitätsziele im strukturellen wie im prozessualen Sinne einordnen, die sich z.B. an entsprechenden Reservekapazitäten festmachen lassen. In manchen Branchen tritt an die Stelle der Schnelligkeit als Effizienzziel die Pünktlichkeit. Dies ist überall dort der Fall, wo Kunden eine Leistung zu einem bestimmten Zeitpunkt erwarten, etwa im B2B-Geschäft bei Just-in-Time-Systemen oder im B2C-Bereich bei Lieferdiensten wie etwa Fleurop, bei denen die Kunden eine Blumenlieferung (bspw. zu einem Geburtstag) nicht so rasch wie möglich, sondern am richtigen Liefertag erwarten.

Es liegt auf der Hand, dass diese vielfältigen Ziele des Marketing zu zahlreichen **Zielkonflikten** führen, deren Bewältigung eine zentrale Aufgabe der für die Marketingpro-

zesse verantwortlichen Mitarbeiter darstellt. Dabei gilt es, Prioritäten zwischen verschiedenen Zielen zu setzen bzw. Zielkompromisse zu finden, welche dem gesamten
Zielsystem möglichst gut gerecht werden. Darüber hinaus erfordert die Marktdynamik
häufig die Etablierung neuer Ziele, die Definition neuer Messstandards und den Einsatz
neuer Zielbildungs- und Durchsetzungsinstrumente.

Die **Bedeutung** dieser prozessbezogenen Ziele hat sich in den letzten Jahren aus vielerlei Gründen erheblich erhöht:

- Der sich ständig verschärfende **Preiswettbewerb** erzeugt permanenten Kostendruck, der entsprechende Rationalisierungsbemühungen in allen Unternehmensbereichen auslöst. Die meisten Potentiale bieten sich dafür heute nicht mehr in der
  Produktion, sondern in Marketing und Vertrieb.

- Die **Beschleunigung** der Wirtschaft erfordert entsprechend schnellere Unterneh-
  mensabläufe, etwa bei der Produktentwicklung, der Preisanpassung oder der Informationsversorgung.

- Moderne Kunden sind **emanzipiert**. Sie agieren gut informiert, selbstbewusst und
  im BtB-Sektor zudem oft mit Nachfragemacht. Fehler bei der Kundenbearbeitung
  schlagen deshalb sofort negativ auf Kundenzufriedenheit und Kundenbindung
  durch.

- Moderne **IT-Technik**, z.B. Work-Flow- oder CRM-Systeme, bietet neue Möglichkeiten zur Effizienzsteigerung im Marketing, die im Wettbewerb als entsprechende
  Wettbewerbsvorteilen eingesetzt werden können.

- **Mitarbeiter** können mit herkömmlichen, meist hierarchischen Administrationssys-
  temen immer seltener zufrieden gestellt werden. Mitarbeiterzufriedenheit stellt aber
  eine wichtige Voraussetzung für die Schaffung von Kundenzufriedenheit dar.

Wie *Diller/Ivens* (2006) empirisch-explorativ aufzeigen, stellt deshalb auch das Streben
nach mehr Kundenorientierung den wichtigsten Treiber einer stärkeren Prozessorientierung in den Unternehmen dar. Daneben sind es vor allem die interne Unternehmens-
komplexität (Ebenen, Geschäftsbereiche etc.) und die jeweilige Marktdynamik, welche
in der Praxis eine stärkere Prozessorientierung nach sich ziehen.

Zusammenfassend kann man Marketingexzellenz als eine **Marketingfähigkeit** i.S. des
Resource-based-view (vgl. Kap. 1/ 3.) interpretieren. Dazu muss sie für das eigene Unternehmen wertvoll und für Konkurrenten schwer imitierbar sein. Das Unternehmen
muss auch in der Lage sein, sich die Renten, die aus den durch die Marketingfähigkeit
entstandenen Wettbewerbsvorteilen hervorgehen, anzueignen. Dabei ist stets zu beachten, dass Marketingadministration ganz im Sinne des Prinzips der Marktorientierung
keinen Selbstzweck verfolgt. Vielmehr muss sie sicherstellen, dass die Anforderungen
des Marktes in alle Unternehmensbereiche hinein getragen werden (vgl. Kap. 2/ 1.).

1.2   Marketingprozesse als Gegenstand der Marketingadministration

> **PRINZIP: Marketingprozesse**
> Marketingprozesse sind unternehmensindividuell in immer konkretere und präziser definierbare Teilprozesse aufzugliedern. Formale Hilfestellung dafür leisten Prozessdiagramme.

Gegenstand der Marketingadministration sind grundsätzlich alle im Marketing ablaufenden **Geschäftsprozesse**. Diese führen zur Verwandlung eines messbaren Inputs in einen messbaren Output und bestehen selbst aus Teilprozessen, die in einem sach- und zeitlogischen Zusammenhang stehen. Sie sind repetitiv, d.h. sie wiederholen sich mit ähnlichen Inputs und in ähnlicher Form, und wirken direkt oder indirekt Wert schöpfend, d.h. es wird durch sie ein Mehrwert für das Unternehmen geschaffen. Handelt es sich um Prozesse, durch welche das Unternehmen unmittelbar Wettbewerbsvorteile erzielen kann (z.B. Kundenberatung, -belieferung oder Pricing), spricht man von **Kernprozessen**. Ihnen gibt man im Prozessmanagement naturgemäß besondere Priorität. Aufmerksamkeit verdienen aber auch viele **Basisprozesse** (unmittelbar Wert schöpfend, aber ohne Wettbewerbsvorteil) und die nur mittelbar Wert schöpfenden **Supportprozesse**, z.B. die Erforschung der Kundenzufriedenheit. Man unterstützt die Prozesse durch **Vernetzung** (Intranets, Extranets, EDI, CRM-Systeme etc.) der Prozessakteure und durch Teil- oder Vollautomation (z.B. im Database-Marketing). **Prozesseigner** managen die Prozesse und übernehmen die Verantwortung für die jeweilige Zielerreichung.

Die meisten Marketingprozesse lassen sich beliebig fein in **Teilprozesse** untergliedern (vertikale Prozess-Struktur) und nach Bezugsobjekten (z.B. Produktgruppen, Kundengruppen etc.) oder nach ihrem Komplexitätsgrad **segmentieren** (parallele Prozess-Strukturen). Eine generelle, verbindliche Untergliederung der Marketingprozesse ist hingegen nicht sinnvoll, weil jedes Unternehmen sich beim Entwurf seiner Marketing-Prozessarchitektur an seinen eigenen Ressourcen und Fähigkeiten sowie an seinen spezifischen Wettbewerbsbedingungen orientieren muss. Abb. 5-3 zeigt ein Beispiel aus der Versicherungsbranche, wo jeder Hauptprozess im Kundenlebenszyklus entsprechend in Unterprozesse aufgegliedert ist.

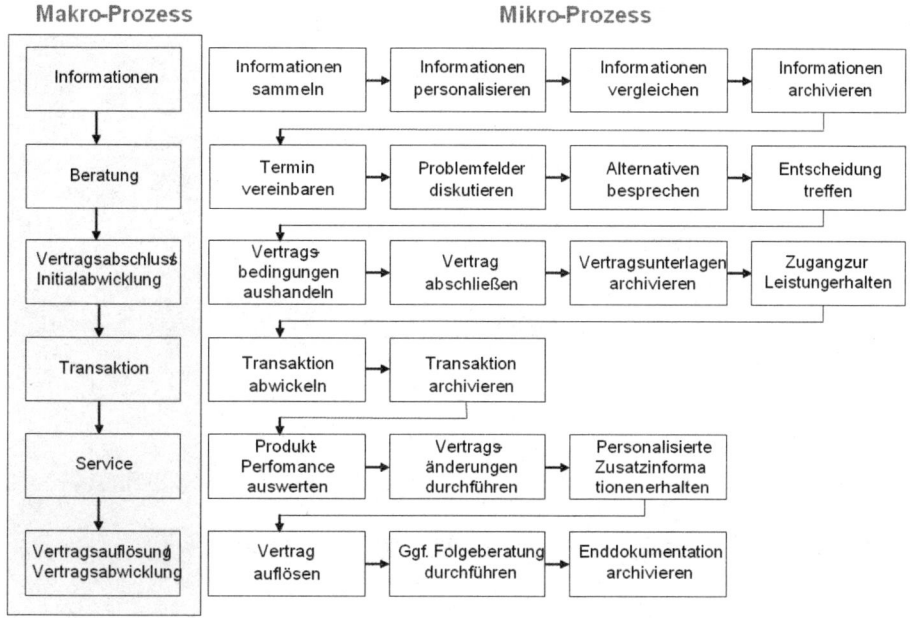

Abb. 5-3: Aufgliederung der Marketingprozesse am Beispiel einer Versicherung (Quelle: Gronover/Kolbe/Österl 2004)

Auf einem sehr hohen Abstraktionsniveau lasen sich drei typische Hauptprozesse des Marketing unterscheiden (vgl. *Srivastava/Shervani/Fahey* 1999), nämlich

(1) das **Product-Life-Cycle-Management** mit allen produktbezogenen Entscheidungs- und Umsetzungsprozessen,

(2) das **Customer Management** mit allen kundenbezogenen Teilprozessen (vgl. Kap. 2/ 3.) und

(3) das **Supply-Chain-Management** mit allen logistischen Prozessen, wegen der optimalen Arbeitsteilung in der Branchenkette sowohl auf der Beschaffungs- als auch der Absatzseite eines Unternehmens.

Eine andere, nahe an den herkömmlichen Funktionskreisen des Marketing ausgerichtete Untergliederungsmöglichkeit mit den zwei Hauptprozessen „Leistung entwickeln" und „Leistung vertreiben" wurde schon im Kap. 1/ 2. beschrieben. Diese Hauptprozesse lassen sich in insgesamt sechs Unterprozesse untergliedern, nämlich „Leistung definieren", „Leistung realisieren" bzw. „Leistung kommunizieren", „Leistung anbieten", Leistung liefern und abwickeln" sowie „Kunden betreuen" (vgl. auch Abb. 1-8). Die Produktion ist hier nicht als Marketingprozess definiert, was aber v.a. im Dienstleistungssektor keineswegs zwingend ist, wenn dabei Kundenkontakte stattfinden und die Kundenzufriedenheit unmittelbar tangiert wird.

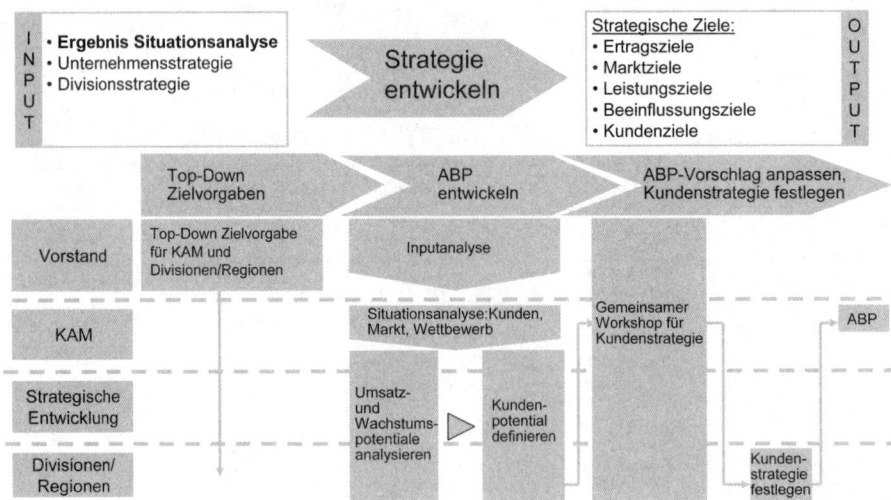

Abb. 5-4: Prozessgliederung der Business-Plan-Entwicklung für einen Key Account in einem Industrieunternehmen

Die „Arbeitsebene" des Prozessmanagement liegt jedoch auf den sehr viel detaillierteren Untergliederungen solcher Hauptprozesse. Abb. 5-4 zeigt als Beispiel die bei einem Industrieunternehmen gültige Konzeptionierung des Prozesses der Entwicklung eines Key Account Business Plans (ABP), der seinerseits einen Teil des Oberprozesses „Kundenmanagement" darstellt. Man erkennt, wie hier verschiedene Abteilungen (linke Spalte) über verschiedene Arbeitsschritte hinweg (horizontale Gliederung) zusammen arbeiten müssen, um den ABP zu entwickeln. Als Output des Prozesses gelten die festgelegten strategischen Zielwerte für den jeweiligen Kunden (obere Zeile).

Zur formalen Darstellung der Prozesse nutzt man die in der Wirtschaftsinformatik entwickelten Prozessdokumentationssysteme, etwa Vorgangskettendiagramme oder die ARIS-Architektur (vgl. *Hippner/Marzenich/Wilde* 2004, S. 82-85). Abb. 5-5 zeigt beispielhaft ein Vorgangskettendiagramm für den Marketingprozess „Auftragsbearbeitung".

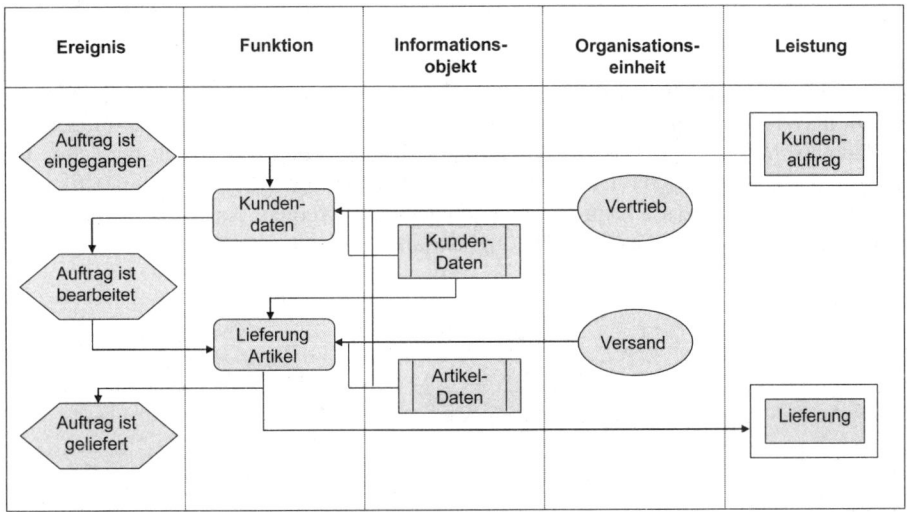

Abb. 5-5: Vorgangskettendiagramm für den Prozess der Auftragsbearbeitung
(Quelle: Hippner/Marzenich/Wilde 2004, S. 85)

1.3 Ablauf des Prozessmanagements

Das Management von Marketingprozessen folgt selbst einem systematischen Arbeitsablauf, dessen sieben Arbeitsschritte in Abb. 5-6 dargestellt sind. Man erkennt, dass den organisatorischen Aspekten dabei eine besonders wichtige Rolle zukommt, belegen sie doch vier der sieben Arbeitsschritte (Strukturierung, Formalisierung/Standardisierung, Funktionszuordnung, Process Owner).

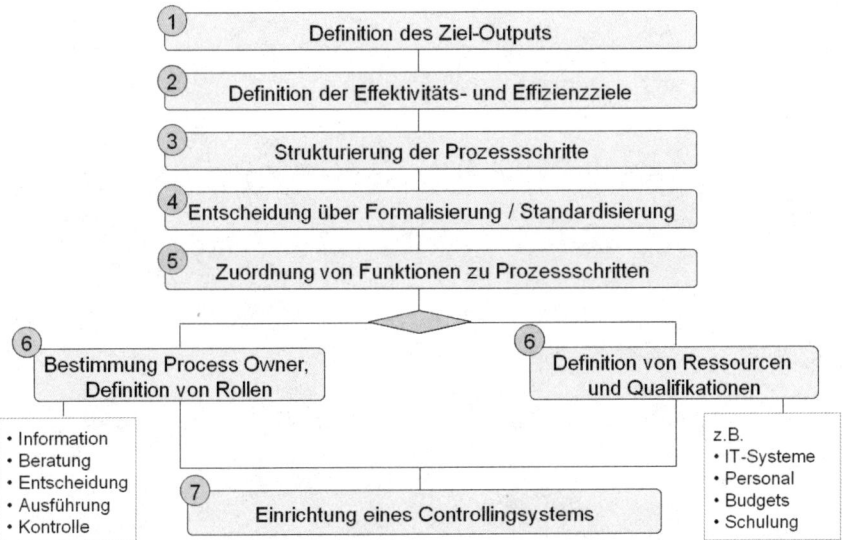

Abb. 5-6: Arbeitsschritte im Management von Marketingprozessen
(Quelle: Diller/Ivens 2006)

Nachfolgend behandeln wir diese Arbeitsschritte nur generell, d.h. als für alle oder zumindest viele Marketingprozesse gültige Vorgehensweisen und Regeln des Prozessmanagements. Wir gliedern unsere Ausführung dabei nach den vier Arbeitsbereichen Organisation, Controlling, IT-Unterstützung und Personalführung. Auf die Spezifika einzelner Marketingprozesse kann hier nicht eingegangen werden. Teilweise wurden sie im Kap. 4 bei der Behandlung der Marketinginstrumente bereits erörtert.

2. Organisation von Marketingprozessen

PRINZIP: Ziele der Organisation von Marketingprozessen
Marketingorganisationen sind effektiv im Hinblick auf die Marketingziele und effizient im Hinblick auf Kosten, Qualität (einschließlich Kreativität) sowie Schnelligkeit zu gestalten.

Das Marketing muss so organisiert sein, dass die verfügbaren Ressourcen effektiv und effizient eingesetzt werden. Die **Effektivität** wird gewährleistet, wenn sich die Mitarbeiter ganz auf die Wert schöpfenden Aktivitäten konzentrieren können und damit direkt oder indirekt die Kundenzufriedenheit steigern. Menschliche, sachliche, finanzielle und andere Ressourcen sollten dabei zielgerecht eingesetzt werden. Mitarbeiter sind möglichst weitgehend von nicht-produktiven Routinearbeiten zu entlasten, ihre Arbeitszeit ist ganz der Hauptaufgabe und möglichst wenig den damit verbundenen Nebenaufgaben zu widmen (z.B. Minimierung von Reisezeiten) sowie strategisch und operativ so einzusetzen, dass die strategischen Ziele bestmöglich vorangetrieben werden. Effektivität setzt also voraus, dass das Organisationssystem möglichst störungsfrei arbeitet und durch Allokation der jeweils bestgeeigneten Ressourcen für die verschiedenen Einsatzzwecke gewährleistet ist. Es gilt es dabei, die Teilelemente des Organisationssystems möglichst optimal zu **koordinieren**, d.h. aufeinander abzustimmen, den **Informationsfluss** sicherzustellen, **Zuständigkeiten** und **Verantwortung** klar zu regeln, damit keine Unstimmigkeiten und Zeitverluste auftreten, **Synergiepotentiale** auszuschöpfen sowie **Konfliktpotentiale** zu vermeiden oder zumindest zu reduzieren (vgl. *Köhler* 1995b, 1995c).

Die **Effizienz** der Verkaufsorganisation betrifft den Wirkungsgrad des Marketing, d.h. das Output-Input-Verhältnis der Marketingprozesse. Neben der Vermeidung von Fehlern und der Reduktion von Kosten gilt es hier aus organisatorischer Perspektive v.a., die zeitsensiven Prozesse zu entdecken und besonders sorgfältig zu organisieren bzw. technisch zu unterstützen, um Verzögerungen im Ablauf dieser Prozesse zu vermeiden. Darüber hinaus kann durch „**Simultaneous Engineering**", also die parallele Ausführung verschiedener technischer, aber auch kaufmännischer Teilprozesse, Zeit eingespart werden. **Workflow-Systeme** können Arbeitsteams dabei unterstützen, bestimmte Tätigkeiten zu jedem Ort und zu jedem Zeitpunkt (z.B. auch entlang globaler Zeitzonen) zu übernehmen, ohne dass Wartezeiten und Übergabezeiten erforderlich sind. **Netzplantechniken** und andere Instrumente des Zeitmanagements sorgen für Transparenz der zeitlichen Prozessstrukturen und der diesbezüglichen Zeitreserven. Zeitmanagement kann allgemein gesprochen also durch eine zeitgerechte Konfiguration der verschiedenen Prozesse, ein rechtzeitiges Timing des Anfangszeitpunktes und eine angemessene Geschwindigkeit der einzelnen Aktivitäten optimiert werden.

2.1   Aufgabenfelder der Organisation von Marketingprozessen

PRINZIP: Organisation von Marketingprozessen

Marketingprozesse sind organisatorisch zu verankern und in angemessener Weise zu formalisieren und zu standardisieren. Die gesamte Marketingorganisation bedarf dann einer koordinationsgerechten Strukturierung und führungsgerechten, hierarchischen Ordnung sowie eines kundenorientierten Schnittstellen-Managements. Dabei können interne Kunden-Lieferantenbeziehungen eingerichtet werden.

Die Vielzahl und Komplexität der Marketingprozesse erzwingen selbst in kleinen Unternehmen bereits eine **Arbeitsteilung** und damit organisatorische Regelungen darüber, wer unter wessen Leitung in welcher Form und Standardisierung für die Aufgabenerfüllung zuständig ist und wie die dabei auftretenden Schnittstellen zwischen den Aufgabenträgern bewältigt werden sollen. Damit lassen sich sechs Gestaltungsdimensionen der Verkaufsorganisation unterscheiden (vgl. Abb. 5-7).

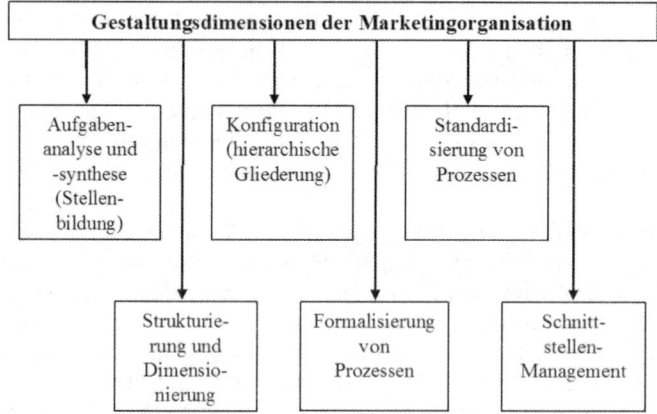

Abb. 5-7: Teilaufgaben der organisatorischen Gestaltung von Marketingprozessen

2.1.1   Aufgabenanalyse und -synthese (Stellenbildung)

Im Rahmen der organisatorischen Gestaltung der Marketingprozesse muss man sicherstellen, dass alle notwendigen Aktivitäten tatsächlich durchgeführt, unnötige Aktivitäten unterlassen und alle Aktivitäten optimal koordiniert werden. Dies erfordert zunächst eine systematische Analyse der notwendigen Prozessschritte und deren zeitlicher und sachlicher Interdependenz. Ergebnis ist ein **Prozessablaufschema**. Anschließend erfolgt eine Synthese der Teilaufgaben zu Aufgabenbündeln. Maßgeblich hierfür sind die **Spezialisierungsvorteile** aus der Bündelung artverwandter Aktivitäten (z.B. aller Kontaktaktivitäten vom und zum Kunden in einem Call Center) und den **Auslastungserfordernissen**, die sich aus der Menge, Anzahl und Häufigkeit der jeweiligen Aktivitäten im Vergleich zu den zugeordneten Personal- und Sachressourcen ergeben. Die Dynamik der Umfeldbedingungen des Marketing erfordert es dabei, stets nach einfacheren, effektiveren und effizienteren Organisationslösungen zu suchen, neu auftretende Aufgaben organisatorisch zu verankern und unwichtig gewordene zu streichen bzw. zu verlagern. Die definierten Aufgabenbündel müssen im Rahmen der Stellenbildung an eigene oder fremde Mitarbeiter oder Abteilungen vergeben werden. Maßgeblich hierfür sind eine Vielzahl von Kriterien, insbesondere die Verfügbarkeit einschlägiger Kompetenzen, die Flexibilität und Schnelligkeit der Aufgabenerfüllung, das Auslastungsrisiko, die Steuerbarkeit der Mitarbeiter und die möglichst ganzheitliche Sachbearbeitung im Interesse einer Minimierung der Schnittstellen. Die diesbezüglichen Chancen und Risiken eines **Outsourcing** bzw. einer **Kooperation** mit externen Partnern wurden im Kapitel 1/ 1 sowie im Abschnitt 2.2.2 bereits behandelt.

Für die Stellenbildung gilt generell, dass die traditionelle, funktionale Marketingorganisation, in der verschiedene Mitarbeiter bzw. Stellen als Spezialisten für einzelne Aufgabenkomplexe homogener Art zuständig sind, immer weniger in der Lage ist, die Kundenorientierung im Unternehmen sicherzustellen. Deshalb setzt sich auch im Marketingbereich zunehmend eine – u.U. mehrdimensionale – **kundenorientierte Organisationsstruktur** durch, in der z.B. Call Center (im Mengengeschäft) oder Key Account- oder Kundengruppenmanager (im Individualgeschäft) als zentrale Ansprechstellen für Kunden(-gruppen) definiert werden, um auf diese Weise die Kundenverantwortung auch organisatorisch zu verankern. Die Vielfalt der kundenbezogenen Aktivitäten erfordert dabei allerdings auch die interne **Koordination** vielfältiger Spezialisten-Aktivitäten, etwa aus dem Bereich der Logistik, der EDV oder des Category Managements, die dann zusammen mit den für den Kunden verantwortlichen Verkaufsmitarbeitern im Team gemeinsam an den kundenpolitischen Aufgaben arbeiten.
Die Problematik der kundenorientierten Organisation verstärkt sich vor allem in jenen Branchen, in denen vielfältige Kundenkontakte (sog. „Touch Points") durch unterschiedliche Personen gepflegt werden. So werden z.B. Kunden im Finanzdienstleistungsbereich sowohl von regionalen Außendienstmitarbeitern als auch von Mitarbeitern in zentralen Call-Centern betreut. Im Konsumgütersektor besuchen Außendienstreisende die Handelsunternehmen, diese kontaktieren aber auch selbst den sog. Innendienst, also Verkäufer in der Zentrale. Darüber hinaus agieren dort häufig Merchandiser, d.h. für die Regalauffüllung und Regalpflege verantwortliche Hilfskräfte der Markenartikelhersteller. Schließlich kümmert sich zumindest bei Großkunden häufig auch noch ein Key-Account-Manager um das Absatzgeschehen, so dass insgesamt vier Organisationsbereiche zu koordinieren sind.

2.1.2   Strukturierung und Dimensionierung

Mit zunehmender Zahl von Stellen und Abteilungen stellt sich das Problem der **Strukturierung** und **Dimensionierung** der Organisation. Es geht darum, zu entscheiden, nach welchen Prinzipien die Marketingorganisation zu gliedern ist und ob dafür eine oder mehrere Kriterien herangezogen werden.

2.1.2.1   Funktionale Strukturierung

Herkömmlich erfolgt die Strukturierung der Marketingorganisation nach funktionalen Gesichtspunkten. Dies bedeutet, dass sich einzelne Mitarbeiter für bestimmte Funktionskomplexe spezialisieren, um auf diese Weise besondere Kompetenz zu erwerben bzw. nutzen zu können. Der Spezialisierungsgrad kann dabei mit der Größe des Unternehmens steigen, weil mit dem anwachsenden Geschäft die Auslastung der Spezialisten besser gewährleistet werden kann.

Übliche Funktionalstellen sind z.B.

− (Vertriebs-)Innen- und Außendienst

− Marktforschung

− Werbung

− Öffentlichkeitsarbeit

− Trade Marketing (Verkaufsförderung, handelsgerichtete Werbung)

− Kundendienst

− Auftragsbearbeitung und Mahnwesen

− Versand

− Vertriebscontrolling

Die Spezialisierung führt zu weniger ganzheitlicher Bearbeitung kundenbezogener Prozesse, d.h. zu Schnittstellen. Deren Überwindung dienen Überlagerungen der Funktionalorganisation mit objektorientierten Organisationsbereichen, insb. dem Produkt- und dem Kundenmanagement. Dies führt dann zu mehrdimensionalen Organisationsstrukturen.

2.1.2.2   Produkt-Management

Das Produktmanagement ist eine vor allem in der Konsumgüterindustrie weit verbreitete Form der produktorientierten Marketingorganisation, bei der bestimmten Organisationseinheiten die gesamte (Marketing-)Verantwortung für ein Produkt bzw. eine Produktgruppe übertragen wird. Hierdurch soll eine verstärkte Berücksichtigung produkt(gruppen)spezifischer Koordinationserfordernisse erzielt werden. Dies will man dadurch erreichen, dass der Produktmanager als Produktspezialist und Funktionsgeneralist – im Gegensatz zum Ressortdenken der Funktionsmanager – seine Aufmerksamkeit allen für sein Produkt notwendigen Aktivitäten im Beschaffungs-, Absatz- und – bei weiter Interpretation – auch im Produktionsbereich widmet. Mit der Einführung des Produktmanagements sollten auch eine produktbezogene Planung installiert, die Anpassungsfähigkeit an Marktveränderungen erhöht und die Zusammenarbeit zwischen den verschiedenen Unternehmensbereichen gefördert werden. In jüngster Zeit geriet diese Zielsetzung allerdings z.T. in Konflikt mit dem Erfordernis einer stärkeren Kundenorientierung, was zu neuen Varianten und Prozessen des Produktmanagement führte.

Der Produktmanager (PM) hat nach *Diller* (1975) vier zentrale Aufgabenbereiche, nämlich

(1) eine **Informationsfunktion** (Definition, Sammlung, Aufbereitung und Interpretation aller relevanten Daten zum Produktfeld),

(2) eine **Planungsfunktion** (Entwicklung produktspezifischer Marketingziele und Marketingstrategien im Rahmen einer zweckmäßig nach Produktvarianten, Zielgruppen und Teilmärkten differenzierten Marketingplanung mit entsprechenden Budgets),

(3) eine **Kontrollfunktion** der Produktergebnisse und

(4) eine **Koordinationsfunktion** mit Funktionsstellen sowie anderen produktorientierten Organisationseinheiten (Letztere wird ggf. auch von einer zentralen Leitung des Produktmanagements vorgenommen). Hierbei geht es um die zeitliche und inhaltliche Abstimmung der produktspezifischen Marketingprozesse.

Strategische Aufgaben des Produktmanagements liegen in der Planung der Produktpositionierung und der Profilierung der Marke im Wettbewerb i. S. einer langfristig und ganzheitlich angelegten Markenpolitik. In der Praxis überwiegen freilich die taktisch-operativen Aufgaben, da die strategische Marketingplanung meist auf der Ebene der Marketingleitung erfolgt. Die sehr spezifischen Aufgaben der Neuproduktentwicklung werden teilweise vom Produktmanagement auf Projektteams oder permanente Innovationsabteilungen ausgelagert.

Der PM muss seine Aufgaben oftmals ausführen, ohne dass er über entsprechende Weisungsbefugnisse gegenüber Funktionsstelleninhabern verfügt, da er oft lediglich als Stabsstelle der Marketingabteilung untersteht. Allerdings gibt es in manchen Unternehmen auch mit gewissen Kompetenzen, z.B. hinsichtlich Werbung, Verkaufsförderung, Pricing oder Packungsgestaltung ausgestatte PMs, die zudem durch Junior-PMs unterstützt werden, sodass eine kleine Linienorganisation entsteht. PMs sollten sinnvollerweise in der Mitte der Unternehmenshierarchie angesiedelt sein, um ihrer Rolle als Informationszentrale nach allen Seiten hin so gut wie möglich gerecht werden zu können. Ein PM bedient sich vorwiegend informeller Machtgrundlagen (Expertenwissen, Identifikation). Wird der Produktmanager neben den Funktionalmanagern mit Linienvollmachten ausgestattet, was zur Steigerung der Motivation und Durchsetzungskraft führen kann, entsteht eine zweidimensionale Matrixorganisation. Immer mehr Schnittstellen innerhalb der Marketingorganisation (z.B. mit Vertrieb, Key Account Management, Trade Marketing, Category Management, CRM und TQM) lassen viele Unternehmen in jüngster Zeit freilich zu einer Teamorganisation greifen, bei der der PM temporär oder permanent in entsprechende Marketingprojekte eingebunden ist.

Ob nun mit oder ohne Weisungsbefugnis ausgestattet, kommt dem PM i.d.R. zumindest eine „Wachhund"-Funktion für den Produkterfolg, wenn nicht sogar die Gewinnverantwortung zu. Dies führt gelegentlich zur Überforderung des PM und zur Vernachlässigung langfristiger Marketingbelange, zumal PM-Stellen häufig mit Nachwuchskräften besetzt sind. Darüber hinaus erfordern viele Absatzmärkte zunehmend eine kunden(gruppen)spezifische Bearbeitung, sodass das Produktmanagement durch ein Key-Account-Management und/oder ein Category Management ergänzt wird (vgl. Abschnitt 2.1.2.2 und 2.1.2.3). Die Interdependenz von Produkt- und Kundenerfolgen erfordert

hier ein besonders intensives Teammanagement und ein differenziertes Marketingin-
formationssystem.

2.1.2.3   Kunden-Management

Kundenorientierte Marketingorganisationen etablieren insbesondere im Verkauf Spezialisten für bestimmte Kunden oder Kundentypen, z.B. industrielle vs. handwerkliche
Kunden oder Groß- bzw. Kleinkunden. Letztere werden immer häufiger auch von externen Dienstleistern oder lediglich telefonisch von Call Centern betreut. Kundenmana-
ger fungieren als Universalisten bezüglich des Gebietseinsatzes, der Sortimentsabdeckung und der verkäuferischen Funktionen, was entsprechende Nachteile nach sich
zieht:

- Hohe Kosten durch gebietsübergreifende Spezialisierung auf Kundentypen

- Know-how-Defizite bezüglich produkttechnischer Aspekte bei breiten Sortimenten

- Funktionsdefizite wegen hoher Qualifikationsanforderungen einer umfassenden
  Kundenbetreuung (u.U. Überforderung).

Andererseits steht diesen Nachteilen eine Reihe von Vorteilen gegenüber, die gerade im
modernen Marketing eine wichtige Rolle spielen:

- Möglichkeit zur individuellen Kundenbetreuung mit entsprechender Kundenzufriedenheit und Kundenbindung

- Genaue Kundenkenntnis durch intensive Analyse und Betreuung wertvoller Kunden

- Kostenbedingt erzwungene Priorisierung wertvoller Kunden, die dann intensiver
  betreut werden als andere Kunden

- Unmittelbare Koppelung von Marketing und Vertrieb im Sinne des Beziehungsmarketing, da kundenorientierte Strategien zu entwickeln sind

- Der intensive Kundenkontakt führt zu hoher Kunden- und Marktkenntnis

- Die Kundenbetreuung nach dem Prinzip „One Face to the Customer" führt zu qualitativ hochwertigen und schnellen Kundenbearbeitungsprozessen

- Die Betreuung des Kunden aus einer Hand eröffnet gute Cross-Selling-Chancen.

Voraussetzung für den Aufbau kundenorientierter Strukturen ist die Verfügbarkeit entsprechend hoch qualifizierter Außendienstmitarbeiter. Dies gilt insbesondere für das
Key Account Management (s. Kasten). Darüber hinaus erleichtern stark konzentrierte
Märkte mit relativ wenigen, wichtigen Kunden und zentralisierten Entscheidungsbefug-
nissen den Kostenaufwand einer solchen Organisation. Erfolgsentscheidend ist freilich
eine sinnvolle Kundengliederung und -priorisierung (vgl. Kap. 2/ 2.).

Key Account Management

Unter Key Account Management (KAM) wird nicht nur eine Strukturierungsform der Außendienstorganisation, sondern ein gesamtes **Management-System** verstanden, das organisatorische, funktionale und verkaufsstrategische Aspekte hinsichtlich der Marktbearbeitung umfasst (vgl. *Diller* 1989; *Belz/Müllner/Zupancic* 2008):

– **Organisatorisch** handelt es sich beim KAM um eine Form der kundenorientierten Verkaufsorganisation, bei der die primäre (meist regionale) Organisationsstruktur des Verkaufs durchbrochen und durch eine kundenorientierte Struktur ersetzt bzw. überlagert wird.

– **Funktional** werden darunter alle Aufgaben der Planung, Durchführung und Kontrolle beim Aufbau, der Gestaltung und Erhaltung der Geschäftsbeziehungen zu bestimmten Kunden(Gruppen) ganz im Sinne des von uns definierten Kundenmanagement subsumiert.

– Der **strategische** Aspekt liegt im Versuch, durch den Aufbau eines systematischen Beziehungsmanagements mittels kundenorientierter Marketinginstrumente mehr Kundennähe, Kundenzufriedenheit und damit auch Kundenbindung zu erzeugen.

Das KAM zielt insb. auf die Selektion und die am Kundenwert orientierte Betreuung von Schlüsselkunden bei allen Transaktionen. Diese betreffen Waren-, Informations- und Geldströme mit vielfachen Schnittstellen zur herkömmlichen, funktionalen Unternehmensorganisation. Insofern ist KAM auch ein **Schnittstellenmanagement** für alle unmittelbar kundenorientierten Prozessabläufe. Wie Management generell kann das KAM dabei sowohl institutionell als auch funktional interpretiert werden. Ein **institutionelles** KAM ist durch eine eigene Stelle bzw. Abteilung zur Betreuung bestimmter Kunden gekennzeichnet. Der Kunden-Manager als Stelleninhaber ist für den Verkaufserfolg bei diesen Kunden verantwortlich. Vereint der Kunden-Manager in seiner Stelle die Verantwortung für mehrere, in bestimmter Hinsicht ähnliche Kunden, spricht man von **Kundengruppenmanagement**. Die Ernennung von KA-Managern ist naturgemäß keine hinreichende Bedingung für den Erfolg dieses Managementkonzeptes, dazu gehört vielmehr auch dessen funktionale Ausfüllung. **Funktionales** KAM beinhaltet alle Managementfunktionen zur Steuerung der Transaktionen mit Schlüsselkunden. Dafür wiederum ist eine eigene Stelle keine notwendige Voraussetzung. Die Betreuung von Schlüsselkunden wird z.B. oftmals auch von der Geschäftsführung oder der Verkaufsleitung durchgeführt. In solchen Fällen kann man von **funktionalem KAM** (ohne institutionelle Verankerung) oder von KAM i.w.S sprechen. Dieses wird umso erfolgreicher agieren, je umfassender die theoretisch unterscheidbaren Managementfunktionen vom Kunden-Manager auch tatsächlich erfüllt werden.

Das **Aufgabenbild** eines Key-Account-Managers (KA-M) umfasst im Wesentlichen vier Hauptfunktionen:

– Die **Informationsfunktion** beinhaltet all jene Tätigkeiten, die mit der Sammlung, Aufbereitung, Interpretation und Weitergabe von Informationen über den

Kunden verbunden sind.

–   Im Rahmen der Planungsfunktion gilt es zum einen, strategische Optionen für die Arbeit mit den Kunden zu entwickeln, d.h. ein vertikales Marketingkonzept zu schmieden, das dem Unternehmen einen Wettbewerbsvorsprung beim jeweiligen Kunden sichert. Zum anderen sind die kurz- und mittelfristigen Planungen für das Geschäft mit den jeweiligen Kunden durchzuführen (Planzahlen für Umsatz, Kosten, Gewinne und andere operative Zielgrößen). Diese Aufgabe beinhaltet auch die Kreation und Vorbereitung bestimmter kundenspezifischer Marketingaktivitäten, z.B. Verkaufsförderungsmaßnahmen, Präsentationen, gemeinsame Aktivitäten (Tagungen, Entwicklungsprojekte etc.). Der KAM wird auf diese Weise auch zum Promotor der Geschäftsbeziehung zu den Kunden und trägt Verantwortung für die Erschließung unausgeschöpfter Umsatz- und Gewinnpotentiale.

–   **Abwicklungs- und Koordinationsfunktion**: Auch wenn er die Bezeichnung "Manager" trägt, wird der KAM nicht umhin kommen, einen nicht unbeträchtlichen Teil seiner Arbeitszeit mit Koordinations- und Abwicklungsaufgaben zu füllen. Hierzu zählen insb. die Pflege der Kontakte zu Schlüsselkunden, das Vorbereiten und Aushandeln entsprechender Vereinbarungen (insofern übernimmt er auch eine Repräsentations- bzw. Diplomatenfunktion), aber auch die Installation neuer Kontaktsysteme, sei es auf der Ebene der Güter-, der Geld- oder der Informationsströme. Darüber hinaus fungiert er als zentrale Ansprechstelle für alle Anfragen, Beschwerden oder sonstigen Kontakte seitens seiner Kunden. Neben diese externe tritt die interne Abstimmung, z.B. die Koordination aller verkäuferischen Aktivitäten, die z.T. weiterhin vom regionalen Vertrieb durchgeführt werden und i.S. der mit dem Kunden zentral getroffenen Vereinbarungen zu gestalten sind. Weitere Schnittstellen ergeben sich mit Marketing, FuE, Produktionsplanung, Auftragsbearbeitung, Auslieferung, technischem Kundendienst oder sonstigen Stellen, bei denen der Auftragsdurchlauf verbessert bzw. spezifische Kundenwünsche besser erfüllt werden können.

–   **Kontrollfunktion**: Als Managementprozess muss KAM auch Kontrollfunktionen umfassen, die sich insb. auf die Überwachung der Zielerreichungsgrade beim Kunden, aber auch auf ein strategisches Audit der Kundenbeziehungen richten. Wie bei jedem Kontrollprozess gilt es dabei nicht nur, Abweichungen zur Zielsetzung festzustellen, sondern auch nach deren Ursachen zu forschen und Verbesserungsmöglichkeiten aufzuzeigen, was dann die Rückkopplung zur Planungsfunktion herstellt.

2.1.2.4   Team- und Matrixorganisation

Eine funktionale Organisation umfasst Mitarbeiter ganz unterschiedlicher Hintergründe (z.B. Buchhaltung, EDV, Marketing, Verkauf) und Unternehmensbereiche, was die Gefahr in sich birgt, dass diese Einheiten als „**Funktionssilos**" fungieren, d.h. mit ihren jeweils spezifischen Zielsetzungen und Arbeitsroutinen eine Eigenwelt entwickeln, die nicht mehr vollständig auf die Befriedigung der Kundenbedürfnisse ausgerichtet ist. Gleichzeitig werden leicht Verantwortlichkeiten für die Kundenzufriedenheit von Abteilung zu Abteilung verschoben und die Marketingprozesse durch zahlreiche Schnittstel-

len fehleranfällig und ineffizient. Abb. 5-8 veranschaulicht diese Schnittstellenproblematik.

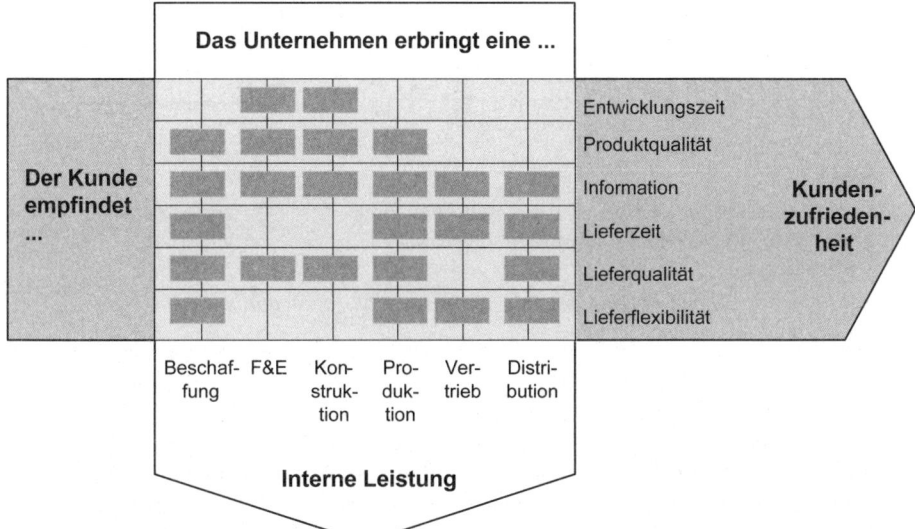

Abb. 5-8: Interne Schnittstellenprobleme durch „Funktionssilos"

Selbst zwischen den sachlich-inhaltlich sehr verwandten Funktionsbereichen des Marketing und des Vertriebs gibt es in der Praxis große **Koordinationsdefizite**. Auch wenn
in den letzten Jahren an dieser problematischen Schnittstelle viel verbessert wurde, kann
die grundsätzliche Problematik oft nur durch eine radikale **Reorganisation** gemeistert
werden. Wie Abb. 5-9 auch schematisch darstellt, gehen die Unternehmen dabei den
Weg von einer rein funktionalen über eine Matrix- hin zu einer Prozessorganisation
(vgl. *Osterloh/Frost* 2006; 2005a). Dabei werden zumindest alle primären Aktivitäten
des Marketing für wichtige Projekte oder Kunden von **Arbeitsteams** erledigt, die entweder permanent oder temporär für entsprechende Aufgabenbündel zuständig sind, obwohl die Mitarbeiter selbst aus funktionalen Abteilungen stammen. Solche
„crossfunktionalen" Teams übernehmen die kundenorientierte Koordination der verschiedenen Aktivitäten und treten insbesondere im Investitionsgüter-Marketing häufig
auch als „**Selling-Center**" gegenüber dem Kunden auf, so dass dieser auf spezifische
Kompetenzen (z.B. Forschung und Entwicklung, Anwendungstechnik, betriebswirtschaftliche Beratung, EDV, Logistik etc.) zugreifen kann. Auf diese Weise kann die im
Beziehungsmarketing geforderte umfassende und problemlösungsorientierte Betreuung
von Kunden bewerkstelligt werden. Ferner steigen die Arbeitsmotivation und oft auch
die Kreativität. Andererseits belasten Teamsitzungen das Zeitbudget der Beteiligten oft
erheblich.

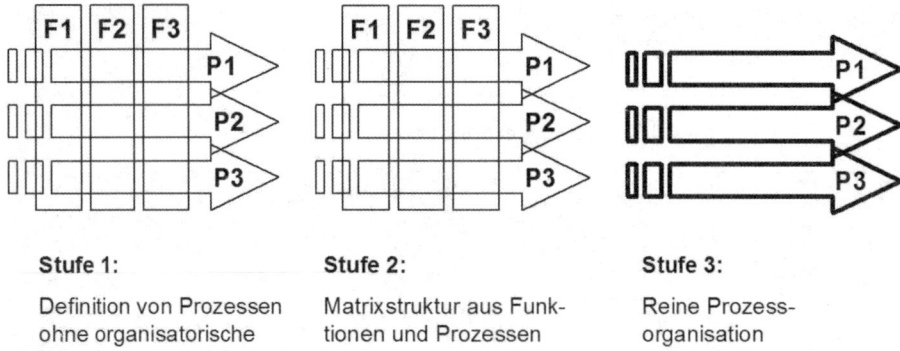

Stufe 1:

Definition von Prozessen
ohne organisatorische
Verankerung

Stufe 2:

Matrixstruktur aus Funk-
tionen und Prozessen

Stufe 3:

Reine Prozess-
organisation

Abb. 5-9: Entwicklungsstufen der Prozessorganisation

Teamerfolge im Verkauf

Die betriebswirtschaftliche Organisationsforschung hat ausgiebig untersucht, inwieweit Teams zum Erfolg der Unternehmen beitragen können. *Helfert* (1998) hat
z.B. anhand einer Befragung von Teamleitern und Mitgliedern aus 233 Kunden-
beziehungsteams drei relevante Gestaltungsbereiche für effektive Teamarbeit im
Kundenmanagement offen gelegt:

- die Qualität der **Teamzusammensetzung** (Umfang und Kompetenz),

- die Qualität der **Gruppenprozesse** (klare, anspruchsvolle und akzeptierte Grup-
penziele, Gruppenkohäsion und Gruppenkommunikation) sowie

- die Qualität des **organisationalen Kontexts**, in den die Verkaufsteams eingebettet sind (Verfügbarkeit kritischer Ressourcen, Entscheidungsautonomie des
Teams, Möglichkeit zur Teilnahme an Teamentwicklungsmaßnahmen).

Die Studie bestätigt, dass bei hoher Gestaltungsqualität dieser Einflussfaktoren ein
effektives Beziehungsmarketing möglich ist. Damit wird deutlich, dass die rein
formale Übertragung von Marketingaufgaben an Mitarbeiter verschiedener Abteilungen noch nicht ausreicht, um das Schnittstellenproblem zu überwinden. Vielmehr muss das Team eine wirksame **soziale Gruppe**, eben ein **Team**, bilden, das
eine eigene Gruppendynamik entwickelt und durch ein systematisches Team-
Management professionell geführt wird.

Eine Alternative zur Teamorganisation ist die *Matrixorganisation*. Bei ihr werden dauerhaft objektbezogene Organisationsebenen (z.B. Produkt- und/oder Kundenmanagement) mit entsprechenden funktionalen Fachebenen kombiniert. Mitarbeiter mit entsprechenden fachlichen Kompetenzen unterstehen dabei fachlich mehreren Leitungsli-
nien. Die dadurch entstehenden Zielkonflikte werden bewusst in Kauf genommen, um
produktive Wege der optimalen Kundenbedienung zu finden.
Besonders häufig ist vor allem im Konsumgütersektor die matrixartige Verknüpfung
von Marketing- und Verkaufsabteilungen.

2.1.2.5 Prozessorganisation

Mit einer Team- oder Matrixorganisation entwickeln sich Unternehmen im Grunde bereits auf eine prozessorientierte Organisationsstruktur hin. Bei solchen Organisationsstrukturen werden organisatorische Einheiten für bestimmte Teilprozesse gebildet, wie sie in Abschnitt 1 dargestellt wurden.

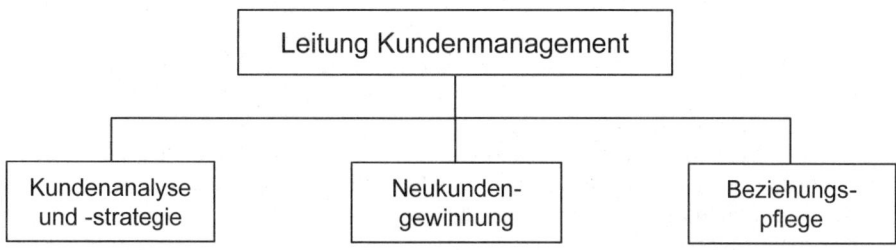

Abb. 5-10: Beispiel einer prozessorientierten Verkaufsorganisation

In dem in Abb. 5-10 exemplarisch dargestellten Fall existieren z.B. eine Abteilung für die Kundenanalyse und -strategie, in der v.a. marktforscherische Aktivitäten gebündelt werden, eine Einheit für die Kundenakquisition, in der man v.a. werbliche und verkäuferische Prozesse zur Neukundengewinnung zusammenfasst, und eine organisatorische Einheit für die Kundenpflege, die insbesondere Aktivitäten des Beschwerdemanagements, des Key Account Managements und des Kundendienstes verantwortet. Eine solche Organisation ist z.B. für ein Versicherungsunternehmen vorstellbar, in dem Tausende von sehr unterschiedlichen Kundenbeziehungen mit unterschiedlichem Kundenstatus und differenzierten Kundenprofilen zu bearbeiten sind. In solchen Fällen kann sich die Spezialisierung auf Kundenprozesse als sowohl effiziente als auch im Hinblick auf die Kundenzufriedenheit besonders effektive Kundenbearbeitung bewähren. Alle drei Abteilungen greifen auf einheitliche Datenbestände und auf entsprechende Serviceabteilungen, die als Stäbe installiert werden können, zu. Die ursprünglichen Fachabteilungen funktionaler Natur, etwa die Kundenbuchhaltung oder die Werbung, sind verschwunden und in die Prozesseinheiten integriert. Damit soll sichergestellt werden, dass funktionsegoistische Verhaltensweisen aufgegeben werden und die Kundenorientierung die Oberhand gewinnt.

Prozessorientierte Organisationsformen haben darüber hinaus den Vorteil, dass die über In- und Output definierten Prozessleistungen gut kontrollierbar sind, so dass eine bessere Steuerung der Effektivität und Effizienz des Marketing möglich wird. Beispielsweise können die Werbeaufwendungen in Bezug zu den gewonnen Interessenten gesetzt werden (CpI = Costs per Interest) oder die Käufer in Bezug zu der Anzahl der Interessenten, um die Leistung der Prozessbereiche Interessenten- bzw. Kundengewinnung zu überwachen.

2.1.3 Konfiguration

Als dritte Dimension der Gestaltung der Marketingorganisation kann die **Konfiguration**, also die **hierarchische Gliederung**, angesehen werden. Hierbei geht es darum, die Anzahl der Hierarchieebenen und der damit verbundenen Kontrollspanne der jeweiligen

Leitungsebene festzulegen und die Entscheidungskompetenzen entsprechend zu zentralisieren oder zu dezentralisieren. Damit einher geht die **Entscheidungskompetenz** der Mitarbeiter, etwa hinsichtlich der Verkaufspreise oder spezieller Produktvarianten.

Der Bedarf an Führung entspringt zum einen dem Koordinationsbedarf der Mitarbeiter und Abteilungen im Hinblick auf eine übergeordnete Marketingstrategie. Ohne permanente Steuerung der Tätigkeiten würde das Marketinggeschehen schnell inkonsistent und unkontrollierbar. Darüber hinaus muss die Verantwortung für den Marketingerfolg gegenüber der Unternehmensleitung in einer Marketing- bzw. Vertriebsleitung gebündelt werden. Nur so kann eine Unternehmensplanung aufgebaut und im Sinne des Controlling überwacht werden. Da der einzelne Mitarbeiter nur für jeweils seinen Arbeitserfolg zuständig gemacht werden kann, bedarf es einer Leitungshierarchie, in der diese Verantwortlichkeiten koordiniert werden. Schließlich ergibt sich der Bedarf an hierarchischen Konfigurationen auch aus personalpolitischen Gründen: Mitarbeiter müssen selektiert, eingewiesen, beurteilt, entwickelt und ggf. auch entlassen werden. Insgesamt ergibt sich daraus für leitende Mitarbeiter ein Funktionsbild, das zu großen Teilen nicht von Marketing-Sachaufgaben, sondern von Führungsaufgaben gegenüber den unterstellten Mitarbeitern geprägt ist. Besonders wichtig sind diese Führungsaufgaben im Vertrieb, weil die Außendienstmitarbeiter nicht im Unternehmen selbst, sondern vor Ort agieren und darüber hinaus wegen der hohen psychologischen und sozialen Herausforderungen der Verkaufstätigkeit einer besonderen Betreuung und Motivation bedürfen (vgl. Abschnitt 5).

Die meisten Marketing- und Verkaufsorganisationen besitzen zwischen zwei und fünf Hierarchieebenen, etwa beim Außendienst die supranationale (z.B. Westeuropa), die nationale und die regionale Leitungsebene (z.B. für Ost-, West-, Nord- und Süd-Deutschland), Bezirksdirektionen (z.B. für Nord- und Südbayern) sowie am unteren Ende der Hierarchie die für ihre Bezirke zuständigen ADM. Ausschlaggebend für die Anzahl der Führungsebenen sind insbesondere drei Faktoren:

- Die **Dimensionierung der Organisation**: Je größer die Zahl der Mitarbeiter, desto mehr Leitungsebenen müssen grundsätzlich erwogen werden.

- Die **Leitungskapazität der Führungskräfte**: Als typische **Leitungsspanne** finden sich hier meist fünf bis maximal zwanzig Mitarbeiter unter Führung eines Vertriebsleiters.

- Die Führungsspanne hängt auch von der **Komplexität der Aufgaben** ab, die eine entsprechend differenzierte Steuerung des Marketinggeschehens mit sich bringt.

Seit einigen Jahren ist ein starker Trend zur Verflachung der Marketing- und Vertriebshierarchien zu beobachten („**Lean Selling**"), in dessen Rahmen ganze Führungsebenen (z.B. jene der regionalen Vertriebsdirektionen) ausgesondert werden und den Außendienstmitarbeitern entsprechend mehr Verantwortung und Kompetenzen übertragen wird („**Empowerment**"). Dies geschieht nicht zuletzt deshalb, weil die Mitarbeiter selbst besser ausgebildet sind und durch ein differenziertes Informationssystem und technische Hilfsmittel unterstützt werden. Für die Stellung des Marketing in der gesamten Unternehmensorganisation hat dies nicht immer nur positive Konsequenzen, weil sich das „Mengengerüst" der Mitarbeiter verschiebt. Je mehr Personen in einem Bereich aktiv sind, umso einflussreicher wird dieser und umso gewichtiger sind die dabei im Vordergrund stehenden Ziele.

2.1.4 Formalisierung

Um die Erfüllung der definierten Aufgaben des Marketing tatsächlich zu gewährleisten, kann eine gewisse **Formalisierung** von Teilprozessen sinnvoll sein. Hierbei definiert man Regeln, Ziele und Qualitätskriterien für die Durchführung einzelner Aufgaben und fixiert diese in einem schriftlichen **Organisationshandbuch**. Insbesondere in Großunternehmen soll damit sichergestellt werden, dass das Qualitätsniveau des Managements in allen Unternehmenseinheiten möglichst gleich ausfällt und Lernprozesse für neue Mitarbeiter schneller bewältigt werden können. Unabdingbar wird Formalisierung, wenn – wie in CRM-Systemen – bestimmte Aktivitäten durch Computersysteme, also halb- oder vollautomatisch erledigt werden.

2.1.5 Standardisierung

Einen anderen Aspekt der Marketingorganisation betrifft die **Standardisierung** von Teilprozessen. Sie bedeutet, dass bestimmte Arbeitsprozesse unternehmensweit gleichartig abgewickelt werden. Durch Standardisierung wird damit auch der persönliche Freiraum der Arbeitsgestaltung für die zuständigen Mitarbeiter so eingeengt, dass ad-hoc-geführte Prozesse nicht mehr auftreten. Obwohl dies einerseits demotivierend sein kann, sichert man dadurch andererseits die Einhaltung strategisch wichtiger Prinzipien im Marketing, etwa jenes des „One Face to the Customer" oder der in Qualitätshandbüchern vorgeschriebenen Ausrichtung auf die Kundenbedürfnisse.

2.1.6 Schnittstellenmanagement

Schnittstellen sind Übergabestellen von Aufgabenbündeln bzw. -prozessen zwischen verschiedenen Aufgabenträgern. Sie führen leicht zu Wertschöpfungsstörungen, weil sie den Fluss von Informationen, Sachgütern oder anderen Ressourcen behindern und Koordinationsaufwand verursachen. Das **Schnittstellenmanagement** hat deshalb die Aufgabe, „…Schnittstellen unter Effektivitäts- und Effizienzaspekten zu analysieren, zu planen, zu gestalten und zu kontrollieren. Sachlich unnötige Schnittstellen sind durch Zusammenfügen bisher getrennter organisatorischer Einheiten zu beseitigen (Integration). Bei unvermeidlicher Trennung organisatorischer Einheiten hat das Schnittstellenmanagement dafür zu sorgen, dass die Aktivitäten aufeinander abgestimmt werden (Koordination)" (*Specht* 2000, S. 267). Schnittstellenmanagement erfolgt sowohl strukturell, als auch durch direkte Führung seitens der Vorgesetzten (vgl. Abschnitt 5).

Ein strukturelles Instrument zur Bewältigung von Schnittstellenproblemen sind multifunktionelle **Arbeitsteams** sowie **Matrixorganisationen**, in denen Mitarbeiter aus verschiedenen Abteilungen gemeinsam an der Bewältigung bestimmter Aufgaben arbeiten (s.o.).

Im Hinblick auf die Durchsetzung der Kundenorientierung in der gesamten Unternehmensorganisation hilft darüber hinaus die Installation **interner Kunden-**

Lieferantenbeziehungen, das marktbezogene Denken im Unternehmen durchzusetzen. Hierbei wird eine Abteilung ohne direkten Marktkontakt dazu verpflichtet, jene Abteilungen, an die sie ihre Leistungen abliefert, so zu behandeln, als ob es sich um externe Kunden handele, deren Wünsche und Bedürfnisse bestmöglich zu erfüllen sind. Weil alle Arbeitsprozesse im Unternehmen letztlich auf die Befriedigung der Kundenbedürfnisse ausgerichtet werden sollen, entsteht auf diese Weise eine marktbezogene innerbetriebliche Wertschöpfungskette. Beispielsweise kann die EDV-Abteilung als Problemlösungslieferant für das Call Center interpretiert werden, wenn es um die Entwicklung, die Lieferung und Einübung neuer Funktionalitäten in Kundendatenbanken geht, die von den Mitarbeitern des Call Centers bei ihrem Kontakt mit dem Endkunden genutzt werden können. Durch Zufriedenheitsbefragungen der internen Kunden lässt sich dabei z.B. ermitteln, welche Qualitätsdefizite vorliegen und an welchen Stellen die EDV-Abteilung ihre Leistungen verbessern sollte.

Auch wenn organisatorische Lösungen grundsätzlich auf Dauer angelegt sind, stehen diese sechs Gestaltungsdimensionen angesichts einer hohen Dynamik der unternehmensinternen- und externen Umfeldbedingungen permanent im Fokus der Unternehmens- und Vertriebsleitung. Im Zuge der zunehmenden Kundenorientierung wurden sie sogar zu „Hauptbaustellen" des Marketing-Management (vgl. *Brielmaier/Diller* 1995).

2.2 Marketingträger und -plattformen

Eine vierte und letzte Kernfrage innerhalb des Basisprinzips „Aktion und Innovation" betrifft den *Träger* der in diesem Kapitel dargestellten, vielfältigen Funktionen der Marktbearbeitung. Wir behandeln nachfolgend zunächst die hier anzustellenden Grundüberlegungen (2.2.1) und diskutieren anschließend ausgewählte Felder des Outsourcing von Marketingfunktionen (2.2.2) sowie von Marketingkooperationen (2.2.3).

2.2.1 Grundlagen

> **PRINZIP: Marketingträger**
>
> Die Durchführung verschiedener Marketingfunktionen kann durch das Unternehmen selbst und/oder durch Kooperationspartner bzw. Marketing-Dienstleister erfolgen. Diesbezügliche Entscheidungen sind mit Rücksicht auf die eigene Kompetenz und die strategische Bedeutung der jeweiligen Funktion zu treffen.

Waren früher Unternehmen oft darum bemüht, alles selbst zu machen, tendiert man heute eher dazu, sich auf jene Aufgaben zu konzentrieren, welche das „Kerngeschäft" darstellen und die restlichen Aktivitäten an Dienstleister oder Kooperationspartner zu vergeben. Dies gilt zunehmend auch für Aufgaben aus dem Marketing. Soweit dies durch eine offizielle Auftragsvergabe an selbständige Unternehmen geschieht, spricht man von **Outsourcing**, bei Verlagerung der Tätigkeit an Betriebe in Niedriglohnländer von **Offshoring**.

Betriebswirtschaftlich werden solche Entscheidungen in genereller Form seit langem unter dem Titel „Make or Buy" diskutiert (vgl. *Gerybadze* 2004, S. 171-179). Die dort herausgearbeiteten Vor- und Nachteile gelten grundsätzlich auch für Outcourcing-Entscheidungen im Marketing (vgl. *Schade* 2001, S. 1235ff.). Die Vergabe einer Marketingfunktion an andere Unternehmen („Buy")

- lässt **Kostenvorteile** erwarten, wenn der gewählte Outsourcing-Partner Spezialisierungs- und Größenvorteile realisieren kann oder mit niedrigeren Faktorkosten (insb. Lohnkosten) operiert;

- kann **Flexibilitätsvorteile** mit sich bringen, wenn Fixkostenbelastungen wegfallen und das Auslastungsrisiko auf den Zulieferer übertragen werden kann;

- kann **Qualitäts- oder Zeitvorteile** erzeugen, wenn der Outsourcing-Partner diesbezüglich über höhere Kompetenzen verfügt;

- kann **Führungsvorteile** in sich bergen, da der externe Outsourcing-Partner unter Marktdruck agiert und von daher um höchste Effektivität und Effizienz bemüht sein muss, während dies intern durch ein entsprechendes Management u.U. schlechter bewerkstelligt werden kann;

- kann **Wachstumschancen** bieten, weil der Eigenaufbau entsprechender Ressourcen nicht oder nicht in der entsprechenden Geschwindigkeit möglich ist.

Umgekehrt kann die eigene Erstellung von Marketingleistungen („Make")

- ggf. eigene und im Wettbewerb u.U. differenzierende *Kompetenzen* nutzen, was zu **Wettbewerbsvorteilen** führt,

- mehr **Vertraulichkeit** und damit Schutz vor Imitation im Wettbewerb bieten,

- weniger **Kontrollkosten** in der Steuerung der Arbeitsprozesse bedeuten, da Fremdunternehmen nicht gänzlich durchschaubar sind,

- weniger **Erfüllungsrisiko** der jeweiligen Aufgabe beinhalten, da der Vollzug in der Hand des Unternehmens liegt.

Um die Vorteile der beiden Alternativen zu vereinen, kann man Zwischenformen realisieren, so dass Make or Buy zu einem Kontinuum wird. Dies entspricht auch der Sichtweise in der Institutionenökonomie, wo die Verteilung von Aufgaben auf den Prinzipal (Auftraggeber) und den Agenten (Auftragsnehmer) als Kontinuum zwischen Hierarchie und Markt modelliert wird (vgl. Kap.1/ 3 sowie *Kaas* 1995, S. 31-35; *Diller/Brielmeier* 1995, S. 208-211). Maßgeblich für die Auswahl des optimalen Arrangements sind die jeweils zu erwartenden Transaktionskosten und die Einschätzung der Möglichkeiten und Gefahren opportunistischen Verhaltens durch den Agenten.

Beispiele für das Outsourcing und zunehmend auch das Offshoring von Marketingfunktionen finden sich heute in großer Zahl:

- Werbeagenturen übernehmen schon seit langen auf Grund Ihrer Spezialkompetenzen und aus Gründen der Fixkostenverlagerung Teile der Aufgaben in der **Kommunikationspolitik**.

- Leistungen der **Logistik** und **Auftragsabwicklung** werden heute ebenfalls ganz überwiegend von spezialisierten Logistik-Dienstleistern erbracht.

- Die **Marktforschung** übernimmt in vielen Unternehmen ein externes Institut (vgl. unten).

- Selbst der **Vertrieb** wird heute – etwa für das Kleinkundengeschäft – an sog. Contract Sales Force – Anbieter ausgelagert.

- Call Center sind Träger typischer Funktionen des früheren **Verkaufsinnendienstes**.

- Konzeption, Druck, Versand und Rücklaufmanagement von **Mailings** werden von Direkt-Marketing-Agenturen übernommen.

- Marketing-Beratungen entlasten das **Marketingmanagement** und ergänzen dessen Kompetenzen.

- **IT-Unterstützung** (z.B. Management von Kundendatenbanken) leisten Softwarehäuser und IT-Beratungen.

- Der **technische Kundendienst** wird z.T. an selbständige Handwerksbetriebe vergeben.

Durch ein solches Marketing-Outsourcing verringert sich die „Fertigungstiefe" im Marketing. Damit steigt andererseits die Abhängigkeit von den Outsourcing-Partnern. Das Unternehmen wird Teil eines kooperativen **Netzwerks**, wie es für moderne Volkswirtschaften typisch ist.

2.2.2   Kooperationen und Netzwerke im Marketing

> **PRINZIP: Marketingkooperationen und -netzwerke**
>
> Kooperationen sollen Win-Win-Situationen schaffen, wofür im Marketing vielfältige Ansatzpunkte existieren. Die Umsetzung erfordert allerdings ein systematisches Kooperationsmanagement. Zunehmend entwickeln sich Marketingnetzwerke mit indirekten Nutzeffekten für deren Teilnehmer.

Kooperationen sind Zwischenformen auf dem Kontinuum zwischen vollständiger Eigenerstellung bzw. Fremdvergabe. Eine einheitliche Systematisierung solcher „hybrider Organisationsformen" ist bislang nicht gelungen. Meist systematisiert man nach dem vertikalen Integrationsgrad. Dieser beschreibt das Ausmaß der Abhängigkeit von Geschäftspartnern. Hierarchienähere Organisationsformen lassen sich durch ein höheres ein- bzw. gegenseitiges Abhängigkeitsverhältnis als marktnahe Formen kennzeichnen. Gemeinsames Merkmal dieser Kooperationsformen ist die mittel- bis langfristig angelegte, vertraglich geregelte Zusammenarbeit rechtlich selbständiger Unternehmen zur gemeinsamen Erfüllung von Aufgaben mit der Zielsetzung einer Win-Win Situation. Darunter sind **Synergievorteile** für beide Seiten zu verstehen, die ein einzelnes Unternehmen alleine nicht hätte realisieren können. Die Kooperationspartner sind in dem Maße autonom, in dem sie die Entscheidung des Beginns und der Beendigung der Kooperation selbst bestimmen können. Während der Zusammenarbeit ergeben sich aber durchaus vertragliche Interdependenzen (*Picot et al.* 2003, S. 302ff.).

Die Entscheidung über Eigenerstellung und Fremdbezug einer Marketingleistung ist zum einen abhängig von der strategischen Bedeutung einer dafür nötigen Kompetenz und zum anderen von dem relativen Kompetenzniveau, das ein Unternehmen bzgl. der Leistung entwickelt hat (vgl. Abb. 5-11). Marketingkompetenzen stellen aggregierte, organisatorische, personen- und funktionsübergreifende Fähigkeiten dar und bestimmen, inwieweit ein Unternehmen in der Lage ist, die angeeigneten Ressourcen (im Marketing beispielsweise Marken, Beziehungen zu Handelspartnern und Konsumenten, Marketingbudgets) so einzusetzen und zu koordinieren, dass ein Wettbewerbsvorteil entstehen kann (vgl. Kap. 1/ 3.) . Sie finden ihren Ausdruck in der Organisation des Unternehmens, den Führungssystemen sowie in den Prozessen von Planung und Implementierung von Strategien (*Barney* 1991). Beispielsweise können die Markenentwicklungskompetenz, die Marketingplanung und Innovationsfähigkeit als organisatorische Kompetenzen aufgefasst werden. Mögliche Marketingkompetenzen können sich aber auch aus Fähigkeiten im Preis-, Distributions-, Kommunikations- und Produktentwicklungsmanagement ergeben (*Vorhies/Morgan* 2005).

Wie Abb. 5-11 zeigt, schlägt *Gerybadze* (2004, S. 178) bei strategisch weniger relevanten Kompetenzen und einer eher schwach ausgeprägten eigenen Kompetenz den *Zukauf* der entsprechenden Leistungen vor (Fall 4). Die *Eigenentwicklung* empfiehlt sich bei Kompetenzen mit hoher strategischer Bedeutung und einer tendenziell hohen Stärke des Unternehmens (Fall 1). *Kooperationsstrategien* (Fall 2 und 3) eignen sich dagegen entweder bei niedriger Relevanz und hoher eigener Kompetenzstärke (Fall 3) oder bei hoher strategischer Relevanz, aber ausgesprochen schwacher eigener Kompetenzausprägung (Fall 2).

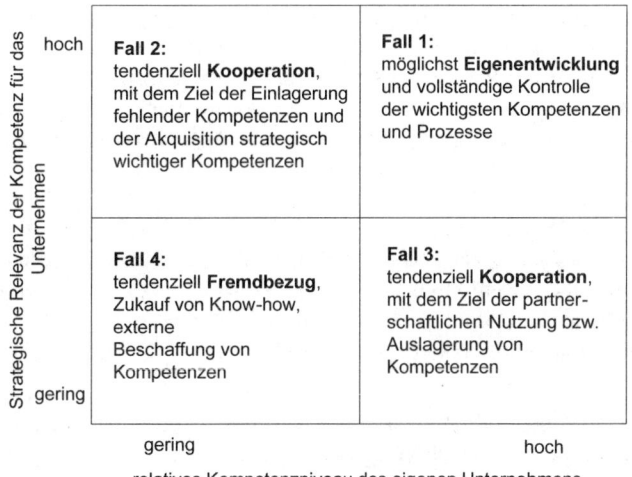

Abb. 5-11: Make, Cooperate or Buy auf Basis der Relevanz und der Kompetenzstärke des eigenen Unternehmens (Quelle: Gerybadze 2004, S. 178)

Typische Kooperationsfelder sind z.B. die **Forschung und Entwicklung**, wo z.B. selbst so intensive Konkurrenten wie IBM und Siemens zusammenarbeiten, um die enormen Investitionen in neue Chip-Technologien gemeinsam zu tragen, oder **Werbegemeinschaften** des Handels, die z.B. für die größere Attraktivität einer Region oder eines innerstädtischen Einkaufsgebietes sorgen wollen (Citygemeinschaften etc.). Bei den Fluggesellschaften findet im Rahmen der dort üblichen **Kooperationsnetzwerke** (z.B. *Star Alliance*) ein gemeinsamer Einkauf, Abstimmung des Streckennetzes und der Angebotskapazitäten im Interesse der Kunden sowie ein „Sharing" der angebotenen Flüge statt, wodurch das Streckenangebot jeder einzelnen Fluggesellschaft erheblich ausgeweitet und damit attraktiver wird. Gleichwohl bleiben die Fluggesellschaften Konkurrenten, weil sie andererseits eigenständige Kommunikationskonzepte und Serviceangebote verfolgen, um möglichst viele Kunden auf ihre eigenen Maschinen zu bringen. Man spricht in solchen Fällen der Kombination von Kooperation und Wettbewerb von „**Cooptition**" bzw. von **strategischen Allianzen**.

Strategische Allianzen spielen unter anderem auch für die **Internationalisierung** eine wichtige Rolle. Hier versuchen viele Unternehmen, durch vertraglich abgesicherte Kooperationen mit ausländischen Partnern, ggf. unter Einbringung gemeinsamen Kapitals („**Joint Venture**") das Risiko zu teilen bzw. die Voraussetzung für ein Tätigwerden im jeweiligen Markt zu schaffen. Beispielsweise ist die Erschließung des riesigen chinesischen Marktes in der Regel schon wegen entsprechender staatlicher Auflagen nur auf diesem Wege möglich.

Besonders ausgeprägt sind Kooperationskonzepte im **vertikalen Wettbewerb**, weil dort u.U. erhebliche Synergiepotenziale erschließbar sind, wenn Lieferant und Kunde ihre Aktivitäten besser aufeinander abstimmen bzw. Aufgabenteilung betreiben. Ursache dafür ist der Umstand, dass bestimmte Wieder-Verkopplungen in der Wertkette je nach Umständen sowohl beim Anbieter als auch beim Nachfrager vollzogen werden können. Beispielsweise kann der Kunde selbst Produkte entwickeln und diese vom Lieferanten dann nur fertigen lassen oder aber dem Lieferanten die ganze Entwicklungsarbeit überlassen. In diesem Zusammenhang wird auch von Co-Produzenten-Ansatz bzw. bei Kooperation mit Endkunden von „**Prosumerismus**" (Producer + Consumer) gesprochen. Der Kundennutzen wird dabei von beiden Parteien gemeinsam geschaffen. Bei Dienstleistungen ist dies oft zwingend, etwa wenn Berater und beratendes Unternehmen gemeinsam nach Schwachstellen suchen oder wenn Arzt und Patient gemeinsam eine Therapie erarbeiten und durchführen. Die Kooperation kann sich dabei auf verschiedene Phasen der Leistungserstellung und –verwertung beziehen, was zu einem modifizierten Wertkettenverständnis führen kann (vgl. Kap. 1/ 2.).

Welche Form der Kooperation auch immer gewählt wird, Voraussetzung hierfür ist ein entsprechend kompetentes **Beziehungsmanagement**, durch welches die Kooperationspartner systematisch ausgewählt und gepflegt werden. Dazu gehören auch prophylaktische Mechanismen der Konfliktvermeidung und -handhabung, z.B. Abstimmungsgremien und Schiedsstellen, sowie ausgefeilte Informationssysteme, die den Fortschritt und Erfolg der Kooperation deutlich machen. Probleme tauchen insbes. dann auf, wenn die Kooperationspartner unterschiedliche strategische Leitbilder verfolgen, eine ungleiche Dynamik und/oder Kompetenz aufweisen oder sich opportunistisch verhalten. Da dies oft der Fall ist, scheitern viele Kooperationen, was a priori bei der Abwägung wettbewerbsstrategischer Konzepte ins Kalkül zu ziehen ist. Nicht selten erfordern Kooperationskonzepte nämlich erhebliche Investitionen, die beim Scheitern der Kooperation u.U. verlustig gehen. Darüber hinaus entsteht beim Scheitern u.U. auch deshalb Schaden, weil alternative Kooperationspartner zwischenzeitlich anderweitig gebunden sind. Insofern agieren Unternehmen in einem **Beziehungswettbewerb** um die jeweils besten Kooperationspartner.

Netzwerkansatz

Unter einem Netzwerk versteht man in der Theorie der Marketingorganisation einen spezifischen Koordinationsmechanismus, der Elemente marktförmiger Austauschbeziehungen und hierarchischer Anordnungsverhältnisse beinhaltet. Es handelt sich folglich um eine Organisationsform zwischenbetrieblichen Austauschs, die sich durch die mehr oder minder kooperative Zusammenarbeit von mehreren rechtlich unabhängigen Unternehmen auszeichnet und auf die Realisierung von Wettbewerbsvorteilen abzielt. Netzwerke sind das Ergebnis von arbeitsteiliger Vergabe ökonomischer Aktivitäten innerhalb eines Systemverbundes, das die komplementären Fähigkeiten einzelner Unternehmen aufeinander abstimmt.

Netzwerkansätze stützen sich auf ein allgemeines Netzwerkparadigma, welches davon ausgeht, dass die gesamte Ökonomie als ein Netzwerk von Organisationen mit einer weit reichenden Hierarchie, mit untergeordneten und sich überkreuzenden Netzwerken zu verstehen ist. Aus der Marketingperspektive betrachtet, stehen sich auf der Absatz- und Beschaffungsseite Organisationen gegenüber, die sich sowohl als Anbieter als auch als Nachfrager von Absatz- und Beschaffungsvorgängen in Gemeinschaften zusammenschließen, so dass sich eine Multiorganisationalität bzw. ein Netzwerk ergibt. Die Marktprozesse zwischen den einzelnen Unternehmen werden in Netzstrukturen vermittelt, die nicht von einem einzelnen Akteur, einem übergeordneten Plan folgend, entwickelt werden, sondern die vielmehr auf der Basis der Interaktion autonomer oder teilautonomer, aber interdependenter Akteure entstehen. Diese befriedigen als funktionale Einheiten heterogene Nachfragekonstellationen mit heterogenen Ressourcen. Die sich daraus ergebenden Interaktionsprozesse sind dynamische Größen, die durch Macht und Vertrauen die Bildung und den Verlauf von Kooperations- und Konfliktbeziehungen bestimmen und die Stellung des einzelnen Netzwerkteilnehmers festlegen.

In der Literatur zu den Netzwerkansätzen stellt die Interaktion ein tragendes Element dar, der eine grundlegende Relevanz bei der Bildung und Entwicklung von Netzwerken zugestanden wird. Die Bedeutung von Macht, Einfluss und Vertrauen für Käufer-Verkäufer-Beziehungen findet vor allem in den multiorganisationalen Interaktionsansätzen Beachtung.

Ausgehend vom *Resource Dependence-Ansatz* ist jedes Unternehmen aufgrund begrenzter eigener Ressourcenbasis von komplementären Ressourcen anderer Firmen abhängig. Die Interaktion stellt den Weg dar, auf dem Ressourcen ausgetauscht werden, Adaptionsprozesse stattfinden und Beziehungen zwischen den Akteuren hergestellt werden. Durch die Vielzahl der Interaktionsbeziehungen, die ein Akteur in einem Netzwerk unterhält, ist er mit den verschiedenartigsten Interaktionspartnern konfrontiert. Im Sinne des interaktionsorientierten Netzwerkansatzes gilt es nun aufgrund der Heterogenität von Unternehmen, die Partnerwahl mittels eines Vergleichs der Unternehmensprofile (Organisationsform, Ressourcen, Kultur) zu optimieren.

(Textauszug aus Spintig, S. (2001): Netzwerkansatz, in: Diller, H. (Hrsg.): Vahlens Großes Marketinglexikon, 2. Aufl. München, S. 1175f.)

Netzwerke

Arbeiten mehr als zwei Unternehmen zur Generierung von Wettbewerbsvorteilen kooperativ zusammen, entsteht ein *Netzwerk*, das über die bilateralen Kooperationen hinaus durch die indirekten Beziehungen im Netz zusätzliche Netzeffekte erzeugt (*Sydow* 1992; *Zentes/Swoboda/Morschett* 2005). Angesichts der fortschreitenden Spezialisierung in hoch entwickelten Wirtschaftssystemen, die inzwischen nicht mehr nur eine Produkt-, sondern zunehmend auch eine Funktionsspezialisierung darstellt, erlangen Netzwerke und Netzwerkmanagement einen wichtigen Stellenwert – auch im Marketing (vgl. Kasten „Netzwerkansatz"). Dies soll am Beispiel der **Marktforschung** dargestellt werden, die in den letzten Jahrzehnten einem deutlichen Wandel in der Trägerschaft und Organisation unterworfen war (*Diller/Spintig* 2003).

Abb. 5-12 versucht diesen institutionellen Wandel der Marktforschung schematisch wiederzugeben. Dort werden fünf Phasen unterschieden:

(1) Ursprünglich war die Marktforschung integraler Bestandteil des Marketingmanagements, bestenfalls im Unternehmen als eigene Stelle oder Abteilung institutionalisiert.

(2) Mit der steigenden Spezialisierung erwies sich diese Organisationsform zunehmend als obsolet, zumal sie auch erheblich fixkostenträchtig war, ohne dass die Auslastung dieser Fixkosten gewährleistet werden konnte. Darüber hinaus traten die typischen Probleme von Vertrauensgütern auch innerhalb der Marketingorganisation auf: Ohne Marktdruck war es schwer, die Effektivität und Effizienz der Marktforschung zu garantieren. Deshalb kam es vermehrt zum Outsourcing von Marktforschung und zur gleichzeitigen Entwicklung spezialisierter Marktforschungsinstitute. Beide Parteien – informationsnachfragendes Unternehmen und informationsanbietendes Institut – arbeiteten dabei zunächst oft dergestalt miteinander, dass eine noch vorhandene interne Marktforschungsabteilung für diese Geschäftsprozesse zuständig war.

(3) Mehr und Mehr zeigte sich, dass dieser mehrstufige Diffusionsprozess von Marketinginformationen für die Informationsversorgung nicht optimal ist. Die Institute arbeiteten deshalb enger mit den eigentlichen Entscheidungsträgern und weniger oder gar nicht mit (nicht selten aufgelösten) Marktforschungsabteilungen in den Unternehmen zusammen.

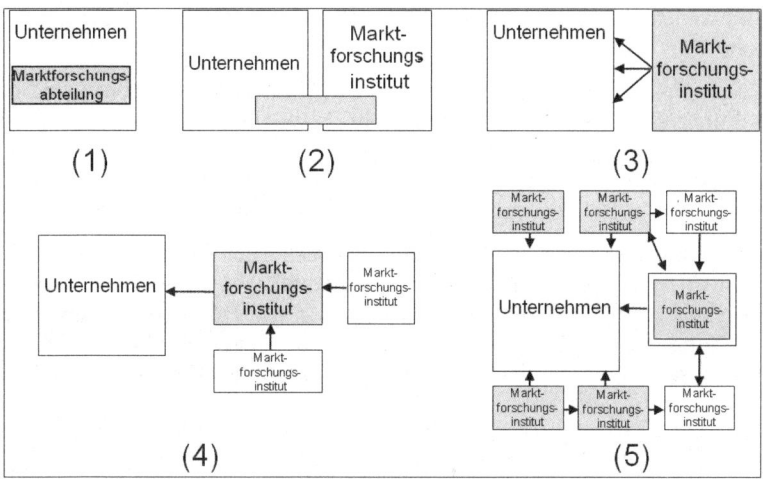

Abb. 5-12: Evolutionsstufen der Marktforschungsorganisation
(Quelle: Diller/Spintig 2003, S. 735)

(4) Verschiedene Entwicklungstendenzen in der Marktforschung führten dann schließlich dazu, dass auch die Institute mit manchen Aufgaben überfordert bzw. nicht bereit waren, das entsprechende Geschäftsrisiko zu tragen. Sie kooperierten deshalb ihrerseits mit Spezialinstituten oder anderen Dienstleistern, die entsprechende Teilgeschäftsprozesse übernahmen. Das (Full-Service)Institut agierte dabei wie ein Systemzulieferer zum nachfragenden Abnehmer der Marktforschung. Es bündelte die Dienste und integrierte sie zu einem für den Kunden zufriedenstellenden Produkt.

(5) Diese Entwicklung verstärkte sich und führte zur vorläufig letzten Stufe der Institutionalisierung der Marktforschung, bei der zunächst immer mehr Spezialisten in den gesamten Marktforschungsprozess integriert wurden, um alle Informationsbedürfnisse abzudecken. Dadurch entstanden aber auch vielfältigere Geschäftsbeziehungen zwischen den Dienstleistern, den Systemlieferanten und dem abnehmenden Unternehmen selbst, deren prinzipielle Vielgestaltigkeit offenkundig ist und neue Ausgestaltungsaufgaben sowohl für die abnehmenden Unternehmen selbst als auch für die beteiligten Institute mit sich brachte. Netzwerkmanagement entwickelte sich damit zu einer wichtigen Aufgabe des Marktforschungsmanagements.

Institutionelle Arrangement*s*, wie strategische Allianzen, Joint Ventures, fokale und regionale Netzwerke, Franchisesysteme etc., lösen heute zunehmend die traditionellen, weit unverbindlicheren Formen temporärer Zusammenarbeit ohne institutionelle Verankerung ab. Typischer Weise fördern deshalb verschiedene Bundesländer die „**Clusterbildung**", d.h. kooperative Organisationsstrukturen zwischen eng interagierenden, oft interdisziplinär aufgestellten und räumlich agglomerierten Unternehmen und Institutionen, etwa in **Technologieparks** oder –**regionen** wie dem „Medical Valley" der Metropolregion Nürnberg.

Strategisch zielen Kooperationen und Netzwerke im Marketing vor allem in drei Stoß-richtungen:

(1) Durch komplementäre Anreicherung des eigenen Leistungsangebotes und ggf. auch das des Kooperationspartners will **man mehr Kundennutzen** erzeugen. Dieser kann z.B. in der größeren **Auswahl** (z.B. durch Zukauf fremd gefertigter Produkte), in umfas-senderen oder qualitativ besseren **Serviceleistungen** (Beratung, Kundendienst, Finan-zierung etc.), aber auch – kostenbedingt – in **Preisvorteilen** liegen.

(2) Durch Bündelung von Ressourcen mit entsprechenden Economies of Scale entste-hen **Kostenvorteile**. Die Auslastung von Fixkostenblöcken können u.U. verbessert, die Spezialisierung vorangetrieben und Unterschiede in den Faktorkosten nutzbar gemacht werden. Häufig lassen sich durch Zusammenlegung von Funktionen hohe Personal- oder Kapital- sowie Raumkosten einsparen. Dies erhöht die **Wettbewerbsfähigkeit** am Markt.

Die engere Anbindung der Geschäftsflüsse führt zur besseren Koordination in der Ab-satzkette, zur schnelleren Rückkopplung und zu geringeren Schnittstellenproblemen und damit insgesamt zu mehr **Qualität** und **Schnelligkeit** im Wettbewerb.

2.2.3   Marketingplattformen

PRINZIP: Marketingplattformen
Unternehmen können spezifische technische, mediale und kooperative Plattfor-men nutzen und damit die Durchschlagskraft des Marketing erhöhen.

Einer der zahlreichen Hintergründe für diese Entwicklung einer Netzwerkökonomie liegt darin, dass Unternehmen zunehmend eine spezielle **Marketingplattform** benöti-gen, um im immer lauteren Marktgeschrei des Wettbewerbs überhaupt wahrgenommen zu werden. Eine Marketingplattform erlaubt es, die Botschaften und Leistungen eines Unternehmens effektiver und effizienter in die Märkte hinein zu tragen. Herkömmlich nutzt man dafür die verschiedenen Medien bzw. Medientechnologien (Print, TV, Inter-net etc.), die als **Kommunikationsplattform** zum Kunden hin fungieren. Informations-überflutung und Hypertrophie der Angebote und Marken lassen die Wirkung dieser me-dialen Plattformen aber zunehmend erodieren. Ersatzweise versuchen deshalb vor allem größere Unternehmen, sich mittels innovativer Medien, etwa temporäre (z.B. Fußball-WM) oder permanente Events (z.B. Fußball-Bundesliga), eine Marketing-Plattform zu schaffen. Die erhöhte Aufmerksamkeit der potentiellen Kunden für diese Events wird dann für die Hinlenkung zum jeweiligen Anbieter genutzt, welcher solche Events veran-staltet, sponsert oder in anderer Weise als „Marketingfenster" nutzt.

Eine weitere und insbesondere für kleine und noch wenig am Markt etablierte Anbieter attraktive Möglichkeit besteht im Eintritt in eine **Kooperationsplattform**. Es reicht heute oft nicht mehr aus, aus einer Position des Einzelkämpfers heraus den Erfolg zu suchen. Vielmehr muss durch Eintritt in eine kooperative Plattform ein „erhöhter" Platz im Markt, also eine Art „Marketingbühne" gesucht werden, welche in zweierlei Hin-sicht „Überblick" verschafft:

(1) Erstens für die potenziellen Kunden, für welche die auf der Plattform hervorgehobenen Anbieter besser wahrnehmbar und in ihrer Leistungskompetenz einschätzbar sind (Beispiel: *PORTAS* Türsysteme als Franchisekonzept), und

(2) für die Anbieter selbst, welche von der Plattform aus einen besseren Überblick über und Zugang zu potentiellen Kunden gewinnen können (z.B. Anbieter von Gartenartikeln auf einem Internetportal für Gartenbesitzer).

Das **Internet** erleichtert solche Kooperationsplattformen, weil dort geeignete Kooperationspartner leicht zu finden und Plattformen für Kunden durch entsprechende Links leicht zugänglich gemacht werden können.

3. Controlling von Marketingprozessen

> **PRINZIP: Controlling von Marketingprozessen**
> Marketingprozesse und -systeme sind einem systematischen Controlling zu unterwerfen, das eine rationale Entscheidungsfindung und eine zielorientierte Steuerung des Marketing ermöglicht.

3.1 Definition, Ziel und Funktionen des Marketing-Controlling

Im Kap. 3 wurde dargelegt, dass es für die Vielzahl der im Marketing zu treffenden Entscheidungen entsprechender **Informationen** bedarf, um den Prinzipien der Marketing Intelligence Rechnung zu tragen. Daneben ist es auch nötig, den als optimal erkannten **Ablauf** der Marketingprozesse sicher zu stellen, d.h. die Entscheidungen auf Effektivität und Effizienz hin auszurichten und zu koordinieren. Um diese Aufgaben wahrnehmen zu können, muss das Marketing-Controlling über eine reine Kontrolle im Sinne von Soll-Ist-Vergleichen hinausgehen. Auch ist es aus dieser Perspektive nicht mit Kostenrechnung gleichzusetzen. In Anlehnung an neuere Controllingansätze (vgl. *Weber/Schäffer* 2001) definieren wir das Marketing-Controlling wie folgt:

Marketing-Controlling ist die Sicherstellung der Rationalität einer marktorientierten Unternehmenspolitik. Sein Ziel besteht darin, Effektivität und Effizienz der Marketingprozesse zu sichern und – soweit möglich – zu erhöhen. Dies setzt zum einen ausreichendes Wissen voraus, das als Fakten- und Methodenwissen sowie als Ergebnis zweckmäßiger Analysen bereitgestellt werden muss (z.B. produktspezifische Kosten- und Erlöswerte als Input für eine Produkterfolgsrechnung). Zum anderen müssen Marketing-Controller als kritischer Gegenpart der Entscheider fungieren, um Opportunismus (z.B. Außendienstbesuche bei „angenehmen" statt bei erfolgsträchtigen Kunden) oder begrenzte Rationalität (z.B. als Folge der Arbeitsüberlastung eines Produkt-Managers) einzudämmen, sowie Effektivitäts- und Effizienzverbesserungen zu initiieren.

Eine Aufgliederung dieser Aufgabenstellung ist in Abb. 5-13 dargestellt (vgl. *Köhler* 2006, S. 41-48; vgl. auch *Köhler* 1992):

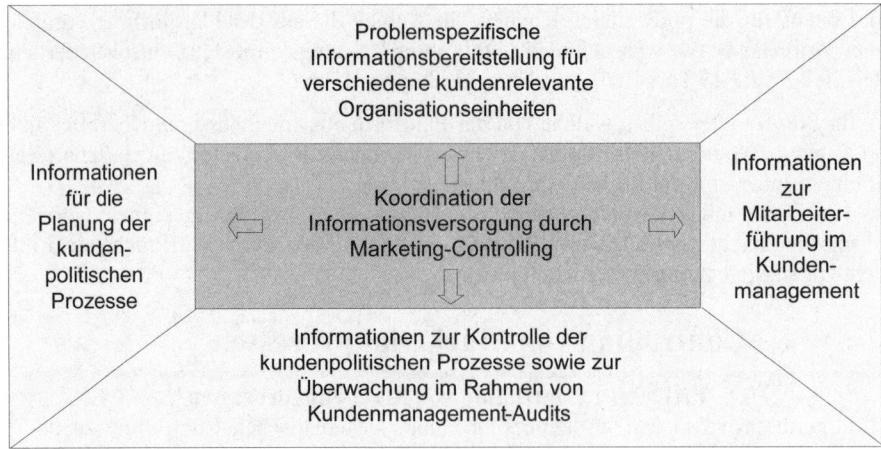

Abb. 5-13: Aufgabenfelder des Marketing-Controlling
(Quelle: In Anlehnung an Köhler 2006, S. 43)

– Die **problemspezifische Informationsbereitstellung für Organisationseinheiten im Marketing** liefert relevante Entscheidungsgrundlagen in den Fachabteilungen, insbesondere solche aus dem Rechnungswesen, also z.B. Kundendeckungsbeitragsrechnungen für den Vertrieb oder „Renner-Penner-Listen" für das Produkt-Management.

– Die **Informationskoordination für die Planung** erfolgt durch die Versorgung der Entscheider mit planungsrelevanten unternehmensinternen (z.B. aus dem Rechnungswesen) und -externen Informationen (z.B. aus der Marktforschung). Von besonderer Bedeutung ist dabei die Abstimmung strategischer und operativer Pläne.

– Die **Durchführung von Kontrollen und Audits** erfolgt zum einen rückblickend i.S. von Soll-Ist-Vergleichen. Die Kontrolle kann sich dabei einerseits auf die zugrunde liegenden Prämissen, Prozesse und Ergebnisse (Aspekt des Kontrollinhalts), andererseits auf Aktivitäten, Akteure und Absatzobjekte (Aspekt des Kontrollobjekts) beziehen. Zum anderen kann man das Marketing zukunftsorientiert in Form von Audits überwachen. Diese prüfen, inwiefern mit den aktuell genutzten Verfahren, Strategien, Instrumenten und organisatorischen Lösungen die Voraussetzungen für das künftige Erschließen von Erfolgspotentialen vorliegen.

– Beiträge zur **Mitarbeiterführung** liegen z.B. in der vergleichenden Kosten- und Leistungsübersicht verschiedener Mitarbeiter bzw. Stellen oder in der Entwicklung geeigneter Anreizsysteme (z.B. Provisionen, Prämiensysteme) sowie geeignet gestalteter und bereitgestellter Informationen.

Aus einer prozessorientierten Perspektive stellt das Marketing-Controlling die **kontinuierliche Verbesserung** der verschiedenen Marketingprozesse in den Prozessdimensionen Zeit, Qualität und Kosten in den Mittelpunkt des Interesses. Besondere Aufmerksamkeit gilt der **Kostenbeeinflussung**. Kosten werden als bewerteter Ressourceneinsatz durch die zugrunde liegenden Sachprozesse determiniert. Die Möglichkeit einer effektiven Kostenreduktion steigt dabei mit der „Ganzheitlichkeit" des Betrachtungsgegenstandes. Entsprechend birgt z.B. eine Neukonzeption aller Verkaufsprozesse eines Unternehmens ein größeres Kostensenkungspotential in sich als Bemühungen zur Optimierung des einzelnen Prozessschrittes „Aufnahme von Kundenaufträgen". Daneben sind die Möglichkeiten zur Kostenbeeinflussung umso größer, je früher man in einen spezifischen Prozess eingreift, während die dafür anfallenden Kosten umso geringer ausfallen. Als Konsequenz ist es ratsam, das kosten-, qualitäts- und zeitgerechte Lösen der jeweiligen Marketingprobleme nicht im Nachhinein zu „erprüfen", sondern i.S. einer **kontinuierlichen Vorsteuerung** gleichsam zu „produzieren" (vgl. analog *Pfeiffer/Weiß* 1994, S. 180-183). Dabei kann man drei Ansatzpunkte zur Prozessverbesserung unterscheiden:

(1) **Selektion von Prozessen**: Steigende (mehrdimensionale) Vielfalt, etwa durch eine zunehmende Anzahl an Kunden und an jeweils an diese gelieferten Produkten, bewirkt über eine entsprechende Zunahme der dafür nötigen Aktivitäten und die damit verbundene höhere Beanspruchung der vorhandenen Ressourcen einen in aller Regel überproportionalen (Komplexitäts-)Kostenverlauf. Um dieser Tendenz entgegen zu wirken, sind z.B. Informationen nötig, die eine zielkonforme Selektion der Kunden und der im Rahmen des Marketing wahrgenommenen Funktionen ermöglichen. Denn mit der Entscheidung, etwa einen Kunden nicht mehr zu bedienen, fallen auch die durch ihn induzierten Prozesse weg. Ebenfalls gilt es, mit Blick auf die unterschiedliche Wertigkeit von Prozessen, nicht-wertschöpfende Prozesse soweit wie möglich sowie redundante Prozesse möglichst vollständig zu eliminieren.

(2) **Gestaltung, insbes. Vereinfachung von Prozessen**: Werden die Marketingprozesse bei unternehmensseitigen Veränderungen, wie etwa bei der Einführung einer neuen informationstechnologischen Unterstützung des Außendienstes im Zuge der Sales Force Automation, nicht angemessen berücksichtigt und im Hinblick auf die neuen Gegebenheiten optimiert, ergeben sich Effektivitäts- und Effizienzverluste. Denn die vorhandenen Prozesse können eine durch die Veränderung mögliche Produktivitätssteigerung verhindern oder die neuen praktischen Erfordernisse führen nach und nach zu zahllosen – in aller Regel Kosten steigernden – Ergänzungen und Modifikationen der ursprünglichen Prozesse. Derart „gewachsene" Prozesse bieten nicht selten die Möglichkeit, die Effektivität und Effizienz des Marketing durch eine Veränderung, insbes. Vereinfachung des existierenden Prozessgeflechts, zu erhöhen (vgl. *Homburg/Krohmer* 2009, S. 1115). Entsprechend muss das Marketing-Controlling Informationen bereitstellen, durch die verzichtbare Prozessschritte oder die Möglichkeit zur Parallelisierung bislang sequentiell bearbeiteter Prozessschritte ersichtlich werden.

(3) **Durchführung der Prozesse**: Sind die Marketingprozesse festgelegt, besteht eine Aufgabe des Marketing-Controlling darin, die mit diesen Prozessen verbundenen (Qualitäts-, Schnelligkeits- und Kosten-)Ziele sicherzustellen. Sieht man von den motivationalen Aspekten ab, sind den am Prozess Beteiligten dafür insbesondere die erforderlichen Informationen zur Verfügung zu stellen. Dazu gehören auch solche Informationen, die es den Beteiligten möglichst umgehend erlauben, sowohl auftretende Probleme zu beheben als auch Verbesserungen zu identifizieren und zu

realisieren. Dabei ist eine nach Art und Umfang auf die Informationsempfänger ausgerichtete Informationsdarstellung erforderlich.

Damit die zahlreichen im Marketing anfallenden Prozesse kontinuierlich verbessert werden können, muss das Marketing-Controlling insgesamt das Initiieren immer neuer **Lernkreisläufe** im Sinne eines „**Messen-Machen-Messen-Konzeptes**" unterstützen: Ausgehend von der Erfassung der Ist-Prozesse und -Prozessergebnisse (z.B. Kosten und Responsequote der bisher eingesetzten Direct Mailings; Anzahl der Käufe pro Quartal) werden die Marketingprozesse auf Verbesserungsmöglichkeiten hin untersucht (z.B. Quervergleich der genutzten Direct Mailing-Alternativen bzw. der Oft- und Seltenkäufer), effektivere und/ oder effizientere Aktionsprogramme kreiert und umgesetzt sowie deren Ergebnisse (z.B. Rückantworten; Wünsche; Käufe) erneut gemessen und in die Database eingepflegt. Speziell umfassende CRM-Systeme können so die gemachten Erfahrungen i.S. einer integrierten Informationsrückkopplung bündeln und für künftige Aktivitäten zur Verfügung stellen. Als Konsequenz lassen sich letztlich sowohl die bis dato genutzten Daten und Analysemethoden als auch die darauf beruhenden Aktionsprogramme, Prozesse und Ergebnisse i.S. eines lernenden Systems sukzessive überprüfen, anpassen und verfeinern.

Unterstützung der strategischen Marketingplanung und strategische Überwachung	Unterstützung der operativen Marketingplanung und operative Marketingkontrolle	Führungsübergreifende Koordinationsaufgaben
• Frühwarn-/-erkennungs-/ -aufklärungssysteme • Branchenstruktur-Analysen • Stärken-Schwächen-Profile, Benchmarking • Portfolios (z.B. bzgl. Geschäftsfeldern, Kunden, Innovationen, Marken, Sortiment) • Segmentierungs-, Image- und Positionierungsstudien • Kunden- und Markenwertberechnungen, Marktstärkeanalysen • Investitionsrechnungen • Langfristige Budgetierung • Audit-Methoden/Checklisten • Kontrolle der Marketingkernaufgaben	• Versorgung der Marketing- u. Verkaufsorganisationseinheiten mit Informationen, u.a. aus - Marktforschung, - Außendienstberichten, - Absatzstatistik und - Rechnungswesen (z.B. Kundenzufriedenheitsstudien, Deckungsbeitragsrechnungen) • Informationen zur Planung u. Abstimmung des Marketing-Mix • Kurzfristige Budgetierung • Kontrolle d. Marketing-Mix • Marktleistungsgestaltung • Preisgestaltung • Kommunikation/Marktbearbeitung • Distribution • Ergebnis- und Abweichungsanalysen • Beschwerdeanalysen	• Gestaltung von Kennzahlensystemen für Marketing und Verkauf • Gestaltung von Anreiz- und Provisionssystemen • Target Costing • Analyse, Planung u. Kontrolle von Marketing- und Verkaufsprojekten (z.B. Überarbeitung des Markenportfolios) • Analyse, Planung u. Überwachung von Marketing- u. Verkaufskooperationen • Wissensmanagement in Marketing und Verkauf (z.B. Moderation von Erfahrungsaustausch, Datenbank mit Lernerfahrungen)

Abb. 5-14: Ausgewählte Instrumente des Marketing-Controlling
(Quelle: Reinecke/Janz, 2007, S. 34)

3.2 Ausgewählte Instrumente des Marketing-Controlling

Das Marketing-Controlling kann zur Wahrnehmung der Informationsversorgungsfunktion auf eine Vielzahl unterschiedlicher **Methoden** zurückgreifen. Deren spezifisches Spektrum lässt sich nur schwer eingrenzen. Denn die Verzahnung mit den Analyse- und Planungsaufgaben des Marketing sowie die Nähe zur Informationsbeschaffungs- und Datenanalysefunktion der Marktforschung führen dazu, dass zahlreiche der in diesen Bereichen genutzten und in den voran stehenden Kapiteln z.T. auch schon beschriebenen Instrumente grundsätzlich auch für das Marketing-Controlling von Bedeutung sind (vgl. insb. Kap. 4). Einen deshalb keineswegs erschöpfenden, sondern eher beispielhaften Überblick gibt Abb. 5-14.

Eine umfassende Darstellung aller in Frage kommenden Instrumente würde den Rahmen dieses einführenden Buches sprengen (vgl. dazu z.B. *Link/Weiser* 2006; *Reineke/Tomczak/Geis* 2006, *Reinecke/Janz* 2007). Wir konzentrieren uns nachfolgend auf einige wenige ausgewählte, auch für die Unternehmenspraxis bedeutsame Analyseinstrumente.

3.2.1   Absatzsegmentrechnung

Bei der Absatzsegmentrechnung handelt es sich um ein **Planungsmodell**, das dazu dienen soll, den Entscheidern im Marketing Hinweise auf Gewinn- und Verlustquellen zu liefern und entsprechende Prioritäten in ihren Handlungsweisen zu setzen (vgl. Abschnitt 4.3). Entscheidungsunterstützung wird hier insofern geboten, als dem Entscheider **Anregungsinformationen** über wichtige Ansatzpunkte der Verbesserung des Marketing, aber auch **Bewertungen von Handlungsalternativen** zur Verfügung stehen.

Unter einem Absatzsegment versteht man dabei einen bestimmten Ausschnitt des Absatzsystems, etwa bestimmte Regionen, Vertriebskanäle, Produkte bzw. Produktgruppen, Kunden(gruppen), Aufträge etc. Das Rechenkalkül besteht in einer **Deckungsbeitragsrechnung**, mit der die spezifische Ergiebigkeit der jeweiligen Absatzsegmente ermittelt und entsprechende Ranglisten über die Absatzsegmente hinweg erstellt werden können. Die einschlägigen Rechenmethoden der Deckungsbeitragsrechnung unterscheiden sich dabei nach der Art der Kostenspaltung. Im Rahmen der Absatzsegmentrechnung greift man üblicherweise auf die **Relative Einzelkostenrechnung** zurück (*Riebel* 1994). Dabei werden von den jeweiligen Umsatzerlösen eines Absatzsegmentes die diesem Segment unmittelbar zurechenbaren Einzelkosten abgezogen. Im Gegensatz zum System des Direct Costing kann es sich hierbei sowohl um fixe als auch um variable Kosten handeln. Entscheidend für die Kostenspaltung ist lediglich der Umstand, ob sich die Kosten dem Segment zurechnen lassen können oder nicht. Beispielsweise können einem Vertriebsbüro die Mietkosten trotz deren fixer Natur eindeutig zugerechnet werden.

Zum Modell i.e.S. wird die Absatzsegmentrechnung durch Zugrundelegung einer **Bezugsgrößenhierarchie**, wie sie beispielhaft in Abbildung 5-15 dargestellt ist. Eine Bezugsgrößenhierarchie weist – von unten nach oben betrachtet – logische Verkettungen hinsichtlich der Zurechenbarkeit der Kosten auf: Kosten, die auf der jeweils unteren Ebene bereits als relative Einzelkosten erfasst werden können, lassen sich der nächsthöheren Hierarchiestufe ebenfalls als Einzelkosten zuordnen. Auf der untersten Ebene können i.d.R. nur wenige Kosten verrechnet werden. Mit zunehmender Verallgemeinerung der Zurechnungsbasis steigt die Möglichkeit zur Verrechnung weiterer Kosten. Insofern kommen auf jeder höheren Bezugsgrößenebene zusätzliche Kostenbeiträge hinzu, die dort ohne jegliche Schlüsselung, d.h. nach dem Identitätsprinzip, zurechenbar sind. Beispielsweise können bei der in Abbildung 5-15 dargestellten Bezugsgrößenhierarchie die Versandkosten eines Auftrages nur dem Gesamtauftrag zugerechnet werden. Der Auftragsposition kann man aber z.B. die variablen Erzeugungskosten des jeweiligen Auftragspostens zurechnen. Die kundenspezifischen Betreuungskosten können nicht einem einzelnen Auftrag, sondern nur dem auf der nächsthöheren Ebene angesiedelten Kunden zugerechnet werden. Dieser gehört wiederum zu einem Verkaufsgebiet, in dem weitere Vertriebskosten ohne Schlüsselung zurechenbar werden (z.B. Vertriebsbüro, Werbekosten etc.). Schließlich verbleibt auf der obersten Ebene „Gesamtverkauf" ein Sammelbecken für alle noch nicht verrechneten Kosten.

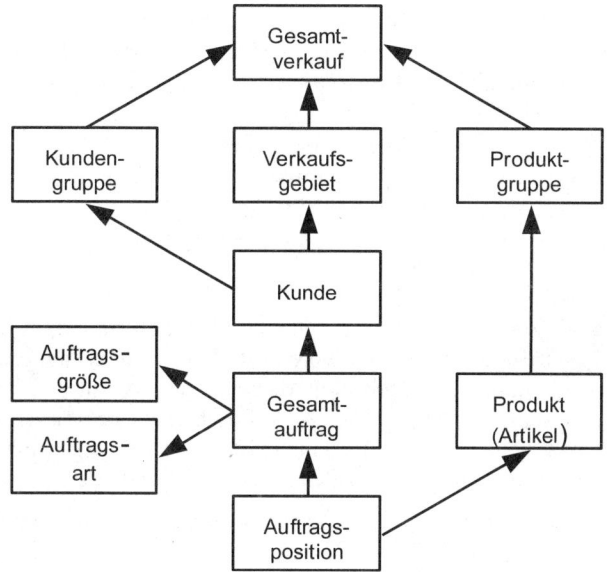

Abb. 5-15: Beispiel für eine Bezugsgrößenhierarchie
(Quelle: Köhler 2001, S. 8)

Je nach Zielsetzung der Analyse kann eine Bezugsgrößenhierarchie ganz unterschiedlich ausgestaltet werden. Dies wird schon aus den differenzierten Verrechnungspfaden in Abbildung 5-15 deutlich. Statt über Aufträge und Kunden sowie Verkaufsgebiete oder Kundengruppen zum Gesamtumsatz zu gelangen, kann die Verrechnung auch über Produkte oder Produktgruppen erfolgen. Allerdings werden dann bestimmte Kosten der Vertriebsgebiete nicht weiter aufgeschlüsselt, sondern nur dem Gesamtverkauf zugerechnet.

Das Modell der Absatzsegmentrechnung ist eine **tautologische Transformation** der Definition von Kosten und Erlösen nach dem Prinzip der relativen Einzelkostenrechnung. Es kann substanzwissenschaftlich nichts erklären, aber doch wertvolle Hinweise auf Erlös- und Kostenunterschiede in verschiedenen Absatzbereichen liefern, was Grundlage für eine Priorisierung dieser Absatzsegmente und eine selektive Absatzpolitik ist. Insofern besitzt das Modell hohen Nutzwert für Marketingentscheider im Rahmen der Marketingplanung. Allerdings liefert es keine Handlungsalternativen, wirkt also nicht kreativ. Andererseits ist das Modell einfach und von jedem Unternehmen leistbar, das eine entsprechende Grundrechnung einführt, in welcher die verschiedenen Kostenarten entsprechend den Bezugsgrößen verschlüsselt werden. In modernen, EDV-gestützten Erfolgsrechnungssystemen (z.B. SAP R/3) sind derartige Aufschlüsselungs-verfahren Standard.

3.2.2   Break-Even-Analyse

In seiner einfachsten Form modelliert die Break-Even-Analyse den Gewinn eines Einproduktunternehmens als Differenz von Kosten und Erlösen, wobei diese beiden Komponenten wiederum vom Beschäftigungsgrad (Indikatoren: Ausbringungsmenge, Absatz) abhängig sind (vgl. Gleichungen (1) – (5)). Es handelt sich also wiederum um eine formallogische, tautologische Transformation. Es gilt rein definitorisch:

(1) $G = E - K$ G = Gewinn; E = Erlös
(2) $K = K_F + K_V$ K = Gesamtkosten; K_F = Fixkosten; K_V = variable Kosten
(3) $K_V = k_V \cdot x$ k_V = variable Stückkosten
(4) $E = p \cdot x$ p = Preis; x = Ausbringungsmenge
(5) $KF = c$ c = Konstante

Lediglich die fixen Kosten K_F sind im gegebenen Planungszeitraum ex definitione un-abhängig vom Beschäftigungsgrad und werden deshalb getrennt ausgewiesen. Die in den Gleichungen (3) und (4) abgebildeten Beziehungen zwischen der unabhängigen Variablen Beschäftigungsgrad (x) und K_V bzw. E gehen als **Prämissen** in das Modell ein, werden also innerhalb des Verfahrens nicht auf ihre Richtigkeit hin überprüft, son-dern als gegeben betrachtet! Im vorliegenden Fall wird beispielsweise unterstellt, dass

– die variablen Kosten linear mit der Ausbringungsmenge steigen und nur von dieser abhängig sind (Gleichung 3),

– die Erlöse linear mit der Ausbringungsmenge steigen (konstanter Preis p) und kon-stante Halb- und Fertigwarenbestände vorliegen (Gleichung 4) und

– die fixen Kosten über den gesamten Wertebereich der Ausbringungsmenge gleich sind (unbegrenzte Kapazität, Gleichung 5).

Ein erstes Ziel der Break-Even-Analyse besteht bei dieser Ausgangslage darin, jene Ausbringungsmenge x^* zu ermitteln, bei der die Erlöse die Gesamtkosten gerade de-cken, also weder Gewinn noch Verlust entsteht. Dieser sog. **Break-Even-Point (Ge-winnschwelle)** lässt sich durch Gleichsetzung der Gleichungen (2) und (4) leicht algeb-raisch ermitteln. Es gilt dann:

(6) $KF + k_v \cdot x^* = p \cdot x^*$ und somit   (7) $x^* = \dfrac{K_F}{p - k_v}$

Um keinen Verlust zu erwirtschaften, müssen also so viele Erzeugnisse verkauft wer-den, dass die Summe ihrer Bruttostückgewinne (($p - k_v$) $\cdot$ x) die Fixkosten deckt. Da-raus wird deutlich, dass die Grundvariante der Break-Even-Analyse im Grunde eine Form des **Direct Costing** darstellt, in der jene Ausbringungsmenge gesucht wird, deren aufsummierte Deckungsbeiträge ausreichen, um alle fixen Kosten gerade zu decken (Gewinndefinition nach dem **Vollkostendeckungsprinzip**).

Zur Veranschaulichung der Kosten- und Erlöszusammenhänge werden die Gleichungen (1) bis (7) üblicherweise in einem **Break-Even-Diagramm** graphisch dargestellt (vgl. Abb. 5-16). Der Break-Even-Point ergibt sich dort im Schnittpunkt der Erlös- und Gesamtkostenkurve. Größere Ausbringungsmengen erbringen einen Gewinn (karierte Fläche), geringere einen Verlust (schraffierte Fläche).

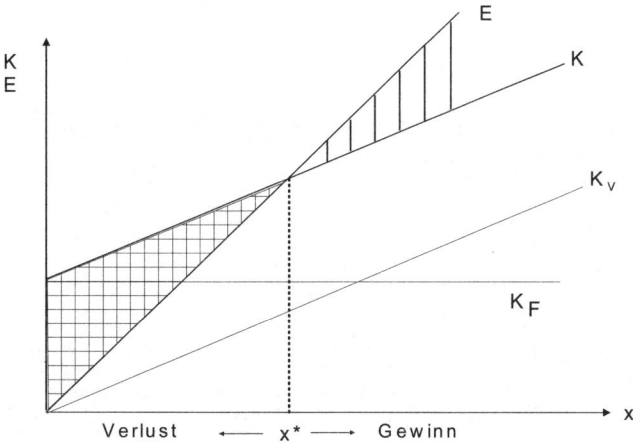

Abb. 5-16: Break-Even-Diagramm

Durch die Dekomposition des Gewinns in seine negativen und positiven Komponenten und die Bezugnahme auf eine „anschauliche" Größe wie die Ausbringungsmenge soll dem Entscheidungsträger die „Planung" des Gewinns im Sinne einer Abschätzung des erreichbaren Zielerreichungsgrades erleichtert werden. Zur Verdeutlichung des **Gewinnrisikos** in der Planungsperiode kann die als erreichbar geltende Ausbringungsmenge zur Break-Even-Menge in Beziehung gesetzt und in Prozentzahlen ausgedrückt werden. Sind beispielsweise x_z der für erreichbar gehaltene Ausstoß und u die Zielabweichungsrate, so gilt:

$$(8) \quad u = \frac{x^* - x_z}{x_z} \cdot 100$$

Da die Break-Even-Analyse im Grunde lediglich die dem Verhalten als Prämissen zugrunde liegenden Definitionsgleichungen umformt bzw. graphisch darstellt, kann sie entsprechend den Vorstellungen des Modellbenutzers vielfach variiert und/oder ergänzt und damit an die jeweiligen realen Verhältnisse angepasst werden. So lassen sich im Modell ohne Schwierigkeiten nichtlineare Kosten- oder Erlösfunktionen, sprungfixe Kosten oder fixe Erlöse (z.B. Grundtarife beim Elektrizitätsabsatz) abbilden. Desgleichen können gewinnabhängige Steuern in das Kalkül mit einbezogen werden.

Statt mit Gewinnen als Ergebnisgröße kann auch mit **Deckungsbeiträgen** im Sinne der Grenzkostenrechnung gearbeitet werden. Zu diesem Zweck ist unser Satz von Gleichungen lediglich um zwei weitere zu ergänzen, die den Deckungsbeitrag definieren:

$$(9) \quad d = p - k_v \qquad d = \text{Deckungsbeitrag pro Stück}$$

bzw.

(10) $D = (p - k_v) \cdot x$ D = gesamter Deckungsbeitrag

Es gilt dann:

(11) $x^* = \dfrac{K_F}{d}$

(12) $D = d \cdot x = E - K_V$.

In der graphischen Darstellung ergibt sich dabei das in Abbildung 5-17 dargestellte Bild.

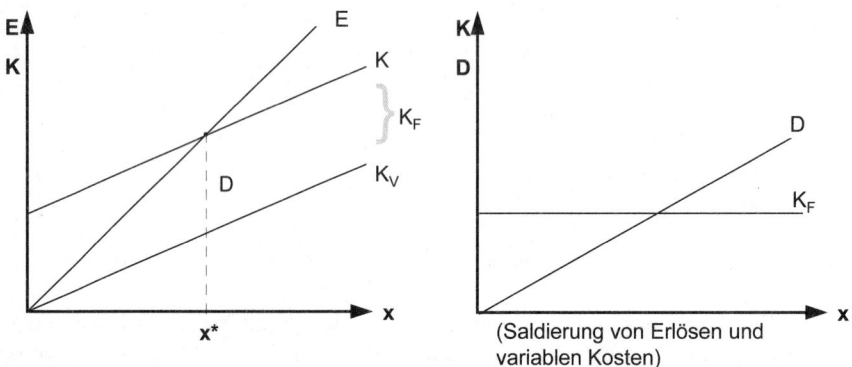

Abb. 5-17: Break-Even-Diagramme bei Zugrundelegung von Deckungsbeiträgen

In ähnlicher Form gelingt es beispielsweise, **Preisänderungen, Kapazitätsverände-rungen** oder **Vertriebskostensenkungen** auf ihre Gewinnwirkungen hin zu untersu-chen oder Kombinationen erlössteigender, -senkender oder kostensenkender bzw. -steigernder Maßnahmen zu **simulieren**. Im Falle der Evaluierung von Preisänderungen wird freilich nicht nach der daraufhin zu erwartenden Absatzveränderung gefragt, da dies die zweidimensionale Perspektive der Break-Even-Analyse sprengen würde. Im Vordergrund des Interesses steht vielmehr die durch eine Preis- und die damit verknüpf-te Stückerlösveränderung bewirkte **Verschiebung** des Break-Even-Point (vgl. Abb. 5-18a). Auch daraus wird einmal mehr deutlich, dass es bei diesem Verfahren **nicht** um die **Optimierung** eines Entscheidungsproblems, sondern um die mit bestimmten Um-weltkonstellationen oder Handlungsalternativen verbundenen **Gewinnrisiken** geht. Derartige Überlegungen sind beispielsweise typisch für die **Evaluierung von Sonder-angebotspreisen**, bei der man Vorstellungen über den zur Beibehaltung des Gewinns **notwendigen Mengeneffekt** einer solchen Maßnahme zu erhalten sucht.

Die Veränderung des **variablen Kostensatzes** im Break-Even-Diagramm, deren Wir-kungen in Abbildung 5-18b beispielhaft dargestellt sind, kann entweder als risikopoliti-sche Erwägung (optimistische und pessimistische Kostensätze) oder als Evaluierung bestimmter kostenbeeinflussender Aktivitäten, wie der Erhöhung der Werbungsaufwendungen pro Stück (z.B. verbesserter Prospekt) oder der Verpackungskosten, interpretiert werden. Auch hierbei geht es wiederum nicht um die Wirkungen derartiger Maßnahmen auf den Umsatz, sondern um den unter solchen Umständen zu erreichenden **Mindestabsatz**, der erzielt werden muss, um die Gewinnschwelle zu überschreiten, also um ein **Risikokalkül**.

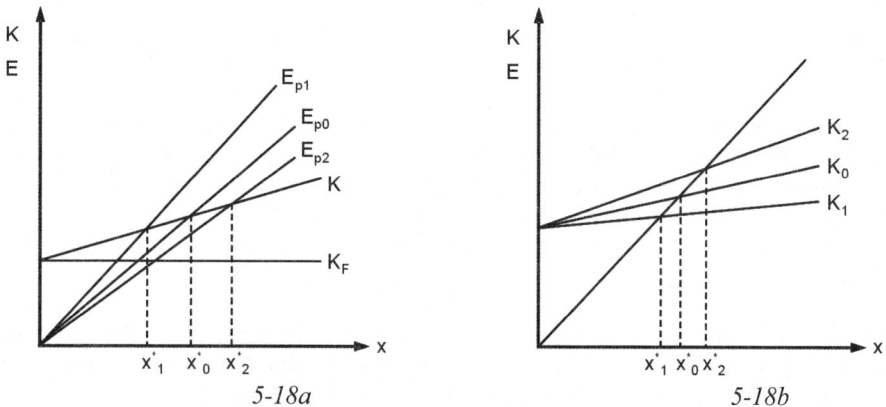

Abb. 5-18: Break-Even-Diagramme zur Beurteilung von Preisänderungen (5-18a) bzw. stückkostensteigernden Aktivitäten (5-18b)

Ähnliche Überlegungen können im Zusammenhang mit Entscheidungen angestellt werden, bei denen die **Fixkosten** erhöht oder gesenkt werden, also beispielsweise bei der Errichtung eines zusätzlichen Auslieferungslagers oder der Einstellung eines Spezialisten für bestimmte Marketingaufgaben, dessen Gehalt aufgrund gesetzlicher Bestimmungen (z.B. Kündigungsschutz) quasi Fixkostencharakter besitzt.

Derartige Fragestellungen führen hin zu einer zweiten, in der Praxis sehr bedeutsamen Problemstellung oder Break-Even-Analyse, dem **Kostenvergleich** zweier oder mehrerer Alternativen mit unterschiedlichem Fixkostenanteil. Im Grunde handelt es sich hierbei um die Modellierung des altbekannten **Degressionseffekts** wachsender Kapazitätsauslastung, der durch die Verteilung eines konstanten Blocks von Fixkosten auf eine immer größere Anzahl von Outputeinheiten bewirkt wird. Die entscheidungstheoretische Problemstellung lautet dabei in allen Fällen, wie viele Outputeinheiten erreicht werden müssen, um die Alternative mit dem höheren Fixkostenblock attraktiver werden zu lassen als jene mit der niedrigeren oder fehlenden Fixkostenbelastung.

Typische Beispiele für derartige Problemstellungen stellen sog. **Make-or-Buy-Entscheidungen** dar (vgl. Abschnitt 2.2.2). Hierbei sucht man Antwort auf die Frage,

- ab welcher Output-Menge eine Eigenfertigung oder der Zukauf bestimmter Fertigprodukte für ein Unternehmen gewinnträchtiger ist,

- ab welchem Absatzniveau der Einsatz von Reisenden jenem von Handelsvertretern vorzuziehen ist,

- bei wie vielen Marktforschungsstudien pro Zeiteinheit sich der Einsatz eines (zusätzlich) fest angestellten Marktforschers lohnt oder

– bei welchem Transportvolumen ein eigener Fuhrpark für Auslieferungstransporte rentabler als die Inanspruchnahme von gewerblichen Spediteuren ist.

Die Analyse ist dabei in allen Fällen nur unter **ceteris paribus-Bedingungen** durchführbar, was die Realitätsnähe des Modells naturgemäß stark vermindert. Immerhin kann der Degressionseffekt wachsender Outputmengen in all diesen Fällen durch die Break-Even-Betrachtung **veranschaulicht** und **kalkulierbar** gemacht werden.

Einen weiteren Schritt zum Ausbau der Break-Even-Analyse zum Entscheidungsmodell stellt die **Wahl eines Aktionsparameters als unabhängige Variable** anstelle einer Umweltbedingung wie des Beschäftigungsgrades dar. In diesem Fall modelliert die Break-Even-Analyse die Kosten- und Erlöswirkungen der Variation dieses Aktionsparameters und liefert dem Planer jenes Aktivitätsniveau, bei dem die **Mehr**kosten den Mehrerlös übersteigen.

Ein typisches Beispiel für derartige Modifizierungen der Break-Even-Analyse stellt die Abwägung der den Kunden einzuräumenden **Garantiefristen** dar. Unterstellt man, dass die Umsatzerlöse mit steigender Garantiefrist linear steigen, die Kosten der Garantiegewährung aber aufgrund der im Zeitablauf zunehmenden Verschleißerscheinungen der Produkte überproportional wachsen, so kann mit Hilfe der Break-Even-Analyse jene Garantiedauer bestimmt werden, bei der eine Verlängerung der Garantiefrist zu keinem Mehrgewinn mehr führt (vgl. Abb. 5-19). Die Betrachtung wird dabei unter **ceteris paribus-Bedingungen** und unter **Beschränkung auf die entscheidungsabhängigen Kosten** durchgeführt. Auch hierbei geht es **nicht** um eine **Optimierung** der Entscheidung, sondern um die **Abschätzung des Höchstmaßes** an Garantiefristen, das unter ertrags- und kostenwirtschaftlichen Aspekten vertretbar erscheint.

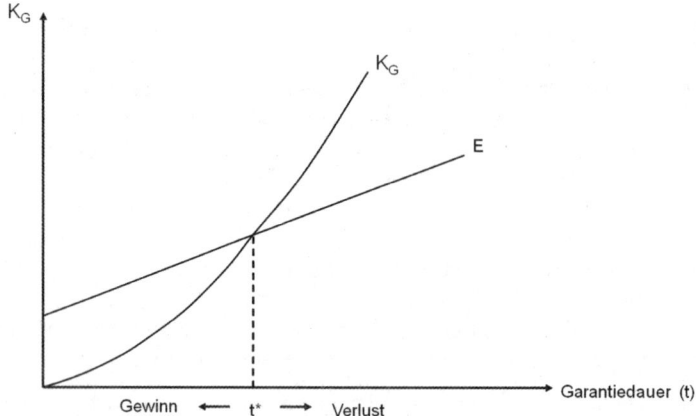

Abb. 5-19: Break-Even-Diagramm zur Bestimmung
der maximal vertretbaren Garantiedauer

Eine **kritische Beurteilung** der Leistungsfähigkeit der Break-Even-Analyse geht zweckmäßigerweise von den dem Verfahren zugrunde liegenden **Prämissen** einerseits und den generellen **Anforderungen an benutzerfreundliche Modelle** andererseits aus. In ihrer Grundform basiert die Break-Even-Analyse auf folgende Prämissen:

(1) Monokausale Abhängigkeit der Kosten und Erlöse
Diese Unterstellung beinhaltet in vielen Fällen eine grobe Vereinfachung der Realität. In der Praxis hängen z.B. die Kosten von einer Vielzahl von Einflussgrößen ab (z.B. Faktorpreis, Lagerbildung) und nicht nur von der Ausbringungsmenge.

(2) Keine Interaktion zwischen Kosten und Erlösen
Besonders problematisch ist die Unterstellung, dass Kosten- und Erlösfunktionen **unabhängig** voneinander formuliert werden können. Damit wird gerade die Problemstellung der gezielten Absatzbeeinflussung durch Kosten verursachende Marketingmaßnahmen, wie beispielsweise Werbung, Distributionsintensivierung oder Verpackungsgestaltung, von der Break-Even-Analyse **nicht** erfasst.
Die Prämissen (1) und (2) vereinfachen und beschränken das Problemfeld des Marketingplaners relativ stark. Durch diesen Nachteil erkauft man sich eine **leicht durchschaubaren, variablen** und **anpassungsfähigen Modellstruktur**. Gerade weil die modellierte Variable der **Gewinn** ist, sollte sich jeder Modellbenutzer freilich des partialanalytischen Charakters der Break-Even-Analyse bewusst sein.

(3) Gegebene Kosten- und Erlösfunktionen
Wie oben dargestellt, beinhaltet die Break-Even-Analyse nichts anderes als eine tautologische Transformation **vorgegebener** Funktionen zwischen der unabhängigen Variablen und den Erlösen bzw. Kosten. Dass die Entwicklung derartiger Funktionen mit großen **Schwierigkeiten** und **Unsicherheiten** verbunden ist, steht außer Frage.

Besondere Probleme bereitet auch die für das Verfahren notwendige **Kostenspaltung**, die ein spezielles **Kostenrechnungssystem**, nämlich eine Vollkostenrechnung mit getrenntem Ausweis von fixen und variablen Kosten, voraussetzt. Da der **Fixkostencharakter** einer Kostenart weitgehend vom Planungshorizont abhängig ist und dadurch durchaus **abgestuft** werden kann, schleichen sich in eine Break-Even-Betrachtung leicht Ungenauigkeiten ein, die vom Modellbenutzer vor allem dann nicht abgeschätzt werden können, wenn die Datenbereitstellung durch andere Stellen bewirkt wird.

Wenn die Break-Even-Analyse trotz der genannten Beschränkungen eine sehr große Verbreitung in der Praxis gefunden hat, so zeigt dies deutlich, welcher Stellenwert den Kriterien Einfachheit und Anpassungsfähigkeit bei der Anwendung von Controllingmethoden dort zukommt.

3.2.3 Kundenzufriedenheitsportfolio

Beim Kundenzufriedenheitsportfolio handelt es sich um eine Analysetechnik, die dem Marketingentscheider Hinweise darauf liefern soll, welche Leistungsmerkmale des eigenen Angebotes im Hinblick auf die Kundenzufriedenheit besonders bedeutsam sind. Theoretische Grundlage dafür ist ein in der Confirmation-Disconfirmation-Theorie entwickeltes, multiattributives Modell der Kundenzufriedenheit (vgl. Kap. 2/ 2.). Das ge-

samte Leistungsangebot eines Unternehmens wird dabei in Teilmodule oder -attribute
aufgegliedert. Jede dieser Teilleistungen kann für den Kunden mehr oder minder bedeutsam sein. Die Gesamtzufriedenheit ergibt sich dann durch Aufsummierung der gewichteten Teilzufriedenheiten (vgl. Abb. 5-20).

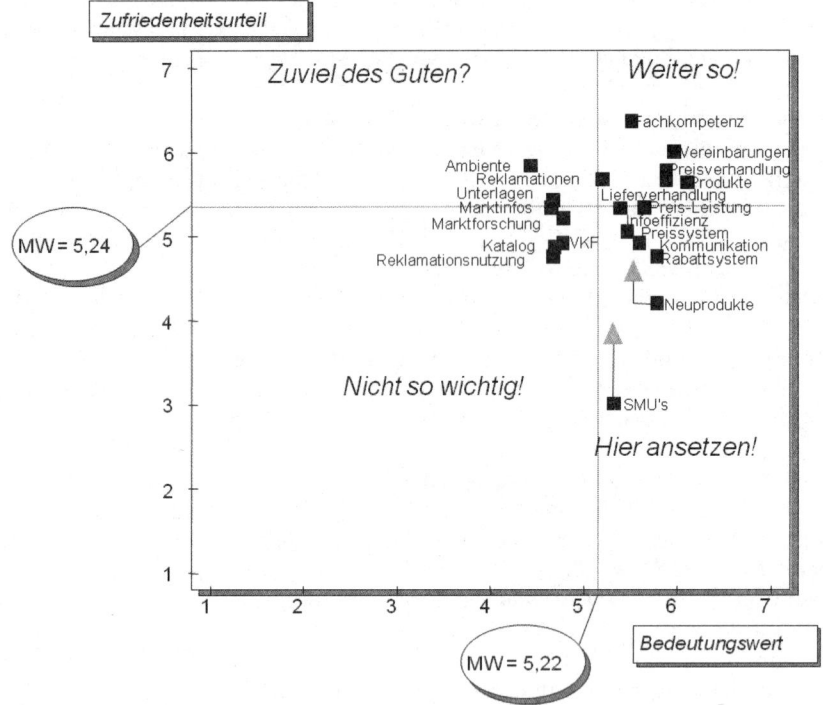

Abb. 5-20: Beispiel für ein Kundenzufriedenheitsportfolio (Teilausschnitt)
(Quelle: Diller 1996b)

Erhebt man nun diese Teilzufriedenheiten und die dazugehörigen Bedeutungswerte im
Rahmen einer Befragung, lassen sich beide Werte in einem Koordinatensystem graphisch darstellen. Abb. 5-20 zeigt ein entsprechendes Beispiel. Auf der Ordinate wird
dort die durchschnittliche Zufriedenheit der befragten Kunden (im vorliegenden Fall
handelt es sich um Key Accounts aus dem Handel) abgetragen. Auf einer siebenstufigen
Zufriedenheitsskala ergab sich dabei ein Mittelwert von 5,24. Dieser bildet die horizontale Trennlinie im Zufriedenheitsportfolio. Auf der Abszisse werden die ebenfalls direkt
erhobenen Bedeutungswerte für die einzelnen Teilattribute abgetragen. Dort lag der
durchschnittliche Bedeutungswert bei 5,22. Kleinere Bedeutungsgewichte deuten damit
auf weniger bedeutsame, höhere Bedeutungsgewichte auf überdurchschnittlich bedeutsame Teilaspekte hin. Die Kombination beider Skalen lässt eine Vierfeldertafel entstehen, bei der im oberen rechten Quadranten Teilaspekte abgetragen sind, mit denen die
Kunden sehr zufrieden sind und die ihnen gleichzeitig sehr wichtig sind. Die „Norm-
strategie" lautet deshalb „weiter so". M.a.W. gibt es hier keinen besonderen Handlungs-

bedarf. Anders ist dies im rechten unteren Quadranten, wo sich sehr bedeutsame Aspekte finden, die jedoch bisher nicht zur vollen Zufriedenheit der Kunden erbracht werden. Dazu zählen z.B. Special-Make Ups (SMU), d.h. spezielle Produktvarianten für bestimmte Händler (die Befragung entstammt einer Studie zur Kundenzufriedenheit eines Sportartikelherstellers), die Mitwirkung bei der Entwicklung neuer Produkte, die Gerechtigkeit des Rabattsystems, die Art der Kommunikation mit dem Kunden, die Ausgestaltung des Preissystems etc. (vgl. Abb. 5-20). Das Portfolio zeigt hier also Handlungsbedarf auf und priorisiert diese Teilaspekte vor anderen. Dies gilt insb. für die im linken unteren Quadranten angesiedelten Leistungsmerkmale, wie die Qualität der Marktforschung, die Kataloggestaltung, die Verkaufsförderung oder die Umsetzung von Reklamationen. Diese Aspekte sind dem Kunden weniger wichtig, so dass es falsch wäre, dort Ressourcen hinzulenken. Im linken oberen Quadranten finden sich schließlich Leistungsmerkmale, bei denen der Kunde überdurchschnittlich zufrieden ist, auf die es ihm aber nicht so sehr ankommt. Dazu zählen im vorliegenden Fall z.B. das Ambiente der Ausstellungsräume, die Verfügbarkeit von Reklamationskanälen oder die Qualität der Verkaufsunterlagen. Möglicherweise wird hier also „zuviel des Guten" getan, so dass der Marketingaufwand zurückgefahren werden könnte.

Man erkennt am vorliegenden Beispiel, dass Kundenzufriedenheitsportfolios

- auf Verhaltensgrößen basieren,

- deren valide Messung mit gewissen Erhebungsproblemen verbunden ist,

- die andererseits unmittelbaren Bezug zum Leistungsangebot eines Unternehmens besitzen und deshalb hohe ökonomische Bedeutung besitzen.

Das größte Problem stellt hierbei die valide Messung der Bedeutungswerte dar, da in entsprechenden Kundenbefragungen häufig alle Leistungsmerkmale als besonders wichtig deklariert werden. Die Kunden scheuen hier eine wirkliche Abwägung (Trade-off) und entwickeln eine „Anspruchsinflation". Ein häufig genutzter Ausweg aus diesem Messdilemma bietet eine **multiple Regressionsanalyse** mit der zusätzlich erhobenen Gesamtzufriedenheit mit Anbieter j (GZ_j) als abhängiger und den Teilzufriedenheiten TZ_{ij} als unabhängigen Variablen:

$$(1)\ GZ_j = \beta_{0j} + \beta_1 \cdot TZ_{1j} + \beta_{2j} \cdot TZ_{2j} + \ldots\ldots\ \beta_i \cdot TZ_{ij} \ldots\ldots + \beta_n \cdot TZ_{nj} + \varepsilon$$

Die sich daraus ergebenden standardisierten Regressionskoeffizienten β_i können als Bedeutungsgewichte der Teilzufriedenheiten interpretiert werden, soweit die Analyse hinreichend Varianzaufklärung für GZ_j bietet, also der Fehlerterm ε relativ klein bleibt. Problematisch dabei ist die Prämisse linearer Zufriedenheitsverläufe und fehlender Interaktionseffekte.

Nicht-lineare Effekte werden im sog. **KANO-Modell** dargestellt, das vier Typen von Angebotsleistungen eines Unternehmens unterscheidet (vgl. Abb. 5-21). Trägt man in einem Ordinatensystem am Nullpunkt das durchschnittliche Aktivitätsniveau eines bestimmten Marketinginstrumentes am Markt ab, so erbringt die Zunahme der Intensität bei verschiedenen Aktionsparametern bzw. Instrumenten u.U. ganz unterschiedliche Wirkungen:

– Bei sog. **Variancers** steigt die auf der Ordinate abgetragene Zufriedenheit des Kunden proportional (je steiler der Verlauf, desto sensitiver reagieren dabei die Kunden
auf die entsprechende Leistungssteigerung).

– Bei sog. „**Equals**" verändert sich die Zufriedenheit auch bei erheblicher Zunahme
der Angebotsleistung gar nicht oder kaum. Der Kunde legt auf diese Maßnahmen
damit offensichtlich keinen oder wenig Wert, wie das z.B. bei Gebrauchsanweisun-
gen oder Kundenzeitschriften der Fall sein könnte. Deren Verbesserung bzw. Intensivierung (Umfang, Häufigkeit) dürfte keinen wesentlichen Ausschlag auf die Kaufentscheidungen der Kunden haben.

– Bei sog. „**Satisfiers**" steigt die Zufriedenheit bei positiven Abweichungen vom
Marktdurchschnitt überproportional an, z.B. weil der Kunde von derartigen Leistungen besonders positiv überrascht ist, weil sie als ungewöhnlich gelten, (z.B. die
Überführung des Autos nach dem Kundendienst zum Kunden) oder weil sie kulant,
d.h. rechtlich nicht zwingend sind.

– Bei sog. „**Essentials**" steigt die Zufriedenheit bei Zunahme der Leistung nicht, sinkt
aber bei Nichtvorhandensein bzw. Abweichungen nach unten sofort rasch ab. Es
handelt sich hierbei also um Grundleistungen („Hygienefaktoren"), die vom Kunden
erwartet werden, ohne dass diesbezüglich Maximierungsansprüche bestehen. Dies
gilt häufig z.B. für die Sicherheitsmerkmale eines Produktes.

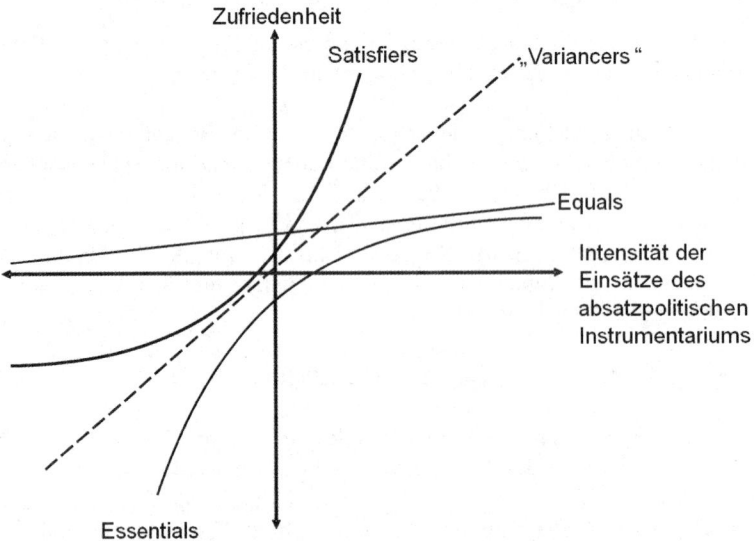

Abb. 5-21: KANO-Modell zur Klassifikation absatzpolitischer Instrumente

Zur Erhebung derartiger Effekte sind pro Angebotsmerkmal zwei Fragen zu stellen,
nämlich die nach der Präferenzentwicklung der Befragten bei Steigerung bzw. Absenkung des jeweiligen Merkmals.

Wegen der Notwendigkeit der Kundenbefragung sind Zufriedenheitsportfolios relativ aufwendige Controllingverfahren, insb. wenn sie repräsentativ angelegt werden sollen. Darüber hinaus erschließen sie nur die vorhandenen Kunden, nicht aber die potenziellen oder abgewanderten Kunden, die normalerweise über das Leistungsangebot keine Angaben (mehr) machen können. Trotzdem haben Kundenportfolios in der Praxis große Verbreitung gefunden, weil sie der kundenorientierten Ausgestaltung des Leistungsprogramms eine analytische Basis verleihen. Es handelt sich allerdings nur um eine Entscheidungsheuristik, weil das Leistungsangebot nicht optimiert wird, sondern „lediglich" Hinweise darauf gegeben werden, welche Aspekte vom Unternehmen zu priorisieren sind.

3.2.4 Kennzahlen und Kennzahlensysteme („Marketing-Cockpit")

Während die vorangegangenen Ausführungen Instrumente aufgezeigt haben, mit denen partielle Marketingaspekte einem Marketing-Controlling unterworfen werden können,, versuchen Kennzahlensysteme, das Marketing systematisch und ganzheitlich so mit Informationen zu versorgen, dass eine permanente Verbesserung der Marketingprozesse möglich ist und auch erfolgt. Dazu gilt es, ein **„Marketing-Cockpit"** zu generieren, das – in Analogie zu einem Flugzeug-Cockpit – die wesentlichen Informationen für die Steuerung des Marketing zur Verfügung stellt.

Damit ein solches Marketing-Cockpit einen schnellen und komprimierten Überblick über die relevanten Sachverhalte vermittelt, bietet sich der Rückgriff auf **Kennzahlen** an. Dabei handelt es sich um Zahlen, die quantitativ erfassbare Sachverhalte in konzentrierter Form darstellen. Die **Formulierung** von Kennzahlen kann in Form absoluter Zahlen, wie Summen, Differenzen und Mittelwerte, oder als Verhältniszahlen, wie Gliederungszahlen (z.B. Umsatzanteil A-Kunde am Gesamtumsatz), Beziehungszahlen (z.B. kundenbezogene Deckungsbeitragsrate) und Indexzahlen, erfolgen. Aussagekraft erlangen Kennzahlen dabei grundsätzlich erst durch Soll-Ist- sowie Quer- und Längsschnittsvergleiche. Oft orientiert man sich dabei am Durchschnittswert, etwa über alle Absatzsegmente (z.B. Vertriebsgebiete, Produkte, Kunden etc.) hinweg und analysiert die Abweichungen in den besonders „auffälligen" Einzelsegmenten.

	Kundenzahl		Ø Umsatz		erzielte Kalkulation		Ø Teile		Abschrift		Ø VK-Preis		Ø Käufe	
	03/2005	+/-% VJ	03/2005	+/-% VJ	03/2005	+/-% VJ	03/2005	+/-% VJ	03/2005	+/-% VJ	03/2005	+/-% VJ	03/2005	+/-% VJ
Gesamtunternehmen			34 €	-9%	50 %	11%	2,8		10%	-2%	84 €	12%	3,7	-13%
kein Kartenhaber					13 %	1%	2,3		19%	-9%	101 €	3%		
aktive Kartenhaber	5579 K	-9%	9 €	-3%	70 %	2%	1,8		4%		45 €		1,9	-11%
inaktive Kartenhaber	360 K	6%												
w	3872 K		92 €	-1%	63 %	3%	2,4	-13%	4%	12%	39 €	4%	2,8	0%
m	9166 K	9%	42 €		15 %	-13%	2,0	10%	8%	-15%	16 €	-5%	1,9	
unbekannt	75 K	-11%	2 €		82 %		1,0	-11%	27%	-10%	2 €		0,9	4%
< 20 Jahre	734 K	3%					1,8	12%	3%		15 €	-6%	1,7	
20-29 Jahre	6215 K	3%		-7%		-8%	1,8		14%	17%	21 €	-11%	1,9	11%
30-49 Jahre	233 K	14%	30 €	-5%	35 %	8%	1,8	5%	20%		26 €		0,7	-7%
50-64 Jahre	2745 K	1%	96 €	-7%	56 %									
> 65 Jahre	9555 K	-12%	39 €	-1%	13 %	-9%								
unbekannt	4304 K	6%	28 €		13 %									
Stammkunden	3942 K	0%	54 €	4%	38 %	6%								
Winner	2927 K	12%	91 €	-2%	56 %	-7%								
Lost-Sales Kunden	294 K	-14%	11 €	-9%	35 %	12%	2,5	10%			110 €	9%	2,3	3%
Kunde	1222 K	12%	73 €		38 %	12%	1,3	-8%	29%	-3%	12 €		1,5	12%
Neukunde	4843 K	8%	81 €	11%	21 %	9%	0,5	-7%	10%		16 €	5%	3,8	-3%
unbekannt	9971 K	8%	24 €	-11%	50 %	-11%	1,8	10%	17%		40 €		2,0	4%
A-Kunden	5447 K	-13%	41 €	-10%	23 %	-2%	1,9	1%	24%	3%	47 €	0%	2,4	6%
B-Kunden	4379 K	6%	61 €	0%	58 %	5%	1,1	14%	19%	-9%	23 €	-6%	1,3	
C-Kunden	7971 K	10%	36 €	-13%	29 %	1%	2,6	-4%	17%	11%	43 €	10%	3,4	
Preis	9204 K		67 €	-10%	68 %	2%	2,9	-3%	20%	7%	65 €	14%	3,0	
untere Mitte	2299 K		43 €	13%	58 %	4%	2,0	7%	26%		3 €	10%	1,1	-13%
Mitte	654 K	8%	99 €	6%	41 %		3,0	1%	5%		117 €	10%	1,6	
gehobene Mitte	7244 K		63 €	-2%	55 %	11%	2,2	12%	24%		89 €	-5%	3,5	-5%
gehoben	875 K	7%	82 €	-5%	10 %	-11%	2,1		7%	11%	88 €	6%	0,1	0%
unbekannt	4829 K	7%	62 €		60 %	13%								
young fashion (jeanswear)	4761 K		39 €	-2%	55 %	10%								
young	7788 K	4%	25 €	-2%	28 %	10%								
modern	6173 K	-6%	23 €	-6%	1 %	-1%								
modern classic	1375 K	3%	95 €	13%	49 %									
konservativ	8916 K		32 €	10%	65 %		1,0	0%	4%		113 €	-3%	3,4	-1%
unbekannt	9856 K	12%	38 €			1%	2,2		17%		61 €		2,1	-1%
Schnäppchenjäger	904 K	4%	6 €	4%	8 %	6%	1,7	-1%	3%	12%	99 €	3%	0,4	
Durchschnittskäufer	7021 K		44 €		24 %	-5%	2,6	7%	26%	2%	24 €	7%	2,4	8%
"Egal, was es kostet"	7291 K				59 %		1,6	0%	21%	7%	64 €	5%	2,0	0%

17% „Einbruch" im Segment der „unter 20-jährigen"!

17% Rückgang bei den „Durchschnittskäufern"!

Farblegende: Veränderung +15% und mehr   Veränderung -15% und mehr   - streng vertraulich -

Abb. 5-22: Beispiel für ein „Ampel-Kennzahlensystem zum Marketing (Quelle: defacto GmbH, Erlangen)

In automatisierten Diagnosesystemen lassen sich damit periodische „**Ampeldarstellungen**" generieren, welche mit rot bzw. grün unterlegten Feldern besonders positiv bzw. negativ verlaufende Entwicklungen signalisieren. Abb. 5-22 zeigt ein entsprechendes Beispiel, bei dem vorab bestimmte Kundengruppen (Zeilen der Matrix) nach verschiedenen Kennwerten (Spalten) verfolgt werden. Die entsprechenden Daten stammen z.B. aus Kundenkartensystemen des Handels.

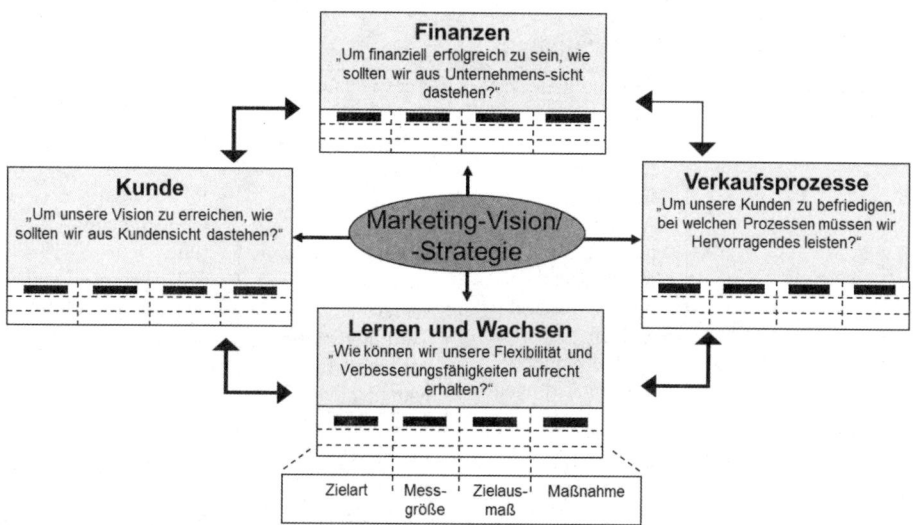

Abb. 5-23: Balanced Scorecard als Grundstruktur des Marketing-Cockpits

Um möglichst vollständige und trotzdem konzentrierte Informationen für das Marketing zu erhalten, sind die einzelnen Kennzahlen zu einem schlüssigen **Kennzahlensystem**, etwa analog zur Struktur der **Balanced Scorecard** (vgl. *Kaplan/Norton* 1997), zu verbinden. Aus dieser Perspektive besteht die Grundidee bei der Konzeption eines Marketing-Cockpits darin, **vier Perspektiven** in ausgewogener Weise (= „balanced") zu berücksichtigen (s. Abb. 5-23), und zwar:

- Die Innovations- und Lernperspektive (Wie können wir uns weiter verbessern?)

- Die Perspektive der Marketingprozesse (Bei welchen Prozessen müssen wir Hervorragendes leisten?)

- Die Kundenperspektive (Wie sehen uns die Kunden?)

- Die finanzielle Perspektive (Wie tragen wir zum Unternehmenserfolg bei?).

Für das Marketing-Cockpit gilt es, Kennzahlen unter Berücksichtigung der vier Perspektiven so zusammenzustellen, dass sie in einer sachlich sinnvollen Beziehung zueinander stehen und sich dabei gegenseitig ergänzen und erklären. Einen Überblick über Kennzahlen, die man dazu heranziehen kann, geben Abb. 5-24 für die drei Hauptprozesse des Verkaufs.

Verkaufsprozess	Qualität	Zeit	Kosten
Kundenannähe-rung	• Umfang generierte Adressen • Vollständigkeit Interessentenin-formationen • Aktualität Kon-taktinformationen • Kampagnenbezo-gene Responserate • Anzahl Visits auf Online-Angebot • Anzahl Anfragen	• Analysedauer pro Lead • ∅ Zeit für Kam-pagnenplanung • ∅ Kampagnen-dauer • ∅ Online-Verweil-dauer von Interes-senten • Termineinhaltung bei mehrstufigen Kampagnen	• Messekosten • ∅ Kosten pro Kampagne • Streuverlust • Prozesskosten der Kundenannähe-rung • ∅ Kosten pro Lead • ∅ Kosten pro Inte-ressent
Kundengewinnung	• AD-Support durch Innendienst • Anzahl abgebro-chener Verkaufs-besuche (z.B. wg. fehlerhafter Pla-nung) • ∅ Anzahl Besuche pro Verkaufsab-schluss • Konversionsrate (Neu- bzw. vor-handene Kunden) • ∅ gewährter Preisnachlass	• Reaktionsdauer auf Interessentenan-fragen • Erreichbarkeit Verkaufsinnen-dienst • ∅ Dauer der An-gebotserstellung • Flexibilität bzgl. Terminvereinba-rung • Anteil aktive Ver-kaufszeit • ∅ Auftragsdurch-lauf/ Lieferzeit	• ∅ Kosten für Ver-kaufstrainings pro Außendienstler • Kosten pro CAS-System • Kosten für Ver-kaufswettbewerbe • Anfragebearbei-tungskosten • ∅ Kosten pro Ver-kaufsbesuch • ∅ Kosten pro Ab-schluss bei Neu- bzw. wiederge-wonnenem Kunde
Kundenpflege	• Anzahl Kunden-schnittstellen • Eintrittsquote von Neukunden in Bin-dungsprogramm • Cross-/ Up-Selling-Rate • Kundenfluktuation • Reaktivierungs-/ Rückgewinnungs-quote • Kumulierter Kun-denwert	• ∅ Dauer der Onli-ne-Transaktionen der Kunden • Anteil Problemlö-sung nach erstem Gespräch • ∅ Dauer bis zur Problemlösung • Frequenz Service-kontakte • ∅ Dauer Ge-schäftsbeziehung	• Kosten des Kun-deninformationssy stems • Kosten pro Kun-denkontakt • ∅ Gewährleis-tungskosten pro Kunde • Gesamtkosten der Kundenpflege • ∅ Opportunitäts-kosten bzgl. der verlorenen Kunden

Abb. 5-24: Kennzahlen für Verkaufsprozesse (Beispiele)

4. IT-Unterstützung von Marketingprozessen

> **PRINZIP: IT-Unterstützung von Marketingprozessen**
> Suche systematisch und beständig nach neuen Möglichkeiten, die Effektivität und
> Effizienz von Marketingprozessen durch intelligente Informations- und Kommu-
> nikationstechniken zu verbessern!

4.1 Grundlagen

Dass Informationund Kommunikation zwei wesentliche Dimensionen einer marktorientierten Unternehmensführung darstellen, wurde bei Behandlung der Marketing
Intelligence im Kap. 3 bereits erörtert. Die grundsätzlich relevanten Datenmengen sind
allerdings riesig. Sie umfassen nicht selten Terabytes (Millionen von Megabytes) an
Daten, so dass eine elektronische Sammlung, Speicherung und Aufbereitung unabdingbar ist. Man denke z.B. an die Transaktionsdaten einer Mobilfunkgesellschaft, einer
Handelskette oder einer Bank mit Millionen von Kunden oder an die sich ständig kumu-
lierenden Daten aus Haushalts- oder Handelspanels mit meist zweimonatlichem Be-
richtsrhythmus. Aufgrund wesentlicher Vorteile, etwa geringerer Kosten und höherer
Geschwindigkeit, wird das **Datenmanagement** deshalb heute partiell oder vollkommen
durch den Einsatz verschiedener elektronischer **Informations- und Kommunikationssysteme** (IuK-Systeme) unterstützt.

Zahlreiche Unternehmen haben zudem erkannt, dass Information und Kommunikation
zu Wettbewerbsvorteilen führen können. Dem systematischen Management von Wissen, dem **Knowledge Management** (KM), wird daher zunehmend Aufmerksamkeit
geschenkt (vgl. Kap. 4 sowie *Kolbe* et al. 2003; *Grether* 2003). Für Unternehmen ist es
wichtig, sowohl implizites als auch explizites Wissen möglichst umfassend zu erfassen
und zu dokumentieren. Auch dafür sind elektronische IuK-Systeme praktisch unverzichtbar.

Vorteile elektronischer Speicher- und Transfersysteme sind u.a.:
(1) Die Fähigkeit zur **Speicherung großer Datenmengen** auf geringem Raum (im Gegensatz zu dem hohen Platzbedarf der klassischen Ablage von Papier in Ordnern).
(2) Die hohe **Geschwindigkeit** beim Transfer sowie bei der Speicherung, Ordnung und
Analyse von Daten (im Gegensatz zum zeitintensiven physischen Transfer z.B. von
schriftlichen Daten).
(3) Die Fähigkeit, vorliegende **Daten flexibel** nach den Zielen spezifischer Abfragen **zu
verknüpfen**.
(4) Die Fähigkeit, Daten durch informationstechnische **Vernetzung** an verschiedenen,
geographisch teils weit entfernten Orten **zeitgleich** nutzbar zu machen.

Die Gesamtheit der elektronischen Speicher- und Transfersysteme eines Unternehmens
bildet seine Informations- und Kommunikations- (IuK-)Architektur. Zu unterscheiden
ist dabei zwischen IuK-Systemen einerseits sowie der IuK-Technologie andererseits.
IuK-Systeme sind in Form von Software verfügbar, die IuK-Technologie umfasst die
Hardware, Netzwerke und die dazu gehörige Systemsoftware (vgl. *Kolbe* et al. 2003,
S. 5). Nachfolgend sollen – eher beispielhaft - einige Einsatzmöglichkeiten der IuK-

Instrumente dargestellt werden, wobei wir zwei wesentliche Einsatzfelder unterscheiden: das unternehmensinterne Datenmanagement einerseits sowie IuK-Anwendungen, die an der externen Schnittstelle zum Kunden in Einsatz kommen, andererseits (vgl. *Diller/Haas/Ivens* 2005, S. 382ff.). Sie sollen dem Leser verdeutlichen, wie stark heute das Marketinggeschehen bereits von IuK-Technologien geprägt ist und welche Chancen, aber auch Risiken sich damit verbinden. Eine ausführliche Behandlung der vielfältigen Möglichkeiten der IT-Unterstützung im Marketing findet man z.B. bei *Mertens/Stößlein* (2004), *Hippner/Wilde* (2004b), *Hermanns/Gampenrieder* (2002).

4.2   Datenmanagement-Systeme

> **PRINZIP: Datenmanagement-Systeme**
> Suche systematisch und beständig nach neuen Möglichkeiten, die Effektivität und Effizienz von Marketingprozessen durch intelligente Informations- und Kommunikationstechniken zu verbessern!

4.2.1   Marketing-Informationssysteme

> **PRINZIP: Marketing-Informationssysteme**
> Systematisiere die Informationsversorgung der Marketingentscheider durch Datenbanken und dazugehörige Software und Kommunikationsnetze, die einen unkomplizierten und umfassenden Zugriff auf relevante Marketingdaten ermöglichen!

Zur Sicherstellung der Informationsversorgung im Marketing bedarf es eines geeigneten **Marketing-Informationssystems (MAIS)**. Ein solches lässt sich definieren als die Gesamtheit aus personellen und technischen Ressourcen sowie Verfahren zur Gewinnung, Zuordnung, Analyse, Bewertung und Weitergabe zeitnaher und zutreffender Informationen, die die Entscheidungsträger bei Marketingentscheidungen unterstützen.
Die Basis für ein MAIS bilden i.d.R. eine oder mehrere **Datenbanken** mit Daten aus verschiedenen Unternehmensbereichen, insbesondere der laufenden Erfassung des Geschäftsverkehrs in sog. ERP-Systemen (Enterprise Ressource Planning, z.B. mySAP ERP), der Marktforschung, sowie aus internen (z.B. Außendienst) und externen Quellen (z.B. Zeitungsberichte). Neben Informationen über (potentielle) Kunden, die im Rahmen einer allgemeinen Marktbeobachtung oder bei Kundenkontakten anfallen (**„Kundenorientiertes Informationssystem"**; vgl. *Link* 2000, S. 36-44), werden auch Informationen über Wettbewerber sowie den Markt im Allgemeinen generiert und gespeichert (vgl. Abb. 5-25). Diese Informationen sorgen dafür, dass man gezielte Analysen anstellen kann, wozu entsprechende **Methoden-Software** zur Verfügung zu stellen ist. Analysen können relativ standardisiert durch **Berichts- und Kontrollsysteme** (z.B. in Form monatlicher Umsatzreports für Kunden und Kundengruppen) oder in Form spezieller Analysen mittels **Auskunftssystemen** (z.B. Abfrage von speziellen Auswertungen aus Paneldaten bzgl. der Preisunterschiede in bestimmten Absatzkanälen) erfolgen (vgl. *Diller* 1975). Ziel der Analysen ist es, das Marktgeschehen präzise zu durchdringen und – je nach Bedarf - unterschiedlich detailliert bzw. aggregiert präsent zu machen. Damit

erhält man die Grundlage für eine zielgerichtete Bearbeitung des Marktes, um letztlich die „richtigen" Kunden zum „richtigen" Zeitpunkt mit den „richtigen" Maßnahmen anzusprechen (vgl. *Link/Hildebrand* 1993).

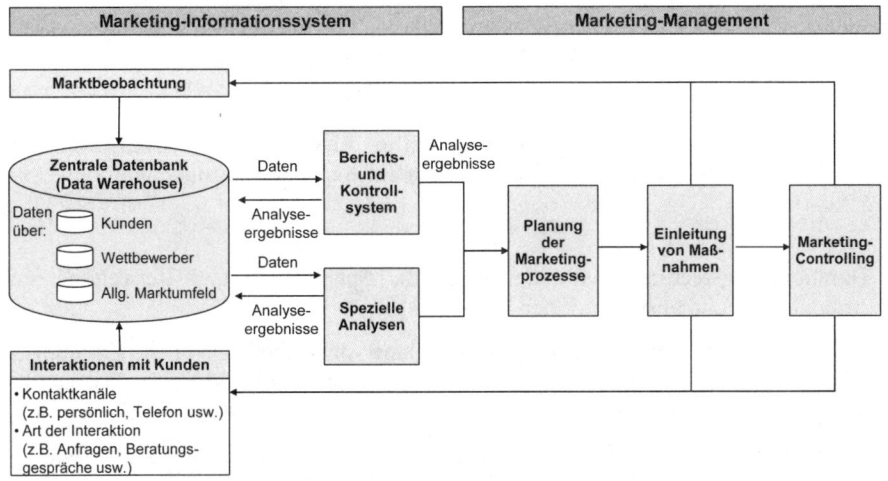

Abb. 5-25: Aufbau eines Marketing-Informationssystems
(Quelle: In Anlehnung an Homburg/Krohmer 2003, S. 997)

Als Voraussetzung für eine umfassende Unterstützung des Marketing-Managements sind die beiden Bereiche der Informationsgewinnung bzw. -speicherung und der Datenanalyse mit der Planung der Marketingprozesse sowie dem Marketing-Controlling zu **vernetzen**. Auf diese Weise lassen sich alle bei der Marktbearbeitung gemachten Erfahrungen im Sinne einer **integrierten Informationsrückkopplung** bündeln. Dadurch wird es möglich, sowohl die bis dato genutzten Daten und Analysen als auch die darauf beruhenden Ergebnisse sukzessive zu überprüfen, anzupassen und zu verfeinern.

Insgesamt stellt ein entsprechend gestaltetes Informationssystem einen schnellen und aufeinander abgestimmten Zugriff auf die im Rahmen des Controllings generierten Informationen sicher. Insofern handelt es sich dabei um eine wichtige Voraussetzung für die im Marketing angestrebte effektive und effiziente Marktbearbeitung. Angesichts der vielfältigen sich bietenden informationstechnologischen Möglichkeiten besteht die zentrale Herausforderung darin, das Informationssystem stimmig in das verfolgte Marketing-Konzept zu integrieren, d.h. jene Informationen bereitzustellen, welche die Steuerung der Marketingprozesse im Sinne der gewählten Marketingstrategie unterstützen.

4.2.2 Kundendatenbank- und CRM-Systeme

> **PRINZIP: CRM-Systeme**
> Nutze in wirtschaftlich sinnvoller Weise die Möglichkeiten elektronischer CRM-Systeme zur Nutzung von Kundendatenbanken in voll- oder teilautomatisierten Interaktionsprozesssen mit den Kunden!

Ein wesentlicher Teilsektor von MAIS ist die Zusammenführung aller kundenbezogenen Informationen in **Kundendatenbanken** (vgl. *Hippner/Wilde* 2003). Sie bilden das
Fundament des Marketing und erlauben es, Kundenaktivitäten ganzheitlich abzubilden.
Dadurch wiederum ermöglichen sie eine integrierte Bearbeitung individueller Kunden.
Grundlage des Kundendatenbank-Managements ist die unternehmensinterne Verwaltung von Daten im sog. **Data Warehouse** und in **CRM-Systemen**, die wir im Kap. 2
bereits dargestellt haben. Auf die dortigen Ausführungen sei verwiesen.

CRM-Systeme können einen wesentlichen Beitrag zu Effektivität und Effizienz des
Marketing leisten. Sie basieren im Wesentlichen auf folgenden Technologien (vgl. *Amberg* 2004):

- **Datenhaltungstechnologien** unterstützen die Speicherung und Verwaltung von
  strukturierten und unstrukturierten Daten.

- **Integrationstechnologien** ermöglichen die inner- und überbetriebliche Zusammenarbeit unterschiedlicher IT-Systeme, insb. bei der Standardisierung der Datenstruk-
  tur sowie bei der Realisierung von Schnittstellen zwischen Systemen (Middleware).

- **Telekommunikationstechnologien** unterstützen den bidirektionalen Austausch von
  Daten zwischen Menschen und/oder Maschinen.

- **Internettechnologien** umfassen spezifische Protokolle, Anwendungen und Sprachen, die den Datenaustausch auf weltweit vernetzten Rechnern ermöglichen.

- **Sicherheitstechnologien** ermöglichen eine sichere Datenhaltung und –übertragung.

Besonders im **E-Commerce** sind CRM-Systeme integraler Bestandteil der IuK-
Grundlagen. Die Anwendung von CRM im E-Commerce wird als **eCRM** bezeichnet
(vgl. *Eggert/Fassott* 2001). Dabei dient das sog. **eMarketing** der Gewinnung von
Neukunden und der Pflege von Bestandskunden, **eSales** beinhalten die Begleitung von
Verkaufsprozessen durch das Internet und **eService** dient der Unterstützung des Kunden
über seinen Kundenlebenszyklus hinweg durch Hilfestellungen wie etwa FAQ-Listen
oder Avatare.

Problematisch ist im Rahmen des CRM der **Schutz der Daten**, die über Kunden erfasst
werden. Aus Unternehmenssicht erhöhen die Qualität und die Quantität der über den
Kunden vorliegenden Daten sowohl die Effizienz als auch die Effektivität des Marketing. Jedoch existieren in Deutschland relativ restriktive rechtliche Bedingungen für die
Speicherung personenbezogener Daten. Hierbei handelt es sich um solche Daten, die
mit Namens- oder Adressinformationen verknüpft sind und somit Rückschlüsse auf das
Verhalten von Individuen zulassen. Ihrer Generierung, Verarbeitung und Weitergabe ist
durch den Kunden grundsätzlich zuzustimmen. Ausnahmen hiervon bilden lediglich
jene Informationen, die ein Anbieter zur Abwicklung von Transaktionen unbedingt benötigt, insbesondere bei der Bezahlung und Lieferung (vgl. *Süme* 2005; *Walter* 2010).

4.2.3 Content Management-Systeme

PRINZIP: Content Management-Systeme
Steigere die Effizienz im Umgang mit marketingrelevanten Dokumenten durch Einsatz von Content Management-Systemen!

Neben kundenbezogenen Daten verfügen Unternehmen über zahlreiche weitere Informationen i.w.S., die im Rahmen des Marketing anfallen oder eingesetzt werden. Diese Informationen werden auch als **Content** oder Inhalte bezeichnet. Hierunter fallen bspw. Grafiken, Fotos, Videos, Audiospots, Briefe oder Inhalte für Internetseiten oder Werbeanzeigen etc. Allgemeiner ausgedrückt umfasst Content „von Menschen erzeugte und in medienspezifischer Form präsentierte digitale Information unterschiedlichster Art, die distribuierbar ist" (*Berchtenbreiter* 2004, S. 212). Die Digitalisierung von Content bietet zahlreiche Vorteile bei dessen Lagerung, Verwaltung und Übermittlung. Angesichts der Flut von Informationen, die im Rahmen des Marketing anfallen, kommt dem Content Management eine bedeutende Rolle dafür zu, die Kommunikationsströme, z.B. zu Agenturen, Lieferanten oder Kunden effektiv und effizient zu gestalten (vgl. Fallbeispiel im Kasten). **Content Management** umfasst die Planung, Administration, Koordination und Kontrolle aller Unternehmensaktivitäten zur Generierung, zur Bereitstellung, zur Verwaltung und zur Weiterentwicklung von Content (vgl. auch *Winand/Schellhase* 2000).

Online Content Management System einer Medizinprodukte-Firma

Hersteller von Medizinprodukten setzen im Marketing umfassende Materialien zur Produktbeschreibung sowie zur Verkaufsförderung ein, die zudem häufig in mehreren Sprachen verfügbar sein müssen. Es ist eine Herausforderung, diese Unterlagen stets aktuell zu bevorraten und sie dem Außendienst effizient zukommen zu lassen.

Die Firma Smith & Nephew verkauft eine Produktlinie mit Haut- und Wundpflegematerialien an medizinische Einrichtungen. Im Rahmen ihres Marketing sollten mehrere Verbesserungen durch die Einführung eines Content Management Systems erreicht werden:
- Häufige Anpassungen der Verkaufsunterlagen vornehmen zu können,
- Druckzeiten zu reduzieren und den Druck unnötiger Unterlagen zu vermeiden,
- Ausbildung medizinischen Personals zum richtigen Einsatz der Produkte,
- den Außendienstmitarbeitern die Möglichkeit zum Customizing von Unterlagen zu geben und dabei die Konsistenz des Markenauftritts zu wahren.

Das neue System erlaubt es den Mitarbeitern nun, spezifische Unterlagen (Broschüren, Anweisungen etc.) für dutzende von Hautpflegeprodukten umzuschreiben oder zu aktualisieren, sowie Fotos für einzelne Kunden einzufügen oder zu unterdrücken. Der Ausdruck dieser Materialien erfolgt dabei "on demand" und die gedruckten Materialien stehen dem Außendienst unmittelbar für seine Präsentationen zur Verfügung. Die Systemsteuerung erlaubt es, den Zugriff auf Dokumente zu beschränken, für Dokumente Änderungs- und Erstellungsrechte einzurichten und den Bestellprozess zu überwachen.

Content-Management-Systeme umfassen folgende **Komponenten**, die die im Rahmen des Content-Lebenszyklus anfallenden Aufgaben ermöglichen (vgl. *Berchtenbreiter* 2004):

- Das **Data Repository** beinhaltet den eigentlichen Content, der modular zerlegt und in möglichst kleinen Einheiten auf Speichermedien abgelegt wird.

- Das **Usermanagement** beinhaltet die Organisation von Zugriffsberechtigungen für den Content, durch welche sichergestellt wird, dass Akteure (Kunden, Mitarbeiter etc.) lediglich die für sie bestimmten Contents nutzen bzw. gestalten können.

- Das **User Interface** ist die Bildschirmmaske, über die der Nutzer von Content seine Aktivitäten ausführen kann.

- Die **Bearbeitungstools** erlauben den Zugriff auf die in Rohform abgelegten Informationen und bereiten sie den Einsatzzwecken des Users entsprechend auf.

4.2.4   Vertriebsinformationssysteme

PRINZIP: Vertriebsinformationssysteme
Unterstütze die Vertriebsorganisation durch Vertriebsinformationssysteme, mit denen aktuelle Kundendaten am Ort des Verkaufs zur Verfügung gestellt, eingegeben und übermittelt werden können und die Vertriebsleitung einen aktuellen Überblick über das Vertriebsgeschehen erhält!

Vertriebsinformationssysteme basieren auf dem Data Warehouse des Unternehmens und sind primär für den internen Einsatz bestimmt. Ihr Zweck ist es, diejenigen Mitarbeiter, die mit Vertriebsaufgaben und deren Controlling betraut sind (z.B. Innendienst, Außendienst, Geschäftsführung), mit aktuellen Informationen über das Vertriebsgeschehen zu versorgen und den Austausch von Daten zu ermöglichen. Im Kern lassen sich zwei Teilsysteme unterscheiden, zum einen das Salesman Information System, zum anderen das Managementinformationssystem.

Das **Salesman Information System** unterstützt den Außendienstmitarbeiter bei der Erledigung seiner im Rahmen der Kundenannäherung, Kundengewinnung und Kundenpflege anfallenden Aufgaben. Eine erste Aufgabe, die unterstützt wird, ist die **Verwaltung von Kundendaten**, also bspw. der Stammdaten des Kunden, der aktuellen Aufträge oder Beschwerden. Diese sind im System im jeweils aktuellen Status dokumentiert, so dass der Außendienstmitarbeiter an verschiedenen Einsatzorten, wie etwa im Büro, auf Messen oder bei Kundenbesuchen, in der Lage ist, Informationen abzufragen oder zu ergänzen. Eine zweite Aufgabe des Salesman Information Systems ist die **Unterstützung bei der Organisation** der Tätigkeit des Außendienstmitarbeiters, bspw. bei der Planung von Besuchsrouten und –daten, bei der Verfolgung von Aktivitäten oder bei der Priorisierung von Aktionen. Drittens erlaubt ein Salesman Information System die **Übermittlung von Daten** zwischen Außendienstmitarbeitern und Innendienst. Die im Rahmen externer Aktivitäten gesammelten Daten werden an den Hauptrechner des Unternehmens übermittelt und dort für weitere Verwendungen gespeichert (vgl. *Stender/The/Rack* 2000, S. 94f.).

Im Gegensatz zum Salesman Information System, das eher der operativen Verknüpfung von Innen- und Außendienst dient, wird das **Managementinformationssystem** dazu eingesetzt, den Führungskräften des Unternehmens für die Vertriebssteuerung relevante Informationen bereit zu stellen (vgl. *Töpfer* 2005; *Stender/The/Rack* 2000). Es handelt sich also um ein Controlling-Instrument, das dazu dient, die Effektivität und die Effizienz des Vertriebs aus übergeordneter Perspektive zu beurteilen und darauf aufbauend strategische Entscheidungen des Marketing vorzubereiten (vgl. Abschnitt 3).

4.2.5 Workflow-Management-Systeme

> **PRINZIP: Workflow-Management-Systeme**
> Unterstütze das Management von Marketingprozessen durch Workflow-Systeme, durch welche die Abwicklung der Prozesse beschleunigt, vereinfacht und überwacht werden kann!

Ein Kennzeichen von Marketingprozessen ist der Fluss von Objekten (z.B. mündlichen oder schriftlichen Informationen, Gegenständen oder Rechten) durch die am Prozess beteiligten Instanzen (Abteilungen, Mitarbeiter etc.). Da der Fluss der Objekte über die Schnittstellen zwischen Instanzen erfahrungsgemäß zu Reibungsverlusten (z.B. Fehlinformation durch unklare Datentransmission oder Prozessverlangsamung durch Liegezeiten) führt, wurden IuK-Systeme konzipiert, die zur Reduzierung von Reibungsverlusten beitragen sollen. Diese können unter dem Begriff Workflow-Management-Systeme zusammengefasst werden.

Unter Workflow wird dabei die Abfolge der Aktivitäten verstanden, nach deren Erledigung der Geschäftsprozess als abgeschlossen gilt. Workflows können sich nach den zu erledigenden Aufgaben, nach der geographischen Nähe bzw. Distanz der Akteure und nach den einzubindenden hierarchischen Ebenen im Unternehmen stark unterscheiden (vgl. *Melan* 1992). Die Strukturierung von Workflows hat einen direkten Einfluss auf die Ziele des Prozessmanagements, also auf Effektivität und Effizienz, und ihr kommt somit nicht nur operative, sondern auch strategische Bedeutung zu.

Workflow-Management-Systeme sind Technologien, „die für eine flexible und aktive Steuerung der Abwicklung von arbeitsteilig durchgeführten Prozessen eingesetzt werden können" (*Krickl* 1994, S. 18). Sie umfassen vier Funktionsbereiche:

– **Analyse- und Synthesetools** für den Organisationsgestalter, die es erlauben, Aufgaben, Ressourcen, Personen und Verknüpfungen zu erfassen und zu strukturieren.

– **Vorgangsverwaltungstools**, die mittels einer eigenen Definitionssprache oder damit verbundenen graphischen Tools die Definition von Vorgangstypen erlauben. Hierbei werden Aktivitäten, deren Ablaufstruktur, Akteure, deren Rollen sowie zu transportierende Informationen erfasst.

– **Vorgangssteuerungstools** erlauben es, durch Ermittlung des jeweils nächsten Bearbeiters und durch seine Verständigung die laufende Abwicklung eines Geschäftsprozesses sicherzustellen.

– **Monitoring-Tools** erlauben die Überwachung des Geschäftsprozesses hinsichtlich a priori fixierter Soll-Vorgaben, z.B. bzgl. der Bearbeitungszeit (vgl. *Hasen-kamp/Syring* 1993).

4.3   Elektronische Vernetzungssysteme

4.3.1   Präsentationstechnologien

PRINZIP: Präsentationstechnologien

Nutze CAS-Systeme, um die Leistungspräsentation beim Kunden durch elektroni-sche Medien aktueller, flexibler, interaktiver und informativer zu gestalten!

Die anbieterseitige Präsentation von Produkten und Leistungen besitzt sowohl für die Kundengewinnung als auch für die Kundenpflege hohe Bedeutung. IT-Systeme bieten hier zahlreiche Möglichkeiten, die klassisch bestehenden Instrumente der Leistungsprä-sentation aktueller, flexibler, interaktiver und informativer zu gestalten. Zwar sind der-artige elektronische Präsentationsmöglichkeiten auch Bestandteil umfassender Systeme des Marketing wie bspw. Customer Relationship Management (CRM) Systemen, etwa im Kampagnenmanagement (vgl. unten). Aufgrund zahlreicher operativer Probleme beim Aufbau umfassender CRM-Systeme haben sich Unternehmen in den letzten Jahren jedoch oftmals darauf beschränkt, funktionale Teillösungen zu implementieren, die ge-ringe Investitionen erfordern und schnellere finanzielle Rückflüsse versprechen.

Besondere Bedeutung haben hier die – oft mit Vertriebsinformationssystemen (vgl. oben) verkoppelten - sog. **Computer Aided Selling-Systeme (CAS)**. Sie sind auf die Analyse, Planung, Durchführung und Kontrolle von Vertriebsprozessen ausgerichtet und dienen insb. der Produktpräsentation, Auftragserfassung sowie Auswertung von Kundenkontakten (vgl. *Link* 2006). Sie stehen den Vertriebsmitarbeitern i.d.R. auf Lap-tops zur Verfügung. Daten können über eine Schnittstelle mit zentralen Informations-systemen im Unternehmen ausgetauscht werden (vgl. *Sexauer/Wellner* 2008).

Relevante Daten umfassen u.a. Kundenstammdaten, tagesaktuelle Mitteilungen für den Kundenbetreuer, Besuchspläne, Argumentationshilfen, Bildmaterial über Produkte so-wie Preislisten. Im Gegenzug kann der Mitarbeiter Kundenanfragen sofort bearbeiten bzw. Kundenaufträge erfassen und über Datenübermittlungskanäle an die Zentrale wei-tergeben. Im Vergleich zur postalischen Abwicklung werden die Prozesse somit be-schleunigt. Durch die Möglichkeiten der Plausibilitäts- und Verfügbarkeitsprüfung wer-den zudem Irrtümer oder Verzögerungen vermieden. In der Warenwirtschaft kann die Bestandsdisposition optimiert werden. Und in der Logistik werden ebenfalls Verzöge-rungen und Fehler vermieden. Mit dem Einsatz von mobilen Computern sowie einem dazu passenden Informations- und Kommunikationssystem können also Effektivität und Effizienz der Marketingprozesse erhöht werden (vgl. *Hermanns/Prieß* 1987). Zuneh-mend werden CAS-Module in die umfassenderen CRM-Systeme integriert (vgl. *Win-kelmann* 2008, S.224ff).

Während CAS-Systeme von einem Kundenbetreuer in der Interaktion mit dem Kunden eingesetzt werden, existieren daneben eine Reihe von Systemen, die auch ohne die Prä-senz eines Mitarbeiters des Anbieters vom Kunden direkt genutzt werden können.

Elektronische Lieferantenverzeichnisse sowie **elektronische Produkt- und Service-kataloge** bieten Nachfrager Informationen, die entweder online oder offline verfügbar sind. Grundvoraussetzung für den Anbieter bleibt, in diesen Medien verzeichnet zu sein. Dies ist bei Eigenerstellung unproblematisch, bei der Herausgabe durch externe Dienstleister ist der Eintrag in das entsprechende Verzeichnis erforderlich. Schließlich werden an bestimmten Orten, wie bspw. Flughäfen oder Bahnhöfen, sog. **Kiosksysteme** eingesetzt. Dabei handelt es sich um Terminals, die dem Kunden als Wegweiser, Informationssystem oder Promotionssystem dienen, und an denen er vom Anbieter vorher spezifizierte Informationen in Interaktion mit dem System abrufen kann.

4.3.2 Call- und Customer Interaction-Center

> **PRINZIP: Call- und Customer Interaction Center**
> Der Einsatz moderner Telekommunikationstechnik erlaubt in Verbindung mit elektronischen Kundendatenbanken eine koordiniertere, schnellere und kundenfreundlichere Gestaltung des telefonischen Kundenkontaktes.

In einer wachsenden Zahl von Unternehmen werden die Kontakte mit Kunden in darauf spezialisierten Organisationseinheiten gebündelt. Dieser Trend begann in den 1990er Jahren mit der Einrichtung sog. **Call Center**. Dabei handelt es sich um Organisationseinheiten, die durch die Erbringung von Dienst- oder Serviceleistungen im Rahmen von kommunikationsintensiven Unternehmensprozessen mit Hilfe computergestützer Telekommunikationstechnik Interaktionen mit Kunden durchführen.

Im klassischen Call Center war das Telefon das zentrale Kommunikationsinstrument. Das Call Center war i.d.R. eine von mehreren Abteilungen im Kundenkontakt. Die weiteren Abteilungen betreuten Kunden per Brief, E-Mail, persönlichem Besuch etc., was teilweise mit erheblichen Koordinationsproblemen und in der Folge mit Effektivitäts- und Effizienzverlusten im Marketing verbunden war. In den letzten Jahren haben sich jedoch wesentliche Weiterentwicklungen ergeben. Um Daten- und Kontaktredundanzen zu vermeiden, wurden die einzelnen Abteilungen in sog. **Interaction Centern** durch ein gemeinsames Informationssystem miteinander verbunden, so dass an den Kontaktpunkten zum Kunden jeweils der identische Einblick in die Beziehungshistorie genommen werden kann.

Call Center Technologie muss sowohl von Kunden eingehende Anrufe (**inbound calls**, z.B. für Kundenbestellungen, Anforderungen von Servicepersonal oder die Abgabe von Beschwerden) unterstützen als auch aus dem Unternehmen an die Kunden ausgehende Gespräche (**outbound calls**, z.B. im Rahmen von Tele-Selling oder bei Kundenbefragungen). Um die eingehenden Anrufe entgegen nehmen zu können, muss das Unternehmen über eine Telekommunikationsanlage mit zentralen Steuerungseinheit sowie dezentralen Sprechplätzen verfügen. Die Zentraleinheit verfügt über ein sog. **Automatic Call Distribution** System, welches die eingehenden Anrufe auf die Sprechplätze mit jeweils freien Agenten verteilt. Damit der Agent den Kunden individuell betreuen kann, wird durch die sog. **Computer Telephony Integration** dafür gesorgt, dass die Rufnummer des Anrufers aus der Telekommunikationsanlage in das Compternetzwerk des Unternehmens übermittelt wird und der Agent in Echtzeit die Kontaktdaten des Kunden auf seinem Bildschirm abrufen kann (vgl. *Amberg* 2004). Handelt es sich bei den Agenten nicht um umfassend kompetentes Servicepersonal, das den Kunden bei allen Fragen zu allen Teilleistungen des Anbieters beraten kann, ist eine Vermittlung zu den jeweils kompetenten Mitarbeitern erforderlich. Dies kann entweder durch eine menschliche Vermittlungsstelle erfolgen, wird aber aus Kostengründen zunehmend über sog. **Voice-Self-Service** Systeme oder **Sprachportale** gewährleistet (vgl. *Thieme/Steffen* 2000; *Kartes* 2005), bei denen **automatisierte Sprachdialoge** für Standardanfragen vorprogrammiert sind. Über die Vermittlung zu Agenten hinaus können diese Services bei einfach strukturierten Kundenproblemen, z.B. bei Standardbestellungen, die gesamte Trans- oder Interaktion abwickeln. Marketingprozesse werden damit **automatisiert** und **rationalisiert**. Bei komplexeren Trans- und Interaktionen sind sie komplementär zur Arbeit des Agenten und des internen Servicepersonals des Anbieters zu sehen. Zur Unterstützung des Agenten im Kundengespräch dient das sog. **Scripting**, bei dem der Agent auf seinem Bildschirm z.B. relevante Stichwörter oder Checklisten oder Antworten auf typische Einwände des Kunden einsehen kann. Ergeben sich aus der Kunde-Agent-Interaktion Arbeitsaufträge für andere Mitarbeiter des Anbieters (bspw. Außendienst- oder Kundendienstmitarbeiter), können die inhaltlichen Informationen in **Workflow-Systemen** an die betroffenen Mitarbeiter weitergeleitet werden und u.a. in deren Kalender eingetragen werden. Der Arbeitsstand des Mitarbeiters, z.B. dessen Abarbeitung eines Kundentermins, wird dem Call Center Agenten ebenfalls zurück übermittelt, so dass dieser bei Folgefragen des Kunden ein Auftragsmonitoring durchführen kann (vgl. *Hippner/Rentzmann/Wilde* 2006).

Im Customer Interaction Center stehen insbesondere verschiedene Technologien zur Verfügung, die eine Verknüpfung der verschiedenen Medien sinnvoll gewährleisten. Beispielsweise können telefonisch verbundene Kunden und Anbieter beim sog. **Shared Browsing** zeitgleich dieselben Internetseiten besuchen, wodurch der Agent den Kunden bei der Nutzung des Internetangebotes des Anbieters unterstützen kann. Bei der erweiterten **E-Mail-Integration** können E-Mails durch Analyse der Absenderadresse und der Textinhalte an geeignete Agenten vermittelt werden, die dann im Rückrufverfahren den Kunden telefonisch weiterbetreuen können. Sog. **Smart-Call-Buttons** werden auf Internetseiten des Anbieters platziert, die es dem Kunden erlauben, den Auslastungsstand des Interaction Centers sowie wahrscheinliche Rückrufzeiten einzusehen. Durch Drücken kann er sich für einen späteren Rückruf oder eine Beantwortung seines Anliegens durch alternative Medien (bspw. Fax, E-Mail oder Brief) entscheiden (vgl. *Amberg* 2004).

4.3.3   Kampagnen- und Lead-Management

> **PRINZIP: Kampagnen- und Lead-Management**
> Kampagnen- und Lead-Management- Systeme erlauben die voll- oder halbautomatische individuelle Verfolgung von Kundendialogprozessen bzw. die nachhaltige Bearbeitung von Interessenten.

Zur Unterstützung und teilweisen Automatisierung der Gewinnung von Neukunden bzw. Interessenten (Leads) wird zunehmend auf ein elektronisches **Kampagnenmanagement** im Rahmen umfassenderer CRM-Systeme zurückgegriffen. Es zeichnet sich durch elektronische Überwachung und Steuerung der Kommunikationsschritte in Dialogketten mit (potentiellen) Kunden über verschiedene Kommunikationsschritte und Kommunikationskanäle hinweg aus, die um so notwendiger werden, je vielfältiger die Äste eines interaktiv angelegten Dialogs mit Kunden werden. Dies ist dann der Fall, wenn dem Kunden unterschiedliche Responsemöglichkeiten geboten und der jeweils nächste Kommunikationsschritt immer individueller auf den Kunden abgestimmt wird (vgl. *Hippner/Rentzmann/Wilde* 2006, S. 45 ff.). Der einmal gewonnene Interessent (Lead) wird individuell und aktiv „verfolgt", wozu auch die interne Zuweisung der Kundenbearbeitung an bestimmte Mitarbeiter zählt („Lead Management"). Dadurch soll der Verlust u.U. wertvoller Leads verhindert werden.

In gewissem Ausmaß ist mit solchen Systemen eine **Automatisierung der Kundenkommunikation** i.S. des CRM-Konzeptes möglich. Dies erlaubt eine schnellere und effizientere Kampagnensteuerung (gezielte, dynamische Selektion responseträchtiger Adressaten). Ferner erreicht man höhere Effektivität der Kommunikation durch die Individualisierung des Dialogs und höhere Kundenzufriedenheit wegen schnellerer Anfragenbearbeitung und stimmigerer Kommunikation mit dem Kunden. Auch die zeitliche und inhaltliche Koordination verschiedener Kommunikationskanäle einer Kampagne i.S. der integrierten Kommunikation kann zu höherer Durchschlagskraft der Kundengewinnungskampagnen führen. In Großunternehmen spielt ferner die zeitliche und inhaltliche Koordination mehrerer, sukzessiver oder zeitlich überlappender Kampagnen eine Rolle, die von verschiedenen Unternehmensabteilungen in Angriff genommen werden. Schließlich führt die Zentralisierung aller Informationen über den Kommunikationsfluss zu den Kunden zu größerer Kommunikationstransparenz und ermöglicht tiefgründigere Wirkungsanalysen im Sinne des Data Mining.

Kampagnenmanagement für die Einführung eines neuen Automodells

Finsterwalder/Lutz/Packenius (2004) beschreiben das Kampagnenmanagement am Beispiel der Einführung des neuen Audi A8 in Italien (2002), die mit einer dreistufigen Direktmarketing-Kampagne vorbereitet wurde (vgl. Abb. 5-26): Nach einer umfassenden Sammlung und Konsolidierung geeigneter Adressen aus internen und externen Quellen kontaktierte man mittels eines ersten Mailings mit Teaser-Charakter 35.000 potentielle Interessenten (prospects) mit einem Ankündigungs-Booklet über Audi und den A8, das sich je nach vorhandener Automarke unterschied, aber in allen Fällen eine Antwortkarte enthielt, u.a. mit Fragen zur Soziodemographie, zu Kaufgründen sowie Präferenzen für die weitere Kommunikation mit Audi. Darauf baute die zweite Welle der Kampagne auf, in der auf den jeweils präferierten Kommunikationskanälen weitere Informationen in speziell auf die erfragten Kaufgründe abgestimmten Prospekten mit variablen Einsteckkarten zugesandt und ein mehr oder minder umfassendes Dienstleistungsangebot (Finanzierung, Versicherung, Lifestyle-Aktionen etc.) angeboten wurde. Bei Nicht-Reaktion wurde telefonisch durch ein Call Center nachgefasst. Erneut bot ein Fragebogen die Möglichkeit zum Response, der dann als dritten Kampagnenschritt eine Einladung zur Testfahrt oder eine telefonische Kontaktaufnahme durch den Händler nach sich zog. Die Kampagne wurde zu Testzwecken von einer Kontrollgruppe begleitet, in der keine Dialogkommunikation betrieben wurde. Dadurch

belegte man eine sehr hohe Effektivität und Effizienz dieser Kampagne, die nur
elektronisch unterstützt in dieser Form überhaupt möglich war.

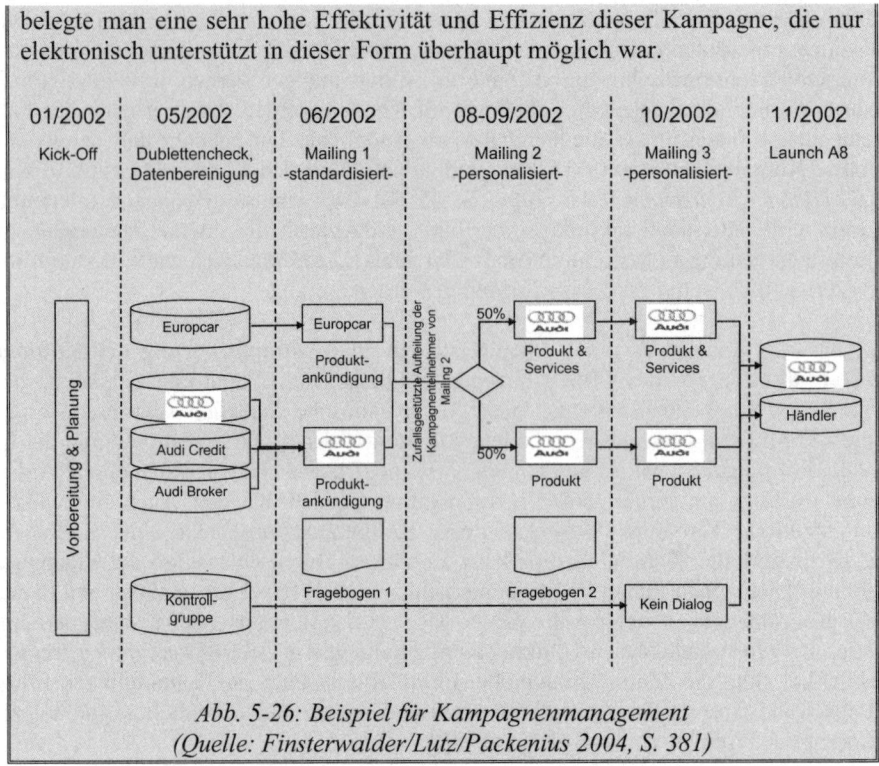

Abb. 5-26: Beispiel für Kampagnenmanagement
(Quelle: Finsterwalder/Lutz/Packenius 2004, S. 381)

4.3.4   E-Business und M-Business

> **PRINZIP: E- und M-Marketing**
> Die Nutzung des Internets und der Mobilfunktechnologien bieten erhebliche
> Chancen zur effektiveren und effizienteren Kommunikation mit Kunden in ver-
> schiedenen Phasen des Kaufprozesses.

Die bislang vorgestellten Systeme zur Unterstützung des Marketing stützen sich auf den
Einsatz isolierter oder bestenfalls unternehmensintern vernetzter Computer. In den 90er
Jahren wurde durch eine rasch zunehmende, Unternehmensgrenzen überschreitende und
weltweite Vernetzung bislang isolierter IT-Systeme im sog. Internet die Möglichkeit der
elektronischen Unterstützung des Marketing und insb. des Kundenmanagements wesentlich ausgebaut.

Das **Internet** ist ein globales, auf weltweiten Übertragungsstandards basierendes Com-
puternetzwerk mit Hin- und Rückkanal für die Übertragung von Daten zur Kommunikation und Interaktion. Die Übertragungsstandards (sog. Protokolle) ermöglichen die
Kommunikation von Rechnern mit unterschiedlichen Betriebssystemen. Die Datenüber-
tragung im Internet erfolgt auf Basis des TCP/IP-Protokolls. Verschiedene weitere
Dienste, die jeweils einen eigenen Standard haben, bauen auf dieses Protokoll auf. Für

das Marketing sind **E-Mail-Nachrichten** sowie v.a. das sog. **World Wide Web** von besonderer Bedeutung. Sie ermöglichen eine elektronische Abwicklung von Transaktionen mit Kunden, die als **E-Business** bezeichnet wird. E-Business kann als „die Anbahnung sowie die teilweise respektive vollständige Unterstützung, Abwicklung und Aufrechterhaltung von Leistungsaustauschprozessen mittels elektronischer Netze verstanden werden" (*Wirtz* 2001, S. 34).

Das Internet unterstützt insb. die Prinzipien des modernen, auf Kundenbindung ausgerichteten Beziehungsmarketing auf verschiedene Weise (vgl. *Garczorz/Krafft* 1999, S. 137ff.):

− Die **Interaktivität** erlaubt einen Dialog mit Kunden ohne Medienbruch, während in klassischen Marketingprozessen (z.B. bei der Publikation von Hotline-Telefonnummern in Werbeanzeigen oder TV-Spots) i.d.R. ein Medienwechsel erforderlich war. Dabei ist es im Rahmen des sog. **Permission Marketing** auch möglich, den Dialog nur bei vorheriger Zustimmung des Kunden zu eröffnen (z.B. wenn dieser eine Box auf einer Internetseite anklickt um in der Folge per E-Mail Informationen über bestimmte Angebote zu erhalten).

− Die **Integration** des Kunden erfolgt dadurch, dass er sich in die Konfiguration von Leistungsangeboten, in deren Bestellung sowie in deren Bezahlung aktiv einbringen kann. Teilweise wird dies von Anbietern auch durch Preisabschläge bei Internettransaktionen belohnt.

− Die **Individualisierung** kann durch das Internet einerseits dadurch gefördert werden, dass der Benutzer bei Besuch einer HTML-Seite durch das System identifiziert wird oder sich selber identifiziert (z.B. über ein Passwort oder eine numerische Nutzerkennung) und im Gegenzug auf seine Bedürfnisse zugeschnittene HTML-Seiten angezeigt werden. Zum anderen kann eine Individualisierung des Leistungsangebotes erfolgen, indem der Benutzer z.B. durch den Einsatz elektronischer **Produktkonfiguratoren** für verschiedene Nutzendimensionen einer Leistung je eine bestimmte Gestaltungsvariante auswählt.

− Die **Sammlung von Informationen** über den Kunden kann ebenfalls in unterschiedlicher Form erfolgen: Zum einen kann der Kunde aktiv Informationen (z.B. Adressdaten, soziodemographische Daten oder psychographische Daten) in Dialogmasken einspeisen. Zum anderen kann seine Nutzung der HTML-Seiten („Surf-Verhalten") durch sog. **Logfile-Analysen** verfolgt werden.

Die enormen Unterstützungsmöglichkeiten für das Marketing, die das Internet eröffnet, sind u.a. auf folgende **Eigenschaften** dieses Mediums zurückzuführen (vgl. *Diller* 1998; *Bauer* 2001, S. 66 ff.):

− **Initiierbarkeit**: Nachfrager können alle Funktionen (Kommunikation, Dateneingabe, etc.) eigenständig beginnen, steuern und abbrechen.

− **Kommunalität**: Nicht nur individuelle Nachfrager können das Internet nutzen, sondern es bietet Möglichkeiten für die gemeinschaftliche Nutzung, z.B. durch virtuelle Gemeinschaften, die sich zu bestimmten Zwecken zusammenschließen, etwa dem Kauf bestimmter Güter, um dadurch Vorteile, bspw. Mengenrabatte, zu erhalten.

- **Multimedialität**: Durch die Verknüpfung der Grundtechniken Text, Ton und Bild können mehrere menschliche Sinne gleichzeitig angesprochen werden.

- **Virtualität**: Eigenschaften einer Leistung, die zwar nicht physisch, jedoch potentiell verfügbar sind, können Kunden im Internet vorgeführt werden, z.B. im Rahmen virtueller Rundgänge durch Geschäftsräume.

- **Ubiquität**: Die im Internet verfügbaren Daten sind (unter der Voraussetzung eines Netzzugangs) jederzeit und allerorten zugänglich und nicht von Öffnungs- oder Ausstrahlungszeiten abhängig.

- **Dynamik**: Aktualisierungen der im Internet verfügbaren Daten sind jederzeit möglich und zudem bereits nach Sekunden für den Nutzer verfügbar.

- **Integrierbarkeit**: Das Internet kann mit anderen Medien (Telefon, Katalog etc.) sowie anderen Funktionen als dem Marketing (Marktforschung, Public Relations etc.) verbunden werden.

Zahlreiche Unternehmen haben die Einsatzmöglichkeiten des Internets erst nach und nach in vollem Umfang ausgeschöpft. Sowohl die Komplexität des Einsatzes dieses Mediums als auch die mit dem Internet erzielte Wertschöpfung kann nach und nach erhöht werden. Es lassen sich daher vier Entwicklungsstufen des E-Business unterscheiden (vgl. Abb. 5-27).

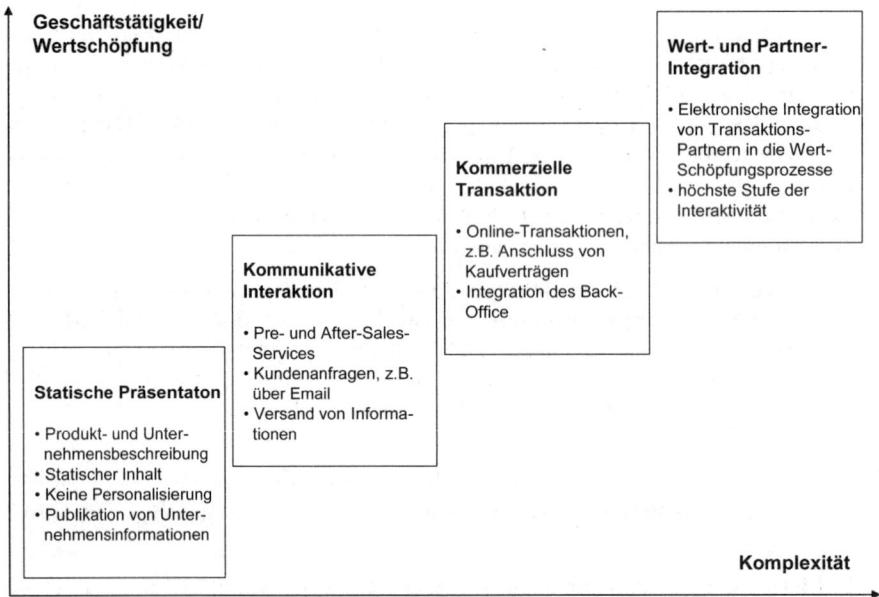

Abb. 5-27: Entwicklungsstufen des Electronic Business
(Quelle: Wirtz 2001, S. 37)

Das Internet und die Möglichkeit, Marketing teilweise oder vollständig zu elektronisieren, hat aus Anbietersicht sowohl positive als auch negative Effekte. Vorteilhaft ist die Tatsache, dass E-Business sowohl Effizienz als auch Effektivität des Marketing steigern kann. Durch individuellere, raschere und direktere Ansprache von Kunden über günstigere Medien lassen sich Wirkungen (z.B. Aufmerksamkeit, Response, Kauf) erhöhen und zugleich Kosten reduzieren. Zudem führt die sog. **Disintermediation**, also die Möglichkeit für Hersteller, auf Absatzmittler zu verzichten und so die Endkunden direkt zu bedienen, zu einem gewissen Machtgewinn im Verhältnis mit dem Handel.

Andererseits hat das Internet auch nachteilige Eigenschaften. Durch die Ubiquität und Aktualität von Informationen, die durch den Kunden initiiert abgerufen werden können, erhöht sich die **Transparenz**, insb. bezüglich der Preissituation. Kunden haben die Möglichkeit, durch Nutzung entsprechender Suchmaschinen oder Preisagenten Angebotspreise zahlreicher Wettbewerber miteinander zu vergleichen und auf diese Weise Druck auf den Anbieter auszuüben. Die elektronische Beschaffung („**E-Procurement**") wandelt somit den Charakter von Märkten und bringt sie dem in der klassischen Volkswirtschaftslehre postulierten Idealtypus des vollkommenen Marktes (insb. dem Merkmal der vollkommenen Information, aber auch unendlich rascher Reaktionen der Marktteilnehmer auf Veränderungen der Angebote) näher (vgl. *Brenner/Zarnekow* 2001). Die zunehmende Verbreitung sog. inverser elektronischer Auktionen (Online Reverse Auctions = Bedarfsausschreibungen durch Kunden im Internet auf speziellen Plattformen, bei denen der Lieferant durch elektronische Abgabe eines Angebotes unter Anwendung eines Auktionsmechanismus bestimmt wird) verdeutlicht dies.

Eine Weiterentwicklung des E-Commerce stellt das sog. **Mobile Business (M-Commerce)** dar. Hierbei werden für Kommunikation und Informationsnutzung drahtlose Übertragungstechnologien und Endgeräte (z.B. Mobil-Telefone, Personal Digital Assistants) eingesetzt, die es Nutzern erlauben, unabhängig von einem PC, z.B. Zugang zum Internet zu erhalten (vgl. *Wirtz* 2001, S. 43 ff.). Wesentliche Kennzeichen des M-Commerce sind:

- **Mobilität**: Nutzer führen Ihre Endgeräte häufig bei sich und können dabei von zahlreichen Orten und in unterschiedlichen Situationen die Angebote (z.B. aktuelle Börsendaten, Sportinformationen) nutzen.

- **Erreichbarkeit**: Nutzer sind immer dann, wenn ihre Endgeräte empfangsbereit sind, erreichbar. Die M-Commerce-Erreichbarkeit ist bei vielen Nutzern größer als beim E-Commerce, der die Präsenz am Computer voraussetzt.

- **Lokalisierung**: Über ihre Endgeräte können die Standorte der Nutzer identifiziert werden, was es Anbietern erlaubt, ihnen ortsbezogene Informationen (bspw. über Gastronomie- oder Unterhaltungsangebote in ihrem Umfeld) zu senden.

- **Identifikation** von Mobilfunkteilnehmern: Durch die jedem Mobiltelefonnutzer zugeordneten Subscriber Identity Module (SIM) ist dieser identifizierbar, was es Anbietern erlaubt, auch individualisierte Informationen zu adressieren.

Im Marketing bestehen zahlreiche **Anwendungsfelder**, in denen M-Commerce eingesetzt werden kann. Sie umfassen sowohl die einseitige Kontaktaufnahme durch den Anbieter oder Kunden als auch einen echten Dialog, in dem zeitnah Informationen übermittelt oder Transaktionen abgewickelt werden (vgl. *Bliemel/Fassott* 2002; *Früh-auf/Oberbauer* 2002).

- Bei der **Leadgewinnung** kann M-Commerce bspw. im Rahmen von **Viral Marketing Aktionen** eingesetzt werden, bei denen auf elektronische Formen der Mund-zu-Mund-Werbung gesetzt wird. Per Handy sollen Kunden, die ein interessantes Angebot erhalten haben, Kollegen oder Bekannten davon berichten (z.B. von besonders niedrigen Preisen oder besonderen Serviceangeboten, die nur zeitlich begrenzt verfügbar sind).

- Die Vorbereitung von Kundengewinnungsmaßnahmen unterstützt M-Commerce durch **Mobile Office Anwendungen**. Kundenbetreuer können über ihr Endgerät auf das Intranet ihres Unternehmens zugreifen und aktuelle Dokumente (Schriftverkehr, Vorverträge, Angebote etc.) aus dem Content Management System abrufen. Zudem können Dokumente bearbeitet werden.

- Bei der Kundengewinnung unterstützt M-Commerce durch Informationsversand (u.a. aktuelle Wirtschaftsnachrichten) und Kommunikationshilfen, bspw. bei der Koordination von **Besprechungsterminen** zwischen Verkäufer und potentiellem Kunden oder durch eine auch noch kurzfristig mögliche Übermittlung aktueller Daten (angepasste Preise, Konditionen, Qualitätsinformationen etc.).

- Im Rahmen von Transaktionen können virtuelle Güter (z.B. Dateien mit Text-, Video- oder Audio-Formaten) im sog. **Tailing** auch direkt vom Anbieter zum Kunden übertragen werden. Bei Fahrzeugen lassen sich u.a. verschiedene **Telematik-Dienste** über die mobilen Endgeräte abwickeln, etwa die Fernwartung von Lastkraftwagen. Die Abwicklung von Bankgeschäften ist ein weiteres Einsatzfeld. Bei einer umfassenden Einbindung mobiler Endgeräte in unternehmensübergreifende Geschäftsprozesse lässt sich ein **Mobiles Supply Chain Management** realisieren, bei dem eine wesentlich höhere Flexibilität erzielt wird als bei der Bindung an stationäre Geräte (vgl. *Scheer* et al. 2002).

- Gerade im Bereich des Kundenservices bestehen vielfältige Angebote, die i.d.R. an den Informationsbedürfnissen der Kunden außerhalb ihrer Arbeitsstätte oder Wohnung ansetzen (sog. **Location Based Services**), z.B. die Hilfe bei der Navigation mit dem PKW oder LKW (etwa zu Kundenadressen), die Vermittlung von Hotel- oder Restaurantadressen oder die Lieferung aktueller Börsendaten an Investmentberater. Hat sich der Kunde vorher für bestimmte Services angemeldet, wird der Kunde (anhand seines Endgerätes) direkt identifiziert und mit personalisierten Angeboten versorgt. Bspw. kann eine Flughafengesellschaft einem Geschäftsreisenden, der lange vor seinem Abflugtermin am Flughafen eintrifft, eine Umbuchung auf einen früheren Flug anbieten. Für Anbieter erlauben mobile Systeme mit GPS-Ortung ein **Tracking** ihrer Fahrzeuge, um so bspw. Handelskunden, die auf die Auslieferung von Gütern warten, über das voraussichtliche Eintreffen der Ware zu informieren.

- M-Commerce kann schließlich auch dazu eingesetzt werden, um die Kundebindung zu intensivieren, z.B. durch **Permission Marketing**, bei dem Anbieter von ihren Kunden die Erlaubnis einholen, sie regelmäßig mit bestimmten Informationen (etwa über Produktinnovationen oder Verkaufspromotions) zu versorgen. Auch ein direkteres **Beschwerdemanagement** wird durch M-Commerce möglich, etwa wenn Kunden direkt über ihr Handy Problemfälle zur Bearbeitung an den sie zu betreuenden Key Account Manager senden können.

4.3.5 Electronic Data Interchange (EDI) und RFID

> **PRINZIP: EDI und RFID**
> Durch Nutzung von elektronischen Informationsaustauschsystemen und RFID-Techniken können Effizienzreserven erschlossen und Kundennutzen gesteigert werden.

Neben den unternehmensinternen CRM-Systemen existieren für den externen Datenverkehr Systeme, die den automatischen Austausch von Informationen mit Kunden im Rahmen ökonomischer Transaktionen unterstützen. Man spricht hier von Electronic Data Interchange (EDI). „Es handelt sich dabei um den Austausch strukturierter Dokumente, die aufgrund einer festgelegten Syntax und Semantik maschinell lesbar sind und daher keine wiederholte Dateneingabe oder -interpretation erforderlich machen" (*Hess* 1999, S. 191 f.).

Die Nutzung des EDI hat für Anbieter und Kunden mehrere positive **Effekte**, die in Abb. 5-28 zusammengefasst sind.

Operative Effekte	Strategische Effekte
Kosteneffekte	**Intraorganisatorisch**
• Wegfall der Daten-Mehrfacherfassung	• Reduktion von Lagerbeständen
• Reduktion von Übermittlungs-, Personal- sowie administrativer Kosten	• Steigerung der Planungs- und Dispositionssicherheit
	• Entlastung des Personals
Zeiteffekte	• Realisierung neuer Logistik- und Controllingkonzepte
• Beschleunigung der Datenübertragung und interner Abläufe	• Schnellere Auftragsabwicklung
• Ständige Erreichbarkeit und Überwindung der Zeitzonen	• Bessere Kontrolle der Warenbewegungen
	Interorganisatorisch
Qualitätseffekte	• Beschleunigung der Geschäftsabwicklung
• Keine Fehler manueller Datenerfassung	• Intensivierung des Lieferantenkontaktes
• Aktuellere Daten	• Neue Kooperationsformen
• Überwindung von Sprachbarrieren und Vermeidung von Missverständnissen	• Angebot neuer Leistungen
	• Beschleunigung des Zahlungsverkehrs

Abb. 5-28: Operative und strategische Effekte des EDI
(Quelle: Zentes 2001b)

Das grundlegende Prinzip der elektronischen Vernetzung von Marktparteien hat zu verschiedenen **Anwendungen** geführt, die die Abwicklung ökonomischer Transaktionen erleichtern:

– Unter der Bezeichnung **EDIFACT** (Electronic Data Interchange for Administration, Commerce and Transport) wird ein von der International Standardization Organization definierter, zunächst branchenunabhängiger Standard genutzt, der es Geschäftspartnern erlaubt, Daten ohne Medienbruch vom System des Senders zum System des Empfängers zu übertragen (vgl. *Meyer* 2001, S. 399). Aufgrund spezifischer Anforderungen haben sich auf EDI aufbauend separate Branchenstandards herausgebildet (z.B. EANCOM in der Konsumgüterwirtschaft oder CEFIC in der chemischen Industrie, vgl. *Zentes* 2001a, S. 352).

– **Electronic Funds Transfer** (EFT) ist ein Konzept für die Abwicklung des Zahlungsverkehrs zwischen Herstellern, Intermediären und Finanzinstituten, bei dem der gesamte Zahlungsvorgang zwischen den beteiligten Parteien beleglos geführt wird. Geldbeträge als Gegenleistungen für Warenlieferungen oder die Erbringung von Dienstleistungen werden dabei bei Fälligkeit der Zahlung automatisch vom Konto des Zahlungspflichtigen auf das Empfängerkonto übertragen.

– Andere Technologien basieren auf der Identifikation von Objekten durch Radiowellen. Hier gewinnt insb. die sog. Radio Frequency Identification Technology (RFID) an Bedeutung. Es gibt verschiedene Verfahren, zumeist wird jedoch eine Seriennummer auf einem mit einer Antenne versehenen Chip angebracht. Diese Elemente gemeinsam werden Transponder oder Tag genannt. Über die Antenne werden Signale an Empfangsgeräte ausgesandt. Diese transformieren die Radiowellen in digitale Informationen, welche dann auf Bildschirmen angezeigt werden können). Die Radiofrequenz-Technologie hat im Vergleich zum Barcode mehrere Vorteile: Der Chip muss sich lediglich in Reichweite, nicht jedoch in direkter Sicht zum Empfänger befinden. Die RFID-tags können auch artikelindividuelle Daten speichern, während Strich-Codes lediglich Informationen für eine Produktart beinhalten (der Code auf einer Milchpackung lässt z.B. keine Rückschlüsse auf das Verfallsdatum zu). Wenn ein Etikett zerkratzt, wellig oder abgefallen ist, kann es nicht mehr gescannt werden.

– Für die beschriebene elektronische Vernetzung zwischen Anbietern und Kunden sind Techniken der elektronischen Datenerfassung eine beinahe unverzichtbare Grundvoraussetzung, da bspw. bei großen Handelsunternehmen, die mehrere 10.000 Artikel in ihren zahlreichen Lagern verwalten, ein manuelles und zugleich tagesaktuelles Informationsmanagement nicht realisierbar ist.

5. Personalführung in Marketingprozessen

> **PRINZIP: Personalführung in Marketingprozessen**
> Marketingprozesse werden durch Mitarbeiter ausgeführt und koordiniert. Diese
> Mitarbeiter müssen rekrutiert, ausbildet und geführt werden.

5.1 Definition, Ziele und Spezifika

5.1.1 Begriffsabgrenzung

Unter Personalführung im Marketing versteht man die **zielorientierte soziale Einfluss-nahme** des Vorgesetzten auf Marketing-Mitarbeiter zur Erfüllung gemeinsamer Aufgaben. Führung stellt somit einen **Beeinflussungsprozess** dar, der von bestimmten Zielen bezüglich des Verhaltens von Mitarbeitern ausgeht. Diese Ziele leiten sich wiederum aus den Unternehmenszielen ab. Beispielsweise geht es darum, Mitarbeiter zu einem stärker marktorientierten, planvolleren oder kreativeren Arbeiten zu bewegen, um eine höhere Kundenzufriedenheit zu erzeugen, was wiederum der Steigerung der Umsätze und der Kundenbindung dient. Die Beeinflussung des Mitarbeiters kann dabei direkt oder indirekt durch strukturelle Systeme der Personalführung erfolgen.

Beeinflussungsversuche im Rahmen von Führungsprozessen treffen auf bestimmt **Bedürfnisse**, **Ziele** und **Wertvorstellungen** sowie **Machtpositionen** auf Seiten der Geführten (vgl. Abb. 5-29). Von ihnen ist es abhängig, ob das gewünschte Einflussergebnis eintritt oder nicht. Führung ist somit immer ein Interaktions- und nicht nur ein Aktionsprozess.

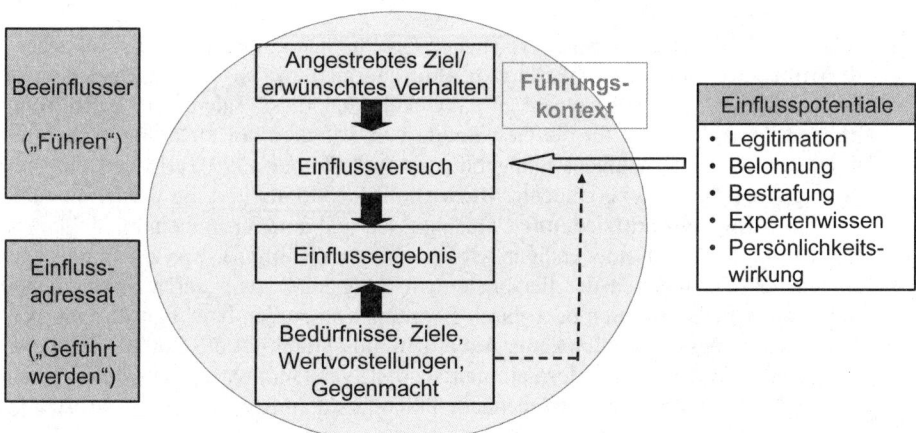

Abb. 5-29: Führung als Beeinflussungsprozess
(Quelle: In Anl. an Steinmann/Schreyögg 2000, S. 581)

Auf Seiten des Führenden stehen verschiedene **Einflusspotenziale** zur Verfügung, die nach *French/Raven* (1959) in fünf Kategorien eingeteilt werden:

(1) **Macht durch Legitimation***:* Hierarchie verleiht dem Vorgesetzten das Recht,

Anweisungen zu geben. Die Mitarbeiter sind bereit, den Anweisungen des Vorgesetzten zu folgen, weil sie dessen Recht anerkennen.

(2) **Macht durch Belohnung**: Die Macht des Vorgesetzten erwächst aus der Wahrnehmung des Mitarbeiters, dass der Vorgesetzte ihn belohnen kann.

(3) **Macht durch Bestrafung**: Der Vorgesetzte übt durch die Androhung von Bestrafung Einfluss aus. Der Wunsch nach Vermeidung der Bestrafung wirkt verhaltensregulierend.

(4) **Macht durch Persönlichkeitswirkung**: Die als attraktiv empfundene persönliche Ausstrahlung des Vorgesetzten bedingt beim Mitarbeiter den Wunsch, von dieser Person geschätzt zu werden und beeinflusst dessen Verhalten.

(5) **Macht durch Expertenwissen**: Der Mitarbeiter erkennt dem Vorgesetzten einen Wissensvorsprung in bestimmten Bereichen zu.

Der Beeinflussungsprozess hängt jedoch nicht nur vom Führenden und dem Geführten selbst, sondern auch vom jeweiligen **Führungskontext** ab (vgl. *Köhler* 1995a). Typische Beispiele für Umfeldfaktoren, die sich positiv oder negativ auf den Einflussversuch auswirken können, sind die Komplexität der von den Mitarbeitern zu leistenden Tätigkeiten, die Dynamik der Entscheidungsumfelder oder die spezifische Motivationskraft der Corporate Identity eines Unternehmens.

5.1.2   Ziele

Vor dem geschilderten Führungshintergrund können vier **Basisziele** der Mitarbeiterführung im Marketing formuliert werden (vgl. Randfelder in Abb. 5-30):

(1) Aus einer **Ressourcenperspektive** (Inside-Out) heraus gilt es, möglichst **talentierte Mitarbeiter** für das Marketing zu **akquirieren** bzw. an das Unternehmen zu **binden** und ein Führungsumfeld zu entwickeln, das diese Talente zur **Entfaltung** bringen lässt. Während für die Gewinnung von Talenten vor allem das **Arbeitgeberimage** des Unternehmens maßgeblich ist (vgl. *Teufer* 1999), erfordert die Entfaltung einerseits eine permanente **Motivation** der Mitarbeiter, die wiederum stark von der **Mitarbeiterzufriedenheit** abhängig ist, und andererseits ein hinlängliches Know-how bezüglich notwendiger Arbeitsroutinen (**Können**), was z.B. durch entsprechende Maßnahmen der Personalentwicklung, aber auch durch Standardisierung von Arbeitsprozessen oder durch Beratung von Außen bzw. Outsourcing von Prozessen verbessert werden kann. Außerdem müssen die für die Durchführung der Aufgaben erforderlichen Informationen schnell, verständlich und anwendungsnah bereitgestellt werden, was entsprechende IT-Unterstützung erfordert (vgl. Abschnitt 4).

(2) Aus einer **Marketingperspektive** (Outside-In) heraus gilt es gleichzeitig, dafür Sorge zu tragen, dass die Mitarbeiter **kundenorientiert** denken und handeln. Im Kontext der Mitarbeiterführung muss das Konzept der Kundenorientierung in ein „**Internes Marketing**" eingebunden werden. Dieses ist allgemein als „systematische Optimierung unternehmensinterner Prozesse mit Instrumenten des Marketing-

und Personalmanagements, um durch eine konsequente und gleichzeitige Kunden- und Mitarbeiterorientierung das Marketing als interne Denkhaltung durchzusetzen, damit die Marketingziele effizienter erreicht werden", definiert (vgl. *Bruhn* 1999, S.20; vgl. auch *Stauss* 2001, S. 698).

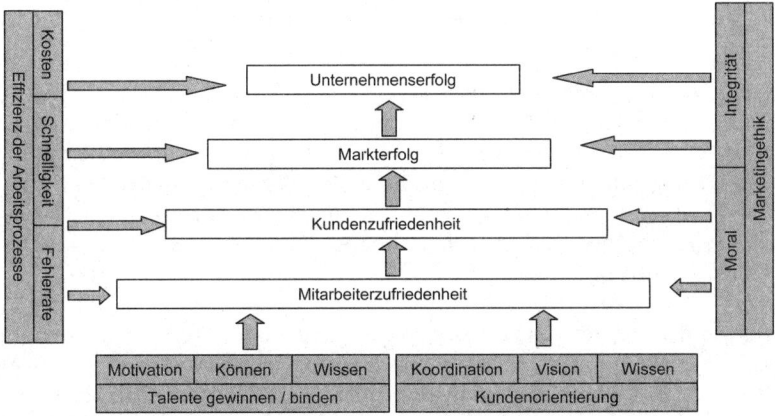

Abb. 5-30: Zielsystem der Personalführung im Marketing

Sollen Mitarbeiter Kundenorientierung mit wirklicher Leidenschaft verfolgen, um dadurch Kundenbegeisterung und Kundenbindung auszulösen, helfen griffige, gut kommunizierbare und glaubhaft vermittelte **Marketingvisionen** seitens der Marketingführung (vgl. *Magyar/Prange* 1993). Sie vermitteln einerseits Begründungen für den intensiven Einsatz in der Sache, aber auch emotionales Commitment zur Aufgabe. Ihre Rolle ist nicht zu unterschätzen, denn „...ohne einen Grund ist die Aufgabe, anderen zu dienen, zu anspruchsvoll und frustrierend, um Tag für Tag getan zu werden" (*Berry/Parasuraman* 1999, S. 76). Besonders wichtig ist eine visionäre, im Idealfall sogar charismatische Führung dann, wenn es nicht um Routineaufgaben und damit um „transaktionale Führung", sondern um Innovationen, also **„transformationale Führung"** (vgl. *Neubauer* 2003, S. 144) bzw. **„Intrapreneurship"** (vgl. z.B. *Wunderer* 2002), geht.

Die Marketingorientierung in der Personalführung beinhaltet schließlich auch das Ziel, die oben bereits behandelten Schnittstellenprobleme und Entscheidungskonflikte im Marketing im Interesse bestmöglicher Kundenzufriedenheit zu **koordinieren** (vgl. *Köhler* 2001). Dazu wiederum bedarf es **Wissen** über die Ansprüche und Einschätzungen von Kunden, das in entsprechenden Kundendatenbanken verfügbar gehalten werden muss, um sie zum tagtäglichen Standard der Kundenarbeit zu machen. Die Entwicklung und Pflege von Kundenwissen stellt damit ein wichtiges Ziel des Marketing dar. Führung und IT-Management gehen hier Hand in Hand.

(3) Marketingführung bewegt sich stets in einem schwierigen Spannungsfeld zwischen Maximierung der **Effektivität** und Minimierung der **Kosten**. Am deutlichsten wird

dies bei dem auch im Personalbereich aus Kostengründen immer weiter verbreiteten **Outsourcing** von Aktivitäten, etwa an externe Call Center, Kontraktvertriebe oder Adressverlage, zunehmend auch als „Offshoring", d.h. Arbeitsverlagerung in Niedriglohnländer wie Indien. Hierzu trägt auch die stärkere Orientierung am Kundenwert bei, die z.B. bei Kleinstkunden eine persönliche Betreuung durch den eigenen Außendienst oft nicht mehr opportun erscheinen lässt.

(4) Aus einer **ethischen Perspektive** heraus sind schließlich ethische Standards zu beachten, weil das Marketing auch einer moralisch-ethischen Basis bedarf (vgl. *Srnka* 2000). Kunden wie Mitarbeiter hinterfragen heute im Gegensatz zu früher sehr viel kritischer, ob das Verhalten des Managements mit gesellschaftlichen Normen übereinstimmt und ob die Integrität der Führungspersönlichkeiten mit den meist hohen Leistungsanforderungen an die Untergebenen harmoniert. Das eigene Vorleben von geforderten Verhaltensweisen ist somit eine gute Voraussetzung für durchschlagskräftige Führung.

Verbesserungen der vier Basisziele Ressourcensicherung, Marktorientierung, Effizienz und ethisches Verhalten mit ihren jeweiligen Komponenten bewirken – wie in Abbildung 5-30 angedeutet – direkte und indirekte Effekte auf relevante **Oberziele**. Zu aller erst ist hierbei auf eine höhere **Mitarbeiterzufriedenheit** zu verweisen, was auch dem Konzept des Internen Marketing entspricht. Höhere Mitarbeiterzufriedenheit befördert dann auch die Kundenzufriedenheit (vgl. *Stock* 2009) und diese wiederum den Markt- und Unternehmenserfolg. Effizienzeinflüsse wirken dabei z.T. auch direkt, etwa über höhere Kundenzufriedenheit, durch niedrigere Transaktionskosten oder über eine bessere Wettbewerbsfähigkeit wegen höherer Lieferzuverlässigkeit und/oder kürzerer Lieferfristen.

5.1.3   Spezifika im Marketing

Die Führung im Marketing weist im Gegensatz zur Führung in anderen Unternehmensbereichen eine Reihe von Besonderheiten und aktuellen Herausforderungen auf, die Anlass dazu geben, das Thema der Personalführung als Marketingproblem zu behandeln.

(1) Die **Vielfalt der Aufgaben** und der dafür verantwortlichen Mitarbeiter ist im Marketing so groß, dass hier besonders viele und gefährliche **Schnittstellen** auftreten. Sie bergen zahlreiche Konfliktpotentiale zwischen den Mitarbeitern in sich, weil diese unterschiedliche Sichtweisen und Prioritäten für bestimmte Sachverhalte besitzen.

(2) Ein weiteres Spezifikum der Marketingführung ergibt sich aus den im Vergleich zu anderen Unternehmensbereichen besonders **dynamischen Umfeldbedingungen**, denen Marketing und Vertrieb unterliegen. Sie erfordern eine hohe **Denk- und Aktionsflexibilität**, welche die Lern- und Veränderungsbereitschaft vieler Mitarbeiter nicht selten überfordert, wenn man sie damit alleine lässt. Marketingführung kann hier trotz enormer Hektik und Zeitstress in den Führungsetagen Abhilfe schaffen.

(3) Als besonders gravierend erweist sich im Marketingbereich auch das Problem der **Mess- bzw. Zurechenbarkeit von Leistungen und Fehlleistungen**. Markterfolge

entstehen in aller Regel durch das Zusammenwirken einer Vielfalt von Aktivitäten und Prozessen. Das Herausdestillieren der Leistungen einzelner Mitarbeiter oder Teams ist deshalb besonders schwierig und erfordert z.T. komplizierte Mess- und Erhebungssysteme. Das Problem wiegt besonders schwer, weil Marketingaktivitäten wegen des Umgangs mit dem Wettbewerb, mit Innovationen und mit heterogenen Marktbedingungen stets ein vergleichsweise hohes **Erfolgsrisiko** besitzen. Dies führt zum speziellen Problem der Erfolgs- bzw. Misserfolgsattribution auf bestimmte Mitarbeiter oder Abteilungen. Erfolge schreibt man sich gerne auf die eigenen Fahnen, für Misserfolge sind – wenn möglich – andere zuständig. Eng damit verwandt ist die **Mitarbeiterfrustration** als Führungsproblem, die wegen der starken Abhängigkeit der persönlichen Erfolge von selbst nicht zu beeinflussenden Umfeldbedingungen im Marketing besonders virulent ist.

(4) Wegen der vielen Schnittstellen im Marketing ergibt sich relativ oft die **Notwendigkeit zur Teamarbeit** und zu zahlreichen **temporären Projekten**, die sich schnell zu einem Projekt-Dschungel entwickeln können, welcher das Commitment der Mitarbeiter mindert und die Effektivität und Effizienz der Teamorganisation schwächt (vgl. Abschnitt 2).

(5) Ein sehr spezifischer Aspekt der Führung im Marketing ist schließlich auch die **internationale Vielfalt der Interessen und Entscheidungsprozesse**. Stammhaus-Manager stehen hier insbesondere vor der Herausforderung, die weltweiten Niederlassungen eines Unternehmens zu koordinieren und situationsgerecht zu führen (vgl. *Zupancic* 2001). Angesichts zum Teil gravierender Unterschiede zwischen den Wirtschaftsregionen führt das nicht selten zu scheinbaren oder echten Ungerechtigkeiten, weil Prioritäten für bestimmte Regionen gesetzt werden müssen. Darüber hinaus beherrscht die Problematik der Standardisierung vs. der Notwendigkeit zur regionalen Differenzierung nach wie vor die internationalen Meetings und fordert das Marketingmanagement besonders heraus.

5.1.4 Kompetenzen erfolgreicher Marketing-Führungskräfte

Die erfolgreiche Bewältigung der Besonderheiten und Herausforderungen der Marketingführung stellt hohe Anforderungen an die in diesem Bereich tätigen Mitarbeiter. *Homburg/Krohmer* (2009) haben die spezifischen Kompetenzanforderungen an Mitarbeiter in Marketing und Vertrieb zu vier Klassen zusammengefasst, die in Abbildung 5-31 dargestellt sind.

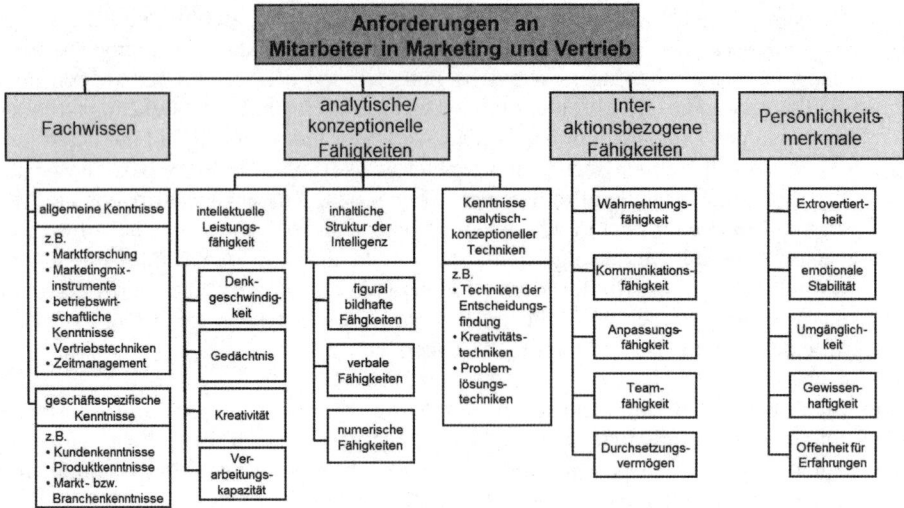

Abb. 5-31: Kompetenzanforderungen an Marketing- und Vertriebsmitarbeiter
(Quelle: Homburg/Krohmer 2009, S. 1184)

Zu berücksichtigen ist, dass die Anforderungen aufgrund der Vielzahl von im Marketing zu bewältigenden Aufgaben und Berufsbildern im Grunde nicht generell formuliert werden können, sondern an das jeweilige Aufgabenumfeld angepasst werden müssen. Man nimmt dabei sowohl auf Verhalten (z.B. sensibles Verhalten gegenüber Kunden) als auch auf die dafür vermuteten Ursachen (z.B. Einfühlungsvermögen) bzw. Folgen (z.B. Kundenwissen) Bezug. *Lütke* (2010) hat z.B. ein Kompetenzmodell für Key-Account-Manager (KA) entwickelt und dabei auch empirisch untersucht, wie sich die Kompetenzprofile besonders erfolgreicher und weniger erfolgreicher KA unterscheiden. Abb. 5-32 zeigt die entsprechenden Ergebnisse und macht gleichzeitig deutlich, um welche Breite an Kompetenzen es hierbei geht.

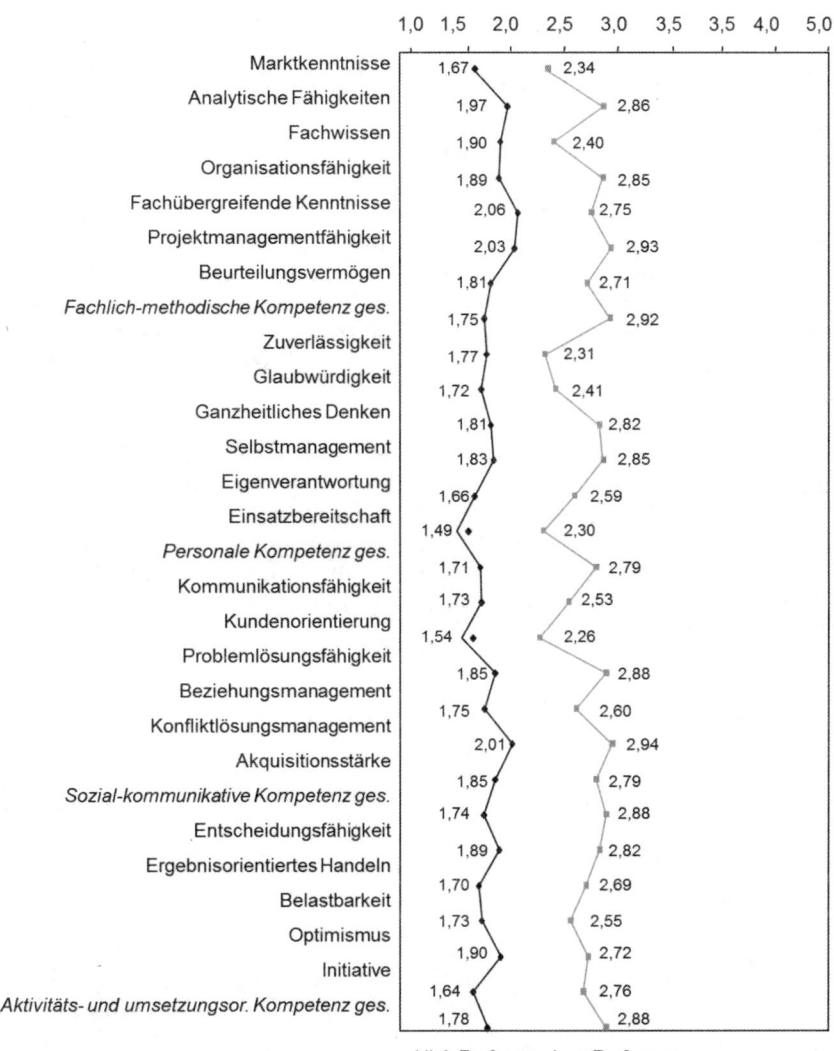

Abb. 5-32: Vergleich der Kompetenzprofile erfolgreicher (links) und weniger erfolgreicher (rechts) KA (Quelle: Lütke 2010, S. 108)

Wegen des oft innovativen Aufgabenumfeldes im Marketing spielen **Kreativität** (vgl. *Im/Workman* 2004) und „**Umsetzungskompetenz**" (vgl. *Wunderer* 2002) eine wichtige Rolle im Kompetenzprofil von Marketingmitarbeitern. Gesucht sind sog. **Intrapreneure** (interne Unternehmer), die sich durch

– **kreative Eigenschaften** wie Phantasie, Ideenreichtum, Intuition,

– durch **Umsetzungskompetenzen**, wie Selbständigkeit, Eigenverantwortung, Risikobereitschaft, Konflikt- und Durchsetzungsvermögen sowie

– durch Kooperations- und Integrationsfähigkeiten als spezielle **Sozialkompetenzen** auszeichnen (vgl. *Wunderer* 2002, S. 27 f.).

Eine weitere, oft geforderte Kompetenz betrifft die Fähigkeit, sich in den Kunden hinein zu versetzen, was in der Theorie der **Perspektivenübernahme** behandelt wird (vgl. *Trommsdorff* 2001). Sie konzeptionalisiert diese Kompetenz als mehrdimensionales Konstrukt mit sozial-kognitiven und kognitiven Fähigkeiten. **Empathie** umfasst darüber hinaus auch die Fähigkeit des Miterlebens der Emotionen des Interaktionspartners (vgl. *Goleman* 2007). Solche Fähigkeiten werden durch Gemeinsamkeiten mit dem Interaktionspartner, wie gemeinsame regionale oder soziale Herkunft, geteilte Erfahrungen oder Privatinteressen, gefördert, weshalb bei der Zuweisung von Mitarbeitern zu (Schlüssel-) Kunden deren Ähnlichkeit berücksichtigt werden sollte.

Die Kompetenz der Mitarbeiter kann als Key-Performance-Indikator für den Markterfolg angesehen werden. Wie Abb. 5-33 an Hand weiterer Ergebnisse der Studie von *Lütke* deutlich macht, bestimmt das Ausmaß an einschlägigen Kompetenzen der KA mit einem Bestimmtheitsmaß von 44% den Beziehungserfolg bei den betreuten Schlüsselkunden, und dieser bestimmt wiederum zu fast 80% den ökonomischen Erfolg der befragten deutschen Firmen aus ausgewählten Konsum- und Investitionsgüterbranchen.

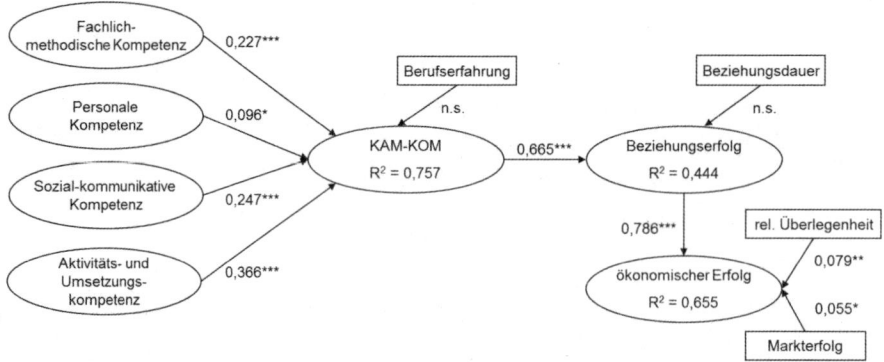

*: signifikant auf dem 10%-Niveau; **: signifikant auf dem 5%-Niveau; ***: signifikant auf dem 1%-Niveau

Abb. 5-33:Empirische Befunde eines PLS-Kausalmodells zur Erfolgsbedeutung von KA-Kompetenzen (Quelle: Lütke 2010, S. 146)

5.2   Aufgabenbereiche

Vor dem Hintergrund der geschilderten Ziele lassen sich drei zentrale Aufgabenbereiche von Marketing-Führungskräften unterscheiden (vgl. Abb. 5-34).

(1) (Zunächst geht es um die direkte Führung des Personals, also die mit der Definition von Personalführung bereits erläuterte Verhaltenssteuerung durch den persönlichen Auftritt und das Führungsverhalten, was gemeinhin als **Führungsstil**

bezeichnet wird (vgl. Abschnitt 5.2.1). Hier einzuordnen sind auch der Einsatz bestimmter **Führungstechniken** bzw. **-instrumente** eines Vorgesetzten, z.B. Coaching, Feedbackgespräche, Motivationsveranstaltungen etc., sowie nicht-strukturelle organisatorische Maßnahmen wie Teambesetzung, Umsatzvorgaben oder Reportingsysteme.

(2) Einen zweiten Bereich der Marketing- und Vertriebsführung stellt die **strukturelle Führung** im Sinne der Entwicklung von Personalsystemen dar. Hier geht es um den Einsatz personalpolitischer Instrumente, wie Personalplanung und -akquisition, Personalbeurteilung, -entwicklung und -vergütung. Auf sie kann im vorliegenden Rahmen nur beschränkt eingegangen werden (vgl. Abschnitt 5.2.1).

(3) Als dritter Führungsbereich kann schließlich das **Schnittstellenmanagement** zwischen unternehmensinternen bzw. zu unternehmensexternen Akteuren gelten, die im Rahmen einer erfolgreichen Unternehmenspolitik zusammenarbeiten müssen.

Abb. 5-34: Aufgabenbereiche der Führung im Marketing
(Quelle: Diller 2005, S. 4)

5.2.1 Verhaltenssteuerung

Zur Verhaltenssteuerung setzen Unternehmen insb. Führungsstile sowie Führungstechniken und –instrumente ein. Unter den Führungsstilkonzepten plädiert die Wissenschaft für mehrdimensionale Ansätze jenseits der zu einfachen Polarisierung zwischen autokratischem und partizipativem Führungsstil. Nach dem so genannten Ohio-Ansatz (vgl. *Fleishman* 1953) unterscheidet man z.B. **Aufgabenorientierung** und **Beziehungsorientierung**. Die Kombination beider Dimensionen führt zu vier grundlegenden Führungsstilen: autoritärer, kooperativer, bürokratischer und patriarchalisch-fürsorglicher Führungsstil. Eine eindeutige Aussage darüber, welcher Führungsstil am besten geeignet ist, kann allerdings nur im spezifischen Führungskontext beantwortet werden (vgl. *Köhler* 1995a).

Homburg und *Stock* (2000, S. 100 ff.) fügen dem Ohio-Schema mit der **Kundenorientierung** eine dritte Dimension hinzu und kreieren damit einen spezifischen Führungsstilkatalog für das Marketing. Die im Wege der Untergebenenbefragung zu erhebenden Statements zur Definition dieser Dimensionen sind in Abbildung 5-35 dokumentiert.

Je nach Kombination der Dimensionen unterscheiden sie

– „autoritäre Kundenorientierte" (starke Kunden- und Leistungsorientierung),

– „interne Optimierer" (starke Leistungs- und Mitarbeiterorientierung),

– „Softies" (starke Mitarbeiter- und Kunden-, aber keine Leistungsorientierung) und

– „Treter" (einseitige Leistungsorientierung).

Eine etwas weitere Sichtweise als dem Führungsstilkonzept liegt dem Konzept der **Marketingkultur** zugrunde, die man ganz allgemein als unverwechselbares Vorstellungs- und Orientierungsmuster definieren kann, welches das Verhalten der Marketingmitarbeiter nach innen und außen prägt. Die Konzeptionalisierung erfolgt in der Literatur recht unterschiedlich weit und umfasst insbesondere Aspekte des **Marketingverständnisses**, der **Motivation** zu marktorientiertem Handeln, des **Marketingkönnens** im Sinne der Beherrschung einschlägiger Prozessabläufe und Instrumente sowie der **Marketingvisionen**, welche das Verhalten der Mitarbeiter lenken (vgl. hierzu auch *Pflesser* 1999; *Homburg/Krohmer* 2009, S. 1217 ff.). Alle vier Dimensionen haben Bezüge zu konkreten Führungsaufgaben, etwa der Mitarbeiterausbildung und -motivation, Training on the job bzw. dem Führungsstil.

Leistungsorientierung	Mitarbeiterorientierung	Kundenorientierung
Der Vorgesetzte...	Der Vorgesetze...	Der Vorgesetze...
• kommuniziert seinen Mitarbeitern aktiv und regelmäßig die Unternehmensziele.	• schätzt seine Mitarbeiter persönlich.	• lebt Kundenorientierung vor.
• setzt sich und seinen Mitarbeitern klare Ziele.	• nimmt Rücksicht auf die Belange seiner Mitarbeiter.	• empfindet Kundenorientierung nicht als Selbstzweck.
• bewertet regelmäßig den Grad der Zielerreichung seiner Mitarbeiter.	• legt Wert auf gute zwischenmenschliche Beziehungen zu seinen Mitarbeitern.	• richtet die Ziele seiner Mitarbeiter an Kundenorientierung aus.
• konzentriert sich auf die wichtigsten Aufgaben.	• achtet auf das Wohlergehen seiner Mitarbeiter.	• erkennt kundenorientierte Verhaltensweisen von Mitarbeitern an.
• misst den Wert einer Leistung an den Ergebnissen und nicht am Aufwand.	• stellt sich auch in schwierigen Situationen hinter seine Mitarbeiter.	• kritisiert Verhaltensweisen seiner Mitarbeiter, die nicht kundenorientiert sind.
• delegiert Aufgaben in sinnvoller Weise an seine Mitarbeiter.	• fördert Ideen und Initiativen seiner Mitarbeiter.	• fördert kundenorientierte Mitarbeiter in besonderem Maße.
• schiebt dringende Entscheidungen nicht auf.	• macht es den Mitarbeitern leicht, unbefangen und frei mit ihm zu sprechen.	• spricht mit seinen Mitarbeitern häufig über die Bedeutung der Kunden für sie persönlich.
• ermutigt die Mitarbeiter zu besonderen Leistungen.		

Abbildung 5-35: Indikatoren der Leistungs-, Mitarbeiter- und Kundenorientierung (5-stufige Zustimmungsskalen) (Quelle: Homburg/Stock 2000, S. 104f.)

Neben dem Führungsstil stehen der Führungskraft diverse Führungstechniken und -instrumente zur Verfügung, mit denen die entsprechenden Führungsgrundsätze umgesetzt werden können. Darauf kann hier nicht extensiv eingegangen werden, zumal meist wenig Marketingspezifisches darin zu finden ist.

Im Einzelnen geht es zunächst um die sog. **Management-By-Konzepte**, von denen das **MBO (Management-By-Objectives)**, also die Führung durch **Zielvereinbarungen** und entsprechende Kontrollstandards, am meisten verbreitet ist. Für den Außendienst werden dabei z.B. nach gemeinsamer Zielbesprechung mit dem Mitarbeiter Umsatz-, Marktanteils-, Deckungsbeitrags- und/oder Penetrationsraten, aber auch qualitative Ziele wie Kundenzufriedenheit vorgegeben, in EDV-gestützten Systemen in Echtzeit überwacht und auch zur persönlichen Eigensteuerung des Mitarbeiters verfügbar gemacht.

Beim Konzept des **Management-By-Motivation** steht die intrinsische und/oder extrinsische Motivation der Mitarbeiter im Mittelpunkt. Dies spielt v.a. für den oft hohen Leistungsanforderungen und vielen Frustrationen ausgesetzten Außendienst eine Rolle. Dort setzt man z.B. (meist neben den regulären Zielvereinbarungen) **Verkaufswettbewerbe** ein, bei denen für das Erreichen bestimmter Rangplätze Prämien oder Statusbelohnungen ausgelobt werden. Die Rolle extrinsischer Motivatoren ist freilich stark umstritten (vgl. *Sprenger* 2010), in bestimmten Aufgabenumgebungen aber andererseits gut belegt.

Speziell für Marketingmitarbeiter spielen darüber hinaus eine Reihe anderer **Führungstechniken** eine wichtige Rolle, welche die Persönlichkeit des Mitarbeiters in umfassender Weise ansprechen und dessen Streben nach Selbstverwirklichung unterstützen. Nur beispielhaft ist dabei etwa an folgende Maßnahmen zu denken:

- **Emotionale Erlebnisse** können etwa durch Outdoor-Veranstaltungen, gemeinsame Feiern etc. das „Herz" der Mitarbeiter ansprechen.
- **Problemlösungsworkshops**, Einbindung der Mitarbeiter bei Kundenpräsentationen u.ä. Initiativen fördern die Motivation durch Einbeziehung des Mitarbeiters in marktorientierte Prozesse.
- Die **persönliche Weiterbildung**, etwa durch eine planmäßige Lesestunde während der Arbeitszeit, kann die Motivation zum Lernen stärken.
- Eine **flexible Gestaltung der Arbeitszeit** kommt dem modernen Muster der Lebensgestaltung der Mitarbeiter entgegen.
- Kreativität kann durch Einsatz spezifischer **Kreativitätstechniken** (vgl. *Noellke* 2006) oder Meetings außerhalb der Büroräume in entsprechend ausgestatteten „Innovationsinkubatoren" gefördert werden.

5.2.2 Strukturelle Führungssysteme

Neben der unmittelbaren Führung durch direkte Verhaltensbeeinflussung tragen auch die Personalsysteme Personalplanung und -akquisition, -beurteilung, -entwicklung und -vergütung zur Erreichung der in Abbildung 5-30 dargestellten Oberziele bei. Die entsprechende Ausgestaltung der einzelnen Teilsysteme dient dabei insb.

-   der Sicherstellung der **bestmöglichen Verfügbarkeit** von für die jeweiligen Aufgaben des Marketing qualifizierten Mitarbeitern,

-   niedrigen **Fluktuationsraten** zur Vermeidung von Akquisitions- und Ausbildungskosten, aber auch der Vermeidung des **Verlustes** von personengebundenem **Wissen** über Markt und Kunden,

-   niedrigen Personalkosten,

-   hinreichender **Flexibilität** der Personalressourcen und

-   hoher Mitarbeitermotivation und -zufriedenheit.

Auf eine detaillierte Darstellung der verschiedenen Teilsysteme der strukturellen Führung wird hier verzichtet, zumal sie kaum marketingspezifische Besonderheiten aufweisen

5.2.2.1   Personalplanung und -akqusition

Entscheidungen über die Anwerbung und Einstellung von Mitarbeitern bzw. den Rückgriff auf externe Kräfte (z.B. „**Außendienst-Leasing**"; vgl. *Mues* 2001) werden durch eine quantitative und qualitative Personalplanung fundiert, in welcher der künftige Bedarf und die nötige Qualifikation des im Marketing einzusetzenden Personals festgelegt werden (vgl. *Berthel* 2010; *Hackl* 1998; *Kuhlmann* 2001, S. 209 ff.). Die Personalplanung muss ihrerseits auf **Kompetenzmodellen** aufbauen. Diese beinhalten aufgaben- und rollenspezifische Eigenschaften und Kenntnisse, insb. sog. **Schlüsselqualifikationen**. Im Idealfall werden alle Marketing-Prozesse mit solchen Kompetenzanforderungen verknüpft, deren Erfüllung durch das individuelle Kompetenzprofil der Mitarbeiter dann zu entsprechender Aufgabenzuweisung bzw. zu notwendigen Personalentwicklungsmaßnahmen führt. Ein instruktives Beispiel für den Aufbau und Umgang mit solchen Kompetenzmodellen in einem Warenhaus findet sich bei *Bauer* (2005). An die Personalplanung schließt sich die Rekrutierung der benötigten Mitarbeiter an. Besonderheiten zum üblichen Vorgehen der Personalauswahl bestehen dabei kaum.

5.2.2.2   Personalbeurteilung

Die Personalbeurteilung stellt die Grundlage für die Festlegung von Maßnahmen der Personalentwicklung dar. Durch die Personalbeurteilung sollen (a) Leistungen, (b) Verhalten und (c) Potentiale der Mitarbeiter im Marketing erfasst werden. Dabei orientiert man sich an den vorher entwickelten Kompetenzprofilen, d.h. man vergleicht Leistungen und Anforderungen. Aufgrund der bereits erwähnten dynamischen Marktbedingungen, komplexen Aufgaben und der schwierigen Erfolgsbemessung tendiert man im Marketing zu **Verhaltensbewertungen**. Hierbei sind Arbeitsverhalten (z.B. Planung, Geschwindigkeit, Genauigkeit), Mitarbeiterverhalten (Kollegialität, Teamfähigkeit etc.) und Führungsverhalten zu beleuchten (vgl. *Homburg/Krohmer* 2009, S. 1192). Für die zukünftige Entwicklung ist aber auch eine Einschätzung der ggf. verbesserten **Potentiale** des Mitarbeiters (Wissen, Können, Erfahrungen etc.) zweckmäßig.

Personalbeurteilungen erfolgen immer häufiger nicht mehr (nur) von oben nach unten, also durch den Vorgesetzten, sondern auch umgekehrt oder „seitwärts" von Arbeitskollegen (z.B. in Teams). Man spricht in solchen Fällen vom **360-Grad-Feedback.**

Das Ergebnis der Personalbeurteilung kann auf einer entsprechenden Skala einheitlich für alle Mitarbeiter abgetragen werden. Denkbar ist z.B. eine Unterscheidung bzgl. jeder Kompetenzanforderung in

- **Kenner**, d.h. Mitarbeiter, die grundlegende erste Erfahrungen in der Umsetzung dieser Qualifikation in Standardsituationen besitzen,

- **Anwender**, die bereits Übung in der Umsetzung in Standardsituationen haben und erste Erfahrungen auch in schwierigen und komplexen Situationen aufweisen,

- **Könner**, d.h. Mitarbeiter, die in der Umsetzung einer Qualifikation auch in schwierigen und komplexen Situationen sicher sind, und

- **Experten**, die sich durch umfassende Expertise auszeichnen (vgl. *Bauer* 2005, S. 60 f.).

5.2.2.3   Personalentwicklung

Die **Laufbahn- oder Karriereplanung** für Mitarbeiter bzw. Inhaber bestimmter Stellen stellt einen zentralen Aspekt der Personalentwicklung im Marketing dar. Sie ist sowohl für die Mitarbeitermotivation als auch für die Personalplanung von großer Bedeutung und kann autonom oder partizipativ erfolgen. Grundsätzlich unterscheidet man **Fach-** und **Führungslaufbahnen.** Erstere zeigen Wege zwischen verschiedenen Fachabteilungen (z.B. Vertrieb und Marketing), letztere Aufstiege in der Führungshierarchie (z.B. Reisender, regionaler bzw. nationaler Verkaufsleiter, Verkaufsdirektor) auf. Der Bestand und Bedarf an entsprechenden Positionen, das Ist- bzw. Soll-Qualifikationsprofil des Mitarbeiters und dessen individuelle Entwicklungsziele bilden den Bedingungsrahmen (vgl. dazu *Domsch/Siemers* 1994).

Der horizontale Austausch zwischen Fachabteilungen (**Job Rotation**) erweitert dabei den Problem(lösungs)fokus, stärkt die Teamfähigkeit von Fachkräften und hilft ggf. auch Kulturbarrieren zwischen Fachabteilungen abzubauen. Für die Selbstentfaltung und damit Motivation besonders wichtig ist aber auch ein **Job Enlargement**, was z.B. im Marketing durch Aufstieg in das (anspruchsvollere) Key Account Management oder in internationale Vertriebspositionen, aber auch durch Mitarbeit an temporären Projekten möglich ist. Im Gegensatz zu den herkömmlichen Flächenvertrieben mit mehreren Verdichtungsebenen bieten die sehr viel flacheren und häufig objektorientierten Organisationsformen (Kunden, Produkte, Categories etc.) weniger Aufstiegsmöglichkeiten. Deshalb sind andere Entwicklungsoptionen, wie sachliche Entscheidungsrechte, Titel, Mitgliedschaften in „Clubs" der Spitzenkräfte bis hin zur Klasse des Firmenfahrzeuges, insb. aber die Ausweitung der Verantwortung des Mitarbeiters („**Empowerment**"), von wachsender Bedeutung.

Damit die Mitarbeiter im Marketing ihrer Verantwortung für dessen Effektivität und Effizienz gerecht werden können, bedarf es im Rahmen der Personalentwicklung neben der Laufbahn- oder Karriereplanung einer systematischen **Qualifikation** bzw. **Weiterbildung** der Mitarbeiter. In diesem Zusammenhang kommt eine Vielzahl verschiedener Methoden in Betracht. Die Weiterbildung „on the job" ist die am weitesten verbreitete Trainingsmaßnahme, weil sie am kostengünstigsten und am einfachsten zu realisieren ist. Speziell die Vertriebsmitarbeiter werden intensiv trainiert, um den Verkaufserfolg zu unterstützen (vgl. Kasten „Verkaufstraining").

Verkaufstraining

Verkäufer verfügen oft nicht über eine höhere Ausbildung, sondern stammen aus berufspraktischen Ausbildungsgängen. Nicht selten handelt es sich um Quereinsteiger, etwa ehemalige Bäcker, die nunmehr für den Außendienst eines Backmittelherstellers arbeiten. Daraus resultiert ein z.T. erheblicher und aus Motivationsgründen auch permanenter Trainingsbedarf. Von **Verkaufstraining i.e.S.** spricht man, wenn es um die Verbesserung der Verkaufsfähigkeiten (z.B. Gesprächsführung, Preisargumentation, Abschlusstechniken), der Verkaufsprozesse (z.B. Gesprächsvor- und -nachbereitung, elektronische Unterstützung, Lead Management) und der Verkaufsressourcen (z.B. Einsatz von Laptops, MDE-Geräten, Messeauftritt etc.) geht (vgl. *Goehrmann* 1984, S. 77). Darüber hinaus geht es beim **Verkaufstraining i.w.S.** aber auch um die Vermittlung von **Wissen** über Produkte und Technologien, Märkte, Kunden, Wettbewerber, Verwaltungsabläufe etc. sowie um Förderung der **Persönlichkeit** des Mitarbeiters durch einschlägig sozialpsychologische Techniken, wie Transaktionsanalyse, neurolinguistische Programmierung (NLP) oder positives Denken (*Bachmann* 1999; *Berne* 2009; *Hansen/Schulze* 1990). Verkaufstraining zielt damit allgemein darauf ab, das Fachwissen, die Fähig- und Fertigkeiten des Verkaufspersonals sowie deren Einstellungen und Verhaltensweisen nachhaltig zu beeinflussen, mit der Absicht, die tätigkeitsrelevanten Kompetenzen der Mitarbeiter auszubauen und deren Produktivität und Profitabilität signifikant zu erhöhen (vgl. *Futrell* 2001, S. 216).

5.2.2.4 Personalvergütung

Insbesondere im Hinblick auf die im Verkauf tätigen Mitarbeiter stellt das **Vergütungssystem** eines der wichtigsten Führungsinstrumente dar (vgl. *Goehrmann* 1984, S. 101). Es kann unterschiedlich starke und differenziert ausrichtbare Anreize zu bestimmten Verkaufsleistungen entwickeln, welche das Arbeitsverhalten erfahrungsgemäß sehr stark beeinflussen, allerdings u.U. auch in unerwünschte Richtungen, weshalb eine sorgfältige Abwägung der Ausgestaltungsmöglichkeiten besonders wichtig ist.

Grundanforderungen sind dabei, dass das sich ergebende Vergütungssystem

– die erwünschten Steuerungsleistungen erbringt,

– von den Mitarbeitern als gerecht empfunden wird,

– das Gehaltsgefüge (Minimal- und Maximalgehälter, Durchschnittsentlohnung, Tarifrahmen) und den Kostenrahmen nicht sprengt und

– einfach durchschaubar und flexibel einsetzbar ist, etwa, wenn neue Produkte zu vermarkten sind oder andere Vertriebsprioritäten gelten.

Festentgelte sind dann angemessen, wenn der Mitarbeiter stark qualitative Leistungen (Beratung, Service, Analyse etc.) erbringt, die nur schwer gerecht zu quantifizieren sind, wie es oft im Key Account Management der Fall ist. Auch im Innendienst werden häufig Festgehälter bezahlt, weil der Arbeitsanfall (inbound) weitgehend von den Kunden bestimmt wird. Die Leistungssteuerung muss dann mit anderen Instrumenten, z.B. Zielvereinbarungen, langfristigen Gehaltsentwicklungsplänen oder Statusgratifikationen, erfolgen.

Leistungsorientierte Vergütungssysteme knüpfen das Entgelt ganz oder teilweise an definierte Leistungen des Mitarbeiters. Das Anreizsystem besteht dabei aus der/den jeweiligen Bemessungsgrundlage(n) (z.B. Umsatz, Deckungsbeitrag, erfragte Kundenzufriedenheit), den finanziellen, materiellen (Sachprämien) oder immateriellen Belohnungen pro Einheit der Bemessungsgrundlage und einem Proportionalitätsfaktor, durch den der funktionale Zusammenhang der Belohnung pro Leistungseinheit (linear, degressiv oder progressiv) festgelegt werden kann. Die letztere Variante wählt man z.B. zur schnellen Marktdurchdringung noch unausgeschöpfter Märkte, die Erstere bei Gefahr des Hochdruck-Verkaufs und Vernachlässigung der Kundenpflege. Am weitesten verbreitet sind **Umsatzprovisionssysteme**, die einfach zu handhaben, leicht nachvollziehbar, flexibel bzgl. Bemessungsgrundlage und Provisionssatz und kostenpolitisch risikoarm sind. Andererseits lassen sich damit Ertragsaspekte nicht hinreichend berücksichtigen, was unter theoretischen Aspekten aber das bessere Vorgehen wäre (vgl. *Albers* 2001), auch wenn die Vertraulichkeit der Produktdeckungsbeiträge dagegen spricht. Provisionssysteme lassen auch qualitative Ziele des Marketing, wie Erwerb von Kundenwissen, Kundenzufriedenheit oder Kundenbindung, unberücksichtigt, was im Zeichen der Kundenorientierung unangemessen ist. Trotz der Probleme und Kosten bei der Messung der Kundenzufriedenheit gehen deshalb immer mehr Unternehmen dazu über, auch solche Aspekte in die Bemessungsgrundlage der Außendienstvergütung einzubeziehen (vgl. *Homburg/Werner* 1998, S. 200 ff.).

5.2.3 Schnittstellenmanagement und Teamarbeit

In Teil 2.2 dieses Kapitels wurde bereits dargelegt, dass eine stark differenzierte Marketingorganisation eine entsprechende Koordination der Strukturen, Ziele und Handlungsabläufe erfordert. Neben unmittelbarer persönlicher Einflussnahme, klaren Prozessrichtlinien und Planungsverfahren spielen für diese Koordination heute zunehmend **Teamorganisationen** die wichtigste Rolle (vgl. *Stock* 2003). Die Koordination wird dabei in eine gemeinsame, oft aus verschiedenen Funktionsbereichen stammende Arbeitsgruppe delegiert, ohne dass freilich das Commitment der Leitungsebene für den Koordinationserfolg nachlassen darf. Die Aufgaben der Leitungsebene beschränken sich in diesem Zusammenhang allerdings eher auf das **Coaching** und die Förderung des Selbststeuerungspotentials von Teams als auf die direkte Einflussnahme.

Auch aus Mitarbeitersicht sind Teams durchaus geschätzte Führungsinstrumente, insbesondere weil sie die Arbeitsfreude erhöhen, die empfundene Schwierigkeit der Aufgabe mindern und für ein gutes Betriebsklima sorgen können. Dass die Zusammenarbeit in

Teams dabei nicht immer die Ideallösung darstellt, ist ebenfalls bekannt. Den zahlreichen Vorteilen, etwa Kreativitätssteigerung, Erweiterung der Wissensbasis, Verbesserung des Informationsflusses oder stärkere Identifikation der Mitarbeiter mit der Firma, stehen zum Teil auch erhebliche Nachteile, wie der Zeitaufwand oder die Verantwortungsdiffusion, gegenüber. Besonders problematisch wird es, wenn die Projektteams so zahlreich werden, dass ein **Projektdschungel** entsteht, in dem die Mitarbeiter weder genügend Commitment für jedes Projekt aufbringen können, noch ein klares Controlling der Projekterfolge mehr möglich ist. Es verwundert deshalb nicht, dass vor allem Großunternehmen mit so genannten **Top-Down-Projekten**, welche mit einer Kurzformel (z.B. „Path to Growth") temporär die Kultur und das Geschehen einer ganzen Organisation stark prägen, häufig Erfolg haben.

Die immer engere Zusammenarbeit zwischen Lieferanten und Kunden im Rahmen des Beziehungsmarketing führt auch zu **interorganisationalen Teams**, in denen Mitarbeiter verschiedener Unternehmen zusammenarbeiten (externe Schnittstellenbewältigung). *Gaitanides/Stock* (2004) konnten zeigen, dass solche Teams eine etwas höhere Effektivität bzgl. marktbezogener Ziele aufweisen als rein innerbetrieblich besetzte Teams.

Zusammenfassend kann festgehalten werden, dass die Mitarbeiterführung im Marketing ein äußerst effektivitäts- und effizienzsensitives Arbeitsfeld der Marketingleitung darstellt. Das Bewusstsein für das in Abbildung 5-30 dargestellte Zielsystem und die Kenntnis darauf abgestimmter Führungstechniken und Personalsysteme gehören deshalb zum grundlegenden Rüstzeug einer Führungskraft im Marketing.

Kontrollfragen

1. Definieren Sie folgende Begriffe:
   - Marketingführung
   - Führungsstil
   - Marketingkultur
2. Erläutern Sie, warum Führung immer ein Interaktions- und nicht nur ein Aktionsprozess ist!
3. Welche vier Ziele beinhaltet die Marketingorientierung in der Personalführung?
4. Welche besonderen Herausforderungen geben Anlass dazu, das Thema der Personalführung als Marketingproblem zu behandeln?

Literaturverzeichnis

Aaker, J. L. (1997): Dimensions of Brand Personality, in: Journal of Marketing Research, Vol. 34, No. 3, S. 347-356.

Abell, D. F. (1980): Defining the Business. The Starting Point of Strategic Planning, Englewood Cliffs, N.J.

Adler, J. (1998): Eine informationsökonomische Perspektive des Kaufverhaltens, in: Wirtschaftswissenschaftliches Studium, Nr. 7, S. 341-347.

Ahlert, D. (1996): Distributionspolitik, 3. Aufl., München.

Albers, S. (2001): Außendienstentlohnung, in: Diller, H. (Hrsg.): Vahlens Großes Marketing Lexikon, 2. Aufl., S. 84-85.

Algesheimer, R.; Dholakia, U.; Herrmann, A. (2005): The social influence of brand community: evidence from European car clubs, in: Journal of Marketing, Vol. 69, S. 19-34.

Amberg, M. (2004): Basistechnologien von CRM-Systeme, in: Hippner, H.; Wilde, K. (Hrsg.): IT-Systeme im CRM, Wiesbaden, S. 43-73.

Anderson, Ch. (2007): The Long Tail – der lange Schwanz. Nischenprodukte statt Massenmarkt. Das Geschäft der Zukunft. München.

Anderson, E. W.; Fornell, C.; Lehmann, D. R. (1994): Customer Satisfaction, Market Share, and Probability: Findings from Sweden, Journal of Marketing, 58 (July), S. 53-66.

Anderson, E. W.; Sullivan, M. W. (1993): Antecedents and Consequences of Customer Satisfaction for Firms, Marketing Science, 12, 2, S. 125-143.

Anderson, E.; Weitz, B. (1992): The Use of Pledges to Build and Sustain Commitment in Distribution Channels, in: Journal of Marketing Research, Vol. 29, February, S. 18-34.

Ansoff, H. I. (1966): Management-Strategie, München.

Ansoff, I. (1976): Managing Surprise and Discontinuity – Strategic Response to Weak Signals, Zeitschrift für betriebswirtschaftliche Forschung, 28, 3, S. 129-152.

Axelrod, R. (1987): Die Evolution der Kooperation, München.

Bachmann, W. (1999): Das Neue Lernen. Eine systematische Einführung in das Konzept des NLP, 4. Aufl., Paderborn.

Backhaus, K.; Voeth, M. (2007): Industriegütermarketing, 8.Aufl. München.

Bagozzi, R. (2010): Neuroscience in Marketing Research, in: Marketing-Journal of Research and Management, Vol. 6, No. 1, S. 7-17.

Bain, J. (1968): Industrial Organizations, 2. Aufl. , New York.

Balasubramanian, S.; Mahajan, V. (2001): The economic leverage of the virtuel community, in: International Journal of Electronic Commerce, Vol. 5, S. 103-138.

Barney, J. (1991): Firm Resources and Sustained Competitive Advantage, in: Journal of Management, Vol. 17, No. 1, S. 99-120.

Bauer, H. (2001): Conjoint Analyse, in: Diller, H. (Hrsg.): Vahlens Großes Marketing-lexikon, 2. Aufl., München, S. 230-232.

Bauer, H. H.; Huber, F. (1998): Wertorientierte Produktentwicklung nach dem Quality Function Deployment, Planung & Analyse, 25, 3, S. 58-63.

Bauer, H.; Neumann, M.; Schüle, A. (Hrsg.) (2006): Konsumentenvertrauen. Konzepte und Anwendungen für ein nachhaltiges Kundenbindungsmanagement, München.

Bauer, H. H. (2001): Markenführung im Internet, in: Kurz, S.; Reinhardt, M.; Strömsdörfer, N. (Hrsg.): E-Commerce, Stuttgart, S. 60-80.

Bauer, J. (2005): Personalentwicklung mit Kompetenzmodellen am Beispiel der Karstadt AG, in: Diller, H. (Hrsg.): Innovative Marketingführung, Nürnberg, S. 51-64.

Bauer, T. (2010): Die Verwendung von Data Mining zum Targeting von Direct Mailings im Kundenmanagement des Einzelhandels, Nürnberg.

Baumbach, M. (2004): After-Sales-Management im Maschinen- und Anlagenbau, 2. Aufl., Regensburg.

Bayon, T. (1997): Neuere Mikroökonomie und Marketing, Wiesbaden.

Becker, J. (2006): Marketing-Konzeption. Grundlagen des ziel-strategischen und operativen Marketing-Managements, 8. Aufl., München.

Beinert, M. (2008): Innovativität des Marketing. Konzeption, Anwendbarkeit und Umsetzung in der Konsumgüterbranche, Nürnberg.

Belz, C.; Müllner, M.; Zupancic, D. (2008): Spitzenleistungen im Key Account Management, 2. Aufl., München.

Belz, Ch.; Schögel, M.; Arndt, O.; Walter, V. (Hrsg.) (2008): Interaktives Marketing. Neue Wege zum Dialog mit Kunden, Wiesbaden.

Berchtenbreiter, R. (2004): Grundlagen von Content-Management-Systemen und Ansätze ihrer Bedeutung für das CRM, in: Hippner, H.; Wilde, K. (Hrsg.): IT-Systeme im CRM, Wiesbaden, S. 209-240.

Berne, E. (2009): Spiele der Erwachsenen, 10. Aufl., Reinbek bei Hamburg.

Berry, L. L.; Parasuraman, A. (1999): Dienstleistungsmarketing fängt beim Mitarbeiter an, in: Bruhn, M. (Hrsg.): Internes Marketing, Wiesbaden, S. 69-92.

Berthel, J. (2010): Personalmanagement, 9. Aufl., Stuttgart.

Bliemel, F. (2001): Preis-Qualitäts-Strategie, in: Diller, H. (Hrsg.): Vahlens Großes Marketinglexikon, 2. Aufl., München, S. 1348.

Bliemel, F. W.; Eggert, A. (1998): Kundenbindung - die neue Sollstrategie?, in: Marketing-ZFP, 20. Jg., Nr. 1, S. 37-46.

Bliemel, F.; Fassot, G. (2002): Kundenfokus im Mobile Commerce, in: Silberer, G.; Wohlfahrt, J.; Wilhelm, T. (Hrsg.): Mobile Commerce, Wiesbaden, S. 3-23.

Brenner, W.; Zarnekow, R. (2001): E-Procuremnt – Einsatzfelder und Entwicklungstrends, in: Hermanns, A.; Sauter, M. (Hrsg.): Management-Handbuch Electronic Commerce, 2. Aufl., München, S. 487-502.

Brielmaier, A.; Diller, H. (1995): Die Organisation internationaler Vertriebsaktivitäten: Problemfelder, Einflußfaktoren und Lösungsansätze aus Sicht der Transaktionskostentheorie, in: Kaas, K. P. (Hrsg.): Kontrakte, Geschäftsbeziehungen, Netzwerke: Marketing und neue Institutionenökonomik, Düsseldorf, S. 205-222.

Brockhoff, K. (2001): Positionierung (mapping), in: Diller, H. (Hrsg.): Vahlens Großes Marketinglexikon, 2. Aufl., München, S.1275-1276.

Bruhn, M. (1999): Internes Marketing als Forschungsgebiet des Marketing, in: Bruhn, M. (Hrsg.): Internes Marketing, Wiesbaden, S. 15-44.

Bruhn, M. (2004): Begriffsabgrenzungen und Erscheinungsformen von Marken, in: Bruhn, M. (Hrsg.): Handbuch Markenführung, Wiesbaden, S. 3-49.

Bruhn, M. (2005): Marketing für Nonprofit-Organisationen, Stuttgart.

Bruhn, M. (2009): Integrierte Unternehmens- und Markenkommunikation. Strategische Planung und operative Umsetzung, 5., überarbeitete und aktualisierte Auflage, Stuttgart.

Bruhn, M. (2009): Relationship Marketing. Das Management von Kundenbeziehungen, 2. Aufl., München.

Bruhn, M. (2010): Kommunikationspolitik, 6. Aufl., München, S. 1-70.

Bruhn, M.; Hadwich, K. (2006): Produkt- und Servicemanagement, München.

Büschken, J. (1994): Multipersonale Kaufentscheidungen. Empirische Analyse zur Operationalisierung von Einflussbeziehungen im Buying Center, Wiesbaden.

Büschken, J. (2001): Internationales Marketing, in: Diller, H. (Hrsg.): Vahlens Großes Marketinglexikon, 2. Aufl., München, S. 685-688.

Büschken, J. (2001): Nicht-lineare-Tarife, in: Diller, H. (Hrsg.): Vahlens Großes Marketinglexikon, München, S. 1184-1190.

Büttgen, M. (2003): Recovery Management – Systematische Kundenrückgewinnung und Abwanderungsprävention zur Sicherung des Unternehmenserfolges, in: DBW, 1, S. 60-76.

Büttgen, M. (2007): Kundenintegration in den Dienstleistungsprozess, Eine verhaltenswissenschaftliche Untersuchung, Wiesbaden.

Buzzell, R. G.; Gale, B.T. (1989): Das PIMS-Programm, Wiesbaden.

Capon, N.; Farley, J.; Hoenig, S. (1990): Determinants of Financial Performance: A Meta-Analysis, Management Science, 36, 10, S. 1143-1159.

Chesbrough, H. (2003): The Era of Open Innovation, Sloan Management Review, 44, 3, S. 35-41.

Coase, R. H. (1937): The Nature of the Firm, in: Economica, Vol. 4, S. 386-405.

Cornelsen, J. (1998): Operative Analyse, in: Diller, H. (Hrsg.): Marketingplanung, 2. Aufl., München, S. 73-117.

Cornelsen, J. (2000): Kundenwertanalysen im Beziehungsmarketing: Theoretische Grundlegungen und Ergebnisse einer empirischen Studie im Automobilbereich, Nürnberg.

Coughlan, A.T. (1988): Pricing and the Role of Information in Markets, in: Devinney, T.M. (Hrsg.): Issues in Pricing, Lexington, S. 59-62.

Day, G. S. (1994): The Capabilities of Market-Driven Organizations, in: Journal of Marketing, Vol. 58, October, S. 37-52.

DDV (Deutscher Dialogmarketing Verband e.V.) (2011): Über Dialogmarketing – Fakten, URL: http://www.ddv.de/index.php?id=75, 25.01.2011.

De Bruyn, A.; Lilien, G. (2008): A Multi-Stage Model of Word-Of-Mouth Influence, in: International Journal of Research in Marketing, Vol. 25, Issue 3, S. 151-163.

Decker, R.; Wagner, R. (2001): Data Mining (DM), in: Diller, H. (Hrsg.): Vahlens Großes Marketinglexikon, 2. Aufl., München, S. 255-256.

Deutscher Franchise Verband e.V. (2009): Top 20 der deutschen Franchise-Wirtschaft, URL: http://www.franchiseverband.com/Newsdetail.64.0.html?&tx_ttnews[tt_news]=23&tx_ttnews[backPid]=63&cHash=b32b0cb397, 20.01.2011.

Diller, H. (1975): Produkt-Management und Marketing-Informationssysteme – Tätigkeitsbild und Informationsbedarf des Produkt-Managers als Determinanten der Ausgestaltung von Marketing-Informationssystemen, Berlin.

Diller, H. (1989): Key-Account-Management als vertikales Marketingkonzept. Theoretische Grundlagen und empirische Befunde aus der deutschen Lebensmittelindustrie, in: Marketing ZFP, 11. Jg., Heft 4, S. 213-223.

Diller, H. (1991): Entwicklungstrends und Forschungsfelder der Marketingorganisation, in: Marketing-ZFP, 13. Jg., Heft 3, S. 157-163.

Diller, H. (1993): Preisbaukästen als preispolitische Option, in: WiSt-Wirtschaftswissenschaftliches Studium, 22. Jg., Heft 6, S. 270-275.

Diller, H. (1995): Kundenmanagement, in: Tietz, B.; Köhler, R.; Zentes, J. (Hrsg.): Handwörterbuch des Marketing, 2. Aufl., Stuttgart, S. 1363-1376.

Diller, H. (1996a): Fallbeispiel Kundenclub – Ziele und Zielerreichung von Kundenclubs am Beispiel des Fachhandels, Ettlingen.

Diller, H. (1996b): KAMQUAL: Beziehungserfolge realisieren, in: Absatzwirtschaft 39. Jg., Sondernummer Oktober 1996, S.174-187.

Diller, H. (1996c): Kundenbindung als Marketingziel, in: Marketing-ZFP, 18. Jg., Heft 2, S. 81-94.

Diller, H. (1998): Zielplanung, in: Diller, H. (Hrsg.): Marketingplanung, 2. Aufl., München, S. 163-198.

Diller, H. (2000): Customer Loyalty: Fata Morgana or Realistic Goal? Managing Relationship with Customers, in: Hennig-Thurau, T.; Hansen, U. (Ed.): Relationship Marketing, Berlin u.a., S. 29-48.

Diller, H. (2002): Probleme des Kundenwerts als Steuerungsgröße im Kundenmanagement, in: Böhler, H. (Hrsg.): Marketing-Management und Unternehmensführung, Stuttgart 2002, S. 297-326.

Diller, H. (2005): Marketingführung: Pflichtenheft für den Marketingerfolg?, in: Diller, H. (Hrsg.): Innovative Marketingführung, Nürnberg, S. 1-30.

Diller, H. (2006): Ansatzpunkte und Herausforderungen des Zielgruppenmarketing, in: Diller, H. (Hrsg.): Zielgruppen finden und überzeugen, Nürnberg, S. 1-22.

Diller, H. (2008): Preispolitik, 4. Aufl. Stuttgart.

Diller, H. (Hrsg.) (2001): Vahlens Großes Marketinglexikon, 2. Aufl., München.

Diller, H.; Haas, A.; Ivens, B. S. (2005): Verkauf und Kundenmanagement – Eine prozessorientierte Konzeption, Stuttgart.

Diller, H.; Ivens, B. (2006): Process Oriented Marketing, in: Marketing-Journal for Research and Management (JRM), Vol. 2, No. 1, S. 14-29.

Diller, H.; Kusterer, M. (1986): Erlebnisbetonte Ladengestaltung im Einzelhandel - Eine empirische Studie, in: Trommsdorff, V. (Hrsg.): Handelsforschung 1986, Jahrbuch der Forschungsstelle für den Handel (FfH) e.V., Heidelberg, S. 109-123.

Diller, H.; Kusterer, M. (1988): Beziehungsmanagement. Theoretische Grundlagen und explorative Befunde, in: Marketing - ZFP, 10. Jg., Nr. 3, 1988, S. 211-220.

Diller, H.; Spintig, S. (2003): Kooperationen in der Marktforschung, in: Zentes, J.; Sowboda, B.; Morschett, D. (Hrsg.): Kooperationen, Allianzen und Netzwerke, Wiesbaden, S. 727-750.

Diller, H.; Stamer, H. (2004): Preissegmentierung in Konsumgütermärkten, in: Baumgarth, C. (Hrsg.): Marktorientierte Unternehmensführung – Grundkonzepte, Anwendungen und Lehre, Frankfurt/Main u.a., S. 35-76.

Diller. H.; Haas, A.; Ivens, B. (2005): Verkauf und Kundenmanagement Eine prozessorientierte Konzeption, Stuttgart.

Domsch, M.; Siemers, S. (Hrsg.) (1994): Fachlaufbahnen, Heidelberg.

Dwyer, R. F.; Schurr, P.H.; Oh, S. (1987): Developing Buyer-Seller Relationships, in: Journal of Marketing, Vol. 51, Iss. 2, S. 11-27.

Eggert, A. (1999): Kundenbindung aus Kundensicht. Konzeptionalisierung – Operationalisierung – Verhaltenswirksamkeit, Wiesbaden.

Eggert, A.; Fassot, G. (2001): Elektronische Kundenbeziehungsmanagement (eCRM), in: Eggert, A.; Fassot, G. (Hrsg.): eCRM – Electronic Customer Relationship Management, Stuttgart, S. 1-14.

Engelhardt, W. H.; Freiling, J. (1997): Marktorientierte Qualitätsplanung: Probleme des Quality Function Deployment aus Marketing-Sicht, Die Betriebswirtschaft, 57, 1, S. 7-19.

Erichson, B. (2007): Prüfung von Produktideen und -konzepten, in: Albers, S.; Herrmann, A. (Hrsg.): Handbuch Produktmanagement. Strategieentwicklung – Produktplanung – Organisation – Kontrolle, 3. Aufl., Wiesbaden, S. 413-438.

Festinger, L. (1957): A Theory of Cognitive Dissonance, Stanford.

Finsterwalder, J.; Lutz, A.; Packenius, D. (2004): Kampagnenmanagement bei der Audi AG –ein CRM-Pilotprojekt zur Audi A8 Einführung in Italien, in: Hipper, H.; Wilde, K.D. (Hrsg.): Management von CRM-Projekten, Wiesbaden, S. 371-385.

Fischer, L. (2002): Kiosksysteme im Handel. Einsatz, Akzeptanz und Wirkungen, Wiesbaden.

Fleishman, E. (1953): The Description of Supervisory Behavior, in: Journal of Applied Psychology, Vol. 37, S. 1-6.

Fließ, S. (1994): Messeselektion: Entscheidungskriterien für Investitionsgüterhersteller, Wiesbaden.

Florin, G. (1988): Strategiebewertung auf der Ebene der Strategischen Geschäftseinheiten, Frankfurt a. M.

Frazier, G. L.; Lassar, W. M. (1996): Determinants of Distribution Intensity, Journal of Marketing, 60, 4, S. 39-51.

Freiling, J. (2001a): House of Quality (HQ), in: Diller, H. (Hrsg.): Vahlens Großes Marketinglexikon, 2. Aufl., München, S. 618-620.

Freiling, J. (2001b): Kundenwert – eine vergleichende Analyse ressourcenorientierter Ansätze, in: Günter, B.; Helm, S. (Hrsg.): Kundenwert, Wiesbaden, S. 81-102.

Freiling, J.; Herrmann, A.; Huber, F. (2001): Qualität, in: Diller, H. (Hrsg.): Vahlens Großes Marketinglexikon, 2. Aufl., München, S. 1450-1451.

French, J. R. P.; Raven, B. (1959): The Basis of Social Power, in: Cartwright, D. (Hrsg.): Studies in Social Power, Ann Arbor, S. 150-166.

Freter, H. (1983): Marktsegmentierung, Stuttgart et al..

Frühauf, K.; Oberbauer, R. (2002): Web in the car – Mobile Commerce als Herausforderung für Automobilhersteller, in: Silberer, G.; Wohlfahrt, J.; Wilhelm, T. (Hrsg.): Mobile Commerce, Wiesbaden, S. 380-397.

Fürst, A.; Leimbach, M. (2010): Design und Management von Multichannel-Vertriebssystemen: Ein Überblick zentraler Handlungsfelder, Arbeitspapier Nr. 169 des Lehrstuhls für Marketing an der Universität Erlangen-Nürnberg, Nürnberg.

Fürst, A.; Pečornik, N. (2010): Produkteliminationen erfolgreich managen: Welche Faktoren gefährden bestehende Geschäftsbeziehungen?, Nürnberg.

Futrell, C. (2001): Sales Management, 6. Aufl., Fort Worth.

Gaitanides, M.; Diller, H. (1989): Großkundenmanagement – Überlegungen und Befunde zur organisatorischen Gestaltung und Effizienz, in: Die Betriebswirtschaftslehre, 49. Jg., S. 185-197.

Gaitanides, M.; Scholz, R.; Vrohlings, A.; Raster, M. (Hrsg.) (1994): Prozessmanagement. Konzepte, Umsetzungen und Erfahrungen des Reengineering, München-Wien.

Gaitanides, M.; Stock, R. (2004): Interorganisationale Teams: Transaktionskostentheoretische Überlegungen und empirische Befunde zum Teamerfolg, in: Zeitschrift für betriebswirtschaftliche Forschung, 56. Jg., S. 436-451.

Garczorc, I.; Krafft, M. (1999): Wie halte ich den Kunden? Kundenbindung, in: Albers, S.; Clement, M.; Peters, K.; Skiera, B. (Hrsg.): eCommerce, Frankfurt a.M., S. 137-149.

Gedenk, K. (2002): Verkaufsförderung, 1. Auflage, München.

Gedenk, K. (2003): Preis-Promotions, in: Diller, H.; Herrmann, A. (Hrsg.): Handbuch Preispolitik, Wiesbaden, S. 597-621.

Gerybadze, A. (2004): Technologie- und Innovationsmanagement. Strategie - Organisation und Implementierung, München.

Gilbert, X.; Strebel, P. (1987): Outpacing Strategies, in: Journal of Business Strategy, 8, Summer, S. 28-36.

Gill, T. (2010): Call, Mail, Shoot, Liston, Play. But what functionalities add real value in convergent products, in: GfK-Marketing Intelligence-Review, Vol. 2, No. 2, S. 17-25.

Goehrmann, K. E. (1984): Verkaufsmanagement, Stuttgart u.a.

Goleman, D. (2007): Emotionale Intelligenz, München, Wien.

Götz, P. (1998): Strategische Analyse, in: Diller, H. (Hrsg.): Marketingplanung, 2. Aufl., München, S. 33-71.

Gouthier, M. (2004): Das Management von Neukundenbeziehungen, in: Wirtschaftswissenschaftliches Studium WiSt, Nr. 10, S. 590-596.

Gouthier, M. (2006): Neukundenmanagement, in: Hippner, H.,; Wilde, K. (Hrsg.): Grundlagen des CRM. Konzepte und Gestaltung. 2., überarbeitete und erweiterte Auflage, Wiesbaden, S. 474-507.

Grether, M. (2003): Marktorientierung durch das Internet. Ein wissensorientierter Ansatz für Unternehmen, Wiesbaden.

Gronover, S., Kolbe, L. M., Österle, H. (2004); Methodisches Vorgehen zur Einführung von CRM, in: Hippner, H., Wilde, K. D. (Hrsg.): Management von CRM-Projekten. Handlungsempfehlungen und Branchenkonzepte, Wiesbaden, S. 13-32.

Grunberg, B. (2004): Zeitbezogene Nutzenkomponenten von Verkehrsdienstleistungen, Frankfurt/Main.

Guiltinan, J. P. (1999): Launch Strategy, Launch Tactics, and Demand Outcomes, Journal of Product Innovation Management, 16, S. 509-529.

Günter, B.; Helm, S. (Hrsg.) (2006): Kundenwert. Grundlagen-Innovative Konzepte-Anwendungen, Wiesbaden.

Gupta, S.; Hanssens, D.; Hardie, B.; Kahn, W.; Kumar, V.; Lin, N.; Ravishanker, N.; Sriram, S. (2006): Modeling Customer Lifetime Value, in: Journal of Service Research, Vol. 9, No. 2, S. 139-155.

Hackl, O. (1998): Mitarbeiter im Verkaufsaußendienst: Einführung und Führung, Wiesbaden.

Hagel, J.; Singer, M. (1999): Unbundling the Cooperation, Harvard Business Manger, 72, 2, S. 133-141.

Hahn, P. (1993): Planung und Kontrolle, in: Wittman, W. u.a. (Hrsg.): Handwörterbuch der Betriebswirtschaft, Teilband II, 5. Aufl., Stuttgart, S. 3185-3200.

Hammann, P. (2001): Datenanalyse, in: Diller, H. (Hrsg.): Vahlens Großes Marketinglexikon, 2. Aufl., München, S. 258-260.

Hammann, P.; Erichson, B (2000): Marktforschung, 4. Aufl., Stuttgart.

Hansen, U. (2001): Marketingethik, in: Diller, H. (Hrsg.): Vahlens Großes Marketinglexikon, 2.Aufl., München, S. 970-972.

Hansen, U.; Schulze, H. S. (1990): Transaktionsanalyse und persönlicher Verkauf, in: Jahrbuch der Absatz- und Verbrauchsforschung, 36. Jg., Nr. 1, S. 4-26.

Hansmann, K.-W. (2001): Delphi-Methode, in: Diller, H. (Hrsg.): Vahlens Großes Marketinglexikon, 2. Aufl., München, S. 275.

Hasenkamp, U.; Syring, M. (1993): Konzepte und Einsatzmöglichkeiten von Workflow-Management-Systemen, in: Kurbel, K. (Hrsg.): Wirtschaftsinformatik 93, Heidelberg, S. 405-422.

Helfert, G. (1998): Teams im Relationship Marketing, Wiesbaden.

Henschel, H. (1979): Wirtschaftsprognosen, München.

Herrmann, A. (2001): Nutzen, in: Diller, H. (Hrsg.): Vahlens Großes Marketinglexikon, 2. Aufl., München, S.1201-1203.

Herrmann, A.; Huber, F. (2001): Means End-Theorie, in: Diller, H. (Hrsg.): Vahlens Großes Marketinglexikon, 2. Aufl., München, S. 1090.

Herrmann, A.; Huber, F. (2009): Produktmanagement: Grundlagen – Methoden – Beispiele, 2. Aufl. Wiesbaden.

Hermanns, A. (2001): Sponsoring, in: Diller, H. (Hrsg.): Vahlens Großes Marketinglexikon, 2. Aufl., München, S. 1587-1590.

Hermanns, A.; Gampenrieder, A. (2002): Wesen und Eigenschaften des E-Commerce, in: Schlögel, M.; Tomczak, T.; Belz, H. (Hrsg.): Roadm@p to E-Business – Wie Unternehmen das Internet erfolgreich nutzen, St. Gallen, S. 70-91.

Hermanns, A.; Prieß, S. (1987): Computer Aided Selling, München.

Hess, O. (1999): Internet, Electronic Data Interchange (EDI) und SAP R/3 – Synergien und Abgrenzungen im Rahmen des Electronic Commerce, in: Herrmanns, A.; Sauter, M. (Hrsg.): Management-Handbuch Electronic Commerce, München, S. 185-197.

Hettich, S.; Hippner, H.; Wilde, K. D. (2001): Customer Relationship Management: Informationstechnologien im Dienste der Kundeninteraktion, in: Bruhn, M.; Stauss, B. (Hrsg.): Dienstleistungsmanagement Jahrbuch 2001, Wiesbaden , S. 167-201.

Hippner, H.; Merzenich, M.; Wilde, K. D. (2004): Analyse und Optimierung kundenbezogener Geschäftsprozesse, in: Hippner, H.; Wilde, K. D. (Hrsg.): Management von CRM-Projekten – Handlungsempfehlungen und Branchenkonzepte, Wiesbaden, S. 67-104.

Hippner, H.; Rentzmann, R.; Wilde, K. D. (2006): Aufbau und Funktionalitäten von CRM-Systemen, in: Hippner, H.; Wilde, K. D. (Hrsg.) Grundlagen des CRM, Wiesbaden, S. 45-74.

Hippner, H.; Wilde, K. D. (2003): Customer Relationship Management – Strategie und Realisierung, in: Teichmann, R. (Hrsg.): Customer und Shareholder Relationship Management, Berlin u.a., S. 3-52.

Hippner, H.; Wilde, K. D. (Hrsg.) (2004a): Grundlagen des CRM. Konzepte und Gestaltung, Wiesbaden.

Hippner, H.; Wilde, K. D. (2004b): IT-Systeme im CRM - Aufbau und Potenziale, Wiesbaden.

Hippner, H.; Wilde, K. D. (Hrsg.) (2004c): Management von CRM-Projekten. Handlungs-empfehlungen und Branchenkonzepte, Wiesbaden.

Holler, M. J.; Illing G. (1996): Einführung in die Spieltheorie, Heidelberg.

Holz, S. (1997): Kundenclubs als Kundenbindungsinstrument. Generelle und situations-bezogene Gestaltungsempfehlungen für ein erfolgreiches Kundenclub-Marketing, Bamberg.

Homburg, Ch. (2000): Kundennähe von Industriegüterunternehmen: Konzeption - Er-folgsauswirkungen - Determinanten, 3. aktualisierte Aufl., Wiesbaden.

Homburg, Ch.; Fassnacht, M. (1998): Kundennähe, Kundenzufriedenheit und Kunden-bindung bei Dienstleistungsunternehmen, in: Bruhn, M.; Meffert, M. (Hrsg.): Handbuch Dienstleistungsmanagement, Wiesbaden, S. 405-428.

Homburg, Ch.; Krohmer, H. (2003): Marketingmanagement, Wiesbaden.

Homburg, Ch.; Krohmer, H. (2009): Marketing Management: Strategie - Instrumente – Umsetzung – Unternehmensführung, 3. Aufl., Wiesbaden.

Homburg, Ch.; Schäfer, H., Schneider, J. (2008): Sales Excellence – Vertriebsmanage-ment mit System, 5. Aufl., Wiesbaden.

Homburg, Ch.; Stock, R. (2000): Der kundenorientierte Mitarbeiter, Wiesbaden.

Homburg, Ch.; Werner, H. (1998): Kundenorientierung mit System, Frankfurt.

Hüttmann, A. (2003): Leistungsabhängige Preiskonzepte im Investitionsgütergeschäft. Funktion, Wirkung, Einsatz, Wiesbaden.

Hüttner, M. (2001): Auswahlverfahren und -techniken, in: Diller, H. (Hrsg.): Vahlens Großes Marketinglexikon, 2. Aufl., München, S. 97-98.

IKEA (2011): Unsere Vision und unsere Geschäftsidee, http://www.ikea.com/ms/de_DE/ about_ikea/the_ikea_way/our_business_idea/index.html, 13.01.2011.

Im, S.; Workman, J. P., jr. (2004): Market Orientation, Creativity, and New Product Performance in High-Technology Firms, in: Journal of Marketing, Vol. 68, April, S. 114-132.

Ivens, B.; Blois, K. J. (2004): Relational Exchange Norms in Marketing: A Critical Re-view of Macniel´s Contribution, in: Marketing Theory, Vol. 4, No. 3, S. 239-263.

Iyengar, R.; Van den Bulte, Ch.; Eichert, J.; West, B.; Valente, W. (2011): How Social networks and Opinion Leaders affect The Adoption of New products, in: Gfk-Marketing Intelligence Review, Vol. 3, No. 1.

Jensen, M. C.; Meckling, W. H. (1976): Theory of the Firm: Managerial Behavior, Agency Costs and Ownership Structure, in: Journal of Financial Economics, Vol. 3, S. 305-360.

Jensen, O. (2001): Key-Account-Management: Gestaltung – Determinanten – Erfolgs-auswirkungen, Wiesbaden.

John, G.; Weitz, B. A. (1988): Forward Integration into Distribution: An Empirical Test of Transaction Cost Analysis, Journal of Law, Economics, and Organisation, 4, 2, S. 337-355.

Kaas, K. P. (1995): Marketing zwischen Markt und Hierarchie, in: Kaas, K.P. (Hrsg.): Kontrakte, Geschäftsbeziehungen, Netzwerke: Marketing und neue Institutionenökonomik, Düsseldorf, S. 19-42.

Kaas, K.-P. (1995): Kontrakte, Geschäftsbeziehungen, Netzwerke: Marketing und neue Institutionenökonomik, ZfbF-Sonderheft, Düsseldorf u.a..

Kahneman, D.; Tversky, A. (1979): Prospect Theory; an Analysis of Decision under Risk, in: Econometrica, Vol. 47, No.2, S. 263-291.

Kamiske, G. F.; Hummel, T. G. C.; Malorny, C.; Zoschke, M. (1994): Quality Function Deployment – oder das systematische Überbringen der Kundenwünsche. Qualitätsplanung- und Kommunikationsinstrument zwischen Marketer und Ingenieur, Marketing ZFP, 16, 3, S. 181-190.

Kaplan, R. S.; Norton, D. P. (1997): Balanced Scorecard: Strategien erfolgreich umsetzten, Stuttgart.

Kartes, C. (2005): Voice-Self-Services und Sprachportale, in: Funkschau, Nr. 3, S. 10.

Keitz , B. v.; Zweigle, T. (2001): Werbetests, in: Diller, H. (Hrsg.): Vahlens Großes Marketinglexikon, 2. Aufl., München, S. 1875-1877.

Kenning, P.; Plassmann, H.; Ahlert, D. (2007): Consumer Neuroscience. Implikationen neurowissenschaftlicher Forschung für das Marketing, in: Marketing-ZFP, 29. Jg., Nr. 1, S. 57-68.

Keppler, Th. (2006): Determinanten des Cross-Selling-Potentials in der Gebrauchsgüterindustrie, Nürnberg.

Kilian, T.; Haas, B. H.; Walsh, G. (2007): Grundlagen des Web 2.0, in: Kilian, T.; Hass, B. H.; Walsh, G. (Hrsg.): Web 2.0 – Neue Perspektiven für Marketing und Medien, Berlin, S. 3-21.

Kim, J.-Y.; Natter, M.; Spann, M. (2010): Pay-What-You-Want – Praxisrelevanz und Konsumentenverhalten, in: ZfbF 80 (2), S. 147-169.

Kleinaltenkamp, M. (1996): Customer Integration – Kundenintegration als Leitbild für das Business-to-Business-Marketing, in: Kleinaltenkamp, M.; Fließ, S.; Jacob, F. (Hrsg.): Customer Integration, Wiesbaden, S. 13-24.

Kleinaltenkamp, M.; Fließ, S.; Jakob, F. (Hrsg.) (1996): Customer Integration, Wiesbaden.

Knoblich, H.; Esch, R.-E. (2001): Image, in: Diller, H. (Hrsg.): Vahlens Großes Marketinglexikon, 2. Aufl., München, S. 627.

Köhler, H. (2001), Absatzsegmentrechnung, in: Diller, H. (Hrsg.): Vahlens Großes Marketinglexikon, 2.Aufl., München, S.8.

Köhler, R. (1992): Überwachung des Marketing, in: Coenenberg, A. G.; Wysocki, K., v. (Hrsg.): Handwörterbuch der Revision, 2. Aufl., Stuttgart, S. 1269-1284.

Köhler, R. (1995a): Führung im Marketingbereich, in: Kieser, A. (Hrsg.): Handwörterbuch der Führung, 2. Aufl., Stuttgart, S. 1467-1483.

Köhler, R. (1995b): Marketing-Management, in: Tietz, B.; Köhler R., Zentes, J. (Hrsg.): Handwörterbuch des Marketing, 2. Aufl., Stuttgart.

Köhler, R. (1995c): Marketing-Organisation, in: Tietz, B.; Köhler R., Zentes, J. (Hrsg.): Handwörterbuch des Marketing, 2. Aufl., Stuttgart.

Köhler, R. (2003): Kundenorientiertes Rechnungswesen als Voraussetzung des Kundenbindungsmanagements, in: Bruhn, M.; Homburg, C.: Handbuch Kundenbindungsmanagement. Strategien und Instrumente für ein erfolgreiches CRM, 4. Aufl., Wiesbaden, S. 391-422.

Köhler, R. (2006): Marketing-Controlling: Konzepte und Methoden, in: Reinecke, S.; Tomczak T.; Geis, G. (Hrsg.): Handbuch Marketingcontrolling, 2. Aufl., Frankfurt am Main, S. 40-61.

Kohli, A. K.; Jaworski, B. J. (1990): Market Orientation: The Construct, Research Propositions, and Managerial Implications, in: Journal of Marketing, Vol. 54, S. 1-18.

Kolbe, L. M.; Österle, H.; Brenner, W.; Greib, M. (2003): Grundlagen des Customer Knowledge Management, in: Kolbe, L. M.; Österle, H.; Brenner, W. (Hrsg.): Customer Knowledge Management, Berlin u.a., S. 3-21.

Kollmann, T. (2007): Online-Marketing. Grundlagen der Absatzpolitik in der New Economy, Stuttgart.

Kotler, P. (1972): A Generic Concept of Marketing, Journal of Marketing, 36, 2, S. 46-54.

Kotler, P.; Armstrong, G.; Wong, V.; Saunders, J. (2011): Grundlagen des Marketing, 5. Aufl., München.

Kotler, P.; Bliemel, F. (2001): Marketing-Management, 10. Aufl. Stuttgart.

Kotler, P.; Keller, K. L.; Bliemel, F. (2007): Marketing-Management – Strategien für wertschaffendes Handeln, 12. Aufl., München.

Krafft, M. (2002): Kundenbindung und Kundenwert, Heidelberg.

Krickl, O. (1994): Business Redesign – Prozessorientierte Organisationsgestaltung und Informationstechnologie, in: Krickl, O. (Hrsg.): Geschäftsprozessmanagement, Heidelberg, S. 17-38.

Kroeber-Riel, W.; Esch, F.-R. (2001): Informationsüberlastung, in: Diller, H. (Hrsg.): Vahlens Großes Marketing-Lexikon, 2. Aufl., München, S. 648-651.

Kroeber-Riel, W.; Weinberg, P.; Gröppel-Klein, A. (2009): Konsumentenverhalten, 9. Aufl., München.

Krystek, U.; Müller-Stewens, G. (2006): Strategische Frühaufklärung, in: Hahn, D.; Taylor, B. (Hrsg.): Strategische Unternehmensplanung – Strategische Unternehmensführung, 9. Aufl., Heidelberg, S. 175-193.

Kuhlmann, E. (2001): Industrielles Vertriebsmanagement, München.

Kühn, R.; Fuhrer, U. (2001): Die Bedeutung von Realen Optionen für Marketing-Entscheidungen, in: Journal für Betriebswirtschaft, 51, 3, S. 125-136.

Kumar, V.; Venkatesan, R.; Bohling, T.; Beckmann, D. (2008): The Power of CLV: Managing Customer Liftime Value at IB, Marketing Science 27/4, S. 585-599.

Lehmann, E. (2001): Gefangenendilemma (Prisoner's dilemma), in: Diller, H. (Hrsg.): Vahlens Großes Marketinglexikon, 2. Aufl., München, S. 522.

Link, J. (2000): Kundenorientierte Informationssysteme im Marketing-Controlling, in: Weber, J.; Homburg, Ch. (Hrsg.): Marketing-Controlling, Kostenrechnungspraxis, Sonderheft 3, S. 35-45.

Link, J. (2001): Direktmarketing, in: Diller, H. (Hrsg.): Vahlens Großes Marketing, 2. Aufl., München, S. 308-310.

Link, J.; Hildebrand, V. (1993): Database Marketing und Computer Aided Selling, München.

Link, J.; Weiser, C. (2006): Marketing-Controlling, 2. vollst. überarb. u. erw. Aufl., München.

Lucco, A. (2008): Anbieterseitige Kündigung von Kundenbeziehungen. Empirische Erkenntnisse und praktische Implikationen zum Kündigungsmanagement, Wiesbaden.

Luce, R. D.; Raiffa, H. (1957): Games and Decision, New York.

Lütke, V. (2010): Der Zusammenhang zwischen Kompetenz und Erfolg, Nürnberg.

Macneil, I. R. (1974): The Many Futures of Contracts, in: Southern California Law Review, Vol. 47, No. 4; S. 691-816.

Macneil, I. R. (1978): Contracts: Adjustments of Long-Term Economic Relations under Classical, Neoclassical and Relational Contract Law, in: Northwestern University Law Review, Vol. 72, S. 854-905.

Magyar, K. M.; Prange, P. (1993): Zukunft im Kopf. Wege zum visionären Unternehmen, Freiburg.

Mahajan, V.; Muller, E.; Bass, F. (1990): New Product Diffusion Models in Markering: A Review and Directions of Research, Journal of Marketing, 54, 1, S. 1-26.

Maslow, A. (1954): Motivation and Personality, New York.

Meffert, H. (1978): Das Produkt-Mix, in: Koinecke, J. (Hrsg.): Handbuch Marketing, Gernsbach, S. 517-529.

Meffert, H. (2000): Marketing: Grundlagen marktorientierter Unternehmensführung, 9. Aufl., Wiesbaden.

Meffert, H. (2001): Marketing, in: Diller, H. (Hrsg.): Vahlens Großes Marketinglexikon, 2. Aufl., München, S. 957-963.

Meffert, H.; Bruhn, M. (2009): Dienstleistungs-Marketing. Grundlagen – Konzepte – Methoden, Wiesbaden.

Meffert, H.; Burmann, C.; Kirchgeorg, M. (2008): Marketing – Grundlagen marktorientierter Unternehmensführung, Wiesbaden.

Meffert, H.; Burmann, C.; Koers, M. (2005), Markenmanagement – Identitätsorientierte Markenführung und praktische Umsetzung, Wiesbaden.

Melan, E. H. (1992): Process Management. Methods for Improving Products and Services, New York.

Mertens, P.; Stößlein, M. (2004): Stakeholder Information Systems – rechnergestütztes Beziehungsmarketing. In: Diller, Hermann (Hrsg.): Marketinginnovationen erfolgreich gestalten, Nürnberg, S. 83-104.

Meyer, J. (2001): Elektronische Vernetzung, in: Diller, H. (Hrsg.): Vahlens Großes Marketinglexikon, München, S. 399-400.

Michalski, S. (2002): Kundenabwanderungs- und Kundenrückgewinnungsprozesse. Eine theoretische und empirische Untersuchung am Beispiel von Banken, Wiesbaden.

Michalski, S. (2006): Kündigungspräventionsmanagement, in: Hippner, H.; Wilde, K. (Hrsg.): Grundlagen des CRM. Konzepte und Gestaltung. 2., überarbeitete und erweiterte Auflage, Wiesbaden, S. 584-604.

Mintzberg, H.; Quinn, J.; Ghoshal, S. (1995): The Strategy Process, Moran.

Mitchell, A.; Bauer, A.W.; Hausruckinger, G. (2003): The New Bottom Line. Bridging the Value Gaps that are Undermining Your Business, Capstone.

Mohr, J.; Sengupta, S.; Slater, S. (2005): Marketing of High-Technology Products and Innovations, Upper Saddle River, NJ.

Mues, F.-J. (2001): Contract Sales Forces, in: Diller, H. (Hrsg.): Vahlens Großes Marketinglexikon, München, S. 234-235.

Müller, I. (2003): Die Entstehung von Preisimages im Handel, Eine theoretische und empirische Analyse, Nürnberg.

Müller, S. (2006): Bonusprogramme als Instrumente des Beziehungsmarketing. Eine theoretische und empirische Analyse, Nürnberg.

Müller-Hagedorn, L. (1998): Der Handel, Stuttgart.

Müller-Hagedorn, L. (2001): Einstellung, in: Diller, H. (Hrsg.): Vahlens Großes Marketinglexikon, 2. Aufl., München, S. 379-382.

Narver, J. C.; Slater, S. F. (1990): The Effect of a Market Orientation on Business Profitability, in: Journal of Marketing, Vol. 54, S. 20-35.

Neibecker, B. (2001): Skalenniveau, in: Diller, H. (Hrsg.): Vahlens Großes Marketinglexikon, 2. Aufl., München, S. 1583 ff.

Neibecker, B. (2001): Skalierungstechnik, in: Diller, H. (Hrsg.): Vahlens Großes Marketinglexikon, 2. Aufl., München, S. 1555 ff.

Neubauer, W. (2003): Organisationskultur, Stuttgart.

Nickel, O. (2007): Event Marketing. Grundlagen und Erfolgsbeispiele, 2. Auflage, München.

Nieschlag, R.; Dichtl, E.; Hörschgen, H. (1997): Marketing, 18. Aufl., Berlin.

Noellke, M. (2006): Kreativitätstechniken, 5. Aufl., Planegg.

Osterloh, M.; Frost, J. (2006): Prozessmanagement als Kernkompetenz, 5. Aufl., Wiesbaden.

Patton, A. (1959): Stretch Your Product's Earning Years, Top Management's Stake in the Product Life Cycle, Management Review, 48 (June) 9-14, S. 67-79.

Pechtl, H. (2003): Logik von Preissystemen, in: Diller, H.; Herrmann, A. (Hrsg.): Handbuch Preispolitik, Wiesbaden, S. 69-92.

Pfeffer, J.; Salancik, G.R. (1978): The External Control of Organizations, New York.

Pfeiffer, W.; Weiß, E. (1994): Lean Management, 2.Aufl., Berlin.

Pflesser, C. (1999): Marktorientierte Unternehmenskultur, Mannheim.

Pfohl, H.-C. (2004a): Logistikmanagement: Konzeption und Funktionen, 2. Aufl., Heidelberg.

Pfohl, H.-C. (2004b): Logistiksysteme: Betriebswirtschaftliche Grundlagen. 7. Aufl., Heidelberg.

Picot, A.; Reichwald, R.; Wigand, R. T. (2003): Die grenzenlose Unternehmung. Information, Organisation und Management. Lehrbuch zur Unternehmensführung im Informationszeitalter, 5. Aufl., Wiesbaden.

Pleschak, F.; Sabisch, H. (1996): Innovationsmanagement, Stuttgart.

Plinke, W. (1989): Die Geschäftsbeziehung als Investition, in: Specht, G.; Silberer, G.; Engelhardt, W.H. (Hrsg.): Marketing-Schnittstellen, Stuttgart, S. 305-325.

Porter, M. (1980): Competitive Strategy, New York.

Porter, M. (2008): Wettbewerbsstrategien, 11. Aufl., Wiesbaden.

Porter, M. E. (1999): Wettbewerbsstrategie, 10. Aufl., Frankfurt a.M.

Porter, M. E. (2000): Wettbewerbsvorteile, 6. Aufl., Frankfurt a.M.

Prigge, J.-K. (2008): Gestaltung und Auswirkungen von Produkteliminationen im Business-to-Business-Umfeld: Eine empirische Betrachtung aus Anbieter- und Kundensicht, Wiesbaden.

Raffeé, H.(1974): Grundprobleme der Betriebswirtschaftslehre, Göttingen.

Rehbein, R.; Yurdakul, Z.-B. (2002): Mit Six Sigma zu Business Excellenz, München, Erlangen.

Reibnitz, U. v. (1992): Szenario-Technik, 2. Aufl., Wiesbaden.

Reichheld, F. F.; Sasser,W. E. Jr. (1990): Zero Defections: Quality Comes to Services, Harvard Business Review, 68, 5, S. 105-111.

Reichwald, R.; Piller, F. (2006): Interaktive Wertschöpfung - Open Innovation, Individualisierung und neue Formen der Arbeitsteilung, Wiesbaden.

Reinecke, S.; Janz, S. (2007): Marketingcontrolling. Sicherstellen von Marketingeffektivität und Marketingeffizienz, Stuttgart.

Reinecke, S.; Tomczak, T.; Geis, G. (2006): Handbuch Marketingcontrolling, 2. Aufl., Frankfurt a. M., Wien.

Riebel, P. (1994): Einzelkosten- und Deckungsbeitragsrechnung, 7. Aufl., Wiesbaden.

Rivinius, C. (2001): Verpackung, in: Diller, H. (Hrsg.): Vahlens Großes Marketinglexikon, 2. Aufl., München, S. 1783-1784.

Robinson, W. T.; Fornell, C. (1985): Sources of Market Pioneer Advantages in Consumer Goods Industries, in: Journal of Marketing Research, 22, 3, S. 305-317.

Rogers, E. (1962): Diffusion of Innovations, New York.

Rogers, E. (2003): Diffusion of Innovations, 5. Aufl., New York.

Roland Berger & Partner (2000): Nine Mega-Trends re-shape the Automotive Supplier Industry – A trend study to 2010, München.

Roos, I. (1999): Switching Processes in Customer Relationships, in: Journal of Service Research, 2, 1, S. 68-85.

Saatkamp, J. (2002): Business Process Reengineering von Marketingprozessen. Theoretischer Bezugsrahmen und explorative empirische Untersuchung, Nürnberg.

Samiee, S.; Anckar, P. (1998): Currency Choice in Industrial Pricing: A Cross-National Evaluation, in: Journal of Marketing, Vol. 62, No. 3, S. 112-127.

Schade, C. (2001): Outsourcing im Marketing, in: Diller, H. (Hrsg.): Vahlens Großes Marketinglexikon, 2. Aufl., München, S. 1890f.

Scheer, A.-W.; Feld, T.; Göbl., M.; Hoffmann, M. (2002): Das mobile Unternehmen, in: Silberer, G.; Wohlfahrt, J.; Wilhelm, T. (Hrsg.): Mobile Commerce, Wiesbaden, S. 91-110.

Schmidt, R.; Steffenhagen, H. (2002): Quality Function Deployment, in: Albers, S.; Hermann, A. (Hrsg.): Handbuch Produktmanagement, 2. Aufl., Wiesbaden, S. 683-699.

Schobert, R.; Tietz, W. (1998): Entwicklungsprognosen, in: Diller, H. (Hrsg.): Marketingplanung, 2. Aufl., München, S. 119-160.

Schroiff, H.-W. (1999): Business Intelligence 2000: Einsichten vermitteln statt Daten verwalten, in: Planung & Analyse, 26. Jg., H. 1, S. 30-34.

Schulte C. (2005): Logistik: Wege zur Optimierung der Supply Chain, 4. Aufl., München.

Schumacher, P. (2007): Effektivität von Ausgestaltungsformen des Product Placement, 1. Auflage, Wiesbaden.

Sexauer, H. J; Wellner, M. (2008): Vertriebssteuerung durch operative CRM-Systeme: Anwendungsstand und Nutzenpotenziale in der betriebliche Praxis, in: Helmke, S.; Uebel, M. F.; Dangelmaier, W. (Hrsg.): Effektives Customer Relationship Management, 4. Aufl., Wiesbaden S.171-186.

Silberer, G. (2002): Interaktive Kommunikationspolitik im Electronic Business, in: Weiber, R. (Hrsg): Handbuch Electronic Business. Informationstechnologien – Electronic Commerce – Geschäftsprozesse, 2. Aufl., Wiesbaden, S. 709-731.

Simon, H.; Fassnacht, M. (2009): Preismanagement: Analyse, Strategie, Umsetzung, 3. Aufl., Wiesbaden.

Spann, M.; Skiera, B.; Schäfers, B. (2005): Reverse-Pricing-Verfahren und deren Möglichkeiten zur Messung von individuellen Suchkosten und Zahlungsbereitschaften, Schmalenbachs Zeitschrift für betriebswirtschaftliche Forschung, Bd. 57, S. 107-128.

Specht, G. (2000): Schnittstellenmanagement: Marketing und Forschung & Entwicklung, in: Herrmann, A.; Hertel, G.; Virt, W.; Huber, F. (Hrsg.): Kundenorientierte Produktgestaltung, München, S. 265-285.

Specht, G., Fritz, W. (2005): Distributionsmanagement, 4. Auflage, Stuttgart.

Spiegel-Verlag (Hrsg.) (2006): Outfit 6, Frauentypologien, Hamburg.

Sprenger, R. K. (2010): Mythos Motivation. Wege aus einer Sackgasse, 19. aktualisierte u. erw. Aufl., Frankfurt am Main.

Srivastava, R.; Shervani T. A.; Fahey L. (1999): Marketing, Business Processes, and Shareholder Value: An Organizationally Embedded View of Marketing Activities and the Discipline of Marketing, in: Journal of Marketing, Vol. 63, No. 4, S. 168-179.

Srnka, K. I. (2000): Ethik im Marketing: Eine interkulturelle Betrachtung, Wien.

Stamer, H. (2006): Segmentspezifische Analyse des Preisverhaltens. Eine theoretische und empirische Analyse des Konzepts der Preissegmentierung, Nürnberg.

Stauss, B. (1999): Kundenzufriedenheit, in: Marketing ZFP, Zeitschrift für Forschung und Praxis, 21. Jg., Nr. 1, S. 5-24.

Stauss, B. (2001): Internes Marketing, in: Diller, H. (Hrsg.): Vahlens Großes Marketinglexikon, 2. Aufl. München, S. 698-699.

Stauss, B. (2002): Kundenwissen-Management (Customer Knowledge Management), in: Böhler, H. (Hrgs.): Marketing-Management und Unternehmensführung, Stuttgart, S. 273-295.

Stauss, B. (2004): Grundlagen und Phasen der Kundenbeziehung: Der Kundenbeziehungs-Lebenszyklus, in: Hippner, H., Wilde, K. D. (Hrsg.): Grundlagen des CRM. Konzepte und Gestaltung, Wiesbaden, S. 339-359.

Stauss, B.; Friege, C. (1996): 10 Lektionen in TQM, Harvard Business Manager, 2, S. 20-32.

Stauss, B.; Friege, C. (1999): Regaining Service Customers. Costs and Benefits of Regain Management, in: Journal of Service Research, 1, 4, S. 347-361.

Stauss, B.; Seidel, W. (2002): Beschwerdemanagement, München.

Stauss, B.; Seidel, W. (2007): Beschwerdemanagement, 4. Aufl., München.

Steffenhagen, H. (1995): Konditionengestaltung zwischen Industrie und Handel, Wien.

Steffenhagen, H. (2001): Konditionenpolitik, in: Diller, H. (Hrsg.): Vahlens Großes Marketinglexikon, 2. Aufl., München, S. 797-798.

Steffenhagen, H. (2004): Marketing – Eine Einführung, 5. Aufl., Stuttgart.

Steinmann, H.; Schreyögg, G. (2000): Management, 5. Aufl., Wiesbaden.

Stender, M.; The, T.-S.; Rack, H.-P. (2000): Einsatz von IT im Vertrieb. Von Computer Aided Selling bis Internet, in: Reichwald, R.; Bullinger, H.-J. (Hrsg.): Vertriebsmanagement, Stuttgart S. 87-128.

Stock, R. (2003): Teams an der Schnittstelle zwischen Anbieter- und Kunden-Unternehmen, Wiesbaden.

Stock, R. (2009): Der Zusammenhang zwischen Mitarbeiter- und Kundenzufriedenheit, 4. Aufl., Wiesbaden.

Strauß, R. (2001): Customer Relationship Management (CRM), in: Diller, H. (Hrsg.): Vahlens Großes Marketing Lexikon, 2. Aufl., München, S. 249-251.

Süme, O. J. (2005): CRM im Internet aus Sicht des Datenschutzrechts, in: Wilde, K. D.; Hippner, H. (Hrsg.): CRM 2005 – Customer Relationship Management, Düsseldorf, S. 51-54.

Teufer, S. (1999): Die Bedeutung des Arbeitgeberimage bei der Arbeitgeberwahl, Wiesbaden.

Thaler, R. (1980): Toward a Positive Theory of Consumer Choice, in: Journal of Economic Behavior and Organization, Vol. 1, No. 1, S. 39-60.

Thaler, R. (1985): Mental Accounting and Consumer Choice, in: Marketing Science, Vol. 4, No. 3, S. 199-214.

Thieme, K. H.; Steffen, W. (2000): Call Center – Der professionelle Dialog mit dem Kunden, Landsberg/Lech.

Thom, N. (1991): Betriebliches Vorschlagswesen – Ein Instrument der Betriebsführung. Empirische Erkenntnisse und Gestaltungsempfehlungen, Bern.

Tomczak, T.; Reinecke, S.; Dietrich, S. (2010): Kundenbindung durch Kundenkarten und -clubs, in: Bruhn, M.; Homburg, Ch.: Handbuch Kundenbindungsmanagement, Wiesbaden, S. 387-410.

Tomczak, T.; Schögel, M. (2001): Handelsorientierte Anreizsysteme, in: Diller, H. (Hrsg.): Vahlens Großes Marketinglexikon, 2. Aufl., München, S. 580-581.

Trommsdorff, V. (2001): Perspektivenübernahme, in: Diller, H. (Hrsg.): Vahlens Großes Marketing-Lexikon, 2. Aufl., München, S. 1264-1265.

Trommsdorff, V. (2008): Konsumentenverhalten, 7. Aufl., Stuttgart.

Voeth, M.; Herbst, U. (2009): Verhandlungsmanagement. Planung, Steuerung und Analyse, Stuttgart.

Von Hippel, B. (1988): The Source of Innovation, Oxford.

Vorhies, D. W.; Morgan, N. A. (2005): Benchmarking Marketing Capabilities for sustainable Competitive Advantage, Vol. 69, No. 1, S. 80-94.

Voss, G. B.; Voss, Z. G. (2008): Competitive Density and the Customer Acquisition-Retention Trade-Off, Journal of Marketing, 72, 6, S. 3-18.

Walter, J. (2011): Die Anreicherung von Kundendaten. Ein interdisziplinärer State-of-the-Art-Review zur Erhebung, Verarbeitung und Nutzung von Kundendaten, Nürnberg.

Weber, J.; Schäffer, U. (2001): Marketingcontrolling: Sicherstellung der Rationalität in einer marktorientierten Unternehmensführung, in: Reinecke, S.; Tomczak, T.; Geis, G. (Hrsg.): Handbuch Marketingcontrolling, Frankfurt, Wien, S. 32-49.

Webster, F. E.; Wind, Y. (1972): Organizational Buying Behaviour, Englewood Cliffs, NJ.

Webster, F. E.; Wind, Y. (1972); A General Model of Organizational Buying Behavior, in: Journal of Marketing, Vol. 36, April, S. 12-14.

Weiber, R.; Adler, J. (1995): Informationsökonomisch begründete Typologisierung von Kaufprozessen, in: ZfbF, 47 Jg., Heft 1, S. 43-65.

Weick, K. E. (1995): Sensemaking in Organizations, Thousand Oaks, London, New Delhi.

Wemhoff, C. (1998): Das Management eliminationsverdächtiger Produkte: Eine Analyse unter besonderer Berücksichtigung stagnierender und schrumpfender Märkte, Frankfurt am Main.

Wierenga, B.; Bruggen, G.v. (2000): Marketing Management Support Systems: Principles, Tools, and Implementation, Boston u.a.

Williamson, O. E. (1985): The Economic Institutions of Capitalism, New York.

Williamson, O. E. (1991): Comparative Economic Organization: The Analysis of Discrete Structural Alternatives, in: Administrative Science Quarterly, Vol. 36, S. 269-296.

Wimmer, F.; Goeb, J. (2005): Marketing-Informationsmanagement: Das Konzept der Marketing-Intelligence, in: Haas, A.; Ivens, B. (Hrsg.): Innovatives Marketing, Wiesbaden, S. 385-400.

Winand, U.; Schellhase, R. (2000): Web-Content-Management, in: Das Wirtschaftsstudium Nr. 10, S.1334-1344.

Winkelmann, P. (2008): Vertriebskonzeption und Vertriebssteuerung, 4. Aufl., München.

Wirtz, B. W. (2001): Electronic Business, 2. Aufl., Wiesbaden.

Witte, E. (1973): Organisation für Innovationsentscheidungen - Das Promotorenmodell, Göttingen.

Wittmann, W. (1959): Unternehmung und unvollkommene Information, Köln.

Wunderer, R. (2002): Umsetzungskompetenz: Diagnose und Förderung in Theorie und Unternehmenspraxis, München.

Zanger, C. (2001): Event-Marketing, in: Diller, H. (Hrsg.): Vahlens Großes Marketinglexikon, 2. Aufl., München, S. 439-442.

ZAW (Zentralverband der deutschen Werbewirtschaft (2011): Werbeumsätze, URL: http://www.zaw.de/index.php?menuid=33, 25.01.2011.

Zentes, J. (2001a): EDIFACT, in: Diller, H. (Hrsg.): Vahlens Großes Marketinglexikon, München, S. 351-352.

Zentes, J. (2001b): Electronic Data Interchange (EDI), in: Diller, H. (Hrsg.): Vahlens Großes Marketinglexikon, München, S. 392.

Zentes, J. (Hrsg.) (2006): Handbuch Handel. Strategien - Perspektiven - Internationaler Wettbewerb, Wiesbaden.

Zentes, J.; Swoboda, B. (2005): Hersteller-Handels-Beziehungen aus markenpolitischer Sicht, in: Esch, F.-R. (Hrsg.): Moderne Markenführung, 4. Aufl., Wiesbaden, S. 1063-1086.

Zentes, J.; Swoboda, B.; Morschett, D. (2005): Kooperationen, Allianzen und Netzwerke: Grundlagen, Ansätze, Perspektiven, 2. Aufl., Wiesbaden.

Ziegfeld, C.; van Kaldenkerken, T. (2009): Das Potenzial liegt auf der Straße – Potenzialoptimierte Vertriebsoptimierung, Studie der Unternehmensberatung OC&C Strategy Consultants, Hamburg.

Zielske, H. (1959): The remembering and forgetting of advertising, in: Journal of Marketing, Vol. 23, Issue 3, S. 239.

Zielske, H.; Henry, W. (1980): Remembering and Forgetting Television Advertisements, in: Journal of Advertising Research, Vol. 20, Issue 2, S. 7-13.

Zimmermann, W.; Stache, U. (2001): Operations Research. Quantitative Methoden zur Entscheidungsvorbereitung, 10. Aufl., München u.a.

Zupancic, D. (2001): International Key Account Management Teams, St. Gallen.

Stichwortverzeichnis